·居家生活好帮手·

快乐生活一点通
生活中来的3500个窍门

霍丽娟　编著

中国华侨出版社

图书在版编目（CIP）数据

快乐生活一点通：生活中来的 3500 个窍门 / 霍丽娟 编著 . —北京：
中国华侨出版社，2015.6
ISBN 978-7-5113-5496-9

Ⅰ . ①快… Ⅱ . ①霍… Ⅲ . ①生活 – 知识 Ⅳ . ① TS976.3

中国版本图书馆 CIP 数据核字（2015）第 138124 号

快乐生活一点通：生活中来的 3500 个窍门

编　　著：霍丽娟	
出 版 人：方　鸣	
责任编辑：子　墨	
封面设计：吕秉夏	
文字编辑：朱立春	
美术编辑：北京东方视点数据技术有限公司	
经　　销：新华书店	
开　　本：720mm×1020mm　1/16　印张：24　字数：553 千字	
印　　刷：北京鑫海达印刷有限公司	
版　　次：2016 年 1 月第 1 版　　2017 年 7 月第 2 次印刷	
书　　号：ISBN 978-7-5113-5496-9	
定　　价：58.00 元	

中国华侨出版社　北京市朝阳区静安里 26 号通成达大厦三层　邮编：100028
法律顾问：陈鹰律师事务所
发 行 部：（010）65772781　　　　传　真：（010）65756570
网　　址：www.oveaschin.com
E-mail：oveaschin@sina.com

如果发现印装质量问题，影响阅读，请与印刷厂联系调换。

前言

　　随着经济的发展和人们物质、文化水平的不断提高，社会的竞争压力越来越大，工作节奏越来越快，人们开始更加关注和重视生活的质量，追求高质量、高效率的生活方式已然成为一种时尚。然而，在日常生活中，你可能经常会遇到一些麻烦而不知道该如何处理，由此影响我们的生活质量。比如床单或衣服上莫名其妙地出现的黄斑怎么洗都洗不掉，做饭切葱时辣得两眼直流泪，买衣服时总是因为不会识别面料而买到次品，吸烟弄了一屋子烟味发愁怎么散出去，买东西或卖东西时常常收到假钞，买手机时不知道如何鉴别水货和行货，终日为少白头而苦恼……这些问题看似简单，但如果我们没有掌握处理它们的方法和技巧，同样会束手无策，并给我们的生活带来诸多不便。

　　其实，很多问题都是有窍门可循的，只要掌握了这些窍门，生活中的诸多麻烦和难题都可以迎刃而解。这些窍门虽说"小"，作用却很大，具体表现在省钱、省力、省时、省心等方面。举例而言，理财、节电、节气的窍门可以使我们省钱，洗衣物、去除室内烟味的窍门可以让我们省力，快速去除土豆皮的窍门可以使我们省时又省力，而鉴别手机真假、防止饺子馅出汤的窍门则可以让我们省心，等等。此外，窍门大都简单、实用、有针对性，能够切实解决生活中的难题，为我们的生活带来极大的便利。

　　为了满足现代家庭生活的需要，让更多的人能更轻松地应对生活，不再为日常生活中的问题而烦恼，我们综合衣、食、住、用、行等各个方面的窍门，汇编成这本《快乐生活一点通：生活中来的3500个窍门》。这些窍门不同于一般的生活常识，它们都是从长期的生活实践中得来的，是人们在日常生活中经过摸索或已经验证的宝贵经验和技巧，有着极高的实用价值。善加利用这些窍门，我们便可以轻松解决生活中常常出现的各种难题，达到事半功倍的效果。比如：利用松节油可以去除衣物上的油渍，用开水冲烫可快速去除土豆皮，用醋可以消除馒头的碱味，用牙膏擦玻璃可使玻璃光亮如新，黑芝麻与何首乌可治疗少白头，墨水可用来检验大理石的质量优劣，输入几个字符即可鉴别手机的真假，饭前吃水果有助于减肥……每个窍门都蕴含着生活的智慧，令人惊奇、叹服。

　　本书具备体例简明、信息丰富、轻松阅读、手头必备的鲜明特点，真正做到了一册在手，生活窍门全知道。从烹调、居家、美容、减肥，到消费、理财，本书共介绍了3500多个实用窍门，统揽生活中的方方面面，全方位、多角度地帮助我们解决生活中的种种烦恼，受之获益终生。为便于查阅，全书分为"生活篇"、"消费理财篇"和"居家保健篇"三大部分。生活篇具体介绍了衣物的清洗、保养，食品的洗切、烹调、储存，食品、甜品自制，家装设计、居室美化，花卉养护，养鱼，钓鱼，旅游，日常消毒、除污、防虫，节水、节电、节气各个方面的窍门以及各种日常用品或食品的多种用途，比如如何清洗电热毯，如何去除羊肉膻味，芝麻的妙用，等等，掌握这些生活窍门可以让我们在柴米油盐酱醋茶的居家生活中过得轻松、自在。消费理财篇具体介绍了如何辨别不同的衣料，如何选择服饰，如何分辨米、面、油、蛋、蔬菜、水果、干货等各类食品的质量优劣，如何选购室内装修材料、家具、家用电器、汽车及其配件，如何鉴别金、银、钻石、翡翠等饰品，如何饲养狗、猫、鸽子等各类宠物，掌握这些窍门能够使我们在选购生活用品时不再盲目；同时介绍了各种诈骗行为及其防范技巧、家庭省钱技巧、投资技巧以及有关消费法、婚姻法、继承法等方面的维权常识，这些窍门和知识可以使我们谨防诈骗陷阱，理性地选择投资方式并懂得维护自己的权益。居家保健篇介绍了日常的生活、心理保健，减肥塑身以及养肤护发的妙招，等等，这些窍门至关重要，因为它们与我们的身体健康直接相关。

　　书中介绍的窍门科学合理且简单易懂，易学易用，这些窍门可以使我们将繁杂琐碎的事务安排得井井有条，让我们在日常小事中发现生活的大智慧，成为居家生活的高手，由此提高生活质量和办事效率，使我们的生活更充实、更惬意。

目录

21. 辣椒去蒂再清洗
22. 剥豌豆荚
23. 洗豆腐的技巧
24. 洗生姜
25. 温水泡蒜易去皮
26. 盐水洗木耳
27. 用淀粉清洗木耳
28. 米汤泡木耳
29. 用凉水泡木耳好
30. 用糖洗蘑菇
31. 用盐洗蘑菇
32. 用淀粉洗香菇
33. 用淘米水泡发干菜
34. 泡发猴头菇
35. 用温水泡黄花菜
36. 用沸水泡百合
37. 发笋干小技巧
38. 用洗涤剂洗蔬果
39. 水煮法洗水果
40. 用盐水清洗瓜果
41. 清洗桃子的技巧
42. 用盐去桃毛
43. 用清洁球洗桃
44. 剥橙子皮
45. 洗草莓
46. 开水果罐头
47. 洗芝麻
48. 糖水泡后易剥栗子皮
49. 菜刀剥板栗
50. 太阳晒使栗子皮易剥
51. 剥核桃壳
52. 剥莲子衣的妙招
53. 剥榛子皮
54. 剥蚕豆皮
55. 除去大米中的砂粒
56. 切蛋糕的技巧
57. 切大面包的技巧
58. 切黏性食品的技巧
59. 洗鱼应先掏内脏

60. 盐水洗鱼
61. 洗鱼去黏液法
62. 洗鱼块的技巧
63. 洗宰杀的活鱼
64. 洗河鱼
65. 洗海鱼
66. 洗鳝鱼和甲鱼
67. 热水洗带鱼
68. 清水冲洗带鱼
69. 洗墨鱼
70. 洗鳖肉
71. 杀黄鳝的小技巧
72. 让泥鳅吐泥
73. 用盐水化冻鱼
74. 抹醋使鱼鳞易刮
75. 用自制刮鳞刷除鱼鳞
76. 搓澡巾刮带鱼鳞
77. 玉米棒去带鱼鳞
78. 百洁布去带鱼鳞
79. 热水浸泡去带鱼鳞
80. 切咸干鱼
81. 切鱼肉用快刀
82. 切鱼肉妙方
83. 切鱼防打滑的小窍门
84. 泡发海米的技巧
85. 海参的涨发技巧
86. 海带速软法
87. 泡发海螺干的技巧
88. 泡发鱼翅的技巧
89. 发制鲍鱼的技巧
90. 洗墨鱼干鱿鱼干的技巧
91. 用盐水清洗虾仁
92. 洗虾技巧
93. 如何清洗使对虾保鲜
94. 除虾中污物
95. 清洗活蟹
96. 清洗螃蟹
97. 清洗螺蚌
98. 用铁器清洗贝类

99. 用盐水清洗贝类
100. 涨发干贝的技巧
101. 清洗海蜇皮
102. 海蜇泡发窍门
103. 用姜汁处理冷冻肉质
104. 清洗冷冻食物
105. 猪肉不宜热水洗
106. 洗猪肉用淘米水
107. 洗受污猪肉
108. 洗猪、牛、羊肚
109. 猪肠清洗技巧
110. 用面粉辅助洗猪肚
111. 用盐和醋洗猪肚
112. 清洗猪心法
113. 清洗猪肝法
114. 清洗猪肺法
115. 清洗猪油法
116. 去除猪脑血筋
117. 去除猪蹄毛垢
118. 去除猪毛
119. 咸肉退盐法
120. 斜切猪肉
121. 切猪肝
122. 横切牛肉
123. 切羊肉
124. 顺切鸡肉
125. 切羊肉片
126. 加水剁葱不辣眼
127. 剁大棒骨
128. 剁肉加葱和酱油不粘刀
129. 热水浸刀剁肉不粘刀
130. 用刀剁肉馅味美
131. 宰杀活鸡鸭
132. 杀鸡小技巧
133. 拔家禽毛
134. 鸡鸭快速褪毛法
135. 烫鸡防脱皮
136. 洗皮蛋
137. 切松花蛋不粘刀法一

78. 做油炸蛋
79. 煎姜蛋
80. 用榆钱煎蛋
81. 用茄子摊鸡蛋
82. 做土豆摊鸡蛋
83. 做酱油荷包蛋
84. 制豆浆鸡蛋羹
85. 制什锦鸡蛋羹
86. "赛螃蟹"烹制法
87. 用鲜蛋蒸肉饼
88. 用鲜鸭肠蒸蛋
89. 做柿子蛋
90. 制作虎皮鸽蛋

（六）食品自制 /84

1. 制咖喱油
2. 制辣油
3. 制甜面酱
4. 制蒜蓉辣酱
5. 做红辣椒酱
6. 用酱油淀粉制黄酱
7. 制芥末酱
8. 制韭菜花酱
9. 制色拉酱
10. 制醋卤
11. 速制腊八醋
12. 制蔬菜风味醋
13. 腌酸白菜
14. 腌辣白菜
15. 腌甜酱菜
16. 腌蒜泥白菜
17. 腌白菜墩
18. 做酸菜
19. 腌红辣大头菜
20. 制梅干菜
21. 腌雪里蕻
22. 腌韭菜
23. 腌韭菜花
24. 腌芥菜头

25. 制酸辣芥菜条
26. 制榨菜
27. 制芥菜、红萝卜辣菜
28. 腌酱萝卜
29. 腌"心里美"萝卜
30. 腌五香萝卜丝
31. 腌酸辣萝卜干
32. 制"牛筋"萝卜片
33. 腌酱八宝菜
34. 腌酱油花生
35. 腌酱黄瓜
36. 腌酱辣黄瓜
37. 腌酱莴笋
38. 制莴苣干
39. 腌蒜茄子
40. 腌五香辣椒
41. 制干脆辣椒
42. 制盐姜
43. 制甜姜
44. 制糖醋姜
45. 腌糖蒜
46. 腌糖醋蒜
47. 制酸豇豆
48. 制北京辣菜
49. 制北京八宝菜
50. 制北京甜辣萝卜干
51. 制上海什锦菜
52. 制天津盐水蘑菇
53. 制山西芥菜丝
54. 制湖南茄干
55. 制四川泡菜
56. 制南京酱瓜
57. 制扬州乳瓜
58. 制绍兴乳瓜
59. 腌镇江香菜心
60. 做泡菜
61. 制西式泡菜
62. 腌制韩国泡菜
63. 制朝鲜辣白菜

64. 制蜜汁苦瓜
65. 做酸甜莲藕
66. 制扁豆小菜
67. 制虾皮小菜
68. 西瓜皮拌榨菜丝
69. 自制粉皮妙法
70. 做广式杏仁豆腐
71. 做豆腐花
72. 做风味豆腐脑
73. 做冻豆腐
74. 做奶豆腐
75. 自制臭豆腐
76. 制速食海带
77. 制鱼鳞冻
78. 制糟鱼
79. 制五香鱼
80. 做鱼干
81. 做人造海参
82. 做人造海蜇皮
83. 做肉松
84. 做肉丸
85. 做黄豆肉冻
86. 做酱肉
87. 做五香酱牛肉
88. 做苏州酱肉
89. 腊肉的腌制
90. 做卤肉
91. 做香肠
92. 速制咸肉
93. 加酒腌蛋
94. 用盐水腌蛋
95. 用菜卤腌蛋
96. 用黄泥腌蛋
97. 用辣酱腌蛋
98. 用稻草灰腌蛋
99. 用塑料袋腌蛋
100. 浸泡制皮蛋
101. 制绿茶皮蛋

生活篇

❀ 一、衣物 ❀

（一）衣物穿用

1.男士西装穿着

（1）西装单排纽的，可以不系领带，若穿成套装，应系领带；若是穿双排扣的西装，必须把领带系上。

（2）系领带时必须把领带结抽紧，并把领带口卡好。领带的外页需长于内页。

（3）打领带时，须扣上衬衫领口的纽扣，而不打领带时，须敞开其纽扣。

（4）穿毛衣或背心时，领带须放在它们的里面。

（5）穿单排纽西装时，可扣上面的一粒纽扣或者是不扣，扣内侧一粒也可以；穿双排扣西装时，纽扣应扣上两粒，至少应扣下面的一粒。

（6）西装的上口袋，不适合插圆珠笔、钢笔。

（7）西装的口袋上方不可别证章及纪念章。

（8）西装的口袋不可放得太鼓，一般都不放东西，最多放一块手帕；走路时，双手不能插在西装上衣的口袋内。

（9）在西装袖口外面应露出衬衫的袖口，且一定要扣上衬衫袖口。

（10）穿西装时也须穿皮鞋。

2.女士西装穿着

（1）在正规场合，女子宜穿成套的西装，以示庄重；在比较随便的场合内，则西装与不同颜色、质地的裤子、裙子搭配更显亲切、潇洒。

（2）与其他女时装所追求的紧身与宽松

的着装效果有所不同，西装非常强调整体，过小了，显得局促、拘谨；过大了，则呆板、松垮，无风度。

（3）要讲究服装的搭配效果。不打领带的时候，可选择饰品带点飘带或花边的衬衫；若里面穿素色的羊毛衫，还可以在西装领口佩戴一个精巧的水钻饰物。

（4）不能因为内衣比较好看而将里面的领子翻出来，在穿西装的时候，装饰、鞋袜要配套，要有主题，不要凌乱。

3.穿用羊绒制品的技巧

（1）羊绒不宜长时间穿着，放置时要交替进行，这样可防穿时引起变形，并会减少穿时的损伤。

（2）在穿羊绒制品的时候，要避免直接与其他粗糙面料接触，可在局部跟某些物品相互摩擦，以减少起毛、起球的现象。

（3）穿用羊绒制品要选择较轻松、清洁的高雅环境，不宜在日常工作中时常使用，避免羊绒制品过度地受到损害失去了高贵感。

（4）在清洁的环境中穿着，可避免羊绒制品洗涤的次数，并减少由于洗涤不当而使穿着的寿命受到影响。

4.制作"哺乳衫"

在衣服左右两侧乳房部位的两头各留上一个 4 寸左右长的开口，外面再缝上一个假兜。当喂奶时把假兜给解开，乳头便可露出衣外，喂完后再把假兜给扣上即可。

5.粘头饰

头饰多种多样，但容易开胶，此时，首

先在裂口处的原胶面上用打火机（用火柴更好）的火苗烤几分钟，当看到胶熔化后再将打火机关掉，然后将头饰裂口的两边分别挤压粘合，待几分钟后即可重新佩戴。

6.用旧衣做衬裙

选用一件男士已不穿的大背心、衬衣（带袖及不带袖的都行），然后将其带袖部位剪掉，再用针手工将已修剪的边缝，底边再穿上一层松紧带，衬裙即完成。

7.用旧裤做短裤

选出旧纯棉裤中较好的部位，用划粉将短裤的标样画出来（其大小可根据自身的胖瘦来定），将其剪下，再用缝纫机或手工用针缝好，最后穿上松紧带，短裤即完成。

8.用棉毛裤做薄棉裤

将两条旧棉毛裤的松紧带拆掉改成薄棉裤，既宽松合体，又柔软暖和，还无臃肿感。拆开后跟普通棉裤的做法一样，若想省事，可直接裹棉花或腈纶棉，将缝搭好，用线缝合，再把另一条套在上面。在缝裤腿的时候，为了方便，可放一些硬纸片或塑料板在裤腿里。最后，把裤腰、裤脚做好后，再在裤腰缝上一条比较宽松的松紧带即可。若是老年人穿，可将裤腰弄高些，裆稍加大些，这样会更舒服。

9.挖扣眼

首先用细香，在将要挖眼的部位烫出一条细沟，这样有利于再次锁边时既很整齐又不脱线。

10.防纽扣掉落

在钉扣子前，首先试着用小刀把纽扣的小孔口子围着边缘刮一圈，再去掉毛刺，纽扣就不容易掉落了。

11.用挂钩防裤、裙拉链下滑

在裤、裙拉链端的相应部位，缝上一个挂钩，用此钩可钩住拉链顶端的孔，从而活动自如，不必再担心下滑。

12.用皮筋防止拉链下滑

把皮筋从拉链上的小孔中穿入一半后，系上一个死扣在其小孔上，把拉链给拉好，再把皮筋的两头套在腰间的扣子上即可。

13.用鸡油延长皮带使用期

把新买的皮带用鸡油均匀地涂抹一遍，就可以防止汗液侵蚀皮带，从而可以延长皮带的使用寿命，还可以使皮带因此变得柔软具有光泽。

14.袜子口松怎么办

先找一双袜子口松紧合适的旧袜子，把其松口剪下，再用缝纫机把它接在口松的袜子上，即可。

15.使丝袜不勒腿

丝袜因袜腰紧，穿上后常会在腿上勒出一道沟，此时，把新袜的袜腰折返部分双层丝线挑开成单层，这样就增长了袜腰，也不会脱丝，还不会勒腿。

16.自行调节袜口松紧

首先把袜子用手撑开，可以看到里面有很多的橡皮筋，再用缝衣针把里边橡皮筋给挑起，这样就很容易把里边的橡皮筋给抽出来，根据抽出的多少来调整袜子的松紧。

17.新尼龙丝袜洗后穿可防拉丝

新尼龙丝袜因拉丝坏了而不能再穿不免可惜，把袜子放入水中泡一段时间，同时放肥皂多搓搓即可防拉丝。

18.自制脚垫

选用一些废旧毛线，根据自己的喜爱搭配，再将16根左右的毛线合成一股，用大针织成不同尺寸及不同颜色的单片，把它放在卫生间、房间等处当作脚垫，同时也可放在茶几、电视等下面当桌垫。这种自己制作的脚垫、桌垫既省钱，又很方便。

19.用松紧带代替小孩鞋带

首先把鞋带抽出来再换上松紧带，为了不让它开扣，就在鞋的尽头系上一扣，再用线将它钉在鞋头上，再穿的时候，鞋舌就不会再进入鞋内，穿鞋及脱鞋时也很方便。

20.鞋垫如何不出鞋外

先找块布剪成半月形，再给鞋垫的前面缝上个"包头"，如同拖鞋一样。再往鞋里垫时，穿在脚上顶进鞋里，这样就脱穿自如了。

21.修鞋带头

首先取长 4 厘米、宽 1 厘米的透明胶纸，把鞋带头上用胶纸粘住，再用力搓成小棍。若要想结实点，可在 502 胶水把鞋带往瓶里蘸一下，这样就不容易被水洗坏。

22.白皮鞋磕破了怎么办

选最好的涂改液涂擦在磕破的地方，可以稍多涂些，再抹平，待晾干后，基本可恢复原样。

23.皮鞋放大法

首先把酒精均匀地涂抹在皮鞋表面，然后再将鞋撑起，并在其中间打入小木楔，之后大约 30 分钟给皮鞋擦一次酒精。待 4 小时后，再打第二个木楔。按以上方法重复 3～5 次（视鞋尺寸而定），鞋大概可放大半码到一码。

24."痒痒挠"制鞋拔子

选一个"手掌"大小的竹制"痒痒挠"，然后将"手指"的齐指根部用小钢锯锯掉，顺着"手心"竖方向用木锉轻轻锉几下，这样，鞋拔子就做成了，因它的手柄长，坐在床边时不需弯腰就可轻易地穿上鞋。

（二）衣物清洗

1.用加酶型洗衣粉

添加适当的酶制剂到洗衣粉内，具有去除蛋白渍（血、汗、奶等）的特殊功能，同时也像普通洗衣粉一样，具有良好的去除污渍的作用，对很难洗掉的血渍衣物，领口与袖口上的蛋白质以及脂肪混合物等污垢有特效，适用于内衣裤、枕套和床单等的洗涤。操作时，用温度在 40℃～50℃的温水浸泡 15 分钟再洗效果最好。

2.用彩漂型洗衣粉

为了有增白和加艳的效果，这种洗衣粉中加入了一定比例的增白剂或漂白剂，洗涤效率较高，能使洗后的浅色衣服更加洁白、艳丽，是洗涤夏令服装时首选的佳品。

3.漂白洗衣粉的合理使用

漂白洗衣粉是在洗衣粉中加入一定数量的过硼酸钠，在 60℃以下，能释放出活性氧，对衣物有漂白作用，超过 60℃就无效了。此外，漂白洗衣粉不可用于洗涤花色或其他带色彩的衣物，否则会褪色或变旧。

4.不要把洗衣粉与肥皂混用

因为洗衣粉是呈酸性的，而肥皂是呈碱性，两者相混便会发生中和反应，从而使各自的去污力降低了。

5.用消毒型洗涤剂

这种洗涤剂中会含有消毒剂，兼有消毒和杀菌的作用，被广泛应用于水果、蔬菜和餐具以及被褥、衣服和浴巾的洗涤与消毒。

6.用柔软型防尘洗涤剂

用本品洗涤的织物会变得蓬松、柔软，不会损伤丝和毛纤维，能减少收缩率、并防止褪色。

7.用机用洗涤剂

是一种与家庭洗衣机相配套使用的洗涤剂，配方中包含泡沫抑制剂，其特点是泡沫少、易漂洗、去污力强，更能省水、省时，各类洗衣机都能使用。

8.用洗涤灵洗衣

洗衣时，上衣的袖口和领口往往是最不易清洗干净的。在未洗之前，可以先把衣服的袖口、领口用水浸湿，滴上几滴洗涤灵。这时你会发现：只需用手轻轻搓揉几下，上面的渍迹就很快消失了，然后再用清水去洗，就可以将袖口和领口洗得非常干净。用同样的方法对付做饭或吃饭时不小心蹭上的油污，以及提包、书包上的油污也同样有效。

9.用淘米水洗衣物

（1）首先把脏衣服放入淘米水中浸泡 10 分钟，再用肥皂洗，最后用清水漂洗一遍，这样洗出来的衣服干净又清洁，尤其对于白色的衣服，看起来就更洁白。

（2）日常用的毛巾，如上面沾了水果汁，就会有一种异味，而且会变硬，这时也可把毛巾放入淘米水中浸泡 10 分钟，便会变得又白又干净。

（3）泛黄的衣服也可用淘米水浸泡 2 ~ 3 天，且每天换一批水，浸泡后再取出。最后用清水清洗，泛黄的衣服也可恢复原来的洁白。

10.毛料衣服忌机洗

毛料衣服的衬布多是棉麻类织物，而且不少部位是用针缝的，会因吸水后的收缩率不均而导致变形，影响美观。毛料衣服不宜在洗衣桶中水洗，只宜干洗。

11.衣物洗涤宜分类

（1）按颜色分类洗涤：首先将深色和鲜艳的衣服挑出来，因为深色类的衣服都有可能掉色，如果将浅色的衣服与它们放在一起清洗，会出现染色现象，影响浅色衣服的美观。

（2）按厚薄分类洗涤：网状织物、丝织物、内衣、针织品、袜子等质地较薄的衣物容易变形，为避免损伤，最好不要用机洗，宜手洗。

（3）按纤维原料分类洗涤：含毛绒的布料或其他特殊布料容易缩绒、变形，所以不适宜用水洗，应挑出来进行干洗。

12.选择适宜的洗涤温度

由于洗涤剂的性质不同，洗涤的适宜温度也因此不同。含非离子型表面活性剂的洗涤剂的最佳洗涤温度为 60℃ 以下，超过此温度就会影响其去污效果；含阳离子型表面活性剂的洗涤剂的最佳洗涤温度为 60℃ 以上，低于此温度则会影响其去污效果。

13.衣服应翻过来洗

洗衣服时，应把里面翻过来洗，这样既可以保护面料的光泽，也不会起毛，既能保护外观，还能延长衣服寿命。

14.洗后的衣服宜及时熨烫

纯毛料和毛涤料的衣物很难熨平，可以把由洗衣机洗后甩干的衣服马上用电熨斗熨干，效果就会非常好。

15.鉴别干洗与假干洗

利用去污剂把油渍化开，然后再水浸、熨烫，从表面看似乎和干洗是一样的，但实质却不同，这样只是将衣服中的灰尘吸到了织物的深处，经灰尘污染后还会重新出现，这就是"假干洗"。任何织物在水洗后都会有缩水比，因此免不了会走样。下列方法能够鉴别衣服是水洗的还是干洗的：

（1）水洗后，衣服会有不同程度地变形和掉色。

（2）干洗的标码均用无油性墨水，但圆珠笔痕是油性的，干洗后就会褪色或消除，但水洗的却相反。

（3）送洗前，在衣服上滴几滴猪油，若真的干洗，猪油绝对会消失，若是假干洗，油迹则不会消失。

（4）在不显眼的地方钉上一颗塑料扣，如果真的干洗，塑料扣就会溶化，但线还在。

（5）在隐蔽处放一团卫生纸，如果卫生纸的颜色和纸质还能平整如初，则是真的干洗；如果卫生纸褪色破裂，就是假干洗。

16.简易家庭干洗法

（1）洗涤剂的选择。可选择专用的干洗剂，也可以用优质的溶剂汽油或酒精。

（2）清除表层的灰尘。先把服饰晾干，再用藤条拍打，把衣物上的灰尘拍打掉，接下来用软刷刷净，如果是毛呢服装，可在上面敷湿毛巾来吸收灰尘。

（3）擦洗。用蘸了少许干洗剂的软刷或毛巾，按从袖口、前身、后身到领子的顺序，逐一清洗。如果衣服有浅色的夹里，则要先清洗夹里。对易污部位（如领子、袖口、口袋等）要重点擦洗。

（4）晾干。清洗结束后要放在通风之处阴干。

17.洗涤毛类织物

毛类织物可干洗也可水洗。若是干洗就要用干洗剂进行局部的干洗或直接去干洗店干洗。如果是水洗，则只能手洗。洗涤时应把毛料织物放入含有弱酸的冷水内浸泡两三分钟，一般以 0.2% ~ 0.3% 的冰醋酸水最好。另外因为毛类织物属蛋白质纤维，不耐碱性，所以洗涤时应用中高档洗衣粉、洗皂片或丝毛洗涤剂，这样不但洗涤效果较好，而且也不易损伤纤维。

洗涤时，不能进行搓洗或棒打，不能用力过猛，最好不要揉搓太长时间。

洗涤后不能拧干，要用手挤压除去水分后慢慢沥干；然后挂在通风处阴干，不要在强光下曝晒，否则面料不但会失去光泽，弹性强力也会下降；衣服晾到半干的时候可以进行一次整形，以便于熨烫；熨烫时要保证烫衣板要平整且有弹性，熨斗的温度也要灵活地掌握，湿度最好控制在 120℃ ~ 160℃ 之间。熨烫时，最好能在裤子上再加一块湿布；熨烫后，应在室内挂 2 ~ 3 小时或一夜，以充分挥发掉毛料中残留的水分。

18.自洗纯毛衣物方法

洗衣服不一定非要去洗衣店，一些衣物在家中洗就可以了，但需学会一些必要的方法。如果是家里洗纯毛裤，最好是用手洗，采取的步骤如下：

（1）浸泡于清水中，用手挤压，这样就能除去裤子表面的一部分尘土。

（2）在温水（40℃）中加入适量适合于手洗的洗衣粉，然后用手轻轻地压或者揉搓。对于污渍程度较重的局部地方，可用蘸了洗衣皂的刷子刷洗，但不要剧烈揉搓。

（3）不断更换干净的冷水，直至漂洗干净。

（4）用手从头至尾把洗净的裤子抓挤一遍，再准备干燥的大浴巾一条，将其平摊在桌子上，把裤子平放在浴巾上，从裤脚开始将浴巾和裤子一齐卷起，不断压挤。这样，裤中大约 50% 的水分就可以被吸走了，而裤子上却不会留下多少褶皱。

（5）用手将吸过水的裤子抖几下，然后架起晾干。

（6）在裤子还没有完全干时，就用蒸汽熨斗使其熨烫定型。

19.水洗纯毛服装法

加适量洗衣粉在 40℃ 的温水中，将衣物浸泡 5 分钟左右。双手轻揉衣物（勿在搓板上搓洗，手搓也不可用力），2 ~ 5 分钟后用清水漂洗干净。衣物从水中取出后，把水用双手挤出，置通风处阴干（不要用力拧，更不能曝晒）。纯毛服装遇水会收缩，衣服阴干后必须熨平才可穿用。

20.毛料服装湿洗法

在洗毛料裤时，先备用一点香皂头、汽油及软毛刷，然后在裤口、袋口及膝盖等积垢较多的部位，用软毛刷沾点汽油再轻轻擦洗，直至除去积垢。

然后，将毛料放在 20℃ 清水中浸泡约 30 分钟，取出后滤出水分，再放入溶化的皂液中轻轻挤压，不能揉擦，避免粘合。

在洗涤过程中，可先在板上用软包沾点洗液轻轻刷洗，再用温水漂洗（换水四次左右）。

最后，把毛料裤放入氨水中浸泡大约 2 小时，再用清水漂洗干净，最后用衣架挂在阴凉通风处晾干，千万别用手拧绞及曝晒。

若毛料衣裤不是太脏，最好别湿洗或是不洗，放在阳光下晒晒，再拍去灰尘，待热气散发后再收进箱子。

21.雪水洗毛料衣物法

毛毯、腈纶毯、毛衣、毛裤、长纤维绒制品，一般较难洗。在北方，人们充分利用了自然条件，在雪后用雪来清洗这些衣物。

具体采用的方法是：雪未融化之前，在积雪较厚的地方，将打开的衣物平铺于雪地上，再均匀地撒干净积雪于衣物上面，厚度在1厘米左右，然后，从一端到另一端用有弹性的枝条轻轻抽打几遍，再把积雪抖掉。经过这样反复几次处理，就可以清洗掉一般毛料衣物上的积尘。

22.处理"鼓包"的毛料裤膝盖

先用汽油擦净油污，再把湿的厚布（不能用毛巾）平铺在裤子上（特别是裤缝处）进行熨烫，置于通风处吹干，使其自然定型，每月整理一次，"鼓包"即能清除，毛料裤即能保持平整。

23.除毛料裤的"极光"

穿久的毛料裤子，在经常摩擦之处会发亮（极光），很不美观。简便的解决方法是：用蘸了醋酸（少量）的棉花在裤子发亮之处擦几下，然后在擦有醋酸的地方用热熨斗反复熨几次，"极光"即可消失。

24.防洗涤的毛衣起球

洗涤时，把毛衣翻过来，使其里朝外，这样能减少毛衣表面之间的摩擦度，即可防止毛衣起球。如果加入洗发精来洗毛衣，便可使洗出的毛衣柔顺自然。

25.除毛衣光亮

当毛衣穿时间长了，有些部位便会磨得发亮。碰到这种情况，可用水、醋各一半混合喷洒一下，偶尔洗涤一次，即能恢复原样。

26.洗涤兔毛衫法

把兔毛衫放进一个白布袋里，用温水（40℃）浸泡，然后加入中性的洗涤剂，双手轻轻地揉搓，再用温水漂净。晾得将要干时，从布袋中将兔毛衫取出，垫上白布，用熨斗烫平，然后用龙搭扣贴在衣服的表面，轻飘、快速地向上提拉，兔毛衫就会变得质地丰满，并且柔软如新。

27.洗涤羊毛织物法

羊毛不耐碱，所以要用皂片或中性洗涤剂进行洗涤。在30℃以上的水中，羊毛织物会因收缩而变形，所以洗涤时温度不要超过40℃，通常用室温（25℃）的水配制洗涤剂水溶液效果会更好。不能使用洗衣机洗涤，应该用手轻洗，切忌用搓板搓，洗涤时间也不可过长，以防止缩绒。洗涤后不要用力拧干，应用手挤压除去水分，然后慢慢沥干。用洗衣机脱水时不要超过半分钟。晾晒时，应放在阴凉通风处，不要在强光下曝晒，以防止织物失去弹性和光泽，并引起强力下降。熨烫时，温度要恰当（约140℃），如有可能，最好能在衣物上垫上一块布，再行熨烫。

28.使兔羊毛衣物不掉毛的方法

漂亮的兔羊毛围巾和兔羊毛衫很容易掉毛。用如下方法处理后就可不掉毛了：先将一汤匙淀粉溶解于半盆凉水中，然后取出用清水浸透后的兔羊毛衫、围巾（勿拧），稍控一下水，然后放入溶有淀粉的水里浸泡，5～10分钟后装入网兜并挂起来控水，待水基本被控完时再晾干即可。

29.除羊毛衫上的灰尘

先取一块20厘米长胶布，把两端给固定在袜子上，然后再轻轻把羊毛衫上的灰尘给粘掉，或是用块海绵蘸水后再拧干，再轻轻地擦掉灰尘。

30.洗涤羊绒衫法

羊绒衫可以干洗，也可以用水洗。多色或提花羊绒衫不能浸泡，不同颜色之间的羊绒衫也不要在一起洗涤，以免串色。洗涤的具体方法：

（1）先检查有没有严重脏污，如有，就在上面做好记号。但如果沾有果汁、咖啡或者血渍等，应送专业的洗涤店进行洗涤。

（2）洗前将身长、胸圈、袖长的尺寸量好并记录下来，然后将里翻出。

（3）用羊绒衫专用的洗涤剂进行洗涤。将洗涤剂放入35℃左右水中搅匀，然后放入已浸透的羊绒衫，浸泡一刻钟至半小时后，在领口处及其他重点污渍处用浓度比较高的洗涤剂涂抹，并用挤揉的方法进行洗涤，其他的部位则轻轻拍揉。

（4）用 30℃左右的清水漂洗，待洗干净后，按说明量放入配套的柔软剂，会使衣物的手感更好。

（5）洗后，把羊绒衫里的水挤出，然后把它放到脱水筒里脱水。

（6）脱水后，将羊绒衫平铺在铺有毛巾被的桌子上，用尺子量到原来记录的尺寸，再用手整理成原来尺寸。然后在通风的地方阴干。

（7）阴干后，可用 140℃左右的蒸气熨斗进行熨烫，但熨斗与羊绒衫要保持 0.5～1 厘米的距离，不可直接将熨斗压在衣服上面，如用其他熨斗必须垫上微湿的毛巾。

31.洗涤羊绒衬衫

羊绒衬衫可以手洗也可以干洗。手洗的洗涤方法是：将衬衣放在水盆里浸泡十几分钟，在领口、袖口等重点脏污处涂上适当的洗剂进行轻揉，再用清水洗干净，不能拧绞，应在伸展后放在衣架上让其自然阴干。如果局部出现不平整的情况，可用蒸气熨斗熨烫，如果用普通的熨斗来熨，则要垫一层薄布。

32.洗涤羊绒大衣、围巾、披肩、绒毯

最好把这些羊绒产品放在专业干洗店里干洗。精纺围巾、轻缩绒可用水洗，但为防水温过高出现产品毡化和缩水的现象，水温应控制在 30℃左右，洗涤方式可以参照洗涤羊绒衫的方法。

33.洗绒衣绒裤

将绒衣绒裤浸泡在温洗衣粉溶液中 15～20 分钟，轻轻揉搓后捞出，再用冷水反复漂洗几次，然后挤去水分，但不可用力拧绞。

将绒面朝外晾晒，再轻轻地用双手揉搓，使绒毛恢复疏松柔软的状态。若是受到烟熏的红色或紫色绒衣，用碱水喷一遍即可去除黑斑和灰暗感，从而恢复原有色泽。

34.分类洗丝绸

一般斜纹、平纹提花和表面长丝交织的丝绸不宜常用水洗，有些面料的立绒、丝绒只宜干刷；一般平纹质地丝绸及蚕丝服装可用水洗；许多印花丝绸服装不宜水洗，最好干洗，且为延长这类丝绸的穿用寿命，须穿脏后及时干洗。

35.洗涤深色丝绸

夏令穿着的深色丝绸衣裤不宜用肥皂洗涤，否则会出现皂渍。为使丝绸服装保持原有色泽，可在最后漂洗的水中加 2～3 滴醋。

36.洗晾丝绸服装

丝绸服装洗净后，不要用力拧，也不要曝晒，宜放在阴凉通风处晾干。晾至八成干时可垫上白布，用熨斗熨平，熨烫时不能喷水。如果出现了水印，将衣服重新放到水里，水印即可消失。

37.洗晒丝绸衣服

丝绸纤维是由多种氨基酸组成的蛋白质纤维，在碱性溶液中易被水解，从而丧失结实度。因此，洗涤丝绸衣物的时候应注意：

（1）水温不能过高，一般情况下，冷水即可。

（2）洗涤时，要用碱性很小的高级洗涤剂，或选用丝绸专用洗涤剂，然后轻轻揉洗。

（3）待洗涤干净后，可加入少许醋到清水中进行过酸，就能保持丝绸织物的光泽。

（4）不要置于烈日下晾晒，而应在阴凉通风之处晾干。

（5）在衣物还没完全晾干时就可以取回，然后用熨斗熨干。

38.洗蚕丝衣物

干洗是其最佳洗涤方式。若标有可以用水洗时，可用冷水来进行手洗，洗好捞出来后不要拧去水分，而让衣物上面的水分自然沥干，再挂在通风处晾干，禁用曝晒。

39.洗涤真丝产品

织锦缎、花软缎、天香绢、金香结、古香缎、金丝绒等不适合洗涤；漳绒、乔其纱、

立绒等适合干洗；有些真丝产品还可以水洗，但应用高级皂片或中性皂和高级合成洗涤剂来进行洗涤。清洗时，如果能在水中加一点点食醋，洗净的衣物将会更加色光艳亮。

具体的水洗方法是：先用热水把皂液溶化，等热水冷却后把衣服全部浸泡其中，然后轻轻地搓洗，洗后再用清水漂净，不能拧绞，应该用双手合压织物，挤掉多余水分。因为桑蚕丝耐日光差，所以晾晒时要把衣服地反面朝外，放在阴凉的地方，晾至八成干的时候取下来熨烫，可以保持衣物的光泽不变，而且耐穿，但熨烫时不要喷水，以避免造成水渍痕，影响衣物的美观。

40.洗涤蕾丝衣物

如果是一般的或者小件的蕾丝衣物，可以将其直接放在洗衣袋中，用中性清洁剂洗涤。但比较高级一点的蕾丝产品，或者比较大件一点的蕾丝床罩等，建议最好还是送到洗衣店里去清洗。洗完后再用低温的熨斗将花边烫平，这样，蕾丝衣物的延展性才会好，其蕾丝花样也不会扭曲变形。

需要注意的是，不能用漂白剂、浓缩洗衣剂等清洁剂进行洗涤，因为它们对布料的伤害较大，从而会影响颜色的稳定度，把好的蕾丝制品糟蹋了。

41.洗涤羽绒服

（1）先将羽绒服放入温水中浸湿，另取洗衣粉约2汤匙，在少量温水中溶化，然后逐步加水，加到盆满为止，水温为30℃最佳。

（2）把已经浸湿的羽绒服中的水分稍挤掉一些，放入调好的洗涤液中浸泡半小时。

（3）洗涤时，轻轻地揉搓和翻动，使沾在衣服表面上的污垢疏松并溶落下来，随后擦少许肥皂到领口、袖口、胸前、门襟等处，根据面料结构和直丝，用软刷子轻轻刷洗。

（4）刷洗干净后，再反复在清水中漂洗。在最后一遍清洗时，放50～100克的食用白醋到水中，这样就能使羽绒服在洗后保持色泽的光亮、鲜艳。

（5）漂洗后，把羽绒服平摊于洗衣板上，先将大部分水分挤压掉，再将衣服用干毛巾包裹起来，轻轻挤压，让干毛巾吸走其余的水分，切忌拧绞。

（6）然后用竹竿将羽绒服串起来，晾在通风阴凉之处吹干。用藤条拍轻轻地拍打干后的羽绒服，使之恢复原样。

42.洗涤纯棉衣物

因为纯棉衣物的耐碱性强，所以可用多种洗液及肥皂进行洗涤。水洗时，应使水温低于35℃，不能长时间浸泡在洗涤剂中，以免产生褪色现象；为了保持其花色的鲜艳，在晾衣服时，最好反晒或晾在阴凉处；熨烫时温度也应该控制在120℃以下。

43.洗涤棉衣

先在太阳下晒2～3小时，然后用棍子抽打棉衣，把灰尘从衣内抽打出来，再把灰刷掉，用开水冲一盆碱水（或肥皂水），待水温热时，将棉衣铺在桌面（或木板）上，用蘸着碱水或肥皂水的刷子刷一遍，在脏的地方可以刷重一些。待全部刷遍，拿一块干净布，蘸着清水擦拭衣服，擦去碱水或脏东西。把蘸脏的水换掉，直擦得衣服面上干净了为止，再将衣服挂起来，晾干后熨平就可以了。如果希望棉花松软一些，可轻轻地用小棍子抽打棉衣。

44.洗涤莱卡衣物

莱卡衣物同毛涤织物、棉织物的特性比较接近，它集合了涤纶和毛的优点，褶皱回复性好、质地也轻薄，易洗快干，坚牢耐用，尺寸稳定，但手感不如全毛柔滑。应选用专用羊毛洗涤剂或中性洗涤剂，不能用碱性洗涤剂。洗涤时最好轻揉，不宜拧绞，只可阴干。高档莱卡衣服最好干洗，而西装、夹克装等则必须干洗。要注意防虫蛀和防霉。

45.洗涤麻类制物

麻类制品大部分都经过了特殊的处理，所以在洗涤的时候一般不会缩水，可以用各种洗涤剂和肥皂进行洗涤。但水温不能过高，30℃以下水温为宜。浸泡 20 分钟后，用手轻搓，不能放在搓板上搓揉。洗干净后，也不要用力拧干，以免起毛，使麻纤维出现滑移，从而影响服装外观和使用寿命。晾晒时，应把它放在阴凉的地方晾干。熨烫时温度不能超过 150℃。

46.洗涤麻类织物

麻纤维刚硬，可以水洗，但其纤维抱合力差，所以洗涤时力度要比棉织物轻些，不能强力揉搓，洗后也不可用力拧绞，更不能用硬毛刷刷洗，以免布面起毛；有色织物不能用热水烫泡，也不可曝晒，以免褪色；麻织物应该在晾晒至半干的时候进行熨烫，熨烫时应沿纬线横着烫，这样可以保持织物原来具有的光泽；不宜上全浆，以避免其纤维断裂。

47.洗涤亚麻服饰

亚麻在生产中一般都采用了防缩、柔软、抗皱等工艺，但如果洗涤方法不恰当，就会造成变旧、退色、榴皱等缺陷，影响美观。因此，必须掌握正确的方法进行洗涤。应选择在 40℃左右的水温，用不含氯漂成分的低碱性或中性洗涤剂进行洗涤；洗涤时要避免用力揉搓，尤其不能用硬刷刷洗；洗涤后，不可以拧干，但可用脱水机甩干，然用手弄平后再挂晾。一般情况下，可不用再熨烫了，但是若有时经过熨烫效果会更好。

48.洗尼龙衣物

适用一般洗剂，由于尼龙衣物比较容易干，所以应晾在阴凉的通风处，不要长时间曝晒，以免使衣服变黄。晾干的时候垫上一块布进行熨烫，熨烫温度在 120℃～130℃之间为宜。

49.用盐洗衣领

在要洗衣物的领口撒一些盐末，揉搓后再洗。汗液里的蛋白质会很快溶解在食盐溶液中。

50.用汽油洗衬衫领

新买的的确良衬衫，首先用棉花蘸些纯汽油，把衣领及袖口上擦拭两遍，待挥发后洗净，如果以后再沾上污迹，也容易洗干净。

51.用爽身粉除衬衫领口污迹

在洗净、晾干的衬衫领口（或袖口）上撒些婴儿爽身粉，然后扑打几下，用电熨斗轻压后，再撒些爽身粉即可。这些部位在下次洗涤时就会很容易洗净。

52.去袖口和衣领上的污渍

可以先将衣物放入溶有洗衣粉的温水溶液中浸泡约 20 分钟，再进行正常洗涤，就能有效地去除袖口和衣领的污迹。

53.衬衣最好用冷水洗

一般人认为，用热水洗贴身的衬衣才会洗净，实则不然，汗液中含有的蛋白质是水溶性的物质，但受热后容易发生变性，所生成的变性蛋白质就难溶于水，并渗积到衬衣的纤维之间，不但很难洗掉，还会导致织物变黄和发硬。有汗渍的衬衣最好用冷水来洗，为了使蛋白更容易溶解，还可以加少许食盐到水里，会有更佳的洗涤效果。

54.全棉防皱衬衫的洗涤方法

在洗涤全棉防皱衬衫时，最好把水温控制在 20℃以下进行洗涤，而且要可以使用不含氯的洗涤剂。领子不可以使用硬毛刷，只能用衣领净洗涤，否则容易引起变形。如果是用洗衣机洗涤，在洗涤、脱水之后，可以用家用干衣柜烘干，也可以自然晾干。但不能用力揉搓和绞干。如果是用手洗，要记住不能用力揉搓，脱水时也不可手拧，要弄平，然后悬垂晾干。

55.洗涤内衣的方法

内衣是最贴近人体衣服，也是人类的第二皮肤，有最佳的舒肤、保洁功能。在洗涤、晾干、打理时多注意点，可以保持它优异的穿着效果。

最好将内衣单独洗涤，这样既能防止内外衣物交叉感染或被其他颜色污染，又能有效清除污垢，疏通织物的透气、吸湿的功能。

应使用中性洗剂，避免将洗衣液直接倾

倒在衣物上。正确方法是先用清水浸泡约 10 分钟，然后进行机洗。对于一些柔和细致的高档面料，为了使它的色彩稳定以及使穿着的有效时间延长，水温应控制在 40℃ 以下。

机洗时要先将拉链拉上，扣子扣好，再按深浅色分别装在不同的洗衣网袋内，并留有空隙、轻柔慢洗。不过，手洗是更利于对超细微面料的保护的洗涤方法。

洗好后，不要用力拧挤，可用毛巾包覆吸去部分浮水，以减少晾晒时的滴水。然后稍加拉整、扬顺后在通风处晾干，这是最好的干衣方式，因为长时间曝晒易使衣物变黄或减色。若用脱水机，应继续放置在洗衣网袋里，脱水时间不要超过 30 秒。

56.洗涤西装

（1）太脏的西装不宜干洗，洗涤前，应先将其浸泡于冷水中，约 20 分钟后，用双手大把挤出衣服中的水分，放入水温在 40℃ 左右的中性洗衣粉液（每件 1 汤匙）或皂片液中，浸泡 10 分钟，切忌用热水（或碱性较强的肥皂水）浸泡。

（2）带水将衣服捞出，在刷洗时要注意做到"三平一匀"，即衣服铺平、洗衣板平、洗刷走平和用力均匀。

（3）需要洗刷的重点部位包括：上衣的翻领、前襟、口袋、袖口、下摆和两肩；西裤的裤脚、前后裤片、裤袋和裤腰。

（4）衣服刷洗后，仍在洗涤液中拎洗几次，然后把洗涤液挤掉，加白醋（25 克）到温水中洗净，然后用冷水漂洗。把各部位拉直理平，挂在阴凉通风之处晾干，切忌用火烤或在强日光下曝晒。

57.解决西服起泡妙方

西装洗涤不当或穿的时间过长，胸部等处常会出现一些小气泡，影响美观。有一种方法可解决这一困扰：先找一个注射器，再用一枚大头针把胶水或较好的黏合剂均匀地涂于起泡处，再度晾干，烫平即可。

58.洗裤子可以免熨

洗得不好的裤子（尤其是毛料裤子）很难熨，洗衣机洗出的裤子情况会更糟。

洗前，把对好缝的裤子拎直，整齐叠起，平放在水中浸泡半小时，然后放在调制好的肥皂液（或肥皂粉）水中浸泡 10 分钟。洗时不要在搓衣板上搓洗，只能顺着裤缝用手整齐地搓、揉，也可像揉面一样用双手轻轻揉捏，非常脏的地方就用手轻搓一下。搓洗后再用温水浸泡，最后用清水清洗。清洗时，要用手拎着裤脚上下拉动，切勿乱搓。清洗完毕，裤缝对整齐后拎起裤脚，夹在衣架上，挂起晾晒，干后的裤子像熨烫过一样挺直。

59.洗涤牛仔服

为防止牛仔服褪色，第一次洗涤前要将其浸泡于较浓的盐水中，一小时以后再洗，若仍有轻微掉色，则在每次洗涤之前都要事先浸泡在盐水中，这样就容易保持原来的颜色了。

60.洗涤紧身衣物

洗紧身衣物，用碱性小的皂液为宜，用温水轻洗，待洗净后再用清水漂洗，若在漂洗时加少量糖，这样不仅能使衣服洁净，而且能使衣物耐穿，延长其穿用寿命。

61.洗衣防纽扣脱落

在洗衣服前，先将纽扣扣好，然后再把衣服反过来，纽扣就不坏，也不易脱落，且不会划坏洗衣机。

62.如何使毛巾洁白柔软

将毛巾浸泡在半盆淘米水中，并加入适量洗衣粉，放在火上煮沸，待晾凉后拿出，再漂洗干净。经过处理后，毛巾既柔软又洁白。

63.印花被单的洗涤法

为避免被单污垢沉积，不好洗涤，得勤换勤洗。首先用冷水或者是温水放入印花被单中浸泡，再放入到肥皂水中洗。初洗新印花被单时选用较淡的肥皂水，但不能用力搓，由于上过浆，如果肥皂水过浓或使劲搓，会导致印花同浆水一块洗去。在第二次洗时，因浆水上次已洗干净，印花浆不会褪色，所以在洗时可用较浓的肥皂水，但不能在肥皂水中过夜，避免碱质腐蚀色泽。

64.用旧腈纶衣物清洁床单

将洗净晒干旧腈纶衣物在床上依次朝一个方向抹擦，由于静电作用，旧腈纶衣物能吸附床上的灰尘。用水洗净晒干后，旧腈纶衣物可反复使用。连续抹擦就像干洗一样。

65.洗涤毛毯

纯毛毯大多是羊毛制品，因此耐碱性较差，在洗涤时，就要选用皂片或中性的洗衣粉。先将毛毯在冷水中浸泡 1 小时左右，再在清水中提洗 1 ~ 2 次，挤出水分后，把毛毯泡入配制好的洗涤液（40℃）中（两条毛毯加入 50 克洗衣粉）上下拎涮。

对于较脏的边角，可用蘸了洗涤液的小毛刷轻轻刷洗，拎涮过后，先在温水中浸洗 3 次，再用清水进行多次冲洗，直至没有了泡沫，洗净后的毛毯还应放入醋酸溶液（浓度为 0.2%）或食醋溶液（30%）中浸泡 2 ~ 3 分钟，这样，残存的皂碱液即可被中和掉，从而毛毯原有的光泽得以保持。

66.洗涤纯毛毛毯

纯毛毛毯一旦污染就很难清洗干净，可先将毛毯放在水中浸泡，然后用皂液加上两汤匙松节油，调成乳状后用来洗涤毛毯。洗净后再用温清水漂洗干净，使其自然干燥。待大半干时，用不太烫的熨斗隔着一层被单把它熨平，再稍稍晾晒，即可干净如初。

67.洗涤毛巾被

如果是用手洗来清洗毛巾被，用搓板来搓洗是最忌讳的，加适量洗衣粉来轻轻地揉搓是最好的办法。若选用洗衣机来清洗，则要开慢速挡且水要多加，尽最大的努力来减少毛巾被在洗衣桶里的摩擦。清洗完后，用将水轻轻挤出或者洗衣机甩干时，不要太用力拧绞或脱水，切记不要放在烈日下曝晒。

68.洗涤电热毯

肥皂、洗衣粉或毛毯专用洗涤剂等都可用于洗涤电热毯。洗涤时，只能用手搓，而不能用洗衣机来洗。为了避免插头、开关和调温器被浸泡在水中，只能用手搓洗。

普通的电热毯一般有两方面，一面是布料，另一面是棉毯（或毛毯）。电热丝被缝合于布料和棉毯（毛毯）之间，同时被固定在布料上。

在洗涤布料面时，最好平铺开，用肥皂液或洒上洗衣粉后轻轻地刷，洗涤棉毯（或毛毯）一面时，不要用刷子，而最好是用手搓。为避免折断电热丝，应在搓洗时避开电热丝（用手可以在布料的一面摸到电热丝）。

清洗干净的电热毯不能拧，将其挂起，让水自然滴干。洗涤后的电热毯最好放在阳光下晒干，这样能同时起到杀菌和灭螨的作用。

使用电热毯时，一般要在上面铺上一层布毯，一方面可以缓冲热感，以防烧灼人体；另一方面则可保持电热毯干净，以减少其洗涤次数。

69.用醋洗尿布

洗尿布时，一般选用肥皂或洗衣粉洗，此时洗过的尿布上都会留有看不见的洗衣粉，这样会刺激孩子的皮肤，如选用在洗尿布时加上几滴醋，这样便可清除掉这些残留物。

70.用绒布擦绒布

绒布最容易沾灰，用刷子刷又很容易破坏绒面。如果用绒布擦拭绒布，则灰尘就很容易去除，即使反复地擦拭，绒布和绒面也不会被损坏。

71.用酒精洗雨伞

用蘸有酒精的小软刷来刷洗伞面，然后用清水再刷洗一遍，这样伞面就能被刷洗干净了。

72.用醋水洗雨伞

将伞张开后晾干，用干刷子把伞上的泥污刷掉，然后用蘸有温洗衣粉溶液的软刷来刷洗，最后用清水冲洗。如没洗刷干净，还可用醋水溶液（1：1）洗刷。

73.明矾法防衣物褪色

洗高级的衣料时，可加少量的明矾于水中，就能避免（或减少）所洗衣服褪色。

74.衣服的颜色返鲜法

有些衣服在洗过多次之后，就不再有鲜艳的颜色了。这是因为，洗衣服的水中含有的钙和肥皂接触后，就生成了一种不易溶解的油酸钙，这种物质附着在衣服上，就会使衣服鲜艳的光泽失去。最后一次漂洗时，在水中滴入几滴醋，就能把油酸钙溶解掉，从而保持了衣服原有的色彩。

75.避免衣物洗后泛黄

如果在洗涤时水温较高，而漂洗时水温稍低，待晾干后，衣物大多会出现泛黄的现象。所以，在漂洗衣物时，水温最好接近洗涤时的温度，衣物才能焕然一新。

76.醋洗保持红衣光泽

在洗红色（或紫色）的棉织物时，若在清水中加一些醋来洗涤，就能保持原有的光泽。

77.咖啡洗涤防黑布衣褪色

对于黑色棉布衣服，漂洗时在水里加一些咖啡、浓茶或者啤酒，就能使这些褪色的衣服还原当初的色泽。

78.常春藤水防黑布衣褪色

容易褪色的黑布衣服，若在常春藤水中泡一泡（或煮一下），其颜色就能恢复如初。

79.增黑黑色毛织物

穿用时间较长的黑色毛织物颜色会变得不鲜艳，可用煮菠菜的水洗一下，色泽即可光洁如新。

80.使毛衣不被洗褪色

洗毛衣、毛裤时用茶水，就能避免褪色。方法是：放一把茶叶到一盆开水中，水凉后滤出茶叶，将毛衣、毛裤放在茶水里泡十几分钟，轻轻揉搓后漂净，晒干即可。

81.使牛仔裤不褪色

将新买回来的牛仔裤放入浓盐水中（必须是冷水），浸泡半天后，再对其进行洗涤，这样就不会褪色了。

82.除衣服上的樟脑味

放在衣柜中的换季衣物通常要加几枚樟脑丸（卫生球）来防虫蛀。但樟脑的气味会渗入衣服纤维中，再穿时，衣服上会有一种刺鼻的气味。消除衣服上这种气味的最好方法是用水洗。马上要穿的衣服可用蒸汽熨斗熨烫，如果找不到蒸汽熨斗，可在衣物上铺一块拧干的湿毛巾，再用普通的熨斗熨烫一下，也能快速到达除樟脑味的目的。

83.除身上的烟味

经常吸烟的人会从身上散发出烟味，虽然自己不能觉察到，却令许多人（特别是女性）厌恶。因此，在参加一些场合（如宴会或与异性的约会）之前，过多吸烟的人最好把身上的烟味除掉。水洗是去除衣服上烟味的最好方法，或在太阳下晒 1～2 小时。如果时间来不及，可用吹风机吹一遍衣服，同样能去除衣服上的烟味，但要使吹风机与衣服的距离保持在 20 厘米外，以防烫伤衣服。对于口里的烟味，漱口或嚼口香糖就可以解决。

84.用风油精去除衣服的霉味

阴雨天洗的衣服不易干，便会产生霉味；衣服长期放置也会因受潮而产生霉味。如下方法可以消除霉味：用清水再次洗涮时，加入几滴风油精。待衣服干后，不但霉味会消失，而且有清香味散发出来。

85.除霉斑渍法一

服装上非常难以清洗的霉斑，可使用漂白粉溶液或者 35℃～60℃的热双氧水溶液擦拭，再用水洗干净。棉麻织品上面的霉斑，可先用 1 升水兑氨水 20 克的稀释液浸泡，然后再用水洗干净。丝毛织品上面的霉斑，可以使用棉球蘸上松节油进行擦洗，然后在太阳下晾晒，以去除潮气。

86.除霉斑渍法二

若为新渍，先用刷子刷净，再用酒精清洗。陈渍要先用洗发香波浸润，再用氨液刷洗，最后用水冲净；或先涂上氨水，再用亚硫酸氢钠溶液处理，而后水洗，但此时须防衣物变色。

87.用绿豆芽消除白衣服上的霉点

衣物上很容易在春夏之际起霉点，白衣服上的霉点很难看，取几根绿豆芽，在霉点处揉碎，然后轻轻揉搓一会，用水冲后即可去除。

88.去除皮衣上的霉渍

若皮衣上面长了霉，请不要用湿布来擦拭，应将其烘干或晒干后，用软毛刷将其霉渍刷掉。

89.洗毛呢织物的霉斑

如果毛呢织物上有轻微霉斑，可等织物晾干后，用刷子轻轻刷掉即可。重度霉渍则可用棉花蘸少量汽油，反复在霉斑处擦洗，即可除去。

90.洗白色棉麻织物的霉渍

如果白色棉麻织物上有霉渍，可用清水冲洗干净后，再用高温皂碱液进行清洗。漂洗干净后，可选用1%～3%的氯酸钾溶液对其进行氧化漂白。漂白后再用苏打脱氯，然后用肥皂洗。

91.洗丝绸织物上的轻度霉渍

如果丝绸织物上有轻度霉渍，可选用淡氨水加入溶剂酒精，再用软棕刷轻轻擦拭。若是白色丝绸上面的霉渍，可以用保险粉或双氧水对其进行还原或氧化法去除，或用50%浓度的酒精来反复擦洗，然后放于通风处晾干。

92.呢绒衣服除霉

先在阳光下把衣服晒上几个小时，待干燥后，用刷子将霉点轻轻地刷掉即可。如果发霉是因油渍或汗渍而引起的，可以用蘸了少量汽油的软毛刷在有霉点之处反复刷洗，然后反复用干净的毛巾擦几遍，放在通风之处晾干即可。

93.处理化纤衣服上霉斑

可以先用刷子蘸上一些浓肥皂水来刷洗，再经温水冲洗一遍，就可除掉霉斑。

94.葱头法除皮帽污迹

普通皮帽子上的污迹用葱头即可擦干净。

95.汽油法除皮帽污迹

对于裘皮帽子上的污迹，宜用软布蘸汽油顺毛擦拭，即可去除干净。

96.精盐去除皮帽污迹

鹿皮帽子上的污迹，可用精盐进行擦洗。

97.用酒精除汗渍

把衣服上染上的汗渍放在酒精中浸泡一小时左右，再用清水及肥皂水搓洗干净，即可去除。

98.用冷盐水去汗渍

把衣服浸泡在冷盐水（1000克水放50克盐）中，3～4个小时后用洗涤剂清洗。或先用生姜（冬瓜、萝卜）汁擦拭，半小时后水洗干净即可。

99.洗床单上的黄斑

若床单或衣服上有发黄的地方，可在发黄的地方涂些牛奶，然后放到阳光下晒几小时，再用水清洗一遍即可。如果是新的黄斑，可先用刷子刷一下，再用酒精清洗；陈旧的黄斑则先要涂上氨水，放置一会儿，再涂上一些高锰酸钾溶液，最后再用亚硫酸氢钾溶液来处理一下，再用清水漂洗干净。

100.洗衣物呕吐污迹

对于不太明显的呕吐污迹，可以先用汽油把污迹中的油腻成分去除，再用浓度为5%左右的氨水溶液擦拭一下，然后用清水洗净。如果是很久以前的呕吐污迹，可先用棉球蘸一些浓度为10%左右的氨水把呕吐污迹湿润，然后用肥皂水、酒精揩擦呕吐的污迹，最后再用清水漂洗，直到全部洗净。

101.除衣服上的尿迹

（1）染色衣服：用水与醋配成的混合液

处晾干即可。

（5∶1）冲洗。

（2）绸、布类：可用氨水与醋酸的混合液（1∶1）冲洗；也可用氨水（28%）和酒精的混合液（1∶1）冲洗。

（3）在温水中加入洗衣粉（或肥皂液、淡盐水、硼砂）清洗。

（4）被单和白衣料上的尿迹：用柠檬酸溶液（10%）冲洗。

（5）新的尿迹：温水洗净。

102.除衣服上的漆渍

如果不慎在衣服上沾了漆，可以把清凉油涂在刚沾上漆的衣服正反两面，几分钟后，顺衣料的布纹用棉花球擦几下，便可除清漆渍。去除陈漆渍时要多涂些清凉油，漆皮会自行起皱，此时即可剥下漆皮，再将衣服洗一遍，便会完全去掉漆渍。

103.洗衣物煤焦油斑

可先用汽油把织物润湿，再把汽油洗干净。如果煤焦油的污迹陈旧，可以用等量的四氯化碳与汽油混合物来清洗。

104.除蜡油污渍

在污渍处的上下垫上卫生纸，在纸上用熨斗熨烫，蜡油熔化后被纸吸走，反复几次后即可除净。

105.用牙膏去除衣服上的油污

衣服上不慎沾了机油，可在沾有机油的地方涂抹牙膏，1小时左右将牙膏搓除，用蘸水的干净毛巾擦洗，油污即被去除。

106.用松节油去油渍

已晒干的油斑无法用汽油和稀料清除，可用棉花蘸松节油涂于油渍处，轻搓两下，再用肥皂冲洗，油斑即可消失。

107.去除衣物上的松树油

沾了松树油的衣服很难洗去。可用蘸了牛奶的纱布擦拭，若还有痕迹，可再用纱布蘸酒精擦拭，最后就能除掉了。

108.去除衣物上的药渍

（1）将水和酒精（或高粱酒）混合（水少许，几滴即可），然后涂在污处，用手揉搓，待污渍慢慢消失后，用清水洗干净。另一种方法是先用三氯钾洗，然后用清水、肥皂水洗就可以将污渍去除。

（2）也可在污处洒上食用碱面，用温水慢慢揉搓。如果将放在铁勺内加热后的碱面撒在污处，这样用温水揉搓就会更快将污渍去除。

109.去除衣服上的紫药水

先在被染处涂上少许牙膏，稍等一小会儿，再喷上一些厨房清洗净，紫色的污物就会慢慢变浅，直至完全消失。

110.用维生素C片除去高锰酸钾污渍

高锰酸钾是家庭常用的消毒剂，它与皮肤和衣物接触后，留下的黄褐色污渍难以除去，用沾水的维生素C片涂擦便可去除。

111.用可乐去除碘酒污渍

若不小心洒了些医用的碘酒在桌布上，非常难看。此时，将可乐滴在碘酒污渍上，不到20分钟即可去除碘酒的污渍，非常有效。

112.除墨汁渍法

将米饭或面糊涂在沾染的新墨渍上面，并细心揉搓，用纱布擦去脏物后用洗涤剂清洗干净，清水冲净即可。若为陈墨渍，可用酒精和肥皂液（1∶2）制成的溶液反复揉搓，这样效果会更好。

113.用牛奶洗衣物墨迹

衣服沾上墨水，可先用清水清洗一下，再用牛奶洗一洗，然后用清水洗干净，这样也就可清除。

114.用维生素C片去除墨水污迹

先把衣服浸湿，拧掉过多水分。然后用硬物把几片维生素C片压成粉，倒在衬衣被污染的地方反复揉搓，最后再用清水冲洗一遍，衬衣便干净如初了。

115.除红墨水渍

用洗涤剂清洗后，再用酒精（10%）或

高锰酸钾溶液（0.25%）洗净即可。

116.除圆珠笔油渍

洗净前不要用汽油擦拭，用四氯化碳和香蕉水等量混合配成的溶液擦洗（若为醋纤织物，只能用四氯化碳）。如果需要，白色织物可用双氧水继续漂白（富纤、锦纶除外）。

117.除印泥油渍

先用四氯化碳擦拭，再用肥皂和酒精混合液清洗。若仍留有残迹，再用含少量碱的酒精清洗。如有必要，白色织物在去渍后还要漂白。

118.洗除衣物眉笔色渍

如果衣物上不小心沾染了眉笔的色渍，可先用汽油溶剂把衣物上面的污渍润湿，然后用含有氨水的皂液洗除，最后用清水漂净。

119.洗染发水的污渍

染发水是酸性染料中的一种，它对毛纤维的着色力很强，一旦弄到衣物上就非常难去除，若在白色衣物上，会更明显。不过可以根据织物纤维的一些性质，分别选用双氧水或次氯酸钠对污渍进行必要氧化处理，就能除去污渍了。

120.洗衣物唇膏渍

衣物一旦染上了唇膏，先用热水或用四氯乙烯擦去唇膏的油质，然后用洗涤剂清洗一下，最后再用清水漂洗干净。

121.洗衣物不明污渍

对衣物上沾上的不明污渍，用下面的两种配方即可去除。

（1）乙醚 1 份，2 份 95% 酒精，8 份松节油来配制。

（2）用 15 份氨水，20 份酒精皂液，3 份丙酮配制。

122.除白色织物色渍

因衣物本身就是白色，若被污染上的颜色是牢度不强的染料，则比较容易处理一些。即使是牢度比较强的染料，由于一般不易褪色，也不容易污染其他的衣物。所以不必着急，用双氧水、氧化剂次氯酸钠等就可去除。也可以用冷漂法和热漂法两种。但建议采用低温冷漂法，因为相对而言冷漂法比较安全和平稳。另外还可采用高温皂碱液剥色法，使污染的颜色均匀地退下来，从而去除色渍。

123.除羊毛织物色渍

在干洗羊毛织物的时候，一般不会发生串色或搭色，只是在个别的情况或者用水清洗的时候才容易发生色渍的污染。

如果羊毛织物上面污染了色渍，可以使用拎洗乳化的方法进行处理。选用浓度适宜的皂碱液，将其温度控制在 50℃ ~ 70℃之间，先用冷水浸透衣物，再把它挤干，然后放入皂碱液中，上下反复地快速拎洗，以去掉污渍，并让整件衣物的色调均匀。然后再用 40℃ 左右的温水漂洗两次，再用冷水清洗一次，最后要用 1% ~ 3% 的冰醋酸水溶液进行一下特殊的浸酸处理，用来中和掉残留在织物纤维内的碱液。

在洗涤后，羊毛织物一般会出现花结现象，可以使用浸泡吊色的方法进行处理。把花结的衣物放在清水里浸泡后并轻轻挤干，然后放入 40℃ ~ 50℃ 之间恒温的平加（学名烧基聚氯乙烯）水溶液中，要将衣里向外衣面向内，并随时注意观察溶液的褪色程度和温度。让衣物一定浸在溶液中，经过 2 ~ 3 小时的处理之后，待花结衣物上面的污渍全部均匀后，再取出用脱水机脱水。再把衣物放在平加溶液里，让溶液缓慢吸到纤维内，从而恢复衣物原来的色调。最后脱水，自然风干。

124.除丝绸衣物色渍

洗涤深色丝绸衣物（如墨绿、咖啡色、黑色、紫红等）时，用力不均、方法不当或选用的洗涤剂不当，都会造成新的特殊污渍。洗涤时，要选用质量较好的中性洗涤剂进行揉洗，不能用搓板搓洗，也不能使用生肥皂。一旦发现了衣物颜色的不均，就用中草药和冰糖熬成水，等水温降到常温20℃时，将出现了白霜的丝绸衣物及色花放在冰糖水里浸泡10分钟。将衣物浸泡在茶水里10分钟，也能取得不错的效果。

对于浅色或白色的丝绸衣物，可选用一些优质的皂片溶液清洗，水温要控制在40℃～60℃之间，使用拎洗法，通过乳化作用清除污渍。

125.除衣物上的血斑

较好的染色丝毛织品的服装上面的血迹可以用淀粉加水熬成糊糊涂抹在血斑上，等其干燥。待全干后，只需将淀粉刮下，先用肥皂水洗上一遍，再用清水漂洗一遍，最后再用水1升兑醋15克制成的醋液进行清洗，效果很好。去除白色织物上面的血迹，也可把织物浸入浓度为3%的醋液里，放置12小时，然后再用清水漂洗一遍，效果也不错。

126.除衣物上的动物油

取面粉2～3匙，调成糊状，涂于油迹的正反面，在日光下晾晒一段时间，揭去面壳后即可除去油污。

127.去除衣物鱼腥味

衣服上面沾上的鱼迹、鱼鳞迹很难去除，可以先将鱼迹用纯净的甘油湿润，然后用刷子刷，晾置约15分钟后，再用温热水（25℃～30℃）洗涤，最后喷上一些柠檬香精，印迹与腥气便会消失。

128.去除奶渍

奶渍比较难以洗涤，但可以先用洗衣粉对其进行污渍的预处理，然后再予以正常的洗涤。若遇到顽固的奶渍，使用一些对衣物没有害处的漂白剂就能去污。

129.去除衣物上的酱油渍

可先用冷水搓洗一下，再用洗涤剂来清洗。而陈旧的酱油渍可加入适量氨水在洗涤剂溶液里进行清洗，还可用2%的硼砂溶液进行清洗。最后再用清水漂洗。

130.去除衣物上的西红柿汁渍

可在溅了西红柿汁的衣物上涂上维生素C注射剂，就能褪掉西红柿汁的颜色，最后用冷清水漂净即可。

131.除衣物上的果酱渍

先用洗发香波刷洗后，用肥皂与酒精的混合液洗除即可。

132.用食盐去除衣物上的果汁渍

若是新渍，在上面撒少许食盐，用水润湿后轻轻搓洗，再加洗涤剂洗净。

133.用酒精去果汁渍

如果石榴皮汁不慎溅在了白色的真丝绢纺衣服上，将衣服放入醋精里浸泡数分钟，黄斑即可褪去。此法去除紫药水渍也非常有效。

134.用"消毒液"去除果渍

用"84消毒液"来洗衣服上的果渍，会洗得很干净。此法对于白色衣物和棉织物适用，切勿用于深色衣物。具体方法是：先把脏衣服浸于水中，待浸湿后稍拧干。滴几滴"84消毒液"到沾有果汁处，稍等片刻后用肥皂搓洗，最后用清水洗净。

135.用醋除去衣物上的葡萄汁渍

棉布（或棉的确良）衣服上如不小心滴上了葡萄汁，千万别用肥皂（碱性）洗。因为碱性的物质不但不能使其褪色，反而会使汁渍的颜色加重。应立即加少许食醋（白醋、米醋均可）涂于汁处，浸泡几分钟后用清水洗净，不会留下任何痕迹。

136.去除衣物上的咖啡渍

先用洗涤剂清洗，再在滴有几滴甘油、氨水和水配成的混合溶液中搓洗干净即可。

137.去除衣物上的酒渍

新渍可在清水中搓洗。若为陈渍，可用混有氨水（2%）的硼砂溶液洗净。

138.用鸡蛋除衣服上的口香糖印迹

可先用小刀刮去，将鸡蛋涂抹在印迹上，使其松散，再将其擦干净，最后放在肥皂水中清洗，用清水洗净即可。

139.冷冻法去除衣服上的口香糖印迹

可以将衣服放入冰箱冷冻一段时间，待糖渍变脆，只需用小刀轻轻一刮，就能弄干净，效果非常好。

140.用小苏打洗白袜子

在水中溶入少量小苏打，将白袜子放在水中浸泡 5 分钟，洗出的袜子就会洁白且柔软。

141.洗发黄的白袜

白袜子非常容易发黄，而且一发黄就特别难洗，若遇到了这种情况，可以先把它浸泡在洗衣粉的溶液中半个小时，再对其进行正常洗涤。

142.除袜子臭味

有些人的袜子非常容易发臭，有时甚至用清洁剂来洗也洗不掉臭味。可以在袜子用洗衣粉洗过后，再放入含醋的水中泡一会儿。这样不但可以驱除臭味，还具有杀菌的作用。

143.刷鞋后如何使鞋不发黄

（1）用肥皂（或洗衣粉）将鞋刷干净，再用清水冲洗干净，然后放入洗衣机内甩干，鞋面就不会变黄了。

（2）用清水把鞋浸透，将鞋刷（或旧牙刷）浸湿透，蘸干洗精少许去刷鞋，然后用清水冲净晾干，这样能把鞋洗得干净，鞋面也不会发黄。

144.棉鞋除湿妙法

如果是汗脚，每晚脱下的鞋里边总会潮乎乎的。缝制两个和鞋子的长短、宽窄都差不多的小布袋，把干燥的石灰装在里边，然后将袋口封死，把石灰袋放入每晚脱下的鞋内。干燥的石灰具有较强的吸湿力，经过一夜便可吸干鞋内的湿气，第二天早晨，棉鞋又可以变得既舒适又干爽了。白天把石灰袋放在阳光下曝晒，晚上取回再用，也可以多缝几个，以便交替使用。

145.清理皮鞋

春天气候干燥而且风大，皮鞋脏得很快，可以用卫生纸或棉球沾上几滴发油放在一个干净的小塑料袋里，出门时带着，随取随擦。用发油擦后的鞋面不但洁净、光亮，而且对皮鞋皮质还能起到一定的保护作用。

146.用猪油保存皮鞋

一般认为，多打些鞋油会起到持久保护鞋面的作用，但事实却使鞋面更易裂。若改用肥猪肉（或生猪油）抹擦，鞋面就能始终保持光滑油润，此法使皮鞋的保存效果相当好。

147.用尼龙袜子擦皮鞋

将鞋刷子套上旧尼龙袜（或旧丝袜），用其蘸上鞋油来擦皮鞋，既方便又光亮。

148.掺食醋擦皮鞋

擦皮鞋前，滴几滴食醋到鞋油里，这样擦后的皮鞋就会色彩鲜艳，而且光亮能长久保持。

149.用牛奶擦皮鞋

不要把喝剩下（或已陈腐）的牛奶倒掉，可用来擦皮鞋（或其他皮革制品），能防止皮质干燥和裂口。

150.掺白酒擦皮鞋

皮鞋上的污迹用蘸了白酒的海绵即可擦除，这样不仅污迹可以被除去，皮鞋也非常光亮。

151.用清水擦皮鞋

滴几滴清水到鞋油里，擦出的鞋就非常亮。

152.掺牙膏擦皮鞋

擦皮鞋时，往鞋油里加点牙膏，就能使擦过的皮鞋光洁如新。

153.用香蕉擦皮鞋

先擦去皮鞋上的浮灰，然后用香蕉擦拭，鞋不仅非常干净，而且还会乌黑发亮。

154.用橘皮擦皮鞋

在擦黑皮鞋时，用鲜橘皮的内壁首先擦

拭一遍，然后再抹上鞋油擦，这样不但去污效果很好，也会使皮鞋更加光亮。

155.用蜡油擦皮鞋

先在皮鞋上涂一层蜡油，然后再用布（丝绸、旧丝袜）擦拭，皮鞋就会变得更加光亮。

156.用粉扑擦皮鞋

用旧的粉扑来擦皮鞋，灰尘很容易就被擦掉，且不会把手弄脏。

157.擦黄皮鞋

擦黄皮鞋时，先用柠檬汁擦掉灰尘后再用鞋油擦，鞋可光亮如初。

158.擦白皮鞋

（1）先用普通橡皮轻轻擦掉污迹，再用干净的软布把橡皮屑擦去，然后擦上白鞋油，待油干后用鞋刷子及软布擦拭几遍，这样白皮鞋就可光洁如新。

（2）白鞋油蹭到鞋的边缘就很难擦掉，若在白皮鞋未穿之前，把一层透明的指甲油涂在鞋边缘，这样即使擦鞋过程中蹭上了白鞋油也可轻松擦掉。

159.用胶条清洁白皮鞋

白皮鞋蹭脏后很难清理干净。只需把胶条粘贴在有污渍的地方轻轻按压，再揭下来，污渍就可以很轻松地被胶条粘下来。这个方法比用橡皮擦更方便、干净，而且还不伤皮鞋的皮质。

160.除白皮鞋上的污点

白皮鞋很容易弄脏，介绍两种养护方法：用橡皮可擦掉鞋上的污点，甚至可以擦掉蹭上的黑鞋油或铁锈，牛皮鞋效果更佳；也可用白色牙膏在污点处涂上薄薄的一层，将污点遮盖起来，然后再上白色或无色的鞋油即可。使用此两种方法前，最好用微湿的软布先擦净鞋上的浮土。

161.如何清洗磨砂皮鞋

磨砂皮鞋鞋面脏了，可以用塑料橡皮擦鞋面上的脏迹，比用鞋粉擦拭的效果好得多。

162.刷翻毛皮鞋小窍门

可用湿布擦拭，后置于通风处晾干，鞋面似干未干时再涂上翻毛粉，这样鞋面的翻毛就会蓬松起来，恢复原状了。

163.用发胶恢复皮鞋光亮

往鞋上喷发胶之前，用湿布先拭去鞋面上的污迹，即可恢复皮革光亮。但发胶的涂层不宜太厚。

（三）衣物熨补

1.衣物熨烫

（1）熨烫除霉点：未晾干或未洗净的衣服，贮藏时间长了也会有霉点，可用醋水洗净后再熨烫，霉点即可消除。

（2）留香技巧：熨烫衣裤时，可以喷少许花露水在垫布上，这样熨过的衣服香味持久，清香宜人。

（3）如果想保持裤线笔挺，则可采用以下方法：沿裤线用棉花蘸少许食醋擦一擦，然后再用熨斗熨，这样就"摆平"了。

2.加热电熨斗

将一只电熨斗放在接上电源的电磁灶上，加热到适于熨烫衣服的温度后用来熨烫衣物。这样熨衣物效率高，既省电，又安全。

3.掌握熨烫的水分

熨烫中水分的需求量是存在一定范围的。水分多了，容易出现反弹情况，织物又要回到原来蓬松收缩的状态。水分少了，不但无法达到熨烫的目的，甚至还会将织物烫伤。因此，水分必须适量。此外，还应根据织物品种的不同，选择不同的水分需求量。一般薄织物的用水量偏少，厚织物的用水量偏多。水分的多少还与温度有关，温度低时供水量应小些，温度高时供水量应大些。

4.掌握熨烫的压力

熨烫时，压力来源于人在操作时对熨斗压、推的作用力，加上熨斗的自身质量。熨烫时，要注意压力越大越好，这样熨烫后的织物就越平整。但是也应注意，用力时要适度、均匀。切忌对局部用力过大导致出现畸形，影响织物的外观。

5.不用电熨斗熨平衣服法

熨烫衣服一般要用到电熨斗，在手边没有电熨斗的情况下，有一种操作简便的方法，可以代替电熨斗熨平衣物，即用平底搪瓷茶缸盛满开水来代替电熨斗，不会将衣料烫糊。

6.不同服装的不同熨烫方法

不同的服装要求不同的熨烫方法。厚衣料或毛呢织物应垫上湿垫布，丝绸织物熨要反面，维纶织物则要干烫，薄一些的面料可边喷水边移动熨斗，但丝绸物例外，因为喷水不均匀会导致局部皱纹。

普通的衣服最好在半干的时候垫上衬布熨烫，而色泽鲜艳的毛织品、涤棉则要掌握好温度，以免烫焦。如果是一些难以服帖的衣料，则可先喷上少许清水，然后用熨斗熨烫，并立即用木块或竹尺等物压牢，这样就不会再有皱纹了。

7.熨皮革服装

熨烫皮革服装可用包装纸做熨垫，同时将电熨斗的温度调到低温，不停地移动着熨烫，否则可能影响革面的平整光亮。

8.熨烫绒面皮服装

清洗去污后绒面皮的服装时，要先进行定型熨烫，而且最好能使用蒸汽型喷气熨斗垫布熨烫。要按照衣服的内里贴边、领子、袖子、前身、后身的顺序依次熨烫，并对袖口、袋口、领子、袋盖处重点定型。熨烫完后再用软毛刷顺着绒毛刷一遍。

9.熨烫真皮服装

真皮服装经水洗后很容易发生变形走样的现象，甚至有时还会出现皱褶，因此清洗后一定要进行定型熨烫。最好是能用熨斗熨烫一下，因为它的气压均衡效果特别好。如果没有，也可以采用蒸汽型喷气熨斗垫布熨烫。对衣服的袖口、袋口、入贴边、袋盖处

要重点定型。真皮服装的衬里，无需熨烫。如果有皱褶，则可用吹风机将其吹平。

10.熨烫毛料衣服

毛料衣服具有收缩性，在熨烫时，应先在反面垫上湿布再熨。如果是从正面烫，要先用水喷洒，这样可以使毛料有一定湿度，熨烫时，熨斗要热。

11.熨烫毛涤衣服

如何防止熨烫毛涤衣服时常常发生的变色、枯焦、发光的现象呢？关键在于两个度的把握：温度和速度。熨烫毛涤衣服时，温度应控制在 120℃ ~ 140℃左右。这可用以下方法检验：在熨斗上滴一滴水，如果水不外溅，说明温度适宜。熨烫时的速度要均匀且不宜过慢，更不宜滞留在某处，而且为防止衣服发光，熨烫时还要垫上一块湿布。

12.熨凸花纹毛衣

熨烫有凸花纹的毛衣时，必须先垫上软物和湿布后，再从反面顺着纹路熨烫，切忌用力压，否则可能破坏凸花纹的立体感。

13.熨烫丝绸织品

熨丝绸织品时注意不宜喷水，如果喷水不匀，有的地方则会出现皱纹。要从反面轻些熨。

14.怎样熨丝绸方便

丝绸衣服质地较软，特别容易起褶，而且又不好铺平，熨烫起来特别麻烦。可在熨烫之前先把衣服密封在袋子里，放进冰箱冷冻约 10 分钟，丝绸的硬度就会增加，这样再铺起来就会平展一些，熨烫起来也就容易多了。

15.熨烫针织衣物

熨针织衣物时，由于其容易变形，所以在烫时只要轻轻按着即可，不宜用力压着烫。

16.熨烫羽绒服装

羽绒服装可用一只大号的盛满开水的搪瓷茶缸，代替电熨斗在羽绒服上垫上一块湿布再熨，这样能避免衣服表面出现难

看的光痕。

17.熨烫灯芯绒服

熨烫灯芯绒衣服时，熨斗不能直接压在上面，否则绒毛会被压倒。

18.熨呢绒大衣

（1）取一块温白棉布，用低温熨烫大衣里子。注意要先从后身开始，逐渐熨至前身，再熨左右前身及袋布。如果是穿过的大衣，则熨烫时里料不可喷水，防止产生水渍。

（2）开高熨斗温度，并将其盖上湿布，在熨领子的时候要熨干反面，其领底不可露出领面。长毛绒、立绒的领子烫后，要用毛刷帮助使绒毛立起来。应将女式的翻领熨成活型，而男式的翻领则应熨实。

（3）在熨烫衣袖时，可在肩袖中塞入一块小枕头，左手将小枕头托起，再盖上一层湿布，然后熨烫肩袖，这样可以使袖笼和肩头达到平挺圆滑的理想效果。注意：应将男式衣袖烫成前侧圆滑，后侧扁型，女式衣袖则应烫成鼓圆型。

（4）用衣架将熨烫好的衣物挂在阴凉通风处，将其晾干即可。

19.熨烫中山装

当使用节气喷雾熨斗来熨烫的时候，要根据中山装面料和衬里的纤维种类来调整熨烫的温度。对于浅色的化纤、毛料或混纺面料，及衬里都要采用垫白棉布的方法来熨烫，在使用蒸汽熨斗来熨烫的时候，要升足气压。

熨烫的程序如下：

（1）衬里：在熨烫的时候，其温度要合适，将中山装的前后身袖里、衬里熨平，要重点熨内袋口。

（2）贴边：把左右前襟内的边熨平，并用手抻直，衣角也要抻正。

（3）领子：在熨领子的时候，要先熨反面，熨完后要趁势用双手抻底领与上领的中线处，将领角抻正，注意不要抻领尖，以防变形。抻完后要立即放平，用熨斗直接将领前熨平即可。

（4）衣袖：把衣袖套进袖骨里，转动着熨烫，熨圆后把袖后熨死，使衣袖成前面圆后面死形。注意不要熨出扣印来。

（5）衣身：将衣服打开后平展在烫案上熨烫，在熨烫的时候，用力要均匀，将衣服的前、后、侧身都要熨平，注意不能烫出亮光来，对于腋下侧身处特别不能忽略，可套穿板来熨烫。对于折叠存放的中山装，此处很容易出褶，因此，在熨烫的时候要特别注意。

（6）肩头：左右肩背及左右胸都要套在穿板上熨烫，把胸与袖的接缝下抻平，然后用袖骨圆头端或者棉馒头将肩头撑起来熨烫，要烫出立体效果。

20.熨烫男式西服

男式西服的款式很多，其西服的面料也很多，在熨烫的时候，要根据各种款式要求来熨烫各种风格的衣服，同时，要根据面料纤维的不同来调整熨斗的温度。除了前襟和领子外，其他部位跟中山装的熨烫相同。因为西服也是挂衬里的服装，因此在熨烫的时候，里外都要烫。在熨烫衬里的时候，要看里面的面料，若是尼龙绸免烫织物，就不用再熨，可直接熨烫西服面料即可。若需要熨烫，则要根据衬里纤维种类，调整到合理的温度对其进行熨烫。

21.熨烫男式衬衫

男式衬衫有很多种面料，有纯棉、麻纱、的确良、丝绸以及混纺的织物。在使用蒸汽熨斗熨烫时，要把它的蒸汽压力调到0.2兆帕以上才能对其进行熨烫。在使用蒸汽喷雾熨斗时，要根据衬衫的面料纤维种类选择合适的熨烫温度。

熨烫男衬衫时，应先熨小片，后熨大片。其具体程序如下：

（1）衣袖：合上衬衫的前襟，将其平铺在案板上（背要朝上），分别熨平两袖的背面后，再来熨烫袖口，最后，将衬衫翻过来，把袖的前面熨平。

（2）后背：先打开衬衫的左右闪襟，然后从后背内侧将其一次熨平。

（3）托肩：将托肩平铺在烫案上，将上下双层托肩用熨斗一次熨平。

（4）前襟：将前襟左右分开，先将内侧褶边熨平，然后再分别熨平左右前襟。

（5）衣领：将正反两面拉平，从领尖向中间熨烫，然后翻过来重熨领背，趁热将衣领用双手的手指捺成弧形。

22.熨烫女式衬衫

女衬衫面料的品种也非常多，有丝绸、纯棉、的确良、麻纱及其交织或混纺面料。因此，在用蒸汽喷雾电熨斗来烫时，要根据面料纤维种类的不同来调整好所需的熨烫温度。在用蒸气熨斗熨的时候，要升足气压。因女式衬衫很多都带有装饰物及绣花，熨烫的时候要特别注意，不要使其受损。

（1）衣袖：女式衬衫的衣袖，不论是长还是短，都必须要将其熨成圆筒形。在熨烫的时候，要在衣袖中间运行熨烫，不要熨死两边，采用滚动法来将衣袖熨平。若熨斗比衣袖宽度要大，可把衬衫放在案板的边沿上，使它的下部分悬空，转动着来熨烫，即可把衣袖熨成圆形。还可将衣袖套在袖骨上来旋转着熨烫，其效果会更好。

（2）贴边：在案上将女式衬衫的左右前襟内侧贴边烫平。在熨的过程中要注意不要将衣袖熨出褶来。

（3）领子：女衬衫有立领、开关领及一字领，在熨左、右襟时，其方法与男衬衫一样。

（4）前襟：在案上将女衬衫下面铺平，分别熨烫其左、右襟。

（5）后身：打开整铺在案上面的左右前襟，从衣服的内侧把女衬衫的后身熨平。

（6）袖肩：在穿板上，将女衬衫的肩部套入，或者用棉馒头将其垫起来，将袖肩熨成拱形，把肩与袖的接缝处熨出立体的效果。

23.熨烫羊绒衫

熨烫这类毛衫时的时候，要根据毛衫原有的尺寸，准备好尺寸适当的毛衫熨烫模板。当使用蒸汽喷雾电熨斗来熨烫的时候，要把调温旋钮调到羊毛熨烫的刻度上。如果用蒸汽熨斗来熨烫，则要升足气压。熨烫程序如下：

（1）衣袖：可先用蒸汽熨斗或调温蒸汽喷雾电熨斗接近毛衫衣袖（但不能接触），放强蒸汽，把衣袖润湿。当毛衫的衣袖发生膨胀、伸展时，在衣衫的衣袖里穿入毛衫模板里，然后再用熨斗熨烫，当毛衫衣袖扩大熨后，要及时冷却定型。

（2）衣身：将毛衫用水洗完后，容易缩水，为了避免在穿入模板的时候毛衫被损伤，必须用以上方法将毛衫的前后身润湿。

（3）当毛衫的前后身被润湿后，若发生膨胀，则要将定型板穿入。

（4）用熨斗将毛衫的前后身熨平，并让它及时定型、冷却，在用模板给毛衫熨烫定型时，要注意千万不要将毛衫拉伤。

24.烫熨裤子

烫熨裤子时，若想保持裤线笔挺，可用棉花蘸少许食醋沿裤线擦擦，再用熨斗熨。

25.熨烫男式西裤

（1）反面裤腰：先将裤子翻过来让内侧朝外，把裤腰部位套在穿板上熨平裤缝、贴边及裤袋。

（2）反面裤腿：把熨完反面裤腰的西裤放在案上，熨平裤腿中缝及内缝，熨平裤脚卷边及膝盖。

（3）正面裤腰：将裤子套在穿板上转动熨平裤腰及前门。袋口及袋盖要重点熨牢。

（4）裤腿正面：将前面朝上平铺在熨案上，熨斗在裤腿中间由裤脚向裤腰行动，不能将两边缝合线压死，膝盖部位要重点熨平。

（5）裤腿背面：将熨完前面的裤子翻过来熨平裤腿背面。

（6）裤侧面：将两裤腿的中缝对齐，侧

放在熨案上，先熨平上面裤腿的侧面，然后将熨完侧面的上面裤腿折起，再熨平下面裤腿的内侧。

26.熨烫女式西裤

前开门的女西裤，其熨烫的方法跟男西裤方法相同。在熨烫旁开门女西裤的裤线时，必须扣齐女西裤的旁门，将裤腿中线的位置找准了再压死裤线，避免两腿不对称或将裤线熨歪。除此之外，其熨烫的方法跟男西裤方法相同。

27.熨烫西服裙

西服裙式样比较多。除了长短变化外，主要的变化在褶上。褶的类型，一般是顺边单褶，也有对褶的，总的来说其熨烫方法也都一样，只不过是褶的多少而已。在使用蒸汽喷雾熨斗来熨烫的时候，要根据面料纤维种类的不同对温度进行相应的调节。用蒸汽熨斗熨烫的时候，要升足气压。在熨裙内腰贴边的时候，要垫布熨烫。

（1）反烫：把裙子翻过来，对于裙里接缝处要烫开、压死，可用垫布把裙子里的内腰熨平。

（2）上腰：把裙子的正面套在穿板上或者在案上转动熨平胯部、上腰、腹部、臀上部。

（3）裙身：从裙身的下口往上，套在穿板上，转动熨烫。

（4）裙褶：要按照原来的褶痕来熨烫，若没有痕迹，可按原则来作裙褶，从起褶的地方往下摆处熨，使褶的宽度慢慢减小，做到上宽下窄，这样所熨出来的褶就不会散了。

28.熨烫折褶裙

先将一块宽21厘米左右、长1米左右木板，卷上厚棉布或棉毯，然后用细绳扎紧两头，将其套入折褶裙上，注意裙子的腰头要放在靠身的左面，下摆要放在靠身的右面。最后用大头针固定好腰头。将木板架空，同时套上的裙子也悬空。然后再从裙腰叉起，在每个折褶处钉上大头针。再拉紧理直板面

上的褶，盖上一块湿布，用熨斗将其熨平，熨完后，拔去大头针，然后在扎过大头针的地方补烫一下，折褶裙就会非常挺括了。

29.熨烫领带

熨烫时，熨斗温度以70℃为佳。毛料领带应喷水，垫白布熨烫；丝绸领带可以明熨，熨烫速度要快，以防止出现"极光"和"黄斑"。

（1）熨领带时，可先按其式样，用厚一点的纸剪一块衬板，插进领带正反面之间，然后用温熨斗熨。这样不致使领带反面的开缝痕迹显现到正面，影响正面的平整美观。

（2）若领带有轻微的褶皱，可将其紧紧地卷在干净的酒瓶上，隔一天皱纹即可消失。

30.熨烫丝巾

熨烫丝巾时，可先将它平铺在木板上，然后在它上面平盖上一块略微湿润的白纱布，并用手把它们拍平，将电熨斗温度调至中低温，熨烫时要以轻快的动作来熨烫，以防产生水烫痕和渍印，反复熨烫至平整即可。

31.熨烫衣褶

衣服如果长期叠放容易形成死褶。对此，沿着死褶用醋擦拭，再用熨斗熨，这样很容易把褶纹熨平。如果在浆衣服时掺入少量牛奶，还可以使衣服熨后富有光泽。如果想使衣服上香味持久，则可以在熨衣裤时，在垫布或吸墨纸上洒一些花露水后再熨。

32.熨烫花边

先浆好花边，再用熨斗尖部来熨，注意温度要适度。不同面料的花边也有不同的熨烫方法：薄的花边要从反面来熨；麻及棉织品要先从反面熨，再从正面熨，以保持衣料原有的光泽，透花、刺绣要铺上水布后再从反面熨。烫熨带有凸花纹的毛衣等编织衣物时，要先垫上软物和水布，同时不可太过用力。

33.处理熨焦的衣物

（1）绸料衣服：取适量苏打粉，用水拌成糊状后涂在焦痕处，使其自然干燥，苏打

粉脱离后，焦痕随即消除。

（2）化纤织物熨烫发黄了，可立即垫上湿毛巾，再熨烫一下即可恢复原状。

（3）棉织衣物熨烫发黄时，应马上撒些细盐于发黄处，轻轻用手揉搓，然后放在阳光下晒一会，再用清水洗干净，即可减轻焦痕，甚至可以使其完全消失。

（4）呢料衣物：刷洗后会失去绒毛而露出底纱。可轻轻地用针尖挑出无绒毛处，直至挑起了新的绒毛，盖上湿布后，沿着织物绒毛的原倒向，用熨斗熨几遍即可复原。

（5）冬季穿的外套不应经常洗熨。如果不慎熨焦了厚外套，可在熨焦处用上好的细砂纸摩擦，再轻轻地用刷子刷一下，焦痕就能消失。

34.修补皮革制品裂纹

皮鞋、皮衣、皮箱等皮革制品如果使用和穿戴的时间过长，表面会出现些小裂纹，这时只要在裂纹处均匀地涂上少许鸡蛋清，即可除去裂纹。

35.修补皮夹克裂口

选上一根牙签用鸡蛋清敷在裂口处，再对好茬口，用手将其轻轻压实，待晾干后，将裂口处再擦上夹克油，即算完成，既方便又实用。

36.粘合胶皮手套的破洞

橡胶制品在气温高的时候很容易发黏老化，所以家庭主妇在洗菜、洗衣的时候常用的胶皮手套也很容易破，哪怕破了一个小洞就因为漏水不能用了，扔了又很可惜。其实这样的小洞修补非常简单。可以像补车胎一样，找一块比要补的洞稍大的胶皮（可以取自以前的破胶皮手套），涂上防水的强力胶粘上即可。

37.用强力胶补脱丝尼龙袜

当袜子刮破时，应立即脱下，点上一滴胶液在刮破处，待几分钟后，轻轻捏平，破口处将被牢牢粘住，不会再脱丝。若出现了破洞，可涂上一圈胶液在洞口，破口处将不会再扩大；若洞口较大时，将袜子给翻过来，套在一个比较光滑的圆柱体上（如易拉罐），使洞口能展开，再从旧的袜子里找到相同的颜色，剪下与洞口大小一样的一块，在四周均匀涂上胶液，待几分钟过后再粘上、压平。这样粘补的袜子，搓磨、水洗都不会脱丝。

38.用指甲油封丝袜破洞

稍不留意长筒丝袜就会出现破洞，甚至会大片脱丝。这时如果在袜子刚出现破洞的地方滴上少许透明的指甲油，使之将破洞封住，破洞就不再扩大，即使水洗也无妨。此法对各种人造纤维类织物都适用。

39.治皮鞋裂纹

若皮鞋面出现了裂口或裂纹，可先在裂口处填入石蜡，再用熨斗小心熨平，然后再擦上与皮鞋颜色相同的皮鞋油即可。若黑色皮鞋面有小裂纹，可在砚台内放些鸡蛋清，将其研磨成浓稠的墨汁，用毛笔蘸些墨汁涂抹在皮面的裂纹处，放在通风阴凉的地方晾干，裂痕便会弥合。

40.修补鞋带包头

当鞋带包头给损坏后，给穿鞋造成了不方便，这时可剪下一块旧的牙膏皮或易拉罐皮，将原鞋带包头裹住便可。

（四） 衣物保养

1.收藏衣服的方法

（1）分类摆放：存放衣服时要注意衣物在衣箱或柜里摆放的顺序，最好把面料性质不同的衣服分开放置；纤维大多怕潮，应放在上层；最下层可放些较耐潮湿的丝织品；毛衣可放在中间部位；湿气最少的上层应放上绢类等容易发霉的衣物。

（2）由浅到深：将浅色衣服放在上层，深色衣服则放在下层。

（3）减少空气：装满衣箱或柜，并且尽量少开，以减少箱里的空气。

（4）防止污染：箱里要用牛皮纸或白纸

垫好，也要将缝间堵严，以防污染。

2.皮衣除皱

皮衣起皱时，可用电熨斗以60℃～70℃左右的温度熨烫，并用薄棉布做衬，同时不停地移动熨斗。

3.皮衣除霉

用柔软的干布蘸少许食醋或白酒可擦除皮面的发霉和生的白花。

4.皮衣防潮

皮衣如果淋雨受潮，应立即用柔软的干布轻轻把它擦干，然后放在阴凉处晾干。

5.皮衣防污

皮革容易产生受潮、起霉、生虫的现象。为此，要尽量避免接触酸性、油污和碱性等物质。

6.给皮衣涂蜡

涂一层无色的蜡在经常穿用的皮革衣物面上，可使它既防潮又美观。

7.皮革服装的防裂

皮革存放时的湿度不能太大，湿度过大，含水量就会增加，往往导致皮面发霉变质。此时若再加上烧烤或曝晒，皮革本身就会失去水分而减弱原有的韧性，导致龟裂。所以，当皮革服装遇雪或淋雨后，应将其擦干，然后在室温下自然干燥，避免日晒或者烧烤。此外，还要注意皮革服装不能接触碱类物品、汽油，否则皮革会变质脆裂、发硬、失去光泽。经整理好的皮革服装要避免折着放，以免断裂或折皱。

8.收藏皮革衣物

皮革衣物的表面处理干净、晾干后准备收藏时，可涂上一层夹克油，约2小时后，再用洁净的干布擦净，再晾干，然后装入放有防虫剂的箱柜即可。

9.收藏裘皮衣物

收藏裘皮衣物时，应先将裘皮衣物放于温和的阳光下吹晒（千万不能用高温曝晒，以免使毛绒卷曲、皮质硬化、毛面褪色），将

灰尘拍去。

用酒精细细把它喷洒一遍，把面粉用冷水调成的厚浆，顺着擦刷的毛皮面用手轻轻搓擦。搓完后将粉粒抖去，用衣架挂起，边晾晒边拍衣里和毛面，将粉末弹去。

一般粗毛皮（如羊、狗、兔等）只要将毛面朝太阳晒3～4小时即可。细毛皮（如紫貂、黄狼、灰鼠、豹狐等）可在皮毛上盖上一层白布，晒1～2小时，然后放在阴凉处吹干。

裘皮晾干凉透冷却后，应抖掉灰尘，再放入一块樟脑丸。然后取一块干净的布遮挂住裘皮衣物，再用宽的衣架挂入衣橱内即可。

10.如何使硬皮袄变软

使皮袄恢复柔软弹性的办法很简单，只要用5克明矾、一升清水和5克食盐搅匀，将皮袄放入水中浸泡10分钟左右，然后再用清水将其漂洗干净，晾干，皮袄自然就会变软了。

11.收藏皮衣

收藏前，应先将衣物用抹布擦净后，再打上少许凡士林油，然后再用软布仔细地打磨出光泽来。

收藏时，为避免影响皮革的质量与光泽，注意不能让皮衣直接接触樟脑丸或卫生球等。

另外，为避免皮革表面的光泽受到影响，也不要用塑料袋来装皮革衣物，因为塑料袋不透气，就会导致皮衣暗淡无光。还有，皮革衣物折叠时间太久容易产生皱痕，要想消除皱痕，可以用一个布袋套在皮革衣物上，然后用衣架在衣柜里挂好。

12.皮毛防蛀妙法

用薄纸把花椒包成小袋卷入皮毛内，妥当地将皮毛服装收藏好，可有效防止虫蛀。

13.收藏毛线

（1）缠绕樟脑法：把毛线缠绕在包有樟脑球的纸包外面，即可除虫。

（2）缠绕驱虫剂瓶法：把毛线缠绕在驱虫剂的瓶子或罐子上面即可除虫。

14.收藏毛线衣物

由于毛线衣物容易生虫蛀，因此要及时收藏起来。在收藏前，要先用温水浸透，然后将其放在洗衣粉低温水溶液中浸泡 15 分钟左右，用手轻轻揉洗干净，切记不可搓洗。冲洗干净后，将水分拧干（不要太用力拧），将其放在桌面上用力压干，挂在通风阴凉处晾干即可收藏。

15.保养黑色毛织物

毛线、呢绒等黑色的纯毛织物穿过一段时间后，颜色就会显得污灰不堪，失去原来的光泽。要想使它光洁如新，可以用 1000 克菠菜煮成一锅水，再用此水将洗净的衣物刷洗一遍即可。

16.收藏羊毛衫

收藏前要先洗净并晾干，叠好后要装袋平放，切不能挂放，以免变形，也不要与其他类的产品同袋混装。收藏时要注意存放在通风、避光、干燥处，存放时还要注意防蛀，可放些防蛀剂，但不可与羊毛衫直接接触，以免发生化学反应。

17.保养羊毛衫

羊毛衫穿了一段时间后要脱下来放几天，以消除一下羊毛衫的"疲劳"，保持它的弹性。穿羊毛衫时，很容易起小球，千万不要动手把这些小球扯掉，否则羊毛纤维会随之被拉出。汗渍、油脂很容易吸附在羊毛衫上，所以羊毛衫也不宜贴身穿，避免引起霉变和虫蛀等问题。

18.复原羊毛衫

羊毛衫穿久了，就会变硬缩短，要想使其复原，可将羊毛衫用一块干净的白毛巾裹好，隔水放在锅里蒸 10 分钟左右，取出来后赶快用力抖动，使其蓬松，同时还要小心地拉成和原来一般大，再平铺在薄板上，用衣夹固定，放在通风处晾干便可。

19.收藏呢料衣服

在收藏前，可先拿出去晒一晒，将上面的尘土拍干净，均匀地喷洒些汽油，然后再用毛巾擦一擦。若呢料衣服上有油污，可以在油污处用布蘸上些汽油反复擦拭，干净后将其晾在通风阴凉处，让汽油自然挥发，最后铺上一层干净的湿布，用电熨斗将其熨平后就可以放心收藏了。

20.收藏呢绒衣物

（1）将衣里朝外叠好，注意要将衣领翻起，然后尽量平整地装入衣箱的上层，避免重压。

（2）收藏呢绒衣物最合适的方法。就是将呢绒衣物吊挂在衣柜内。

（3）可用薄纸裹好樟脑丸等防虫剂后放入衣服内，这样既可防蛀也可避免产生污痕。

21.收藏化纤衣服

为避免化纤衣服起球，在洗化纤的时候不可用力刷或搓，也不可用热水来烫洗，以免收缩或起皱。洗好后，要用清水清洗干净，放到通风阴凉处晾干。为防止虫蛀，可用白纸包好的樟脑丸放在衣服处，但不可接触樟脑丸，以免损坏衣物。

22.收藏纯毛织品和丝绸

收藏时，应先刷掉或拍除衣料上的灰尘，并用罩布将其遮盖起来。而丝绸服装最好放在箱柜上层，以免压皱，然后可以再放一块棉布在上面，防止潮湿空气浸入。

23.收藏丝绸衣服

（1）忌与其他衣服混放：丝绸衣物与毛料混放，会使丝绸织物变色。桑蚕丝衣物与样蚕丝衣物混放，桑蚕丝衣物会变色。

（2）蓝纸包衣：白色丝绸衣物要用蓝颜色薄纸包严后再收藏，否则容易变黄；花色鲜艳的丝绸衣物要地用深色纸包起来后再收藏，否则容易褪色。

（3）洗净晾干：收藏丝绸衣物前，应先洗净晾干，再熨烫一下，可达到防蛀防霉杀虫灭菌的功效。另外，为防止衣物变形，不宜久挂丝绸衣服。

（4）忌用樟脑：不能直接让丝绸衣物接触卫生球和樟脑丸，否则衣物容易变黄。

24.保养丝绸衣服

丝绸衣物吸湿性较强，在比较潮湿的空气中，容易吸收水分造成霉斑。因此，一定要将丝绸衣物晾干晾透后再收藏。同时也要保持存放丝绸衣物的箱柜干燥、清洁。

25.保养真丝衣物

真丝印花绸的衣物，特别是浅色面料的，吸汗过多容易变质、变色、破损。所以最好不要贴身穿，同时应注意勤洗勤换，还要避免在粗糙的物品上摩擦真丝衣物。

26.收藏棉衣

收藏棉衣，最担心的是棉衣容易发霉，因此在收存前，应先把它洗干净，若不洗干净棉衣，其上面的油污吸潮后就会发霉。到了雨季，若遇上了好的天气，应把它们拿出来放到阳光下晒几次，否则更容易发霉。

27.收藏纯棉衣物

浆洗容易导致虫蛀和霉变，因此，收藏前切记不要浆洗。为防布料发脆和虫蛀，收藏新衣物前，要将浮色和浆料用清水清洗干净。纯棉衣物经洗净晾干，稍加熨烫后再收藏。如果经常取出在阳光下晒晒可以让它历久如新。

28.收藏春季衣服

春季穿过的衣物要先将灰尘拍去，洗干净后，挂在通风处晾干。为免沾染灰尘，收藏时要用塑料袋或衣套套住衣物。

29.收藏夏季衣服

夏季的衣物要勤洗、勤晒。对要收藏的只要洗干净后，晒干、熨好即可。收藏时为防潮气，要装入塑料袋中保存。

30.收藏秋季衣服

秋季的衣服最容易发霉受损。穿过的衣物一定要洗净后晒干、熨好，并挂在通风处干燥后再收藏。注意：应始终保持衣柜干燥，衣柜里装一只小灯泡是除湿气的一个好办法。

31.收藏冬季衣服

冬季住房潮湿，衣物很容易发霉，应在晴天将衣物洗晒后再收藏。存放时为防霉湿，可将生石灰用布包好，放入衣柜。

32.收藏纯白衣服

（1）白色衣物可能会吸收木制衣柜的颜色。因此无论挂起或折起收藏，都需把它套上透明塑料袋，外面再套上深色衣服。

（2）樟脑丸也会污染布料，所以切忌在口袋中放樟脑丸，除湿剂可放在衣柜内一角落。

（3）一定要洗净油渍、污渍、水果渍等各种污渍。其中较难除掉的油渍可利用洗涤灵完全清除。

（4）一定不能残留洗衣剂，要将洗衣粉彻底冲洗干净。

33.保养西服

首先，最好能有两三套西装交换着穿，如果一件西装连续穿多日，会容易加速西装变旧和老化。其次，如果西服口袋里填满东西又吊挂，衣服易变形。所以要及时清除口袋里的物品，西服一换下，口袋里的物品也要立即掏出。然后，灰尘是西服最大的敌人之一，西服经穿着后一定会弄脏，这就会使西服的色彩混浊，失去原有的清新感，所以须经常用刷子轻轻刷去表面的灰尘。最后，久穿或久放在衣柜里的西服，若能挂在充满蒸汽的浴室里，过一会儿皱褶就会自动消失。

34.保养领带

（1）洗涤不要太过频繁，防止色泽消褪。

（2）佩戴领带时手指一定要洁净。

（3）换领带的时候，要把领带的拦腰挂在衣架中，可以保持它的平整。

（4）为防丝质泛黄走色，领带不能在阳光下曝晒。

（5）领带收藏时，最好先熨烫一次，以达到防霉防蛀、杀虫灭菌的目的。

（6）存放领带时要干燥，不要放樟脑丸。

35.保养内衣

（1）腾出一个特别用来存放内衣的柜子，专门用来存放短裤、胸罩等，这样，不但取拿非常方便，而且整齐、卫生干净。

（2）在内衣收藏前，一定要仔细地洗净，并用漂白剂将其漂白，再晾干，以防内衣泛黄。

（3）如果抽屉内没铺专用的薄垫或白纸，则不要将内衣直接放进柜内。若直接放进去，内衣就有可能变黄、变色。

（4）内衣有些香味非常好。可在柜内放些香片、干花、空香水瓶，使内衣染上香味。

36.收藏泳装

一般泳衣在收藏前，要用热水浸泡一下，去掉盐碱迹，然后再挂起来。

37.放置樟脑丸

应将樟脑丸放在衣柜的最上层，由于樟脑精、樟脑丸在从固态变成气态以后，其比重要比空气重，若把它们放在衣柜的最上层，可使气体从上往下飘过衣物，从而获得很好的效果。

38.用浴室蒸汽除衣皱

首先将浴室里用来沐浴用的热水龙头打开，直到浴室里充满了蒸汽，然后关上热水龙头，在浴室里面把衣服用衣架挂好，并把浴室的门窗关紧后离开。一般一个晚上以后，衣服就会变得平整，上面的皱纹也会消失干净。

39.保养雨衣

为防止损坏防水层，降低其防水性，雨衣淋湿后，一般不宜擦拭和曝晒。最好的方法是用双手提起衣领，将水珠抖去，放到通风阴凉处慢慢晾干，然后用熨斗略熨一熨使它恢复平整。洗涤雨衣时，可把它浸泡入30℃以下的中性洗涤剂溶液中约10分钟，然后把它平铺在搓衣板上，轻轻刷洗。注意洗涤液不宜温度过高，碱性大的洗涤剂和汽油、酒精等有机溶剂也不宜使用。洗净后应放到通风阴凉处晾干，再将熨斗温度调至

70℃左右把它熨平。

40.护理皮鞋

（1）皮鞋隔一天穿一次，能避免由于撑开的额度及褶皱无法恢复所引起的变形。

（2）汗水会使皮鞋里产生湿气，所以穿了一整天之后回到家里，应将皮鞋放于通风凉处吹吹风，以防细菌滋生。

（3）平常可用软毛或鞋布擦去皮鞋表面的灰尘，用尖头刷子去除鞋身与鞋跟间的缝隙部分的尘垢。为防止皮鞋变形，还应放入鞋撑，如没有鞋撑，也可放入旧报纸代替。

（4）要使其保持其表面光亮润泽，应尽量避免用液体鞋油来擦鞋，可以定期地使用同色系列的鞋油来擦拭皮鞋。

（5）上鞋油时，注意要将鞋油涂在鞋布上后，再进行擦拭。

（6）若皮鞋不慎被弄湿，应用干布吸去水分，然后待其自然风干。

（7）清洁皮鞋时要采用不同的护理方法和护理用品。

41.除皮鞋的白斑

当皮鞋上出现白斑，可用酒精或温水将白斑擦掉，涂上鞋油，将鞋放在通风处，半小时之后白斑已消失，即可穿用。

42.收藏皮鞋

保护皮鞋要多擦油、少浸水。要把鞋放在纸盒里，存放在干燥处。而存放皮鞋前，最好用撕碎且揉成团的旧报纸塞在鞋里，以防变形。再在鞋面涂抹菜油或猪油，以保护皮面不干皱。

收藏皮鞋时要想防止皮鞋干裂变形和生霉变质，可以采用以下办法：先把穿过的皮鞋用湿布擦净、晾干，打上鞋油，再用鞋刷把它擦亮，装入不漏气的塑料袋里，将袋内气体排出，用绳子扎紧袋口。

43.防皮鞋变形

为了使皮鞋不变形，可将鞋用鞋撑子撑起来，或者将旧报纸揉成团塞在鞋里，然后

再用布或纸包好，放在阴凉通风处即可。

44.防皮鞋坏死干裂

用湿布将皮鞋擦干净，晾干，再打上鞋油，待稍稍干后用鞋刷将其擦亮，然后装入不漏气的干净塑料袋里面，排出袋内的空气，将袋口用绳扎牢。这样能有效地防止皮鞋干裂。

45.防皮鞋生霉

对于室内比较潮湿的房间，皮鞋久放不穿就会生霉，这时，可以在鞋里放两小包石灰，鞋就不容易生霉了。

46.防皮鞋落灰

皮鞋久放不穿，容易在鞋面聚积一层层灰，若在不穿的时候，用旧的丝袜将皮鞋一只只套起来收藏，既干净又方便。

47.收藏皮凉鞋

首先要做好皮凉鞋鞋底、鞋面的保养工作，一般不能用湿布来擦，更不能放入水中浸洗。否则鞋面上的色光浆容易被擦去而影响美观。各种光面革的凉鞋，要想它始终保持光亮色泽，可先用普通的白色橡皮轻轻擦拭鞋面，然后再用干净软布将橡皮屑擦掉，再擦上白鞋油，待略干后再用鞋刷反复轻刷，

最后用软布擦拭干净即可。红色或棕色皮鞋，可在鞋上涂些柠檬汁，再用鞋油擦。

其次还要为仿皮凉鞋或皮凉鞋底去污。皮凉鞋鞋底要用干刷子刷；橡胶底或仿皮底则用刷子蘸水洗净。

在收藏皮凉鞋时，为防止霉变，应晾干鞋内的汗水潮气，并塞些布在鞋内，以免鞋面松塌，然后将其放在鞋盒内。

48.保养泡沫拖鞋

新买回来的泡沫塑料拖鞋，在穿以前，可将鞋放在盐水里浸泡半日后再穿，这样就不容易发生破裂，且比较耐磨。

49.收藏皮靴

将皮靴打上油后，用刷子刷亮，然后用旧报纸或碎布塞实靴尖，再在靴腰塞两个空饮料瓶，可防变形。

50.收藏翻毛皮鞋

在收藏以前，先用一块湿布把鞋擦干净，然后再将其放在通风、阴凉处晾干。待皮鞋快干的时候，再蘸些毛粉用硬毛鞋刷上，将其再擦擦鞋面，这样，毛便会蓬松起来，再放在有风处吹吹，翻毛即会恢复其原状，然后再用纸将其包好，装入鞋箱里即可。

❀ 二、饮食 ❀

（一）洗切食品

1.清洗蔬菜的一般方法

由于农民在种菜时常常使用农药和化肥，为了除去残留在蔬菜表皮上的农药，可使用淡盐水（1%～3%）洗涤蔬菜，这种方法效果良好。此外，秋天的蔬菜容易生虫，虫子喜欢躲在菜根或菜叶的褶纹里。用淡盐水将菜泡一泡，可除去虫子。在冰箱中贮存

时间较长的菜容易发蔫，可在清水中滴三五滴食醋，将菜泡五六分钟后再洗净，这样可使蔬菜回鲜。

2.浸泡去农药

对于白菜、菠菜等，可浸泡在清水中除去农药。还可加入少量洗涤剂在清水中，浸泡大约30分钟，再用清水洗净。

3.烫洗除农药

对于豆角、芹菜、青椒、西红柿等，先

烫 5 ~ 10 分钟再下锅，能达到清除部分农药残留的效果。

4.削皮去农药

对萝卜、胡萝卜、土豆，以及冬瓜、苦瓜、黄瓜、丝瓜等瓜果蔬菜，最好在清水漂洗前先削掉皮。特别是一些外表不平、细毛较多的蔬果，容易沾上农药，去皮是有效除毒的方法。

5.冲洗去农药

对韭菜花、黄花菜等花类蔬菜可一边排水一边冲洗，然后在盐水中浸泡一下。

6.用淘米水去除蔬菜农药

呈碱性的淘米水，对解有机磷农药的毒有显著作用，可将蔬菜在淘米水中浸泡 10 ~ 20 分钟，再用清水将其冲洗干净，就可以有效地除去残留在蔬菜上的有机磷农药；也可将 2 匙小苏打水中加入盆水中，再把蔬菜放入水中浸泡 5 ~ 10 分钟，再用清水将其冲洗干净即可。

7.加热烹饪去蔬菜农药

要去除蔬菜表面的残留农药，应在食用前经过烹煮等方法去除农药残留，方可让大家吃得放心。经过加热烹煮后大多数农药都会分解，所以，烹煮蔬菜可以消除蔬菜中的农药残留。加热也可使农药随水蒸气蒸发而消失，因此煮菜汤或炒菜时不要加盖。

8.用清水冲洗蔬菜

清洗蔬果最好用流动的清水冲洗，借用水的稀释及清洗能力，可以去除掉大部分残留在蔬果表面上的农药。使用盐水、清洁剂或在清水中长时间浸泡，对清除农药残留的效果均不如这个方法。

如果是小黄瓜、杨桃、西红柿、青椒、苦瓜等有皮的瓜果类蔬菜，则可用软毛刷配合清水冲洗。另外，大白菜、高丽菜等包叶菜类蔬菜，可丢弃外围的叶片，逐片冲洗内部菜叶。青江菜、小白菜、菠菜等小片菜类蔬菜的叶柄基部，水果、青椒的向上凹陷处，均易残留农药，需部分切除或仔细冲洗。

9.淡盐水使蔬菜复鲜

买回的蔬菜若储存时间较长，容易流失水分而发蔫，用 1% 的食醋水或 2% 的盐水浸泡过后，便能使蔬菜水灵起来。

10.加盐去菜虫

洗菜时，取适量食盐撒在清水中，反复揉洗后，即可清除蔬菜里的虫子。也可用 2% 的淡盐水将蔬菜浸泡 5 分钟，效果相同。

11.用清洁球去鲜藕皮

用刀削鲜藕皮常常会削得薄厚不匀，且削过的藕还易发黑。用金属丝的清洁球擦鲜藕，能够擦得又快又薄，连小凹处都可以擦到，去完皮的藕还可以保持原来形状，既白又圆。但擦前应先用水将藕冲湿。

12.用清洁球刷土豆皮

用金属丝清洁球去刷土豆皮，省时又省力。此法刷当年产的土豆效果最好。

13.开水冲烫去土豆皮

可先用开水将洗净的土豆烫上 3 ~ 5 分钟（以水没过土豆为宜），拿小刀或指甲盖轻刮，土豆皮即可剥落；甚至有时用手捋一下，土豆即变得光洁干净。

14.土豆去皮放醋

土豆去皮的过程比较麻烦，可以先用热水将土豆浸泡一下，然后放入冷水中，这样很容易去皮。因为土豆皮中含有较为丰富的营养物质，所以土豆去皮越薄越好，不宜太厚。土豆去皮后，要存放于滴有几滴醋的冷水中，这样可使土豆洁白。

15.剥芋头皮的小技巧

芋头皮刮破后，会流出乳白的汁液，这种汁有强刺激性，手沾上会很痒。刮芋头前，将芋头放热水中烫一烫，或在火上烘烘手，这样即使不小心手沾上汁液也不痒。

16.切黄瓜技巧

（1）将黄瓜整条洗净后，将上下两面都斜切成薄片（不要切断）。这种蛇形切法，不但口感好，还容易入味，适合凉拌食用。

（2）在砧板上撒些盐，放上黄瓜轻压滚动，再用棒轻轻拍打，最后将其撕开，这样加工的黄瓜，咸淡适宜，清脆可口。

17.西红柿去皮的技巧

这种方法可以戏称为：先洗"热水浴"，再冲"凉水澡"。西红柿的营养丰富，既可生吃也能熟食，但是去皮难。若先用开水淋浇，再用冷水淋浇，则能轻易去皮。

18.切西红柿的技巧

切西红柿容易使种子与果肉分离，流失果浆。因此切时要看清表面的"纹路"，将西红柿蒂放正，顺着纹路切，便不会流失果浆了。

19.水中切洋葱不流泪

洋葱内含有丙硫醛氧化硫，这种物质能在人眼内生成低浓度的亚硫酸，对人眼造成刺激而催人泪下。由于丙硫醛氧化硫易溶于水，切洋葱时，放一盆水在身边，丙硫醛氧化硫刚挥发出来便溶解在水中，这样可相对减少进入眼内的丙硫醛氧化硫，减轻对眼睛的刺激。若将洋葱放入水中切，则不会刺激眼睛。

另外，洋葱冷冻后再切，丙硫醛氧化硫的挥发性降低，也可减少对眼睛的刺激。

20.切茄子防氧化

在加工茄子的过程中要注意防止氧化。切开后的茄子，应立即浸入水中，否则茄子会被氧化而成褐色。

21.辣椒去蒂再清洗

人们在洗辣椒时，习惯将其剖成两半，或者直接清洗，这种方法是不对的，因为青椒的生长姿势和形状使农药容易积累在凹陷的果蒂上。

22.剥豌豆荚

剥豌豆荚时，把豌豆取出，用手将豆荚的上端一折，然后顺势一推一拉，即可去掉一层硬膜，留下两片豆荚，又薄又嫩，洗净后用来与肉丝烹炒，味道非常可口。

23.洗豆腐的技巧

将豆腐放在水龙头下开小水冲洗，然后泡在水中约半小时，可以除去涩味。泡在淡盐水中的豆腐不易变质。

24.洗生姜

生姜去皮会使其调味效果减半，因此洗生姜最好不去皮。生姜可研磨或剁碎后食用，也可榨成姜汁，最好是连皮一起食用。

25.温水泡蒜易去皮

"夏天常吃蒜，身体倍儿棒"，但剥蒜皮很费事。把大蒜掰成小瓣，在温水中泡一段时间，待蒜皮软了，就易剥去了。

26.盐水洗木耳

泡木耳时用盐水，浸泡约一个小时，然后再抓洗。接着用冷水洗几遍，就可去除沙子。

27.用淀粉清洗木耳

用温水把木耳泡开后，即使将其挨个洗一遍，也不一定能洗净。可加两勺细淀粉在温水中，再将细淀粉、木耳、温开水和匀，这样可使木耳上的细小脏物吸附或混存于淀粉中。捞出木耳用清水冲洗，便能洗净了。

28.米汤泡木耳

要使木耳松软肥大，可用烧开的米汤来泡发木耳。

29.用凉水泡木耳好

发木耳时最好用凉水，由于干制的木耳细胞塌瘪，因而变得干硬。要恢复其原有的鲜嫩，需泡发较长时间。若热水急发，因时间短，吸水不足，而且水温高会造成细胞破裂，影响水分的吸收，导致发制的木耳变烂。若改用冷水泡发，虽然时间长些，但不会有上述毛病，且口感亦佳，出品率提高（500克干木耳能发制2250克水发木耳）。

30.用糖洗蘑菇

加25克糖于1000克温水中，将蘑菇洗净切好放入，浸泡约12小时，加糖泡蘑菇，可使蘑菇吸水快，保持清香，且因糖液浸入了蘑菇，味道更加鲜美。

31.用盐洗蘑菇

蘑菇表面的黏液会使粘上的泥沙难以清洗。在水里放点盐，把蘑菇放入泡一会儿再清洗。粘沙的香菇在清洗时，要朝一个方向搅，这样泥沙容易掉下。

32.用淀粉洗香菇

烹制木耳、香菇等菜肴时，常用温水浸泡。若在其涨发后加进少量湿淀粉清洗，然后再拿清水冲洗，则可去沙，且色泽艳丽。

33.用淘米水泡发干菜

淘米水发干菜有很好的效果。用淘米水发干菜、海带等干货，很容易发涨，而且较容易烹制烂。

34.泡发猴头菇

猴头菇的泡发要根据季节决定。春、夏、秋的猴头菇要用温水泡，冬季的则用热水或开水泡，须浸透泡软。然后用手将菇内杂物、水分、气味挤出，再用清水将菇洗净，挤出菇内的水分。

35.用温水泡黄花菜

黄花菜又名金针菜，不仅有较高的营养价值，而且味道鲜美。但若泡发的方法不正确，则会导致口感变差，质地不好。正确的泡发方法是，将黄花菜浸入温水中，直至泡软。如果用冷水泡发，则不易激发香味；若用开水泡发，则黄花菜会发艮。故以温水泡发为佳。

36.用沸水泡百合

用沸水将干百合泡 30 分钟，然后将其洗净，再放入清水泡 1 小时左右，就可以烹制了。

37.发笋干小技巧

涨发笋干的时间较长，程序较为复杂。涨发的具体方法是：将笋干放入加满水的锅中，煮大约 20 分钟后，用小火焖数分钟，然后取出，洗净，弃除老根，再泡于清水或者石灰水中备用，吃不完剩下的涨发笋干，可

每隔 2 ~ 3 天换次水。冬笋还可制成玉兰片。先用开水泡约 10 小时，后用文火煮十多分钟，再用淘米水浸泡，须换水数次，浸泡约 10 小时，直至横切开无白茬。淘米水泡发的玉兰片色泽鲜白，质感非常好。

38.用洗涤剂洗蔬果

在农药的生产过程中，需加入一些油性载体，便于喷洒和使用时能更有效地黏附在农作物表面，以提高灭虫的效率。这些残余的有毒附着物和其他病菌，光用清水无法洗净。餐具洗涤剂中含有多种乳化剂和活性物，能溶解各种有害物质和污渍，在漂洗时随水冲走。清洗的正确方法是：滴几滴餐具洗涤剂在清水中，搅拌一下，洗去蔬菜瓜果表面的泥土脏物后，放在里面浸泡约 10 分钟，再捞出，就可以食用了。

39.水煮法洗水果

一些外壳、外皮耐温坚硬的水果，可在开水中煮约 1 分钟，即可除去其表面 90% 以上的农药。将不易洗净的瓜果先用刷子刷洗，再用沸水煮，效果也不错。

40.用盐水清洗瓜果

为了去除瓜果表皮的寄生虫卵、某些病菌或残存的农药，在瓜果食用前，可先将瓜果放入盐水中浸泡 20 ~ 30 分钟。

41.清洗桃子的技巧

往装有桃子的塑料袋里倒入十几滴的洗涤灵，再灌入清水（以没过桃子为度）。在洗菜盆里放小半盆水（可使摇动省力），一手拎着放入盆里的塑料袋或是两手抓住袋口，不断地摇动塑料袋，使桃子自己在袋内转动，即可借助摩擦力去掉桃毛。这样顺时针、逆时针地摇动两三分钟左右之后，一手轻轻攥住袋口，另一只手托着袋底将水倒出，然后注入水进行清洗，直至洗净为止。每袋以 2000 克为宜，此法关键在于摇动时要迫使桃子自己转动。

42.用盐去桃毛

用水将桃子淋湿，将一撮细盐抹在桃子

表面，轻搓几下，要将整个桃子搓遍；然后把沾了盐的桃子放入水中浸泡片刻，浸泡时可随时翻动；再用清水冲洗，即可全部除去桃毛。

43.用清洁球洗桃

可用清洁球洗桃子，能够洗得光滑干净，效果很不错。

44.剥橙子皮

剥橙子皮时往往需拿刀切成4瓣，可这样会让橙子的汁损失掉。可将橙子放在桌上，用手掌揉，或是用两个手掌一起揉，1分钟左右之后，皮就好剥了。

45.洗草莓

用清水洗净草莓，再放入盐水中浸泡5分钟，然后用清水冲去咸味就可食用。此法既可杀菌，也可保鲜。

46.开水果罐头

水果罐头难以拧开时，可点着打火机，将瓶对准火苗绕圈烤约1分钟，就可以轻松地打开罐头了。

47.洗芝麻

把芝麻放到小布袋里，将袋口对着水龙头，用手在外面反复搓洗，直到从袋里流出的水清为止。然后将水沥干，冬季放到暖气上，其他三季晒干。这样就可随用随取，避免了淘洗时的浪费。

48.糖水泡后易剥栗子皮

毛栗的涩皮较难去除。所以在煮毛栗之前，先将毛栗置于糖水中浸泡一夜，可将涩皮去除干净。

49.菜刀剥板栗

用菜刀在每个板栗上切一小口，加入沸水中浸泡，1分钟左右便可从板栗的切口处入手，迅速将板栗肉剥出。这是利用板栗果仁和皮的温度膨胀系数相异的原理，如鸡蛋煮熟后，马上放入冷水中，就非常容易剥壳，也是这个原理。

50.太阳晒使栗子皮易剥

将要吃的生栗子置于阳光下晒1天后，栗子壳会开裂。这样，不管生吃或是煮熟吃，剥去外壳及里面的薄皮都很容易。将要储存的栗子最好不要晒，因为晒裂的栗子无法长期保存。

51.剥核桃壳

核桃仁在凹凸不平的桃壳里，通过砸开桃壳很难取出完整的桃仁。可以先大火蒸核桃约8分钟，取出后立即放入水中浸泡，两三分钟后，捞出破壳，这样就可取出完整的桃仁。或将核桃放在糖水里浸泡一晚，也便于去壳。

52.剥莲子衣的妙招

莲子衣是非常好的补品，但要剥下莲子衣是件很麻烦的事。在锅中盛上溶有食用碱的沸水，放入干莲子（1000克水，25克食用碱，250克干莲子），盖上锅盖，焖数分钟，然后用刷子反复推擦锅中的莲子，要恒速进行（动作要快，若时间太长，莲子发涨，皮就较难脱掉）。剥完后用凉水冲洗，直至洗净，莲子心可用牙签或细针捅掉。

53.剥榛子皮

榛子好吃且有营养，不过剥皮很费劲，若将其放入水里浸泡七八分钟，一咬即开。吃松子也同样可用此法。

54.剥蚕豆皮

在搪瓷或陶瓷器皿内倒上开水，加入一定量的碱，放入蚕豆后焖上几分钟，蚕豆皮即易剥下。但其豆瓣必须去除碱味，需用水冲洗。

55.除去大米中的砂粒

可用淘金原理来淘米。方法为：取大小两只盆，大盆中加进半盆多的清水，把米放进小盆，然后连盆浸到大盆的水中；再来回地摇动小盆，不时将悬浮状态的米及水倒入大盆内，无需倒净，也不必提起小盆；这样反复多次后，小盆的底部就只剩少量的米和砂粒了；若掌握得好，即可全部淘出大米，

生活篇33

小盆底则只剩下砂粒。

56.切蛋糕的技巧

在切生日蛋糕和奶油蛋糕时要使用钝刀，切之前把刀在温水中浸一下，这样蛋糕就不沾刀了。用黄油擦擦刀口也可达到此效果。

57.切大面包的技巧

先将刀烧热再切大面包。这样面包不会被压得粘在一起，也不掉碎渣，面包不论薄厚都能切出好形状。

58.切黏性食品的技巧

切黏性食品时容易粘刀，而且切得不好看。若将刀先切几片萝卜，再切黏性食品，就不会粘刀了。

59.洗鱼应先掏内脏

先剖鱼肚，后刮鱼鳞。通常人们先刮鱼鳞，这样容易压破鱼的苦胆，而污染鱼肉，吃起来会很苦。所以应该先剖鱼肚，把肚内的东西都掏出来。洗鱼要整条清洗，不要切开了洗，否则会丧失很多养分。

60.盐水洗鱼

用凉浓盐水洗有污泥味的鱼，可除污泥味。在盐水中洗新鲜鱼，不仅可以去泥腥，且味道更鲜美。至于不新鲜的鱼，先用盐将鱼的里外擦一遍，一小时后再用锅煎，鱼味就可和新鲜的一样。而且，用盐擦鱼还可去黏液（因为鱼身上若有黏液，黏液易沾染上污物）。在洗鱼时，可先用细盐把鱼身擦一遍，再用清水冲洗一下，会洗得非常干净。

61.洗鱼去黏液法

在养有鲜鱼的盆中，滴入 1～2 滴生植物油，就能除去鱼身上的黏液。

62.洗鱼块的技巧

在竹箩内把鱼块排好，倒水反复冲洗，再用干净的布或纸巾把水擦干。

63.洗宰杀的活鱼

现在大多是卖鱼人负责宰杀活鱼，但是他们不一定会收拾得很干净，所以拿回来后

要彻底地清洗，以免成菜有很大的腥味。

（1）鱼鳞：必须要彻底地抠除所有鳞片，以免成菜后的鱼头中夹沙，会变得非常难吃。

（2）额鳞：即鱼下巴到腹部连接处的鳞。这部分鳞因为要保护鱼的心脏，所以很牢固地紧贴着皮肉，鳞片碎小，不容易被发现，却是成菜后鱼腥味的主要来源。尤其是在加工海洋鱼类时，必须削除额鳞。

（3）腹内黑衣：在鲢鱼、鲤鱼等鱼类的腹腔内有一层黑衣，既带来腥味，又影响美观，在洗涤时必须要刮洗干净。

（4）腹内血筋：有些鱼的腹内深处、脊椎骨下方隐藏着一条血筋。加工时一定要将其挑破，并冲洗干净。

（5）鱼鳍：保留鱼鳍的目的是成菜后美观，若鱼鳍松散零乱的话就会适得其反，应适度修剪或全部去除。

（6）肉中筋：在鲤鱼等鱼类的鱼身两侧各有一根长而细的白筋，在加工时应剔除。宰杀去鳞后，将鱼身从头到尾抹平，可在鱼身侧面看到一条深色的线，白筋就位于这条线的下面。在鱼身的最前面靠近鳃盖处割上一刀，就可看见白色的白筋，一边捏住白筋往外轻拉，一边用刀背轻打鱼身，这样抽出两面的白筋，再烹调。

64.洗河鱼

食用河鱼时会觉得有一股泥腥味，把鱼浸泡于有食盐、葱、姜的水中，可去腥味。

65.洗海鱼

海鱼需多洗，特别是鱼鳃和肚要洗干净，才会没有腥味。

66.洗鳝鱼和甲鱼

鳝鱼和甲鱼要先刮鳞破肚，在除去鳃肠后不应多洗，因为血留着味道更鲜美。

67.热水洗带鱼

用约 80℃ 的热水将带鱼烫 10 分钟，然后在冷水中刷洗，就能去掉鳞。若带鱼较脏，可用淘米水洗。

68.清水冲洗带鱼

用热咸水将带鱼浸泡一下，然后用清水冲洗，不仅极易洗净，且鱼体变白，非常清爽。

69.洗墨鱼

由于墨鱼身体内有大量的墨汁，清除非常困难。刚买的墨鱼，要先剥掉表皮，撕开背皮，抽掉灰骨，然后把墨鱼放入清水中，以防墨汁弄脏厨具或不小心溅到衣服上。在水中掏出其内脏，并在水中取出墨鱼眼，使墨汁流尽，再冲洗干净。

70.洗鳖肉

吃鳖要讲究鳖肉的洗刷。鳖的胆囊应小心取出备用。鳖肉先要切块清洗，滤干水，然后用鳖的胆汁擦鳖肉多遍，最后用清水洗鳖肉，使其无苦味，方能烹调。这样洗刷的鳖肉味道鲜美。

71.杀黄鳝的小技巧

黄鳝较难宰杀。把洗过的黄鳝盛在容器内，倒入一小杯白酒，注意：酒的度数不要过低，黄鳝便会发出猪崽吃奶似的声音。待声音消失后，黄鳝醉而不死，此时即可以取出宰杀。

72.让泥鳅吐泥

泥鳅在清洗前，必须让其全部吐出腹中的泥。将泥鳅放入滴有几滴植物油或一两个辣椒的水中，泥鳅就会很快吐出腹中的泥。

73.用盐水化冻鱼

刚从冰箱拿出的冻鱼，若想立刻烹调，一定不要用热水烫。在热水中，冻鱼只有表皮受热，而热量传到其内部的速度很慢。这样不但冻鱼很难融化，而且鱼的表皮容易被烫熟，导致蛋白质变性，影响其鲜味和营养价值。所以应在冷水中浸泡冻鱼，加些盐在水中，这样冻鱼不但能很快化冻，而且不会损坏肉质。

74.抹醋使鱼鳞易刮

做鲜鱼，往往很难刮掉如鲫鱼、鲤鱼等的鱼鳞。刮前，在鱼身抹些醋，一两分钟后再刮，鳞就十分容易刮掉。醋还可以起去腥易洗的作用。

75.用自制刮鳞刷除鱼鳞

根据使用的方便程度找一个适当大小的木板。把铁质啤酒瓶盖反钉于木板上，一般钉3～5排。这就是自制的刮鳞刷。特别适于用它刮青鱼、鲤鱼等鱼的大片鱼鳞。

76.搓澡巾刮带鱼鳞

可把搓澡巾套到手上刮带鱼鳞，这样省时省力且干净利索，又不会刮破鱼肉。但去鳞前应该先将带鱼的边鳍去掉，以免刺伤手。

77.玉米棒去带鱼鳞

将带鱼放在温水里泡，然后用脱粒后的玉米棒将带鱼来回擦洗，此法既快也不损伤肉质。

78.百洁布去带鱼鳞

可拿用过的百洁布去擦带鱼的鱼鳞。只要把它在带鱼身上一擦，就可把白鳞抹掉了，又省力又干净。

79.热水浸泡去带鱼鳞

（1）用温热的碱水把带鱼浸泡一会儿，再清水冲洗，就能将鱼鳞洗净。

（2）用80℃左右的热水将带鱼烫15秒钟，然后马上将其放入冷水中，这时用刷子能很快刷掉鱼鳞，也可用手刮。

80.切咸干鱼

咸干鱼非常硬，切起来费劲。用生姜的横切面擦擦菜刀，再抹点香油就好切多了。其他腌货也可用这个方法。

81.切鱼肉用快刀

切鱼肉要使用快刀，由于鱼肉质细且纤维短，容易破碎。将鱼皮朝下，用刀顺着鱼刺的方向切入，切时要利索，这样炒熟后形状才完整，不致于凌乱破碎。

82.切鱼肉妙方

切时将鱼皮朝下放，刀口斜入进去，顺着鱼刺方向斜切成片状，炒熟后其形状会很完整。

83.切鱼防打滑的小窍门

在鱼的表皮上有一层非常滑的黏液，所以切起来容易打滑，先将鱼放在盐水中浸泡一下再切，便不会打滑了。

84.泡发海米的技巧

海米泡发的方法：先用温水清洗干净，再用温水浸泡三四个小时，待回软便可。也可以用凉水稍泡后，上笼蒸软。夏天，已经发好的海米若吃不完，应加醋浸泡，这样可以延长保质时间。

85.海参的涨发技巧

先用冷水将干海参浸泡1天，剖开掏出内脏洗净，用暖瓶装好开水，将海参放入后塞紧瓶盖，泡发约10小时。期间可倒出检查，挑出部分已经发好的海参，放在冷水中待用。

灰参、岩参等的皮厚且硬，可先用火把外皮烧脆，拿小刀刮去海参的沙，在清水中泡约2小时，再在热水中泡1晚，取出后剖开其腹部，除去内脏，洗净沙粒和污垢，最后泡三四天便可。注意：一天要换1次水。

尤其要注意：海参涨发时，千万不能碰着油盐，即使是使用的器皿，也不能碰油盐，因为海参遇油容易腐烂，而遇盐较难发透。

86.海带速软法

用锅蒸一下海带也可促使海带变软。海带在蒸前不要着水，直接蒸干海带，蒸海带的时间长短由其老嫩程度决定。一般约蒸半小时，海带就会柔韧无比。泡海带时加些醋，也可使海带柔软。待海带将水吸完后，再轻轻将沙粒洗去。

87.泡发海螺干的技巧

先将海螺干放入30℃~40℃的温水中浸泡，直至回软，然后取出清洗干净，慢火将海螺煮至发软，再用碱水（500克干海螺8克碱）浸泡，泡至富有弹性，清水洗净碱质，便可食用。

88.泡发鱼翅的技巧

先用开水浸泡至回软，再刮除皮上的沙。反复刮至沙净。然后放在冷水锅中加热，待水沸后离火。等水凉后捞出，去骨，再入锅，加适量碱，水沸后文火煨约1小时，直至用手掐有弹性，出锅，换水漂洗至碱味去尽，即可烹制。根据鱼翅厚薄、老嫩、咸淡不同，在加工时间的长短、火力的大小方面适度调节。

89.发制鲍鱼的技巧

鲍鱼放入锅中，加水烧开，使鲍鱼回软，水凉后取出（水留下备用），温水洗净，再用原来的水将鲍鱼煲约10小时。制成前先用温水泡鲍鱼6~8小时，后将其刷洗至发白，再加入鸡骨、葱、姜、黄酒、清水等，用文火煨3~5小时。

90.洗墨鱼干鱿鱼干的技巧

将小苏打溶在热水中，泡入墨鱼干或鱿鱼干，待泡透后就能很快去掉鱼骨，剥去鱼皮。

91.用盐水清洗虾仁

剥皮后的虾先洗一次，然后置于食盐水中（一斤虾、半碗水、一匙盐），用筷子搅拌一会儿，取出虾仁，用冷水冲洗，直至水清为止，并要注意去泥。

92.洗虾技巧

剥除虾壳，挑去虾背部的肠泥，剪去尾刺，用刀在其腹部划几条道，然后将虾扭直，这样烹制出来的虾外形笔直。

93.如何清洗使对虾保鲜

虽然对虾味道鲜美，营养丰富，但若洗刷不正确，会使鲜味大减。先洗净虾体，然后剥去外皮，取出沙肠。剥皮和洗涤的顺序不能颠倒，否则，洗虾时会冲掉部分虾脑、虾黄，使鲜味减少。

94.除虾中污物

虾的味道鲜美，但必须洗净其污物。虾背上有一条黑线，里面是黑褐色的消化残渣，清洗时，剪去头的前部，将胃中的残留物挤出，保留其肝脏。虾煮到半熟后，将外壳剥去，翻出背肌，抽去黑线便可烹调。清洗大的虾可用刀切开背部，直接把黑线取出，清水洗净后烹调。

95.清洗活蟹

用木棒等压住蟹皮，斩掉大脚后方洗得干净。

96.清洗螃蟹

由于螃蟹污物较多，用一般清洗的方法不容易将其彻底清除，因此，掌握清洗的技巧非常重要。首先把螃蟹放在淡盐水中浸泡，约半小时后，用手将背捏住，使它悬空并接近盆边，使它的两只蟹脚刚好能将盆边夹住，用刷子将它的全身刷干净，再次将蟹壳捏住，翻开蟹脐，从脐根部往脐尖挤压，一直挤压到脐盖中间的黑线，将粪挤出来，最后，再用水冲洗干净即可。

97.清洗螺蚌

在水盆里滴入少许植物油，将螺蚌放入养 2 ~ 3 天，闻到油味的螺蚌，会吐尽肚中的泥沙。

98.用铁器清洗贝类

贝类的清洗，最关键的是要把它腹中的泥沙洗净。只要闻到铁的气味，贝类就会吐出泥沙。所以，将蛏子、文蛤、田螺等泡在放有菜刀或铁铲水中，约 2 ~ 3 小时，贝类就会吐出泥沙。

99.用盐水清洗贝类

将贝类泡入盐水中一个晚上。所用的盐水需比海水稍淡一些，并放于暗处，贝类就会吐出沙子。

100.涨发干贝的技巧

先去掉干贝边上的一块老肉，再用冷水洗净盛好，加入葱、姜、酒和适量的水，水淹没干贝即可，上笼蒸大约 1 小时，能用手捻成丝状便可食用。

101.清洗海蜇皮

将海蜇皮放入 5% 的食盐液中浸泡一会儿，再用淘米水清洗，最后用清水冲一遍，能除净海蜇皮上的沙粒。

102.海蜇泡发窍门

用凉水将海蜇浸泡三四天，热天泡的时间可稍短，冷天可稍长，然后洗净沙粒，摘掉血筋，切成丝状，再用沸水冲一下，马上放入凉开水浸泡，这样海蜇不回缩。可拌上各种调味品食用，爽口味美。

103.用姜汁处理冷冻肉质

购回冻肉后，将其浸泡在姜汁液中约 30 分钟后再洗，不但脏物容易去除，而且能消除异味，增添鲜味。

104.清洗冷冻食物

（1）在冷盐水中解冻鸡、鱼、肉等，不仅速度快，而且成菜后味道鲜美。也可将鸡鸭泡于姜汁里约半小时后再清洗，不仅能洗净脏物，还能除腥添香。

（2）将各种冷冻食品放入姜汁中浸泡半小时左右，再用清水洗，脏物易除，可清除异味，而且还有返鲜作用。

（3）将冻过的肉放入啤酒中浸泡 15 分钟左右，捞出来用清水洗净即可，而且还能消除异味。

105.猪肉不宜热水洗

猪肉含有丰富的蛋白质。其蛋白质分为肌溶蛋白和肌凝蛋白两种，其中，肌溶蛋白的凝固点较低，在 15℃ ~ 60℃，极易溶解在水中。热水浸泡猪肉时，会有大量的肌溶蛋白溶于水中。肌溶蛋白的机酸、谷氨酸和谷氨酸钠盐等成分随之被浸出，从而破坏猪肉的味道。

因此，最好不用热水浸泡新鲜的猪肉，猪肉上有脏物时，可用干净的布擦净，再用冷水快速冲净，不要久泡。

106.洗猪肉用淘米水

用清水冲洗生猪肉时，感觉油腻腻，且越洗越脏，若用淘米水洗过后，再用清水冲，脏物就容易除去了。也可用和好的面，在沾染了脏物的肉上来回滚动，脏物很快便能被粘下。

107.洗受污猪肉

用淘米水洗被脏物玷污的猪肉，比用明矾、盐等清洗更有效。将受污的猪肉浸泡在温热的淘米水中约 5 分钟，然后用淘米水洗一两遍，最后用清水冲洗，就能洗干净了。

108.洗猪、牛、羊肚

剖开猪肚，清理（不要下水）好上面所附的油及其他杂物，淋上一汤匙的植物油，然后彻底地将正反面反复揉搓，普遍揉匀之后，拿清水漂洗几次。这样不仅再没有腥臭等异味，而且洁白发滑。

109.猪肠清洗技巧

取适量盐和醋放入清水中搅匀，放入猪肠浸泡一会儿，摘除脏物后，再用淘米水泡（加入几片橘片甚佳），最后用清水搓洗便可。

110.用面粉辅助洗猪肚

先用刀刮一遍猪肚较脏的一面，然后用冷水冲洗。将大约 20 克面粉均匀地撒在猪的肚面上使其成糊状，一边用手搓捏，一边用水将其慢慢稀释，这样便可使脏物进入面浆中。猪肚的两面都可以用这个方法来清洗，来回搓捏两三遍就能清洗干净。

111.用盐和醋洗猪肚

人们一般用盐擦洗猪肚，但效果不太好，若再加上些醋，就会有很好的效果了。因为盐醋可除去猪肚表皮的黏液和一部分脏味，这是由于醋可使胶原蛋白缩合并改变颜色。清洗后的猪肚要放在冷水中刮去肚尖老茧。

注意：洗肚时一定不能用碱，碱的腐蚀性比较强，虽然能使肚表面的黏液脱落，但也会破坏肚壁的蛋白质，影响猪肚的营养价值。

112.清洗猪心法

在猪心周围涂满面粉，待 1 小时后洗净，这样可使烹炒的猪心味美纯正。

113.清洗猪肝法

将猪肝用水冲 5 分钟后，切好，再用冷水泡四五分钟，取出沥干，猪肝既干净又无腥味。

114.清洗猪肺法

在水龙头上套肺管，将水灌进猪肺里，肺扩张后，让大小血管充满水，然后用劲压，反复洗，即能清洗干净。

115.清洗猪油法

脏了的猪板油不易洗净。可将猪板油放进温水中，水温约 30℃～40℃，用干净的包装纸慢慢地擦洗，这样较易洗净。

116.去除猪脑血筋

猪脑有很多血筋，摘除比较费劲。可以将猪脑用冷水泡 30 分钟，使血筋网络全部松脱，然后双手轻轻抓一抓，血筋就能全部取下，干净又方便。

117.去除猪蹄毛垢

用砂罐或瓦罐盛水，烧到约 80℃，将猪蹄放入罐中烫 1 分钟，取出，用手便可擦净毛垢。

118.去除猪毛

将松香熬熔，趁热将其倒在有毛的肉皮上，等松香变凉，猪毛已与松香粘在一起，揭去松香便可将猪毛全部拔出。

119.咸肉退盐法

将咸肉用清水洗，难以达到退盐的效果，此法不可取。应将咸肉泡在淡盐水里一会儿，然后再用清水洗，这样洗的咸肉才咸淡适宜。

120.斜切猪肉

猪肉较为细腻，肉中筋少，若横着纤维切，会使烹制的猪肉凌乱散碎；所以要斜着纤维切，这样既不断裂，也不塞牙。

121.切猪肝

在切猪肝的时候，要现切现炒。若新鲜的猪肝时间一久，它的营养成分容易损失，且炒熟后会有颗粒凝结在上面。因此猪肝切片后，应迅速用水淀粉和调料拌匀，尽早下锅。

122.横切牛肉

牛肉要横着纤维纹路切，因为牛肉的筋

都顺着肉纤维的纹路分布，若随手便切，则会有许多筋腱未被切碎，这样就会使加工的牛肉很难被嚼烂。

123.切羊肉

羊肉中分布着很多膜，若在切之前未将其剔除干净，则会使炒熟后的肉质发硬，嚼不烂吞不下。

124.顺切鸡肉

鸡肉相对而言是最细嫩的，肉的含筋量最少，顺着纤维切，才能使成菜后的肉不破碎，整齐美观。

125.切羊肉片

把羊肉洗净，去筋后将其卷好，放入冰箱冷冻室。准备一把刨木头的小刨子；吃涮羊肉时，用小刨子将羊肉像刨木头那样刨成片，这样刨出的肉片又薄又卫生。

126.加水剁葱不辣眼

先将葱放在菜板上剖开，然后切成一寸左右的长段，再淋上一点自来水，但不要流出菜板，待5分钟后再剁，保证不辣眼。

127.剁大棒骨

用大棒骨熬的汤，十分利于人体补充钙质。剁棒骨时可竖着拿住棒骨的一边圆头，再用菜刀背往棒骨的中间稍微用力一敲，待听到断裂声，再用手一掰就可以了。这种方法既不会损坏工具，也省力。

128.剁肉加葱和酱油不粘刀

剁肉馅时刀上爱粘肉，剁得费劲。所以可先将肉切成小块，再连同大葱一起剁，或是边剁边倒些酱油在肉上。这样，肉中增添了水分，剁肉就不会再粘刀了，也就省劲。

129.热水浸刀剁肉不粘刀

剁肉前，先将菜刀浸泡在热水里3～5分钟，然后取出，用其剁肉，肉末就不会粘刀。

130.用刀剁肉馅味美

肉的鲜味主要来自肉汁。用刀剁肉时，虽然肉的纤维被刀刃反复捣剁、切割，但其肉所受挤压力并不均衡，肌肉细胞破坏程度较少，大部分肉汁仍可保存于肉中，因此做出来后鲜味较强。用机器绞肉馅的时候，由于肉受到了机械强大的挤压力、撕拉，从而大量破裂了肌肉细胞，而造成细胞内的氨基酸和蛋白质的大量流失，其鲜味就逊色多了。

131.宰杀活鸡鸭

在宰杀活鸡鸭的前10分钟，取一汤匙醋或酒，灌喂鸡鸭。烫毛时，放一些盐在水里，这样比较容易拔毛，且不会脱皮。拔毛时，要逆着毛拔，这样去毛快。若要保留鸡血，可在接鸡血时放些盐，这样血易凝固且保鲜。

132.杀鸡小技巧

人们杀鸡时，多用刀割其脖子，这样常常难以一下子割断血管，且从食道中易流出食物把血弄脏。若使用剪刀杀鸡，将其伸入鸡嘴内剪断血管，使鸡血从喉中流出，不但鸡死得快，而且不会弄脏鸡血。

133.拔家禽毛

对于比较细软的家禽毛，很难除净，特别是鸭毛。宰杀家禽前，先给它灌些酒或醋，加快其血液循环，使其毛孔扩张，然后再宰杀烫毛，这样就能将毛快速除净。

134.鸡鸭快速褪毛法

在沸水中加一匙醋，放入杀好的鸡、鸭，水要漫过鸡、鸭，并要不断翻动。几分钟后取出褪毛，毛就极易褪掉。杀鸭后，要马上用冷水浸湿鸭毛，然后再用加了小匙盐的热水烫，才能将绒毛褪干净。

135.烫鸡防脱皮

加入一匙盐在沸水中，先烫鸡的翅膀和脚爪，然后烫身体，这样能防止拔毛时脱皮。

136.洗皮蛋

吃起来口涩的皮蛋（即松花蛋），可连皮放入清水中浸泡，每隔1天换次水，数日便可。

137.切松花蛋不粘刀法一

用刀切松花蛋时，蛋黄一般会粘在刀上，可将刀放入热水中烫一下再切，或者采用丝线将松花蛋割开，这样切既整齐又不粘蛋黄。

138.切松花蛋不粘刀法二

可以在切蛋之前（剥皮）将其放在锅内蒸两分钟，这样再切时就不粘刀。

（二）去味烹调

1.加鸡蛋去辣椒辣味

如果辣椒太辣，可将其切成丝，打入 1 个鲜蛋，然后用锅炒，可使辣味减轻。

2.酒水浸泡去辣椒辣味

辣白菜等菜在腌渍时，若放的辣椒太多，就会很辣。此时，可把小菜切段，放入 50% 的酒水中浸泡，这样不仅可淡化菜的辣味，还会使之更加可口。

3.加食醋去辣椒辣味

若菜太辣，可放入少量食醋，便可以减轻辣味。

4.去野菜涩味的方法

一般蔬菜的涩味可用盐搓或浸泡的方法除去。但野菜的纤维既粗又硬，所以有很重的涩味，得用热水浸泡才能除去涩味，也可加入少量碳酸钾浸泡。

5.去冻土豆异味

冻土豆食用时有股异味。若用冷水将冻土豆浸泡 1 ~ 2 小时，然后将其放入沸水中，倒入 1 勺食醋，待土豆冷却后再烹饪，可除异味。

6.用食盐去萝卜涩味

烹制萝卜前，撒适量的盐在切好的萝卜上，腌渍片刻，滤除萝卜汁，便可减少其苦涩味。

7.用小苏打去萝卜涩味

在切碎的萝卜上撒些小苏打（萝卜与小苏打比例为 300：1），这样烹制的萝卜，便无涩味。

8.用浸泡法去干猴头菇苦味

用开水将干猴头菇浸泡约 10 分钟，然后用温水清洗 3 次，每次要把猴头菇中的水分挤干，即可将苦味去除。

9.用水煮法除干猴头菇苦味

将水煮沸后，放入干猴头菇，再继续煮约 10 分钟后取出，然后用温水将其清洗几遍，便可去除干猴头菇的苦味。

10.用柠檬酸去干猴头菇苦味

把猴头菇放入配比好的柠檬酸溶液中，浸泡 1 小时后取出，再用清水冲洗 2 ~ 3 遍，即可将苦味去除掉。

11.去水果涩味

青色的水果往往有涩味，如青枣、青西红柿、青李子和不成熟的桃子等，可把青果子放在罐或缸内，喷上少许白酒，盖严实，大约 2 ~ 3 天后，果子会由青变红，涩味消失，更加甘甜。

12.用温水去柿子涩味

将新鲜的柿子放在保温的容器里，加入 40℃ ~ 50℃ 的温水，淹没柿子便可，翻转柿子，使其表面均匀受热，盖好盖子。一天换 1 ~ 2 次水，一天后即可去涩。

13.用苹果去柿子涩味

把苹果和柿子（100 个柿子和 40 个苹果）混放入缸中，封好口，置于 20℃ ~ 25℃ 的温度下，存放 5 ~ 6 天便可去涩。

14.用白酒去柿子涩味

在柿子的表面喷上白酒（也可用酒精），然后放入比较密封的容器中，封口。大约 3 ~ 5 天后便能去涩。

15.用石灰去柿子涩味

将新鲜的柿子浸泡在浓度为 3% 的石灰水里，密封，大约 3 ~ 5 天便可去涩。

16.用米糠去柿子涩味

把柿子放在米或谷糠里埋起来，大约

4 ~ 5 天后即可去涩。

17.用面包去米饭糊味

如果米饭烧糊了，要赶紧关火，然后放一块面包皮在米饭上面，盖上锅盖。大约 5 分钟后，面包皮能吸收掉所有糊味。

18.用鲜葱去米饭糊味

趁热取半截鲜葱插入烧糊的饭里，把锅盖一会儿，能除饭的糊味。

19.用冷水去米饭糊味

把一只盛有冷水的碗压在饭里，盖上锅盖，用文火煨 1 ~ 2 分钟再揭锅，可除糊味。也可把饭锅放在冷水中，或放在用冷水泼湿的地面上，大约 3 分钟后，可消除糊味。

20.去除馒头碱味

若在揭锅时，发现馒头中放多了碱，只需倒入二三两醋在蒸馒头的水里，再把馒头蒸大约 10 ~ 15 分钟，就能使馒头变白无碱味。

21.去除馒头焦糊味

找张干净的纸，包一块木炭，放在蒸馒头的蒸锅里面，把锅盖上，一会儿以后，就能大大减弱焦糊味。

22.去除切面的碱味

在下切面时，加适量食醋，这样既能除碱味，还能使切面变白。

23.去除干奶酪异味

风干后的奶酪会变味，把风干的奶酪切块（约 1 ~ 2 厘米厚），用米酒浸泡一段时间，然后取出蒸一下（注意与水隔开），能使奶酪柔软无异味。

24.去除豆制品豆腥味

豆腐皮、豆腐干等都是豆制品，它们往往有一股豆腥味，影响食用。若将其浸泡在盐开水（一般 500 克豆腐 50 克盐）中一段时间，不但可除去豆腥味，还可使之色白质韧，不易破碎，延长保质期。

25.除豆汁豆腥味

用约 80℃的热水将浸泡好的黄豆烫一下（陈黄豆烫的时间稍长，约 5 ~ 6 分钟，新黄豆烫大约 1 ~ 2 分钟），再用冷水磨豆子，这样可除豆汁的豆腥味。

26.去豆浆的豆腥味

将黄豆或黑豆浸泡后洗净，再用火煮，开锅 3 ~ 4 分钟后将其捞出，放到凉水中过一遍，然后加工成豆浆，用此法制成的豆浆既无豆腥味，又可增强豆香味。

27.用花生去菜籽油异味

烧菜前，先用菜籽油炸一下花生米，这样不但可以消除菜籽油异味。而且用其拌凉菜还会有花生的香味。

28.用馒头去菜籽油异味

先将菜籽油烧热，然后放入几片馒头片用油炸，也可放入温面片或其他食品。待炸过的菜籽油冷却后，将其装坛储存，日常用于炒菜，不仅无异味，而且还有油炸的香味。

29.用调料去菜籽油异味

将菜籽油烧热，改用中火，放入拍碎的生姜片、蒜瓣各 50 克，桂皮、陈皮、葱等各 25 克，以及少许茴香、丁香，待炸出香味后，再倒入料酒和白醋各 25 克，2 ~ 3 分钟后捞出作料，将油封坛储存即可。这样加工的菜籽油不但无异味，而且宜贮存，不易变质。

30.去除花生油异味

把油烧开，放入葱花，把葱花炸至呈微黄色时，离火晾凉，便可去除异味。

31.用柠檬汁除油腥味

通常炸鱼剩下的油会有腥味，这时，可在油料中适当加入几滴柠檬汁，便可将其油腥味除去。

32.鸡蛋去咸

打入一个鸡蛋可使菜变淡。

33.食醋去咸

如果菜不慎做咸，加适量醋可以作为补救。

34.白糖去咸

做菜过咸，加些白糖可解盐。

35.用西红柿去汤咸味法

放几片西红柿在汤里，可明显减轻咸味。

36.用土豆去汤咸味

放1个土豆在汤里，煮5分钟，能使汤变淡。

37.用豆腐去汤咸味

加几块豆腐在汤里，能使汤变淡。

38.用面粉去汤咸味

把面粉装在小布袋里（或者装上米饭），把袋子扎紧后放在汤里煮一会儿，能吸收多余盐分，使汤变淡。

39.大米除咸法

在汤太咸的时候，可用干净的薄布包上200克左右已淘洗干净的大米，将其放进汤里煮一会儿，便会将部分咸味吸去。

40.米酒浸淡咸鱼法

若咸鱼太咸，可把鱼用清水洗净后，放入米酒里浸泡约3小时，即能减轻咸味。

41.去酱菜咸味

若酱菜太咸，可加入适量的糖，放在罐子里密封几天，这样可去咸味添甜味。

42.皮蛋除酸

在做菜的时候，若醋放多了，可立即剥一个皮蛋，将其捣烂后拌入，即可中和。

43.米酒去除酸味

在做汤的时候，若太酸，可放些米酒，既能减轻其酸味。

44.去咖啡异味

不加咖啡伴侣或牛奶的咖啡有一种奇特的味道，喝惯了茶的中国人一般难以接受这种味道。但若加入咖啡伴侣或牛奶，会失去咖啡的清淡爽口。若加一小片柠檬皮在咖啡里，可淡化这种味道。

45.去芥末辣味

在容器中用水把芥末和成糊状后，用锅蒸一会儿，或用火炉烤一会儿，便可使辣味减轻。

46.去开水油渍味

若发现开水中有油渍，可放入一双干净的、没上油漆的竹筷，回锅再煮，便可去除其油渍味。

47.用白酒去鱼腥味

洗净鱼后，在鱼身上涂抹一层白酒，约1分钟后用水冲去，便能去腥。

48.用温茶水去鱼腥味

按2～3斤鱼用一杯浓茶兑水的比例，把鱼浸泡约10分钟后取出。由于茶叶中的鞣酸有收敛之效，故可减缓腥味扩散。

49.用红葡萄酒去鱼腥味

鱼剖肚后，撒上些红葡萄酒，酒香可除腥。

50.用生姜去鱼腥味

将鱼烧上一会儿，待鱼的蛋白质凝固后，撒上生姜，可提高去腥的效果。

51.用白糖去鱼腥味

烧鱼时，加些糖，可除鱼腥。

52.用橘皮去鱼腥味

烧鱼时，加些橘皮，也可除鱼腥。

53.用水烫去海鱼腥味

用沸水将鱼稍稍烫一会儿，再用冷水冲洗。若要炖鱼，需先稍微煎一煎再炖。注意盛鱼的盘子要洗净，否则不要与其他盘子混放，以免染上腥味。

54.用调料去海鱼腥味

生姜、大蒜等作料也可除鱼腥，还要注意，在炖鱼时，其腥臭味会变为蒸汽蒸发，因此不要盖锅盖。

55.用盐水去河鱼土腥味

河鱼有很重的土腥味，将半斤盐和半斤水调兑成浓盐水，放入活鱼，盐水会通过鱼鳃渗入血液，约一小时后便可除土腥味。若是死鱼，则需延长浸泡时间，要在盐水中浸泡大约2小时（也可用细盐搓擦），便可除土腥味。

56.用米酒去河鱼土腥味

用米酒将鱼浸泡片刻，然后再炸河鱼，也可去土腥味。

57.用食醋去河鱼土腥味

把鱼剖开洗干净，放在冷水中，滴入些许食醋，也可放适量胡椒粉或月桂叶，这样泡过后的鱼再烧制时，就没土腥味了。

58.除泥鳅泥味

将泥鳅清洗干净后，把它们放入放盐的水中或用盐轻搓它们，泥味即可除。

59.去活鱼土腥味

垂钓或买来的活鱼，常有土腥味，非常难吃。可剖开鱼肚，掏除污物，泡在放有少许食醋的清水中，或撒些花椒在鱼肚中，再烧鱼，就能无异味。

60.除鲤鱼的泥味

鲤鱼有泥腥味，如果不除净，烧出的鱼就会有一股怪味。在清水中放盐或用盐轻擦，即可将其泥味去除。

61.用牛奶去鲜鱼腥味

鲜鱼剖开洗净后，再放入牛奶中泡一会儿，既可除腥味，又可增加鲜味。吃过鱼后，如果嘴巴里有味，可嚼上三五片茶叶，使口气清新。

62.除黄花鱼腥味

黄花鱼的肉质丰厚，味道鲜美。但须正确洗涤才有它特有的美味。洗黄花鱼时，应撕掉鱼头顶的皮，这层皮很腥，除去后能大大减少鱼腥味。只有顺着鱼的纹理撕去头顶皮，才能撕得整齐、干净。

63.除淡水鱼的土腥味

淡水鱼有很重的土腥味，要设法除去后再烹饪。淡水鱼剖肚洗净后，置于含有少量的醋和胡椒粉的冷水中泡约30分钟。烧鱼时再加点醋和米酒当作料，就可除去土腥味。

64.用盐除活鱼腥味

活鱼有比较重的腥味，若立刻洗刮烹饪，会减少鲜味。应在烹调前，让活鱼在食盐水中游约20分钟，使鱼身上的黏液转移到食盐水中，以减少鱼腥味。也可放1~2个辣椒在水中，同样可减少鱼腥味。

65.用甲鱼胆汁除腥味

在宰杀甲鱼的时候，把甲鱼内脏中的胆囊捡出来，取出胆汁，在胆汁中加些水，当把甲鱼用清水洗净后，把加水的胆汁涂抹在甲鱼的全身，稍过片刻后，再用清水把甲鱼清洗干净。经过这样的处理后，烹调出的甲鱼，不但不会有腥味，味道反而还会更加鲜美。

66.去除冷冻鱼臭味的技巧

喷些米酒在冷冻的鱼上，再放入冰箱，这样鱼能很快解冻，且没有水滴，也没有冷冻臭味。

67.去除鱼胆苦味的窍门

剖鱼时，若不慎弄破鱼胆，被鱼胆污染的鱼肉会很苦。而酒、小苏打或发酵粉能溶解胆汁，可将其抹在被污染的部位，然后清水冲洗，就能去苦味。

68.用淡盐水去咸鱼味

用约2%的淡盐水浸泡咸鱼，由于两者之间存在浓度差，咸鱼中高浓度盐分会渗透到淡盐水中。将咸鱼浸泡约2~3小时，再取出用清水洗净。这样即可将咸鱼咸味去除。

69.用白酒去咸鱼味

先将咸鱼用清水冲洗两遍，然后倒入白酒浸泡大约2~3小时，可除咸鱼的多余盐分。

70.用米酒去咸鱼味

洗净咸鱼，倒入适量米酒浸泡大约2~3小时，可除去多余盐分，且烹制后的鱼清香纯正。

71.用醋去咸鱼味

在盆中放些温水，放入咸鱼（水没过咸鱼即可），再加入2~3匙醋，大约浸泡3~4小时，即可将其咸味去除。

72.用食碱淘米水去咸鱼味

加入1～2勺食碱在淘米水中，然后放入咸鱼。大约浸泡4～5小时后，取出咸鱼，用清水洗净，便可将异味去除。

73.去除鱼污染味的方法

鱼被农药污染后会有火油味。宰杀前，把活鱼放在碱水（一脸盆清水中，加两粒约蚕豆大的纯碱）中养大约1小时，可除鱼的火油味。若是死鱼，用碱水浸泡片刻，也可减小火油味。

74.去除虾腥味的方法

柠檬去腥法：在烹制前，将虾在柠檬汁中浸泡一会儿，或在烹制过程中加入一些柠檬汁，既可除腥，又能使味道更鲜美。

肉桂去腥法：烹制前，将虾与一根肉桂同时用开水烫煮，既可除腥，又能保持虾的鲜味。

75.去除肉生味

堆放时间太长的肉，会有生味，先用淡盐水浸泡几个钟头，再用温水多洗几次。烹调时，多加作料，如葱、姜、料酒、蒜等，生味就没了。

76.清水浸泡去除肉血腥味

屠宰不当的肉，由于血未放净，会有血腥味。将肉用清水浸泡到发白，即可去除血腥味。

77.柠檬汁去除肉血腥味法

滴几滴柠檬汁在肉上，也可去除肉腥味，还能加速入味。

78.用蒜片去除肉血腥味

炒肉时，放入蒜片或拍碎的蒜瓣当作料，可去肉腥。

79.用洋葱汁去除肉腥味

将肉切成薄片，放入洋葱汁中浸泡，待肉入味后再烹调，就没有腥味了。对于肉末，可在其中搅入少许洋葱汁。

80.去除肉的血污味

存放不当的肉会有血污味。用稀明矾水浸泡后反复洗涤，然后放入锅内煮（盖锅时一定要留条小缝透气），待煮沸后除去漂浮在水面的浮沫和血污，再取出用清水洗净即可。烹调时适量以葱、姜、酒等当作料，就可除去血污味。

81.啤酒浸泡去除冻肉异味

将冻肉放入啤酒中浸泡约10分钟后取出，以清水洗净再烹制，可除异味，增香味。

82.姜汁去除冻肉异味

用姜汁浸泡冻肉可除异味。

83.盐水去除冻肉异味

用盐水化解冻肉，不仅可除从冰箱中带出的异味，还能保持肉的鲜味。

84.稻草去冻肉异味

在冰箱中放太久的猪肉会有异味。烹调前，水中放入三五根稻草，与猪肉一同煮熟，再加入几滴白酒。然后，取出沥干切片，回锅炒制，可除臭保鲜。

85.去除肉类腥涩味

如果要去除腥涩味，可以在肉类烹调时适当地添入一些八角、草果、五香粉、姜丝、葱头、辣椒、蒜蓉、食醋、白酒、味精、食糖等调味品，并视情况而定，适当多放入一点花生油，这样就可以把腥涩去除。

86.炖肉除异味

炖肉时，将大料、陈皮、胡椒、桂皮、花椒、杏仁、甘草、孜然、小茴香等香料或调味品按适当比例搭配好，放进纱布口袋中和肉一起炖，可以遮掩或除掉肉的异味，如牛羊肉及内脏等动物性原料的腥、臊、臭等难闻异味，这样不仅能去除异味，也可使香气渗进菜肴。

87.用面粉去除猪心异味

在猪心表面撒上玉米面或面粉，稍待片刻，用手揉擦几次，一边撒面粉一边揉搓，再用清水洗净，这种方法也能除猪心异味。

88.用牛奶去除猪肝异味

净肝血，剥去表面薄皮，放在牛奶里浸

泡三五分钟，就能去除猪肝的异味。

89.用刀割法去猪腰腥味

将新鲜的猪腰洗净，撕去表面的薄膜和腰油，然后将其切成两个半片。将半片的内层向上放在菜板上，拍打其四周，使猪腰内层中的白色部位向上突出，再用刀从右往左平割，即可除去异味。

90.加调料去除猪腰腥味

将切好的腰花盛在盆中，放入少许用刀拍好的葱白和姜，再滴入些许黄酒，浸没腰花，过20分钟以后，用干净的纱布挤出黄酒，挑出葱白和姜，即可将腥味去除。

91.用白酒去除猪腰腥臊味

剥去猪腰表面的薄膜，剖除筋，按需要切成片状或花状，再用清水洗一遍，捞出去水，放入适量白酒搅匀挤捏（500克猪腰约用50克白酒），再用清水漂洗2~3遍，最后用开水烫1次，即可去味烹调。

92.用白酒去除猪肺腥味

取50克白酒，慢慢倒入肺管，然后拍打两肺，使酒渗入各个支气管，约半个小时后，灌入清水拍洗，即可除腥。

93.用胡椒去除猪肚异味

将十余粒胡椒包在小布袋中，和猪肚一起煮，便能除异味。

94.用食盐去除猪肚异味

猪的内脏如猪肚、猪肠等，上面有很多黏液，发出腥臭味，若洗时用适量的食盐或明矾，能很快除去黏液及异味。

95.用酸菜水去除猪肚异味

用酸菜水洗猪肚和猪肠，大概洗两遍就可除臭味。

96.用花生油去除猪肚异味

将猪肚用盐水搓洗一遍后，盛于盆中，在猪肚上抹满花生油（也可用菜油）。大约浸泡一刻钟后，用手慢慢揉搓片刻，清水洗净，就可除去猪肚的臭味。

97.用明矾去除猪肠臭味

取1匙明矾研磨成粉，撒在大肠上，拿布用力擦，然后揉搓翻动几次，最后放入清水中洗净，就能除臭。

98.用植物油去除猪肠臭味

将猪肠用盐水搓洗一遍后，盛于盆中，在猪肠上抹满植物油。大约浸泡一刻钟后，用手慢慢揉搓片刻，清水洗净，就可除去猪肠的臭味。

99.用灌洗法去除猪肠臭味

先用盐醋混合溶液洗去肠子表面的黏液，然后放入水中，用小绳扎紧肠口较小的一端并将其塞入肠内，再往里灌水，翻出肠的内壁，清除脏物。洗净后，撒上白矾粉搓擦几遍，最后用水冲洗干净，便可除臭。

100.放泡菜给猪肠除臭

猪肠放入泡菜水揉搓片刻，也能够帮助除去腥臭，使其味更美。

101.用牛奶去除牛肝异味

先将牛肝用湿布擦净，再切成薄片，泡在适量的牛奶中，即可除异味。

102.淡盐水去除牛肝异味

用淡盐水泡牛肝，挤出肝中的牛血。要不断地换盐水，直至牛血全被挤出。然后用热水烫一会儿牛肝，即可除异味。

103.水煮狗肉去膻法

将整块的狗肉放入冷水中，煮沸，将水倒掉，再将狗肉按需要切成块状或片状，这样加工后再烧炒，狗肉就不膻了。

104.煸炒狗肉去膻法

起油锅后，煸炒狗肉块，使狗肉中的水分不断渗出，将渗出的水分除去，待锅被烧干肉变得紧致，即可取出再做其他烹调。

105.用调料去狗肉膻味

烹烧狗肉时，放入药材，如陈皮、砂仁等，或香料，如葱、姜、蒜、酒、五香粉等。也可加入萝卜段，待其熟后扔掉萝卜，继续烹烧。

106.用米醋去除羊肉膻味

先把 500 克羊肉洗净，锅中加入水 500 克以及米醋 25 克，把羊肉切成块之后放入锅内。待煮沸后，把羊肉捞出再进行烹调，这样就能够去除膻味。这种做法更适宜用于制作冷盘。

107.用绿豆去除羊肉膻味

先把羊肉浸泡在水中一段时间，待其漂尽血水。煮羊肉的时候再放一些绿豆和红枣同煮，此法也可去除膻味。

108.用胡椒去除羊肉膻味

用温水洗净羊肉，切成大块，与适量胡椒同煮，沸后捞出即可去除膻味。

109.用萝卜去除羊肉膻味

烧羊肉之前准备一些全身扎上细孔的白萝卜，然后把它们和羊肉一起下汤。待煮半小时之后取出萝卜。这样，在红烧或白烧时，羊肉就不会再有膻味了。

110.用核桃去除羊肉膻味

取几个核桃，用水将其清洗干净，在核桃上扎上几个小眼，与羊肉同煮。这样炖的羊肉就不再膻了。

111.用鲜笋去除羊肉膻味

每一斤羊肉加半斤鲜笋，同时放入锅中加水炖，这样羊肉就不膻了。

112.用大蒜去除羊肉膻味

将 500 克羊肉、25 克蒜头（或 100 克青蒜也可）放入锅里加水炖，便可去除羊肉的膻味。

113.用咖喱去除羊肉膻味

在烧羊肉的时候，按照 500 克羊肉配半包咖喱粉（约为 50 克）的比例加入咖喱粉，即可烧出不带膻味而且美味的咖喱羊肉。

114.用鲜鱼去除羊肉膻味

将鲜鱼与羊肉（每 500 克羊肉配 100 克鱼）同炖，这样可使羊肉和汤都极其鲜美。

115.用茶叶去除羊肉膻味

泡一杯浓茶，待羊肉的水分炒干，把浓茶洒在羊肉上，连续洒三五次，羊肉就不膻了。

116.用山楂去除羊肉膻味

将几个山楂（或几片橘皮、几个红枣）与羊肉同烧，既能除膻，又能让肉熟得快。

117.用胡萝卜去除羊肉膻味

将胡萝卜用清水洗干净后，切成块与羊肉同烧，再加上姜、葱、酒等作料，便能去膻。

118.用白酒去除羊肉膻味

红烧羊肉开锅后，加入白酒（500 克羊肉，9～12 毫升白酒），不仅可除膻，还能使肉的味道鲜美。

119.用药料去除羊肉膻味

将丁香、草果、砂仁、紫苏等药料碾碎，包在纱布里与羊肉同烧，可去膻，且羊肉别有风味。

120.羊肉馅去膻法

准备 30～40 粒花椒（在馅多时数量稍增），放入热水中浸泡，水凉后，将水倒到羊肉馅里（去掉花椒），和其他的调料一起搅拌，直到馅的稠度合适，这样包出来的包子或饺子味美可口且无膻味。

121.用醋去咸肉异味

若咸肉内并无异味，仅外面有异味，则可在水中加少量的醋将其清洗一下。

122.用核桃去咸肉辛辣味

在煮咸肉的锅中，放几个钻了孔的核桃一起煮沸，就能消除咸肉的辛辣味。

123.用白萝卜去咸肉异味

存放太久的咸肉会有异味，在煮咸肉的锅中放一个戳有很多孔的白萝卜，就能将咸肉的辛辣味、臭味和哈喇味消除。

124.核桃去除咸腊肉异味

煮咸腊肉时，放十几个钻了小孔的核桃一同烧，咸腊肉的异味可被核桃吸收掉。

125.用啤酒去除鸡肉腥味

把鸡宰好后，放入加有盐和胡椒的啤酒

中，大约浸泡 1 个小时，便可除腥。

126.用酱油去除鸡肉腥味

将洗净的鸡肉放在酱油里浸泡，并要加些许白酒，或者加些生姜或蒜，大约 10 分钟后取出，就不腥了。

127.水炖去除鸡肉腥味

把切好的鸡块放在锅中，加入冷水烧沸，过一会儿后捞出鸡块，倒去锅中的水，另换新水炖鸡块，并加入所需作料。这样加工，鸡肉纯香且无腥味。

128.去除鸭腥味的方法

体重少于 500 克的鸭子有很重的腥气，在鸭子的尾部有一鸭膆，必须先除去，再用清水漂洗，烹调时，可减鸭腥味。

129.去除鸡蛋异味的小技巧

敲开鸡蛋，去除蛋黄上的小圆点（又称鸡眼），就能去除鸡蛋的异味。

130.去除咸蛋咸味

腌鸭蛋太咸不宜食用时，以生咸蛋与鲜鸡蛋按 1 : 2 的比例磕入碗内，用筷子搅碎打散，并倒入适量冷水和匀，再放入味精、葱花、香油（猪油亦可）等作料，用大火蒸 10 分钟，取出即是咸淡适宜、味美可口的咸蛋羹。

131.姜醋汁去松花蛋异味

有些松花蛋有股辣味或涩味，可将生姜末与食醋调成姜醋汁，把松花蛋切好后，将姜醋汁倒于其上，可除其辣味和涩味。若再放上辣椒油、味精、葱花、酱油等作料，可使松花蛋更可口。

132.用茶盐水去松花蛋苦味

用清水将松花蛋洗净，放进茶盐水里浸泡 10 ~ 30 天。盐与茶水的比例为：茶叶 25 克对食盐 300 克。茶叶加水 500 毫升，熬浓后晾一会儿，滤去茶叶，倒进泡菜坛里。在盐中加入 3000 克水，待搅拌溶化后跟茶水混合，然后浸入松花蛋，以完全淹没蛋为宜。这样泡制过的松花蛋，不仅可去掉苦涩味，

而且色鲜，味道更美。

（三）烹调小技

1.拌

把生料（如萝卜、黄瓜等）或者凉的熟料（如熟鸡肉、熟猪肉等）切成块、片、条、丝等形状后，用调味品拌制，就做成了拌菜。

2.煎

一般先用小火把锅烧热，然后放少量油，再放入扁形原料，先煎好一面，然后煎另一面，煎到两面金黄后，放适量调味品，再翻几下，就制成了外面香酥、里边软嫩的菜肴了。

3.爆

把原料烫或炸至断生后，用旺火把油烧热，急炒后出锅，脆嫩爽口的爆菜就做好了。爆还可以分为油爆、盐爆、酱爆、葱爆等。

4.炒

将原料切成小型的丁、片、条、丝等形状，用小油锅炒，油量根据原料决定，炒菜有脆、嫩、滑几个特点。炒分为干炒、滑炒（软炒）、生炒（煸炒）、熟炒四种。

5.炸

炸采用比原料多几倍的油，用旺火烹调，放入原料后有爆裂的声音。炸出的食物有香、酥、脆、嫩等特点。炸也有清炸、干炸、酥炸、软炸、纸包炸等。

6.蒸

蒸是用蒸汽做为传热体，不仅可以烹调菜肴，也可以加工原材料或使菜肴保温。

7.焖

用油锅加工原料，制成半成品后加入少量汤汁以及适量调味品，把锅盖盖上，微火焖烂，制成汁浓、味厚、料酥的焖菜。

8.炖

炖有两种方法：不隔水炖和隔水炖。

不隔水炖：用沸水烫去原料的腥味和血污，

之后把原料放入沙锅，加比原料稍多的水以及料酒、葱、姜等调料，加盖用大火煮沸后，撇去浮沫，然后再用小火炖至原料酥烂。隔水炖：将原料放入容器，把容器放入沸水锅内，直至炖熟。炖菜醇浓可口，保持了原汁原味。

9.炒每道菜前应刷锅

不刷锅就炒菜对健康危害很大。因为锅里残留的汁经加热就变焦了，转化成一种很强的致癌物质，变焦蛋白质的致癌作用远高于黄曲霉菌。所以，炒菜前必先刷锅。

10.小火煎荷包蛋

用小火热油，使其保持完整的形态，外香内熟。

11.旺火炒鸡蛋

用旺火热油，且油量要多，这样可使成菜香软可口。

12.中小火蒸蛋羹

将蛋加进适量的水搅匀，在水烧开后连同碗一起放入，采用中小火蒸，15 分钟左右即成。

13.炒绿叶蔬菜用旺火

旺火、热油，下锅后迅速翻炒，断生后即可出锅。

14.炒豆芽用旺火

用旺火热油，不断地翻炒，且边炒边加入些水，可保持豆芽脆嫩。

15.炒土豆丝用旺火

将土豆丝先放在水中洗几次，用旺火热油，不断翻炒，直至土豆丝变成黄色，再加调料，炒几下即成。

16.识别油温的技巧

（1）温油锅，也就是三四成热，一般油面比较平静，没有青烟和响声，原料下锅后周围产生少量气泡。

（2）热油锅，也就是五六成热，一般油从四周向中间翻动，还有青烟，原料下锅后周围产生大量气泡，没有爆炸声。

（3）旺油锅，也就是七八成热，一般油面比较平静，搅动时会发出响声，并且有大量青烟，原料下锅时候会产生大量气泡，还有轻微爆炸声。

17.爆锅怎样用油

做菜时若需要爆锅，应该采用凉油，凉油不是没烧开的油，而是指烧开晾凉后的油，没烧开的油含有对人体有害的苯，味道也不好。为什么不用刚烧开的油呢？因为油刚烧开时就爆锅，虽然闻起来香，但做出来的菜却不香。

18.蒸肉何时放油

蒸肉类时，应注意用油的先后。比如蒸排骨应先将粉和调味料将排骨拌匀之后再放生油，这样才可使调味料渗入，如果先放油再放调味料的话，蒸出后的排骨就缺乏味香。

19.花生油除鱼肉腥

鱼与肉类食物应用花生油，因为花生油的香味可除掉鱼和肉类的腥臊味。

20.用芝麻油

凉拌菜、卤菜、汤菜宜用芝麻油。

21.用植物油防面条粘在一起

在煮面条的水里加入一汤匙的植物油，则面条不会粘在一起。

22.用植物油防肉馅变质

若肉馅一时用不尽，可将其放在碗里，将表面抹平，再浇一层熟食油，即可隔绝空气，这样存放就不易变质。

23.用植物油腌肉

在猪腿肉上面切开几条纹，放到冷却的盐水里浸 1 天，然后取出晾一会，然后拿棉花蘸上菜油，在肉的表面涂抹一遍，放到太阳下面晒，即腌成肉。腌鱼时，只要除去鱼的肠、鳃及鳞，可不用洗，做法同上。

24.用植物油避免溢锅

做菜汤时，汤易溢出锅外，若在锅口将食用植物油刷个 6 厘米宽的圈，汤就不会再溢出锅外，煮稀饭时也可仿此处理，同样可避免溢锅。

25.用盐防溅油

先在热油里放少许盐，煎炒食物的时候油就不会外溅。

26.用葱消油沫

若用植物油来起油锅，会涌出大量的油沫，可在油里放几段葱叶，稍等片刻，油沫便自会消除。

27.炸花生米所需油温

以100℃左右适宜，油面由四周朝中间翻动，无油烟，大约有3~4成熟。

28.炒菜省油小技巧

炒菜时，可先拿少量油来炒，等将熟时，放入一些熟油，翻炒后即可出锅，可令菜汤减少，油能够渗进菜里，虽用油不多，不过油味浓、菜味香。

29.煎炸食物防油溅

未放入食物之前，投入一些食盐于油中，待食盐溶化后再把食物放入，煎炸时油就不易溅到锅外，同时也可节约油。若油外溅时，马上往油锅中投入花椒4~5粒。油沫上泛时，可用手指蘸点冷水，轻轻弹进去，经一阵起爆后，泛起的油沫立即消失。

30.用油炸食物蘸面包粉

可把油炸食物、面包粉和其他想要添加的干性材料一起放入塑料袋内，封紧袋口，上下摇动，使面包粉和干性材料充分地粘在食物上面，此法不仅蘸得均匀，而且手或盘子也不易弄脏。

31.炸制麻花如何省油

在油锅内倒入300克水，待水沸之后再倒油，油开就可放麻花进行炸制。此法可炸约5千克面制的麻花，炸好的麻花不仅好看好吃，且省油。

32.怎样炸辣椒油

将干红辣椒切成段，放入碗里，再往炒菜锅内倒进适量的食用油，放在火上烧热，然后把辣椒籽放进锅内炸，炸热后将火关掉，将热油倒进辣椒碗内，同时用勺均匀搅拌即可。关键是要掌握好火候和时间。

33.加热前后调味

在加热前的调味称基本调味，有些原料则需用酱油、盐水等腌渍浸泡，有的则需除去腥膻的气味。在加热时调味称定型调味，其决定菜肴的风味，这也是操作时的重点。在加热后调味称补充调味，其可弥补基本、定型两次调味的不足，比如，炸、涮、蒸烹制菜肴，当加热时不可以调味，所以可以借助此法增香增味。

34.把握烹调加盐时机

（1）即熟时：在烹制回锅肉、爆肉片、炒白菜、炒芹菜、炒蒜薹时，应在热锅、旺火、油温高的时候将菜下锅，且应以菜下锅即有"噼啪"响声为好，当全部煸炒透时才放适量的盐，这样炒出的菜肴就能够嫩而不老，且养分的损失也较少。

（2）烹调前：在蒸制块肉的时候，因为肉块较厚，而且蒸制的过程中不可再添加进调味品，因此在蒸前须将盐及其他调味品一次性放足。若是烹制香酥鸡鸭、肉丸或鱼丸时，也应该先放盐或是用盐水腌渍。

（3）食用前：在制作凉拌菜，如凉拌黄瓜或是凉拌莴苣时，应在食用之前片刻放盐，且应略加腌渍，然后沥干水分，再放入调味品，这样吃起来才会更觉得脆爽可口。

（4）刚烹时：在烧制鱼与肉时，当肉经过煸，或是鱼经过煎之后，应立即放入盐和调味品，用旺火烧开，然后换用小火煨炖。

（5）烹烂后：在烹制肉汤、鸭汤、鸡汤、骨头汤等荤汤时，应该在其熟烂之后再放盐调味，这样就可以使肉中的蛋白质以及脂肪能较充分地溶解在汤中，从而使汤更为鲜美。炖豆腐的时候，也应该在熟后放盐，原理与荤汤相同。

35.烹调用碘盐

（1）作用：发生碘缺乏症，主要是因为摄入的碘不足。若把碘加进食盐里，则可以通过食用食盐进行补碘，这也是迄今为止最有效且最实用的预防碘缺乏症的方法。

（2）特点：因为碘具有十分活泼的化学特性，其易于挥发，怕高温、风吹及日晒等外界影响，因此，如果碘盐加工或存放的方法不当，也会丢失掉当中的碘。

（3）清洁：对于食用碘盐来说，要随吃随买，把它装进加盖的坛子或罐子内放好。若是购买的大粒碘盐有些不干净，应该细心挑拣，但不能用水洗或是用锅熬，不然的话，碘会大部分甚至全部升华掉。

（4）食用：炒菜熬汤时应先下菜，再放盐，万万不可用碘盐来爆锅，否则碘质会遇热升华跑掉。

36.牛奶解酱油法

在炒菜的时候，若酱油放多了使色味过重时，可加入少许牛奶，即可解除。

37.烹调用醋催熟

在对一些较为坚硬的肉类或禽类野味进行烹调时，可加进适量的食醋，这样不仅可以使肉较易烂软，而且有利于消化。

38.烹调用醋杀菌

醋有十分强劲的杀菌作用，可以用来杀死肠道内的大肠杆菌、葡萄球菌、嗜盐菌、痢疾杆菌及其他的肠道致病菌。在制作家庭凉拌菜的时候，可加些醋。这样既能够增加风味，促进人的食欲，也能够起到对肠道传染病的预防作用。

39.烹调用醋保营养

醋还可以保护维生素，避免其遭受损失。比如，含有 B 族维生素及维生素 C 的蔬菜，在加热时维生素易被破坏掉。若适当加入一点食醋，则可以让这些维生素保持稳定，损失也极少。此外，醋对蔬菜中含有的色素也有一定程度的保护作用，它可以让蔬菜保持本来的颜色。比如，把去皮后的土豆浸在放有食醋的水中，它也不会变黑。

40.烹调用醋保健

醋有促进人体内的脂肪变为体能而消耗

的作用，而且可以促进蛋白质和糖的代谢，所以醋还具有预防肥胖以及降低血压的作用。

41.加烧酒使醋变香

可以在一杯醋里面添加一点烧酒，然后掺入少许食盐，进行均匀地搅拌。这样处理过的醋不但保持了原来的醋味，也会变得十分香，且更易于保存，即使长时间不用也不会产生白膜。

42.用料酒去腥解腻

肉和鱼、虾都具有腥膻味。而之所以有腥膻味是因为它们含有一种胺类物质。胺类物质可以溶于料酒内的酒精。烹饪时加入料酒，这种胺类物质会在加热的时候随着酒精一起发酵，从而能达到去腥目的。

43.用料酒增香

在烹调时，料酒中的氨基酸可与食盐相结合，从而生成了氨基酸钠盐，使鱼或肉的味道更加鲜美。此外，它还可以与糖相结合，然后形成诱人的香气。

44.用料酒保鲜

如果用料酒来腌渍鸡或鱼的话，它可以迅速地渗透进鸡和鱼的内部，从而延长保鲜时间，也有利于甜、咸等各种味道能充分地渗透进菜肴中；在烹制绿叶蔬菜的时候，如果加进少量料酒，则可保持叶绿素不被破坏。

45.烹调用白酒不如料酒

白酒中的乙醇含量比料酒高，一般是在75% 左右。如果是用白酒来烹调菜肴，则菜肴的滋味不够好，而且还会破坏掉菜肴的原味，不如料酒烹制的效果好。因此，在烹调时宜用料酒代替白酒。

46.用江米甜酒烹调

用江米做成的甜酒来代替料酒，用于牛肉、猪肉、羊肉、鱼和鸡的烹制，味道非常鲜美，比料酒还好。

47.调料蔬菜的香气妙用

可食用的调料蔬菜中都含有挥发性的油。姜的气味来源于姜烯、姜醇等。大蒜鳞茎，即蒜头，其中的蒜氨酸没有什么挥发性，所以无气味，也无臭味。只是当捣碎时，在蒜酶作用下蒜氨酸才会分解，成为有气味的蒜辣素。通常喜食者认为香，而厌食者则认为臭。葱及洋葱的气味来源于环蒜氨酸，其具有强烈的催泪功能。小茴香含挥发性油，烹调时会发出袭人之香气。具有浓烈刺鼻气味的芥末则来源于芥子贰。不同气味对人体感官作用的部位也不尽相同，要根据"葱辣眼，蒜辣心，芥末单辣鼻梁筋"等不同调料香气之特点，让其发挥最大功效。

48.用葱蒜姜

葱、蒜、姜属辛辣调味品，内含挥发性较强的香精油，具调味和杀菌的双重功效。炖煮做汤时，为使葱蒜姜能充分发挥作用，至呈结合态存在的香精油成分散发出香气，要通过较长时间的水分解反应；炝锅炒菜时，为使菜肴香味扑鼻，要通过高温热油使香精油溶于油中。

49.大葱用法

做咸食时的主要作料，它有去腥除腻的功能，一般有以下3种用法：

（1）炝锅。多是在炒荤菜时用。炒肉时可加适量的葱花或葱丝；做炖、红烧肉菜或鱼、鸭、海味时加进葱段。大葱和羊肉混炒可去腥味，使羊肉的味道更鲜美。

（2）拌馅。做饺子、汆丸子、馄饨时，可在馅中加入葱花。

（3）调味。吃烤鸭时，可在荷叶饼内抹些甜面酱，再放入鸭片内，卷上葱段，特别爽口好吃；做酸辣汤或是热清汤时，可在最后撒上葱花和香油，滋味更佳；在煎鸡蛋时若配上葱花，可去掉鸡蛋腥味，食之香咸可口。

50.生姜用法

荤素菜一般都离不开生姜，它本身有辛辣与芳香的味道，若溶解在菜肴之中，则菜的味道将更鲜美，所以它有"植物味精"之美称。其用法有4种：

（1）混煮。炖鱼、肉、鸡、鸭时放入姜片或是拍碎的姜块，肉味醇香。

（2）兑汁。做味道甜酸的菜时，可将姜切为粒状或是剁成末，再与醋、糖兑汁烹调或进行凉拌。若拌凉菜、糖醋烟鱼等用姜汁配用，可产生较特殊的酸甜味。

（3）蘸食。用酱油、小磨香油、姜末、醋搅拌成汁蘸吃。在吃清蒸螃蟹时加蘸姜汁，另有风味。

（4）浸渍返鲜。冷冻后的肉类和家禽，应在加热前用姜汁先浸渍一下，就能起到返鲜作用，即可尝到原来的新鲜滋味。

51.大蒜用法

做为配料，可起到杀菌和调味的作用。有5种用法：

（1）去腥提鲜。在炒肉、烧海参、炖鱼时，放入蒜片或是拍碎的蒜瓣。

（2）明放。多是在做咸味且带汁的菜时加进。如炒猪肝、烧茄子或是其他炖菜时，若放几片蒜则可使菜散发香味。

（3）浸泡蘸吃别有风味。吃饺子时若蘸些酱油、辣椒油、小磨香油浸泡的蒜汁，特别好吃。在盛夏若用馒头蘸着蒜汁吃，可开胃利口，同时可防止发生肠胃炎。

（4）拌凉菜。用捣烂的蒜泥或拍碎的蒜瓣调凉粉、拌黄瓜，或在蒸好的茄子上泼些菜汁，菜味更浓。

（5）把蒜末与姜末、葱段、淀粉、料酒等兑成汁，用于煸炒之类的菜肴更出味。

52.用过冬老蒜

过冬后的老蒜常会干瘪，为使不浪费，可剥出蒜瓣，挑出尚软且未腐烂的洗净，再切成薄片（要跟芽的方向垂直）。在蒜罐子里放少量食盐，再加蒜片捣成蒜泥，装好封严后放入冰箱冷冻室内储存，在食用时取一小块放进菜中即可。这样处理过的蒜能保存一段较长的时间。

53.花椒用法

花椒有芳香和通窍作用，是调味品中的

主要作料。其用法有 5 种：

（1）炝锅。如炒芹菜、白菜时，可在锅里的热油内放几粒花椒，炸至变黑时再捞出，留油炒菜后，菜香扑鼻。

（2）炸花椒油明用，可使菜香四溢。将花椒、酱油和植物油制成"三和油"，淋在凉拌菜上，十分爽口。

（3）煮蒸禽、肉类时，可放入大料、花椒。

（4）制成花椒盐蘸吃。把花椒放进手勺里，在火上烤到金黄色时，再与精盐同放于案板之上拼为细面。吃干炸里脊、干炸肉丸或香酥羊肉、香酥鸡时蘸食。

（5）脆制芥菜丝、萝卜丝等咸菜时放适量的花椒，味道绝佳。

54.大料用法

是做厚味菜肴时不可缺的作料。禽类和肉类的炖、煮时间较长，大料与其他作料可充分水解，它的香味可逐步改善原料的固有气味，使其味醇香。

做红烧鱼时，在炒锅里等油开的时候放入少量大料，等它发出香味后再加进酱油及其他作料，再放进炸好的鱼；又比如烧肉汤白菜这样的荤味素菜时，可把大料与精盐一同放入汤内，最后放香油。在腊制鸡、鸭蛋或是香菜、香椿时，加进大料也别有风味。

55.怎样发芥末面

把要发的芥末面放在碗中，慢慢地加入凉开水或者自来水，边搅拌边加水（但水不要加多了），待芥末成糊状后就可放在阴凉处，1 分钟即可发好。这样既简单，效果又好。

56.如何炒好糖色

酱油是不可以用来代替炒糖色的，尤其是在烹调红烧肉和红烧鱼等菜肴的时候显得更加重要。炒糖色时，应等到油热之后再加进糖（红糖最好），放到锅里炒，再加进少量水。加水的时候应该注意：必须是加温水

而不是冷水。这样做可以防爆，炒出来的糖色也好。

57.应付油锅起火

如果炒菜时油锅起火了，应迅速盖上锅盖，隔绝空气，火就会自行熄灭；或者立即放几片青菜叶到锅里，也能灭火。

58.怎样除煳味

把炸过东西的油过滤，然后滴几滴柠檬汁，就可以除去油的煳味。如果食物烧煳了，可以把它倒在干净的锅里，锅上盖一块餐巾，再撒些盐在上面，然后把锅放在火上加热一会儿，也能除掉煳味。

59.用微波炉吃切面

准备一斤宽条切面，装入保鲜袋后放入微波炉里，若微波炉功率高，2 分钟左右后便可取出，然后，将其放入开水中稍煮一会即可马上捞出，过一下凉水后根据自己的口味配上调料就行。吃时的口感与刀削面一样。

60.用微波炉做冷面

把一张保鲜膜放在微波炉转盘上，把面条 500 克直接放在保鲜膜上，大火加热 3 ~ 4 分钟。同时，在煤气灶上烧一锅开水，水沸后立即用筷子把刚熟的面条挑出来，放进滚水里烧，同时边烧边用筷子挑引。待面条又滚起来时，立即捞出放入盛器内，放入调和油，拌匀拌透。搅拌时用电风扇对着吹最好，使其冷却片刻，冷面就做好了。

61.用微波炉做凉面

夏天在家里做凉面时，时间一长面条就不筋道，时间一短又会夹生。解决方法是：刚开锅就捞出面条，再拌入素油，放到微波炉里，用高火力持续加热 4 分钟，待熟后放在电扇下吹凉。拌入作料后吃，很有嚼头。

62.用微波炉仿制刀削面

买 500 克宽条切面，装入保鲜袋里，在微波炉内高功率地加热 2 分钟，再取出放入开水里煮一下，马上捞出，过下凉水，然后

根据自己的口味配上调料。食用即有与刀削面相似的感觉。

63.用微波炉烤月饼

月饼久放后会变硬，可以先把月饼放入瓷盘内，喷上些水，再拿微波炉专用保鲜膜蒙好，然后放进微波炉内，中火烘烤2分钟，出炉后的月饼即使是低档的也很好吃，又香又软。

64.用微波炉烧茄子

将约250克茄子去皮后切成厚度不超过1厘米的菱形平铺在磁盘上。用微波炉的最高挡加热10分钟，中间开门1次，等茄片软化后取出待用。在炒锅内加油将肉片炒熟，加少许蒜片、青椒丝，炒几下后再加西红柿片、茄子片，再炒一下后加糖、盐、酱油即可食用。

65.微波炉烤白薯法

将约500克生白薯用清水洗净后，放在大碗里，在微波炉中烘烤约10分钟，待其完全熟透软化后即可食用。

66.用微波炉做豆腐脑

豆浆2袋（250毫升/袋）加入1份凝固剂1.0克，放入微波炉的专用容器中均匀搅拌，再放入微波炉中，高温加热5分钟即可。如用4袋豆浆，则加入2.0克的凝固剂，加热8分钟即可。

67.用微波炉"炸"虾片

先将数片龙虾片放置在微波炉的专用容器内，放入微波炉中用中火加热20～30秒钟（时间不能过长，可透过微波炉的玻璃门观察），等到龙虾片膨胀到适当大小时取出即可。

68.用微波炉"炒"瓜子

将约500克生葵花籽放进微波专用容器里（不加盖），把容器放入微波炉里。用功率750瓦的微波炉的话，高火，定时3分钟，到时间后取出微波容器，搅拌葵花籽，再把容器放进微波炉里，高火，又定时3分钟，

到时间即可。若用的微波炉是较大功率的，可减少时间。这种用微波炉"炒"瓜子的方法，省时、省事、省钱，干净又卫生，火候也很容易掌握。

69.用微波炉制果菜汁

西红柿、西瓜、橘子等果蔬可拿微波炉来制汁。先将其切成小块（破开橘子瓣），放到容器里加热，待烂熟后用勺子挤出汁，适合婴儿食用。

70.用高压锅烤白薯

用清水将白薯洗净后放入高压锅的锅屉中，不要放水，并把盖上的橡胶圈取下，锅盖盖好后用中炙烤3分钟左右。然后再改用文火烤半小时。注意：用高压锅烤白薯时不要加阀，这样烤出的白薯就不会糊。

71.用电烤箱烤白薯

用清水将白薯洗净后不要去皮，单层码放在烤网的上面，不要用烤盘。根据需要，可选直径4～6厘米的白薯，一次可以烤4～8个。温控开关应调在250℃挡上，将时间按钮调到35或45分钟刻度，警铃一响即熟。用烤箱烤出的白薯味香浓烈，肉质细腻爽口，皮肉分离易揭易剥而且不焦不糊。

72.用电烤箱烤玉米

先将带皮玉米的须去掉，再加少许盐水煮到七八成熟，捞出后将老玉米包皮翻起，然后在玉米上面抹上一层白糖和熟猪油（或花生油）、撒上少许胡椒粉，将皮包好后，放入电烤箱烤盘内烤上几分钟，再把老玉米翻个身烤几分钟，当呈焦黄色时取出剥皮即可食用（用烤箱烤玉米，不仅快捷而且烤好后别具风味）。

73.用电烤箱炸花生米

先将花生米放入盐水中泡再取出晾干，然后均匀地放入电烤箱并铺满一层，不要太厚。将食用油淋在花生米上拌匀，并放入2粒花椒到烤箱内。待花生米出现少许精盐后，加水5克搅拌均匀直到听到轻微声音后，切断电源。再用上锅蒸10分钟，用余

热再烤 5 ~ 10 分钟即成松软鲜嫩的花生米。

74.保持米饭营养法

大米不要多洗多泡，更不能反复搓洗。更忌热水淘洗，否则米粒中的维生素、蛋白质、脂肪、无机盐及糖等的流失就会加大。

用锅蒸饭，不宜做捞米饭。否则人体对 B 族维生素的摄入就会减少。

宜用高压锅煮米饭。这样米分解很快，人体易吸收。煮前放些茶水有助消化。

烧米饭要用开水。否则会损失其中许多的维生素 B_1。

新米、陈米不可混熬。

75.包粽子时如何使江米越泡越黏

江米中的黏性是存贮于细胞中的，如果用水淘过就马上包，即使是上等江米都不会很黏。应将清水浸泡江米，一天换 2 ~ 3 次水，在浸泡几天后再用来包粽子，因为细胞吸水令细胞壁胀破，可释放出黏性成分，让粽子异常黏软。而只要每日能坚持换水，江米就不会变质。但是水量要足，不然江米吸足水以后暴露在空气之中，米粒就会粉化。

76.使铝锅焖饭不糊

铝锅焖饭时易糊锅，可先用新铝锅煮一次面条，那么再用铝锅焖饭时就不容易糊了。

77.重煮夹生饭

米饭夹生：用筷子在饭内扎些能直通锅底的孔，洒入黄酒少许再重煮。

表面夹生：将表层的面翻到中间后再煮即可。

78.白酒炒饭

用冷硬的剩饭来做炒饭时，可往里洒少量白酒，这样炒出的饭既好吃又松软。

79.煮软硬饭

在米下锅时一边偏低些，一边堆高些，并且不要搅拌。这样煮出的饭就会一边稍软，一边稍硬，就能各取所需，两全其美。

80.为婴儿煮烂饭法

出生 6 个月后的婴儿就可吃些烂饭了，但一般都需单独煮。若在做米饭时，等开锅后把火关小，再用小勺在锅中的米饭中部按一个小炕，让锅周围的水可自然地流向中间，这样等米饭熟的时候，中间部分的饭就烂糊了，不用再单做。

81.令紫米易煮烂

紫米虽营养丰富，可是很硬，熬粥的话需数小时。可将米淘净，用高压锅煮，25 分钟即可煮熟。

82.煮粥加油防溢法

在煮粥的时候，加点食油在锅里（最好用麻油），这样，即使火非常旺，粥也不会再溢出，而且会更加香甜。

83.甜粥加醋增香法

在煮甜粥快熟的时候，加入少量食醋，粥既能增加香甜，又无酸味。

84.橘子煮粥增香法

在粥将煮熟的时候，加入几瓣已晒干的橘皮或橘子片，粥的味就会非常清香可口。

85.熬豆粥快速煮豆

将绿豆和红小豆压成两瓣，这样就破坏了豆子的外层保护膜，这时再和大米一起下锅，饭熟了豆也就煮烂了。也可以在煮绿豆和红豆时，豆子有些膨胀时就捞出来，拿勺子压碎，然后再放入锅内。这样也很容易煮烂。

86.热水瓶煮粥

将米淘好放进热水瓶里后再往里倒沸水，米要少于热水瓶容量的 1/4，水要离软木塞 12 厘米，再将木塞盖紧直至 4 ~ 5 小时后粥就能煮好了。

87.用剩饭煮粥

用剩饭煮粥常常黏糊糊的，可先将剩饭拿水冲洗一下，煮出的粥就如新米一样不会发黏了。

88.使老玉米嫩吃

煮老玉米时，在锅里加进 1 ~ 2 匙盐（要以吃不出咸味为宜），很快就可以煮好，而且吃起来比较嫩。

89.用蜂蜜发面

每500克面粉要加250毫升水，把1.5汤勺的蜂蜜倒进和面水里，夏天用冷水，别的季节用温水。但面团需揉均匀，宜软不宜硬，待发酵4～6小时就可使用。这样蒸出的馒头不仅松软清香，而且入口味甜。

90.蒸馒头防粘屉布法

馒头完全蒸熟后，揭开上盖，再蒸上4分钟左右，倒出干结的馒头，翻扣在案板上，约1分钟后再把第二个屉卸下来，依次取完，即不会再粘屉面了。

91.用菜叶代屉布

蒸包子和烧麦时，可将圆白菜叶或大白菜叶代替屉布，这样既不会粘，也可免去洗屉布的麻烦，还可在菜叶上根据自己的口味放各种调料，做成一道小菜。

92.使馏馒头不粘水

蒸馒头时常将屉布放到馒头下边，若要馏馒头，就应将布放在馒头上边，而且要盖严，即可解决平常不拿布馏馒头的时候，馒头被蒸馏水搞得很湿而十分难吃的问题。若用铝屉，则最好将有凹槽的一面向下。

93.勿在开锅后蒸馒头

蒸馒头不要等锅内的水烧开后，才将生馒头放进锅蒸。因为馒头急剧受热，里外不均，很容易使得馒头夹生，而且费火费时。若将生馒头放入刚加进水的锅里蒸，因为温度逐渐升高，馒头可受热均匀，就算有时候面发酵不好，也可在温度的渐渐上升中得到些弥补，这样蒸出的馒头又大又甜。

94.用压力锅蒸馒头

因为压力锅内的压力大，温度高，馒头就容易蒸得透，而且淀粉转化的麦芽糖就越多，所以吃的时候越嚼越甜。压力大，淀粉分子链的拉力增强，吃起来就有嚼劲，有弹性。

95.猪油增白馒头法

揉一小块猪油在发面里，可使馒头洁白、松软、味香。

96.炸馒头片不费油

炸前把馒头片先用水浸透，取出，待馒头片表面无水珠时再入油锅炸，馒头片要即浸即炸，防止馒头片被泡碎。这样馒头片吸饱了水，炸时消耗的主要是水，馒头片不再吸油，很省油。这样炸出的馒头片金黄均匀且外焦里嫩，撒上白糖食用更香甜可口。同理，把馒头片掰成如丸子般大小的块，炸出后撒上白糖也很有风味。

97.解馒头酸

热天时，若用碱不当可使馒头的酸度变高，难以下咽，但弃之可惜。可将酸馒头放在盘上，再放进冰箱冷藏室里，4小时后取出，等馒头的凉气散尽后再食用。也可以烤着吃，那么酸味就可减轻许多。

98.巧吃剩馒头

剩馒头，尤其在冰箱存放几天之后干硬难啃，弃之可惜。可将鸡蛋和面粉加水，搅匀成稀粥状，然后将馒头切成片，浸泡5～10分钟，再用油炸，待稍黄即可出锅。这样的馒头口感不硬，味道也可以。若是3个馒头，则需3个鸡蛋、150克面粉，以及少许细盐和五香粉，拌匀后加水，以浸没馒头片为宜。

99.面粉炒食法

倒些油在烧热的锅内，再加入些面粉，用文火翻炒，在炒的时候要不停地翻炒，待七成熟的时候便可。在食用的时候，每50克的面粉中加入75克左右的开水，不能加冷水。

100.用高压锅烤面包

当面粉经过发酵后，加入适量的鸡蛋、白糖和牛奶，待完全揉透后用饭勺将其做成面包形状，然后再涂少许食油在高压锅里，将面团放入后，把盖盖好，加热约3分钟即可放气，将锅盖打开，把面包翻过来，再加热约 3 分钟即可。

101.啤酒助制面包法

倒些啤酒在面粉中，揉匀，这样做出来的面包，既易烤制，又有种似肉美味。

102.面包回软妙招

用原来的包装蜡纸把干面包包好，把几张纸用水浸透，摞在一起，包在其外层，装入塑料袋，过一会儿，面包就软了。倒温开水入蒸锅，再放点醋，把干面包放在屉上，盖严锅盖稍蒸一下，面包就软了。在饼干桶底放一层梨，上面放上面包，盖严盖，饼干桶内的食品可保持较长时间恒定温度。

103.加工剩面包

炸猪排。把猪肉切成小片，拌上干面粉，裹上蛋清，撒上用剩面包搓成的碎渣，入油锅中炸，待呈金黄色捞出，蘸上香菇沙司、辣酱食用，味美可口。相同做法，以虾仁代替猪肉也可做出非常美味的炸虾仁。

把剩面包切成片，再裹上一层鸡蛋清，然后用素油布包好，放入锅中蒸，硬面包可恢复松软；或把剩面包剁碎，再加入调料蒸丸子。

西式汤菜。把剩面包切成小丁，入油锅炸黄，用来做西红柿虾仁面包丁汤，奶汁面包汤等，还可把剩面包烘干、搓碎后加在肉末中，烹制出肉丸子。这种含有面包焦香的西式汤菜，另有独特风味。

104.啤酒助制葱油饼法

掺些啤酒在做甜饼或葱油饼的面粉中，再发面，饼即会又松软又香。

105.干切面熟得快

先将干切面浸泡在凉水里十几分钟（也可时间长些）。吃时，待水开锅后煮上 3 ~ 5 分钟即可。此法煮干切面又快又好吃。

106.在饺子面中加鸡蛋

包饺子时，若在每 500 克的面中加入一个鸡蛋，面就会不"较劲"，易捏合；且饺子下锅后可不"乱汤"；出锅凉后饺子也不会

"坨"。不仅口感好，还增加营养。

107.牛奶助制蛋饺

在制蛋饺外皮时，可以在鸡蛋中加入适量的牛奶并搅拌，这样不但味道鲜香，而且饺皮柔软易包。

108.用土豆做饺子皮

拿土豆做饺子皮，不仅筋道好吃，营养价值也高。做法是：将土豆洗净，用水煮烂；然后剥去土豆皮，用饭勺将其搓成泥；再放入 1/3 的面粉掺进土豆泥内，用温水和成饺子面；在擀皮时会比面粉皮稍厚些，包馅后再上锅蒸 20 分钟就熟。

109.制蛋饺皮

以每 500 克鸡蛋加 25 克食油的比例在蛋液中加些食油，拌匀后，蛋液入锅。这样可避免每次都要抹一下油。摊好一张大蛋皮，用杯口或其他器具倒扣，形成一张张大小相等的圆片，把肉馅放一侧，把未放肉馅的蛋饺皮叠放到肉馅处，即成蛋饺，蛋饺大小相同，整齐美观。为使蛋皮薄且不破，在蛋液中加点醋或柠檬汁搅拌，再用小火煎，既薄而又有韧性的蛋皮即成。

110.快制饺子皮

将面粉加水调和并揉捏后放在案板上，按照需要制成薄片。然后，用瓶盖、杯口等，压在制好的面皮上拧几下即可。

111.用白菜帮做馅

吃白菜时若把老帮子扔掉，很浪费。只要把白菜帮内白色或淡黄色的硬筋抽出（从菜帮皮薄的内侧抽），剁成馅后挤出水分，再加肉馅，可做包子和饺子，吃起来很嫩。菜帮做馅吃，菜心炒着吃，整棵白菜就没有浪费的。

112.用萝卜做馅

把洗净的萝卜擦成丝后放在锅里用温火反复炒，可放少许油，炒到基本没汤为止。然后用铲子上下翻动以便散掉萝卜的气味，晾凉后和肉馅拌在一起。这样做出的萝卜馅

不仅保持了原有的养分，还没有了萝卜的气味，吃起来口感很好。

113.用雪里蕻做馅

将雪里蕻洗净后，放入开水锅中煮。要是喜欢吃辣，煮的时间短些，约3～5分钟，不喜欢吃辣，煮的时间要长些。捞出雪里蕻剁成馅后控去水分再加上各种作料，包成饺子或包子，别有风味。

114.用香菜做馅

用香菜做饺子馅，包出的饺子十分鲜美好吃。

115.用豆腐做馅

将豆腐上锅，略蒸一下，待晾凉以后切成小丁，再加精盐、香油、葱末、味精拌匀即可。这样饺子易熟且味美好吃。

116.用茶叶做馅

包馄饨、饺子时，可在馅里放一点茶叶，可清口、代替料酒去腥气膻气。具体做法是：绿茶在泡过两遍后，把茶叶捞出来晾干，剁上两刀后和上肉馅，再放进调料，这样包出的馄饨和饺子，吃起来风味独特、清香可口。

117.用茄子皮做馅

茄子皮晾晒干后装入塑料袋中保存起来，到冬春季时用温水泡开并切成细末后放入干菜或白菜中一起做馅，包成包子或饺子吃，别有风味。

118.用大料水拌肉馅

蒸包子或是包饺子时，在肉馅里加入一点大料水，不仅可以去腥味，且可使肉馅鲜嫩。500克的肉馅需配10克大料，用开水泡20分钟，然后把大料水拌进肉馅内即可。

119.使打馅不出汤

吃饺子时，若以自来水打肉馅（韭菜、白菜）较易出汤，而只要取凉白开水打就可防止这种情况。

120.饺子馅汁水保持法

要想保持饺子馅的汁水，关键在于将菜馅切碎后，不要放盐，只需浇上点食油搅拌均匀，然后再跟放足盐的肉馅拌匀即可。这样就能使饺子馅保持鲜嫩而有水分。

121.防饺子馅出汤

包饺子时，常常会碰到馅出汤，只需将饺子馅放入冰箱冷冻室内速冻一会儿，馅就可把汤吃进去了，且特别好包。

122.用压力锅煮水饺

用压力锅煮水饺，煮出的水饺不跑味、不破口，且节省时间。方法是：先在压力锅里倒入半锅水（若压力锅口径为26厘米，每次可放80～100个水饺）。水烧开以后，拿饭勺搅转两圈，令水起旋，再放入水饺，用旺火烧，把锅盖盖紧，不要扣阀。待气从阀孔冒出半分钟后即可关火。待阀孔不再冒气，就可开锅捞饺子。用旺火时，应以不让锅内的水冒出为度。

123.饺子防粘法

为了防止饺子粘在一块，可在面粉500克中加鸡蛋1个，使饺子皮结实。在煮的时候，放几段大葱在锅内。加入少量食盐在沸水里，等盐完全溶化后，将饺子放进锅里，盖上锅盖，直至完全煮熟，不需要加水，也不要翻动。当饺子煮熟快要出锅的时候，将其放入温水中浸泡一下，饺子表面的面糊即会溶解，再装入盆里时就不会再粘结了。

124.怎样煮元宵不粘

煮元宵的时候，应该先把水烧开，而元宵则要在凉水中沾一沾，然后再下到锅里，此法煮出的元宵才不会粘连。

125.炸元宵油不外溅法

炸元宵时油容易向外溅，容易烫伤人。此时，可先将生元宵放入蒸锅中蒸10分钟左右，然后再炸，炸时不要把火开得太旺，这样，炸时就不会使油外溅，炸出来的元宵也外焦里嫩，十分好吃。

126.玉米烧煮法

在煮玉米的时候，应该连同外皮一起

煮，这样可以使玉米的味道更加鲜美。

127.煮豆沙防糊法

煮豆沙的时候，放 1 粒玻璃弹子与其同煮，能让汤水不断地翻滚，能有效避免烧糊。此法不适合用于沙锅。

128.绿豆汤速煮法

将绿豆用清水洗干净后，沥干，倒入适量的沸水里，水要没过绿豆 1 厘米左右，当水差不多被绿豆吸干后，再按需加入沸水，将锅盖盖严，然后再煮上十多分钟，绿豆就会酥烂，且碧绿诱人。

129.炸花生仁巧用水

炸前用水将花生仁泡胀，会比直接干燥的效果好。把泡胀的花生仁晾干水分，再放进烧热的油锅里（油量要以可浸没花生仁为宜），炸到快硬时，将火力减小，改用慢火炸到硬脆后立即捞出，再加入盐或糖即可。此法炸出的花生仁，粒大、皮全、香脆，色泽油亮。此法还可用于炸酥脆黄豆。

130.白薯防返酸法

将白薯洗净后切开，放在食盐或明矾溶液中浸泡约 10 分钟，然后蒸煮，即能减少食后腹胀或返酸的症状。

131.烧饭做菜要加盖

粮食和蔬菜内含有的水溶性维生素，会在高温水中随水蒸气散失掉。所以，烧饭、做菜最好加盖，这样不仅能减少维生素的流失，而且能保持锅内热量，缩短烹饪时间。

132.蒸菜防干锅法

在蒸锅内放入碎碗片，碗片即会随沸水的跳动不断地发出响声，若听不到声响就意味着锅内没水了。

133.蔬菜水焯不好

蔬菜不要采用焯的办法。很多人在炒菜时，为去掉蔬菜的涩味，喜欢将其放入热水中煮一下然后捞出，挤去菜汁再炒，这样会损失掉蔬菜中很大一部分无机盐及维生素。若必须要焯，焯好的水最好能够利用起来。

134.晾干水分后炒菜

不少人习惯刚洗好菜就炒，其实最好把菜洗完后晾干再炒。如果蔬菜带有很多水分，放入热油锅时就会迅速将低油温，会延长炒菜时间，从而损耗更多的维生素，而且食油会随水蒸气而挥发，污染空气。晾干后再炒，不仅没有以上的问题，还能是蔬菜色泽得到保持，成品味道也更为鲜美。

135.炒菜勿添冷水

炒、煮蔬菜时，勿加冷水，因为冷水会让菜变老、变硬而不好吃，应该加开水，这样炒出的菜会又脆又嫩。

136.炒菜用淀粉

加点菱粉类淀粉烹调蔬菜，可使汤变得浓稠，不仅能使食品美味可口，而且因为淀粉含谷胱甘肽，使其对维生素有保护的作用。

137.炒菜防变黄妙法

绿叶蔬菜烹调时必须用旺火，先将炒锅烧热，放油后烧至冒烟，将菜放入，旺火炒几分钟后，加味精、盐等调料，炒透后立即起锅，这样方可避免菜色变黄。

138.用冰水保绿炒青菜

烹炒绿色蔬菜时，在炒菜锅里滴入冰水（冰水要符合卫生条件），菜炒熟后可保持鲜绿，外观可人，食之味美。另炒青菜时不盖锅盖也可使其保持鲜绿，酱油尽量少放，不放为好。

139.炒脆嫩青菜法

将洗净的青菜切好后，可以洒上少量的盐并拌匀，放置几分钟后，再沥去水分烹炒，这样炒出来的青菜就会脆嫩清鲜。注意：在炒菜时，盐要适当少放一些。

140.防茄子变黑四法

（1）削去茄子皮后烹调。

（2）茄子在切后马上下锅，或是浸泡在水中。

（3）烧茄子时，加进去皮去籽后的西红

柿，可防变色，也可增添美味。

（4）须洗净烹制茄子的铁锅，而且不应长时间放在金属容器里。

141.炒茄子省油的方法

把切好的茄块（片）先撒点盐拌匀腌约15分钟，挤去渗出的黑水然后再炒，并且炒时不要加水，反复煸，至其全软为止，然后再根据个人的口味放入各种调味品，这样不仅省油而且好吃。

142.防藕片变色烹调法

可将嫩藕切成薄片，拿滚开水稍烫片刻后取出，再用盐腌一下后冲洗；加进姜末、醋、麻油、味精等调拌凉菜，则不易变色。或是上锅爆炒，再颠翻几下，放入食盐和味精后立即出锅就不会变色。在炒藕丝时，应边炒边加水，才可保其白嫩。

143.烹调干菜方法

红烧干菜时要先用温水把干菜泡30分钟左右，然后再烧，为防止泡烂菜叶，不要用开水泡。熬煮时要多加些水，用小火慢慢煮。采用先放糖，熟后再放油的方法，可达到味美省油的效果。

144.烹调土豆方法

烧土豆时最好用文火好，火急了会内生外熟。烧土豆时要等土豆变色之后再加盐升温，以免土豆形成硬皮，出锅时就容易碎，且味道欠佳。

145.豆芽豆腥味除法

食醋去豆腥：炒豆芽时，放醋少许，就可去掉其豆腥味了。

黄油去豆腥：烧豆芽菜时，要先加点黄油，然后再加盐，就可去掉豆腥味了。

黄酒去豆腥：拌豆芽时，加点黄酒后再放点醋，拌好的豆芽就无豆腥味。

146.如何使蘑菇味更美

若用水浸泡干蘑菇，蘑菇的香味会消失。可用冷水将蘑菇洗净，浸泡在温水中，然后加入一点白糖。因为蘑菇吃水较快，可保住香味。浸进了糖液后，烧熟的蘑菇味道更鲜美。

147.香菇梗做菜法

取香菇梗切成细丝，浇些黄酒、白糖、酱油、麻油，稍腌一会，可当作下酒菜，十分美味可口。

148.用葡萄酒炒洋葱

为避免洋葱炒焦，炒时加白葡萄酒少许，可保持鲜美。

149.面粉助炒洋葱法

洋葱切好后撒少许干面粉再炒，菜色可变得色泽金黄，菜肴可口脆嫩。

150.冻萝卜烹调法

将已受过冻的萝卜放在冰水里浸泡约1个小时，待其完全融化后再用清水洗干净，然后再烹调：

炒食：用旺火快速地炒。

烧汤：将其切成细条，待汤完全煮沸后再下锅。

做馅：将其切成细条，与凉水一起下锅，烫煮，待萝卜七分熟时就将它捞出来，即可加些佐料来做馅。

151.用香菜调味

香菜的香精油的含量比较高，有浓郁的香气，但是香精油很易挥发，而且也不能较长时间地加热，所以为保留香菜的香气，要在食用前加入。

152.烹调速冻蔬菜

速冻蔬菜烹调前无须化冻、洗涤，用冷水冲一下即可去掉冰碴。为保持速冻蔬菜的鲜嫩味美，炒菜时可用旺火，做汤时要等汤沸后放入菜。

153.烹调豆腐不碎法一

有些在市场上购买的豆腐，质量差，上锅炒时很容易把它炒成碎渣。若想使它不碎，可以先将豆腐用开水煮一会，然后再上锅炒，这样就可以让它不碎了。

154.烹调豆腐不碎法二

豆腐烹调容易破碎。若将豆腐浸于盐水中 20～30 分钟再进行烹制，就可防止破碎。

155.开水浸豆腐去油味

豆腐在下锅时，可先放入开水中浸渍 15 分钟，可清除油水味。

156.如何做粉皮或凉粉

将粉皮或凉粉切成小块或条，放进滚开的水里烫，轻搅 3～5 下，2～3 分钟后灭火；捞出后放入凉水中，再换 2～3 次凉水。捞出后即可加辣椒油、醋、香油、麻酱、芥末油等调味品拌食。此法处理过的粉皮或凉粉柔韧、光滑，口感好，而且可以保证卫生，也能保鲜。余下的放进冰箱，再食用时口感不变。

157.使冻粉皮复原

若鲜粉皮吃不完的话，放在冰箱里又会变硬和变味。但如果把它放在凉水锅里，且在火上稍微煮一会，等粉皮变软后，把锅放到自来水下冲一会，粉皮就能柔韧如初。

158.用啤酒烫制凉菜

用煮沸的啤酒把菜烫浸一下，可使热啤酒中的叶酸、烟酸分解，成为食物里的矿物质钙，从而大大增加凉菜风味。

159.腌菜脆嫩法

在腌菜的时候，按照菜的分量加入 0.1% 左右的碱，即可使叶绿素不受到损坏，使咸菜的颜色保持鲜绿。也可按照菜的分量加入 0.5% 左右的石灰，即可使蔬菜里面的果胶不被分解，这样腌出来的咸菜又嫩又脆。但是石灰不能放得太多，不然会使菜坚韧而不脆。

160.淘米水腌菜法

用食盐和淘米水腌制萝卜、辣椒、豆角，色味俱佳。

161.用酸黄瓜汁做泡菜

罐头酸黄瓜吃完后，把汤汁倒进一个大口的玻璃瓶里。将萝卜、圆白菜、黄瓜等洗净，切成小块，待晾干水分后放进瓶里，再放两根芹菜、小半个葱头和一块鲜姜，可用以增加泡菜的浓味。加少许盐和数滴白酒，盖好瓶口，3 天以后即可入味，吃后继续按照上法泡入新菜。在泡两三次后可以将汤汁倒进干净的锅中加热，等开锅后将汤晾一下继续泡。用酸黄瓜的原汁做泡菜，又省事又味美。掌握方法后，可一直泡下去。但需要备一对专用筷子，切记筷子上不要有油。

162.芥末助制泡菜法

加点芥末在泡菜里，可使泡菜的色、香、味俱佳。

163.啤酒助制泡菜法

加入适量啤酒在泡菜坛内，这样，既可以使泡菜更加鲜脆爽口，还可延长其保存期。

164.涩柿子快速促熟法

将涩柿子放入冰箱冷冻室，柿子冻透时或是一天后再取出，然后放进冷水中泡或是置于暖气片上、阳台上化冻之后，即可食用。

165.食用冻黑的生香蕉法

生香蕉很涩，而且受冻后外皮容易变黑，一受热便会烂，且难以放熟，对于这样的香蕉，不要以为不能吃了而把它扔掉，有一种办法可把它变为美食：去掉香蕉皮，将果肉切成约一寸的小段，用碗或盆把面糊调稠，加适量白糖后搅匀，将其裹在香蕉段上，放入油里炸至黄熟，就可捞出食用了。这样的香蕉不涩，且香甜可口。

166.酸梅蒸软法

酸梅放久了，就会这得又硬又干，这时可将其放入蒸笼上稍稍地蒸一下，即会使酸梅变得跟以前一样软。

167.红枣速煮法

将红枣的两端用剪刀剪去，再放入锅内煮，这样，红枣不但熟得很快，而且还能保持鲜枣的风味。

168.黑瓜子食法

很多人喜欢吃黑瓜子（西瓜子），但它存放时间稍微长点，就有一部分会剥不出完整的仁儿来，很多碎的。用蒸锅热熟食的时候，当熟食热好后，取出，蒸锅离火，拿纱布将瓜子包好，放进蒸锅里，盖上锅盖，用锅里的余热焖一会儿，待锅凉后将瓜子取出，这时剥出的瓜子几乎都是整仁儿了，而且酥脆不变。

169.掰碎大块冰糖法

大块的冰糖块不易掰碎，敲剁起来费劲且碎碴儿乱溅。可用微波炉的中挡"烧"2 ~ 3分钟，大块冰糖就能十分轻松地掰成小块了。

170.蜂蜜沉淀化除法

长时间存放蜂蜜，会在瓶里出现些类似白砂糖的沉淀，此时，可连着瓶子一块放进冷水里慢慢地加热，当水温到70℃ ~ 80℃时，沉淀即会自然溶化，而且也不会再沉淀。

171.啤酒泡沫保持法

若想保持啤酒的泡沫，可把啤酒放在低温、阴凉处，最好在15℃以下，以防震荡，降低二氧化碳在啤酒里的溶解度；可随开随喝，不要来回倾倒，使气体散发出来；要保持啤酒杯的清洁，以防降低泡沫量。

172.做鱼忌早放生姜

做鱼时，放一些生姜可起到去腥增鲜的作用。但若放入生姜过于早，鱼体渗出液中的蛋白质将对生姜发挥去腥作用不利。当鱼体的浸出液稍偏于酸性时再放入生姜，是生姜去腥效果的最佳时间。所以做鱼时要在鱼的蛋白质凝固以后再放入生姜，让生姜充分发挥去腥增香之效能。

173.做鱼应放料酒和醋

烹制鱼时，应该添加一些料酒和米醋，因为料酒和米醋会发生化合反应，然后产生乙酸乙酯，这种物质会散发出非常诱人的鲜香气，能够使鱼闻起来无比鲜香，而去腥的效果自然也十分显著。

若在烹鱼时加入米醋，可以使鱼骨和鱼刺中所含的大量的钙同醋酸进行化合反应，从而转化成为醋酸钙。醋酸钙易溶于水，利于人体吸收，因此钙的利用率就提高了，同时也更有利于人体吸收鱼的营养。

174.腌渍使鱼入味

将鱼洗净，控水之后撒上细盐，再均匀地涂抹全身（若是大鱼，应也在腹内涂上盐）。腌渍半小时后清蒸或是油煎。这样处理过的鱼，在油煎时不粘锅，而且不易碎，成菜特别入味。

175.啤酒使鱼增香

做炖鱼的话，先用油把鱼煎至金黄，再放入蒜、葱、糖、醋，然后浇上少量啤酒，鱼香的味道立马就能出来。因为啤酒可以帮助脂肪溶解，从而产生酯化反应，让鱼肉更为香美。

176.烹制刺多的鱼放山楂

烹制鲤鱼、鲢鱼等骨刺很多的鱼时，可放入山楂，既使鱼骨柔软又能排解鱼毒。

177.酸梅烹小鱼

烹制小鱼时，可以放进几颗酸梅同小鱼一起炖煮。开始煮的时候就应该放入酸梅，这样味道才能够渗透出来。这种方法可以使小鱼快熟，鱼肉也格外鲜美。另外，煮过的酸梅味道也十分可口。

178.烹冻鱼加牛奶

除鲜鱼外，人们也常食用冻鱼，但冷冻的鱼却往往缺乏鲜味。若烹制的时候在汤中加入少量牛奶，就可以使冻鱼的味道如鲜鱼一样鲜美。

179.锅预热防煎鱼粘锅

先将锅烧热，后放油，再把锅稍微转动，这样可以使锅内的四周都有油。等到油烧热之后再将鱼放入，待鱼皮被煎成金黄色时再将其翻动。此法可使鱼不粘锅。

180.用鸡蛋煎鱼防粘锅

打碎鸡蛋，然后倒入碗中进行搅拌，再

将清洗干净的鱼或鱼块依次放入碗中，让鱼的表面裹上一层蛋汁，最后将其放入热油锅中来煎，这样鱼也不会粘锅。

181.用姜汁煎鱼防粘锅

利用姜汁。将锅洗净擦干后烧热，然后在锅底用鲜姜涂上一层姜汁，再放入油，等到油热之后，再把鱼放进去煎，此法也可防鱼粘锅。

182.用白糖防煎鱼粘锅

将锅烧热之后再倒入油，待油热得差不多时就加进少量的白糖。待白糖的颜色变成微黄时，即可把鱼下锅。但要注意：放第二条鱼的时候就不用再加白糖，此法煎出的鱼不粘锅，而且色美味香。

183.热锅冷油防煎鱼粘锅

将炒锅洗净后烘干，先加入少量油，待油布满锅面之后把热的底油倒出来，另加入已熟的冷油，热锅冷油，煎鱼就不会再粘锅了。

184.用葡萄酒防煎鱼粘锅

散鱼时，在锅内喷小半杯葡萄酒，即可防鱼皮粘锅。

185.煎鱼防焦去腥法

把烧热的锅用去皮生姜擦遍后再煎鱼，鱼就不易粘锅。由于生姜遇热后会产生一种黏性液体，它在锅底会形成一层很薄的锅巴，所以鱼不易焦。如果煎整条鱼，要提前约 30 分钟抹上盐，斜放在盘中或放入竹箩沥去水分。若是煎鱼块，提前约 10 分钟抹上盐，并将鱼表面的水分擦干。这样鱼身上的水分及腥味就可去掉。

186.碱水去鱼腥味

若想使一些生活在被农药污染水域中的鱼吃起来不至于有极浓的水油味，事先准备一脸盆清水，放入两粒蚕豆大小的纯碱，制成碱水。在宰杀之前，将鱼放在碱水中，养约 1 小时后，毒性就会消失。如果买的不是新鲜的活鱼，宰杀完毕后将其放在碱水中浸泡后再洗净下锅，仍是有利

无害的。

187.面粉助煎鱼法

煎鱼前，将少许面粉撒在鱼身上，这样可使鱼在下锅时油不会往外溅，还能保证鱼皮不破、鱼肉不受损。

188.蒸制鲜鱼

用胡椒、盐、味精、料酒将鱼腌透，水开后，将鱼放入，待鱼眼鼓起，则表明鱼已熟。

189.用开水蒸鱼

在蒸鱼的时候，一定要先烧开蒸锅里面的开水，然后再下锅蒸。因为鱼突然一遇到温度比较高的蒸气时，其外部的组织就会凝固，而内部的鲜汁又不容易外流，这样所蒸出来的鱼味鲜美，富有光泽。在蒸的前后，若放一块猪油或者鸡油在鱼的身上，跟鱼一块蒸，鱼肉会更加滑溜、鲜嫩。

190.用压力锅烧鱼

先将鱼洗净后切段，或是在鱼背上划口，蘸上蛋清；往锅里倒入植物油至烧热，放入鱼煎黄，然后放调料，盖上盖，再把压力锅颠几下，使鱼不要粘锅，扣上阀后 4 分钟左右即可。这样既省时间，鱼的味道也很鲜美。

191.冷水炖鱼去腥

用冷水炖鱼可去腥味，且应该一次性加足水，因为中途加水，就会将原汁的鲜味冲淡。

192.如何炖鱼入味

可以在鱼的身上划上刀纹。在烹调前将其腌渍，使鱼肉入味后再烹，这种方法适于清蒸。可通过炸煎或别的方式，先排除鱼身上的一部分水分，并且使得鱼的表皮毛糙，让调料较容易渗入其中，这样烹煮出的鱼会更加有味。

193.炖鱼放红枣

在炖鱼时放几颗红枣，可除腥味，使鱼肉和汤的香味更浓。

194.用啤酒炖鱼

用啤酒炖鱼，可以帮助脂肪溶解以产生脂化反应，从而使鱼更加美味。

195.掌握煮鱼时间

鱼活杀后立即下锅烹煮，并不是煮鱼的理想时间；鱼死后，因僵硬而开始软化且失去弹性，这才是最好煮鱼的时间，不仅味道鲜美，肉质也会变得松软而容易被人体吸收和消化，营养价值也更高。

196.怎样使烤鱼皮不粘网架

首先要将网架充分烤热，然后涂上少量醋和色拉油。腌浸过的鱼很容易被烤焦，最好能在网架上铺上一层铝箔纸再烤。

197."熏"鱼技巧

将鱼块放入烧热的油锅，炸至外脆里嫩后捞出。与此同时，旺火烧热另一锅，放入各种调味和汤料烹制，至卤味浓后出锅装盘，趁热放入炸好的鱼块，用筷翻动，使鱼充分吸收卤味，然后取出装盘。

198.放料使带鱼不必除鳞

吃带鱼时无须将带鱼鳞去掉，只要稍加一点胡椒粉或是放点姜即可，一点也不腥。

199.炒制鳝鱼宜用热油

鳝鱼用热油滑后，可以使其脆嫩、味浓。如果用温油滑的话，因为鳝鱼的胺性大，所以很难去除异味。

200.炒制鳝鱼宜加香菜

若是在炒鳝鱼的时候配上香菜，可起到解腥、调味、鲜香等作用。

201.炒制鳝鱼上浆时不宜加调味品

鳝鱼富含蛋白质以及核黄素，所以，若在上浆的时候放入盐及其他调味品，就会令鳝鱼里的蛋白质封闭起来，肉质收缩，而且水分外渗。若用淀粉上浆，在油滑之后浆会脱落，所以在上浆的时候不应加进基本的调味品。

202.咸鱼返鲜法

一些成品的咸鱼往往会太咸，若采取以下办法可去除一些咸味。把咸鱼放进盆中，加适量温水，再加入两三小勺醋，浸泡约 3 ~ 4 小时即可。或用适量淘米水加入一两小勺食碱，放入咸鱼，浸泡四五小时后捞出并用清水洗净。咸鱼采用上述方法处理后烹制，不光咸味减淡，肉质也较处理前更为鲜嫩。

203.做虾放柠檬片

在做白灼虾时，可以在开水中放进一些柠檬片，这样可以使虾肉更香，味道更加鲜美且无腥味。

204.大火煮龙虾

龙虾下锅的时候应用大火，若用慢火来煮，则肉易碎。

205.二遍水煮干虾

干虾必须经过浸发后才可以除掉异味，所以首次浸的水异味十分重，不能够用来烹煮，因此第二遍浸的水才可以用来烹煮。

206.嫩虾仁炒制法

把虾仁放进碗里，每 250 克虾仁加进精盐和食用碱粉 1 ~ 1.5 克，在用手轻轻地抓搓一会儿之后用清水来浸泡，再用清水洗净。用此法炒出来的虾仁通体透明如水晶，而且爽嫩可口。

207.如何吃虾头

将海虾头上的须和刺剪掉，洗净后放到已加入适量盐的干面粉当中（不能用湿面粉或蛋液），将其轻轻裹上薄薄的一层干面粉。在锅中倒进适量油，待八九成熟后，将虾头倒到油里炸熟。稍凉后，鲜、香、脆、酥的炸虾头的味道比炸整虾更好，也可帮人体补钙。

208.海蟹宜蒸不宜煮

海蟹富含蛋白质及人体所需的各种维生素和钙、铁。烹制海蟹时宜蒸不宜煮，因海蟹在海底生活，以海菜、小虾、昆虫为食，其肋条内存着少量的污泥及其他杂质，不易洗净。若用水煮，肋条内的污泥会随水进到腹腔，影响其鲜味；而且蛋白质等营养成分也会随水散失。蒸海蟹不仅可保存营养，也可保持其原有鲜味。应在水开后上笼，用旺火蒸 10 分钟左右即熟。在食用时可去掉肋条，蘸上食醋和姜末等调料，不仅肉质细嫩，且味道鲜美。蟹肉还可用来拌、炒、制馅，与原先一样味道鲜美。若将蟹肉制干，它的营养也不会受到破坏。

209.蒸蟹如何才能不掉脚

蒸蟹时因蟹受热在锅中挣扎，导致蟹脚极容易脱落。若在蒸前用左手抓蟹，右手持一根结绒线时用的细铝针，或稍长一点的其他细金属针，将其斜戳进蟹吐泡沫的正中方向（即蟹嘴）1 厘米左右，随后放入锅中蒸，蟹脚就不易脱落。

210.海蜇增香加醋法

食用海蜇前 2 分钟，把醋倒入海蜇中搅拌均匀，可使海蜇增香，同时还可灭菌。醋不要放得过早或过晚。

211.做海参不宜加醋

海参大部分是胶原蛋白质，呈纤维状，形成的蛋白质结构较为复杂。若是加碱或酸，就会影响到蛋白质中的两性分子，会破坏它的空间结构，因此使蛋白质的性质改变。若在烹制海参的时候加醋，就会降低菜肴的酸碱度，从而与胶原蛋白自身的等电点相接近，令蛋白质的空间构型产生变化，蛋白质分子便会产生不同程度的凝聚和紧缩。食用这样的海参时会口感发凉，味道要比不加醋的时候差许多。

212.碱煮法使海带柔软

海带不易煮软，因为其主要成分是褐藻胶，这种物质较难溶于普通的水但却易溶于碱水。水中的碱若适量，褐藻胶就会吸水而膨胀变软。据此特点，煮海带的时候可加进少量碱或是小苏打。煮时可用手试其软硬，软后应立刻停火。注意：不可加过多的碱，而且煮制的时间不可过长。

213.干蒸法使海带柔软

将成团干海带打开，放进笼屉内蒸约半小时，再拿清水泡一晚上。这样处理过的海带既脆又嫩，以之凉拌、炒、炖皆可。

214.用醋嫩化海带

一般海带要是煮久了就会发硬，所以在煮海带前，可以先在锅里加几滴醋，这样海带就会很快软化。

215.怎样使海带烂得快

在煮海带时往锅里放几个山楂，这样海带煮得又快又烂，可缩短大约 1/3 的时间。

216.蒸海带拌菜炖肉味道好

干海带不必用水泡直接上锅蒸 20 分钟。蒸过的海带，无论是凉拌菜还是炖肉吃，都十分易熟，且味道鲜美、口感好。

217.鱼与肉回锅烹调法

吃剩的鱼、肉另行烹调，同样能成为可口菜肴：

若是干烧或清蒸黄鱼之类，可把鱼刺剔净，加以鸡汤和作料勾薄芡后，倒入打散的鸡蛋及调料，烹制成美味的鱼羹。

把完整的蹄膀入油锅炸至表皮硬，再入水浸皱表皮，做成走油蹄膀。

把酥烂的瘦肉撕碎，放入鸡蛋、干淀粉、调料、适量榨菜拌匀后，入油锅炸脆，椒盐蹄膀肉则可制成。

吃剩的蹄膀可加料、改刀制成红烧肉。

把酥烂的红烧牛肉裹上用鸡蛋、淀粉调成的薄糊状，入油锅炸脆、炸酥即成。

218.腐乳炖肥肉

在适量的温水中放入一块腐乳，并搅拌成糊状。将 500 克左右的肥肉肉片炖好后倒入，再炖 5 分钟左右，这样不仅味道鲜美可口而且不腻。

219.用盐水解冻肉

可使用高浓度的食盐水来给冻肉解冻，这样肉会格外爽嫩。

220.蒸制鱼或肉用开水

蒸肉或蒸鱼时应用开水，可使肉或鱼在外部突遇高温蒸汽后立即收缩，这样内部的鲜汁不外流，蒸好的肉、鱼不仅味道鲜美，而且很有光泽。

221.煮带骨肉方法

适量加些醋煮排骨、猪脚，骨头中的钙及磷等矿物质就容易被分解溶进汤中，有益于吸收，促进健康。

222.炖肉火宜慢

在炖肉时，用火应先旺后微。先用旺火，目的是能够迅速地凝固肉块表面之上的蛋白，使得肉中的营养物质不容易渗入汤中。再用微火炖，使得汤水表面的浮油尽量不翻滚，在锅内形成气压。这样，既可以保持住肉汤的温度，又能使汤中的香气不容易挥发掉。因此，炖肉可以熟得快，肉质也较为松软。

223.炖肉应少用水

少用水的话，炖出来的汤汁会更浓，味道也自然更加醇厚浓烈。如果需要加水，也应该加进热水。因为用热水来炖肉，能够迅速凝固肉块表面之上的蛋白质。这样，肉中的营养物质不容易渗入汤中，保持在肉内，因此炖出的肉味道会显得特别鲜美。

224.如何烧肉

先把水烧开，再下肉，这样就使得在肉表面上的蛋白质可以迅速地凝固，而大部分的蛋白质和油则会留在肉内，烧出来的肉块味道会更加鲜美。

也可以把肉和冷水同时下锅。这时，要用文火来慢煮，让肉汁、蛋白质、脂肪慢慢地从肉里渗出来，这样烧出来的肉汤就会香味扑鼻。在烧煮的过程中，要注意：不能够在中途添加生水，否则蛋白质在受冷后骤凝，会使得肉或骨头当中的成分不容易渗出。

如果是烧冷冻肉，则必须先用冷水化开冻肉。忌用热水，不然不仅会让肉中的维生素遭到破坏，还会使肉细胞受到损坏，从而失去应有的鲜味。

如果想要使肉烂得快，则可以在锅中放入几片萝卜或几个山楂。注意：放盐的时间要晚一些，否则肉不容易烂。

225.烧前处理肉类方法

若要讲究口味，须注意切功和烧前处理。切肉块时切记要顺着纤维的直角方向往下切，否则肉质就会变硬。若是里脊肉，肥肉的筋要用刀刃切断。烤牛排时，带脂肪的上等牛肉用不着腌浸，可边烤边抹盐及胡椒粉。如果肉质较硬，把其放入红葡萄酒、色拉油、香菜调成的汁中约半小时至 1 小时即可。

226.烧肉不应早放盐

烧肉时先放盐的效果其实并不好。盐的主要成分为氯化钠，它易使蛋白质产生凝固。新鲜的鱼和肉中都含非常丰富的蛋白质，所以烹调时，若过早放盐，那么蛋白质会随之凝固。特别是在烧肉或炖肉时，先放盐往往会使肉汁外渗，而盐分子则进入肉内，使肉块的体积缩小且变硬，这样就不容易烧酥，吃上去的口味也差。因此，烧肉时应在将煮熟之时再放盐。

227.烤肉防焦小窍门

烤肉前，先在烤箱里放一只盛有水的器皿，由于烤箱内温度的升高会使器皿中的水变成水蒸气，这样就能防止烤肉焦煳。

228.炒肉加水可嫩肉

炒肉片、肉丝时加少量水爆炒，炒出来的肉会嫩得多。

229.加淀粉嫩肉

在肉片或肉丝切好之后，可加入适量的干淀粉，把肉和淀粉拌匀后，等20分钟将肉下锅，用急火炒至刚熟，这样也可以使肉质变得鲜嫩，入口不腻。

230.蛋清嫩肉

在肉丁、肉片、肉丝中放入适量的蛋

清，搅匀后静置 15 ~ 20 分钟，这样能够使成菜后的肉鲜嫩味美。

231.用啤酒嫩肉

先在肉片上洒少量的淀粉和啤酒，同时拌匀，放置 5 分钟后再入锅烹制，这样炒出来的肉就能味美、鲜嫩、爽口。

232.用醋嫩肉

一般很硬的肉都不容易煮烂，这时可以不断地用叉子蘸点醋叉到肉里去，放置半小时左右，再煮时肉质就会变得又软又嫩。由于醋放得很少，所以一般并不会影响肉味。

233.用胡椒粉增加肉香

煸炒肉丝肉片时，放葱丝姜丝后也可放些胡椒粉，这样有利于除去肉腥味，增加肉香味，口感也很好，而且无明显的胡椒粉味，不会影响菜的整体风味。

234.用生姜嫩化老牛肉

把洗净的鲜姜切作小块，放入钵内捣碎，然后把姜末放进纱布袋里，挤出姜汁，拌进切成条或片的牛肉里（500 克牛肉放一匙姜汁）拌匀，要让牛肉充分蘸上姜汁，在常温下放置一个小时即可烹调。这样处理过的牛肉不仅鲜嫩可口，且无生姜的辛辣味。

235.山楂嫩老牛肉

在煮老牛肉的时候，可以在里面放进几个山楂（或是山楂片）。这样能够使老牛肉容易煮烂，而且食用时不会觉得肉的质感老。

236.拌好作料炒嫩牛肉

可将待炒的肉质较老的牛肉切成肉片、肉丝或是肉丁，在当中拌好作料，然后加入适量的菜籽油或是花生油，调和均匀后腌制半个小时，最后用热油下锅。利用这种方法炒出来的肉片能使得其表面金黄玉润，而肉质也不老。

237.苏打水嫩牛肉

对于已经切好的牛肉片，可以放到浓度为 5% ~ 10% 的小苏打水溶液中浸泡一下，然后把它捞出，沥干 10 分钟之后用急火炒至刚熟，这样可以使牛肉显得纤维疏松，而且肉质嫩滑，十分可口。

238.食用油嫩牛肉

炒质老牛肉时，可先在切好的牛肉中下好作料，然后加入适量的花生油，也可用豆油和菜籽油，拌和均匀后腌制半小时，炒出来的肉片玉润金黄，十分可口。

239.用冰糖嫩牛肉

在烧煮牛肉时可以放进一点冰糖，这样牛肉就能很快酥烂。

240.用芥末嫩牛肉

先在老牛肉上涂一层凉芥末，第二天用冷水冲洗干净后就可烹调，这样处理后的老牛肉不仅肉质细嫩而且容易熟烂。

241.如何炖牛肉烂得快

在炖牛肉的前一天晚上，可在肉面之上涂一层干芥末。在煮前把干芥末用冷水冲净。这样煮出的牛肉不仅熟得快，而且肉质十分鲜嫩。若在煮时加入一些酒或醋，那么肉就更容易煮烂了。

242.用啤酒烧牛肉

为使牛肉肉嫩质鲜，香味扑鼻，可以啤酒代水烧煮，食之回味无穷。

243.羊肉涮食法

在涮羊肉的时候，其羊肉片一定要切薄，要用专用的漏勺来涮，因为用筷子夹住的地方有时不能烫熟，难以将细菌和虫卵杀死。每次放羊肉的时候，不要放得太多，不要为了尝鲜而吃没有熟的。

244.用电饭煲熬猪油

在电饭煲里加入一点水或是植物油，然后放入肥肉或猪板油。在接通电源后，就可以自动把油炼好，也不溅油，更不会糊油渣，所以油质清纯且无异味。

245.用猪皮做肉馅

将肉皮煮熟后剁碎，再加进切碎的蔬菜，以及调料等，就变成肉皮馅。用这种肉皮馅来包饺子、包子、馄饨等，其味道与猪肉馅不相上下。

246.用猪皮做肉冻

将猪皮洗净，放入水中煮，直至开锅。然后倒掉汤，另外加入热水、姜、葱、大料一起煮熟后，再取出切成细丁状。待炒锅油热，用淀粉将切好的豆腐干丁、胡萝卜丁、泡开的黄豆或是青豆调好，加入葱、姜、精盐、酱油一并炒熟，此时将肉皮丁倒至锅中，加汤，然后调入淀粉直至其成为稀粥状，将其晾后切成块，即制成猪皮肉冻。

247.用猪皮制酱

将肉皮煮熟，切成丁，与辣椒、黄豆以及豆瓣酱等一并烩炒，出锅即成为开胃可口的肉皮酱。

248.做卤肉皮

准备好卤汤，把猪肉皮放到里面卤煮，待卤熟之后切成条丝，再用其炒芹菜等小菜，炒出来的菜肴味道特别好。

249.油炸猪皮

将猪皮去毛后洗净，再加水煮熟，取出来切成小长方形，然后用面粉或淀粉挂糊。挂糊后，放到热油中煎至焦黄，再捞出来，用蒜末、姜末、精盐、白糖混调好，淋上热油和适量酱油，即成一道味美可口的菜肴。

250.给猪肝上浆

因为猪肝富有弹性纤维，所以在切片之后，大量的纤维束会被割断，所以猪肝很容易失水而且散碎。尤其是在高温下用热油滑炒时，失水会更多，而且产生蛋白质凝缩现象，猪肝更易散碎。散碎的肝不但难消化，而且味道也很不好。所以在猪肝下锅烹制以前，可以用蛋清或是淀粉给它上浆，使它表面产生一层糊。上浆后就可以减少营养的损失，吃起来也格外柔嫩可口。

251.防油炸猪排收缩

为防猪排炸时收缩，炸前在有筋的地方可切上两三个切口。

252.煮火腿放白糖

事先在火腿表皮上涂上白糖，则火腿就很易煮烂，且味道也更为香甜鲜美。

253.熬汤小窍门

熬浓汤时，可加入土豆泥。平常熬制浓汤时，一般加进定量的细淀粉，但这种做法只可节省时间及工序，无法使浓汤更鲜美。若将新鲜土豆去皮后蒸熟，再捣成土豆泥，加到烹制的汤水里，使之溶解，汤水将十分鲜美。因为土豆的块茎里含大量淀粉，未经提炼，非常原汁原味。熬鱼汤时，可向锅内滴入几滴鲜牛奶，汤熟之后不但鱼肉嫩白，而且鱼汤也更加鲜香。

254.使汤鲜香可口的方法

一般家中做汤的原料是用牛羊骨、蹄爪、猪骨之类。若使之鲜香可口有以下方法：

骨头类原料须在冷水时下锅，且烧制中途不要加水。因为猪骨等骨类原料，除骨头外，还多少带些肉，若为了熟得快，在一开始就将开水或热水往锅内倒，会使肉骨头表面突然受到高温，这样外层肉类中的蛋白质就会突然凝固，而使得内层蛋白质不能再充分溶于汤中，汤的味道就自然比不上放冷水而烧出的汤味鲜。

切勿早放盐。因为盐具有渗透作用，最易渗入作料，析出其内部的水分，加剧凝固蛋白质，影响到汤的鲜味。也不宜早加酱油，所加的姜、料酒、葱等作料的量也须适宜，不应多加，不然会影响到汤本身的鲜味。

要使汤清须用文火烧，且加热时间可长些，使汤处于沸且不腾的状态，注意要撇尽汤面的浮沫浮油。若使汤汁太滚太沸，汤内的蛋白质分子会加剧运动，造成频繁的碰撞，会凝成很多白色颗粒，这样汤汁就会浑浊不清。

255.熬骨头汤宜用冷水

烹制骨头汤应该用冷水，并且要用小火慢慢地熬，这样就能够将蛋白质凝固的时间延长，使得骨肉中所含的营养物质能充分地渗入汤中，这样汤才好喝。

256.熬骨头汤不宜中途添加生水

在烧煮的时候，骨头中所含的蛋白质与脂肪会逐渐解聚而且溶出，所以骨头汤便会越烧越浓，烧好的时候如膏，而且骨酥可嚼。若在煨烧中途添加生水，就会使蛋白质和脂肪迅速地凝固变性而不再分解；同时，骨头也不容易被烧酥，而骨髓中的蛋白质和脂肪就无法大量地渗出，从而会影响汤味的鲜美。

257.熬骨头汤的火候

做汤应先用大火将水烧开，再改用小火，直到做好汤。用此法熬制出的汤汁也非常清醇。

258.熬骨头汤的时间不应过长

骨头中所含的钙质不容易分解，若长时间熬制的话，不但不能将骨骼中的钙质溶化，而且会破坏掉骨头内的蛋白质，使得在熬出的汤中增加脂肪含量，这样反而会对人体健康不利。

259.熬骨头汤适量加醋

加了醋，骨头中含有的钙和磷就能被溶解在汤里，这样既可以增加汤的营养，还可以减少汤内维生素的流失。

260.鸡肉生熟鉴别法

一看、二摸、三刺法：一看，就是把水保持在一定温度的情况下，经预定烹煮时间后，若鸡体浮起，则鸡肉已熟。二摸，就是将鸡体捞出，用手指捏捏鸡腿，若肉已变硬，并有轻微离骨感，则说明熟了。三刺，就是拿牙签刺刺鸡腿，无血水流出即熟。

261.烹调鲜鸡无须放花椒大料

鸡肉内含谷氨酸钠，可说是"自带味精"。所以烹调鲜鸡只需放适量盐、油、酱油、葱、姜等，味道就十分鲜美了。若再放进花椒或大料等味重的调料，反会驱走或掩盖鸡的鲜味。不过，从市场上买回的冻光鸡，因为没有开膛，所以常有股恶味儿，烹制时可先拿开水烫一遍，再适当放进些花椒、大料，有助于驱除恶味儿。

262.用黄豆煮鸡

老鸡不容易煮烂，煮时可抓一两把黄豆放入。

263.炖鸡先爆炒

炖鸡时，可用香醋爆炒鸡块后再进行炖制。这种做法不仅使鸡块味道鲜美且色泽红润，并能够让鸡肉快速地软烂。

264.炖好鸡再加盐

在炖鸡的过程中，如果加盐，不仅会影响营养素在汤内的溶解，也会影响到汤汁的质量和浓度。而且，这样煮熟后的鸡肉会变得老、硬，吃起来感觉肉质粗糙，无鲜香味。所以，应该等鸡汤炖好后，温度降至50℃～90℃后，加适量的盐并且搅匀，或者是在食用的时候再加入盐来调味。

265.清炖鸡

做清炖鸡时，可以在纱布袋中装入一些大米粒，放到锅内一起炖，这样可以使肉的味道更为鲜美。

266.奶粉炸鸡法

在炸鸡的时候，用奶粉来代替面粉，或者将两者混合在一块挂糊，炸出来的鸡即会色、香、味俱全。

267.如何给北京烤鸭加温

刚出炉的北京烤鸭味道鲜美，但放凉之后吃的话口感欠佳，所以如果买回家的北京烤鸭不能够及时食用，或是那些吃剩的烤鸭需加温，可将锅烧热，先不放油和调料，然后把削成片状的烤鸭倒到热锅当中，再用铲子来回地翻动，待煸炒 1～2 分钟之后将其控出油，再装盘即可食用。

268.火腿煮鸭增香法

在煮老鸭的时候，加入几片腊肉和火腿，能有效地增加其鲜味。

269.用猪胰嫩化老鸭

煮鸭时，可以先取一块猪胰，仔细切碎后放入锅中与老鸭同煮，这样不仅鸭肉容易烂，并且汤汁也十分鲜美。

270.用螺蛳嫩化老鸭

在煮老鸭的时候，若放几粒螺蛳肉一起煮，那任何陈年老鸭都会被煮得酥烂。

271.用醋嫩化老鸭

在凉水中加入少量醋后，再将老鸭一起放入，浸泡2小时左右，再用温火煮，这样老鸭就会很容易煮烂。

272.分离蛋清蛋黄方法

打在漏斗中的蛋，蛋黄流不下去，仍留于漏斗中，而蛋清则顺着漏斗流出。

273.烹制鸡蛋不宜放味精

鸡蛋在加温后，会产生谷氨酸钠。味精的主要成分就是这种物质，它有十分纯正的鲜味。若在炒鸡蛋时添加进味精，味精产生出来的鲜味会影响到鸡蛋自然的鲜味。因此吃起来口感不好，口味也不爽。而且，鲜味的重复实际上也是一种浪费。

274.蒸鸡蛋羹用水

用自来水打鸡蛋会使蒸出的鸡蛋羹水是水、汤是汤。若用凉开水打鸡蛋，蒸出的鸡蛋羹就非常好。

275.防蒸鸡蛋羹粘碗

鸡蛋羹容易粘碗，所以洗碗的时候会比较麻烦。但如果在蒸鸡蛋羹之前就先把一些熟油抹在碗内，再将鸡蛋打碎后倒进碗里搅匀，然后加水和盐，这样蒸出的鸡蛋羹就不会粘碗了。

276.蒸鸡蛋不"护皮"的方法

在剥煮好的鸡蛋时，经常会碰到蛋清与蛋皮相粘连而不容易剥离的情况，这在民间俗称为"护皮"。但护皮的鸡蛋十分不好剥，解决这个问题的方法十分简单，只要将煮鸡蛋改为蒸鸡蛋便可。一般说来，待锅上气以后再蒸5分钟，鸡蛋就能熟了，而且即使在放凉后剥皮也不粘连。

277.如何掌握煮鸡蛋时间

若是鸡蛋煮得过了火，在蛋黄表面会呈现一层灰绿色，像这样的鸡蛋则难以被人体吸收。科学的煮蛋时间，是把鸡蛋在冷水下锅，至水沸后再煮3分钟适宜。

278.煮嫩鸡蛋省火妙方

先将鸡蛋放入锅内，水要没过鸡蛋。煮开后立即把锅端下，但不可以打开锅盖，再焖5分钟便熟（也可以根据自己喜食的老嫩程度来掌握焖的时间，待捞出之后用凉水浸到不烫手的程度即可剥食。这样做既能省火又可以掌握鸡蛋的老嫩。

279.不宜用冷水来冷却刚煮熟的鸡蛋

若把煮熟的蛋放进冷水当中，蛋会发生猛烈的收缩，在蛋白与蛋壳之间会形成一层真空的空隙，而水中的细菌和病毒也很容易被负压吸收进鸡蛋保护膜和蛋壳之间的空隙当中。另外，在冷水中，细菌也可以通过气孔而进入蛋内。

280.加盐易剥蛋壳

煮蛋时如果加入少量食盐，煮熟后就能够很容易剥掉蛋壳。

281.煮茶叶蛋应注意

应该根据沏茶的温度在80℃～90℃的泡茶要领，在做茶叶蛋时不要把茶叶、鸡蛋和调料放在一起煮，可以在蛋煮熟后把它敲碎，待水温略降后放进茶叶和调料进行浸泡。这样制作出的茶叶蛋的茶香更加浓郁。不过要注意：在第二天吃以前要加温，但不要煮沸。

282.炒蛋细嫩柔滑法

打蛋时无需太用力，要慢慢用筷子搅拌，否则蛋汁易起泡从而失去原有的弹性。当蛋汁倒入锅内时，切忌急着搅动，如蛋汁煮开冒泡，拿筷子戳破气泡除去里面的空气，这样蛋不会变硬。此法炒蛋细嫩柔滑。

283.炒鸡蛋时可加适量水

炒鸡蛋时，应1个蛋放1汤匙的温水搅匀，鸡蛋就不会炒"老"，且炒出来的蛋量多，十分松软可口。

284.加糖炒鸡蛋法

在炒鸡蛋时放入少量砂糖，蛋制品容易变得膨松柔软。由于蛋白质里放入砂糖，蛋白质热变性的凝固温度就会上升，从而延缓了加热时间。另外，砂糖具有一定保水性，也可增加蛋的柔软性，从而更加鲜美可口。

285.面粉助煎蛋妙法

煎蛋时，可先将油烧热，然后在油中放入少许面粉，这样可使蛋煎得既黄又亮，油也不会往外溅。

286.如何摊蛋皮

热锅后，小火，放少量油。加入少许盐及味精在蛋汁中，下锅后迅速把锅端起来旋转，让蛋汁均匀贴在锅边。待蛋皮表面基本凝固后，拿一根筷子从蛋皮的一侧卷入并提起，先翻一半，然后再慢慢翻边。冷却后将其切成蛋片或蛋丝，此法制作的蛋皮鲜亮美味。

287.做奶油味蛋汤法

调匀鸡蛋两个，用猪油炒，等蛋液快凝结时，适量加入白开水并以旺火烧煮，使其呈乳白色，然后放入盛有调料的汤碗内，即成可口美味的蛋汤。炒鸡蛋时，若炒成圆饼状，然后加水烧煮，味美形状也美。

288.做蛋花汤的方法

把蛋汁倒在漏勺中，让蛋汁经洞均匀入汤，形成一薄层凝固悬浮，此法做出的蛋花汤鲜嫩可口。不大新鲜的蛋，下锅后易散乱，若在汤里滴上几滴醋，蛋汁下锅后也可形成漂亮的蛋花。

289.用柠檬汁复稠蛋清

往分离好的蛋清中滴入几滴柠檬汁，能使其复稠。

290.腌制咸蛋

腌咸鸡蛋的时候可有意将其腌咸点，待吃的时候用凉开水将它泡上一天左右，将盐冲淡。所以这种鸡蛋既不会太咸，蛋黄也可以腌出油来。

291.用大可乐瓶腌鸡蛋

若没地方放腌鸡蛋的瓦罐和缸，可将大可乐瓶的上半部剪去，用它来做腌鸡蛋的器皿，将洗净后的鲜鸡蛋放入瓶中。拿两三个可乐瓶倒换着用，每半个月就上下倒腾一下，约两个月就可吃到咸鸡蛋了，而且咸淡合适。

292.注射速效腌蛋法

将大料、盐加水煮开，晾凉后灌入注射器里。在蛋的大头（空室）用针扎一个小洞，把盐水从小洞流进蛋里。在注入盐水的时候，会有水珠渗出或胀裂。然后将蛋放进料汤里煮开，将蛋捞出来，敲一个小裂缝，再放回锅内用水火煮约 3 小时即可食用。

293.煮带裂纹的咸鸭蛋

将带裂纹的咸鸭蛋置于冰箱的冷藏柜中，直至凉透。然后取出，直接放到热水中煮。热水的温度应该以手指伸入后觉得很热但不烫手为宜。此法煮出的咸鸭蛋表面光滑完整，而且不进水、不跑味。

294.怎样蒸牛奶不溢不粘

蒸牛奶时，可将牛奶倒至碗里或其他容器内，然后放在笼屉内蒸，等蒸汽冒出后再蒸 10 分钟就可以了。此法蒸出牛奶不溢不粘，蒸牛奶的同时还可以放心做别的工作。

295.烧煮牛奶

在煮牛奶的时候，若加热的时间太短、温度过低，会达不到消毒目的；但是时间太长、温度太高，却又会破坏其营养成分，还会使它的色香味降低，因此，在烧煮牛奶的时候，一定要用旺火，但是一旦煮沸后，要马上把火熄灭，稍过片刻再煮，再沸腾再熄火，如此反复 3～4 遍，即可两全其美。

296.防煮奶糊锅法

煮牛奶时，往锅里倒牛奶的时候要注意慢慢地倒入，不要沾到锅的边沿；另外，煮的时候先用小火，待锅热后再改用旺火，牛奶沸腾（即起气泡）的时候再搅动，然后改用小火；此时锅的边沿虽然已经沾满奶汁，但也不会糊锅，且刷锅时较容易。

297.煮奶防溢法

在煮牛奶的时候，滴几滴清水在锅盖上，当这些清水快要蒸干的时候，将锅盖揭开，奶就不会再溢出来了。

298.奶粉冲调防结块法

白糖的可溶性会促使奶粉溶解，与奶粉一起拌匀，直接用开水冲，不会结块。

（四）烹调主食

1.用醋蒸米饭

通常熟米饭不宜久放，但若在蒸米饭时，以每1.5千克米加入2～3毫升醋的比例加入食醋，米饭就易于存放，而且这样蒸出的米饭不但无醋味，香味还更浓郁。

2.用酒蒸米饭

若蒸出的米饭夹生，可用锅铲将米饭铲散，放入2汤匙黄酒或米酒，然后以文火再稍蒸一会儿即可消除夹生。

3.用食油煮饭

煮米饭前在水中先滴几滴食油，这样煮出的饭不仅香味浓重，饭粒松散，还不会粘住锅底。

4.香油煮陈米饭

将陈米淘净后浸泡约2～3小时后滴入几滴香油一起煮，这样煮出来米饭的味道与新米几乎一样。

5.猪油煮粳米饭

在用米煮饭的时候，加入用肥猪肉炼成的猪油1汤匙，然后再用热水煮熟，这样不仅米粒膨大，而且富有弹性，清爽可口。

6.做钙质米饭

把鸡蛋壳用清水洗净后放入锅中，用微火烤酥并研成粉末，然后再掺入已淘好的米中煮饭。这样就能把米饭中的含钙量大大增加，缺钙患者和儿童可以食用。

7.做八宝饭

将小枣50克洗净、去核、拍扁后切成小丁2份。把桃脯25克、瓜条25克、桂圆肉15克和青梅25克切成小丁。将每个用开水泡过的莲子分为两半。糯米150克蒸熟后加入糖150克拌匀。在大碗内抹上一层冷猪油后放入葡萄干、樱桃及蜜饯，每种围成一圈后加糯米饭。碗中间放入豆沙馅后再用糯米饭盖平。蒸15分钟后扣入盘中，再用白糖100克、凉水150克和淀粉35克熬成粉汁后加上桂花、金糕浇在上面即成八宝饭。

8.做紫菜包饭

将一层紫菜包在饭团外面，时间一长，紫菜会因受潮而变软，从而影响口味。因此，在吃的时候再包紫菜，效果最好，饭团也会更加美味、爽口。

9.做香茶米饭

将大米洗净，加好水后，往焖饭锅内放入适量的花茶或是绿茶（茶叶的多少根据个人的口味而定）。焖好后即可食用，味道清香爽口。

10.做罗马尼亚米饭

按1：2的比例放米、水，加少量的盐、植物油和醋，用文火煮1小时。煮好装盘，把切成薄片的西红柿放上面。

11.做意大利米饭

用植物油把生大米与切碎的葱炒一下，加上水和盐少许，文火煮1小时。食用前再放入1勺黄酒与25克擦碎的干酪。

12.做土耳其米饭

将8棵整个小头洋葱经油煎一下，然后放入一碗大米，油煎后放入适量热水。在热水中要放一小撮盐和1克番红花，用文火煮20分钟。

13.做埃及米饭

将水中加盐和植物油烧开，倒入淘好的大米，烧煮。米、水、油的比例是：3小碗的大米配以4碗水及4匙植物油。在大米入锅后用文火煮至煮熟为止，其间无需搅拌。食用时，把米饭、炖菜或糖渍水果混在一起。

14.熬黑米粥

黑米在烹煮前要浸泡10小时左右，煮成粥时一定要让黑米完全变烂，当汤汁非常黏稠时方可食用。如果是用高压锅烹煮，则要上气烹煮半小时以上，才能确保黑米的味道有滋有味，而且易于肠胃吸收。

15.熬黄豆粥

豆子在煮前一定不能先用水泡，否则就很难煮烂；放米之前，要待豆子开锅后放几次凉水，之后再将米放入锅中。

16.煮红豆粥

取一带盖的搪瓷罐或带盖的微波炉专用食物罐，放入半罐多的红豆（挑完洗净后拿水泡发1天），放少许水后置于高压锅里蒸12～15分钟，待取出后晾凉，放入冰箱里备用。要煮粥时，放进蒸好的米和红豆，豆与米可一起烂熟。

17.煮绿豆粥

将绿豆洗净，放入铁锅里用文火炒，直到绿豆呈黄色为止，然后趁热拿自来水冲一下，就可倒进高压锅里跟米一起煮，煮饭时间按正常的即可。做出的绿豆粥（饭）又烂又香。

18.熬月饼粥

若月饼的存放时间过长，则会硬得咬不动，可买几块干硬了的廉价月饼，将其切碎后放在锅里煮，可将月饼熬成高级的"八宝粥"，也很好喝。

19.熬菜粥

熬菜粥应该在米粥彻底熟后，放盐、鸡精、味精等调味品，最后再将生青菜放入，这样可使青菜的颜色嫩绿清香，而且营养也不会流失。

20.用青玉米煮粥

选较老但带浆的玉米，拿擦饺子馅用的擦子把玉米粒擦碎（勿擦着玉米芯），再入锅加水，可如做玉米面糊那样煮粥，吃起来清香味甜，别有风味。

21.做玉米山楂粥

将玉米面250克用凉水调成糊状，待锅里1000克水烧开以后，再倒进玉米面糊进行搅匀，熬至八成熟时放入山楂糕丁100克，煮5分钟即成。此粥具有开胃、防止动脉硬化、降血压以及健美的食疗功效。

22.做清热消炎的油菜粥

以250克粳米为例，应配300克油菜叶。待锅中水开，将洗好的粳米放进砂锅，待开锅后改用微火，熬到八成熟时，放进洗净后剁成末的油菜叶，再改为旺火开锅，用微火熬片刻即可。此粥对人体有清热消炎、健脾补虚的食疗作用。

23.做荷叶粥除暑解热

取粳米150克，搭配3张鲜荷叶及75克冰糖。将鲜荷叶洗净后，切成细丝放进沙锅，煎煮30分钟，然后取450毫升荷叶汁及1毫升清水，再加到洗净的粳米里熬煮到八成熟，加冰糖和一点糖桂花，直至煮熟即可。此粥是夏秋时可健脾、清热的美食。

24.做红果粥

将红果洗净去核，以100克为例，应配粳米256克。用沙锅熬，熬制时先将红果放入沙锅，加入清水1500克，等红果煮软再放进洗好的粳米。待锅开以后，用微火熬熟即成。

25.做草莓绿豆粥

取250克鲜草莓洗净切丁，将150克绿豆淘净后放入清水中泡3小时，再淘净200克糯米。把米、豆一并入锅，加入适量的清水烧开，再改用文火，煮到豆烂米开花，此时加进草莓及适量白糖进行搅匀，待稍煮片刻即可。此粥冷热皆可食用，香甜适口。

26.做美味干果粥

取莲子、柿饼、红枣、葡萄干、鲜藕、杏干各等量，青红丝、山楂糕、瓜条各适量。将鲜藕切片，拿开水烫一下后待用。将莲子、柿饼、红枣、葡萄干、瓜条、杏干洗净，放进温水中浸泡 40 分钟，待入锅后上火煮，煮时需用勺常常搅动，防止锅底糊。开锅后转为文火，煮成粥状时放入青红丝、藕片和山楂糕，稍煮片刻，就可做好味道鲜美的干果粥。待晾凉后食用，可消食解腻、开胃润喉，是十分不错的保健食品。

27.做解暑除湿的木瓜粥

木瓜味酸香浓，含有黄酮类、苹果酸、酒石酸、维生素 C 等有机酸成分，具有舒筋活络、解暑除湿、醒脾胃的食疗功效。按 150 克粳米配 3 个鲜木瓜或 60 克干木瓜片的比例，先将木瓜加 500 毫升水，煎至 250 毫升后，去渣取汁，再加入已熬成八成熟的粳米粥内熬熟即成。

28.制敛肺止咳的乌梅汁粥

以粳米 250 克为例，配 100 克乌梅汁、8 个红枣和 50 克冰糖。将粳米洗净后，放入 1000 毫升开水的沙锅里，再加洗净的红枣，旺火煮开后改用微火，煮到七成熟的时候，加进冰糖和乌梅汁，煮到十成熟即可。对涩肠止泻、肺虚久咳有着食疗功效。可早、晚餐时温热食用。但感冒咳嗽、急性泻病者不宜服用。

29.做益肝补阴的枸杞子粥

取糯米 100 克，加 30 克枸杞子、750 克水和 50 克白糖，用沙锅熬好即成枸杞子粥。枸杞子中含有胡萝卜素、甜菜碱、核黄素、硫胺、抗坏血酸、菜酸等营养成分，若经常食用有益肝肾，可治腰酸，减轻遗精的情况。

30.做化痰止咳的橘皮粥

按照大米 150 克对新鲜橘皮 250 克的比例，加进清水 1000 克熬煮，待开锅后转为微火熬煮，直至把粥熬成。在食用时可拣出橘皮。此粥有化痰、止咳、顺气、健胃等功效。

31.做止咳解热的鸭梨粥

春天时熬鸭梨粥，能对老年人、儿童的风热咳嗽病症有食疗的辅助作用。梨味甘性寒，有消炎、润肺、降火、清心止咳等功效。

洗净 3 ~ 4 个鸭梨，切成薄片，去梨核后放入沙锅，加入水 750 ~ 1000 克，待烧开后放 100 克洗净的粳米，熬至八成熟时，加进冰糖 75 克，熬熟即成。

32.做啤酒馒头

蒸馒头之前，可在发面内放进少量啤酒，这样蒸出的馒头味道好。若在发面内再掺进一些用开水烫过的玉米面，那么吃起来就会有糕点风味。

33.蒸窝头

若蒸窝头时加进些豆面会更好吃。但如果手头没有现成的豆面，可在蒸窝头时于每斤玉米面里放半块豆腐，捏碎后和匀，也可以达到放入豆面的效果，且蒸出的窝头更加松软好吃。

34.用鲜豆浆蒸窝头

鲜豆浆除了可以用来当早点外，还可用来蒸窝头，这样蒸出的窝头既松软又香。

35.制桂花窝头

将 350 克粗玉米面及 150 克豆面（也可不放豆面）放到盆内，一边用开水烫面，一边用筷子搅为疙瘩状，再盖好锅盖焖半小时。然后放 50 克红糖、50 克麻酱（据个人口味增减）以及 25 克多的咸桂花，待搅匀后再做成小窝头，然后上锅蒸半个小时即可。

36.做榆钱窝头

榆钱有安神的疗效。做榆钱窝头时的配比如下：放入 70% 的玉米面，20% 的黄豆面及 10% 的小米面，调合成三合面。榆钱去梗后洗净，加进少许花椒粉、精盐和小苏打，拿冷水来和面，做成的窝头吃起来别具风味。

37.做菊花馅饼

菊花清凉下火，味道芬芳。用菊花做馅饼，有独特的味道。采初开、适量的菊花瓣，清水洗净，切碎，和适量的猪肉末、荸荠、冬笋、食盐、葱、姜、酒、味精等作料一起搅拌均匀和成馅，将馅用和好的软面包做成饼状，烘熟，不仅美味而且具有保健功效。

38.烙馅饼

一般方法烙出的馅饼皮硬很难咬，但是在馅饼将熟前刷上些油水混合液在饼的两边，稍过一会再出锅的话，烙出的馅饼变得既柔软又油汪汪的。

39.热剩烙饼的窍门

首先火不要太旺，在炒勺里先放半调羹油，油并不需烧热，便可将饼放入勺内，在饼的周围浇上约 25 毫升开水，然后马上盖上锅盖，一听到锅内没有油煎水声时即可将烙饼取出。用这种方法烙出的烙饼如同刚烙完的一样，里面松软，外面焦脆。

40.用高压锅贴饼子

用玉米面兑入两三成黄豆粉，再用温水和匀，然后加上少许发酵粉再搅匀。一小时后，把高压锅烧热，在锅底涂油，然后将饼子平放在锅底并用手将其按平，再将锅盖盖上，并加上阀，两三分钟后将锅盖打开，从饼子空隙处慢慢地倒些开水，加水到饼子的一半即可盖上盖，加上阀。几分钟后，当听不到响声后即可取下阀；再改用小火；水汽放完后即可铲出。这样贴的饼子松软香甜，脆而不硬。

41.做春饼

用蒸锅做春饼，不但功效高而且质地软，其做法是：先用 500 克富强粉，加入一个鸡蛋清，再用温水将面和好，尽量要和得软些。将蒸锅放到火上（要多放些水），把水烧滚。在蒸屉上抹一些油，将已码好的薄饼放在上面，放上一张后，颜色一变再放一张，反复如此可放六七张，然后再将锅盖盖好，10 分钟左右后，薄饼即可全熟。

42.做煎饼

用春卷皮摞在一起，摊在饼锅上，加一个鸡蛋摊平，再放入香菜末、葱花，将饼翻个边，随个人口味抹上韭菜花、甜面酱等各种调料，还可以夹油条或薄脆，最后叠好铲出。

43.摊芹菜叶饼

用清水将鲜嫩的芹菜叶洗净后剁碎，加入少许五香粉、盐，打入两个鸡蛋，再放入约 25 克面粉，搅拌均匀后按普通炒菜的方法将油烧热，将拌好的芹菜叶糊放入锅中，调成小火，用炒菜铲将其摊成 1 厘米左右厚的圆饼，两三分钟将饼翻过来，将锅盖盖上，大约两分钟后即可出锅。

44.制白薯饼

将白薯洗净、煮熟后去皮放入盆中，用手抓碎。一边抓碎一边加入面粉并揉匀，揉好后拼成饼状。将饼放入已加热的锅中并放油，烙熟后就是薯饼。并且外焦里嫩，香甜松软。

45.制土豆烙饼

将 500 克土豆去皮洗净并切片后用旺火蒸 20 分钟后取出，晾凉再压成泥。锅烧热后加入香油和植物油，将肉末 300 克炒香并加入葱末、姜末、精盐、味精少许，晾凉后掺入土豆泥中，再加入面粉 250 克，揉成土豆面团，拼成小饼。平锅烧热后淋上适当豆油，将小饼放入锅中，外焦里松软的咸香小饼就能烙成。

46.制西葫芦饼

把西葫芦洗净擦成丝后再用刀切碎，然后加入五香粉、盐、姜末、葱花、面粉、水适量，拿筷子搅拌成糊状待用。将饼锅烧热后放入油，用勺将面糊放入饼铛并做成小饼状，煎至两面发黄，外焦里嫩的西葫芦饼就制成了。

47.用速冻包子制馅饼

在饼锅中放少量油，再放入买回的速冻包子，点火后一边解冻一边将包子压扁，并两面翻烙。色焦黄、薄皮大馅的美味馅饼即能制成，省时省事又相当好吃。

48.用黄瓜摊煎饼

将半斤左右的黄瓜擦成丝后放在盆里，并加入 2 个鸡蛋、1 斤面粉、一点花椒粉、葱花和适量的盐，然后加温水搅拌至糊状。

煎饼成金黄色，蘸醋、蒜吃，清香可口。

49.做西红柿鸡蛋面饼

将150克的西红柿洗净后切成1厘米左右的方块，与汁一起放入碗内并打入鸡蛋，再加入2两干面粉，用筷子打成浆汁。再倒入适量食油至不粘锅中，待油热后把浆汁分3份，倒入锅中并摊平。等变色后再翻烙一会，鲜香可口的面饼就做好了。

50.煮挂面法

煮挂面时，要等水开再下挂面，然后立刻关小火，勿盖锅盖，让水保持微沸的状态而不溢出，煮5～6分钟以后面就熟了。煮出的面不仅筋道，且无硬心，煮时不用添水，且省火省时。

51.煮热汤面

把挂面切为2寸左右的长段，待汤开后再下挂面，然后煮4～5分钟即可。此法煮面适合老年人与孩子吃。

52.做刀削面

先将100克青菜、50克肉片和葱花、酱油、味精、姜末、精盐、胡椒面等兑汤烧开。将面挖坑并在中间打2个鸡蛋，用水和成硬面团并擀成薄面片，卷在木棍上。右手持刀，左手托面，从上往下往汤锅里削面，煮熟后即成刀削面。

53.做打卤面

将25克牛肉切成片，放入锅中略炒一下，再把清汤倒入锅中，加入海米、黄花、木耳、酱油、盐、味精等，当水烧开后，把浮在汤上的白沫撇去，勾芡，将鸡蛋打散后淋入，加些麻油，浇在面条中拌匀即可成打卤面。

54.做过桥面

做好一锅表面带油的母鸡汤，把鲜料（如鸡、虾、腰、鱼、肝等）切成薄片（越薄越好），放入热汤内一焯即熟，随即将它们拌入面条中食用即可。

55.做冷面

首先，烧一锅开水（要求火大、水多），等水开后将面条放入锅中煮至七成熟，将热水倒掉再过冷水；然后再烧一锅开水，将已过水的面条放入锅中浸泡至熟透，将它们捞起把水分晾干，并散开，拌入少量的熟油以防粘结。冷透后加花生酱、虾子酱油、老麻酱、麻油、米醋、味精等调料拌匀，再把各色菜肴作卤浇在面条上，即可食用。

56.做担担面

500克面条需要50克麻酱，100克酱油，75克辣椒油，50克猪油，25克麻油，5克味精，50克芽菜，25克葱，醋少许。先将麻酱加入少许麻油调稀，把各种配料加上，分碗盛好，待面条煮熟后，分别盛入碗内即可食用。

57.做炸酱面

把瘦、肥猪肉分开，分别切成小粒，把生油、生粉加入搅拌，再把花生油爆香，把磨豉酱加入，略炒一会，再加入一碗清水，待水开后把辣椒酱、海鲜酱、红辣椒末及盐、糖、味精等调料加入，待煮开后即成炸酱，把酱淋在面上便可食用。

58.制翡翠饺子

在面粉中分别掺入油菜、菠菜等菜汁，这样煮熟后的饺子颜色像翡翠。特别注意的是，饺子要小而精，这样汁更易渗入。

59.制速冻饺子

取下铝制蒸锅的屉，洗净擦干后撒少量干面粉。将包好的饺子匀放在屉上，排列的中间需有空隙，以防止粘连；然后将其放进冰箱的冷冻室里冷冻2～3小时，等饺子皮变硬后即可取出来（切记：冷冻的时间不应过长，否则饺子皮会冻裂）。此时饺子已冻结在一块，可将饺子轻掰下来，放进塑料食品袋里，扎紧袋口，再重新放进冰箱冷冻室里即成。煮速冻饺子时，可等水煮沸后再把饺子从冰箱里取出来下锅，煮时将其旋转翻动，以防止粘锅，注意：煮的时间应略长些。因为速冻饺子干面有点多，为防发粘，可在水中放一点盐。

60.做酸菜冻豆腐饺子

将冻豆腐挤掉水分，切成细末，放进炒锅中炒干，再用适量的花生油炸成金黄色，待晾凉后，和切好的酸菜一同放进锅中搅拌，要同时放进姜、葱、盐、味精等调料，也可以一起放进肉馅）。

61.做黄瓜馅素饺子

把两个鸡蛋打散，放进油锅内炒，边炒边捣碎，且越碎越好，待炒好之后，放进适量的盐腌半小时；再把一块豆腐切成一个个小丁（也是越小越好），然后另起油锅，油热后下豆腐，不停搅拌，然后倒进适量酱油不断地翻炒，直至豆腐冒发黄。再把黄瓜擦成细丝，挤出水。将放凉后的黄瓜丝、豆腐丁、鸡蛋丁一同搅拌，然后加进葱姜末、五香粉、味精等，馅就做好了。可用黄瓜水来和饺子面，黄瓜水若不够可适量加水。

62.做烧麦

准备 1 斤馄饨皮、6 两肉馅，馅里适当加点水、油，馅稀一些会更加可口，调好后，在每个馄饨皮上放约纽扣大小的肉馅，然后用四指将其捏合，再拢好面皮腰部，这样皮边即变成外翻型的花朵状，放入蒸锅用旺火蒸 10 分钟即制成烧麦。

63.做镇江汤包

先把 1 公斤瘦猪肉剁碎，然后把酱油、黄酒、姜末、白糖、白胡椒粉、麻油、味精、及炒熟的麻仁等放入已剁碎的猪肉里均匀搅拌。将鸡头、爪与内脏去掉，煮 10 分钟左右，用凉水冲洗一下，再和肉皮、姜、葱、料酒放入锅中一起煮，待鸡煮烂后将鸡捞出，把鸡的肉皮跟骨头去掉，将剩下的鸡肉剁碎倒入原汤，冻成冻。最后，把冻剁碎，拌匀放入肉馅内。按照 50 克可做 3 个的分量，把面团擀成皮，收拢成圆形的包子。蒸 10 分钟左右便可食用。

（五）菜肴烹饪

1.做土豆丸子

挑选淀粉含量高的土豆，把土豆煮熟，在尚未冷却时把土豆剥皮碾烂，趁热加些奶油或牛奶在土豆泥里。再加入面粉、生鸡蛋、胡椒粉等调味品于土豆泥中一同搅拌，做成丸子入油锅炸。为防止外焦内生，油温不宜太高，土豆炸至焦黄，松软柔嫩的土豆丸子即成。

2.制土豆泥

将土豆煮熟后去皮，将油渣切成碎末或小丁块，准备鸡蛋 1 个、姜、葱、蒜、香菜等。将油渣放入热锅中炒，等炼出油后放入葱、姜、鸡蛋，等鸡蛋炒碎后再放入熟土豆并用力碾碎成泥状后放些盐。最后加入蒜瓣翻炒，在起锅前加入味精和香菜少许。

3.拌凉土豆泥

土豆煮烂或者蒸熟后再去皮，放在盘子里捣烂成泥后加入香油、盐、胡椒粉、味精少许，再加入切碎的香菜、小葱拌均匀，这样做成的土豆泥清爽、易消化。

4.爆炒藕片

嫩藕切薄片入锅爆炒，翻炒几下，加适量食盐、味精后立即出锅，可使炒出的藕片洁白如雪，清脆爽口。炒藕片时边炒边加少许清水，这样不仅不会越炒越黏，而且炒出来的藕片白嫩清脆。

5.做鲜菌菜肴

菌类浸水后，因吸水过多而会影响原味。鲜香菇、灵芝菇、金针菇等均可以即炒（草菇要先焯再炒）。如担心买来的菇菌不干净，就拿湿布拭抹来代替浸水，以保持菌类的鲜味。

6.做干菌菜肴

猴头菇、松茸、茶树菇、牛肝菌等干菌，用水浸软后再焯，以用于煲汤或炒菜。

7.炸鲜蘑菇

取 250 克鲜蘑菇，顺着纤维撕成 1.5 厘米长的长条并洗净。用双手将水挤干后洒上盐。再将 100 克面粉，1 个鸡蛋，五香粉、味精、盐少许一起加清水调成糊状。然后将撕好的鲜蘑菇每根都粘上面糊后再下锅炸成金黄色，这样外焦里嫩，别有风味。

8.白菜蒸肉

将白菜帮和叶顺着切成条，将其码放在比较深的容器中。取肥瘦肉 250 克切成 1 厘米左右的小块，与姜丝、葱丝、盐、料酒少许搅拌均匀摊放在白菜上，放入锅内蒸 20 分钟左右即可食用。

9.做凉拌芹菜

芹菜洗净去筋，切成 3 厘米的段，配适量的胡萝卜丝入水煮至八分熟后，放入熟粉丝并加适量的精盐、味精、香油和醋，调拌均匀。色泽清爽，食之香甜清脆。

10.用香干瘦肉炒芹菜

以微量的滚油把切好的香干、瘦肉翻炒好盛出，再把芹菜放在热锅中翻炒两下，然后加入炒好的香干和瘦肉，加适量开水，稍炒即可出锅装盘。

11.做粉蒸芹菜叶

将适量的面粉、精盐和味精放在洗净的芹菜叶中均匀地搅拌，放入笼屉中蒸至芹菜叶变软后关火，再和用陈醋、蒜泥、香油所调的汁搅拌后食用。

12.用芹菜油炸素虾

洗净芹菜根须，根粗的可切成两三份，把生粉、虾粉、蛋清、食盐、味精、料酒、胡椒调成糊，把芹菜根"拖糊"放入烧至五分热的油中炸，待呈黄色时捞出装盘，此"虾"外焦里嫩，味道鲜美。

13.用芹菜腌制小菜

芹菜去叶洗净，沥水后切成 1.5 厘米长，胡萝卜洗净切成 1 厘米长，和熟黄豆（或花生米）以 2：1：1 的比例在盆内搅拌均匀，放入罐中腌制半个月即可。

14.吃芹菜叶

（1）将新鲜芹菜嫩叶洗净后先放锅内用开水煮 3 ~ 4 分钟，捞出放入冷水中浸泡 1 小时，再捞出稍加挤水、切碎。把鸡蛋摊成薄皮切成条状后放入芹菜叶中并加入葱、盐、姜、香油、味精等调料，拌匀后即可食用。

（2）将较嫩的芹菜叶晾干后再用凉水泡开，洗净剁碎后和猪肉一起搅拌均匀做成包子馅。但芹菜叶不要太多，否则会全是芹菜的香味。

（3）炒芹菜时，将芹菜叶洗净切碎。在鸡蛋中加少许面粉后用水调成稀糊并拌入菜叶，同时放入少许食盐和味精。搅匀后用汤匙将其倒入油锅中，等炸成黄色后即可捞出，这样吃起来脆、松、清香爽口。

15.生吃苦瓜

鲜嫩的苦瓜洗净后剖开、去籽再切成长条，蘸着肉末甜面酱吃，既清脆爽口，又避免了损失维生素，在炎热夏季还有去火消炎作用。

16.炒苦瓜

将苦瓜用清水洗净后切成丝，把炒锅放在火上，不放油，待锅一热就将切好的苦瓜丝倒入锅内煸炒，要是太干可加一点水，炒熟起锅待用。如果是肉丝炒苦瓜，可先炒好肉丝后再倒入苦瓜丝拌匀，加作料后出锅。作料中可放适量的白糖，喜欢吃辣的也可在炒前先炸点辣椒

17.吃冬瓜皮

将冬瓜上的白霜和绒毛洗掉后削下冬瓜皮将其切成细丝，加入姜丝、葱花和小辣椒一起烧炒，起锅前再加点醋、盐、香油和味精。这样吃起来酸辣脆香，味道很好。

18.吃西瓜皮

将厚皮西瓜的瓜瓤挖出后再去掉绿皮，擦成丝后可做西瓜糊吃。要多放点盐，还要加姜末、葱丝、味精、五香粉，最好打一个鸡蛋。

19.食佛手瓜

将佛手瓜洗净、切成薄片后放入腌糖蒜的容器中，两天后就能食用。这样制成的佛手瓜清脆爽口、甜度适中，味道极好。

20.炒嫩豆芽

脆嫩的豆芽往往带点涩味，因为炒豆芽时速度快，常常只有半熟就出锅了。若在炒豆芽时放一点醋，可使豆芽既无涩味又爽脆鲜嫩。

21.用豇豆蒸扒拉儿

按两份豇豆、一份玉米面的比例，将洗净并切成半寸长的豇豆和面粉一起放入盆后再加入适量食盐一起搅拌均匀，一边倒水，一边用手扒拉，使面粉刚好潮湿，再放蒸屉布上铺平后蒸 15 分钟。最后放入香油、花椒油和切碎的大蒜，拌匀即可食用。

22.用牛奶炒菜花

菜花在炒之前，先用清水洗净，焯一下后与肉片等一起下锅。炒制过程中加少许牛奶，可使菜肴更加白嫩可口。

23.炒莴笋皮

将莴笋洗净、剥皮、切成细丝。炒时，除加盐外，还可加入适量的糖、辣椒、醋或胡椒。莴笋皮味苦、有劲儿，加上调料后则五味俱全。

24.用雪里蕻做扣肉

先腌一些鲜嫩的雪里蕻（500 克菜 100 克盐），做成咸菜，再放到背阴处晾干，待用时放进水里浸泡 1 天（除去咸味），即可切段用来做扣肉菜底儿。

25.做香椿泥

将香椿芽加盐、捣烂后加入香油和辣椒，这样做成的香椿泥味道鲜美，香辣可口。

26.做香椿蒜汁

将大蒜和香椿一起捣碎直至稀糊状，加入凉开水、油、盐、酱和醋做成香椿蒜汁，拌面条吃，风味独特。

27.做四季香椿

将新鲜香椿洗净、控干水后撒细盐少许，将其搓揉至茎叶柔软、呈暗绿色。然后放在密封的容器内，1 周后即可制成，一年四季都能食用。

28.炒姜丝

备 100 克嫩姜、50 克冬笋、50 克冬菇、25 克香菜梗。将嫩姜洗净、用刀切成细丝，用温水将冬菇浸泡 20 分钟后洗净、切成细丝，将冬笋、香菜梗洗净、切成细丝和长段。在锅里放入少许油，待五成热时，放入冬笋丝、冬菇翻炒后再放入姜丝煸炒几下，再放入 10 克料酒、5 克味精、5 克精盐、10 克米醋、5 克白糖翻炒后，加入 25 克湿淀粉和 1 个鸡蛋清调成的勾芡汁翻炒几下，最后加入香菜段翻炒几下即成。

29.炒蒜苗

先把蒜苗洗好、切好后用热水焯一下，再用冷水过一遍，出锅备用。将肉炒熟后，把备好的蒜苗下锅一起翻炒几下即可出锅。

30.做笋味茄子柄

将茄子柄及其连带部分晒干后用作各种荤菜的配料，也可单独用来红烧、炖等烹制成菜肴，这样做出的茄子柄味如干笋，十分鲜美可口。

31.食剩拌凉粉

拌凉粉一般都有大蒜，所以第二顿吃时不仅凉粉变硬、没有原来筋道柔软，而且还有怪味。这时，只要加入葱、姜丝再上锅炒一下，口感、味道又会重新变得很好。

32.蒸吃豆（腐）渣

用双层屉蒸米饭时，上面放米饭下面放豆渣一起蒸。米饭熟后端去上屉，把下屉的豆渣再蒸 10 分钟左右，然后端下来放在室温下。加葱、油、姜、盐用小火炒到有香味。这样做出的豆渣完全没有豆腥味。豆渣冷却后也可放入冰箱，随吃随炒。

33.茶叶拌豆腐

将泡过茶水的茶叶（绿茶最好）控干水、剁碎，放上味精、精盐、香油、葱末或蒜末一起搅拌，再放入豆腐一起拌。这样不仅清热降压，而且鲜美适口，别具风味。

34.烹制野菜九方

（1）凉拌。此做法以叶茎为主。野菜经开水烫过后再在冷水中浸泡，沥干，切好后用各种调味料拌匀后即食。

（2）油炸。先蘸事先调好的粉糊或蛋液，然后入油锅炸。

（3）快炒。选取叶茎用高温大火快速翻炒。

（4）煮汤。加肉片、紫菜、海带、蛋花、姜丝、葱段等，也可滴几滴香油、米酒煮汤。

（5）烫饭。米饭煮熟后加入野菜和调味料，加热煮熟。

（6）料煮。经火炒后，加调料水烧煮。

（7）冷冻。把经处理的野菜冷却，濡于汤液后冷冻。如艾草汁冻、扶桑花冻等。

（8）煎烤。油入锅先用武火加热，后改为文火，把野菜放入，反复翻煎数次；地下茎或根可用火烤。

（9）泡酒。把具有药性的野菜放入米酒中浸泡，睡前饮用。

35.制素火腿肠

将洗好的胡萝卜和芋头上锅蒸熟后剥去芋头外皮并捣成泥，将胡萝卜的表皮剥掉并切成丝，放在一起。加味精、盐、姜末、香菜叶、香油、少许胡椒面、蛋清，搅拌均匀后摊在准备好的豆皮上，摊成条形并卷紧。在豆皮的外层抹上糊，能防止开裂。上锅蒸10分钟，等凉后装入塑料袋再放入冰箱。吃的时候放油用温火炸透，外焦里嫩且呈浅黄色，切成片来吃清淡爽口。

36.做珍珠翡翠白玉汤

把胡萝卜去皮后削成小圆球状，再将白萝卜切片后削成小齿轮状，放入清水锅里加精盐、大料、白糖一起煮10分钟。用淀粉勾芡后再将打好的鸡蛋淋在锅里，随即倒入汤盆，撒味精、胡椒粉、香油少许，或者放几片香菜叶。色香味俱全的珍珠翡翠白玉汤就做好了。

37.烹制清蒸鱼

烹制前将鱼放入沸水中烫一下再蒸，这样不仅可以去除腥味，更重要的是鱼身经沸水烫过后，表面的蛋白质迅速凝固，使蒸制过程中，水分不易从鱼体内渗出，从而保持鱼的鲜嫩度。

38.做酸菜鱼

500克鲜活鲤鱼两条，除鳞、净膛，用清水洗净后将水控干，切上花刀（或者切段），拍上面粉待用。

锅热时倒入50克色拉油，待热到六成熟时再放鱼煎成两面微黄后放到盘内。将两瓣大料、八粒花椒放入锅内用剩油略炸后再放入姜片、葱段、蒜片直至炒出香味后放鱼。

鱼热后放少量料酒盖锅焖一下，再放切成段的红辣椒和半包四川泡菜，最后将溶有糖的半碗水倒入锅内并没过鱼。先用大火烧开后再用温火炖，中间将鱼身翻1次。鱼汤出现牛奶状时可以盛出，撒上香菜就可食用了。

39.用葱烹鲫鱼

把葱放进锅里，放上鲫鱼后再盖层葱，然后放入水、酱油、醋、酒、糖等，水加至淹没鲫鱼为宜，以旺火烧煮。约2分钟后打开盖，浇上生油后再把盖盖上，约15分钟，待汤汁浓稠时盛起，这样做不但鱼肉鲜嫩，而且鱼骨酥透。

40.做带鱼

将新鲜的带鱼洗净，去头去鳍，在两面划上平行的条纹，截成7厘米左右的段。放入少量酱油及姜汁腌制后，入锅，以八成热的油炸至表面变脆后捞出。留油少许，加葱白段、干辣椒和生姜片煸炒，继续放入油及豆瓣酱煸炒。放入带鱼，加绍兴酒、酱油、味精和白糖一起烧煮后捞出，把汤汁勾芡淋上即可。

41.腌大马哈鱼

将大马哈鱼去鳞、洗净，开膛取出内脏后撒适量的盐，再用塑料薄膜裹好，1 天后取出晾干即可。食用时，先将鱼切成大约两指宽的鱼段，放在盘中，放上葱花、姜末，在锅内蒸 20 分钟即可出锅食用。

42.炒鱼片

将质地新鲜的青鱼、黄鱼或鲤鱼等，切成鱼片，再加入适量的蛋清、盐和生粉一起拌匀上浆。当油烧至四成热时一起下锅，待鱼片色泽泛白时马上捞起，同时留少许油，将调料煸炒，用淀粉水勾芡后，倒入鱼片轻轻地翻炒几下便可装盘。

43.用鱼鳞做佳肴

将鱼鳞刮下并洗净放锅里再倒入一碗水，一起煮开约 15 分钟，鱼鳞成卷形。将煮鱼鳞的水倒进碗里，水凉后就成凉粉状的鱼鳞粉。同拌凉粉一样，用香油、蒜泥、盐、醋调拌即可食用，爽口好吃。

44.制鱼干丸子

将鱼干裹上含咖喱粉的炸衣（务必包裹均匀），再用慢火反复煎炸，炸至金黄色时捞出，凉一会儿，即味美香脆的鱼干丸子。

45.吃生鱼片包紫菜

食用生鱼片时，可和一些菜一起食用（除了一些作料外）。如萝卜丝和紫菜。用紫菜包生鱼片食用，味道会更美。不过应该先把紫菜过一下冷水，然后摊在盘子上，待紫菜稍微变软再用来包生鱼片，这样不仅可包得严，口感也更好。

46.吃皮皮虾方法

（1）用淡盐水浸泡、蒸熟吃；

（2）蒸熟后蘸着调好的作料吃；

（3）去掉硬皮后剁成肉泥加入淀粉、作料氽丸子；

（4）挤出肉后拌着青菜做虾脑汤。

47.烹制"清蒸蟹"

清蒸最能保持蟹的鲜味，为最正宗的做蟹方法。将蟹洗净下锅，加入中药紫苏或黄酒、生姜、食盐烧煮，可避寒解腥。

48.烹制"醉蟹"

用绍兴酒、花椒、生姜、食盐、橘子等为作料烹制，密封 1 周后，即可食用。若温度高，可缩短至 3 天。食用前先将蟹切开，去除蟹脐（俗称蟹裹衣）及其他秽物，略洗原卤，切小块食用，味道鲜美。

49.烹制"面拖蟹"

将洗净的蟹一分为二，抹上溶糊的面粉，入油锅中微炸。此法为传统民间家常小菜，既好吃又方便。

50.炒牛肉

宜用啤酒：在炒制牛肉之前，应先用啤酒来调稀面粉，然后将其浇在牛肉片上面，拌匀之后腌 30 分钟，采用此法可以使得牛肉鲜嫩快熟。因为啤酒中的酶能够分解牛肉中的一些蛋白质，从而增加了牛肉本身的鲜嫩程度。

不宜用碱：很多人喜欢在炒牛肉加碱，这样虽然使牛肉易熟，但牛肉当中的氨基酸会和碱发生反应，蛋白质会沉淀变性，使得牛肉中所含的营养素遭受到很大的破坏。除此之外，脂肪也会发生水解，从而降低了利用率。而且维生素 B_1、B_2 以及尼克酸，还有磷、钙等矿物质，也都会因为碱性作用而影响人体对它们的吸收和利用。

51.炖牛肉

切洗：在炖牛肉的时候，应先用凉水将切好的牛肉浸泡 1 个小时，这样可以让肉变得松软。浸泡后，把牛肉放进烧开的水里，然后撇掉浮在汤面的血沫子，再加入一点水，就可以彻底将锅底的血沫子带上来。用这种方法煮出的肉汤格外鲜美。

用水：在烹制牛肉的时候，要用热水，而不能加冷水。因为热水可使牛肉表面的蛋白质迅速地凝固，从而防止肉内所含的氨基酸外溢，保持住牛肉的鲜美。注意：要一次加足水，若发现水少，应该加进开水。

放盐：放盐和酱油的时间要掌握好，应该等肉炖至九成熟时再放入。因为盐可以促进蛋白质的凝固，若盐放早了，那么牛肉自然不容易烂，而且这样会使汤中的蛋白质沉淀，影响到汤汁的味道。

放茶叶：准备好一个布袋，在袋里装进少量的茶叶（用一些价格比较便宜的花茶就可以），然后扎紧布袋口，再放入锅里与牛肉一起炖。利用这种方法不仅可以使牛肉熟得快，而且可使它带有一种特殊的清香。

放酒或醋：炖牛肉的时候加进些酒或醋（比例：1公斤牛肉加入2～3汤匙的酒或是1～2汤匙的醋），这样也可使肉变软变烂。

放山楂或萝卜：在肉锅中放进几片萝卜或几个山楂，既可以使牛肉熟得快，也可以去除异味。

52.爆羊肉片

羊肉入热油炒至半熟，加适量米醋炒干，然后加葱、姜、料酒、酱油、白糖、茴香等调料，起锅时再加青蒜或是蒜泥，腥味大减，味美香醇。锅内打上底油，以姜、蒜末炝锅，加羊肉煸至半熟，再放入大葱，接着加酱油、醋、料酒煸炒，起锅后淋上香油，味美，无腥膻。

53.炒猪肉片

肉片要切得很薄，而且要横纹切，切好后放在漏勺里，在开水中晃动几下，待肉刚变色时起水，然后沥去水分下炒锅，3～4分钟即可熟，这样炒出的肉片鲜嫩可口。

54.烹肥猪肉

肥猪肉一般人都不愿意吃。经以下方法烹制，其味道会大不相同。将肥肉切成薄片，放入调料后，在锅里炖，等肥猪肉八九成熟时倒入事先调好的糊状腐乳（按每500克猪肉加1块腐乳的比例），再炖3～5分钟起锅，此法除油腻，增美味。烹制较肥的肉时，炝锅时可放少许啤酒，这样不仅利于脂肪的

溶解，还能产生脂化反应，此法使菜肴香而不腻。

55.用可乐炖猪肉

在做红烧肉时放姜、葱、大料、酱油外，再加1/3大桶的可乐后用微火炖熟。如果口重的在出锅前可加盐少量。用这样的方法来炖鸡、牛羊肉、鸡翅，味道同样鲜美。

56.烹制糖醋排骨

烹制前把排骨腌渍透，需约3～4个小时，用清油过油（排骨炸后不会色泽灰暗）。锅里留底油，加蒜末爆香，加入适量清水、精盐、白糖、醋和少量水淀粉熬成糖汁，然后把排骨入锅翻炒。待锅中汤将尽时，改成小火，不断翻锅，此时糖汁已经变成浆状，稍不小心排骨就会烧煳。随着不断翻动糖汁会越来越稠，至锅底没有糖汁时即可。

57.做猪排

将猪排骨洗净、切好后用压力锅煮15分钟。在煮的时候，可同时做蒜汁，即：将2～3瓣大蒜捣成蒜泥后放在碗里，再加上一些白糖、两匙酱油和适量味精及香油，再用匙子搅拌一下。将排骨蘸上蒜汁吃，不油腻，口感好，别有风味。

58.炸猪排方法

将沾有面包粉的猪排放入油锅中炸一两分钟，在翻边后继续炸半分钟，即可盛盘。然后将猪排立在网架上1分钟，可用这一期间的余热，让猪排全熟。

将炒锅烧热后放油，在烧至九成热时，加入姜末、葱花、酱油、白糖、清水、黄酒及味精少许，待搅拌后再烧至七成热，然后分批把排骨块下锅，每批约7分钟，待排骨断生后捞出沥油，等油锅的油温回升至七成热时，将排骨下锅再余一次，待排骨由淡红变成深红色时，再捞出沥油，然后浇上适当的卤汁即成。

59.猪爪烹制法

（1）水晶蹄膏：加水放入蹄爪、生姜、葱烧开，加适量的黄豆或去皮花生米，以文

火烧烂，至皮肉分离并且骨髓溶化，捞出蹄爪，剔除骨头后，再把皮肉放入汤中，捞去葱姜，放适量盐、糖、酒、味精等调料，至煮成糊状，淋上麻油后盛入容器内，冷却至凝成冻状，取出切片即成。

（2）八戒踢球：把猪蹄爪入锅后煮烂，放入酱油、糖、姜、酒、葱等调料烹制，把猪蹄爪装盘，然后把提前做好的肉圆摆在四周即成。

（3）咸猪蹄爪：先将鲜猪蹄爪洗净沥干并劈开，用粗盐腌制约四五天后取出，再晒上三四天后挂在通风处贮藏。食用时，洗净后先加清水烧开，后放入酒、姜、葱等调料，以文火慢煮约一个半至两小时即成。

60.炒猪肝

将洗好的猪肝切成片，加以适量的盐、淀粉（或是加点酱油）后拌匀。采用旺火热油，在下锅后用筷子将猪肝滑散，等到猪肝片变色时，捞出来待用。之后炝葱和姜，下配料以及猪肝片，然后迅速翻炒成菜。

61.做猪肝汤

用猪肝来制作汤菜，可以不用上浆，但是烹制时，要先将汤烧开，然后放进猪肝片。等到汤滚后撇去浮沫，即可将猪肝捞出。烹制出来的肝片黄且嫩，汤汁鲜而清。

62.烹制猪肚

烹调猪肚时，先将猪肚烧熟，切成长块或长条。然后把切好的猪肚放到碗里面，加进一点汤水，再放在锅内，蒸煮 1 小时左右之后，猪肚会胀 1 倍，而且又脆又好吃。但要注意：千万不能够放盐，因为一旦放入盐，猪肚就会收缩变硬。

先去掉生猪肚的肚皮，再取出里层的肚仁，然后剞上花刀，放入油中一爆即起。最后加进调料即可成菜。

在烫洗猪肚的时候，如果采用盐水来擦洗，则可以使得炸出的猪肚格外脆嫩。

63.制啤酒丸子

在搅肉馅时用水量是平时的一半，其余的用啤酒补足；搅匀后挤出丸子到已熟的白菜汤锅内，等丸子熟后再放入味精、香菜、胡椒粉即可食用。

64.制剩米饭丸子

将葱、肉剁碎和面粉、剩米饭、调料一起拌匀后炸成丸子，500 克肉馅里加入 1 小碗剩米饭，吃起来不但香酥可口而且不腻，比用纯肉炸出的丸子还好吃。

65.炸柿丸子

将软柿子去掉蒂和皮后放进盆里再加适量面粉，用筷子将其搅成软面团状。再用小勺边做丸子边将其放进热油锅里，直至金黄色后再捞出就能食用。

66.炖骨头汤

把脊骨剁成段，放入清水浸泡半小时，洗掉血水，沥去水分，把骨头放进开水锅中烧开。将血沫除去，捞出骨头用清水洗干净，放入锅内，一次性加足冷水，加入适量葱、姜、蒜、料酒等调料，用旺火烧开，10 ~ 15 分钟后再除去污沫，然后改用小火煮 30 分钟至 1 小时。炖烂后，除去葱姜和浮油，加入适量盐和少许味精，盛入器皿内，撒上葱花、蒜花或蒜泥食用。其肉质软嫩，汤色醇白，味道鲜美。

67.炸肉酱

先在黄酱中加点甜面酱调匀备用，用葱姜末炝锅后放入肉末煸炒，至肉末变色放入事先调好的黄酱，待酱起泡时改用小火，此时放入盐、糖、料酒，加入适量开水稍烹炒一下，起锅前淋上香油，拌匀即可食用。

68.烹调兔肉

烹调前将兔肉用凉水洗净，浸泡约 10 小时，去除淤血，直至水清。将兔子尾部的生殖器官、各种腺体、及排泄器官用刀割净，避免有骚臭气味，还要将整条脊骨用刀起出，然后制作。可以剁成块状炖煮。因为兔肉瘦肉多，而肥肉少，烹制时应多加些油，宜用猪油或和猪肉炖制。还可以切成丝炒。炒兔肉丝时，先用鸡蛋清拌后再炒，炒出的肉丝滑嫩可口。

69.烹狗肉

把狗肉切成方块，用凉水煮成半熟，使筷子能戳进去为宜。把肉切成薄片，另加清水浸泡1个小时，即可去除膻味。烹制时，放适量的水在锅中，加入葱、姜、蒜等作料，以微火煮透即可。在煮时放入萝卜，除膻效果更好。

70.蒸鸡

将每500克鸡肉倒入100～150克啤酒中，腌渍10分钟左右后捞出，以平常方法调味，然后上锅蒸熟。此法蒸鸡，肉味鲜美，口感嫩滑。

71.炸鸡块法

先调好炸粉，炸粉的调法：2杯太白粉、1杯面粉、2小匙盐、2小匙白胡椒粉、1/2小匙泡打粉放在一起调匀。将鸡肉先裹一层炸粉后再裹一层蛋液，然后再裹一层炸粉入锅炸。还可以将鸡肉裹一层炸粉后置入冰箱冷藏，3小时后取出，入锅炸之前再裹上蛋液，随后再裹上一层炸粉，这样炸出来的炸鸡酥脆无比。

72.制白斩鸡

将鸡放入冷水锅中烧煮至肉质酥嫩，端锅离火，此时仍盖着盖子，待冷却后取出鸡，控去汤汁，往鸡的身上涂一层香油后改刀装盘。鸡皮色泽油亮，口感极嫩。

73.制熏鸡

用茶叶、红糖和米生烟来制熏鸡，为使各处都熏均匀，要反复翻转鸡身。此法不仅卫生，色彩好看，更有独特的浓郁香味。

74.做"可乐鸡"

把鸡洗净、剁成块后再放入锅里，这时再往锅里倒入可乐，最好可乐要能浸没鸡块。等开锅后再用小火炖40分钟左右就能

食用了。

75.制鸡肝松

把鸡肝洗净，用开水烫一下，切成细块入锅，加入适量的酱油、糖和酒等调料炒至锅中汤汁消失，盛起后加入打散的蛋，用根铁丝搅拌均匀，鸡肝松即成。

76.制板鸭

将鸭去毛、开膛，洗净后把背脊两边的肋骨切断、把大腿骨打断，这样就能成为平整的板鸭。每斤鸭用30克左右盐及大料、花椒、胡椒各少许炒热后打碎并擦遍鸭全身，腌6天后可以吊起来再晾7天。吃时洗一下后放上味精、料酒，蒸20～30分钟，可切成条食用，鲜香味美。

77.用鸭骨熬汤

吃过盐水鸭肉后将剩下的头、颈和一些碎骨头渣放入锅内加清水先用大火煮沸后，再改用小火熬至乳白色，再放入胡椒、葱丝、味精，一碗美味可口的汤便制成了。

78.做油炸蛋

放5小杯花生油入锅，加热至插进筷子起小泡（165℃左右）为宜，取4个蛋，每次炸1个，要把蛋白包裹起来并整形，炸2分钟，蛋黄半熟即成。

79.煎姜蛋

将鸡蛋2只打入碗内加盐搅散，去皮姜100克剁茸，红葱头一个切碎，把干姜茸炒至散出香味，加入2汤匙花生油，下鸡蛋，煎至两面焦黄即可。

80.用榆钱煎蛋

将200克鲜嫩榆钱洗净、控干后待用。将3～4个鸡蛋打入碗内后加适量胡椒粉、精盐和水调匀。将50克葱头切成碎丁后用大油炒出味来，再倒入榆钱，将其煸炒均匀。随后倒入蛋液并用微火煎之，等两面煎成黄色后就能出锅。出锅后再将其切成小方块，趁热食用。这样不仅软嫩可口，味美香浓，而且营养丰富，并有保健作用。

81.用茄子摊鸡蛋

将较嫩的茄子去皮、切成筷子头大小的茄丁后炒熟并盛于碗中，等凉后再打入鸡蛋并加盐拌匀，这样摊出茄丁鸡蛋的味道十分特殊。

82.做土豆摊鸡蛋

将中等大小的土豆去皮、切成细丝后用水清洗。把土豆丝放在大碗里后打进两三个鸡蛋并用筷子将鸡蛋和土豆丝打匀。将搅好的蛋糊摊在烧热的平锅中，等两面煎黄、土豆丝熟透就可出锅装盘，再撒上少许精盐、味精、胡椒粉。喜欢葱味的，还可以放葱花少许在蛋糊中一起摊。

83.做酱油荷包蛋

煎蛋时放入盐后往往难以均匀溶化，这时可用酱油代替盐。当鸡蛋成形时再倒入酱油，蛋熟后立即出锅就行，注意不要等变凉后再吃。

84.制豆浆鸡蛋羹

蒸豆浆鸡蛋羹时，将熟豆浆当水用，量比放水时要多 1 倍，甜咸可根据自己的口味放。做两次后能知道放豆浆的量。这种方法做出的豆浆鸡蛋羹十分鲜嫩可口。

85.制什锦鸡蛋羹

将鸡蛋 2 只打匀后放入大半碗的凉开水中，再放一点豆油、酱油、干虾米、火腿（或肉丁）并用筷子搅匀。放在蒸屉上蒸 10 分钟后即可吃。

86."赛螃蟹"烹制法

把 5 只鸡蛋的蛋黄及蛋清分开，分别放在两个盛器内搅打，往盛蛋黄的碗内加水（用半个鸡蛋壳），共加 8 次，待油烧热后，倒入蛋黄至炒熟后，倒入蒸熟切碎的蛋清，加上姜末、盐、醋、糖等作料，黄白分明且味道鲜美的"赛螃蟹"就做成了。

87.用鲜蛋蒸肉饼

将 4 只鸡蛋分蛋黄蛋清打入碗内，往蛋清里加碎猪肉 100 克，碎马蹄肉和适量生抽、酒、碎葱花、盐、清水调匀，再装入擦过油的盛器内，把鸡蛋黄置于其上，上锅蒸 15 分钟即可。

88.用鲜鸭肠蒸蛋

往滚水里放入 2 副新鲜鸭肠，取出后切小块，加入适量生抽、姜汁、酒、生粉。随即把鸡蛋 4 只打入碗内，加盐搅打至起泡，装碟，放上鸭肠，置火蒸 5 分钟左右出锅，加入熟油、生抽，撒上葱花即可。

89.做柿子蛋

将两个大软柿子的汁挤到碗内，再打一个生鸡蛋到碗内，与柿子汁一起搅拌，放入少许盐和味精，在锅内放少许油，像摊鸡蛋那样将其摊开，熟了即可食用。此种做法做出来的柿子蛋既好吃又富有营养。

90.制作虎皮鸽蛋

鸽蛋蛋壳较薄沸水下锅极易破。可将其洗净，放入冷水锅内上火煮熟，捞出后再放冷水中浸凉，去蛋壳以备用。炒锅烧热倒生油，烧至七成熟，将去壳的鸽蛋放入酱油均匀地搅拌，入锅炸至呈金黄色、表皮起皱时捞出。炒锅内留余油，烧热后放入葱段及姜片炒香，然后加入适量清水、黄酒、白糖、酱油、茴香烧沸，再下鸽蛋卤制。

（六）食品自制

1.制咖喱油

取花生油 50 克烧热，放入姜末和洋葱末各 25 克，炒至深黄色，取蒜泥 12 克和咖喱粉 75 克，炒透后加入香叶 250 克，再加入少许干辣椒和胡椒粉便可。若要稠一些，可再加适量面粉。

2.制辣油

先将油用旺火烧热，放入姜葱炸至焦黄后捞出。熄火，等油温降至 40℃ 左右后放入红尖辣椒末，用文火慢爆，等油呈红色时便可。

3.制甜面酱

将1000克白面发面后像蒸馒头一样，上屉蒸熟。下锅后放入缸或锅里并用塑料布盖严，以保持温度。再放到阴暗、不透风的地方发酵，约3天左右便长出白毛。刷去部分白毛后掰碎放在两个干净的容器里。按每1000克白面配300克水、120克盐的比例倒入容器里并用木棍搅拌溶解。放在日光下曝晒，每天搅拌三四次，约晒20多天就能制成甜面酱。酱晒成后，放入味精和白糖少量，上锅蒸10分钟。这样处理后的面酱，色、香、味俱佳，风味独特，可长期保存。

4.制蒜蓉辣酱

将新鲜的红辣椒去蒂后洗净切碎，加入姜末、蒜末、味精、盐拌匀，放入绞磨机里磨成糊状，装入瓶里就可以随吃随取了。

5.做红辣椒酱

把红辣椒和盛菜的容器洗净、晾干，再加适量细盐于切碎的红辣椒中，搅拌均匀后装入瓶中压紧。放白酒（500克辣椒约3毫升白酒）和盐少许，覆盖上保鲜膜，封口后放在阴凉处。10～15天后红辣椒酱即可食用。

6.用酱油淀粉制黄酱

用温火烧花生油并倒入适量酱油和葱末，再放上淀粉一起搅拌，等炒到一定稠度且与炸酱颜色相似时，便能够出锅了。

7.制芥末酱

将芥末放入瓶中并加少量冷开水和适量盐调成稀糊状，拧紧盖后放在蒸锅顶层。等蒸食好后放入香油，香油要能完全覆盖住芥末酱，冷却后放入冰箱下层。这样就能随吃随取，一两月都不会变质。

8.制韭菜花酱

将1500克鲜韭菜花、500克鲜姜、1000克梨全都洗净后用打碎机打碎，并放入200克盐一起搅拌均匀，装入玻璃瓶中再封严口即可。

9.制色拉酱

取1只蛋黄、2茶匙醋、1茶匙辣椒粉、半汤匙盐、少许辣酱油放入碗内一起拌匀，再取约200克色拉油慢慢加入，边拌边加，反复搅拌。直至均匀后，即成色拉酱。

10.制醋卤

备500克猪肉末，1小块鲜姜，150克香菜，4根大葱，3头蒜，2.5克红辣椒。

将花生油烧热后放入已切碎的红辣椒并炸好，再放入姜末和猪肉末一起炒后倒入1/3瓶陈醋或熏醋及酱油，再放入5勺白糖、1勺精盐、100克料酒、适量味精及切成小段的大葱。开锅后，将菜及捣成泥的蒜和切成小段的香菜一起倒入罐子，随吃随取。

11.速制腊八醋

将500克醋倒入洁净的罐或坛子中，再将100克青蒜洗净切段后泡入坛中。封好罐口或坛口，3天后就能食用。这样腊八醋味鲜色美，与泡蒜口味一样。

12.制蔬菜风味醋

准备一些青椒、干葽的洋葱、芹菜等具有香味的蔬菜并将其切成小片，放入玻璃罐中，将适量的醋倒入其中，罐口严加密封，一周后开封即可食用。此种醋含有浓郁的蔬菜香味，风味绝佳，可用于蘸食油炸物，也可用来拌凉菜食用。

13.腌酸白菜

准备食盐150克、白菜3000克。挑选白菜时宜选高脚白菜（也叫箭杆白菜）。将白菜的老帮及黄叶去掉，用清水洗净，晾晒2天后收回。

把食盐逐层撒在晾晒好的白菜上，装入缸内，边装、边用木棒揉压，使菜汁渗出、白菜变软，等全部装完后，用石块压上腌渍。在制作过程中不能让油污和生水进入，以免变质。

隔天继续揉压，使缸内的菜体更加紧实，几天后，当缸内水分超出菜体时，可停止揉压。压上石块，把盖盖好，放在空气流通的地方使其自然发酵。发酵初期，若盐水表面泛起一层白水泡，不要紧张，这是正常发酵状态，几天后便会消失。1 月左右即可食用。若白菜在缸内不动，则可保存 4 个月左右。一旦开缸，在 1 周内应处理完。

14.腌辣白菜

准备白菜、姜、蒜、苹果、梨、辣椒面、盐、味精。将白菜外层去掉，用清水洗净，里外均匀的抹上盐，腌半天（注：辣白菜的制作从头到尾都不能沾一点油）；腌半天后，挤掉水分；把姜、蒜、苹果、梨剁末儿，梨、苹果用 1/3 或者一半即可。

加入适量凉开水，把辣椒面、味精、盐调匀（辣椒面的量看自己喜欢辣味的多少，也要看辣椒面的新鲜程度），把姜、蒜、苹果、梨末儿倒入辣椒中搅拌；从最内层开始，把调好的辣椒糊从里到外均匀抹在白菜上，抹完后，放入一个带盖的容器中，（注意容器须洗净，一定不要有油，如果无盖的，可用保鲜膜封住），盖好盖，放进冰箱，3 ~ 5 天后便可食用。

15.腌甜酱菜

把大白菜心装进布袋，浸三四个小时后放入腌缸，以每 10 千克白菜心加甜面酱 5 千克计算，每天翻动 1 次，坚持 20 天即可。

16.腌蒜泥白菜

将大白菜晾晒、脱水，把菜帮和绿叶去除，切去菜疙瘩，用刀一切两片，划细条后切小斜刀块，然后晒干。按每 20 千克鲜菜出菜坯 8 千克、每 3 千克菜坯配加蒜泥 0.6 千克及精盐 0.5 千克的比例拌匀装坛，密封坛口。

17.腌白菜墩

白菜若干、白糖、芥末、食醋。去掉白菜的根部和叶，取其中段切成约两厘米厚，各段挨着平放在盆中，再用开水泡 5 分钟。把水倒出后将菜墩另一个盆中先放一层，再放上糖、醋、芥末，盆满后盖好，大约一周后即可食。

18.做酸菜

把白菜的老帮掰去，放入沸水中烫至七成熟，捞出来后用冷水冲洗，然后放入容器内，加入清水、少许明矾及一块面肥，然后用石头压住，把菜全部淹没在水中，1 周后便可食用。

19.腌红辣大头菜

取咸大头菜 5000 克、酱油 500 克、盐 50 克、辣椒粉 100 克。用清水将咸大头菜洗好，然后切成不分散的薄片放入缸中，用酱油泡 2 ~ 3 天，取出。把大头菜片均匀撒上辣椒粉、细盐，放入容器中焖 5 天即成。

20.制梅干菜

将雪里蕻连卤一起放进锅里煮 10 多分钟后，捞起、晒至八九分干时再切碎。再继续晒，晒得越干越好。这样放贮罐内就能久藏不坏。

21.腌雪里蕻

将雪里蕻用清水洗干净，控干放在容器里。按单棵排列成层，每一层菜茎与叶要交错放。撒上盐和几十粒花椒，一次放足盐量，一般是每 5 千克菜用盐 500 克左右；上层多放下层少放，均匀揉搓，放在阴凉通风处并防止苍蝇等小虫飞入。隔 2 天后，翻一翻；待到第 5 天时，在菜上铺一个干净的塑料袋，压上石头。半个月后翻一翻，再把石头压在上面，待脆透后即可食用。凉拌或加入黄豆、肉末一起热炒都别有风味。

22.腌韭菜

将韭菜洗净、控水、切成碎段后用盐拌匀。再放入切成碎末的鲜姜和切成小丁的鸭梨（500 克韭菜加 1 个梨）就行。腌韭菜鲜绿、汁不黏且易存放。用来拌豆腐、拌面条，味道都很好。

23.腌韭菜花

先将 2.5 克明矾、10 克鲜姜、125 克盐捣成细末。再将 500 克韭菜花洗净并沥干，切碎后加入姜、盐等辅料及味精，搅拌均匀后加盖密封，每天最少搅动 2 次，7 天后腌韭菜花就制成了。

24.腌芥菜头

将 500 克芥菜头削去老根并洗净晾干后放入缸中，加 150 克水、125 克盐，每天最少搅动 1 次，1 个月后就能食用。

25.制酸辣芥菜条

把大红萝卜切成细丝待用。把三四个芥菜疙瘩用清水洗净后切成半寸左右的长条，用水煮熟后放在大搪瓷碗内，立即将萝卜条均匀地盖在热芥菜条上。等三四天后就可夹出数条来蘸肉末酱吃。

26.制榨菜

将鲜榨菜头剥去根皮后洗净、切成半寸左右厚的大块，再拌上辣椒面、姜末、盐、五香粉等调料后放在盆中用重物压榨一两天。再除去部分绿水，然后放入坛中密封 12 天后再取出，榨菜就能食用了。

27.制芥菜、红萝卜辣菜

将红萝卜、芥菜疙瘩按 1：2 的比例洗净后，把芥菜疙瘩切成 0.4 厘米左右的厚片，萝卜擦成丝。取 1 片维生素 C（约 100 毫克）放入水中化开，拌入萝卜丝中以减少亚硝酸盐的产生；把切好的芥菜疙瘩片分数次放入热面汤中焯一下，再捞到盆中。在上面撒一层萝卜丝，分几层铺完并盖好。3 ~ 5 天后味美清香的辣菜就制好了。

28.腌酱萝卜

取新鲜白萝卜 5000 克、甜面酱 800 克、粗盐 50 克。

用清水将萝卜洗净、沥干，切成长条。放入缸内（缸必须干净、干燥），加粗盐均匀搅拌，用石头压实，腌制 2 ~ 3 天，将萝卜捞出，沥干盐水；

把缸内卤汁倒掉，将缸洗净、擦干，倒入沥净水的萝卜条，加甜面酱拌匀。盖好盖，酱制 10 天左右即可。

29.腌"心里美"萝卜

将"心里美"萝卜洗净后切成小方块放于盆中，撒上精盐并反复揉搓直至均匀。等盐渗入萝卜后装入泡菜坛或大口瓶中，用凉白开水浸泡并要没过萝卜。放于阴凉通风处，3 日后就可食用，清淡可口、酸甜酥脆。

30.腌五香萝卜丝

取胡萝卜、青萝卜、紫菜头、心里美萝卜、香菜梗各 500 克；小茴香、精盐、桂皮、陈皮、花椒、大料各 50 克；醋 500 克；白糖 200 克。

将香菜梗切成 3 厘米长的小段、各种萝卜切成细丝；把切好的萝卜丝用盐拌匀，装入缸（或坛）内腌渍 2 ~ 3 天。控干其水分，晒至六成干；在锅中加入醋、水 1000 克，将各种调料装入纱布袋内封好口，放入锅中，当熬出香味时，改用微火再熬 10 分钟左右。凉透后再加上白糖 100 克搅拌，直到白糖溶化为止；将萝卜丝装进坛内压紧，把配好的汁液浇浇在压紧的萝卜丝上，用厚纸糊上坛口，然后再用黏土封闭，放置温度在 5℃ 左右的地方，10 天后就可食用。

31.腌酸辣萝卜干

取白萝卜 5000 克、白醋 500 克、精盐 200 克、白糖 150 克、白酒 25 克、辣椒面 50 克、花椒面 15 克、八角 2 枚。将萝卜须削去，洗净，切成长 5 厘米、宽 1 厘米的方条，晾晒至八成干；将精盐、白醋、白糖、辣椒面、味精、八角和花椒面撒在萝卜条上揉匀，然后淋上白酒并放入坛内，用水密封坛口，两周后即可食用。

32.制"牛筋"萝卜片

选象牙白的萝卜，将顶根去掉直至见到白肉，再切成 0.5 厘米厚的半圆片放在干净平板上晾晒，隔天翻 1 次，晾晒 3 ~ 5 天或 7 ~ 8 天就能干。取 500 克酱油加适当水，与桂皮、八角、花椒一同煮沸，等凉后与萝卜片一起放入容器内腌制。上压一块石板，防止萝卜片浮起。腌时，颜色重可加点凉白开水，味淡可加点凉盐开水。为使容器盖通气，用木条将盖板架起。腌好后放在阴凉通风处，大约 5 天就能食用。

33.腌酱八宝菜

取大头菜 1000 克、萝卜 100 克、黄瓜 200 克、青椒 80 克、藕 1000 克、花生米 100 克、豆角 100 克、核桃仁 50 克、面酱、酱油、精盐各适量。

将大头菜、黄瓜、萝卜切成片，青椒、核桃仁切成丁，藕切成三角片，豆角切成段；花生去皮。

将黄酱、酱油、少许盐与加工好的原料均匀搅拌在一起，然后投入坛中腌渍，约 10 天左右即可取出食用。

34.腌酱油花生

取优质酱油 250 克、新鲜花生米 500 克。把花生米挑选干净，然后放入锅中炒熟，把皮去掉放入大口玻璃瓶内；把酱油放进锅中熬开，晾凉以后倒入花生米中，酱油需要浸没花生米，然后盖好盖。腌泡约 7 天左右即可食用。

35.腌酱黄瓜

取小黄瓜 500 克、甜面酱 350 克、精盐 100 克。用清水将小黄瓜洗净，一层小黄瓜撒上一层盐放入瓷缸内，盐腌 15 天（每天至少翻搅 1 次）；把用盐腌后的小黄瓜用清水洗净后浸泡 1 天，然后捞出，把水分沥净、晾干；把晾干的小黄瓜放进甜面酱中，酱腌 8 ~ 10 天即可（须经常翻搅）。

36.腌酱辣黄瓜

取腌黄瓜 8000 克、白糖 30 克、干辣椒 80 克、面酱 4000 克。用清水将黄瓜洗一下，切成厚 3 厘米的方块，用水浸泡 1 小时，中间需换 2 次水，捞出后控干，装入内外洁净的布袋中（布袋内不可沾上污物），投入面酱里浸泡，每天翻动 2 ~ 3 次；腌制 6 ~ 7 天后，开袋把黄瓜片倒出，控干咸汁，均匀拌入白糖和干辣椒丝，3 天后黄瓜片表皮干亮即成。

37.腌酱莴笋

取肥大嫩莴笋 3000 克、豆瓣酱 150 克、

食盐 50 克。把莴笋洗净，削去外皮；放入消毒干净的小缸内用盐均匀腌渍，置于阳光下晒干；把豆瓣酱均匀涂抹在莴笋上，重新放入小缸内腌渍。3 ~ 4 天后，即可食用。

38.制莴苣干

将鲜莴苣去皮后剖成 4 瓣或 8 瓣（不要将顶端切开）状挂在绳上或铁丝上，晾干后装入塑料袋中，将袋口扎紧。冬天食用时要洗净、切段。

39.腌蒜茄子

将一些中小型的茄子洗净后不去把。上锅蒸熟，等凉了用刀切三五下不切透。在每片之间抹些蒜泥和盐后放入大瓶或大碗内，盖好盖子。放在阴凉处或者放在冰箱内保鲜，大约 10 天后就可以吃了。吃时用干净筷子拿出一两个，将茄子把去掉，放入盘中加点香油就行了。

40.腌五香辣椒

取辣椒 1000 克、五香粉 100 克、盐 100 克。用清水将辣椒洗净，晒成半干，把五香粉、盐均匀撒在半干辣椒上，入缸密封。15 天后即可食用。

41.制干脆辣椒

取无虫眼、无破损而且比较老的数千克辣椒洗净、去蒂，放进开水中烫 1 分钟左右捞出，并在太阳下曝晒 1 天，直至两面成白色后剪成两瓣，用味精、盐腌 1 ~ 2 天后晒至全干，再装入塑料袋。吃时可用油炸成金黄色，这样就能香、脆、咸、鲜、微辣，是下饭、下酒的好菜。如果保持干燥，3 年都不会变质。

42.制盐姜

将 500 克生姜刮去外皮泡入 1% 的明矾水中，12 小时后滤去水分。再加 50 克盐腌渍，每天翻拌 1 次，3 ~ 5 天后取出晒干，盐姜就做好了。

43.制甜姜

将 1000 克嫩姜刮去外皮后切成薄片，用

清水浸泡 12 小时后将水滤干。加 50 克明矾一起倒入铝锅，用沸水煮时要不断翻动，熟后再放入冷水中浸泡 12 小时，中间需换清水 2 次，然后把水分滴干。加 3 克盐、300 克白糖拌匀，装入大碗中压实 12 小时左右。再煮沸 10 分钟，并不断搅拌；然后取出来晒干，有光泽、半透明、香甜爽口的甜姜就制成了。

44.制糖醋姜

将 500 克嫩姜用水泡后刮净姜上的薄皮，洗净控干后再切成薄片装入瓶中，用糖醋泡几天即可食用。

45.腌糖蒜

准备鲜蒜 5000 克、红糖 1000 克、精盐 500 克、醋 500 克。将鲜蒜头切去，放入清水中泡 5 ~ 7 天（每天须换 1 次水）；用精盐将泡过后的蒜腌着，每天要翻 1 次，当腌至第 4 天时捞出晒干；将红糖、醋倒入水煮开（需加水 3500 克），端离火口凉透；将处理好的蒜装入坛，把凉透的水倒入，腌 7 天即可食用。

46.腌糖醋蒜

将 1000 克紫皮蒜去根与皮后泡入水中并且每天换水，3 天后沥干，再与 500 克白糖、800 克醋拌匀，装入坛中并扎紧坛口，要经常摇晃坛子，约 1 个月后，糖醋蒜就腌成了。

47.制酸豇豆

将嫩豇豆洗净并切成 1 厘米长的小段，装入广口瓶内直至装满压实。用塑料薄膜将瓶口盖好，捆紧，倒扣在稍深的盘子或碗内，再加入清水并要稍没过瓶口。25℃条件下放置一周就会自然发酵变酸。等炒锅内油烧热后放入葱、肉末、姜等调料，再倒入豇豆炒至熟，撒上盐就能出锅了。其特点是酸、脆、鲜。

48.制北京辣菜

将 500 克萝卜切成丝后用清水浸泡 1 天，在浸泡的过程中，至少要换 2 次水，捞出并沥去水分后备用。再将 10 克白糖、250 克酱油、少量味精和糖精、适量水一起煮沸后，倒入干净的容器内。再将 1 克辣椒面放入 2.5 克加热的麻油中，稍炸一下，便可倒入酱油内。再加 5 克芝麻、1.5 克姜丝、1 克黄酒、2 克桂花，搅拌均匀，倒入萝卜丝。每天最少搅动 2 次，一星期后即成北京辣菜。

49.制北京八宝菜

取 1000 克腌黄瓜、腌豇豆、腌藕片、腌茄包各 250 克、腌姜丝、腌甘露、腌姜丝各 500 克，750 克花生米，2000 克腌苤蓝。

先将腌黄瓜切成柳叶形瓜条，再将茄包、豇豆等切成条状，将腌苤蓝切成梅花形。将其全部放入清水中浸 2 ~ 3 天，每天至少要换 1 次水。捞出后装入布袋并脱水，加入 5000 克甜面酱酱渍，每天翻动 2 次，10 天后就能做成北京八宝菜。

50.制北京甜辣萝卜干

将 1000 克萝卜用清水洗净后切成 6 厘米左右的长条萝卜块，最好刀刀都能见皮，将条块萝卜放入 70 克盐中，一层萝卜一层盐腌渍，每天翻搅 2 次。2 天后倒出来晾晒，等半干后用清水洗净，拌入 50 克辣糊、250 克白糖，北京甜辣萝卜干就做成了。

51.制上海什锦菜

根据不同的口味，随意取些咸青萝卜丝、大头菜丝、咸红干丝、咸白萝卜丝、咸地姜片、咸生瓜丁、咸萝卜丁、咸青尖椒、咸宝塔菜等。数量种类由自己确定。将菜加水浸泡，翻动数次，2 小时后再捞出沥水。压榨 1 小时后，再在甜面酱中浸泡 1 天，捞出装袋，将袋口扎好，再放入缸酱中腌 3 天，每天需要翻搅 2 次。3 天后便可出袋，加入生姜丝后，再用原汁甜面酱复浸，同时加入适量糖精、砂糖、味精，每天翻搅 2 次，2 天后便可捞出，美味的上海什锦菜就做好了。

52.制天津盐水蘑菇

取 1 克焦亚硫酸放入 5000 克的清水中，倒入 5000 克新鲜蘑菇一起浸泡 10 分钟捞出，用清水反复冲洗后，再倒入浓度为 10% 的盐水溶液，沸煮 8 分钟左右，捞出后用冷水冲凉。再加入 1500 克精盐，一层层地将蘑菇装入缸中，腌制 2 天后再换个容器。再将 110 克盐放入 500 克水中，将其煮沸后溶解，冷却，再加 10 克柠檬酸调匀，倒入容器内，10 天后盖上盖。几天后，天津盐水蘑菇就制成了。

53.制山西芥菜丝

将芥菜上的毛须及疤痕去掉后洗净、擦干，切成细丝。等锅内的植物油七成热后放入适量花椒炸成花椒油，再倒入芥菜丝翻炒。加入精盐适量，翻搅均匀后出锅、晾凉，装入罐中，盖严，放在北边的窗台上。约 1 个月后就能食用，风味独特。

54.制湖南茄干

将茄子切掉蒂柄后洗净，再放入沸水中加盖烧煮，在还没有熟透时就要捞出晾凉。

把茄子纵向剖成两瓣，再用刀将茄肉划成肉相连的 4 条。按 20 : 1 的比例在茄肉上撒些盐，揉搓均匀，然后剖面向上地铺在陶盆里腌大约 12 ~ 18 小时。

最后捞出曝晒 2 ~ 3 天，每隔 4 小时翻 1 次。然后，放清水浸泡 20 分钟，再捞出晾晒至表皮没有水汁。把茄子切成 2 厘米宽、4 厘米长的小块，拌些豆豉、腌红辣椒，再加入食盐，装入泡菜坛；扣上碗盖。15 天后湖南茄干就制成了。

55.制四川泡菜

将 150 克红尖椒、350 克盐、150 克姜片、5 克花椒、150 克黄酒，一起放入装有 5000 克冷开水的泡菜坛中，将其调匀。

再将菜洗净后切成块，晾至表面稍干后装入坛中，在坛口水槽内放上些凉开水，扣上坛盖，放于阴凉处，7 天后便可食用。

泡菜吃完后，可再加些蔬菜重新泡制，3 天后即可食用。

56.制南京酱瓜

取菜瓜 5000 克，先去子除瓤，再拌入 150 克细盐，若是上午入缸，下午就要倒出缸。

第二天加 500 克盐后再腌 10 天。然后

再加 250 克盐，腌第三次，过 15 天左右取出，将水分挤干。放在清水中浸泡 7 小时左右，挤去水分。放进稀甜面酱中酱渍 12 小时。

再用 50 克白糖、1000 克甜面酱、60 克酱油，拌匀后酱渍。夏天酱 2 天，冬天酱 4 天，这样南京酱瓜做成。

57.制扬州乳瓜

取扬州乳瓜 5000 克，用 450 克盐一层层加盐腌制，隔 12 小时要翻搅 1 次。2 天后，再加 1 次盐，12 小时后再翻搅 1 次，再过 8 小时后压紧乳瓜，并封缸 15 天。然后捞出乳瓜，用清水浸泡 8 小时脱盐，装入布袋，放入甜面酱中腌渍 4 天后，另换一个新酱再酱渍 8 ~ 10 天，每天翻动，使酱渍均匀即可。

58.制绍兴乳瓜

摘取 1000 克 10 ~ 12 厘米长的新鲜小黄瓜，加入 120 克盐腌上 5 天左右。然后再加 120 克盐，继续腌 3 天后捞出，放入清水中脱盐，等咸淡合适后将其捞出，沥干水，酱渍 8 天左右，绍兴乳瓜就制成了。

59.腌镇江香菜心

将莴笋 5000 克去皮，先用盐 500 克腌 3 天，每天最少翻搅 2 次。4 天后取出，并沥去卤汁；第二天，再用 350 克盐腌 2 天，每天最少翻搅 2 次，捞出沥去卤汁。

最后用盐 250 克腌 2 天，每天最少翻搅 1 次，2 天后取出时将笋切成条或片，放入清水脱盐。夏季半小时、冬季 2 小时后捞出沥干，浸入回笼甜面酱中，2 天后将其捞出。12 小时后再浸入放有安息香酸钾、甜面酱的混和酱中酱渍 7 天。最后放入由 10 克味精、2500 克甜面酱、250 克食盐、500 克白糖、10 克安息香酸钾、2000 克清水调制成的卤水，可久存的镇江香菜心就制成了。

60.做泡菜

能做泡菜的蔬菜有黄瓜、卷心菜、豇豆、扁豆、胡萝卜、萝卜等。在选择蔬菜的时候要尽量挑选比较鲜嫩的，将它洗净后晒

干，直至发蔫即可。

在清水中加入 8% 的盐，煮沸冷却后倒入泡菜坛中，加辣椒、花椒、茴香、姜片、黄酒等制成菜卤。将原料放入菜卤中 10 天左右，即可食用。从坛中取菜时，要避免油和生水不小心入坛。卤水也可连续使用，但泡入新菜的时候，应适当地加入些细盐、白酒等作料。

61.制西式泡菜

把鲜嫩的圆白菜切成小块后配上少许黄瓜片、胡萝卜片，用水淋一下后放入干净且无油污的瓷瓦盆内，再放入少许花椒粒、几个干红辣椒。大约 1000 克圆白菜中加 30 克白糖、10 克精盐、20 克白醋拌匀即可食用，次日味道最佳。

62.腌制韩国泡菜

选无病虫危害、色泽鲜艳、嫩绿的新鲜白菜，去根后把白菜平均切成 3 份，用手轻轻将白菜分开（2 ~ 5 千克的分成两半，5 千克以上分成 4 份）。然后放入容器中均匀地撒上海盐（上面用平板压住，使其盐渍均匀）。6 小时后上下翻动 1 次，再过 6 小时，用清水冲洗，冲净的白菜倒放在凉菜网上自然控水 4 小时备用。

去掉生姜皮，把大蒜捣碎成泥，将小葱斜切成丝状，洋葱切成丝状，韭菜切成 1 ~ 2 厘米的小段，白萝卜擦成细丝。将切好的调料混匀放入容器中，把稀糊状的熟面粉加入，然后放入适量的虾油、辣椒粉、虾酱，搅匀压实 3 ~ 5 分钟。把控好水的白菜放在菜板上，用配好的调料从里到外均匀地抹入每层菜叶中，用白菜的外叶将整个白菜包紧放入坛中，封好，发酵 3 ~ 5 天后即成。

63.制朝鲜辣白菜

将白菜洗净后切成较宽的长条，撒上姜末、细盐、蒜末和辣椒面；蒜末要多些，姜末要少，辣椒面用量根据喜辣程度而定。最后浇上适量的白醋再加以搅拌就做成了。若

加入梨丝、黄瓜条，不仅颜色好看，吃起来更是爽口清香。

64.制蜜汁苦瓜

将苦瓜洗净、切片后用凉水泡一会，再用盐开水腌一下。待苦瓜凉后加入一些蜂蜜拌匀放入冰箱。第二天蜜汁苦瓜就能食用了，味道清香且能清热败火。

65.做酸甜莲藕

取莲藕 500 克（注意：要选择鲜嫩的莲藕做原料）、香油、料酒各 5 克、花生油 30 克、花椒 10 粒、白糖 35 克、精盐 1 克、米醋 10 克、葱花少许。

将莲藕去节，削皮，粗节一剖两半，切成薄片，用清水漂洗干净。炒锅置火上，放入花生油，烧至七成热，投入花椒，炸香后捞出，再下葱花略煸，倒入藕片翻炒，加入白糖、米醋、料酒、精盐继续翻炒，待藕片成熟，淋入香油即成。

66.制扁豆小菜

将扁豆切成细丝后倒入开水锅里，搅一下立即捞出并控出水，等晾凉后拌上些盐。再同韭菜花一起搅拌，装入瓶里，即可随吃随取，另有风味。

67.制虾皮小菜

（1）在小盆或小铝锅中放入适量水，将虾皮煮开 2 ~ 3 分钟。

（2）用凉水冲洗两遍，控干水后将虾皮摊开，盖上干净的纸放于暖气上。

（3）等虾皮八成干时，用素油温火炒一下，加入适量葱丝、食盐、姜丝即可。

68.西瓜皮拌榨菜丝

将去瓤、削皮的西瓜皮切成条、块或丝状，再放些盐和榨菜，不放任何配料。一盘清香爽口的凉菜就做成了。

69.自制粉皮妙法

首先用白铁皮制成直径 24 厘米的圆盘若干只。取淀粉 1000 克，陆续加水拌成粉浆（需稀糊状），再均匀搅拌溶解于水后的

4 克明矾溶液。准备沸水 1 锅，然后在圆盘中抹油，需浮在沸水上，等烫热后，倒粉浆 1 汤匙于圆盘内，摊平摇摆粉浆，盖上盖子。待表面粉皮干燥后，将圆盘放进冷水盆中，浮于水面后冷却揭下就是一张粉皮。粉皮均匀而薄为佳。

70.做广式杏仁豆腐

先取 500 克牛奶与 250 克栗粉，将其搅拌调稀、过滤；再取 500 克鲜奶加 350 克水煮开，过滤后再煮开，和先前调好的栗粉浆一起煮至起大泡，将蛋清 150 克抽打起泡后，倒入其中，然后晾透，再放入冰箱中冻成豆腐。然后将杏仁 125 克浸泡去皮，炖软；鲜奶 1250 克和糖 500 克烧开，同放入冰箱冷冻。食用时，取豆腐切成片状，分别放入豆腐糖水和炖过的杏仁，即可制成广式杏仁豆腐。

71.做豆腐花

将黄豆用水浸泡 3 小时左右，把豆皮洗去，加入清水磨碎，再用纱布滤去豆渣。将豆浆水煮沸。取适量石膏粉、栗粉与清水 250 克调匀，一手拿煮沸的豆浆，一手拿石膏粉水，同时倒入大盆中，使两者水柱冲撞，不要搅动，用盆盖盖好。待过 20 分钟后即成豆腐花，食用时可适量加入各种调料。

72.做风味豆腐脑

先在锅里打卤，再放入豆腐脑，只要开锅就做好了。还有更快捷的，水烧开后放入豆腐脑煮一下就可以。加入合意的调料后很是清爽可口。

73.做冻豆腐

在寒冬腊月，把豆腐放在室外摊开，任它受寒冰冻，直到出现蜂窝状，即成冻豆腐，即可随意烹调食用。

74.做奶豆腐

将变酸的奶放在火上煮开后，奶与水自然就会分离，再把酸水滗出来不用（也可加糖喝），把余下来的奶渣继续熬煮，并不时地用勺翻炒，直至成奶糖块状，即为奶豆腐。

75.自制臭豆腐

将切成扁方形豆腐放入开水锅里煮沸 5 分钟左右晾干，然后分层码放到小盆里，并在每层上撒些葱末、姜末、盐、五香粉、味精等调味品，最后盖好盆盖发酵 4～8 小时，冷天时间需略长，即可制成美味可口的臭豆腐了。

76.制速食海带

用凉水将干海带泡发，用清水将其清洗干净，然后将其逐条卷成海带卷，放入蒸锅屉上，蒸 40 分钟左右。将海带卷晾凉后切成细丝状，再摊开晾干或者放在暖气片上烘干均可，再放入塑料食品袋中。吃时再用适量开水泡发，炒菜或凉拌都非常方便。

77.制鱼鳞冻

将新鲜或冰冻过的鱼用清水洗干净，刮下的鱼鳞再洗一次。放入铝锅中加水适量煮至鱼鳞变软，将过滤后的汤汁放入冰箱冷却。过夜后洁白、高营养的鱼鳞冻就能制成。加放调料，味道美极。

78.制糟鱼

将鲜鱼掏出内脏、去鳞后放阴凉处吹干。先在鱼背上切几个刀口，将盐均匀涂抹于各处后再悬挂阴凉处。等鱼水分蒸发后再切成棋子般大小各块放于容器中。放两层鱼时撒一层调料，最后一层用调料封顶，放阴凉通风处 30 天即可食用。取出鱼段后放半勺糖、半勺醋、两勺植物油，姜、葱、蒜少许，放入锅中蒸 15 分钟后就能食用。甜咸适度，柔韧有嚼头。

79.制五香鱼

将鱼洗净、切段后控干。将蒜、姜各 3 克拍碎并倒入白糖、酱油、味精、五香粉、适量酒，一起拌匀。当鱼炸至发黄后立即捞出放入料汁中，浸泡 1 分钟左右即可食用。

80.做鱼干

将 2 汤匙食盐加入 1 杯水中，把小鱼放进盐水里浸 1 分钟左右后用线把小鱼一个个穿在一起，放在日光下晒 3 ~ 4 个小时，即可成美味的鱼干。

81.做人造海参

肉皮洗净后沥干，将其切成条状，放入油锅中炸透，然后挂起来风干，经涨发后即成。

82.做人造海蜇皮

将肉皮表面的脂肪刮去，浸泡在 60℃左右的温水中，10 分钟左右后，再放入 pH 值为 3.5 的稀盐酸溶液中，泡 30 分钟左右后将其切成细丝，再放入 0.5% 的稀氢氧化钠溶液中，浸泡 5 分钟左右后，将其反复洗净即可。

83.做肉松

将精选的瘦肉切成寸方块放入锅中，加入开水，用猛火将其煮沸，撇去浮沫，加入姜、葱、花椒、料酒、大料等，用文火焖煮 4 小时左右，滤出汤汁，然后再加入酱油、盐煮 1 小时左右，直至汤汁被全部吸干。然后将肉搅碎后放入锅中用文火翻炒，直至炒到没有水蒸气为止，再加些白糖，炒成绒状即可。

84.做肉丸

选取适量的肥瘦各半的猪肉，去皮、筋，把肥肉与瘦肉分开，尽可能将其切细些；剁馅时粗剁几下即可，剁时可加入些用姜片、葱段等浸泡出的汁水，味道会更鲜嫩。然后加少许盐、葱花、味精等调料；用汤匙蘸水后刮些肉糜，反复捏刮成丸形，再将捏刮出的肉丸放入沸水中余，或放入热油中炸，即可做成风味不同的两种肉丸。

85.做黄豆肉冻

用清水将肉洗净后，切成肉丁，放入炒锅内炒，待炒熟后加入适量的盐、糖、水、酱油，稍微煮一下，将胡萝卜丁、黄豆也放入，待煮烂后，放入适量琼脂，等琼脂完全被溶化后起锅，待完全凉后，即可成黄豆冻。

86.做酱肉

将新鲜的夹心肉（5000 克）剔骨后，用清水清洗干净，然后把它分割成几条，加入 200 ~ 250 克盐腌 1 ~ 2 天，将盐卤沥去，放入由酱油、姜、酒、糖、味精等调配而成的配料中浸泡 3 天，捞起来后晒干即可。若在配料中加些花椒、茴香、桂皮等，效果更佳。

87.做五香酱牛肉

先将膘肥牛肉的骨头剔掉，然后用清水将其洗干净，漂去血水，再把它切成 1 厘米左右的方块状。将黄豆酱和适量水拌匀后，放入旺火上煮 1 小时，待煮沸后将汤面浮酱去净，再将小方块牛肉放入汤中煮沸，加入茴香、橘皮、黄酒、盐、生姜、糖等调料，用旺火再煮 4 小时左右（随时注意除去汤面浮物），在煮的过程中要翻动几次，以防烧不透。最后再用文火煮 4 小时左右（要不时地翻动），即成五香酱牛肉。

88.做苏州酱肉

取皮薄肉嫩、带皮肋条的肉 1000 克，用清水洗净后切成长方块。在肉上撒些盐和硝酸钾水溶液，再在肉表面上擦上精盐，待放置 5 ~ 6 小时后，放进盐卤缸中腌制，冬季腌 2 天左右，春秋季腌 12 小时左右，夏季 4 ~ 5 小时即可。将水煮沸，放入 2 克大茴香、1.5 克橘皮、10 克葱及 2 克生姜，再将肉料沥干后投入，用旺火烧开，加入 30 克黄酒、30 克酱酒，用小火煮 2 小时左右，待皮微黄时加 10 克食糖，半小时后即可出锅。

89.腊肉的腌制

肥瘦适宜去皮、去骨的鲜猪肉 10 千克，大小茴香、桂皮、细盐 700 克，花椒、胡椒共 100 克，60 度白酒 300 克，酱油 350 克，葡萄、糖各 50 克，白糖 400 克，冷开水 500 克。

把大小茴香、花椒、桂皮、胡椒焙干碾细和其他调料拌合，把肉切成 4×6×35 厘米，放入调料中搓拌，拌好后放盆中腌制。腌 3 天后翻一次，再腌 4 天后捞出，放入洁净的冷水中漂洗，洗好后放在干燥、阴凉、通风处晾干。

以杉、柏锯末或玉米心、花生壳、瓜子壳、棉花、芝麻夹等作熏料。熏火要小，内温度控制在 50℃ ~ 60℃，烟要浓，每隔 4 小时翻动 1 次。

熏到表面全黄（约 24 小时）后放置 10 天左右，吊于干燥、通风、阴凉处即成。

让它自然成熟可保存 5 个月；放在厚 3 厘米生石灰的坛内密封坛口可保存 3 个月；装入塑料食品袋中扎紧口，埋于草木灰或粮食中可保存 1 年以上。

90.做卤肉

用乳腐卤、甜面酱、豆瓣酱、白砂糖、白酒等配成的卤汁，将五花肉洗净后沥干，切成 3 厘米左右的肉条，用绳子将肉条串好，浸入卤汁中浸泡 12 小时，取出来后，放到太阳下晒，晚上继续浸入卤汁，早上再放到太阳下晒，大约 2 ~ 3 天后，卤汁便会全部吸透，用蜡纸包好，晾在通风处，两星期即可。

91.做香肠

准备主料：750 克瘦猪肉，250 克肥猪肉；辅料 100 克糖、100 克白酒、40 克盐、姜粉、味精、五香粉。将主料分别切成蚕豆粒大的肉丁并拌和在一起，加入辅料拌匀（若有红葡萄酒加入一点可使香肠颜色更红）。用温水将肠泡软后再用清水将其洗干净，一端用线把封口扎住，另一端套在漏斗嘴上，把肉丁灌入肠内。将针消毒用针在肠上扎些小孔，以排除其内的空气和水分，再将肉挤紧，用消过毒的细线按适当长度一节节扎好，挂在通风处，直至晾干即可。

92.速制咸肉

将需腌制的鸡、鸭、鱼、肉等洗净后用盐擦遍后放在大碗或盆内，再放几粒大料花椒，用面积差不多大小的铁片或石块压上。再另用一个塑料袋将碗或盆包上，放在冰箱内的抽盒上，四五天后咸度适宜、又香又可

口的咸肉就能食用了。

93.加酒腌蛋

将 25 克花椒、750 克盐加水煮开，待水凉后倒入装有鸭蛋的坛内，水要淹没鸭蛋。再倒入 50 ~ 100 克白酒（可促使蛋黄出油）。将坛口封好，20 天左右便可食用。

94.用盐水腌蛋

将鸭蛋浸泡在碱水中，然后将开水和盐煮成饱和盐水溶液。将浸泡过的鸭蛋放入晾凉的饱和盐水溶液中，加盖。若放在气温在 15℃ 以上的地方，腌 20 天即可。

95.用菜卤腌蛋

将腌菜的菜卤煮沸后，把沫去掉，倒入罐内，待冷却后，将鸭蛋放入浸泡 30 天左右，即可成黑心的咸蛋。

96.用黄泥腌蛋

将 25 克红茶、250 克水用旺火煮成 200 毫升的浓液，加入 75 克黄酒及 750 克盐一起倒入黄泥内均匀搅拌，然后把黄泥均匀地涂在蛋壳上，封入坛中，30 天后便可食用。

97.用辣酱腌蛋

准备 50 个鸭蛋、150 克辣酱、200 克细盐。将辣酱涂于蛋外表，再滚上一层细盐，放入坛子中喷上少许白酒，密封 20 天左右便可食用。

98.用稻草灰腌蛋

把蛋放在浓米汤中浸泡一下，在蛋的大头周围沾上些稻草灰、小头则蘸上些盐，大头朝下，一层层把它们放入坛内，用黄泥把口封好，过 15 天便可食用。

99.用塑料袋腌蛋

将蛋放入适量的白酒中浸泡片刻，捞出来后在蛋的外壳上均匀地滚上一层盐，装入干净的塑料袋中密封好，放置在常温干燥处，10 日后便可食用。

100.浸泡制皮蛋

（1）制料液：在大缸中放入 75 克红茶

末，用开水将其泡开，再分几次加入总量为 2200 克石灰及用开水溶化后的 300 克纯碱，最后再加入 350 克桑柴灰、300 克食盐、35 克金生粉，均匀搅拌即可。（此种配量可做 100 个鸭蛋）。

（2）浸泡：在小长缸内把蛋平稳地放入，将冷却后的料液徐徐的倒入，浸泡 30 天即可。

（3）涂泥糠糊：将蛋捞出来后，用冷水将其洗净、晾干，涂上黄泥糊或谷糠即可。

101.制绿茶皮蛋

将 75 克食盐、750 克生石灰、25 克绿荷叶、75 克驼参一起放入陶制容器，倒入 3 千克开水搅匀并盖上盖。等罐内的沸腾声停止后再打开盖，用木棍搅拌均匀、冷却。放入鲜鸭蛋（鸡蛋）50 个，并加黄泥和盐水少许拌匀，封严罐。一个月后即可食用。

（七）甜品自制

1.制冰糖西瓜

把西瓜去籽，切成小方丁置入盛器，入冰箱内冷冻约 70 分钟。取一只锅置于火上，加入清水、冰糖和白糖，熬化后撇去浮沫，装入大碗冷却后放入冰箱冷藏。食用时把西瓜方丁、冰糖水混合即可。

2.制西瓜冻

一个西瓜、200 克藕粉用水调至稀糊状，20 克桂花糖，200 克蜂蜜，8 粒乌梅用清水洗净后，去核、切碎。将西瓜洗净、切成两半、去籽、取汁后入锅点火，加入桂花糖和乌梅煮沸，再将藕粉糊倒入锅中后搅匀煮；加入蜂蜜调匀后装入深盘中，放入冰箱内后便能很快凝结成味香色美的西瓜冻。吃时用刀切成小块即可。

3.做西瓜蜜

将西瓜的外皮、中皮削去，然后再把西瓜切成 4 厘米左右的方形小块，浸泡在浓度为 40% 的糖浆或者蜂蜜中，即成西瓜蜜。欲增加风味，可加些柠檬酸。

4.做西瓜羹

将 1000 克清水烧沸后加入 200 克白糖及少量桂花，再用少量的淀粉将其勾成薄芡，倒入搅匀煮开，待凉后放入冰箱备用。将 2000 克西瓜去子后切丁，加 25 克金糕丁。食用时再将两者调匀，即成西瓜羹。

5.制西瓜酱

把厚皮西瓜削皮，去籽切碎后，放入锅内以文火炖软，再加入葡萄糖和白糖各 50 克，琼脂或果冻粉适量，继续熬至其浓缩成甜西瓜酱。或者把西瓜去硬皮和籽倒入坛中，放入适量发酵后的黄豆、食盐拌匀，再用纱布封口。此后，每天搅拌 14 次，当有泡沫出现时，可用勺子盛出倒掉，待到 15～40 天后，西瓜豆瓣酱即成。

6.制蜜饯西瓜皮

把西瓜皮的硬皮和瓜瓤去除，切成小条放入 2% 的煮沸盐水中浸泡，约 2～3 分钟后取出漂洗，再把其放入清水锅中煮沸，然后再取出放在冷水中浸泡，之后往锅中加水少许，以淹没瓜皮为宜，再敞盖继续烧煮。每 500 克西瓜皮放入砂糖 300 克，烧煮 3 小时，则一种碧绿透明的果料即成。蜜饯西瓜皮食用方便，可随时取用，亦可作八宝饭和糕饼的配料。

7.做糖橘皮

用清水将橘皮洗净后放入糖中浸泡，待 1 个星期后再将糖和橘皮一起放入锅中烧煮，冷却后晾干，即成了糖橘皮，同样也可当作点心糕饼的配料。

8.制陈皮和柑橘皮酱

将晒干的柑橘皮放于瓷锅内用清冷水浸泡，每天换水，连换 3 次后取出。放在瓷盆中加盐蒸 15～20 分钟后取出晒凉，隔天再蒸第二次。取出后将柑橘皮切细再蒸 3 次后取出再加入白糖和甘草末，调和后晒干即可食用。将晒干的柑橘皮与酸梅汁放于坛中密封浸泡半月以上，如果柑橘皮被泡软了，就能捣碎成酱状并食用。

9.做金橘饼

取 50 克明矾粉、100 克食盐用开水把它们配制成溶液，再取鲜金橘 2500 克，用小刀在其周围切出罗纹后放入溶液中浸泡 12 小时左右，然后将金橘取出来晾干，用开水冲泡，去核压扁，再用清水将咸辣味漂去，过 3 小时左右换一次水，将其晾干，再用 1300 克砂糖与金橘逐层拌和，糖渍 5 天后连同糖浆一起倒入铝锅内用小火烧煮，再把 700 克砂糖陆续加入，使糖汁逐渐渗透到金橘内部，当表面显出光泽时即可成清香可口的金橘饼。做好的金橘饼可放在原来的糖浆中，也可贮存在瓷器容器中。

10.做果汁冻

首先将洋菜与 200 克果汁同煮，待洋菜化后加入一匙白糖，将其拌匀，然后放在小火上加热，使糖逐渐溶化，直到煮沸，待凉后倒入杯中，放入冰箱即可。

11.制葡萄冻

取 1000 克优质葡萄浸泡在 140 克食醋中片刻，用清水将其清洗干净，放入干净的罐内，填紧。将 25 克盐、500 克糖、少许胡椒、一小块桂皮加清水煮开，冷却 10 分钟左右后，将渣滤除，倒进装有葡萄的罐内，隔水连罐蒸 6 分钟左右，晾凉即可。

12.做豆沙

把红豆放入冷水中浸泡 1 小时左右，用文火将其焖煮 2 小时左右，待红豆煮烂后用细筛将豆皮筛去，把水分滤去，放入锅中，加油、糖、水，用旺火熬并同时翻动，当熬至呈稠厚状时再起锅，冷却后即可成豆沙。

13.做赏月羹

取 2 只生梨，用清水洗净后，将皮、核去掉，把果肉切成片，放入铝锅中，加入适量清水，用旺火煮透，放冰糖 50 克。待冰糖完全溶化后，加 10 个去核的桂圆肉、5 克葡萄干、5 只蜜枣切成的丝，再煮上 10 分钟左右，然后用清水将 50 克藕粉调稀，慢慢地倾入锅内，同时不停用勺搅拌，2 分钟左右后，即可盛起，撒上糖青梅、糖樱桃即可。

14.做山药桂花羹

将 500 克山药刮去外皮并洗净，用刀切成 2 厘米宽、5 厘米长的各段并放入大碗中。等水开后上锅蒸 50 分钟后取出，放在盘中，再撒上 50 克桂花酱、200 克白糖拌在一起即成。对人体具有止咳、健脾、补虚、消渴的食疗作用。

15.制脆苹果

把鲜苹果去掉皮、核后，切成约 1 厘米厚的方条或块、丝，放入适量的味精、精盐、香油，拌匀后就能食用，微甜爽口。

16.制苹果酱

取 100 克苹果洗净、晾干后切成小块;400 克冰糖加水以文火煮化;酒曲 1 个并碾碎。将冰糖水、苹果、酒曲混合后装入干净的小缸内密封;两周后，每日打开并搅拌 10 分钟以便空气进入。再两周后，苹果醋就制成了。

17.制草莓冻

500 克草莓、琼脂 4 克、冰糖 200 克。将琼脂放入清水中浸泡后捞出再放入 100 克清水中加热使其溶化，放入冰糖。水沸后再放入洗净的草莓，等水再次煮沸后 1 ~ 2 分钟就可以倒入干净的容器中，等凉后放入冰箱冷藏。这样做出的草莓冻不仅清凉剔透，而且还保留草莓味。

18.制草莓酱

准备草莓、蜂蜜、牛奶、白糖、柠檬。将草莓用清水洗净后切成小块，放进小锅里。加水（要刚好没过草莓）。用小火煮 20 分钟左右，然后再加入少许鲜奶。将火调小，加入蜂蜜，开始慢慢地熬，约 20 分钟左右，草莓酱会慢慢地变成黏稠状，这时，加入半个柠檬，这样，不但可以使味道非常清新，而且还能起到凝固作用。待把果酱放凉后，就可以装瓶，并要加盖密封，把瓶子放入开水中消毒 20 分钟，取出保存即可。

19.制香蕉草莓酱

将 500 克草莓洗净后放入搅拌机内，再倒入 150 ~ 200 克鲜奶和适量白糖、半根或一根香蕉一起搅拌成糊状后，放微波炉玻璃器皿内，再用高火加热 3 分钟。这样做出的香蕉草莓酱口感很好，可以保质 1 个月左右。

20.制蜂蜜芝麻酱

蜂蜜和芝麻酱都是营养丰富又美味的食品，将它们按比例调匀后再涂抹面包或饼干上，不仅味道很好而且通便去火。

21.制花生糖

在 500 克熟猪油、1000 克绵白糖、750 克蔗糖中加入 500 克水，将其熬成糖浆后停火。倒入熟花生米 1000 克并搅拌均匀，等结成糖浆后放于台板上，用木棍压平至厚度约为 1 厘米，用刀切成小块，花生糖就制成了。

22.制芝麻糖

将蔗糖 250 克、绵白糖 500 克加入 500 克清水中，将其一起熬成稠糖浆后倒入炒熟的 300 ~ 500 克芝麻上。等稍凉后用啤酒瓶或圆棍将其碾压成薄片状，切成小块即可食用。

23.做蜜橄榄

取 500 克已微黄的橄榄，用少许食盐擦破表皮，待橄榄稍有些发软时，用木榔头将其敲扁，并用清水冲干净。再取 250 克白砂糖溶入到 250 克水中，当完全煮沸后加入橄榄，用小火煮 30 分钟，然后再加入 150 克白砂糖，边煮边搅，待糖溶液浓缩到 70% 左右的时候，将糖浆沥去，便可成蜜橄榄。

24.做蜜山里红

将小坛洗净、擦干后待用。将个大、色红、无虫的山里红洗净后其横着切开，去掉把、籽后用开水稍淋一下，捞出晾凉。在坛里撒一层蜂蜜后放一层约 3 厘米厚的山里红，然后再撒一层蜂蜜。这样一层蜜一层山里红地放，直至装完后在最上层再撒一层蜂蜜，将坛口封好后放阴凉处。冬季时打开食用别有风味。

25.做醉葡萄

取优质葡萄晾干后倒入干净的瓶子内，加入适量的白糖，倒入相当于瓶子容量 1/2 或 1/3 的白酒，摇晃均匀后密封保存，以后每隔 3 天开盖放一次空气，10 天左右便可食用。其味道又酸又甜，并有浓郁的酒香。

26.做醉枣

把无损伤、无虫眼优质新鲜的红枣用清水洗干净，按 1 ：3 的比例把红枣和 60 度的白酒加入到没有装过油、盐、酱、醋的干净缸、坛内，拌匀后贮存，然后盖严实，用干净的塑料纸或者黄泥将口封住，不要随便将盖开启，1 个月左右即可成醉枣。

27.做蜜枣

将 500 克小枣用清水洗净后放入沙锅中，加 750 克清水烧开再转用小火熬煮。八成熟时加入 75 克蜂蜜再煮至熟后晾凉，加上保鲜纸放入冰箱内，就能够随食随取，并有润肠、止咳的食疗作用。

28.做蜜枣罐头

将上好的小枣洗净，用热水泡两小时后装入罐头瓶中至八成满。将蜂蜜 60 克均匀地浇在上面，不要盖瓶盖。上锅蒸 1 小时出锅，马上盖严、放于阴凉处，可以随吃随取，是体弱者和老年人的保健补品。

29.制红果罐头

将 1 斤新鲜红果用清水洗净后去核、切片，装进带有盖的容器里，然后再放入适量的白糖（可根据自己的口味来放），倒入开水后把盖封好，待凉后放进冰箱，约 3 天后即可食用。

30.制水果罐头

将山橙横断切开后去籽，将水煮开后放入已经去掉皮、籽的桃、梨、苹果等水果，接着再放入蜂蜜、糖、桂花、盐少许，这时罐头已经香味扑鼻、酸甜可口了。装缸放入冰箱，能保持一周时间。

31.家庭制蛋糕

将鸡蛋 9 个搅拌至乳状后加入

100～500 克白糖再拌搅。

再加入 400 克面粉和 1 克食用苏打粉搅成稀面糊，倒入有少量花生油的烤盘上。

当烤箱温度达 300℃时，把烤盘放入烤箱上层；用旺火烤 10 分钟再取出，并在上面抹食用油，加点金糕条和瓜子仁。再放入烤箱下层，用微火烤 5 分钟，蛋糕就制成了。

32.制各味"派"

将面包切成 4 小块，并在每小片上切开个口，夹入果酱（苹果酱、草莓酱）。将脆皮香蕉炸粉调成糊状，再将已夹好果酱的面包放入糊中蘸一下，放入锅内用温火炸至黄色即可。不同口味、味道极好的"派"就做成了。

33.制"水晶盏"

鸭梨、苹果各 2 个洗净去核并切成 1 厘米方块，橘子或广柑 7 个去皮、去籽切成小方块；1 小瓶荔枝罐头。在沙锅中倒入 100 克凉水，将其一块煮开，5 分钟后再加入 50 克冰糖。等凉后倒入瓷盆中，盖上保鲜纸放入冰箱冷藏，可随吃随取。

34.制素什锦热点心

将蒸熟的胡萝卜捣成泥状后加入白糖、果料、玫瑰等，涂在已和好的面团上再放锅里蒸 20 分钟即成素什锦热点心。清淡又有营养。

35.制橘皮酥

橘皮酥甜微苦、香味浓郁，能润肺止咳、化痰，老幼皆宜。

将橘皮用刀片去掉内侧的白筋后切成细丝，铺散开后自然干燥片刻。

将油放入锅内并烧至六七成热，将橘皮丝放入油里炸，颜色变成金黄色后捞出。凉后将橘皮丝放在干净盘子里，撒些白糖，橘皮酥就制成了。

36.做山楂糕

将 1000 克山楂劈为两半放入锅中煮，待煮熟后再用细铜筛将其滤成酱状，然后倒入铝锅中，加水将其煮开，然后再放入 1000

克白砂糖，待白砂糖溶化后，再用文火煮至 60 度的糖度，便可装入盒里冷却，再把它切成长方形，便成山楂糕。

37.做绿豆糕

将 2500 克绿豆粉过筛后，加入 2000 克糖、50 克桂花均匀搅拌。在蒸笼屉内铺上一层纸，铺入糕粉，压平，撒上些细粉，再用油纸压平，切成正方形小块，待蒸熟冷却，即可成绿豆糕。（注：若用绿豆制作，需煮烂，将皮去掉并挤去水分。）

38.做重阳糕

在小块胡桃肉、芝麻内加入 250 克白糖、糯米粉及 500 克粳米粉拌成馅心。按 4：6 的比例将粳米粉、糯米粉倒入盆内，加 750 克清水、500 克糖油，拌至松散均匀，静置 1 小时以上，让糖油水渗透到粉里。将糕面分成 3 块，一块染成玫瑰红、一块染成苹果绿、一块用本色。再用细细筛把糕面筛成粉粒形状。垫上纱布，铺上白糕面，上铺馅心，再铺绿色糕面，又铺馅心，最上面铺上玫瑰红糕面，表面再撒红绿丝、核桃肉、瓜子仁、芝麻。然后上蒸笼，用旺火蒸 30 分钟，用手指轻按压糕面，有弹性即可取下，切成斜块后即成重阳糕。

39.做荤重阳糕

（1）将 10 粒新鲜栗子下锅煮熟后捞出，将壳剥去，切成小粒；用清水洗 5 只黑枣并将核去掉，各切成 4 片；放 15 克芝麻下锅炒熟，将 10 克糖菱白丝与 10 克糖青梅丝拌成红绿丝，待用。

（2）取 150 克白糖、250 克熟猪油、500克糯米粉，拌和成油酥。

（3）取 350 克白糖、250 克清水、1000克糯米粉拌和，制成糕粉。

（4）把湿布铺在蒸笼内，先放入 1/2 的糕粉，铺成 1.3 厘米左右厚；再均匀地放入油酥。再把剩余的糕粉铺上，用铲将糕面刮平，略洒一些水，用刀将其划成边长为 5 厘米左右的菱形块，放上白芝麻、栗子粒，撒上红绿丝，按上黑枣片，上笼锅用大火蒸熟，取出后切成块，即成荤重阳糕。

40.做素重阳糕

（1）将500克新鲜栗子下锅煮熟后捞出，剥去壳和衣，用木棍捣碎，放入糯米粉内，加500克砂糖、250克清水拌和，再用竹筛擦成糕粉。

（2）将糕粉放入蒸笼内，用铲把糕面刮平，略洒一点水，用刀划成边长为5厘米的菱形块，再撒上25克瓜子仁，25克松子仁，上笼锅用大火蒸，熟后把切块取出，即可成素重阳糕。

41.制豆沙粽

将500克豆沙放入250克猪油里炒匀、炒透，同时加入250克糖，出锅后再加少许糖桂花。将粽叶折成斗状后填进豆沙馅和糯米，包成五角方底的粽子状，扎紧后煮熟。

42.制百果粽

将萝卜、青梅、冬瓜条各25克用白糖水煮后并沥干水分，再放入白糖腌渍一天。加入杏仁、葡萄干、红绿丝、瓜子仁各15克，制成百果馅。取粽叶折成斗状并填入百果馅、糯米，将其扎成五角方底锥形，上锅煮熟后即可食用。

43.做什锦水果粽子

取1500克糯米，用清水洗净后浸泡3小时左右，取适量草莓、哈密瓜、猕猴桃、香蕉、葡萄干，洗净后切成丁，使其均匀混合，包时要把馅放在中间，再包严捆牢，放上锅蒸熟即可。

44.制洋槐花串

在小半碗白面中加入1个鸡蛋、盐、水、五香粉调至糊状。把新鲜的洋槐花串洗净后在调好的面糊中转几圈，面糊能够挂匀后再放入热油锅内炸至金黄色后捞出，香酥可口的洋槐花串就制成了。

45.做果子干

取500克柿饼干、少许杏干、一小节嫩藕。先把杏干、柿饼洗干净，混合放进一个干净的容器中。然后放入些凉开水（水要盖过柿饼、杏干。如想多喝汤，可以多放些水）。第二天，把柿饼撕成两三片，去掉杏干核，放入冰箱内。当形成不太稠的糊状时即可食用。吃时可放入些切成薄片的嫩藕，也可放些桂花。

46.制脆枣

将优质大枣洗净后用干净的纱布包好，放在暖气片上大约一周时间，就变成清脆可口的脆枣了。

47.做奶油花生片

取500克花生米与细沙一起翻炒直至微黄酥脆，将其筛净，待冷却后将皮去掉。再取500克不加水的白砂糖用竹片搅拌均匀后使之溶化，当白糖烧至起泡沫的时候，加入2克小苏打、20克熟猪油、2克香兰素，拌匀后将熟花生米倒入继续搅拌，过一小会儿停火，将其倒在台板上，用面杖把它们压成薄片，切成小块，晾透后即可。注意：切勿使其受潮。

48.制玫瑰奶油花生

将花生米500克加入玫瑰色素少许后烧开，盛在竹篮里直至沥干水分。将溶解的糖精水均匀拌在花生里，然后再晾干，倒入烧烫的黄沙在锅中一起炒熟。仔细筛出熟花生米后立即滴入10～15滴香精，拌和即可制成玫瑰奶油花生。

（八）饮品自制

1.制毛豆浆

将毛豆的豆粒剥出后用清水洗干净，然后，用绞碎机将其绞碎，再将豆浆用包布滤出，最后再用锅把豆浆煮熟。这样，所煮出的绿色豆浆别具特色、香味浓郁。另外，在锅中放些油，多放些葱花，将滤出的豆渣炒熟，将会是一盘非常美味可口的菜肴。

2.制咸豆浆

将虾皮、油条丁、榨菜丁、紫菜、葱花放入空碗后加适量的盐、味精和酱油，再倒入煮开的豆浆，美味可口的咸豆浆就制成了。

3.做酸牛奶

将新鲜牛奶加糖一起煮沸后自然冷却到 35℃时再加入少许酸奶（1 杯奶中加 2 汤匙酸奶为准）。盖上消毒纱布后放于 25℃的常温处，10 小时后就能食用。食用前可以先取出 2 汤匙掺入新鲜牛奶内，下次制作时可以用。

4.做"百林双歧"酸奶

将鲜奶加热灭菌（不需要烧开），放凉至 40℃以下不烫手为止，将一小包约 5 克的"百林双歧"杆菌放入奶中搅拌均匀，再在每袋奶中加入 10 克白糖（也可不加糖），搅拌均匀后分别装入经过开水消毒的两小杯里（每个杯中大约 25 毫升左右），把盖盖好。夏季，只需在室温（24℃～28℃）下自然放置约 9 小时即可，表面的结膜会呈半凝固状态，这样，鲜美可口的酸奶就做成了。

如果再延长放置约 12 个小时，即会变成豆腐脑状。然后再放入冰箱的冷藏室（4℃～10℃）里放置约 2 小时即可取出食用，其味道就跟冰激凌一样。

5.做奶昔

奶昔是一种味道香浓的奶制泡沫饮料，生活中可用如下方法自制：将鲜牛奶倒入锅内，放在火炉上使奶微温后取下，再往锅内放 20 克奶粉、1 克淀粉或面粉、5 克巧克力粉，搅拌至使三者完全溶于温奶之中，再用微火边煮边搅拌，待烧开后，加入 5 克黄油、20 克白糖，待溶化后，加入 5～6 滴红葡萄酒，搅拌均匀后将火关掉，再将糊状溶液倒入杯中，待自然冷却后，再将杯子放进冰箱冷藏室，2～3 小时后即可食用。

6.制冰激凌

将鸡蛋 550 克打成泡沫状后放入淀粉 75 克、300 克奶粉、白糖 850 克、1.5 克香草粉、15 克海藻酸，再用 3500 克清水溶解、过滤后调匀；加热至 80℃并保持半小时以便杀灭细菌，冷却后放入冰箱中冷冻。每 15 分钟搅拌一次，搅拌能减少冰渣且细腻润滑。10 小时左右就会凝结成型，这样冰激凌就制成了。

7.制西瓜冰激凌

将西瓜瓤 1500 克打碎后将瓜籽取出，再加入白砂糖 400 克、鸡蛋 2 只、清水 1000 克后搅匀，然后在 80℃高温下加热灭菌 30 分钟，冷却后放入冰箱凝结，西瓜冰激凌就制成了。

8.制香蕉冰激凌

将香蕉 3 只去皮、捣碎后与 400 克白砂糖、500 克牛奶、2 只鸡蛋一起放入 500 克的清水中一起搅拌溶化、过滤后加热至 80℃以便灭菌。经 10 小时左右会冷凝硬化，这样香蕉冰激凌就制成了。

9.制草莓冰激凌

将袋装的冰激凌溶化后加入少许白糖搅拌均匀。将草莓洗干净放在盆里后把冰激凌浇在草莓上。草莓冰激凌不仅酸甜、爽口，还有清淡的奶味。

10.做啤酒冰激凌

在大半杯啤酒中放一个冰激凌，味道苦中有甜，泡沫丰富，清凉退热，口感舒爽。或用啤酒 1 瓶，2 个巧克力冰激凌球及小冰块适量，另外备 1 只略大的玻璃杯。制作方法：将啤酒置于冰箱冷却取出，放置片刻，再将小冰块放入啤酒杯中，倒入啤酒，加入巧克力冰激凌球，然后搅拌均匀即可饮用。其特点：香味浓郁，清凉爽口，消暑解渴。

11.做蛋糕奶油冰激凌

将奶油蛋糕上厚厚的一层奶油放入容器后加入少量的水，将其搅拌成糊后再放入冰箱冷冻，不久之后，可口的冰激凌就能食用了。

12.制可可雪糕

600 克鲜牛奶 ,250 克砂糖 ,100 克奶油,25 克可可粉,注入 500 克清水再一起放锅中煮沸。然后再用细目筛过滤并且不断搅拌,晾凉后注入模具中再放入冰箱冻结,雪糕就制成了。

13.制葡萄冰棍

将葡萄洗净、剥去皮后紧密挤压在冰棍盒里,不要加水就冷冻起来。这样纯天然的葡萄冰棍就制成了。吃起来原汁原味,清凉可口,也可以根据口味加入白糖或者牛奶等。

14.制西红柿刨冰

将西红柿洗干净放入冰箱冷冻后再取出。用手摇刨冰机将其刨成碎块后再拌入适量白糖,这样西红柿刨冰就做好了,并且清凉爽口。在吃时要是加入少量的奶油或冰激凌,另有一番滋味。

15.制菊花冷饮

将 12 克白菊花用 2 公斤开水冲泡后再加入适量的白糖,凉后就能代茶饮。

16.玉米水做饮料

玉米水不仅保留玉米的香味还有很好的保健作用,具有去肝火、利尿消炎、预防尿路感染等。煮玉米时最好留些玉米须及两层的青皮,这样味道和药效都更好,也可在玉米水中加入糖。

17.制酸梅汤

将乌梅放入锅内,加入少量水煮沸半小时后将乌梅渣滤去,再加入白糖搅匀、晾凉后放入冰水或冰块即可饮用。

18.制酸梅冰块

取适量的酸梅粉放入水中后加糖一起溶解再入锅,煮沸后晾凉倒入冰块盒中放进冰箱冷冻室内即可。

19.制绿豆汁

取绿豆 3 两洗净放入食物料理机打成细浆后通过漏斗(上放纱布过滤)灌入洗净、无油的 5 千克装桶中,再加水直至桶 3/4 处。豆汁当日味甜;3 日后味甜酸;1 周后酸而不甜。绿豆汁能解药毒;也可随口味清熬或加

米;过滤出的豆渣能做成麻豆腐。

20.做绿豆汤

每天早晨上班前(或晚上)将洗净的绿豆放入没有水碱的保温瓶中,等水煮沸至 100℃后倒入瓶内,将盖盖上。这样第二天早上(或者下班回来)再把保温瓶内的绿豆汤倒入干净器皿中,凉后再放入冰箱就能够随喝随取。

21.制西瓜翡翠汤

将西瓜的内皮切成小块后加水煮烂,再加入白糖适量,等凉后就能饮用。

22.制清凉消暑汤

取党参、莲子、薏米、百合、玉竹、银耳、淮山药、南沙参、枸杞、蜜枣各 50 克加入适量冰糖后放沙锅内,放水直至超过药面两手指即可。用大火烧开后用小火煨两小时,补脾益肾、清热解暑、凉润心肺、增强体质的消暑汤就制好了。

23.制酸枣饮料

每次将 20 克酸枣仁捣碎后加入 300 毫升水放置温火上煮约 1 小时。等酸枣汁煮至剩一半时离火,稍冷即可饮用。酸枣汁有助于保持头脑清醒。

24.制汽水

在凉开水 1000 克中加入白糖 50 克,溶解后再放入柠檬酸 3 克和果汁适量,再加入小苏打 10 克并搅拌均匀,然后将其倒入小口的瓶内,再塞紧瓶盖,两小时后即可饮用。要是放入冰箱,味道更好。

25.制可可饮料

将白糖和可可粉按 2:1 的比例搅拌均匀后倒入少量热牛奶或开水,并调成糊状,然后放在炉火上边加热边搅拌,煮沸后就能食用。

26.制巧克力饮料

将巧克力粉适量拌入砂糖后加入少量热牛奶,搅拌均匀后再加热,并边搅边加入热牛奶,煮沸后即可饮用。

27.制草莓饮料

将 1 杯草莓洗净、捣碎后加入大半杯牛奶、少许精盐和 1 汤匙白糖，搅拌均匀后就能饮用。冰冻后味道更好。

28.制柠檬饮料

将柠檬、白糖和陈皮细丝一起捣碎、碾细，再加入适量开水、白葡萄酒一杯和用半个柠檬挤出的汁液一起搅匀，滤渣后就能饮用。

29.制橙子饮料

在大半杯的热牛奶中倒入 1/4 杯橙汁，再加入 1 汤匙的白糖并搅拌均匀，冷却后即可饮用。

30.制樱桃饮料

在半杯樱桃汁中加入 2 汤匙糖、1 汤匙柠檬汁、少许精盐后一起煮沸再用微火煮 5 分钟，再加入 1 杯半牛奶后搅匀，冷却后即可饮用。

31.麦饭石制矿泉水

将 20 克麦饭石放入杯中后，再用开水冲入，就能制成一杯人工矿泉饮料，在旅途中饮用效果尤佳。

32.配制果子露

将温水 100 克放入容器中后放入 0.15 克糖精、50 克白糖、0.8 克粉质柠檬酸或 1.2 克乳酸、2 滴食用色素、2 滴食用香精，搅拌均匀溶解后再冲入 900 克冷开水，等呈微黄色后果子露就制成了。

33.自制葡萄汁

将优质鲜葡萄放于钢精锅内，然后用平底茶缸将其碾碎并加热 5 分钟至 70℃左右，再倒入 4 层纱布中过滤。或者借助器具挤压，这样能提高出汁率。这时再将白糖倒进果汁中搅拌均匀并煮沸后趁热装瓶，并拧紧瓶盖，等自然冷却后就能食用。

34.自制西瓜汁

将西瓜切成两半、取瓤、捣碎后初步取汁。再用消过毒的纱布包住液汁没有取尽的瓜瓤，并使劲压挤使汁液全部榨出。直接饮用西瓜汁或加适量白糖再存入冰箱待用均可。

35.自制柠檬汁

将柠檬放入热水中浸泡数分钟后，再将果球开个小口，这样能挤出较多的汁液。将一根硬塑胶吸管的口部剪成斜状，以便插进柠檬里。要取汁的时候，稍微挤压吸管后柠檬汁就会从吸管口溢出。平时用保鲜膜包好后放在冰箱里就能长期使用。如果是间断地取用少量柠檬汁，就不必要将柠檬切片。

36.自制杨梅汁

在杨梅中加入适量糖腌 1～2 天，将腌出的汁水放于温火上煮开，等晾凉后放入冰箱。加入适量冰水、冰块，即能做出一杯可口的冷饮。

37.自制西红柿汁

将西红柿切成小块后用纱布包住再挤汁，然后将取出的汁放于旺火烧沸后即离火，冷却后再往里加入冰块、蜂蜜、汽水等即可饮用。

38.自制鲜橘汁

剥出橘子的橘瓣后将上面的白衣除去，放入容器中，再用金属勺压挤使其流出橘汁。或者用干净纱布包裹住橘瓣再挤汁。用挤果汁器直接挤汁会比较方便省力。在挤好的汁液中放入白糖就可饮用了。

39.做柠檬啤酒汁

准备 1 瓶啤酒，适量柠檬汁和碎冰块，另备置 1 只稍大的玻璃啤酒杯。把冰块放入杯内，慢慢注入啤酒及柠檬汁，然后搅拌均匀即可。

40.做西红柿啤酒汁

准备啤酒 1 瓶，适量西红柿汁及小冰块。另备置 1 只稍大的玻璃酒杯。把小冰块放入杯内，注入冷却过的啤酒，再将西红柿汁倒入，搅拌均匀后即可饮用。其特点：色泽亮丽，口感微酸，解暑提神，维生素 C 含量高。

41.做啤酒咖啡

把煮好的黑咖啡加入糖，倒入啤酒饮

用，苦中伴有香甜，提神开胃。

42.制维生素茶

将三四片维生素 B₂ 磨碎后与绿茶一起冲泡一大杯，搅匀、晾凉后再放入冰箱冷藏。饮用时也可加入适量果汁。此茶不仅能去暑解渴、提神、消炎、助消化，还含有丰富的维生素。

43.制绿豆茶

将 30 克绿豆、9 克茶叶（装入布包中）放入水中煮烂后去掉茶叶包，再加适量红糖服用。

44.制苦瓜茶

将苦瓜上端切开、去瓤后放入绿茶，盖上端盖后放于通风处，当其阴干后取下洗净，同茶叶一起切碎、调匀，每次取 5 ~ 10 克用沸水冲泡半小时后连续饮用。

45.制鲜藕凉茶

将鲜藕 250 克切成片，放在铝锅中后再加入 4000 克水，用温火煮。等水煮剩 2/3 时就能食用。放入适量的白糖等凉后饮用更佳。注意不能用铁锅，否则藕可能会发黑。

46.制胡萝卜果茶

将 500 克胡萝卜洗净、去皮、切片，500 克红果洗净、去核、去柄，加 3 至 4 倍的冷水后放铝锅或不锈钢锅上煮熟并加入 250 克白糖，晾凉后用加工器打成糊状即成。胡萝卜一定要去皮，否则会有异味。不能用铁锅煮，否则变色。若是太稠可以倒入适量开水再煮一会儿。

47.制杏仁茶

将杏仁 200 克放入热水中浸泡 10 分钟后去皮，连水一起磨成浆汁。或用石头捣烂后滤渣取汁后再放入铝锅中，加入 1800 克清水、600 克白糖煮沸，杏仁茶就做好了，也可冲淡饮用。加些牛奶就是杏仁奶茶了。夏令时热饮冷饮均可，解渴极佳。

48.制茉莉花茶

用新铝锅、铁锅将茶叶烘干后再用开水煮沸。不能用炒菜锅，这样茶叶会变味。傍晚时采摘含苞欲放的茉莉花用湿布包裹，等花略开后按茶、花（10 : 4）的比例放入茶叶内拌匀并一同装入罐内，2 ~ 3 小时后再倒出，拌匀后再装入罐内盖严；第二天上午将花拣出来，并将茶叶烘干，再按茶、花（10 : 1）比例重拌 1 次，就能冲泡饮用。要是想让香味更加浓烈，可再多制几次。

49.制胡椒乌梅茶

将 5 个乌梅、10 粒胡椒、5 克茶叶碾成末状后用开水冲服，每天 1 ~ 2 次，连续一周。胡椒味辛、性大热，入胃、肺、大肠后能助火、健胃、散寒，适用于虚寒型疾病。

50.制车前草、蒲公英茶

将新鲜的蒲公英、车前草洗净后放入开水锅中熬约 5 分钟再捞出，茶就做好了。灌入暖瓶内就能随时喝到。此茶有消炎、解热、利尿的功效，是春、夏季时的好饮料。

51.做冰镇啤酒茶

把啤酒和沏好的茶水放入冰箱冰镇，饮用时把两者兑在一起，消暑解渴。

52.做菊花风味啤酒

1 瓶啤酒、300 毫升菊花露、适量碎冰块。碎冰块放入杯内，倒入冰镇啤酒、菊花露，搅拌均匀即可饮用，具有色泽金黄、气味清香、入口清凉之特点。

53.做香槟风味啤酒

320 毫升黑啤酒、320 毫升香槟酒。啤酒冰镇后慢慢倒入盛有香槟酒的啤酒杯，搅拌均匀后即可饮用。

54.做绿茶风味啤酒

啤酒 80 毫升，柠檬糖浆 25 毫升，鲜柠檬汁 25 毫升，绿茶水 50 毫升。把啤酒、柠檬糖浆、鲜柠檬汁、绿茶水混合后搅拌均匀，冰镇即可。

55.制白米酒

先将糯米用温水浸泡 4 小时后蒸熟，再用冷水淋洗 2 次，待温度降到室温后，将已溶入冷水的甜酒曲倒入糯米饭中均匀搅匀，取干净薄膜密封后放在被絮里保温，然后用 80℃的热水装入热水袋、盐水瓶中加温，每 6 小时需换 1 次热水，共换 3 ~ 4 次，可使它加速发酵。冬春季节一般 50 小时左右即能做成。

先蒸熟糯米，打散后放凉，撒上些酒药粉末，拌匀并浇少量凉开水，装入容器中盖好，夏天放 2 ~ 3 天，冬天需放在温暖处 5 ~ 6 天，便可。

56.制西瓜酒

将西瓜的蒂部切下一块做盖子，然后放入几粒用清水洗净后捣碎的葡萄，将盖子盖上，用黄泥将西瓜盖糊严，使它不漏气，放于阴凉处自然发酵。约 8 天后开盖，即可成西瓜酒；将西瓜的原汁取出，兑入 1/2 白酒，将其搅拌均匀后，静置片刻，即可成西瓜酒。

57.制葡萄酒

白露过后选择晴天将葡萄的青、烂粒及梗去除后，用清水洗净，晾干后，碾碎放入杀过菌的小缸中（留出 1/3 的容量），再蒙上两层纱布后放置于 25℃的温度中 3 ~ 4 日就会自然发酵。每天上下翻搅 3 ~ 4 次，等皮渣下沉后用虹吸法吸出上浮的酒液并放入大瓶中再发酵，吸出的澄清部分去掉沉淀后就是天然原汁干红葡萄酒，饮时若加糖则酒质浓郁醇香。

58.制草莓酒

用清水将 2000 克草莓洗净后，去蒂，然后再加入 1000 克白酒，将其浸泡半个月，将酒液滤出，装入坛中贮藏半年，即可。

（九）储鲜技巧

1.冰箱里存取食品法则

（1）在购回食物后，要尽快拆开食物包装袋，同时即时食用的食物也要注意包好和盖好。

（2）为了防止互相污染，要做到生食与熟食分开贮存。

（3）为了防止细菌污染，减慢细菌繁殖的速度，要把冰箱的温度控制在 1℃ ~ 4℃之间。

（4）须定期清理冷藏格，且不能存放太多食物。

（5）时常留意食用日期和酸性罐头食品，比如西红柿和菠萝可存放 12 ~ 18 个月，酸度较低的罐头可以保存 2 ~ 5 年等。

（6）放进冰箱的熟食品必须是凉透的食品。否则其带入的热气引起水蒸气凝聚，促使霉菌生长，会导致整个冰箱内食品霉变。

（7）熟食品取出冰箱后，应该再加热后才能食用，因为冰箱内的温度不能彻底杀灭微生物，只能抑制微生物的繁殖。

（8）反复冷冻会造成食品组织受到破坏和营养成分流失，因此解冻后的食物不宜再进冰箱。

（9）急速解冻，冰品会很快融化，会造成营养汁液外溢而不能被纤维和细胞吸收，导致食品质量下降，因此冷冻食品不宜采用自来水冲淋、热水浇等方式解冻，应在室温中自然解冻。

2.冰箱存放食物包装

（1）对于容易失掉水分，发干的食物比如馒头、面包之类的面食，最好用一层干净的塑料纸包起来存放。

（2）为防止污染食物，切忌将开启的罐头放在冰箱里储藏。

（3）在把鸡蛋放入冰箱之前，为防止蛋壳上的孔会吸收冰箱里的异味而使鸡蛋变坏，最好用纸盒盛装鸡蛋。

（4）由于维生素 C 很不稳定，会受到空气的破坏，所以要用封口的容器存放果汁，然后再放到冰箱里。

（5）最好用小袋包装好肉类食品，然后再放到冰箱里储藏，以免影响食品的营养和味道。

3.用保鲜膜的技巧

（1）尽量少用。

（2）尽量不让保鲜膜与含脂肪高的食品直接接触。

（3）不宜重复使用或使用时间太长。

4.冷藏各种食物的技巧

为了更好地发挥冰箱的作用，在进行食物储存前，了解一些用冰箱储存食物的常识，会提高冰箱的利用率。

（1）用喷雾器将要保存的芹菜和菠菜上水，然后装进塑料袋中，再在塑料袋的底部剪出几个洞，便可以放进冰箱里了。

（2）用塑料袋包好姜，然后放在冰箱的架上吊挂，如此放置生姜可防腐。

（3）用塑料袋装好豆腐，然后放在冰箱的货架上吊挂，如此放置可防腐。

（4）浇点水在可口可乐瓶子和啤酒瓶上，置于冰箱中只需冷藏40分钟便可以冰好，如果不浇水的话，需要2个小时才能冰好。

（5）切成两半的瓜果在其切面上用薄纸贴敷上，再放置于冰箱里冷藏，不用过多长时间便会冷却，而瓜果的香味不会受到影响。

（6）如果用冰箱贮存面包，面包很容易变干，可以用洁净的塑料纸将面包包起来再用冰箱冷藏即可保持水分不散失。

（7）剩余的食物切忌放在开启的罐头中，这是由于铅会外泄，污染食物。

（8）最好用容器将果汁盛装起来，以此来保存维生素C不受破坏。

（9）用纸盒盛装鸡蛋，可防止冰箱中的臭味被蛋壳上的孔吸收。

5.储藏速冻食品的技巧

（1）不可将速冻食品直接放进冰箱恒温箱中冷藏。

（2）包装已经拆封或已破损的速冻食品，应该在外面加套一个塑料袋，并且将袋口扎紧，然后放进冰箱中冷冻保存，这样可以避免产品油脂氧化或变得干燥。

（3）已经解冻的食品最好不要再次放进冰箱中冷冻，那样保存质量不如以前，食用时也会影响味道。

（4）冷冻室里食品不要放得太满，否则会使得冷冻室内的冷气对流受到影响。

（5）速冻食品不宜保存时间太长，应该尽快食用。

6.冷藏食品防串味的技巧

食品在放入冰箱前，应该区分生、熟食品，要先放进容器内，比如带盖的瓷缸、塑料袋或饭盒等等，然后再放入冰箱中冷藏。对于带腥味的食物比如鱼、肉等要先清理干净，擦干后在装进食品用塑料袋中，把袋口扎紧，然后放进冰箱中冷藏。这样保存食物，不但可以防止食物间气味互串，还可以防止食物中的水分挥发，可以保持食物特有的风味。

7.哪些食品不宜冷藏

（1）香蕉：在温度低于12℃的地方保存香蕉，香蕉会慢慢发黑而变质腐烂。

（2）西红柿：低温冷冻西红柿，西红柿内的肉质看起来呈水泡状，变得柔软，有些会出现散裂现象，表面还会出现黑斑、热水煮也煮不熟，更严重的还会酸化腐烂。

（3）火腿：在冰箱中低温贮存火腿，其内的水分便会呈冰脂肪状析出，遇氧便促进了火腿内脂肪的氧化反应，使得火腿肉松散或结块，肉质受到影响，肉味变质，很容易腐败。

（4）巧克力：冷藏后的巧克力，从冰箱中取出后，在空气中很容易在表面产生一层白霜，很容易生霉变质，失去原先的美味。

（5）黄瓜：黄瓜置于冰箱中，以0℃的温度保存3天，其表面会出现冰浸状，这样黄瓜便失掉了原先特有的风味了。

（6）鲜荔枝：荔枝如果在0℃以下保存1天，表皮便会慢慢变黑，其中的果肉也会变质，影响口味。

8.存大米的方法

（1）盛放大米的米具要干净、密封性好，并且盖子要盖得严实，如缸、坛、桶等。

用米袋装米的话，要用塑料袋套在米布袋外面，并且把袋口扎紧。

（2）控制温度在 8℃ ~ 15℃ 之间，保存效果最好。

9.塑料袋无氧存米

（1）取若干个透气性比较差的无毒塑料袋，把每两个塑料袋套在一块备用。

（2）将大米铺在通风阴凉处，晾干，装进套在一块的塑料袋内。

（3）尽量要装得满一些，装好后，将残余的空气用力挤掉，将袋口用绳拴紧，因为塑料袋里空气较少，且大米已干透，塑料袋的透气性又很差，大米与外界空气隔离了。经过此法，可长期保存大米。

10."袋"加"缸"存米

可将好的大米摊开晒干后，放入口袋里，将口扎紧，然后入进米缸里，并把米缸放在通风、干燥处。入夏后，由于温度随着气温的升高而有所增大，"缸"、"袋"里面的大米会从中间向米袋、由内向外发热。此时，每隔约 10 天，就将大米从"缸"、"袋"里倒出来，散热、降温，然后再重新收藏好即可。

11.海带吸湿存米

海带晒干后，内有很强的吸湿能力，且有杀虫和抵制霉变的功能。在存放大米的时候，可在大米里放 10% 左右的干燥海带，由海带把大米外表的水分吸干，这样，就能有效地防止大米变质或生虫。因为大米的水分都被海带吸去了，因此，应每星期将其取出来晒干，然后再放到米中。

12.大蒜辣椒存米

将大蒜的皮去掉后与大米混合装入袋中，或者把大粒拆散、辣椒掰成两段与大米共存，即可起到驱蛾、杀虫、灭菌的效果。

13.花椒存米

将花椒放入锅内煮（水适量、20 粒花椒），晾凉后，将布袋浸泡在花椒水里，晾干后，倒入大米，再用纱布将花椒包起来，分

放在米的底、中、上部，将袋口扎紧，放在通风阴凉处，既能驱虫、鼠，又能防米霉变，使米能安全过夏。

14.茴香防米生虫

按 1：100 的比例取八角茴香，用纱布把茴香包成若干个小包，每层大米放 2 ~ 3 包，加盖封紧。

15.橘皮防米生虫

把吃完的的柑橘的皮放在粮柜上，粮食便没有飞蛾、黑甲虫和肉虫的骚扰，柑橘皮的清香可防虫。

16.用生姜除米虫

把新鲜的生姜丢在米缸内，浓烈的生姜味可驱散米虫。

17.用杨树叶除米虫

米面一旦生虫，就应把它们移入干燥、密封的容器中，并采摘些杨树叶放入容器里一起密封。过 4 天左右，再打开窗口的时候，虫卵和幼虫均已被杀死。然后用筛子或簸箕将米面过滤即可。

18.用冷冻法除米虫

时间放置长的米面在夏季特别容易生虫，而在冬天的生虫率比较低，因此，可将过冬后所存放的米面，以 5 千克为一份，分别装进干净的口袋里，把袋口扎紧，然后将其放入冰箱的冷冻室，冷藏 48 小时，取出后等一段时间，经过这样的处理后，即使是在夏天，米面也不易生虫。

19.贮存面粉

存面的容器，其密封性一定要强，否则一旦潮气侵入，就容易生虫。每次取完面后，应用力把面压实，在面粉上盖上一张牛皮纸，并撒上几粒花椒再密封容器贮存，即便是夏天也不容易生虫。入春后，将面缸放到别的地方，清理缸下的残面和尘土，将面缸的表面擦洗干净，可将过冬的虫蛹除去。将购面的口袋放在通风的地方透风，并经常抖动、清洗，也将寄生虫卵去除。

20.用阴凉通风法除米虫

将筷子插进生有米虫的米面里，待其表面有虫子爬出后，将米面放置在通风、阴凉处，这样，米面深处的虫子会从温度比较高的地方爬出来。

21.食品袋储存面头

把用作发面引子的面头用没有毒的塑料薄膜或干净的食品袋密封起来，这样面头就不会干、不会硬、也不会发霉。把它放在通风阴凉处，还能防止它与其他的食品串味。

22.存面食

面食放久了，就会变硬，把刚买回来或刚做的面食趁热放到冰箱里迅速冷却，即可防止变硬。或者将其放在橱柜里或者其他阴凉处，或者放在蒸笼里面密封贮藏起来，或者用油纸将其包裹起来，在它上面蒙一块湿润的盖布，即可缓减食品变硬。

23.保鲜切面

把切面分成几小份，分别装入塑料袋中用冰箱的冷冻室冷藏，再次食用时，可以自己选择数量随吃随煮，即便是结冰的切面，只要用沸水一煮，筷子一搅，切面便散开了，如同刚下的一样。

24.存挂面防潮

由于在生产挂面的过程中，是用鼓风机将挂面吹干，难免会夹有没有吹干的潮湿挂面，这样特别容易返潮，特别是包装纸上抹糨糊的地方。买回来的挂面，应该将挂面摊开，放在通风的地方吹干，再用报纸包好，用绳子系牢，就不容易变质了。

25.放花椒贮挂面

摊开刚买回来的挂面，将其充分晾干，装进干净的塑料袋内，再放一小袋花椒，然后扎紧塑料袋口。需要食用时，取出来后要扎紧袋口，这样，可有效防止挂面生虫、霉变。

26.存剩面条

用凉水把剩余的面条过一下，再加入香油搅拌均匀，置于冰箱中冷藏，这样面条便会分散开来，不会粘到一起，下次食用时，只需稍加调料，便可做成爽口的凉面了。

27.冷藏馒头

用塑料袋把馒头包装好，冷藏在冰箱里，当要食用时，只需将馒头取出，放在蒸锅里，用开水蒸8～10分钟，馒头蒸熟后香喷喷的，美味又可口。

28.冷藏面包

用3层保鲜纸裹在面包外面，然后存放到冰箱中，这样做既能保鲜，又不会失去水分。

29.用芹菜保鲜面包

面包打开袋以后很容易变干，如果把一根芹菜用清水洗干净后，装进面包袋里，将袋口扎上后再放入冰箱，可保鲜存味。

30.隔夜面包复鲜

先在蒸筛里放上隔夜的面包，然后往锅里倒上小半锅温开水，放上些酸醋，这样把面包蒸上一会儿就可以了。

31.存剩元宵

将剩的元宵在盆里揉成大面团，可适当放些清水，然后视口味不同加入葡萄干、核桃仁、花生仁、红糖等原料，做成扁圆状蒸熟，凉透后冷藏，可保1个月不会变坏，食用时不管怎样加工味道都不错，并且随吃随取，简单方便。

32.防饼干受潮

在已开封的饼干袋中，放入几块方糖，把口扎紧，即可防止饼干受潮。

33.受潮饼干回脆

把饼干放进盘子里，放入冰箱中冷冻，一两天后，饼干就脆了。

34.存月饼

不可以把月饼放在盒里，否则容易坏掉。可以在竹篮里垫上纸，然后把月饼在竹篮里摆好，接着再盖上一张纸，每两天上下翻动一次。这样做，月饼最多可以存放半个月，最少也能保证7～10天内不会坏掉。

35.贮存糖果的方法

（1）贮存糖果的时间不宜过长，用铁盒子来贮存硬糖不能超过9个月，贮存普通的糖果不能超过半年，对于含蛋白、脂肪较多的糖果，其存则应约3个月。贮存的时间一长，这容易出现发沙、返潮、变白、酸败等现象。

（2）糖果怕潮、怕热，在贮存的时候一定要注意调节湿度和温度，一般室内的湿度为65%～75%，温度为25℃～30℃为好。

（3）不能将糖果放在有阳光照射的地方，也不能跟水分比较多的食品放在一起。

36.收存干燥剂防糕点受潮

进入伏天后，空气的湿度会变大，糕点、饼干之类的食品就很容易受潮而发软。其实，在很多的食品包装袋里，都有一袋干燥剂。若将这些干燥剂贮存下来，放在饼干桶、点心盒等比较容易受潮的容器里，即能起到很好的防潮作用。

37.沸水浸泡存豆类

绿豆、豇豆、赤豆、小豆、豌豆、蚕豆等最易生虫，存放以前可把它们倒入竹篮（其厚度不要超过5厘米）里，浸泡在沸水中，搅拌半分钟后，马上倒进冷水中冷却、滤干，放在阳光下曝晒，待干透后，装进铁桶或瓷坛内，再放几瓣大蒜。经过这种处理后，可保存1年不生虫。

38.干辣椒存绿豆

把绿豆的杂物拣去，摊开晒干，装入塑料袋中（每包3千克左右），再放些碎干辣椒，密封，放置在干燥、通风处，即可防虫。

39.饮料瓶存绿豆

将空的饮料瓶子用清水刷干净，晾干，将绿豆装进去。把盖盖紧，可以长期储存，用的时候也很方便。此法还能存放其他各种粮食。

40.贮藏干果

松子、瓜子、花生等干果经低温冷藏后食用，酥脆鲜香，清凉可口，回味无穷。冬季可以直接放到室外冷藏；夏季放入冰箱冷藏，要注意扎紧袋口。

41.存花生米法一

在入伏以前，用面盆盛装花生米，在上面喷洒白酒，同时用筷子搅匀，直至浸湿所有的花生米红皮，然后用容器保存。每100克花生米需喷洒25克白酒。年年用此法能吃到夏后的花生，而且不生虫，不影响味道。

42.存花生米法二

把花生米放在容器中，晒2～3天。然后把它晾凉，用食品袋装好，把口封好扎紧，放入冰箱内，可保存1～2年，随取随吃随加工，味道跟新花生米一样。

43.保油炸花生香脆

过夜的油炸花生米会变软，不再香脆可口，可用下面的方法维持花生米的脆性：在刚出锅的油炸花生米上，洒一些白酒，均匀搅拌，热气散一会后，再把盐撒上，这样做出的花生米，即使放置几天也会香脆可口。

44.存红枣

保存红枣的关键是要注意防风、防潮、避免高温。

（1）在无风的时候将红枣曝晒四五天，晒的时候要用席子遮住，然后把凉透的红枣放到缸中，加上木盖或者拌草木灰，这样可以防止其发黑。

（2）炒30～40克盐，将其研成粉末，均匀地撒到500克晒好的红枣上（分层撒），最后封上罐口。

45.夏季存枣

把半干的枣用水洗净，用压力锅蒸（注意不能煮），开锅后压住阀门等待10分钟，然后把火关掉，等锅放凉后，把锅打开，将取出的大枣放在干净的容器中保存，吃的时候适量取出即可。经过处理的大枣已经糖化了，表面发亮，这样便不会生虫也不会发霉了。

46.用陶土罐保存栗子

将饱满栗子挑选出来，将其放入陶土罐

内，再渗入些潮湿的细沙，搅拌均匀。在罐口和罐底多放些黄沙，罐口用稻草堵住，口朝下倒放。容器的直径不能太大，存贮一段时间后，要全部倒出来检查1次，将发黑的和较嫩的栗子挑出来即可。

47.用黄沙保存栗子

把纸箱或木箱的底部铺上一层6～10厘米的潮黄沙，湿度以不粘手为度。然后按照栗子与黄沙1：2的比例拌匀放入箱子，上面再铺一层6～10厘米的潮黄沙，拍实。最后把箱子放在干燥通风处保存。

48.用塑料袋保存栗子

将栗子装进塑料袋里，放于气温稳定、通风好的地下室内。当气温在10℃以上的时候，要打开塑料袋口；在气温低于10℃时，要扎紧塑料袋口来保存。刚开始的时候，每隔7～10天就要翻动1次，待1个月后，翻动的次数可以适当减少。

49.用加热法保存栗子

准备一个锅，把栗子放在锅里，放水直至没过栗子即可，然后烧开水，慢慢停火后，滤掉热水，然后把栗子用凉水清洗干净，把栗子表层的水分晾干后装进塑料袋放进冰箱冷藏便可以了。

50.保存山核桃

由于山核桃比一般的核桃含油量要高，所以难保存。但是如果将其放入铝皮的箱内贮藏，就大大减少了它与空气的接触，从而避免了返潮，能长期保存。若没有铝皮箱，可将其尽量密封好。

51.维生素E存植物油

贮藏植物油最主要的就是要避光、防潮和密封。如果放一颗维生素E在每500克的植物油中，搅拌均匀，可以大大延长植物油的寿命，1～2年都不会变质。

52.食用油的保存

应避免油直接接触金属和塑料容器，应尽量放在玻璃、瓦缸中保存。因为铁、铜和铝制金属以及塑料中的增塑剂，能加速油的酸败。可按40：1的比例向油中添加热盐，可起到吸收水分的作用，并将油放在背阴通风处保存。温度以10℃～25℃为宜。

53.花生油的储存

将花生油入锅加热，放入少许茴香、花椒，油冷却后，倒进搪瓷或陶瓷容器中存放，不会变味，味道特别香。

54.保鲜猪油

猪油炼好后，趁油还热时加些白糖，500克油里约加50克白糖，或者再加入少许食盐，搅拌均匀后装进瓶中密封起来，即可长时间保持猪油鲜味和醇香。

55.防酱油发霉法一

在酱油里滴上几滴白酒，可防酱油发霉。

56.防酱油发霉法二

在酱油瓶中倒点麻油或花生油，把酱油和空气隔开。

57.防食盐受潮变苦

食盐易受潮变苦，可将食盐放在锅里炒一下，也可将一小茶匙淀粉倒进盐罐里与盐混合在一起，这样，食盐就不会受潮，味道也不会变苦。

58.用苏打水储存鲜果

柑橘等鲜果因为表皮很容易感染细菌而烂掉，所以不易保存。如果把它们先在小苏打水中浸泡1分钟，这样的鲜果可以保鲜3个月。

59.用混合液储存鲜果

用淀粉、蛋清、动物油混合而成的液体，在新鲜水果表面均匀地涂抹上一层，待液体干燥后，会形成一层保护膜，阻隔水果的呼吸作用，从而达到延长水果寿命的作用。

60.存苹果法一

选用无病无损伤的中等大小的成熟苹果，用3%～5%的食盐水浸泡5分钟，捞出晾干，用柔软的白纸包好备用。把一个盛满干净水的罐头瓶开着盖放入到一个缸的缸底，空余的位置，把包好的苹果层层放进去。装好后，缸口用一张塑料薄膜密封。此法保存苹果可以保持 4 ~ 5 个月还鲜美甜香。

61.存苹果法二

找一个木箱或者纸箱，把四周和箱底都铺上 2 层纸。把苹果 5 ~ 10 个装入一个塑料袋中，然后趁低温时，2 袋塑料袋对口放到箱子里，码好。最后，上面盖 2 ~ 3 层纸，再铺一层塑料布，封盖完毕。

62.存苹果法三

先准备一个贮存苹果的缸，在缸中放入自来水，然后在水中放进一个支架，略微超过水面，最后把苹果放在支架上保存即可。需要注意的是放水的多少要根据缸存苹果的量来确定，大概是能装 10 千克苹果的缸倒入 500 毫升的水便好了，还有如果天气很冷，还需在上面盖上几张报纸保温。用这种方法贮存的苹果，四季都不干皮，脱水，而且甜脆可口。

63.不能洗冷藏的苹果

可以将吃剩的水果放进冰箱保存。需要注意的是苹果在放进冰箱以前切不可清洗，否则苹果比较容易变质而腐烂，在 1 个星期内应该尽量把苹果吃掉。

64.贮存梨

选用无损伤的梨洗净，放入陶制容器内。用凉水配制 1% 左右的淡盐水溶液，将溶液倒入容器中，注意盐水溶液和梨都不要太满，以便留出空间和余地让梨自我呼吸。然后，将容器口用塑料薄膜密封，放于阴凉处，可保存一个多月。

65.河沙保鲜橘子

准备细河沙，湿度为可用手捏成团、齐胸口高丢下即散的程度。把河沙铺在缸等器皿中，铺一层河沙一层橘子，直到铺满。最上层铺较厚的一层沙子。每隔 15 天检查 1 次。

66.土坑保鲜橘子

挖 1 米深，0.5 米宽的一个土坑，坑底用高粱杆添铺。上面满放鲜橘，最上面用砖当作坑顶，砖上覆盖 10 厘米的湿土。用这种方法保存的橘子存到来年，还新鲜水润。

67.锯末保鲜橘子

晒干锯木屑到 5% ~ 10% 左右的含水量，将木箱或纸箱洗净晒干，将 2 厘米厚的锯末垫在箱底，然后摆好橘子。向上摆放橘子的果蒂，按照一层锯末一层橘子的顺序放满全箱，最后将 3 厘米厚的锯末覆盖其上，松松地盖上箱盖，放置箱子的架子应该是阴凉通风、并且离地面 20 ~ 30 厘米。用这种方法保鲜，可以保证 100 天以后还有 90% 以上的好橘子。

68.小口坛保鲜橘子

选一只可装 15 ~ 20 千克的小口坛子，将柑橘放入其中，放置在阴凉通风处，注意 1 周以后封口，之后每隔 4 ~ 5 天开盖通风 1 次。如发现坛子内壁有水珠用干布擦掉就是了。这样储存的柑橘 5 ~ 6 个月也不会烂。

69.食品袋保鲜橘子

把能够装 2.5 ~ 5 公斤物品的塑料食品袋开一个小洞，以排除湿气。之后把柑橘装入袋中，封好。把袋子挂在室内或放在纸箱里每隔一段时间检查一遍，发现坏的要及时挑出。用这种方法柑橘可以保存几个月不坏。

70.复鲜干橘子法

橘子皮干了不好剥，可用泡水法复鲜干了的橘子，方法是：把橘子放在水中，水高以没过橘子为宜，如果橘子皮不是很干，在水中泡过一夜便可，如果橘子皮很干，在不坏的情况下，可以延长泡的时间，只是需要注意每天要换水 1 次。橘子皮待到变软便可取出食用了，其味道如同新鲜橘子一样可口。

71.冰箱保鲜香蕉

将待熟的香蕉放进冰箱里贮存，可使香蕉在比较长的时间内保持新鲜，即使是表皮变了色也不会影响食用。

72.食品袋保鲜香蕉

香蕉买回来如果不一次吃完，如使用冰箱或存放于一般条件下，香蕉容易冻坏或变黑。如果用食品包装袋保存或是无毒塑料膜袋，将袋口扎紧，使之密封，即可将保鲜时间延长至 1 周以上。

73.西瓜储存法一

选择硬皮硬瓤的西瓜，在八成熟时连柄一同摘下，用塑料袋密封。放到无光的阴凉处，如放到地下室或者地窖更好。这样西瓜就处于低温缺氧的状态。如需分层码放需在西瓜之间垫上草垫。

74.西瓜储存法二

选用无损伤且成熟度适中的西瓜，放在阴凉通风处。瓜蒂弯曲并用绳子扎起来，为使瓜皮气孔堵塞每天用湿毛巾擦瓜皮 1 次。

75.西瓜储存法三

用 18% 的盐水浸泡选好的中等个儿的熟西瓜，取出后装入食品袋中密封，然后再选择密封性好的地方贮存，用此法保存西瓜可保鲜一年，再次食用时，西瓜依旧光洁鲜嫩，吃起来香甜可口。

76.葡萄存法一

冻葡萄的酸度会减少些许，不但味道好，保存也容易。可用塑料袋将洗净的葡萄放在冰箱冷冻室里冷藏，食用时只要取出立刻用自来水冲洗干净便可，此时葡萄特容易剥皮，吃起来比较省事，还可以在去皮的葡萄上加白糖搅拌均匀做成凉菜，味道也不错的。

77.葡萄存法二

用一个纸箱，里面垫上 2～3 层纸，选取成熟的葡萄密密地摆放在箱中。把箱子放在阴凉潮湿处，如果温度控制在 0℃左右，可以保存 1～2 个月。

78.荔枝保鲜法一

用一个盛有清凉自来水的陶质或塑料容器来保存新鲜荔枝，只要把荔枝用剪刀剪成完整的一粒一粒的，放入预先准备好的容器中，早晚换清水两次便可。随吃随取，用此法荔枝可至少保鲜 4 天。

79.荔枝保鲜法二

由于荔枝本身有呼吸作用，能放出大量二氧化碳，因此如果把它放在一个密封的环境，能够形成一个氧气含量低，二氧化碳含量极高的储藏环境。采用这种方法贮藏荔枝，在常温下可以保存 6 天；1℃～9℃的低温下，能保存一个月。家里也可以直接用塑料袋密封。

80.龙眼保鲜法

热烫保鲜法：首先将果穗浸入开水中烫30 秒，取出后放到四处通风的地方，使果壳逐渐变硬，以保护果肉。20～30 天后果肉依然能保持新鲜。

81.蔬菜保鲜法

将买回来的蔬菜稍稍晾干后，去掉枯黄腐烂的叶子，将新鲜的蔬菜整齐地放在干净的塑料袋里，把袋口扎紧，放在通风阴凉处，这样保存的蔬菜，两天左右不会枯萎、变黄。也可以用报纸来保存蔬菜。用报纸将蔬菜包好后，根朝下，放在塑料袋内即可。

82.存放蔬菜可消农药

新采摘的未削皮的瓜果不要立即食用，因为农药在空气中，可以缓慢地分解成对人体无害的物质。所以对一些蔬菜，可通过一定时间的存放，来减少农药的残留量。此法适用于番瓜、冬瓜等不易腐烂的瓜果。一般存放期为 10～15 天以上。

83.蔬菜需要垂直放

经测定发现，蔬菜在采收后，垂直放置相对于水平放来讲，更便于蔬菜营养成分的保存。这种现象原因在于垂直放的蔬菜，其内还有的叶绿素要多于水平放的蔬菜，并且时间越久，两者差异会愈大，叶绿素中含有造血成分，可以为人体提供很好的营养元素，并且垂直放的蔬菜保存期也要比水平放的要长，蔬菜的生命力延续了，人类食用起来也会有很大益处。

84.存小白菜的技巧

将优质小白菜择好洗净，再用开水焯一下，然后捞出来过凉水，待凉透后切段，装进小袋里，放到冰箱冷冻室。在做汤或吃汤面的时候放一些，方便卫生。

85.储存大白菜

（1）要晾晒。要等白菜帮、叶白了以后发蔫了才能储存。白菜帮是保护白菜过冬的外衣，千万不能去掉。

（2）晒干以后，单排摆在楼道、过厅或阳台均可。

（3）存储大白菜就是后期怕冷，前期怕热。所以热时，可放在屋外，晚上要盖好。冷时，必须盖严实，防止冻坏，但是白天的时候最好打开通通风。如果发现菜冻了，要立即转移到温度较低的室内（3℃~8℃），慢慢化冻，切记不要放到高温处化冻。

（4）每隔五六天就要翻动一次白菜，根据菜的具体情况而定。但要轻拿轻放。

86.用大白菜贮存韭菜

冬天的时候，如果青韭或黄韭有剩余没吃完，我们可以选择一棵大白菜（需要大而有心的），用刀在其脑袋上切一刀至 1/2 处便可以。在用刀在刚才所切部中间沿着菜梢的方向再切一下，切的深度以 2 厘米比较合适。这样便可将白菜的菜心掏出，而将要保存的韭菜放到里面，然后把切口合好，这样处理过的韭菜不但不干不烂，而且可保存数天，下次食用时依然鲜嫩，保持原来香味。

87.用塑料袋保鲜韭菜

用塑料袋包装新鲜韭菜，置于通风阴凉处，韭菜保鲜期可为三四天，如果是冬天，保鲜期可维持 7 天左右。

88.用清水保鲜韭菜

盛适量的清水在陶瓷盆里，备用。用草绳把刚购买回来的韭菜捆好，将韭菜的根部朝上放入盆里。盆里面的清水要没过韭菜，即使清水完全浸泡韭菜根部及其附近的茎部

即可。此法可使韭菜 2~3 天不变质。

89.冬瓜防寒

冬瓜防寒保存，首先要选择那些表皮没有磕碰并有层完整白霜的完好冬瓜，然后在干燥阴凉的地方铺上草垫或放上一块木板，把冬瓜放在上面即可保存 4~5 个月不会变坏。

90.防已切冬瓜腐烂法

切开的冬瓜如果剩余，可用大于冬瓜切口的干净白纸贴在切口处，并且白纸全部贴住切口、按实，这样处理的冬瓜可保存三四天依然可以食用。

91.存香菜法一

在盘中放约半盘水，注意不要放多，将一把香菜放入这个盘子中泡存，翠绿可持续一个星期，食用时随取随吃，又方便又新鲜。

92.存香菜法二

把新鲜的香菜用绳子捆成若干小份，用报纸将其上身包起来，再用塑料袋将香菜根部稍微扎起，切勿扎紧，以防根部腐烂。待一切包好后将根部朝下，置于阴凉通风处保存。此法保存，香菜保质期可达一个星期，再次食用，翠绿如初。

93.存香菜法三

将香菜清洗干净，用刀切成小碎段（可根据个人喜好选择切段大小），可以将剩香菜跟剩白萝卜都放在同一个塑料袋内，然后放入冰箱中冷存，这样香菜可保存两个星期，取出后依然鲜绿。

94.存香菜法四

将香菜包入新鲜大白菜叶或其他多青菜里面，如果直接压放在大白菜堆里面，保鲜效果更佳，可存 20 天到 1 个月。

95.切头存胡萝卜

胡萝卜可以把两头切掉保存，因为这样就可以不使头部吸收胡萝卜的水分。

96.冬天保鲜胡萝卜

胡萝卜去尖头，掰尽叶子，用水浸一下，

控干水备用。用一张无毒的聚乙烯塑料薄膜包好，再用玻璃胶纸密封至不透气。把包好的胡萝卜放入地窖或潮湿的地方，温度保持在0℃～5℃。这样胡萝卜可以一冬新鲜。

97.萝卜干保存妙法

（1）晾晒萝卜干。把萝卜洗净切条，用食盐腌制控水。然后在木板或者干净的布上摊开晒干。

（2）晒好的萝卜干可以放入到布袋或者塑料袋里，挂在阴暗通风处。吃的时候洗净用温水浸泡就可以了。

（3）如果是用青萝卜晒的，吃的时候可以不用蒸，直接洗净烫软就可以了。

此方法同样适用于西葫芦、香菜、豆角和茄子等。

98.用塑料袋存西红柿

可在夏天大量购买一些青红色的西红柿，放进食品袋，30厘米×40厘米的塑料食品袋大概可以盛3500克的西红柿。扎紧袋口后放在通风阴凉处，每隔1天打开1次口袋，清理掉袋中的水和泥，通气5分钟后再扎紧食品袋。以后陆续红熟了的西红柿可以取出食用。等全部变红以后就不要再扎口袋了。

此法可以储存西红柿1个月之久。秋天用此法可使整个冬天都有鲜西红柿吃，非常不错。但换气时间要间隔3～7天1次。

99.保鲜黄瓜法一

用木桶把黄瓜浸泡在食盐水中。这时从木桶底部涌出很多小气泡，这样可以增加水中的含氧量，从而维持黄瓜的呼吸，不至于蔫掉。如果水充足，可以用流动水如溪水、河水等。此法在夏天18℃～25℃的高温下，仍能保存黄瓜20天。

100.保鲜黄瓜法二

秋季，将没有损伤的黄瓜放入大白菜心内，一般每棵白菜可以放入2～3根黄瓜，根据情况而定。然后绑好大白菜，放入菜窖中。用此法保存黄瓜到春节仍能鲜味如初，瓜味不改。

101.装袋冷冻法存青椒

将青椒装入干净的塑料袋里，将袋口扎紧，放在冰箱冷藏室内的中、下层，每隔6天左右检查1次，可贮存一个月左右。

102.装袋贮存法存青椒

将青椒装入干净的塑料袋里，并留些空气在袋中，然后将袋口扎紧，放在通风阴凉处，每隔3天左右检查1次，可使青椒汁液饱满，保持新鲜。

103.串绳晾晒法存青椒

把辣椒用绳子串起来晾干，用一个塑料袋盖在上面，然后挂在屋檐下；每隔1～2个月将塑料袋取下，把辣椒晒一晒，这样，辣椒既干净卫生，也不会生虫腐败。

104.入缸覆沙法存青椒

首先选择蜡质层厚、皮厚的青椒，果柄朝上摆在缸中，然后在上面洒一层沙子，以看不见青椒为度，然后一层青椒一层沙，直到摆到顶部。缸顶用双层牛皮纸密封。放在阴凉处。如果天气变冷，可以在缸口和四周用草盖起来。用这种方法保存青椒，0℃以下可以储存2个月之久。

105.盐腌保鲜鲜笋

剥去笋壳，用清水洗干净，从中间纵剖成两半，加入跟炒菜时数量相等的盐，放在有盖的容器中，然后再放在冰箱里，可存放一个星期。若在存放的过程中，有些地方（特别是表面）发黑，不会影响食用。

106.沙子保鲜冬笋

用旧木箱（纸箱）、或者旧铁桶（木桶），在底部铺一层6～10厘米的湿黄沙，在上面将无损伤的冬笋尖头向上铺在箱中，然后再将湿沙倒入箱中填满拍实，湿沙以不沾手为度。湿沙要盖住笋尖6～10厘米为宜。将箱子置于阴凉通风处保存。此法可以保存冬笋30～50天之久，最长可达2个月以上。

107.蒸制保鲜冬笋

把冬笋削壳洗净备用，个大的要从中间切成两半。蒸或煮五六成熟时捞出，摊放在篮子里，晾干挂在通风处。可保鲜 1～2 星期，此法适合有破损或准备短期食用的冬笋。

这种方法不会改变冬笋原来的品质和味道。

108.冷藏贮存莴笋

（1）纸袋冷藏法：把莴笋放进纸袋后，再放入冰箱贮存即可。

（2）布包冷藏法：将布打湿后，包好莴笋，然后装进干净的塑料袋里，放到冰箱里即可。

109.贮藏茭白法一

买回茭白，去梢，留有 2～3 张茭壳，要求茭体坚实粗壮，肉质洁白。放入水缸或水池中，加满清水后压上石块，使茭白浸入水中。注意经常换水，以保持缸、池水的清洁。此法适用于茭白的短期贮藏，质量新鲜，外观和肉质均佳。

110.贮藏茭白法二

铺一层 5 厘米左右厚的食盐在桶或缸里，然后把经过挑选、已削去梢、且带有壳的茭白按照顺序铺在桶或缸里，当堆到离盛口还有约 7 厘米的时候，用盐封好，这样，就可以使茭白贮存很长时间。

111.贮存鲜藕法

在贮存鲜藕的时候，应挑选些茎大而粗壮、表皮没有损伤的，分节掰开，用清水将表皮的泥土洗净，然后放进装有清水的容器里，水要没过藕节。若是冬天，可 1 星期换 1 次水，秋天应 5 天左右换 1 次水，以防止清水发臭、变质。采用此法，一般可以保存鲜藕约 40 天。

112.菠菜分食可保鲜

菠菜吃不了没多长时间便会变蔫。可以把菠菜的叶和茎分开，分别食用。可先吃菠菜叶，用塑料将菠菜茎部包严用冰箱冷藏，这样处理后可以保鲜 10 天。别的有茎叶的蔬菜也能用这种方法保鲜。

113.菠菜存放

在背风的地方挖一个 30～40 厘米深的坑，在气温降低到 2℃时，把菠菜每 500克捆成小捆，菜根朝下放好。最后上面覆盖 6～7 厘米厚的细土就行了。菠菜可以保存 2 个月。

114.用冰箱贮存菠菜、芹菜

菠菜、芹菜等放进冰箱前，先喷上些清水，然后再放进塑料袋里，将袋口扎紧，要扎几个小孔在塑料袋底，然后放进冰箱的果蔬盒里，即可保鲜蔬菜。

115.保鲜芹菜

吃剩的芹菜过一两天便会脱水变干、变软。为了保鲜可以用报纸将剩余的芹菜裹起来，用绳子将报纸扎住，将芹菜根部立于水盆中，将水盆放在阴凉处，这样芹菜可保鲜一周左右的时间，不会出现脱水、变干的现象，食用时依然新鲜爽口。

116.保鲜香椿

将洗净的香椿用开水微烫一下，再用细盐搓一下，装于塑料袋中用冰箱冷冻贮藏，食用时只要取出适量便可，此法可保存香椿一年有余；另外一种方法是把洗净的香椿（可以切碎）用细盐搓过后用塑料袋包装，食用时只要放在开水里烫一下即可，味道不变，最适合用于夏季拌凉面使用。

117.冷冻保鲜粽叶

新鲜粽叶如果不用，便会变干、打卷。可将洗净的粽叶，捆成一把，然后冷冻贮存，贮存时间可长可短，用时只需浸泡化冻，粽叶新鲜如初，舒展、柔软。粽叶可重复使用，只需将回收粽叶炮制此法便可。

118.防土豆发芽

（1）用麻袋、草袋或者垫纸的箱子装土豆，上面放一层干燥的沙土，把它置于阴凉干燥处存放。这样可以延缓土豆发芽。

（2）把土豆放入旧的纸箱中，并在里面

放入几个没熟的苹果，就可以使土豆保鲜。因为，苹果在成熟的过程中，会散发出化合物乙烯气体，乙烯可使土豆长期保鲜。

（3）将土豆放入浓度约为1%的稀盐酸溶液里浸泡15分钟左右。然后再储存土豆。这样土豆贮藏一年以后，相对会减少一半的损耗，同时也不影响它的食用及繁殖。需要注意的是，要避免阳光直晒以及定期翻动检查。

（4）用小土窑保存土豆，定期通风，只要温度适当，土豆可以保存好几个月。

119.白薯防冻需蒸熟

被冻的白薯不可食用。可将蒸熟的白薯用塑料袋包装冷冻贮存，吃的时候，加热蒸透便可，味道如同鲜白薯一样美味可口。

120.用盐保鲜蘑菇

蘑菇放水中煮，注意水里需加盐形成10%的盐水，30秒至1分钟后捞出晾干水分。冷却后，按照盐250克，蘑菇500克的比例，先在缸底铺上一层一寸厚的食盐，然后再铺一层蘑菇，然后再铺一层食盐，如此往复直到把缸填满。最后用饱和食盐水灌缸封口，压上石头，防止蘑菇漂浮。此法可以保存蘑菇一年左右。食用时，蘑菇鲜美如初。

121.锅蒸晒干存豆角

豆角需选用个大、肉厚、籽粒小的品种，摘去筋蒂，稍蒸一下，然后用剪子或菜刀按"之"字形剪切成长条备用。把它挂在绳子上或摊在木板上晾干。之后用精盐把干豆角拌匀，放在塑料袋里，挂在室外的阴凉通风处。吃时，洗净浸泡就可以了。

122.保存冻扁豆

将冻过的扁豆用开水烫一下，再用凉水洗净。这样处理过的扁豆无异味，颜色鲜绿，食用时烧法跟鲜扁豆做法一样。注意的是吃剩的扁豆可用冰箱冷藏保鲜，以供下次食用。

123.用冷冻法保鲜豌豆

（1）将豌豆剥出来，装入干净的塑料袋里，将口扎紧，放在冰箱的冷冻室里，每次食用的时候再用开水煮熟，其味即可跟新鲜豌豆完全一样。

（2）将剥皮的豌豆放进容器中，加入适量自来水，水高以刚没过豌豆为宜，然后将容器放进冰箱冷冻，待结成冰后便可取出，稍放一会，便成豌豆冰块了，将其取出后，用塑料袋装好后放进冰箱里冷藏。用此法保存即使在冬天也可以尝到新鲜的豌豆。

124.锅蒸保存豆腐

将洗好的豆腐，放入锅中短时间煮或蒸一下，注意不要煮久，然后放在阴凉通风的地方。

125.清水保存豆腐

把豆腐放入清水中浸泡，水质一旦变混时要立即换水。天热时，一般1天要至少换3次水，这样豆腐才不会变质发黏。

126.盐水保存豆腐

按500克豆腐50克盐的比例，将盐溶入凉开水，放入豆腐，使其淹没，这样可保持一两天不坏。如豆腐变酸，可用50%的热碱水浸泡20～30分钟，再用清水漂洗干净，酸味即除。

127.洋葱贮藏三法

（1）挂藏。大量贮藏时，可搭挂在空屋里或者在干燥处搭棚、设木架挂洋葱辫；小量贮藏时，可将充分晾晒好的洋葱辫，挂在屋檐或者温室后坡下，只要通风、干燥、雨淋不着就可以。

（2）垛藏。在干燥通风的地方，用石块或圆木垫起高30厘米左右、宽1.6米左右的垛底，把完全晒干的洋葱辫堆成1～1.6米左右高的垛，盖上3～4层席子，四周围盖2层席子，用绳子将其横竖绑紧，保持干燥，防止日晒雨淋。

垛后封席初期，倒1～2次，每次下雨之后都要检查一下，如有漏水，晒干后再盖好席子。天冷时应加盖草帘保温。寒冷地区，当气温降到零度以下时，拆垛搬到仓库或空屋里继续贮藏，温度保持在 -2 ～ 3℃。

（3）坯藏。此法只限于少量贮藏，将充分晒干好的洋葱头混入细沙土中和成泥，制成2.5 ～ 5千克重的土坯，晒干后堆在通风干燥处。注意防雨防潮、天冷时防冻，发现土坯干裂时应及时用潮土填补裂缝。

128.大葱的存放

（1）将葱的根部朝下，竖着插在水盆里，这样，不但不会烂空，而且会继续生长。

（2）将大葱叶子晒蔫，不要将叶子去掉，捆好，根部朝下，放于阳台阴暗处，不要沾水，也不要受潮，以免腐烂。也不要放在太干燥的地方，不然会干瘪变空。

（3）若大葱受冻，不要挪动它，以免由于受到外力的挤压而使细胞之间的冰粒把细胞压破，而外溢腐烂。一旦大葱受冻，要将其轻放轻拿，需将其放在室内一段时间，使之慢慢地解冻，即可食用。

129.水湿保鲜生姜

找个有盖子的大口瓶子，在瓶底上铺垫一块着水的药棉。药棉湿了即可，以免水多烂姜。把生姜放在药棉上，盖上瓶盖即可，随用随取，非常方便。

130.袋藏保鲜生姜

将生姜放入塑料袋，扎紧袋口，用细绳吊挂在冰箱内的搁架上，可长时间保鲜。

131.用食盐保鲜生姜

把生姜洗净后埋入食盐罐里，这样可以防止失去水分，不干瘪，也能比较长时间保持新鲜。

132.用报纸保鲜生姜

将皮还没有掉的姜用报纸包紧，放于室内通风处，随吃随取，打开后将剩下的再包好。采用此法，可保存两个月以上。

133.用白菜叶保新鲜大蒜头

将大蒜用新鲜白菜叶包好，用绳子捆好后放置于通风阴凉处，保持干燥，此法可保鲜数天。

134.用袋装法保新鲜大蒜头

将皮白、圆融且无虫的大蒜头放在已撒了精盐的塑料袋里，置于18℃左右的环境中，可使蒜保存一年。但是，每隔7天左右要开袋透透气，若发现霉烂、发芽或干瘪的蒜头，要及时把它们拿出来，以免"传染"。

135.用白酒"醉"活鱼

买回活鱼想留到傍晚时，可滴几滴白酒在活鱼嘴里。当活鱼"醉"后，便可把它放回水中，再将它们放在黑暗潮湿且通风的地方，这样，在傍晚想食用时，鱼还活着。

136.用可乐瓶保鲜鱼

找一个大可乐瓶装入半瓶水，将瓶口封住后快速摇动，这样便会产生大量气体，气体会融入水中，将这些水倒进鱼盆中，盆内便会充满充足的氧气了，濒死的鱼呼吸到充足的氧气便会鲜活起来，当鱼再次翻白时，只要从盆中倒出一些水，用上述方法再次换水，鱼很快便会活跃起来。

137.刚杀禽鱼等的冷藏

为了保持刚宰杀过的鸡、鸭、鱼等这些原料烹调后的鲜味，要先将其洗净后沥干，在冰箱外放置2小时后再冷藏。

138.冰箱存鱼保鲜

买回鱼后，应及时把鱼鳞、腮及内脏去掉，然后用布袋或塑料袋包严。若近日食用，可放入冷藏室，若想长期贮存，则应放入冰箱冷冻室。用冰箱存鱼，保鲜期一般在4个月以内，时间长了，虽不会腐烂，但其鲜味会逐渐减少。

139.用热水浸后藏鲜鱼

先把鱼放入88℃的热水中，浸泡2秒种，这样细菌和其他酵母就被杀死了。待鱼表面变白以后，再储藏在冰上。这样鱼的储藏时间可以延长2倍。

140.用芥末保鲜鱼肉

芥末不但是一种调味品，还可用其来做鱼肉的防腐剂。用水将芥末调好后，装入一个小碟中，与鲜肉、鲜鱼放在一个密闭好的容器内，放在一般的室温下，鲜肉、鲜鱼即可存放4天不变味。

141.复活泥鳅法

冰箱冷藏的泥鳅是可以复活的。其方法是：把活泥鳅装入一个不漏气的塑料袋，里面装一点水，用橡皮筋扎紧。放入冷冻室里冷冻。吃时，把冻的泥鳅放入一盆干净的冷水里，待冰块融化后，泥鳅就复活成活蹦乱跳了。

142.水汆储存鲜虾

在把鲜虾放进冰箱里贮存前，先用油或开水汆一下，处理完后，可使虾体内的显色物质、蛋白质、游离生态滞留在细胞里，成为不容易变味的氨基酸分子，这样，即可使红色固存，鲜味持久。

143.保存虾米

对于淡质虾米，可将其摊在阳光下晾晒，待完全干后，装入瓶中，保存起来即可。

对于咸质虾米，不能放于阳光下晾晒，可将其摊于阴凉处风干，再装入瓶内。

144.用淀粉盐保鲜虾仁

将虾仁的皮剥掉后，放入清水中，用几根筷子将其顺着同一方向搅打，反复换水，直至虾仁发白。然后再把虾仁捞出来，将水分控干，再用干净的棉布将虾仁中的水分吸干，并加入少许干淀粉和食盐（也可同时放少量料酒），再顺着同一方向搅打数分钟。经过这样处理的虾仁，可以更好地贮存待用。

145.用大蒜贮存虾皮

用淡水将新鲜的虾皮洗干净后，捞出来沥干，然后将其均匀的放在木板上晾晒，待完全干后，贮藏起来，并加几瓣大蒜，密封起来贮存即可。用此法贮存虾皮其味美如初。

146.用盐水贮存虾皮

用清水将虾皮洗干净后，放入锅内，加入适量盐（每约500克虾皮里放约100克盐）与水同煮，待水开后将其捞出来，放在篮子里沥干，然后放在干净的塑料袋里密封起来贮存即可。

每次打开后，一定要将袋口封好，防止返潮。

147.存养活蟹方法一

新买回来的活蟹，若想放几天再吃，可将其放在大口坛、瓮等器皿里，铺一层泥在底部，稍稍放些水，然后把蟹放进器皿里，放于阴凉处即可。若器皿比较浅，要加一个透气的盖在上面，以防蟹逃走。

148.存养活蟹方法二

若买回来的蟹比较瘦，想让它肥些再吃，或者贮养性瘦下来，此时，可喂些打碎的鸡蛋或芝麻（并加上些黄酒），但是不能放得太多，以防蟹吃多了而胀死。

149.贮藏鲜蟹肉

在螃蟹大量上市的时候，可将买来的活蟹用清水洗净后，将其蒸熟，剔出蟹肉，剥出蟹黄，然后放入炒锅内，加上适量的精盐、姜末、清水及料酒，待水差不多烧干后，盛进干净的瓦罐里，倒入些熬热的猪油（需没过蟹肉），冷却后，将罐口密封好，放在阴凉处。食用的时候，将猪油拨开，挖出蟹肉，再迅速盖好，贮存即可。

150.用"暴露"贮存法收藏海味干货

很多购来的海味干货（如：海米、虾皮、海带等）都含有潮气，容易变质，因此，应将其先放在阴凉、通风且比较阴干的地方。然后再用干净的纸把它们分别包好，扎几个通风小孔在白纸上。悬挂在通风避光的地方保存即可。

151.用蒜葱贮存海味干货

取一只干净陶罐，将大蒜和大葱剥好后一起铺在罐底。然后，把海味干货放入罐内，再码一层葱叶在它上面，将盖盖严。可长期保存。

152.盐水浸泡法贮存海蜇

海蜇泡发好后，若一次吃不完，可以将其完全浸泡在盐水里，以防止被风干后，难以咀嚼。

153.盐腌法贮存海蜇

买回海蜇后，千万不要用淡水来洗，可将其用盐一层层地腌在坛子里。撒一层盐在坛口处，封好坛口即可。在腌制的过程中，一定要将坛子洗干净。

154.用塑料袋贮存海参

若海参贮存不当，就会变质，其正确的贮存方法是：把海参完全晒干、晒透，然后装入无毒的双层塑料袋里，将袋口扎紧，挂于干燥通风处，在夏天时再曝晒几次，即可长时间贮存海参不变质。

155.醋贮存鲜肉

（1）把醋酸钠放入水中，溶解成 0.5% 的溶液，将鲜肉放进溶液中浸泡 1 小时左右，取出后放入干净容器中，放置在常温下，可保鲜 2 天。

（2）将生肉用沾过醋或浸过醋的干净布或餐巾包起来，过一晚上仍然能保持新鲜。

156.盐贮存鲜肉

将肉切成大小均为 1 厘米左右厚的片状，用沸水烫一遍，等凉后，涂上盐面在其两面，然后放进容器里，再用一块干净的纱网将口封住，使之受风，放于阴凉处，约一天后鲜肉里即会渗出水分，采用此法，在盛夏也可保存 20 天左右不变质。

157.油贮存鲜肉

（1）将鲜肉切成块，用油炸，可短时间保存。

（2）将肉煮熟后放入刚炸过的猪油里，可保存较长的时间。

158.胡椒和盐贮存鲜肉

按照每次的食用量将肉切成块，用保鲜袋分别装好，放进冰箱里。如果是切成薄片的肉，要将它们稍稍地错开放入保鲜袋中。

若是跟牛排一样的厚肉，则要涂上少许胡椒和盐将它们一块块地用保鲜袋装好以后再放入冰箱里。

159.锅蒸贮存鲜肉

将鲜肉放入高压锅里蒸，直至排气孔冒气，然后把减压阀扣上离火，可保存两天左右。

160.涂油保存鲜肝

猪肝、牛肝、羊肝等由于块头比较大，家庭烹调时一次吃不完，若放置不好食用不完的鲜肝，就会变干、变色。此时，可以在鲜肝的外面涂上层油，放进冰箱里贮存，下次再食用的时候，仍然会保持着原来的鲜嫩。

161.熟油隔离贮存肉馅

肉馅若一时用不完，可把它们盛在碗中，抹平表面，再浇上一层炸熟的食油，可使其与空气隔绝，存放起来不容易变质。

162.用酒存火腿

切剩的火腿只要在切面处用葡萄酒涂抹一下，然后放入冰箱中冷藏，便不太容易变质了。

163.用食油存火腿

火腿若保存不当，就会变哈喇、变质、走油。其保存方法是：在火腿表面擦抹一层食用油，然后装进不漏气的干净食品袋里，将袋口扎紧，放入冰箱内，这样，即可长时间保存不变质。也可将其切成大的条块，分别放进盛器里，用食油将火腿完全浸没，如此可保存更长时间。

164.用白酒贮存香肠

香肠是含油脂比较多的食品，容易变质或变味。若放一杯白酒在坛子里，然后将香肠平放在坛子的四周，等全部码满后，再洒些白酒在上面，然后将坛子口密封起来，放于阴凉处，即可使香肠保存一个夏天都不坏。

165.冷藏鲜鸡蛋要卫生

直接将买回来的新鲜鸡蛋放在冰箱架

上，是一种很不卫生的做法。因为蛋壳由于外界污染在其表面会形成假芽孢菌、枯草杆菌、大肠杆菌等细菌。如果鸡蛋上有禽粪、污斑、血迹，微生物会更容易污染鸡蛋，而且这些微生物大都可以在低温下繁殖生长。所以，一定要先把买回的鸡蛋进行处理：先挑选出有血斑、禽粪的鸡蛋，将这些脏物用湿布洗掉，然后再用洁净干燥的食品袋把鸡蛋装起来，放在冰箱的蛋架上便好了。

166.竖着放鸡蛋

蛋清中有黏液素，可以固定蛋黄，但黏液素在蛋白酶的作用下会发生脱水，失去原先作用。鸡蛋若横着放，由于蛋清比蛋黄的比重大，蛋黄便会上浮而变成散黄蛋和贴壳蛋。蛋若竖着放，由于蛋大一头里面气室气体的作用，使得蛋黄上浮也不会贴近蛋壳，从而避免了贴壳蛋的形成。

167.速烫贮藏鲜蛋

将鸡蛋放进沸水中浸烫半分钟，晾干后密封起来，可保存数月不坏。

168.抹油贮藏鲜蛋

蛋类特别不容易保存，尤其在夏天，极易腐败、变质。若将食用油均匀地涂抹在蛋壳上，即可防止蛋内的水分和碳酸蒸发，阻止外部的细菌侵入蛋内。若涂上一层石蜡或凡士林在蛋壳上，也可阻止细菌的进入。

169.盐贮藏鲜蛋

将新鲜的鸡蛋埋在盐里，或者将其埋在草灰里，也能久藏不坏。

170.豆类贮藏鲜蛋

在盛器的底层，放上 2 寸左右的清洁豆类，放上一层蛋（大头需向上放着），再铺上一层豆子，可贮存几个月。

171.谷糠贮藏鲜蛋

铺一层谷糠在容器内，然后再放一层蛋，等装满后，每过 10 天就要翻倒一次，每个月至少检查一次，把变质了的蛋挑选出来，谷糠必须保持干燥、清洁，放蛋的场所也要

通风、干燥、凉爽。这样，可使鸡蛋保持几个月不坏。

172.贮存咸蛋

蛋腌的时间一长，就会变得发硬、过咸，其味道也不鲜美了。若把蛋腌好后，捞出来煮熟，晾干后，再放回盐水中，这样，蛋就不会再咸了，而且也不再会变质。此法可以贮存一年以上。

173.松花蛋切忌存放冰箱内

由于松花蛋是用碱性物质浸制而成，蛋内饱含水分，若放在冰箱内贮存，水分会逐渐结冰，而导致松花蛋原有的风味改变。低温还会影响松花蛋的色泽，使松花蛋变成黄色。所以，松花蛋不宜存放于冰箱内。如家中有吃不完或需要保存一段时间的松花蛋，可放在塑料袋内密封保存，可保存 3 个月左右，风味不变。

174.防止开封奶粉变质

奶粉开封以后不易保存。简单的办法就是取一点脱脂棉，沾上一些白酒，塞在奶粉袋子的开口处，并用绳子连同棉花一起扎紧。

175.用倒立法保鲜饮料

生活中常常遇到这样的问题，喝不完的可乐、雪碧、橙汁等如果开启后喝不完，即使把瓶盖（大塑料螺旋瓶口）拧紧了，气体还会从瓶中逃掉，使得饮料口感变差。在拧紧瓶盖后让瓶盖头朝下保存，保鲜时间会变长。

176.啤酒存放方法

（1）把啤酒存放在阴凉、低温的地方，啤酒中泡沫会稳定下来，如果把啤酒用杯子盛着，泡沫会快速消失。

（2）为了减少二氧化碳在啤酒中的溶解度，不宜振荡啤酒。

（3）用清洁的杯子盛啤酒，这样就可以不影响啤酒表面的张力，从而使啤酒的泡沫量降低，加快泡沫消失。

（4）为防止二氧化碳逸散，不可以过早把啤酒倒在杯子里，鲜啤酒应该随喝、随开

瓶，同时不能来回倾倒啤酒，否则，啤酒中的气体会很快散泄出去，影响啤酒口味。啤酒开盖后的几分钟内要用清洁的橡胶翻口瓶塞盖好啤酒瓶口。

177.倒放啤酒保鲜

把啤酒瓶倒放着，瓶子中的气体往上跑，用倒放的方法可以有效防止气体的溢出，从而达到保鲜的效果。

178.延长冰块冰镇时间

在冰块上洒少许食盐，可以延长冰块冰镇时间，这样饮料、啤酒降温快，冰镇时间也比平时长。

179.家庭存葡萄酒

要想贮存好葡萄酒，适当的贮藏场所是关键，一般温度为 10℃～14℃，湿度保持于 70%，专业酒窖便是如此。不过一般家庭，只要选择隔光、隔热效果好的保丽龙纸箱或瓦楞纸纸箱用来装酒，并将其放在通风阴凉并且温度比较稳定的地方便可，这样酒的保存期也比较长。

一般情况，白葡萄酒的保质期在 6 个月，红葡萄酒保质期为 2 年。开了瓶但没有喝完的酒，将其换至小瓶中最经济实用了，并且这样瓶中不易存住空气，这样剩余的酒便又可保存一段时间了。

地点对于保存酒来说比较重要，摆酒的方式也很关键。葡萄酒一定得横着摆放，这样的好处是酒渣的沉淀比较便利，而且酒液也能润湿软木塞，软木塞便可以保持湿润，能紧紧地塞住瓶口，密封比较好。

180.贮存香槟酒

正确放置香槟酒的方法是横置在温度相对稳定并且干爽的地方，注意不能直立摆放。香槟需在 6℃～8℃的最佳温度下冷藏，这样饮用时才会体会到香槟的真正味道。如果冷藏不及，可用盛有半满冰块的香槟筒冰冻香槟半个小时左右即可饮用。

181.药酒贮存

（1）用清水将容器洗净，然后用开水将

容器煮沸消毒，方可用来配制药酒。

（2）家庭配好的药酒应及时装进颈口较细的玻璃瓶中（也可装进其他有盖的容器中），并将口密封。

（3）家庭自制好的药酒应贴上标签，并注明药酒的名称、配制时间、作用及用量等内容。

（4）药酒应存放在 10℃～25℃的常温下，不能与煤油、汽油及有刺激性气味的物品存放在一块。

（5）夏季不能把药酒贮存在阳光直射的地方。

182.人参贮存

人参主要的成份是：人参酸、皂苷、维生素、挥发油、糖分及酶等。由于冰箱的湿度较大，如果把干燥的人参放入冰箱中贮存，取出后，吸附空气中的水分，人参将会变软，极易发霉、生虫。若把人参用无毒的塑料袋或者纸包好，放进盛有石灰的箱子或米罐内，即可保持参体干燥，质地坚实，这样保存的人参其煎汤的汁水充满清香，也比较容易研磨成粉末。

183.鹿茸贮存

待鹿茸干燥之后用细布包好，用木盒存放，在鹿茸周围塞入用纸包好的花椒粉。这样可以防虫蛀、霉烂或过于风干破碎，还有保持鹿茸皮毛的光泽的功效。对于鹿茸粉，用瓷瓶装好密封即可。

184.贮存茶叶用罐

如果买回的茶叶需要长期保存，我们最好选择锡罐进行盛装，而尽可能的不用木制或铁制的茶罐。如果选择不锈钢的容器，必须用火将容器的外面烤一下。如果选用纸制的茶罐进行保存，要先放进少许的茶叶以便把罐中的异味吸收掉。保存茶叶要放在阴凉通风处，避免阳光直射。此外，应选择 5℃左右的低温来保存，效果最好。

大量的茶叶需要储存时，可用铁罐或瓦坛罐。瓦坛罐首选宜兴出产的陶瓷坛，这种坛有很多优点，比如保温性好，还可以减少茶叶香气的挥发。

茶叶在容器中装满后，需用布条或草将坛子的盖缠严密封，然后放在比较适宜的地方。注意必须隔 1 ~ 2 个月将坛内的石灰换 1 次。

如果家里没有瓦坛罐，可以选择双层盖的大铁罐来代替，用这种罐盛装茶叶，如果在其内放置一些干燥剂，保存效果会更好。

185.贮存茶叶用瓶

（1）贮存茶叶时，应装在深色玻璃瓶、锡瓶或陶瓷容器里，最好使用有双层盖的铁制茶听或者长颈锡瓶。保存茶叶的容器要洁净、干燥（竹盒不宜放在干燥的地方），不能有异味。装茶叶时应装满，以免空气进入。

（2）把茶叶放在性能较好的保温热水瓶里，用木塞把瓶口塞紧，再封上白蜡，用胶布把它裹上，可长期贮存茶叶。

186.贮存茶叶用桶

把茶叶放置在薄牛皮纸里捆紧，分层放在干燥无味、无破损的坛子或无异味、无锈的铁桶里。在放置茶叶的时候，层与层之间应放些经过风化的石灰（每隔 1 ~ 2 个月生石灰要更换 1 次），并盖好桶盖。若用坛子贮存，则应用牛皮纸把坛子塞好，上面盖些棉花或草，放于干燥处。

187.茶叶生霉的处理

夏天，若茶叶生了霉，千万不要放在阳光下晒，应将其放入锅内干焙约 10 分钟，味道即可恢复，但一定要保证锅的清洁，且火也不宜太大。

188.选择保存蜂蜜的器皿

可用木制、玻璃、陶瓷等容器贮存蜂蜜，但不可以用金属容器来贮存，也不可以用塑料制品。一般人都以为用铁罐盛装蜂蜜密封性会好很多，但是事实不是如此，如果这样保存，人在食用这种蜂蜜后不仅吸收不到有效的营养成分而且会有恶心、呕吐等身体不适的中毒症状出现。

出现这种情况是因为：碳水化合物跟浓度为 0.2% ~ 0.4% 的有机酸混合后，在酶的化学催化作用下，会部分生成乙酸进而腐蚀铁皮使之脱落，由此蜂蜜中的铁、铅以及锌的含量便会大大增加，蜂蜜便变质而不能食用了。

189.储藏白糖防螨虫

白糖保存需要密封，并且保存期不宜太长。如果白糖密封不好的话，不到一年螨虫便会出现。在食用储存时间比较长的白糖前，必须对白糖进行加热处理，当水的温度达到 70℃，不过 3 分钟螨虫便会死掉，便可放心食用了。

190.储藏白糖防蚂蚁

食糖的罐子非常容易爬入蚂蚁，但是如果将几根橡皮筋套在罐子上，蚂蚁因为讨厌橡胶的气味就不会碰糖罐子了。

❀ 三、居住 ❀

（一）家装设计

1.轻松实现另类装修

（1）"外材内用"，彰显时尚。将原本用在室外或者用于工业方面的材料引入家居装修，这种设计构思不仅独特，而且时尚。例如，镀钢的家电产品和橱柜台面近来就很受人们欢迎。因为镀钢材料既能不失现代感，在空间上又显得宽敞，而且清洗非常方便，只需使用洗涤剂或酒精擦拭，就能使其干净得像镜面。

（2）以隔板代替家具。装饰柜一般摆放在客厅沙发对面，可以用于搁置电视、音响这类家电。但是，要是居室面积比较小，或者对这种普通的居室结构感到厌倦，你不妨尝试一下以隔板代替家具的感觉。隔板组合可以自由设置长度，并且充分利用了整个墙面，既具有非常独特的装饰性，还能起到收纳功能。

2.家装"大"与"小"

家居装修设计的过程往往融入了鲜明的个性色彩。其中，"大"与"小"的关系处理就有很多诀窍可言。举例来说：

地砖：地板砖的选用逐渐倾向于越来越大的规格，这是由于地板砖规格较大时，给人以大方、洁静、统一的整体感。

沙发：沙发若过于傻大粗笨，太占地方，就不易被人们所选用。特别是当居室的客厅面积较小时，宽大型的皮沙发就不宜选用。

窗帘：窗帘的规格要比窗户大一些，可以垂到接近地板或到达地板的位置。

3.长远打算，一次到位

家居装修、设计、施工的过程中，为方便日后使用，应该进行长远打算，做到"一次装修，多年享受"。

（1）多设电话接点。当今日常生活中，电话的使用显然十分重要。因此，居室各处特别是客厅、卧室，甚至是卫生间都应该铺设电话线和电话接点。这样既能随时接听电话，又能更方便上网。

（2）多设电源插座。家用电器在目前的家居中已经很多，今后必然会更多，所以室内必须多设电源插座。在装修时，电源插座可与墙面的颜色相同或者相近。应以各房间四面墙壁的踢脚线处为安装位置，并且保持插座每隔一段距离有一个，这样将来家具或电器若发生位置变动，就不用到处"走线"。

（3）多设照明灯和开关。在客厅和卧室中可以多设立几处照明灯用于照明，用于就近阅读书报。在常用电器摆放的位置多设立照明灯，能够更加省事和节电。另外，主要房间的主照明灯应当使用双开关，比如卧室大灯可以在门口及床头分设开关，方便使用。

（4）多设储物空间。尽可能在装修时多留出储物空间，比如把整面墙都做成壁柜，或者在单元大门上方设置橱柜、吊柜等。充足的储物空间有利于室内整洁。

（5）重视地漏下水设施。地漏口在阳台、卫生间、厨房等处地面上位置都应最低，并且要保证地面其他部分都向地漏口倾斜，这样将来万一积水时就可免除"扫水"之苦。

4.选择涂料防污染

在选择涂料时应特别注意：

（1）少选或不选过艳或过深的颜色，且居室墙壁上的颜色不要太多，最好是选单颜色。

（2）不用劣质涂料，因其有害物质含量太高，要严格把好质量关。

（3）室内经常要通风换气，尤其是新装修的居室，在开窗通风后 20 ~ 30 天再居住最适宜。

（4）人体在触摸墙壁之后，先要洗手，以防涂料中的有害物质污染食物，或者其他物品。

（5）涂料有种甜味，很多孩子爱抠来吃，因此要严禁小孩食墙漆碎屑。

5.春季装修有效防潮

春季装修完毕后，气味不易散出，人们若在此时入住，会影响身体健康。因此，装修后应该在室内多摆放一些绿色植物，因为植物的光合作用能够去除异味。也可以在室内放 2 ~ 3 个香蕉、橙子或者柠檬，这些水果都能快速去味。

6.春季装修出现开裂不宜马上修补

春、夏季装修完毕的居室在秋季可能会因为气候改变而出现问题，比如木地板收缩导致板缝加大或者不同材质的接口处出现开缝等。一般说来，这些情况都属正常，完全可以修补，但专家认为并不应该在出现问题时马上修补。由于季节变更，墙体内或其他部分的水分正在逐渐挥发，导致这些部位的开裂。此时虽然修补好了，但水分会继续挥发，仍可能导致墙体再一次开裂。因此，应该等到墙面水分适宜于外界气候时，再请装修公司对问题进行修补，这样能达到更好的效果。

7.夏季装修四项注意

（1）注意材料的堆放与保管。千万不要犯急于求成的错误，把刚油漆好的家具或半成品木材及木地板在阳光中曝晒，因为这样做会使材料容易变形、开裂，从而使施工质量受到影响。要放到通风干燥处，使之自然风干。

（2）注意处理好饰面基层。特别是处理墙面、粘贴地砖或瓷砖之前，饰面底层不能过于干燥。施工之前，一般应先泼上水使之充分吸收约半小时，然后采用水泥砂浆或石膏粉打底，这样才能粘贴牢固。

（3）注意善后的保养。水泥地或 107 胶地，或者是水泥屋面在施工完毕后，应在 3 ~ 5 天内每天泼水保养，防止开裂。

（4）注意化工制品的正确使用。施工之前，必须详细了解胶水、油漆、粘贴剂等化工制品的相关说明，并依据说明书规定的温度、环境施工，从而使化工制品的质量稳定性得到保证。

8.雨季的木质材料装修

（1）地面工程：以 9 厘米板打底，注意应以板条形式，而不能够整块铺贴，其间距最好是木板长度的倍数，间隙约 10 厘米。木地板和四周的墙面之间必须留有伸缩缝约 1 厘米。施工完毕后，切勿忘记拔出四周那些用于定位的全部木销。铺贴地板前，应该在地板背面横切两道槽，深度约为 3 毫米。在与木龙骨固定时，气钉及胶水应该适当少使用一些。

（2）墙面及天花工程：隔墙及天花板若用木夹板制作，其板面须刷一层清油，保证木板不会受潮、返黄。贴墙纸时，必须在墙纸表面涂一层防潮光油，这一工序必不可少。

9.秋季装修有效保湿

秋季干燥的气候，使得涂料易干，木质板材不容易返潮。不过正因如此，保湿应是秋季装修的重要注意事项。

（1）过干的秋季气候很可能导致木材表面干裂并出现裂纹。因此，木材买回后应该尽快做好表面的封油处理，从而避免风干。特别是实木板材和高档饰面板更应多加小心，因为风干、开裂会使装饰效果受到影响。

（2）壁纸用于贴墙前，一般应该先在水

中浸透，再刷胶贴纸。秋季气候干燥，使壁纸迅速风干，容易导致收缩变形。所以壁纸贴好后宜自然阴干，要避免"穿堂风"的反作用。

10.冬季装修有效防毒

冬天寒冷的气候，使得工人们在施工时往往紧闭门窗，殊不知此举虽保暖，却极容易出现中毒现象。现在装修虽然都提倡使用绿色环保材料，但是，在装修时特别是用胶类产品铺地板、贴瓷砖、涂刷防水层、给壁柜刷漆时，仍然会挥发出大量甲醛、苯类等危害人体健康的物质。因此，在装修时切记开窗、开门，让这些有毒气体散发出去。

11.旧房装修有效防水

装修旧房时，其防水工程的施工应遵照以下程序：

（1）拆除居室踢脚线以后，无论防水层是否遭到破坏，一律返刷防水涂料，要求沿墙上 10 厘米，下接地面 10 ~ 15 厘米。

（2）厨房、卫生间的全部上、下水管均应做到以顺坡水泥护根，返刷防水涂料，要求从地面起沿墙上 10 ~ 20 厘米。再重做地面防水，这样与原防水层共同形成复合性防水层，使防水性能得到巩固和增强。

（3）用户在洗浴时，水可能会溅到卫生间四周的墙壁上，所以防水涂料应从地面起向上返刷约 18 厘米，从而有效防止洗浴时的溅水湿墙问题，以免卫生间对顶角及隔壁墙因潮湿发生霉变。

（4）在墙体内铺设管道时，必须合理布局。不要横向走管，纵向走管的凹槽必须大于管径，槽内要抹灰使之圆滑，然后刷一层防水涂料，防水涂料要返出凹槽外，要求两边各刷 5 ~ 10 厘米。铺设管道时，地面与凹槽的连接处必须留下导流孔，这样墙体内所埋管道漏水时，就不会顺墙流下。

12.家居装修有效防火

地砖不能全部使用大理石材质。与木地板及其他地板砖相比，大理石板的重量是它们的几十倍，甚至高达上百倍。因此，地面装修时若全部铺设大理石，极易超过楼板承重极限。

不能直接在墙壁上挖槽、埋电线。因为墙体受潮之后容易引起漏电，进而导致火灾的发生。

不要将煤气灶放置在厨房的木制地柜上，更不可把煤气总阀置于木制地柜中。否则，地柜若不慎着火，就难以关闭煤气总阀，后果将非常严重。

13.家居装修有效保温

冷空气一般由居室的门窗边缘进入。因此门窗若不必开启，其边缘的缝隙最好是用纸或布密封。热损耗最大的是门窗玻璃，因此，门窗若长期不能受到阳光直射，应用布帘遮住玻璃。日光的直接照射能提高房间内的温度，因此，应力求阳光可以畅通无阻进入室内。有条件的话，尽量选用双层门窗，其较强的御寒能力能使室内减少约 50% 的热损失率，并能减少约 25% 的冷空气侵入量。

14.家居装修有效防噪

降噪声处理在室内装修中是必不可少的。以下是几种预防室内噪声的有效方法：

（1）玻璃窗选用双层隔声型。

（2）选用钢门。因为镀锌钢门的中间层为空气，能够有效隔声，使得室内外的声音很难透过门传送。另外，钢门四周贴有胶边，这样钢门与门身相碰撞时就不会产生噪声。

（3）多用布艺等软性装饰。因为布艺这类产品吸收噪声的效果不错。

（4）居室内各个房间具有不同的功能，装修时要注意相互之间的封闭，并且墙壁不应该太光滑。

（5）多选用木制家具。由于木质纤维的多孔性，能起到良好的吸音作用。

15.门厅顶棚设计

受门厅空间较小的限制，顶棚的装修不宜过于复杂。一般门厅与客厅通连，客厅顶棚设计了吊顶，相比之下，客厅就容易给人低矮之感。而门厅顶棚与吊顶的客厅会形成落差，从而导致多余立面的产生。因此，若有条件，门厅也应该同时设计吊顶。

当然，也可以在向门厅顶棚和墙面四周延伸客厅吊顶落下的厚度，并在这些部位安装人工光源，比如司令灯、牛眼灯等，在装饰门厅的同时，起到良好的照明效果。

门厅若设计了彩绘的玻璃隔断，其顶棚宜以花色玻璃相辅，这样，空间中多种色彩多个角度相互协调呼应，可以达到理想的艺术功效。

16.小卫生间也能变"大"

卫生间面积小时，对于抽水马桶、洗脸盆、浴盆这三大基本设施的装修设计，宜使用开放式。这样不仅能大大节省空间，又可以节省给水和排水管道，设计简单、实用。

选用红色墙砖与白色洁具，以及黑色大理石材质的洗脸池和台面，红白黑三色相互映衬，对比十分强烈。

大面积玻璃镜的使用能够"改造"卫生间。可将两面大玻璃镜安置在卫生间内，一面镜子斜顶而置，另一面贴墙。此举不仅能盖住楼上住户延伸下来的下水管道，还能使空间富有变化感。通过两面玻璃镜的反射作用，小卫生间在视觉效果上足以"扩大"为大卫生间。

17.卫生间的"敏感地带"

装修卫生间时，一些"敏感地带"不容忽视：

（1）将蹲便器换成坐便器时必须慎重。一般旧式的蹲便器都是前下水，而坐便器往往是后下水。因此，更换坐便器，就得改变原有的下水管道。这一过程难度比较大，而且，原有的防水层会被破坏。施工时若安装不当，就会导致马桶不下水，甚至楼下渗水的情况。

（2）边边角角要注意防水。卫生间墙面的防水层高度不应低于30厘米。当墙面本身属于轻质墙体时，防水处理更应该包括整个墙面。墙与墙、墙与地的交角也要做好防水处理，否则会出现虚漏。另外，地面与下水口的交界处也要做好相关处理。

防水层漏水大多都出在卫生间的这些边边角角。因此，只要对边边角角做好防水处理，就能有效降低渗漏的可能性。

18.粉刷墙面的六大关键

（1）新刷的纸筋灰墙的外层石灰必须完全干燥，然后才能进行粉刷，不然会导致墙面出现花斑，从而影响美化和效果。

（2）粉刷墙面时，必须对石灰浆、液不断搅拌，否则石灰浆容易沉淀，墙面在粉刷后会出现或深或浅的条纹。

（3）粉刷原则为：竖刷、由上而下、一笔套一笔。当然，也可以横刷、由左至右，但是都要切记不能漏笔。

（4）若墙面为深色的旧石灰墙（不包括胶白墙面），或者斑点较多，在刷新色之前，要先用白灰水刷1次，干燥之后才能套刷新色。

（5）若墙面为石灰墙面且粉刷还没有超过半年，加刷酸性的彩色干墙粉，比如绿色、天蓝色等，容易导致中和以及泛色的现象，必须多加注意。

（6）自己动手一定要注意安全。

19.使墙面不掉粉屑

在灰浆的配制过程中，若掺入少量食盐，石灰浆的粘附力会增强，刷过的墙面会不易掉粉屑。一般来说，生石灰和食盐的比例为100：7。

20.使墙面更洁白

浆液中若掺入少许蓝墨水或蓝淀粉（含量为0.5%）能使墙面更加洁白。

21.使墙面变彩色

可按照以下方法操作，就能刷制出彩色墙面。

将适量粉烟（1.5%）加入石灰浆中，能刷出灰色墙面。

将适量黄土粉（10%～25%）加入，能

刷出淡黄色墙面。

将适量钸绿或铬绿（1%～5%）加入，能刷出浅绿色的墙面；将适量红土粉（5%～8%）加入，能刷出粉红色墙面。

需要注意的是，在配制过程中，应该先用少量灰浆进行试验，待色泽适宜后再大量配制。另外，在正式粉刷前，最好先试刷小块墙壁，以确定颜色是否合适。

22.家庭刷墙漆的方法

家装墙漆常用刷、滚、喷（包括有气喷与无气喷）等方法。"刷"是采用毛刷施工，是平面效果，但毛刷会留下刷痕。刷漆时加水的比例控制在20%～30%之间，不要超过35%，高于这个稀释比例容易出现脱粉、流挂、浮色、漏底等问题。"滚"指使用滚筒施工，是毛面效果，近似于壁纸，如拉毛、毛面、滚花、肌理、质感等。采用滚筒施工时可以少加水或不加水稀释。"喷"是采用喷枪施工，表面平整光滑，手感、丰满度好，是最好的平面效果。"喷"分为有气喷与无气喷两种，按要求施工的最终效果是相同的，但有气喷需要几道工序才能达到比较好的效果，而无气喷1次就可以满足施工厚度要求。

注意：刷完涂料之后，要开窗通风1星期。

23.冬季灰浆防冻

冬季粉刷时，在石灰浆调制过程中，若加入适量食盐，可以使石灰浆、液的防冻性能增加；改冷水为温热水调拌粉浆，能使粉浆自身的温度提高。

24.用催干剂装修冬季墙面

若装修在冬季进行，调配厚漆时，可以在-5℃时加用催干剂（一般为40克），这样一来，涂刷完成24小时之后，就可以进行下一道工序。

25.用火炉装修冬季墙面

冬季为了防冻，粉刷、油漆时，最好在室内烧一个火炉，以便提高室温，加速墙面干燥。

26.避免混油缺点

混油工艺也有一些缺点。

一是漆膜易在光照下泛黄。解决办法就是：在施工过程的最后，在油漆中掺入适量的蓝漆或黑漆用来压色，油漆漆膜便不易泛黄。

二是木材的接口处易开裂。因此处理接口时必须认真仔细，而且要选用干燥的木材，这样效果才会理想。

27.保护高层楼板的安全

铺设高层楼的地面时，一定要注意保护好楼板。

（1）有些用户在装修时，为了使瓷砖在楼面粘贴牢固，使用水泥砂浆过多，反而加重了楼面承重负担。

（2）有些用户没有按照规定的操作程序铺设木地板，为在地面上固定木龙骨，随便射钉、打孔等，对楼面造成破坏。

（3）有的用户为了加设天花板、吊装风扇或灯饰，在楼板或现浇板上随意凿钻甚至将楼板里的受力钢筋切断，破坏楼板原有的结构性能。若楼上住户在装修地面时已经破坏了楼板，那么该楼板的危险性就可想而知。

（4）有的住户为分隔房间，在原有楼板的基础上直接加设墙体，或者不仅用较重的石材铺设地板，而且还以砂浆水泥层层叠加。这就使楼板的承重大大增加，时间一长楼板就容易开裂，甚至折断。

28.保护阳台地板的安全

目前，阳台的结构分为3种，即凹进式、转角式、挑出式。特别是挑出式阳台，它完全依靠挑出于墙体的悬臂梁承受自身重量及承载，因此不能经受太沉的重量，也不能猛烈撞击。所以，在装修阳台地面以及布置阳台时，以下几种都是不安全的做法：

有些家庭在装修时，为了扩大使用空间，打通了阳台与房间，然后用水泥砂浆抬高阳台地面，使之与房间地面相平。此举表面上有利美观，实则使阳台的承重大大增加，从而降低了阳台的安全性，有可能导致阳台倾斜。

阳台的地面装修不宜选用花岗岩、大理石等沉重石材。

不要把过于笨重的物品堆放到阳台上，不宜在阳台进行震动较大的活动。

29.拼铺木地板 DIY

无论是横槽式还是平式木地板，都可以直接铺于水泥地面，而没有必要使用龙骨（桦木）加以衬托。

以材料大小为依据，确定好地板所要铺设的花形，按照设计好的尺寸将木料锯割整齐并刨平。

短木料加工好以后，在其两边钻眼，然后用竹签将它们互相拼接，成为 50～100 平方厘米大小的方块。

平整规方地面，力求地面平整方正。如果过于不平，可以使用水泥和 107 胶将其刮平，干透后再铺地板。方正地面非常重要，必须要用墨线画出边角，并且分出中点，随墙顺铺会导致边角歪扭，不直不齐，影响美观。

测量地面整体面积，在房间中央用灰线或墨汁弹好一个"十"字线。

在地面上刷好胶水，胶水稍干后，把木板贴于地面。

贴地板时宜围绕地面正中的"十"字线，依次平整地贴上去，同时顺手把它们压平。

地板铺好之后，可以把相邻的地板用电刨刨平。

若使用的材料为夹板，至少需要五夹板。拼铺完毕，待干燥后，打蜡上光。

30.强化木地板铺装

（1）家里的强化木地板板面有时会出现起拱现象，导致这一现象的原因可能是在铺装地板时，地板条与四边墙壁的伸缩缝留得不够，或者是门边与暖气片下面的伸缩缝留得不够。因此，地板起拱后，适当地将伸缩

缝扩大不失为一种行之有效的解决措施。

（2）某些强化木地板在使用时接缝上翘，除了地板本身存在的质量因素，铺装时施胶太多也有可能是原因之一。此时就应该适当将伸缩缝扩大，或者在中间隔断处做过桥，并且加强空气的流通。

（3）常见问题还包括地板缝隙过大。地板的缝隙应小于0.2毫米。若缝隙过大，应该更换为优质胶剂；同时，安装时宜尽量将缝隙楦紧；施工完毕后，要用拉力带拉紧超过2小时；最后，养护时间应超过12小时，其间不准在室内走动。

31.简易的地板上蜡法

水泥地板和木质地板都应该先擦洗干净地面，地面干透后才能上蜡。

要将蜡放于铁罐内，在火炉上将其烤化，把煤油缓慢掺入铁罐内，注意蜡和煤油的比例为122.5∶1。掺入同时要搅拌至鞋油状。

用一块干净的干布，蘸上蜡油涂在地面上。涂蜡油时要均匀，不能太厚。

涂完2～3平方米后，停2～3分钟，然后用手去摸，若不粘手，立即用另一块清洁的干布在上面擦拭，只需几下，就能出现光泽。

32.墙砖与地砖不能混用

有人喜欢在卫生间的地面上铺设五颜六色的花墙面砖碎片，也有人把颜色素雅的地砖当作墙砖。实际上，这种做法既不安全，又不科学。

从严格意义上来说，墙砖和地砖通常分别属于陶制品和瓷制品。二者不仅物理特性各不相同，而且选黏土、配料，甚至是烧制工艺的整个过程区别很大。就吸水率而言，墙砖约为10%，而地砖只有1%。

厨房和卫生间经常要用大量的清水清洗地面，因此宜铺设吸水率低的地面砖。以免瓷砖受过多水汽影响而藏污纳垢。墙面砖一般具有比较粗糙的背面，有利于利用粘合剂

与墙面牢牢相贴。相较之下，地砖就很难在墙上粘贴牢固。而墙砖铺于地面时，会因为吸水率太高而吸收过多水汽，不易清洁。因此，墙砖与地砖是不能混用的。

33.正确切割瓷板砖

瓷砖的特点是正面硬而脆，反面质地却较疏松。因此，切割瓷砖的时候，可以按如下步骤操作：

找来一废锯片，用钢丝钳剪断其中的一端。

利用废锯片断裂处尖锐的锋刃，依据所需规格，在瓷砖反面用力刻划大约 1 分钟。

当切割到瓷砖厚度的一半深时，把瓷砖浸泡在水里饱吸水分，待质地稍变松软后，即可从水中取出。

使切割线与桌子边缘对齐，然后在瓷砖上放一把直尺，直尺的边缘要与切割线对齐。

最后，左手压住直尺，右手同时轻压一下，瓷砖就会沿着切割线整齐地一分为二。

34.清除陶瓷锦砖污迹

陶瓷锦砖上的污迹忌用金属器具等铲刮，也不能用砂子或砂轮擦拭，因为那样会使得陶瓷锦砖表面因为受损而变粗糙，甚至有可能出现划痕。更不能用硫酸或者盐酸溶液刷洗，否则水泥填缝腐蚀后，会使瓷砖松脱。污迹不同，采用的祛污方法也不同：

如果是石灰水留下的斑迹，可以洒水湿润后，用棕刷擦洗，然后用干布擦拭干净。

如果是食物残汁或油污，可以用温热的肥皂水刷洗后，用清水洗净。

如果是水泥浆等硬迹，则宜采用滑石打磨。

35.灶面瓷砖用石灰防裂

在灶面上粘贴瓷砖时，最好是掺入一点石灰。这样既可以使砂浆的粘结性增强，同时瓷砖还不会因为灶面温度的高低变化而开裂。

36.家具定做有讲究

（1）壁柜、衣帽间。很多户型在卧室中都留有衣帽空间。如果面积较宽（有 6 平米以上），那就首选"U"型更衣柜。假若面积窄小，那可考虑"一"字型更衣柜。

（2）大书柜墙。假若想博览群书，可做个书柜墙，再订做个转角书桌，那样可与另面相邻的墙连到一起。

（3）客厅间隔柜。客厅太大，有空荡感，可做个间隔柜把客厅分成所需的不同区域。间隔柜可以这样设计：一面是酒柜、书柜、展示柜；另一面是储物柜、挂衣柜、餐柜。两面实用，且高雅、美观。

37.家具贴面识辩

（1）木贴面：在制作过程中，用实木切成大概 2 毫米厚的小木片，经过特殊粘连，贴于家具表面，然后再涂上漆，经过紫外线烘烤就可以。其特点：触摸光滑，用手指敲击其表面，产生厚实感。表面木纹虽不规则，但很清晰，在板块角落处能大约看到约 1 毫米的木皮，这类家具是贴面家具中的精品，售价较贵。

（2）胶贴面：又叫防火胶板贴面。感觉粗糙，细看表面有很多气孔，常在办公家具的板材里出现，木纹模糊，而且规则，售价约木贴面的一半。

（3）纸贴面：先把木纹印刷于纸上，后在板材上贴好，经过油漆涂刷，手感光滑，木纹模糊可是也有规则，在角落处很容易剥出纸皮，这种家具，材质低廉，价格便宜，售价为木贴面的 1/5～1/3，可是在使用时很容易产生贴面卷起、划伤等现象。

38.定做橱柜

橱柜有吊柜、特别柜、地柜之分。其功能有：料理、烹饪、洗涤、存贮 4 种。柜的台面有多种：不锈钢台面、花岗岩台面、耐火板台面、人造汇玉石台面、高分子人造台面。橱柜的门板材料有：金属质感门板、实木门板、冰花板门板、耐火板门板、PVC 模压吸塑门板、喷漆门板、密胶板门板等。

橱柜订做要考虑下列因素：橱柜造型要

根据房间大小来定。橱窗柜的设计有：U型、L型、直线型。很多家庭厨房面积小，整体橱柜可依厨房大小设计。利用好空间，使厨房不显乱，有条理。

（1）安全、方便原则。厨房是居室中明火出现的唯一区域，因此，橱柜表层防火能力强不强，是橱柜选择的重要因素。要选择用不燃或阻燃材料做成的橱柜，且还要是正规生产厂家。

（2）选购时要进行对比，同款同品牌的商品，必须从价格、质量、服务上综合考虑。

（3）选回来的家具不要急着付余款，先要整体仔细看一遍，把它擦干净后再看看是否有质量问题，如裂缝等。

39.识别橱柜质量的方法

检查橱柜质量可看以下3个方面：

（1）看抽屉。橱柜质量如何，先看抽屉。有些橱柜，装上了金属滚轴路轨，把其抽屉拉开到约2厘米后，它能够自动关起来。也有些橱柜，装的是纤维滚轴路轨。相比而言，前者能承受更大的重量，常超过34千克。

（2）看接合部。质量好的橱柜，会把模型接紧再加螺丝固定木板，作为接合位置。

（3）看底板。抽屉和框门里底板的厚度是鉴定橱柜时要讲究的，这个部位的用料要比抽屉其他地方的用料厚实，只有这样，抽屉才能承住最大重量而底部又不变形。

40.家具布置要三"看"

（1）从平面看，家具之间要疏密得当，留有一定的活动空间。一般来说，活动区域要占房间总面积的40%以上。因此，在选购家具时，应视房间大小，并结合实际需要而定。

（2）从立体看，家具的相互搭配，应该在视觉上给人以艺术的美感。首先，家具在使用上要尽量方便、安全。尽可能高低相错，大小搭配，并且应注意逐步延伸，不能大起大落；切忌所有高大家具摆放在房间一边，

而所有低矮家具摆放在另一边。高大家具不能影响视线和来自室外的自然光线。

（3）从色调看，每个居室或房间都以一种色调为装饰的主调色彩。家具的色彩应与室内天花板、墙面、地面和谐搭配。当然，安排家具也要依据不同房间的不同功能和住户需求。

41.家具布置的"简易缩排法"

（1）在正式摆放家具前，首先测量出居室的总面积，按一定比例缩小后，在纸上绘出尺度精确的房间缩略图，缩小比例一般为1：20。在缩略图上标出门、窗、暖气片、壁橱等位置，并且要标明尺度。

（2）将准备摆放的家具、大件饰物等的长和宽依照同一比例缩小，在白板纸上画出，注明物品名称，并一一剪下。

（3）把剪下的家具及饰物小样在房间缩略图上根据自己的要求反复摆放，直到自己满意为止，但一定要注意实物摆放后留出合理的空间以便走动。

这种"简易缩排法"，能够一次性地布置出合理满意的房间，避免因考虑不周而需要反复移动、搬弄实物，既省时又省力。

42.按照房间的功用选择居室配色

（1）客厅：客厅应该简洁大方，色调以幽雅淡逸为宜，可以选择鹅黄、淡绿色，在感觉上使客厅更加宽敞、舒适。

（2）书房：书房最好选用灰绿或淡蓝色，给人以清新、明亮之感，因为过暖过杂的色调容易使人疲劳、困倦。

（3）卧室：以暖色调为最佳，例如橙色、黄色等。在气候温热的南方，宜选用苹果绿，以节能灯或日光灯为配套照明设施；在气温较低的北方，则宜选用浅粉或浅杏黄色，以白炽灯为配套照明设施。

43.居室配色七要点

居室配色一般有两种方法：一种是统一调和法。即大量使用色彩、明度相似的姐妹色或类似色配合。这种方法效果稳定，使用

简便，但是比较单调。另一种方法是对比调和法。即使用色彩、明度差别较大的颜色相配合。这种方法效果活泼，能够充分体现居住者的个性，但是难度比较高。在现代家庭中，一般采用的是一种称之为"大面积统一、小面积对比"的方法，由此造成的色彩环境统一又富有变化。配色的要点是：

（1）家具、地板与墙壁：以家具色彩决定地板和墙壁色彩，或者选用姐妹色，或者选用对比。家具一般都是中性明度的棕褐色或者木本色，称为"百搭"色，能够搭配任何色彩。若家具色彩具有倾向性，则不宜草率，最好请专业艺术设计人士绘出主房间的色彩图来看配色效果。另外，需要居室配色对比较强的人，最好能够先给出色样。

（2）地板、墙壁与天花板：地板和墙壁可以是同一色系，也可以是对比色彩。不过天花板如果不是白色，必须和墙壁是同一色系，即姐妹色。

（3）地板与窗帘、沙发、床罩：窗帘应和地板是同一色系。如果不能，则至少要和沙发或床罩成同一色系，以达到平衡。但是，当地板是灰色时，窗帘颜色不限。

（4）室内织物与其他小摆设：室内织物同样是居室配色的主角，床罩、窗帘、台布、沙发巾等大块织物之间要注意颜色的统一，如果选用姐妹色，会表现出雍容大雅的气氛。而灯罩、靠垫、茶垫等小块织物则可以运用鲜明的对比，这能够使色彩气氛活跃起来，其作用可谓举足轻重。放在居室门口用于擦鞋的踏脚垫，一般都是黑色或棕色橡胶的，这不利于人们进门时对于色彩的感觉。如果换成明绿色或者明橙色，就会起到不同凡响的效果。

（5）居室色彩与装潢材料：材料质地的不同影响居室色彩的对比效果。镀铬家具容易给人以凉甚至是冷的感觉；红色瓷砖在感觉上比蓝色毛毯更冷。在粗糙表面使用同一种颜色，由于材料本身的阴影面积较大，看上去会更暗，所以对于粗糙材料可选用鲜嫩一些的颜色。另外，居室以暖色调为主的话，其家具不宜为镀铬和金属材料。

（6）居室的色彩与光线：居室色彩效果的设计要考虑到日常生活中主要使用时间的光线照明问题。以中、暖色调为主的居室，不宜采用日光灯做为主照明。主要用于夜间工作或采光不良的居室应该少采用红色调，这是因为光波最长的就是红色，它在低照度的情况下容易呈现出黑色，而紫色系即使在低照度的情况下依然能分辨出颜色。

（7）门、窗框与墙壁：门、窗框可以依照墙色，但明度应该稍高。一间居室一般最多使用两大色系，如果使用补色对比，不能使用色环图中的那种"正宗"补色。比如蓝色和橙色，补色对比显得过于强烈。常用的是黄色和蓝色。红色和绿色的对比也太强，不过可以稍加变通，用于局部的效果还不错。若用中性色和其他色加以对比，效果很好。但同时也必须注意比例，主色调应该占总面积的 2/3 以上。

44.客厅灯具的选择

客厅的灯具应选用吸顶灯或吊灯，显得庄重而明亮。

至于灯具的造型，不仅要求美观、大方，而且其风格应与居室整体的摆设和色调达到和谐统一。

灯光的色调宜柔、宜"热"，为房间营造出温暖、柔和的室内气氛。

光线强度应该强弱适中。客厅面积如果较大，可以在墙壁上装一对高度约为 1.8 米的壁灯。在沙发中间若有茶几，可以在其后方摆放一盏高度约为 1.6 米的落地灯。不宜在沙发对面安装灯具，以免直射人的眼睛。

45.灯光布局四要点

在对室内灯光进行布置时，以下 4 个方面是必须注意的问题：

（1）一要根据不同的用途，注意冷暖色的协调。

（2）二要避免炫光，因为炫光容易导致眼睛疲劳，从而不利于保护视力和身体健康，也影响学习和工作效率。

（3）三要合理分布照明光源，顶棚的光照应该明亮些，这样能给人以空间增大而且开朗明快的感觉。反之，顶棚光线若较暗淡，则使空间显得狭小而且压抑。

（4）四要合理布置光线的强弱程度和照射方向，不能直射人眼。

46.打造居室开阔空间的方法

选用组合家具。和其他类型的家具相比，组合家具在储放大量实物的同时还能节省空间。家具的颜色若与墙壁表面的色彩一致，能增加居室空间的开阔感。家具宜选用折叠式、多功能式，或者低矮的，或将房间家具的整体比例适当缩小，在视觉上都有扩大空间之功效。

利用配色。装饰色以白色为主，天花板、墙壁、家具甚至窗帘等都可选用白色，白色窗帘上可稍加一些淡色花纹点缀，因为浅色调能产生良好的宽阔感。其他生活用品也宜选用浅色调，这样能最大限度发挥出浅色调所具有的特点。在此主色调基础上，选用适量的鲜绿色、鲜黄色，能使这种宽阔感效果更理想。

利用镜子。房间内的间隔可选用镜屏风，这样屏风的两面都能反射光线，可增强宽阔感。将一面大小合适的镜子安挂在室内面向窗户的那面墙上，不仅因为反射光线增强室内明亮感，而且显出两扇窗，使宽阔感大增。

利用照明。虽然间接照明不够明亮，但也可以增强宽阔感。阴暗部分甚至给人另有空间的想象。

室内的统一可产生宽阔感。用橱柜将杂乱的物件收藏起来，装饰色彩有主有次，统一感明显，看起来房间就要宽阔得多。

47.居室空间利用法

居室空间较高时，可以将高于1.8米的剩余空间建搭成小阁楼，以贮存一些平时并不常用的衣箱、杂物等。如果阁楼上需要安排床铺，却又不便站立，可以增建一个能在阁楼入口处上方站立的台子，同时可将这个台子制成书架或衣柜。若房屋为老式结构，也可将房屋通道上方利用起来变成贮物间。可以在室内门、窗及床头上挂设一些小吊框；至于房角、门后及衣柜、床铺上端的多余空间，也应加以充分利用。鞋箱可以利用一些边角板材制成横式组叠式安装在门后；各种木板头也可利用起来，制作成形状各异的角挂架，置于房间角落。

48.利用小屋角空间

居室面积不够大时，应该充分利用室内那些靠窗的屋角。

（1）茶几。以稍大并且呈方形的茶几为最佳。茶几摆放于屋角后，将两张沙发成直角摆放。一是充分利用了空间，二是增进人们坐在沙发上聊天时的亲切感。

（2）电视机。满足电视机背光、防晒的两大要求，同时腾出更多空间用于观看电视节目。

（3）音箱。一个大音箱，或者左右两个立体声音箱均可。立体声音箱分别摆放在两个屋角时，相对而言间距更远，从而使声场分布更均匀。音箱上面可以放一盆吊兰等花卉，不仅节约空间，还能增添幽雅的气氛。不过要注意浇水时须特别小心。

（4）写字台。应放在窗户右侧的屋角，因为光线最好来自左前方。写字台上方的墙面，可以用挂画、年历及其他饰品点缀，再以台灯和小摆设相配，使屋角变得温馨、舒适。写字台旁可摆放一个书架，会更加方便。

（5）落地灯。由于落地灯有尺寸很大的灯罩，为了不会显得过于突出，最好放在屋角。至于落地灯周围的安排，则以躺椅或沙发为最佳。

（6）圆弧架。条件允许的话，可以做一个圆弧形架子摆放在屋角，日用品、装饰品都能摆放在架子上，方便人们的日常生活。

（7）搁板。屋角上部也可以利用来做几块搁板，高度以人手够得着为准。搁板上下的间距可以任意等分或不等分，书籍、花卉、其他物品都能摆放在搁板上。搁板下地面可以直接放一盆大型花卉，如米兰、龟背草等，充分利用空间的同时更添雅致风情。

49.打造舒适房间六招

要布置出舒适满意的房间，应该考虑以下 6 方面：

（1）布置前做好计划。确定房间的长宽高，结合自己的要求，制订出合理实际的方案。

（2）仔细选购自己满意的家具。如果家具是现有的，要进行合理安排，一一就位。

（3）居室空间要充分利用。家具可以适当选用活动的或多功能的。特别要注意的是，要为孩子留下足够的活动空间。

（4）色彩搭配要和谐。选择一种色调作为整个房间的色彩基调，若同时运用其他色调，要注意相互统一、协调。尤其是色彩面积较大时，力求与其他家具的色彩一致。色彩素雅，是房间安定舒适的必要条件。

（5）照明设施要合理、美观。最好根据需要，设置多种不同功能的照明灯具，如整体照明、局部照明、特别照明等，这样既能使日常生活更加便利，灯光又能烘托、调节出良好的室内气氛。

（6）陈设的格调要高雅。挂在墙壁上的装饰品要与整个墙面的风格一致。在房间里留下富余的空间。可考虑在某些合适的位置作重点装饰。力求窗帘与其他织物在色泽和面料等方面的统一和谐。陈设品宜精选，不宜到处罗列。

50.用图案法布置小房间

许多城市家庭的住房都不够宽敞，如何布置才能使小房间显得紧凑宜人，是城市居民普遍关心的问题。视觉上的某些错觉能影响人们对空间的高低、大小的判断。如不同

的墙纸花纹，会带给人们截然不同的扩大或缩小的视觉体验。为增强宽阔感，装修墙壁时宜使用那种带有菱形图案的壁纸。

51.用色彩法布置小房间

房间较小时，利用色彩进行装饰能收到明显的效果。色彩不同，人们对距离、重量和温度的感觉也就大不一样。比如暖色调的红色、橙色、黄色等，易给人以凸起感；相反，冷色调的蓝色、青色、绿色等，易使人形成一种景物后退的错觉。

一般情况下，小房间的主要色调宜为亮度高的淡色，如浅绿色或淡蓝色等。这样的颜色易使空间显得开阔一些。

中性的浅冷色调也能改变由于空间窄小造成的紧迫感。面积较小而且低矮的房间宜用远感色，如使用同一种浅冷色调涂刷天花板和墙面，也能收到开阔空间的效果。

如果房间为长方形，相邻的两面墙壁其中一面可以选用白色或者其他淡色的涂料，而另一面则选用同种色调的深色涂料。因为色调的深浅对比，能够使两墙之间的距离产生视觉上的拉长感。

床单、桌布、沙发套等纺织装饰品颜色宜与墙壁相同或相似，这是由于单调的配色也能使人产生一种室内空间上扩大的感觉。

52.用重叠法布置小房间

房间较小时，家具以上下重叠的方式巧妙组合，并在放置时尽可能贴墙，这样房间中部能够留出的空间就比较大，方便室内的日常活动。

53.用空间延伸法布置小房间

透明体一般都具有良好的反光作用。布置小房间时，可以利用这一特点贯通室内空间。比如在迎门的墙上悬挂一面大面积的镜子，壁檐选用镜面制作，桌子、茶几表面用玻璃替代，窗帘质料宜为半透明等。

54.客厅布置

布置客厅应该选择合适的家具、灯具和室内色彩。巧妙合适地安排有限的空间，并

适当用一些植物、装饰物、工艺品等加以衬托，使客厅显得更有生气。总体来说，客厅布置宜简不宜繁，色调宜幽雅、明快、简洁、大方，布置上避免过分对称或过分杂乱。选配客厅家具也应该避免杂乱，要能够给人留下足够的活动空间，这要根据客厅空间的大小而定。基本上客厅家具包括沙发、茶几以及各种柜架，还可以加上餐桌、餐椅、衣架、灯具等。

55.暗厅变亮法

有的暗厅很大，8～20米不等，宜用作走廊，如果用作客厅，则在布置方面，需要动些脑筋。一般说来，可采用如下方法：

（1）用人工光源补充光线：在立体空间中，光源塑造出的层次感耐人寻味。比如曝光灯这类光源若射到墙壁或天花板上，效果会非常奇特。如将射灯的光打到浅色画面上，效果也很好。

（2）把色彩基调统一起来：色调阴暗沉闷对于暗厅布置是大忌。异类的色块由于空间的局限性，会破坏掉整体的温馨与柔和。可以选用亚光漆或枫木、白桦饰面的家具，以及浅米黄色的柔丝光面砖。在不会破坏氛围的前提下，采用浅蓝色来调试墙面，能够改变暖色调的沉闷感，从而较好地调节光线。地面材料，要尽量选用浅色调，这样可增加客厅亮度。

（3）增大活动空间：要按照客厅大小设计家具尺寸，不要在厅内放置高大家具。可订做一组壁柜，漆浅色调，为节省空间，厚度不宜大。如此设计，视觉上简洁清爽，厅内自然光亮。除此外，一切死角都要充分利用，并保持整体基调的一致性。

56.书房布置

书房的布置要求清静、光线明亮、雅洁。所以，书房家具应简洁、实用，风格不宜豪华。一般来说，包括写字台、书柜、沙发等家具。应将写字台放于光线明亮的窗前或窗户右侧；书柜要与写字台相邻；沙发则

宜在书柜附近，且面对窗户。以便于学习工作之余的休息，有利于抬眼远眺，消除视力疲劳。书籍的摆放宜简洁。宜选用白炽台灯作为夜间照明，可以保护视力。

57.卧室布置

床铺不宜与门相对，要尽量避免开门即见床。门的正对面通常放置一些低矮家具。

高大的橱柜不应靠近门窗，要置于墙边或墙角，以免阻挡室外光线，或影响人们的活动。

橱柜一般不宜与门相对。室内光线充足时，带玻璃或镜子的家具不宜与窗户相对，否则反光会过于强烈。家具若有大面积的镜子，不宜与床铺正对。

两件家具若体积相似，不宜并排摆放。否则容易给人以沉闷单调和不舒服的感觉。

床的色调应是卧室的主体色调，家具、灯具和床单、毛毯等的色调要与之相同或相近，这样整个卧室才能成为和谐的统一体。卧室较狭小的，可以采用一些措施来扩大空间，比如布置令人视野开阔的大幅风景画、设置大挂镜等。

床铺高度不宜过高，也不能过低。一般情况下，根据中国人的平均高度，床面与地面的距离以不高于45厘米为宜。

卧室布置应当综合考虑到卧室自身的功能需要，以及住户的经济条件、个人爱好等具体情况。

58.厨房布置

厨房的整套布置，必须全面考虑到厨房的面积、灶具、餐具等情况，包括水龙头的具体位置等。

（1）对居室的长宽高进行测量时，要从不同的点同时进行，以检查其是否有凹凸不平之处。所有突出物都要考虑在内，如水管、水电表和煤气表等。

（2）对煤气管道进行安装或拆装时，不能请装饰公司，而必须由煤气公司的专业施工人员进行。同样，装修暖气管道时，也要

谨慎。暖气的室内位置，会对冬季室温造成直接影响。如果拆装不当，要么影响取暖，要么造成暖气跑水。

（3）水池一般宜砌于厨房一角，灶具应避免室外风直接吹到，灶台则应位于水池和灶具之间。

（4）碗橱宜选用悬挂柜、多用橱等，不仅节省空间，又能贮存大量的炊具和食品，从而使厨房显得整洁、方便。

（5）不要把烤箱或煤气炉安放在窗户下面，以免风吹灭炉火，或把窗帘等刮到炉灶上。空出烤箱或煤气炉周围的台面，这样做美食时便于放置炒锅或盘子。

（6）冰箱不能和炊具放在一起，否则，炊具的高温会使得冰箱需要更多电力，才能维持必要的冷度。

（7）微波炉应放置在干燥、通风的平稳、固定的平台上，应尽可能远离热源、家电、日晒、热气和水，以免影响其使用寿命。

59.用物理方法使居室夏日也清凉

窗帘选用浅色调，若能在玻璃窗外粘贴一层白纸则更佳。

当西晒时，窗户可加挂一扇百叶窗，避免阳光直射进来。

对屋面隔热层做加强处理。

加强绿化，以调节居室周围的小气候。如在居室外墙上引种一些爬山虎，再在居室周围种几棵白杨或藤蔓植物等，在开放式阳台上多养些盆栽花草。

在上午 9～10 点至下午 5～6 点这个时间段内尽可能将门窗关闭，并挂上窗帘，以使屋内原有低温得以保存。

天气干热时，可洒凉水在地面，水蒸发的过程也能吸收热量。

（二）居室美化

1.客厅的美化

好些客厅在屋顶上有显露的"过梁"，让人产生沉重感，很生硬。要是用装饰材料把"过梁"装扮成曲面状或曲线，将使天花板变得轻巧。假若居室客厅门太多，则可把不常去的房间门藏起来，例如做个可拉动的滑轨，（假的书柜）来遮掩，不露出破绽，让人无法察觉。假若居室房间窗子太少或太小，则可在墙上适当开个假窗，让人感觉视野开放。

2.浴室和卧室的美化

可以运用清新自然的暖颜色。如：浅棕色、蛋黄色、原实木色或淡绿色，让卧室充满了休闲之气。在室中也可点缀少许花瓣，摆上些许鹅卵石或贝壳，给卧室带来清爽气息。

另外，还可用大色块来装饰浴室，就是用黑、红、白大色块分割。墙壁用白色瓷砖，白色的洗脸池、浴池和黑色的天棚、红色的浴帘、毛巾架相映衬，给人一种不拥挤的视觉。柔和的灯光经过洗脸镜的散射，让浴室充满了温馨和舒适。

3.厨房和餐厅的美化

厨房和餐厅是一家人一起享受快乐用餐时光的场所，也是忙碌的家庭成员彼此交流的中心。在这样的情形下，厨房的装饰一般可采用绿色，把大自然的色彩带到家里。木原色本身就具有自然的质感，绿色植物能让厨房充满活力，在墙上或其他地方使用绿色来装饰，能展现其特有的清新。

4.阳台变花园

绿色植物应成为装扮阳台的首选，据阳台的面积的大小，找些需要的材料，做个能移动的，很方便的精致的花架，从而便于花木全面吸收阳光。选择的花木等种类不要太多，宜选性相近的花木，这样，照料容易，且事半功倍。还可在阳台上栽种相思草或吊兰，最好是在阳台空间设置一个悬挂的钩环栽种它们，以供观赏，且具有立体感，阳台像花园一样，效果好。

5.居室添自然色彩法

假若你喜欢感觉自然，那你可把自然的感觉带进居室装饰中。表面用清漆能流露出木质的美感；藤编织的图案能让你更亲近自然；绿色植物所带来的清新的气息，能够净化空气。

6.客厅角落装饰

在客厅角落可设置别致的精品台，在其上可摆些手工艺品或鲜花，其造型应当大方、简单、用木质配上适当的金属作为材料最好。也可直接去家具店采购自己喜爱的金属架，用它来装饰角落，也可在墙角的上方挂个花篮，再放些气味芬芳、色彩亮丽的绢花或干花。设置角柜放在角落上下两头，玻璃隔层板设置在中间，可采用扇形形状。间距任选，把工艺品放置在层板上。然后，把射灯装在处理好的角落上方，使角落繁花似锦，充满生机。

7.家用电器配置

以实用为主的电器，用来做装饰并不好。但若把它们精巧地"隐藏"于木质的花格挡板或木质的橱柜之中，且能很方便地把它们拉出推进，那效果相当不错。这就是常说的"露温馨，藏冷硬"的居室美化技巧。

8.茶几配置

居室茶几，根据其形式及功能，大致有两种：中心式和角隅式。所以茶几配置应讲究下列几点：

（1）依居室空间面积来选择茶几类型。其品种繁多，有长方形、正方形茶几；也有选材独特、造型美观的玻璃茶几；还有组合型茶几，由大小不一，外形各异的茶几组合。把茶几的功能和居室面积及空间合理配置起来，在居室空间布局上很重要。

（2）茶几的风格要与居室装饰风格配套。茶几看上去小，但作用很大，它能以流畅、简洁的线条衬托出传统家具浑厚质朴的意韵。也能点缀出现代家具的大气与明快，给居室锦上添花。

（3）茶几的色彩和材料要配上居室的色彩及居室家具的色调。茶几色彩的选择应与居室中所有陈设的东西的色彩相协调。让它们产生互补效应，从而使居室充满勃勃生机。

9.室内布艺配套

居室窗帘，适合"三位一体"的配套，就是：床罩、布艺沙发、窗帘三者的配套。它们全是大色块，若搭配恰当则为居室增色，若不当则影响整体环境。假若窗帘布是6种颜色的，则枕套、床罩、靠垫、沙发套等都应该取窗帘布的主色调，作为基本格调。可选其中的2～3种颜色，讲究神韵相通，不求花型一致。

10.搭配家居藤铁艺

经过染色等特殊处理的藤铁组合很流行，比如：蓝色、绿色、白色等，让人觉得既沉稳又活泼。要摆设好藤铁家具，就要掌握好居室环境和色彩之间的关系。如居室色调是深色，则应配深褐色或咖啡色的藤铁家具，坐垫和桌布的色彩，应该在色系相近又不太深的色彩中挑选。如居家空间是浅色的，那藤铁制品就应选中性或另外颜色的，再配上明亮色泽的布或坐垫。

11.室内垃圾筒美化技巧

室内垃圾筒的美化可参照下列技巧：

材料：针线、软尺、零碎花布、松紧带。

制作步骤：把垃圾筒清洗干净，用软尺把垃圾筒的高度、上下周长量好，把布依尺寸裁好。把松紧带缝在布的上下两边，后按垂直标准，缝成圆柱形，做个桶形布套。缝个蝴蝶结作为布套的装饰。最后用布套把垃圾筒套起来。

12.选用窗帘

（1）布料：薄型窗帘透光程度好，白天在室内，让人有一种安全感和隐秘感。冷色布料的窗帘适合夏季，暖色布料的窗帘适合冬季，中性色调的窗帘布料适合春秋两季。

（2）功能：在书房的，要求轻且薄，可

使光线柔和又显明亮；在卧室的，要求厚实，弱化室内光线，给人以宁静舒适之感。冬季，多层窗帘能很好地阻击室内外冷暖空气的对流，起到提高室温的作用。夏季，则需要有效的通风，宜用竹帘、半悬式窗帘或珠帘等。

（3）厚薄：由于多数家庭只挂一层窗帘，故不宜太厚，要有一定的透光性；但也不能过薄，以晚上开灯后从户外看不清室内的活动为宜。

（4）色彩：窗帘的色彩最好与墙面和家具的色彩相协调。如墙壁是淡蓝或黄色，桌椅是紫棕或近褐色，可采用蓝色或金黄色的窗帘。墙壁是白色或象牙色，桌椅是淡黄色，可采用橙红色或黑蓝相间的花纹布窗帘，若加白色透明纱效果更佳。此外，如果墙面上挂的饰物较多，则应选用纯色窗帘，以免使人眼花缭乱。

13.选配夏季窗帘

透光性强，色彩浅是夏季窗帘的特点，比如：纯白、淡绿、淡蓝等。其搭配需讲究如下技巧：

窗帘杆头是红色的，铁质的窗帘杆是黑色的，再配上薄纱的绿色的窗帘，是浪漫人士的首选。

木质窗帘杆配上彩色的薄纱的窗帘，爱美但却不喜张扬的人会喜欢。

白色薄纱配清雅竹卷帘，当风吹过，薄纱随风飘扬，意趣无穷。

铁质杆窗帘的黑色配上薄布的蓝色窗帘，相接处打个绳结，能带来动感。

而书房的窗户则适合挂百叶窗帘，特别是银灰色的，且它与现代家具也很相配。

14.给窗帘增情调

在窗帘内侧可以稍加点缀，如粘上彩色小纽扣、卡通形象、五彩斑斓的电光纸片等，再配以一些得体的小朵绢花、花边、小彩灯、个人生活照等等，便能锦上添花，为窗帘增添浪漫迷人的情调，使室内更加光彩照人。

15.用彩色射灯

如果把颜色不同的一些射灯装在博物柜里，工艺品将更富有吸引力。特别是在晚上，和朋友一起欣赏之际，把射灯打开，工艺品将魅力四射。在墙上的饰品、艺术挂画等，同样可用射灯照耀，使其观赏性更强，充分显现出它们的美。

16.用水晶灯饰

选购水晶灯饰，需讲究如下几点：

（1）居室结构。楼房高矮、房间间距、顶梁的设计、室内的装设等，在装置、选择灯饰时，都是应考虑的因素。

（2）灯光效应。只有光源清晰，水晶灯饰才有效果，因此要配上光线明亮的灯泡，普通型的就可以，而不要配上彩色或磨砂灯泡。这样，色彩绚烂的水晶灯效果就出来了。同时，为了不同场合的需求，也可装个调校器，来调节光暗。

（3）吊灯垂饰品质的选择。水晶灯饰自身的设计很重要，但其能否艳丽动人、能否安全适用且完美无缺，都与其垂饰有很大关系，一般人都没有标准去识别其优劣，一不小心就会以假当真。

（4）照明面积。水晶灯能对室内照明起很大作用。常理下，衡量水晶灯的照明面积，可按其灯泡瓦数或直径去衡量。一般说来，直径是 12 寸的水晶灯，照明面积在 50 ~ 70 平方米，相应地，灯泡约为 60 ~ 100 瓦。

17.用墙面小挂饰的技巧

墙面挂饰一般包括字画、挂历、镜框等装饰品。它们能在美化环境的同时陶冶人们的艺术情操。挂饰的选配因地因人而异。地理因素包括：房间格局、墙壁富余面积；个人因素包括：经济条件、文化素养、职业习惯、个人爱好等。

一般来说，面积较小的房间，宜以低明度、冷色调的画面相配，从而产生深远感；房间面积较大的，宜选配高明度、暖色调的画面，从而产生近在咫尺的感觉。

房间若朝南，光线充足的话，宜选配冷色调的饰画；反之，朝北的房间其装饰画应以暖色调为主，而且画幅应该挂于右侧墙面，使画面与窗外光线相互呼应，以达到和谐统一，增添真实感。

18.用字画装饰房间

（1）用来休息的卧室，常在墙上配些画幅不是很大的、看上去平和恬静的油画或镜框饰品。而充满活力的饰物则适合于挂在青少年的卧室。在厅堂或者文学、艺术人士的房间，宜首选名画、名言等饰品，以显其品味，另外把色彩缤纷的静物写生画挂在起居室内，能让人食欲大增。

（2）年画、字画、竹编画及绳编画适用于中式家居布置。油画、版画及大幅彩照适用于西式家居布置。

（3）竖幅字画较适合墙面高的房间，反之，则挂横幅，室内环境也影响挂饰的选择，如要是绿色充满室内，则宜选用有树木的大幅挂画来布置。

（4）想用镜框照片来装点室内，就不宜选一个镜框里由很多的小照片拼成的那种，那样格调不高，显得小气，宜选挂大幅照片。镜框颜色应与家居墙面、家具的颜色统一，比如：淡黄色或浅棕色的镜框适合配白色墙壁，金黄色则适合配苹果绿的墙壁。

（5）用字画来装饰要注意字画之间的间距，不要过密，要留有一定空间，让人的视觉有休息的余地。一个房间里的字画饰品，应挂在同一高度，而镜框，比较适合的位置是：距离地面 1.5 ~ 2 米，倾斜角度保持 10 度为宜。

19.用油画装饰房间

（1）统一风格：油画装饰，要与居室房间风格统一。富丽堂皇的房间适用于写实、古典风格和油画。明亮简洁的房间宜挂抽象派、现代派的油画。

（2）色彩协调：房间色彩应与油画色彩相对比，使其能相互衬托，又协调一致。如配的房间是温馨淡雅，则油画格调应色彩柔和。如所配房间色块鲜明、亮丽，则油画格调应色彩对比强烈。

（3）品位适宜：油画作者和房间主人的艺术品位要达成共识。作品观赏性强，回味无穷。

20.用照片装饰房间

（1）悬挂：居室面积小，可把照片挂得高于常人平视线，应当配镜框悬挂。居室面积大，适宜把照片前倾式挂好。

（2）隐藏：尽量隐藏挂钩和挂绳。无法藏的话，则可考虑用专用画镜钩，把它挂在居室画镜线上。

（3）镜框：选好位置，先在墙上钉好钉子，并且还要在镜框背面的中心位置钉个钉子，可用螺丝圈，另还要在其上系根带子。然后，捏住绳中心把它挂上去，并用绳围绕钉一圈。这样，因镜框自身的重力加上墙面的支托，镜框被自然而平稳地固定于墙上。

21.用挂毯装饰房间

（1）选择：用挂毯来装饰房间，应按房间的风格选取相配的画面，假若房间布局突出了时代气息，那就应选现代画派的挂毯画面与之相协调。假使房间布局"古色古香"，那就要选有中国民俗特色和民族色彩浓厚的挂毯画面，以显其相互衬托，和谐一致。

（2）协调：挂毯的尺寸、颜色应与房间的面积、色调相配套。要使挂毯画面更美丽、清新，可用壁灯来装饰，但装在其上方的壁灯，形状、颜色应与挂毯画面相协调。

22.用旧草帽做壁挂

把旧草帽分拆成草辫，洗净后，将它晾干，并把它缝成交织在一起的吉祥鱼，再给它装饰些颜色，那样就做成了一个充满民族风情的小壁挂。

23.巧用贴图与挂物

自制简易铅垂，作为贴图挂物工具。将一些小物品如苹果、小锁、钥匙串等用普通的缝衣线悬挂，简易铅垂就制作好了。贴图挂物时，若因为没有合适原参照物而无法确定正斜时，可以利用自制铅垂紧靠需要挂贴的图物的某一竖边，铅垂的缝衣线如果与图物竖边完全重合的话，那么表明图物已经摆正。

利用图钉巧挂镜框。在镜柜下方的两角一边钉一只图钉，不仅能增强镜框悬挂时的稳定性，还避免镜框背面积存灰尘。

平等双钉有利于稳固、端正。钉好钉子后，在附近地方再钉一颗与之平行的钉子，有利于挂正镜框一类的挂物。

24.选用工艺品

居室桌柜、几架的台面上宜陈列一些工艺品，这对居室环境能起到点缀、美化作用。

工艺品的选用应与居室的整体气氛相协调。要考虑居室内的条件，比如布置色彩基调、风格等。若为中式房间，宜摆放中国传统工艺品；西式房间摆放的工艺品则宜具有现代特色。

选购工艺品应该少而精，宜小不宜大，还要注意材质、造型、釉彩和制作工艺等。

工艺品的摆放位置也有讲究。床头柜上最好能摆放一只插几支香味塑料花的花瓶，收音机上方可以摆放一只动物造型的装饰品。

25.选用纺织品

首先，纺织类装饰品应该与家具使用同一色调，同时与室内其他陈设和谐统一。也可以根据使用性质的不同进行分类，比如椅套、沙发套、台布可为一类；电视机、音箱等为一类；床罩、枕套等为一类。每类纺织品均应选用一种主要色调，否则，五光十色将导致居室内凌乱不堪。

需要注意的是，台布的花纹图案以素雅自然的淡色调为最佳，不可过多、过碎，其面积尺寸要和所盖的家具大小相符；

电视罩、电扇罩等，主要功用是防尘、防晒，因此应选择那种质地比较厚实的面料，如平绒、灯芯绒、纤维布等；

床单、枕套等，虽是实用物品，但是若选择得当，也能美化房间。

在选用纺织装饰品时，应考虑到其用途，以及地面、墙壁、家具的色彩、格局等多方面的需要。

26.居室空间的绿化

居室空间充分利用，造成立体化的观赏效果，不但能扩展绿化的面积，而且能增强艺术观赏的价值。主要方式如下：

（1）悬挂：可以把用来装饰的花篮或框架、盆钵等挂在门侧、柜旁、门厅、窗下，且在篮里种植些常青藤、吊兰和枝叶垂下的植物。

（2）使用花格架：把花格架板嵌在墙上，在其上放些枝叶往下垂的花木。居室中有些既需要装饰又不适合挂字画的墙壁，如沙发椅的上方，门边的墙面，都可以安置花格架。

（3）使用高花架：高花架容易移动，方便灵活，且占面积少，能把花木升高，使空间绿化，能达到立体化绿化室内的理想效果。

27.卧室绿化

雅致、俊逸、幽香、小巧是绿化卧室的要点。在卧室中适合摆放的有：树桩盆景、山水盆景，同时还有如：梅、竹、柏、松、棕竹、文竹、佛手等。尤以兰花、水仙等植物最为合适。

28.书房绿化

书房的特点是素雅、清静。其绿化要突出这些特点。案桌上可以选择一些水仙、仙客来及君子兰、蟹爪兰、文竹等植物摆放；再如：佛手、石榴等果子类植物，可摆放在书柜上；桌子旁边就可以放些中等或者低矮的常绿花木。

29.客厅绿化

客厅绿化，要突出欢快、热烈的氛围。宜首选大型或中型的常绿花木，并且配以花、果等观赏植物，比如：松、柏、竹、棕竹、龟背竹、腊梅、梅花、蒲葵、山茶等，但有刺植物不能放。

30.用盆景装扮客厅

盆景有"无声诗、立体画"之喻。宽敞是客厅的特点，装饰时宜选长条形盆景，以便显出气势磅礴、气度不凡的特色。但假若客厅面积小，则适宜摆放小巧精致的盆景，可以选幽深椭圆形的或者重叠的山水盆景，使到访的宾客有一种别致的纵深感，感觉房中有房，景中有景。另外还可以做个古色古香的架子跟盆景配套，也可在墙上贴些与室内山水相协调的意境高远的书法作品，或在墙上挂些风光亮丽的摄影画，体现出既文雅又缤纷亮丽的特色，这些装饰都是合适的。

31.用盆景扮四季

按四季不同的景色配以相适合的盆景，将让人产生日新月异的感觉。这种装扮就是因季而异的装扮。另外还可以反季装扮，比如：夏天放置雪山盆景，冬天放置葱郁的盆景，前者让人感觉凉爽似夏，后者让人感觉新春早临。更有一种摆设，即把表示四季景致的盆景都摆上，让人一饱四季景色，对比鲜明，趣味无穷。

32.营造花草满室的自然空间

盆景、盆花的规格应该和居室的面积以及家具的数量、色彩统一协调。同一房间内的盆景、盆花应该在大小、式样、种类等各方面相互搭配。居室面积不太大时，若以盆景点缀室内环境，尽可能充分利用室内的空间，这样既能美化环境，又不会过多占用有限的空间。

33.不同房间选不同花草

客厅：宜选择那些花繁色艳、姿态万千的花卉；观叶植物宜放于墙角；一些观花、观果类植物宜放于朝阳或者光线明亮的地方。

书房：为幽雅清静之地，书架、茶几、书桌案头上，宜以1~2盆清新的兰草或飘逸的文竹作为点缀。

卧室：恬静舒适，宜摆放茉莉、含笑、米兰以及四季桂花等花卉。这样，芬芳的花

香，能使人们心情舒畅，改善睡眠。比较理想的室内植物还有仙人掌。夜间它能够吸收二氧化碳，而放出氧气，既为室内增添清新幽雅之感，又能增加空气中的氧气含量和负离子浓度。

阳台：宜摆放榕树、月季、石榴、菊花等具有喜光、耐干、耐热等特征的花草。

34.居室用花瓶

（1）选择：花瓶的选择，应据房间风格和家具风格来定。面积窄的厅就不合适大的花瓶，否则会让人感觉拥挤。

（2）布置：找个恰当的位置放置小巧花瓶，能起到美化、点缀居室的效果。而宽大的居室则可配高大的落地花瓶，或者配彩绘玻璃花瓶，这些都能为居室锦上添花，让人感觉宁静、祥和。

（3）色彩：花瓶的色彩选择要据居室的地板、墙壁、吊顶、和家具以及其他摆设的色彩来定。冷色调的房间就要配暖色调的花瓶，以增强温暖、活泼的氛围。暖色调的房间就要配冷色调的花瓶，让人有安祥、宁静之感。

35.能为新房除异味的植物

（1）吊兰。吊兰能有效地吸附有毒气体，1盆吊兰等于1个空气净化器，就算没装修的房间，放盆吊兰也有利于人体健康。

（2）芦荟。芦荟有吸收异味的作用，且能美化居室，作用时间长久。

（3）仙人掌。一般植物在白天，都是吸收二氧化碳，释放氧气，到了晚上则相反。但是芦荟、虎皮兰、景天、仙人掌、吊兰等植物则不同，它们整天都是吸收二氧化碳，释放氧气，且成活率高。

（4）平安树。平安树，又称"肉桂"，它能放出清新气体，使人精神愉悦。在购买时，要注意盆土，如果土和根是紧凑结合的，那就是盆栽的，相反，就是地栽的。要选盆栽的购买，因其已被本地化，成活率高。

新居有刺鼻味道，想要快速除去它，可

让灯光照射植物。植物在光的照射下，生命力旺盛，光合作用加强，放出的氧气更多，比起无光照射时放出的氧气要多几倍。

36.对环境有害的植物

（1）夹竹桃内含多种强心液，且全株有毒，如若中毒，有腹泻、恶心呕吐等现象，能致命。

（2）水仙花，其鳞茎有毒，内含石蒜碱。中毒后有腹痛、呕吐等现象。

（3）一品红的白色乳状汁液是有毒的。人体与之接触，会发生皮肤红肿，不小心吞食有腹痛、呕吐现象。

（4）万年青。含有草酸及天门冬毒，假使误食，会导致咽喉、口腔、食道、胃肠黏膜等灼伤，甚至使声带受损。

37.不适合卧室摆放的花木

（1）百合花、兰花。这些花香气太浓，能刺激人的神经兴奋，从而导致失眠。

（2）月季花。其发出的浓郁香味，让人有憋气、胸闷不适、呼吸困难等感觉。

（3）松柏类花木。其散发的香味能刺激人的肠胃，不但影响食欲，而且使孕妇有恶心呕吐、心烦意乱感。

（4）洋绣球花。其散发的微粒，一旦人体与之接触，可能导致皮肤过敏。

（5）夜来香。在晚上，夜来香散发的微粒能刺激人的嗅觉，久闻，将使心脏病或高血压患者有郁闷不适，头晕目眩感觉，严重者能加重病情。

（6）郁金香。其花朵里含有毒碱，长久接触，将会导致毛发脱落。

（7）夹竹桃。夹竹桃能分泌出乳白色的液体，接触过长，能使人中毒，引起智力下降，精力不振的症状。

38.辨产生异味的花卉

人们把花草作为居家装饰是比较常见的，因为植物能使房间美化，可是，不是所有的花草都适合居家装饰的，比如：玉丁香、松柏类、接骨木等，不宜放置屋内，它能影响情绪。松柏类分泌的脂类物质松香味浓，人闻久了会导致恶心、食欲不振等症状。而玉丁香发出的气味能使人气喘，郁闷。

39.辨耗氧性花草

夜来香、丁香等花草，在呼吸时能消耗大量氧气，影响儿童和老年人的身体健康。夜来香在晚间光合作用停止时，还将排出大量废气，导致心脏病或高血压患者感到不适。

40.辨使人产生过敏的花草

有些花草，人们常接触，会导致皮肤过敏，如：洋绣球、五色梅、天竺葵等。过敏现象为：奇痒，难以忍受，皮肤表面出现红疮。因此，居室装饰不要用易引发过敏的花草。

41.让室内飘香的花草

（1）将不同品种的花瓣晒干后放在一起，随便放在餐厅或居室，都能让房间香味无穷。

（2）把不同品种的花瓣晒干后装在袋里，放些许在衣柜里，柜里的衣物也将具有股股幽香。

（3）如果喜欢生活气息更浓的香味，可首选薄荷、荷兰，把它们放在篮里，置于合适场所，令人感受到无边旷野的情趣。

（4）把装有桂皮、丁香、咖喱粉等的香包放在有衣物的木箱里，那种味觉将美妙无穷。

（5）想使卧室香气弥漫，可用布袋装些有香气的干树叶，放在床边即可。

（6）在壁灯、吊灯、台灯上洒些香水，这样，香味将随着灯泡的热量布满房间。

（7）把在香水里浸泡过的吸墨纸放到柜子、抽屉、床褥等地方，能长时保留香味。

（三）花卉养护

1.春季盆花的管护

（1）防寒。因春花是最怕冷风吹的。一进入早春，人们就开始把门窗打开，使室内能够很好地通风换气，可是不要忽视了花卉会受到冷风的直接侵袭，来不及适应，会使花卉因骤寒的到来而死去。而且此时不要把花卉端到太阳下曝晒，花卉在遭到一冷一热的温差侵袭后，很可能会死亡。

（2）出室。因各种花卉忍耐低温能力的不同，因此盆花就分早、中、晚3个周期出室。像牡丹、月季、迎春等耐寒的花卉，可把早春就开始萌芽的花卉先出室；杜鹃、山茶、桂花、樱花等是在中期；一品红、米兰、茉莉等在晚些时间出室最好。出室的时机应在谷雨前后两个时间段，在清明前不能让其出室。出室时应先把花卉放置于阴处2天，然后放在向阳处享受阳光，开始的时候可晒2个小时，慢慢逐渐延长，待半个月后就可以放到室外生长。

（3）换盆。换盆的时候，一定要依据花卉品质的分类选用土质。例如君子兰、月季、文竹、吊兰等，应先选用腐殖土，同时掺入1/4的细沙搅拌匀（不能用海滩沙）即可；茉莉、米兰、杜鹃等属喜酸性花卉，则要用疏松的酸性草炭土，同时掺入1/5的黑土。在换盆前的2~3天里，要暂停浇水、施肥，防止在倒出旧盆土时，会因为盆土太湿，使花卉根须损伤。把盆花移出后，要清除花卉根部周围的旧土，剪除腐烂的根须，再在新花盆的底部撒上一层新土，并放入适量的豆饼作为底肥，然后撒上一层土，这样就可把花栽入花盆里了。

（4）整枝。要结合换盆翻土，先整枝，要剪除掉枯枝老叶，加快新芽萌发。因为春季气温回升，花卉也相继萌发，这时则要根据花卉不同的品种，给花卉补充合理的养料，施肥应少、淡、勤。

2.春季花卉换土法

春季里，室外的温度不断升高，而各种花卉也相继到了生长的旺季，盆花换土时要依花择土，下面四种土壤养花比较合适：

（1）素质泥土（也称红土母质）。先把胶泥摊露在室外，让其经过风吹雨淋和日晒后，再配粪肥就可使用。主要用于养白兰、茉莉、橘子、杜鹃、兰花、山茶等南方的花卉，也可用来扦插育苗。

（2）旧盆土。即换盆时剥离花卉根部的土，使用时要过一下筛。这种土最大的特点是肥力不很暴，不容易使根部烂掉，主要用在播种和移植种苗。

（3）风沙土。主要是养盆花时配比土的主要成分，优点是不但腐殖质的含量较低，碱质也极少，土质松散而且排水力强，所以多数盆栽花卉（除山茶、白兰、杜鹃、茉莉等南方花卉外）大多使用这种土。

（4）粪肥掺土。花卉大都按粪土的比例"一九"来配制，也可按"三八"。如果树形高大而长势茂盛的花卉，可以加大1成的粪肥配土。在换盆时，若是放3~5片马蹄片配合土做底肥效果会更好。

（5）常用盆土。一般以6成土壤和2成细沙，再加上2成粪土末结合的混合土为宜。向阳的秋海棠、绣球花可适量加些大沙土；君子兰花可适量把腐熟的马粪、沙土成分增大。这种土排水力极强，根部发育也会很好。微酸性土壤适合于从南方移植到北方的一些花卉。在配土时少放些硫酸亚铁（黑矾）也可，用松柏树木根部的落叶及土壤，或发酵淘米水、洗菜水制成微酸性水土。

3.夏季盆花护理

（1）牡丹。牡丹既怕热也怕湿，在盛夏的季节，应将其放置在通风凉爽的地方，不需要经常浇水。

（2）仙人掌类。虽然它的耐旱性非常强，但当它的气温超过38℃的时候，仍有可能会被灼伤。在高温的季节，千万不要施肥，但是需要经常喷水，以降低其温度。

（3）月季。月季花比较喜欢肥水，要使肥水能得到充足的供应，应半个月就施一次鱼肥水或腐熟的豆饼水，在7月中旬，要停止施肥。由于夏天容易发生白粉病及黑斑病。

前者用多菌灵，后者用波尔多液，每半月就要喷治 1 次。

（4）米兰。米兰既喜热又喜光，在夏季生长非常旺盛。在开花的前后，每 10 天要施 1 次已稀薄好的矾肥水，当气温超过 30℃的时候，要停止施肥。保证充分供应水，要经常往叶面喷水，可有效的防止落花、落蕾。

（5）兰花。盛夏是兰花生长的旺季，要保证它生长所需要的养分和水分。在高温下容易发生炭疽病，除了要改善其环境，保持它的通风、透光外，当发生病害的时候，可用托布津，每隔 10 天就要喷治 1 次。

4.夏季养花四要点

夏季里养花要注意以下 4 个要点：

（1）修根换盆。在盛夏里久未换土的盆花往往死得很多。可在炎热的天气到来之前先把植株翻出来，把部分边缘老根剪去，然后把肥沃的山泥或塘泥换上，在换土过程中，可以换成大盆，有利于花木度过炎夏。

（2）立体浇水。夏季浇水时要采用立体浇水法，可早、晚各浇 1 次根水，中午要用净水喷射叶枝，植株吸水后就会降温。

（3）施肥要合理。对旺盛生长和处于开花期的花木，可每隔 15 天施用稀释的腐熟液肥一次，最好施用花生腐液肥，也可施用各种花肥（如复合肥等）。

（4）摆放要适宜。一般情况下，南面和西南面的阳台光照时间较长，气温也很高，可以摆放一些喜阳、耐热类的花木（如茉莉花、松、柏、含笑、仙人掌等花种）；喜阴或怕热的（如君子兰、月季、杜鹃、茶花、兰花等）应放置到东面或北面阳台上，同时还要防止强光照射。

5.夏季养花时伤病的防治

由于夏天的气温高，其水分蒸发也快，假如护理不周，就会把花卉灼伤或令其生病，所以要更加认真保护。是阴性或半阴花卉，夏季应避免高温和光线直射。应该采取一些遮阳的办法，也可以通过喷水降低温度。杜鹃每日都应该浇水，还要向叶面及地面喷一些水，以起到保湿降温的作用。

夏季里病虫害发生率较高，清除病叶枝要及时，必要时可用药物防治。

6.夏季管理休眠花卉

休眠花卉在夏季的管理要注意通风避阳，控制水量和施肥量。将休眠花卉放置在阴凉通风的地方，还要注意避免强光照射，还应向地面洒一些水达到降温的效果，这样就能让其更好地休眠。为防止烂球或烂根，要及时停止施肥。对夏季休眠中的花卉要控制浇水量，来保持盆土湿润。夏季休眠花卉正值雨季时可将花盆放于能够避雨的地方，这样可以防止植株被水淋以避免盆内积水对花卉造成不利影响。

原产于地中海气候环境中的多年生花卉草木（如鹤望兰、倒挂金钟、仙客来、洋水仙、郁金香、马蹄莲、天竺葵、花毛真、小苍兰等），进入休眠期或半休眠期状态的时间一般在夏季。

7.秋季盆花的养护

在秋季，盆花应根据其习性进行科学养护。

（1）保暖防寒。气温在寒露以后逐渐下降，寒流也将会出现。这时一旦光照不足，温度不够高，再加上肥水失调，很容易使植株衰弱，所以需根据秋季盆花的不同习性进行科学管护。怕寒霜，不耐低温类盆花（如米兰、一品红、扶桑、含笑等），在气温处于 5℃以下时，应移入室内有充足阳光的地方。

（2）施肥浇水。秋季的气候较凉爽，昼夜温差也很大，盆土水分蒸发慢。适量浇水利于盆花生长，盆土间应保持适宜的温度，每天应浇水一次。每隔 10 天施一次腐熟稀薄液肥。秋季开花类盆花（如菊花、桂花等），少施氮肥为宜，多施磷钾肥可促其花繁叶茂。

8.秋季修剪盆花

当盆花发出的嫩芽过多时，要保留一部分生长，把其余的摘去，这样就不会徒耗养分。修剪时把保留的枝条留叶抠芽。而对于长势很强的植株进行重剪，生长弱的要轻剪。一般可做的工作有以下几点：

（1）除侧芽。花木生长中的第二次高峰是秋季，此时要把花木的侧芽除掉，保证植株生长状况良好。

（2）修枝。把细弱枝、交叉枝、重叠枝、病虫枝剪去，增强植株通风、透光的强度，预防发生和蔓延病虫害。

（3）去蕾。花蕾过多时要进行疏蕾，让顶端的花蕾能够得到足够的养分，使其生长增大。

（4）摘心。部分花会在冬季开花，要把它的花木去顶摘心，对植株的高度进行控制，以增加花朵。

（5）曲枝。要让花木株形平衡，而且优美，可把过旺的枝条，适当地拉向一侧，使其弯曲成一定的造型。

9.秋季花卉入室

秋季的天气开始转凉，大部分花卉要搬进室内，花卉入室方法可依花而异。

（1）月季。月季花不可入室太早，否则来年开花会少并很小，也可能不开花。1年以上的月季花，大都较耐寒，能在0℃以下正常生长，在零下5℃，也可能不会使花受到冻害。

（2）三角梅。三角梅的气温在10℃上下时就会停止生长，如果低于2℃~3℃就会受到寒害，–5℃时会被冻伤，甚至冻死。

（3）茉莉。茉莉花在7℃下时不会被冻害；紫薇、扶桑、紫荆也是如此。可以在温度为7℃上下时搬进室内，5℃时会被冻伤。

（4）石榴花。石榴花要放在封闭平台上过冬最佳。要使它安全过冬，需使温度在0℃以上。室内温度在15℃以上，再搬到屋中护养，来年会开花少，或者不开花。

10.秋季喜凉类花卉的护理要诀

在夏季，仙客来等喜凉类花卉正处在半休眠或者休眠的状态，等9~10月气候逐渐转凉后，要及时上盆、翻盆，进行分株上盆等工作，尤其注意加足底肥。栽植深度因花种而异，栽植的深度对其以后生长有很大影响，要正确实施。一般仙客来的球茎要在土面1/4处露出；使风信子的球茎全部入土，然后在上面盖土2厘米；郁金香的鳞茎要入土2/3；马蹄莲的块茎要盖土3~4厘米。在栽植时要浇透水，在没有大量发叶前要控制浇水量。另外，在深秋时，对于观叶植物和怕冻的花卉要逐渐控水，并控制氮肥，且要增施磷钾肥并增加光照，这样会提高花卉体液的浓度，增强抗寒能力。使树干增粗的高峰时间是秋季，对绑扎已经定型的盆景，应进行及时松绑，以避免对花卉造成绑痕，使观赏价值受损。

11.冬季养护观叶花卉

（1）温度与湿度。冬季的时候，要尽早把观叶植物移入室内，若是移到有暖气的房间，则要时常喷洒雾状水于叶面，提高室内空气湿度。房间内白天和晚上的温差要尽可能缩小，在黎明时，室内的最低温度不要低于5℃~8℃，而白天则要高到18℃~20℃。若观叶植物放在窗台上，最容易受到冷风侵袭，要使用厚窗帘遮挡。

（2）浇水要适量。在冬季，气温逐渐下降，植物生长缓慢，等到严寒时，几乎就不再生长。这个时候就要减少盆土浇水的次数。冬季浇水要以盆土的表面在干燥2~3天后再浇为原则。对于有暖气和可以保持一定温度的房间，要继续注意及时浇水。像蔓绿绒、发财树等绿色观叶植物，大部分生长在热带和亚热带地区，不很适应寒冷的气候，要使它们很好地度过冬天一定要注意浇水和进行保温。植物本身在冬天的活动能力会变弱，若此时浇水过量，就会成为植物的负担，不利于过冬。所以要等到土壤表面的水干了再浇水最好，1星期浇1~2次即可。

（3）光照要适宜。还有一些观叶植物喜欢阳光，则要放置于向阳的窗户附近。如果在室内和遮阴地方放置的观赏植物过久，切忌不要突然放在室外让光直射，如此操作会引起叶片被光灼伤。白天要把植物放在窗户边日照比较好的地方，这对很好地照顾植物也很关键。切不要直接放在阳光下曝晒，最好能拉上窗帘或者放在磨砂窗的旁边。到了晚上，窗旁的温度较低，则要把花卉移至较温暖的地方。也不要让暖气对着植物吹热风，否则会因暖气太过干燥，造成植物枯萎。

12.辨花卉得病的先兆

若花卉出现了下列几种情况，就很可能是花卉生病的前兆。

如果顶心新叶正常，可是下部老叶片却出现逐渐向下干黄并脱落，还有可能呈现焦黄和破败状态，这就显示花卉缺水很严重。

新叶肥厚，可是表面凹凸且不舒展，老叶渐变黄脱落，此时停止施肥加水，实为上策。

瓣梢顶心出现萎缩，嫩叶也转为淡黄，老叶又黯淡无光，这是因为土壤积水缺氧，从而导致须根腐烂，要立即进行松土，而且停止施肥。

枝嫩节长，又叶薄枯黄，这主要是由于花枝大，而花盆太小，造成肥水不足所致，要换大一点的花盆即可解决。

13.辨花卉缺乏营养

若是花卉缺乏营养素，则有许多先兆，要及时采取救护措施。

缺钾。老叶会出现棕、黄、紫等色斑，而叶子也由边沿向中心变黄，叶枯之后极容易脱落。

缺镁。老叶逐渐变黄，而叶脉还是绿色，花开得也很小。

缺铁。新叶的叶肉会变黄。把铁丝的一端弯成勺形，以保持其绿色。

缺钙。容易使顶芽亡，叶沿、叶尖也枯死，叶尖会弯曲成钩状，甚至根系也会坏死，更严重时全株会枯死。

缺氮。植株发育不良，而下部老叶会呈淡黄色，并逐渐变干枯以至呈褐色，可是并不脱落。

缺磷。其植株会呈深暗绿色，老叶的叶脉间会变成黄色，使叶易脱落。

如出现上述花卉营养缺乏的几种情况，可及时采取这样几个方法加以改善：

首先，要按时换盆并施基肥。在换盆时用机质丰富的土施。其次，可以在花卉生长盛期施液肥，一般每隔 10 天可施肥 1 次。

14.给花卉灭虫

发生虫害后的花卉，除了用杀虫剂，也可用一些日用品进行杀虫，效果极好，灭虫的窍门有以下几点：

（1）喷洒烟草水。取 40 克的烟末放进 1000 毫升的清水中浸入 2 天，把烟末过滤出，再次使用时再加入 1：10 的清水，就可以喷洒盆土和其周围，预防线虫。也能用香烟灰在花土表面均匀地洒，这样烟灰里的有毒物就可以把盆土中的虫子杀灭，又可以作为激素和肥料。

（2）喷洗衣粉液。先用 34 克洗衣粉，再兑 1000 毫升水，搅拌成溶液，在螨虫等害虫周围处喷洒，连续喷 2～3 次，就能防治，防治效果达 100%。

（3）喷草木灰水。先取草木灰 300～400 毫克，浸泡在 1000 毫升的清水中 2 天，过滤液就可喷洒受害的花木，其防治虫害的效果显著。

（4）啤酒。是对付蜗牛有效而价廉的一种药物。先将啤酒倒进小盘内，再放在花卉的土壤上，这样蜗牛就会被吸引到盘中而被淹死。

（5）喷葱液。首先取鲜葱 20 克切碎，然后在 1000 毫升清水中浸泡一天，待滤清后就能用来喷洒，1 日可多次，连续用 3～4 天，这种害虫就会被杀死。

（6）喷蒜汁液。先把 20～30 克大蒜捣碎，再滤出汁液，然后对清水 2000 毫升，进行稀释后，就能喷洒于受虫害花木上，这种灭虫驱虫效果能达 9 成以上。

（7）敌敌畏药液。先把"敌敌畏"药液沾到有棉球的小木棒上，再插到花盆中，然后把花盆用塑料袋套上，经过一夜工夫，就会把全部虫子杀死。

15.防花卉的蛀心虫

花卉有很多科类的蛀心虫，比如粉蛾幼虫、天牛幼虫及其他类型昆虫的幼虫等。蛀心虫开始是蛀入嫩枝，再往干部蛀入，蛀虫已经进入枝内，如果不尽快将其驱除掉，将会使枝花叶枯萎。防治蛀心虫可参考以下几点：

（1）先观察虫害。家庭中养的花卉，包括樱花、蔷薇、无花果、葡萄等极容易被虫侵害。只要是有粉状虫类附于枝干上的，肯定有蛀虫，蛀虫是在花茎上卵生，孵化后会变成青虫，就沿着茎爬动。所以在其爬动过程中，特别是植物在早春发芽而成嫩枝时，则要及早在其表面撒驱虫的药剂。若幼虫已蛀入枝干，严重时也可以剪去蛀孔以下 6 厘米左右，要带上虫体。

（2）凡士林杀虫法。可用凡士林油把蛀孔涂塞，使空气不流通，就会把蛀虫闷死。如果无效，可使铁丝伸入蛀孔，把虫体钩出。若蛀虫被刺死，在铁丝头上会出现附着的水浆。

（3）敌敌畏灭虫法。先拿一小团的棉花球浸透敌敌畏，然后塞在蛀孔中，孔口再用黏土或者凡士林油等封闭，这样就会把蛀虫杀死。

（4）酒精灭虫法。注射纯酒精在蛀孔中，使之渗入到枝干，把虫杀死。

16.用香烟治蚜虫病

如果花卉长了蚜虫，可以先点燃 1 枝香烟，使其微倒置，让烟气熏有野虫附着的芽叶，这样蚜虫就会纷纷滚落。若是花棵较大，用烟不容易熏，也用 1 枝香烟，在 1 杯自来水中浸泡，再用烟水喷洒表面 2 ~ 3 次，也能除去蚜虫。

17.用牛奶治壁虱虫

家庭花卉的一大害虫是壁虱，就是这种小小的害虫则会使枝叶皮色变得枯萎，可先把 1/6 的全脂牛奶和面粉，在适量的清水中混合，待搅拌均匀后再用纱布过滤，然后再把过滤出的液体喷洒于花卉的枝叶上，即可起到把大部分壁虱和虫卵杀死的效果。

18.夏季除介壳虫

在夏季时，对于防治介壳虫是一个关键时期。这时要经常性地观察。看枝叶上是否出现乳黄极小的青黄色虫子（长仅约 0.3 毫米左右）在蠕动，发现后，要立即喷洒 40% 氧化乐果或者 80% 的敌敌畏 2000 倍液，每隔一周喷洒 1 次，连续 3 次，就能把介壳虫基本消灭。也可用在花木店购买的"除介宁"花药喷杀介壳虫。除此之外，也可把生有介壳虫的叶面展平，再选与叶片大小相当的一段透明胶带粘贴在介壳虫的虫体上，轻轻压实，然后把透明胶带慢慢揭开，而介壳虫也就会随着胶带被粘出来，从而把介壳虫根除，而且还对叶面起到保护作用。

19.杀灭螨虫和红蜘蛛

7 ~ 8 月时，山茶、茉莉、杜鹃等花木上的红蜘蛛、柑蛹、短须螨等会急剧增加，受害的叶子很快呈现出灰白和红褐色。需要及时用 709 毫克螨特的 1500 倍液，或者是 40% 的三氧杀螨醇的 2000 倍液进行喷杀，也可以用"杀螨灵"等喷杀。

另外，一般 6 ~ 7 月是害虫食叶的高峰期。洋辣子，也称刺蝶，在这段时间孵化的小幼虫，群集或者是分散在叶背，叶片被啃食后呈网纹状的橘斑，必须抓紧喷洒 909 敌百虫，还可以用 80% 敌敌畏的 1000 倍液，或者用菊醋类农药 2000 倍液也可以。

20.用陈醋治叶枯黄

栀子花和杜鹃花喜欢酸性的土壤，常用硬水浇灌就会使泥土中石灰含量不断增加，从而引起花卉叶面出现逐渐发黄枯萎的现象。若是用 2 匙陈醋和 1 升水兑制的溶液在花卉的周围每隔 15 天浇 1 次，就会防治叶面发黄，预防枯萎现象的发生。

21.用特效硫黄粉防花病

在培育花卉时，使用硫黄粉对花木防腐、防病有独特的功效。

（1）防腐烂。扦插花木时，先将其插于素沙中，待生根后再将其移入培养土里培育。若是直接插在培养土中极易腐烂，其成活率也很低。可是如果在剪取插条后，随即蘸硫黄粉，然后再插入培养土中，就能防止其腐烂，不但成活率高，且苗木生长也很健壮。除此之外，铁树的黄叶、老叶被剪除后，就会不断流胶汁；榕树、无花果等修剪以后，就会流出白色液汁，容易感染；君子兰在开花结籽后，要剪取花箭就易流汁液，可能会引起腐烂等，此时都可撒硫黄粉在剪处。伤口遇到硫黄粉就不再流汁，而且能快速愈合。新栽树桩根部被剪截后，撒硫黄粉于切口处，也可有效防止感染导致腐烂，以增强其抗逆性，有利促进生根。

（2）防病害。在高湿、高温和通风不良的环境下，紫薇、月季等花木极易发生白粉病，若用多菌灵、退菌物、托布津、波尔多液等杀菌剂喷洒防治效果均差，不能控制病害，如果用硫黄粉防治就有特效。其方法是：先用喷雾器把患病植株喷湿，再用喷粉器把硫黄粉重点喷洒在有病的枝叶表面，没有患病的枝叶可以少喷一些，以起到预防作用，几天以后白粉病就消除了。对于盆栽花卉的白粉病来说，可以把桂林西瓜霜（治口腔溃疡的药）的原装小喷壶洗净，经晾干后，装进硫黄粉就可喷用。也能把较厚的纸卷成纸筒，要一头大一头小的，再将少量硫黄粉从纸筒大头放入，然后对准病部，从小头一吹，就会使硫黄粉均匀地散落。

（3）防烂根的感染。在花卉嫁接中，嫁接口是最容易受到感染以致于影响其成活的，这时可用硫黄粉对其进行消毒。比如用仙人掌或三棱嫁接仙人指、蟹爪兰后，要立即在嫁接口上喷洒硫黄粉，3 天以内要荫蔽防雨水，以后就是不用塑料袋罩住，也不会使其感染腐烂，这样成活率就高达 95% 以上。如花卉已经发生烂根，也能用硫黄粉治疗。像君子兰会常因浇水过多，或者培养土不干净而烂根，可把其从盆中磕出，再除去培养土，并剪掉烂根，然后将根部用水冲洗干净，待稍晾一下，就趁根部微润时，喷上硫黄粉最好，再使用经消毒的培养土种植，生长 1 个月左右就能长出新根。

22.配制营养花土

配制营养土可选用几种材料加以调配，就会疏松肥沃且排水透气性好，其配制技巧有以下几点：

（1）菜园、果园土。采用菜园或果园里种熟后的泥土，再加些粪尿，使其堆积起来，经过几个月之后再将其研细，把石块、杂物除去即可。

（2）腐叶草皮土。拾集路边带草的土，和落叶、蚕豆壳、菜边皮、豌豆壳等拌匀，并封堆，然后浇些尿液，经发酵腐熟后掺用即可。

（3）炉灰土或粗沙土。把从河滩上取来的粗沙土或炉渣研细经过筛后的灰末，再拌成培养土，这样可使土壤的质地疏松，而且排水性能又好。

（4）用菜园里的园土 50%，加 30% 腐叶粒与 20% 粗沙土，再掺合起来，培养土就制成了。若是再加上 10% ~ 30% 含量的河塘泥末更佳。

23.花肥自制方法

培育花卉所需要的花肥是完全可以自制的，方法如下：

（1）氮肥：可以促进花卉的根茎、枝叶等的生长。把花生、豆子和芝麻等已经过期的食品放入花盆中，发酵以后，就成为很好的氮肥。

（2）磷肥：作用是增强花卉的色彩，有利于果实变得饱满。将杂骨、蛋壳、鱼骨、鳞片、毛发等埋入花盆中，就是极佳的磷肥。

（3）钾肥：它的作用是防止病虫害虫。将茶叶水、洗米水、还有洗奶瓶水以及烟灰等倒入花盆，就是很好的钾肥。施肥前，将花卉所需肥料按比例配成肥液，用医用空针筒按不同花卉的施用量，注入盆。可在盆边分几个点进行以便均匀。这种方法很卫生，也很适合阳台上使用。

24.去花肥臭味

因为一部分自制的植料是用鱼骨、杂骨、马蹄、豆子等发酵制出来的，所以经常会有一股臭味，而且不易散去。为了清除臭味，可以将几块橘皮放入花肥水内，就可除掉花肥的臭味，如时间过长可再放入一些橘子皮。由于橘子皮里含有大量香精油，发酵后也会变为很好的植料。因此，橘皮泡制出的植料，非但不会降低肥效，并且花肥中还带有一种芳香气味，增加人们的舒适感。

25.用糖养花

红糖是烹调的调味品，在养花时也能发挥作用。开水配制红糖液凉后就可以使用了，方法如下：

（1）浸种：可用来浸泡仙人掌、草本类花卉种子，用红糖液0.5%～1%浸泡64小时，这样培育出的幼苗，出土后生长健壮，抗病能力强，出苗率高，苗秧整齐。

（2）幼苗喷施：晴天可以对木本、草本花卉的幼苗用浓度为0.2%的红糖液水喷施，秧苗便会变得粗壮，心叶长得快，如茶花、君子兰、三角梅等。雾状喷施时效果较好，液体颗粒越细越好，注意对君子兰喷雾时用量要小些，手法也要轻，达到叶面潮湿就行了，尽量避免形成水珠，也不能将液水流入花心，防止花心腐烂，影响观赏。

（3）叶面喷施。观叶植物可以喷施0.2%～0.5%的红糖液，喷后叶片会增大增厚，增加其叶绿素的含量，叶面有光泽，抗菌能力也会增强。

（4）病害试喷：3～5天1次，试喷1%的红糖液，连续3次对霜霉病、黑斑病、叶枯病、白粉病，效果较好。

26.防止幼苗凋谢

购买植物的花苗回家时，有时会因为长途或天气的原因，回到家门时，花苗枝叶开始凋谢，原因是未能做到对土和水的保养。应尽量保持原有的土壤质量，再用疏松和吸水性较强的瓦坑纸包妥根与泥，并弄湿，然后用胶袋栽盛，使其保持温润，这样就不用愁幼苗凋谢。

27.防止盆花淋雨

很多盆花不宜淋雨，在培育过程中应多加注意。

（1）君子兰：君子兰雨淋后会将各种细菌和灰尘带入植株中心，在通风不良和温度高的情况下容易变成病株，它的叶片会从叶基部开始一步步腐烂。

（2）倒挂金钟：在夏季进入半休眠状态的倒挂金钟，不能用过湿的盆土，尤其是雨淋后很容易脱叶烂根。

（3）大丽花：其根为肉质根，盆土内含水量太多又加上通风不良，很容易造成烂根。

（4）瑞香：其根为肉质，恶湿耐干，适宜选在高爽处种植，夏天一旦遭风雨袭击，就会很快萎蔫以至死亡。

（5）大岩桐：受雨淋后的大岩桐叶子易发黄，根块也会腐烂，严重时还会整株死去。

（6）文竹：文竹，对盆土的要求是见湿见干，盆内水分太多或者是雨后积水，都会造成枝叶枯黄或烂根。

（7）四季海棠：盛夏时，处于休眠状态的四季海棠，一般不需要过量的水分。若受雨水浸泡过久，根部很容易腐烂。

28.给花卉降温

找些海绵碎块，用红布把它们包成若干小球，放入桶中，待小球把水吸干后，再放置些小球在植物枝干上，叶子比较多的植株可多放些，气温太高的时候，可以多吸几次水，这样花卉就可降温了。

29.改变鲜花颜色的方法

要想把鲜花原有的颜色改换一下，可参考以下几种窍门：

（1）变黄。把煮熟的胡萝卜放在水中浸泡20～30天，再浇到花盆中。以后每月施1次，过半年后，原来的花色就会变为橘黄色或者橘红色。

（2）变紫。把白色菊花放置在阳光下，需每天照上大约8～10小时，这样白菊花就幻化为白中串紫色、紫色或出现红紫色。

（3）变蓝。常对白色杜鹃花浇以茶水，花瓣迟早会出现蓝色。

（4）变红。把400～500倍的磷酸二氢钾喷洒于花面上，能使粉色系的花变为红色，而白花会变成红花。

30.不同花种的选盆要点

花盆是花卉生长的载体，同时又是一种装饰，二者搭配合理时，会互相衬托，增加观赏价值。选用陶盆可因花而异，高型的签筒类花可选盆口小盆深的类型，宜栽海棠、杜鹃、米兰、茶花、石榴等悬垂式花草。丛生状花木类应用大口而高短适中的花盆，枝叶交错、红绿相间、丰满动人。铁树、棕榈、金楠、玉兰以及荷花、睡莲等栽种宜用特大型花盆（又称花缸）。黄杨、雀梅、榆桩、五针松等宜用浅型盆栽培，这样能突出枯荣相济的枝干和曲折苍劲的盘根，耐人寻味，古雅凝重。文竹、仙人球之类的花草宜用微型的掌上花盆，显得小巧纤美、娇柔娟秀、清丽别致。

31.盆花清洗方法

空气中有灰尘污染，盆花需常清洗，清洗时应掌握一些方法：

用清水淋湿植株，再用左手托住植株要清洗部位，右手用一块蘸水的软布擦去上面的尘土。此时应注意对于枝叶尘端的嫩叶、嫩枝只能用清水喷淋。老叶、老枝上面灰尘较多，擦洗要仔细。对特脏的部位可用软布蘸0.1%的洗衣粉溶液擦洗。

也可以把凉开水放于喷壶中对植株进行冲洗，用洗衣粉擦过的地方要多冲几次。由于煮沸的水硬度较低，不容易在植株的表面留水痕，所以会使植株光洁，充满生机。

清洗观叶植物时，一般都是采用清水擦叶，虽然叶面当时擦干净了，很快又会变脏。这时应用软布蘸啤酒擦叶，不但使叶面擦得干净，还能使叶面在变得更加油绿，充满光泽，保持时间也很长久，有极佳的擦拭效果。

32.鲜花保鲜技巧

鲜花买回来以后，若采取下列几个技巧处理可以使其新鲜度保持较长时间。

（1）百合花——可在糖水之中浸入。

（2）山茶花、莲花——可将其在淡盐水之中浸入。

（3）菊花——可涂上少许的薄荷晶在花枝的剪口处。

（4）郁金香——可将数枝扎束，报纸包住再插入花瓶中。

（5）梅花——可把花枝切成"十字形"剪口再浸入水中。

（6）蔷薇花——可用打火机在花枝的剪口处烧一下，然后插入花瓶中。

（7）杜鹃花——用小锤把花枝的切口击扁，再浸泡在水中2～3个小时，然后取出插入花瓶内即可。

此外若是鲜花已经出现了垂头时，可把花枝的末段剪去约1厘米左右，在装满冷水的容器中插入花枝，只把花头露于水面，约2小时后，就会使鲜花苏醒过来。

33.辨花盆是否缺水

观叶法——如果花卉的枝叶明显地出现萎缩、下垂，就表示缺水。

观土法——如果盆土的表面有发白状态呈现，就表示缺水。

叩盆法——先用手指叩击盆壁，若有清脆声响发出，就表示缺水。

压土法——用手指压盆土表面，若盆土显得十分坚硬，就表示缺水。

34.自来水浇花方法

一般情况下的家庭住的都是楼房，浇花使用自来水是最为方便的选择方式，但用自来水浇花同样也有一些方法。

因自来水含有氯化物，用来浇花时，须将其放于桶或者缸中，要经过两三天的日晒，水中的氯气会挥发掉，也可以在自来水中加入 0.1% 的硫酸亚铁溶液，再用来浇花，这样既可防盆土被碱化，又可以使植株健壮。同时我们也可用煮沸冷却后的自来水（自来水中的氯化物在沸后或挥发或沉淀，会使碱性降低）浇花。但同时，还要注意补浇一些肥水，这样才能使植株生长旺盛。

35.雨水浇花

利用各种装置来制贮留雨水的设备，这样，收集来的雨水即可作为一般浇花的水，能代替水源。

36.残茶浇花

用残茶来浇花，既可以为植物增加氮等养料，又能保持土质里的水分，但是，要根据花盆温度的情况，有分寸地定期地来浇，而不能随便倒残茶来浇。

37.变质奶浇花

当牛奶变质后，可以加些水来浇花，这样对花儿的生长有益，兑水应多些，使牛奶比较稀释才好。没有发酵的牛奶，不宜浇花。因为它发酵的时候，所产生的大量热量会"烧"根（即烂根）。

38.淘米水浇花

用淘米水经常浇米兰等花卉，即可使其花色鲜艳、枝叶茂盛。

39.养鱼水浇花

若家里面养了花草又养了鱼，可以用鱼缸里面换出来的水来浇花，这些水里，有鱼的粪便，比其他用来浇花的水更加营养。

每天鱼缸里的水本来都是要换水的，而花草也需要每天浇水，这样，每天都会用很多水，如果采用此方法，不但可以节约不少水，还能让花草和鱼都长得更好。另外，在换水的时候，可以用一个吸管，将鱼缸底下面的沉淀物吸到盆里面，等沉淀以后，再将盆里面的水过滤一次，然后，再将过滤出来的清水用作第二天换水用，将剩下来的脏水用来浇花，这样，每天给鱼缸换水的时候，只要补充少部分自来水即可。

40.自制酸性水养花

自制的酸性水可以在居家花卉培育中派上用场，可借鉴下列几种方法使用。

（1）用醋兑水 250 ~ 300 倍，喷洒花木，这样能使枝叶发绿变亮。还应注意防止醋酸蒸发，应在早晚时间喷洒。

（2）夏季用西瓜皮（橘子皮也可）加水泡制 7 ~ 10 天，其他季节可泡制 20 ~ 30 天。这种水不但呈微酸性，而且含有磷、钾、氢、钙等营养元素。

（3）水中加入食用柠檬酸（适量），同样可使水变为微酸性。

（4）将松柏叶或青草切小段放入用塑料薄膜密封的水缸沤制，捞出发酵后的残渣，浇灌花木用其上清液，效果极好。

（5）经沤制发酵后的淘米水，不但呈微酸性，并且含有微量元素和丰富的氮、磷，是用来浇灌花木的优质酸性水。

（6）雨水和雪水接近中性，属于很容易被花木吸收的软水。花木用雨水浇生命力最强、生长最旺盛。

41.自动浇花技巧

有时出门后因为无人照料家中的花，尤其是无人浇水，花的成长会受到不好影响甚至致死。介绍几种自动浇花的技巧，可使盆土在 10 ~ 15 天内保持湿润：

（1）布带吸水法。用桶盆盛满水，选吸水性好的布带，一头泡水里，一头埋花盆里。通过布带的吸水作用，可使水流入盆土。

（2）瓶水浇灌法。用装满水的空饮料瓶，在瓶盖上钻 4 个为 2 毫米直径的小孔。倒埋瓶于盆土中，深浅以瓶中没有气泡上冒时为佳，这样水就可缓慢渗透到盆土下层。

（3）塑料袋滴水法。用装满水的塑料袋，扎紧袋口，再用针在袋底部刺一小孔，放于花盆中，注意让小孔贴着泥土，这样水就会慢慢渗漏出湿润土壤。注意针孔不宜太大，以免漏水过快。

❀ 四、休闲 ❀

（一）养鱼钓鱼

1.选择观赏鱼容器的技巧

平常所见的用来养观赏鱼的容器，一般是用透明的玻璃制造的。选择容器，首先要看观赏鱼的品种，再根据它的体形大小和数量多少，以及生活习性、生态环境等等的一些情况，做出合理的选择。

（1）海水鱼容器：热带海水鱼（也称海水鱼），也是观赏鱼的一种，其色彩绚丽鲜艳，人见人爱，成了宠物中的新贵，在体形上看，海水鱼比热带鱼要大些，在水质方面其要求更高，还有过滤设施也需完善。因此，一定要使用适当大的容器，由于海水里带有腐蚀性毡，所以，一定要用硅胶黏合制造而成的全玻璃容器，而不可以使用桐油石灰和石棉漆以及角铁（角钢）这三种原料组合制造而成的容器，否则会发生化学作用，对鱼有害。

（2）金鱼容器：鉴赏金鱼通常是以俯视为主，所以被称为顶观鱼，因为它那美丽的体色一般表现在其头部和背部还有尾部，自古以来，人们都将金鱼饲养在一些盆、缸以及池中。盆、缸、池有着比较开阔的水面，其水中溶入了空气中的一些氧容量，对金鱼的生长和发育非常有利。

（3）热带鱼容器：因为热带鱼的背部颜色很普通，其美丽的色彩分布在身体的两侧，所以被称为侧观鱼。因此，必须将热带鱼饲养在用透明的玻璃制造的容器中，它的美丽形态才能被显示和欣赏。

2.设置水族箱的技巧

设置水族箱，必须根据居室里的实际环境来决定尺寸的大小和放置的位置，通常不要放置于阳光直射处，否则大量滋生出来的藻类会影响观瞻。用来放置水族箱的柜橱和架子，一定要很牢固，不可以有丝毫晃动；最好在水族箱的顶部加一个盖板，以免因为使用电热棒而造成水分蒸发，影响了居室的环境。

根据饲养的鱼的品种来设置水族箱，其方法有以下几种：

（1）饲养金鱼。设置饲养金鱼的水族箱，需配置以下几种设备：上部过滤器1台、水泵1个、吸水管1根和清洁刷1把，这些设置可以起到净水、增氧的作用，还可以换水、清洁缸壁。由于金鱼能够耐低温，所以不需要添置电热棒。

（2）饲养热带鱼。设置饲养热带鱼的水族箱，需在饲养金鱼的水族箱的配置上添加一根电热棒，以达到在气温低的时候给水加温的作用。电热棒的选购，首先要注意其是否有自动控温功能，有自动控温功能的可使水温保持在一个设定的范围内。

（3）由于造景缸均以水草为主，所以，应配置以下几种设备：植物专用灯、过滤器（可用外置式或沉水式的）、有自动控温功能的电热棒。而且要在缸底铺上沙并掺些基肥，最好能增加一套能供应二氧化碳的系统，再配置一些清洁刷和吸水管等必备的工具。在布置水草的时候，应按照前后顺序来排列、种植，前景草种在最前面，中景草种在中间，后景草就种在最后面。

（4）饲养珊瑚或海水鱼等一些海洋生物。应配置以下几种设备：植物专用灯、滴流式的过滤器、吸水管和清洁刷，还有珊瑚蓝灯和电热棒等。缸底需铺上珊瑚沙，然后按自己的喜好叠放一些生物石，要注意时常测试和调整酸碱度和亚硝酸盐含量。

3.水族箱保持清洁的方法

为了将水族箱水质保持清洁，投饵量一定要定时定量，一般按每日1～2次投饵，每次不要投太多，投入的饵最好能让鱼在半个小时以内吃完，不然，未吃完的饵料会腐烂，这样就会破坏水质。

另外，沉渣和粪便应定时地用乳胶管吸除，吸的时候应先用水灌满胶管，两只手捏住胶管的两端，然后把一端放进水族箱里面，另一端放在水族箱外面的地上，在地上放一个盛水的容器，将两只手松开，水族箱里的浑水和沉渣就可以通过乳胶管流到放置在箱外的盛水容器中，吸的时候应常移动放在水族箱里面的胶管，直到将里面的杂物吸干净，然后再慢慢地将新水补充进去。

4.养金鱼数量与水族箱容积的匹配技巧

通常家养的水族箱都是体积比较小的长方形水族箱，这种水族箱不可养太多的鱼，例如，用一个长、宽、高分别为40厘米、25厘米、30厘米的容器，一般可以饲养小金鱼64尾，其长度在5～7厘米之间。如果用圆形玻璃缸（直径和高分别为26厘米和13厘米），可饲养超过8厘米长的成鱼44尾。较小的玻璃缸不宜饲养鱼，应该将鱼饲养在一些豪华型陶瓷缸或大玻璃缸中，还应配置一个小型的充氧机，以便在缺氧的时候用。不过，养鱼最忌机械行事，以上的放养密度一般只能作为一种参考数字，最重要的还是要看水质的好坏、水温的高低和鱼体的强弱。通常，鱼体大，养的数量就要偏少；冬季可

以多养一些，夏季最好少养一点；水温较低的时候可以多养，水温太高了就要少养。

5.管理秋季水族箱的方法

（1）多补充营养。由于在冬季极不方便为鱼治病，所以，在进入冬季之前，就应将鱼的抗病能力增强。增加摄入活饵是增强鱼的体质的一种最好的方法，因为活饵均含有病菌，为此，建议大家购买消过毒的冷冻活饵，要看清楚是否为正规厂商生产。对水草来说，其最好的营养就是光照。在秋季凉爽的气候中，水温不易升高，可以毫无顾虑地开灯了。

（2）多过滤。由于在气温变化比较频繁的秋季里，20℃～30℃的水温是最适宜水草生长的温度，也是最适宜有害病菌生长和繁殖的温度，所以最重要的是做好防治工作。为抑制繁殖出一些有害病菌，特别是防治在秋季里比较流行的水霉菌，可以用有益菌来抑制有害菌，所以创造一个有利于硝化细菌等一些有益细菌的环境是很重要的。因为水霉菌以及其他的一些有害细菌均为厌氧型细菌，而一些有益细菌如硝化细菌等一般为好氧性细菌，为此，应将水中的含氧量增加。通过过滤而成的水质循环正好可以均匀扩散水族缸氧气，最好是再适当地充充气，如果有条件还可增加一些有益的硝化细菌。这样厌氧细菌就没有可乘之机，而增加了有益菌的优势，水质当然也就不会有问题了。

6.水族箱中养殖水草的方法

在水族箱中养殖水草有以下几个需要注意的地方：

（1）配置。水草的配置，首先要注意的是前、中、后景颜色的搭配、既要协调形状，又不能配置过于雷同的风格。比如，罗贝力作为前景种植，巴戈草作后景种植，虽然近看色彩不同；但如果在离鱼缸3米之外，其细微的差别就很难看出来，只能看到均为圆叶的两种水草，这样艺术性就不够。若将水男兰放在罗贝力后面，前面的为圆叶，后面

的为羽状叶，这样差异就比较大，趣味也会倍增。为了将鱼缸景观保持相对稳定，一般不适宜养殖一些生长得很快的水草。长大的贝克椒草叶子会变得很密，将它作前景会显得非常美观。比较常见的水草，诸如水玲珑、大柳、对叶草等，巧妙地将它们组合起来，效果会非常好。

（2）养法。养殖水草还要掌握好水温。18℃～25℃是最适宜的温度。有良好的光照水草才能正常生长，最好是架在鱼缸上的日光灯的灯光或折射阳光，中间要用玻璃板相隔。除了水的洁净要注意之外，还要注意不让水草浮出水面，如果水草过高，必须及时将其分叉。水草最好栽植在比较大的碎石中，通常选择大概为0.5厘米的碎石。

7.使水草生长旺盛的技巧

水草的种类有很多，有些叶大根少，如罗汉茜、皇冠草，为了不让它们浮起就需要用一些石子将它们压住，如果因对水质不适应而造成叶子偏黄，则应将其不时地取出来，用清水洗干净之后再进行栽植，平时要更换一些新鲜水到鱼缸里面，也可以将其栽植在小花盆里，再连盆一起轻轻地放入鱼缸内，这样不仅有利于水草的生长，而且其密度也会变疏，既可以使水草生长得旺盛又能使景色变得好看。

8.投放观赏鱼饲料量的计算方法

要将饲料的投放量把握好，以下几种方法可供参考：

可以根据鱼的体重来计算，通常每日的投饲料量应该为所有鱼的体重的3%～5%。

可以根据鱼的摄食情况来确定适当的投饲料量。通常，投入饲料后，一般观赏鱼会在20分钟之内吃完饲料。如果用了20分钟或超过20分钟的时间还没有吃完饲料，就说明投放的饲料太多。如果鱼很快就将饵料吃完了，而且还在紧张地觅食，就说明所投放的饲料太少，可看情况再投一些。另外，还可以根据鱼的生理状况和天气来调节饲料

量的投放。如果是晴朗的天气就可多投一些饲料，如果在阴天或者闷热的天气里，就应该少投一些饲料；如果发现鱼有病，游动得缓慢，而且没有觅食的兴趣，则应该少投或暂时不要投放。

9.掌握热带鱼放养密度的技巧

放养热带鱼的密度要根据充气设备、鱼体大小及水体的生态条件来决定。如果有充气设备，有适宜的水温和茂盛的水体，氧气就比较充足，可以多放，否则就应少放。

通常所用的水族箱规格应该为长60厘米、宽35厘米、高35厘米，这种水族箱可以放30～40尾小型鱼，16尾左右中型鱼，或6尾左右体大的鱼。如果规格为：长40厘米、宽30厘米、高30厘米的水族箱，可放养20尾左右小型鱼，6～8尾中型鱼，或4尾左右大型鱼。

增加花色品种，可以使水族箱里的景色变得更加好看，还可将各种鱼混合养，调配热带鱼和其他鱼混养的密度可以按照上面提到的比例进行。

10.金鱼配种的技巧

为了不使金鱼的优良品种被退化，精选亲鱼和合理配种是在配种金鱼之前必须做好的事情，这样金鱼才能生出形状优良、身体健壮的后代。

亲鱼的精选：首先应该选择鱼体健壮、行动敏捷、发育良好的鱼类；其次应选择色泽鲜艳的鱼体，有明显突出的特征；还有就是按照每种鱼的特征来进行选种。

亲鱼的年龄：如果在北方，亲鱼的年龄一般在2～3龄。若得到了好的饲养和管理，发育比较快的就算只有1龄的鱼也可作亲鱼。如果在南方，一般都是以1～2龄的鱼来作亲鱼。金鱼到了4龄以上，其卵质就会变差，孵化率也会变低，所以不适合留作亲鱼。

亲鱼大小的比例：雌鱼一般要比雄鱼的个体大。只要雄鱼精液充沛、行动活泼、体壮，其受精率就高。若雄鱼个体太大，雌鱼

就会被其追伤。用1龄的新雄鱼来进行交配可以提高受精和孵化率，效果极佳。

配合雄、雌鱼的比例：通常雄鱼多配些为好，一般雄、雌的比例为2：1或3：2，这样受精率就会高些。如果雄鱼数量配得少，1：1的比例也可以。

11.让金鱼提早产卵的方法

合理的肥育放养、加强管理秋季的饲养，是能够让金鱼提前产卵的最主要的方法。用活鱼虫等多种饲料作主食，适当地增加饲料量以及延长光照时间，使亲鱼的生殖腺提早发育成熟。在立春前后利用人工升温来提高水温，适时合理地更换新水，增加金鱼的食欲和日照的时间等是非常有效的方法。更有效的方法是使用空气泵将水中的含氧量提高等方法刺激金鱼的性腺，使其成熟，这样就可以让金鱼提早产卵。

12.喂养金鱼用水

由于自来水中含有对金鱼有害的物质氯，所以应先将自来水倒入铁桶里，然后在中午时分，放在太阳下，让其日照24小时，等到水温冷却之后，再倒进鱼缸里使用。

由于金鱼有比较快的新陈代谢功能，所以，在夏天炎热的天气里，1个月应换水2次以上，在寒冷的冬天，1个月至少也应换水1次。

最好在鱼缸内栽植一些水草，这不但能使鱼缸美观，还可以补充鱼缸的水中的氧气。暖和的水是金鱼的最爱，25℃是金鱼存活的最佳水温。

13.为金鱼补氧的最佳时机

喂养金鱼的时候，如果饲养水体的水溶氧在2毫克以下，金鱼就会出现到水面吸氧和"浮头"的现象，而且会使其呼吸频率明显加快，并发出一些轻微的响声，这种响声被称为"叫水"。这是鱼缸内缺氧的现象，最好马上补充鱼缸内的氧气，或者减少金鱼数量。金鱼消耗的氧气量，和鱼的多少、大小、运动量以及水温的高低有着密切的关系，鱼

粪、鱼饵的腐化，也会消耗鱼缸内的氧气，这时如果没有及时地采取措施，金鱼很容易因缺氧而窒息，造成逐渐死亡。增加水中的溶解氧物质的含量、将新水加注鱼缸内，将水体环境改善，这些都是为金鱼补氧的最简单又十分有效的方法。如果有条件的话，可以采用用循环水或小型增气机来养鱼。

14.在雨天养金鱼把好三关

一些大型鱼缸摆放在露天处，如果遇到下雨天，在喂养金鱼的时候一定要把好3关：

（1）投食关。在下雨之前，一般天气会比较闷热，会使金鱼的情绪有比较大的波动，以至于降低了它们对食物的兴趣，很难将所投的饲料吃完。为了防止水质被一些过剩的食物所污染，应该将食物的投放量适当减少。

（2）遮盖关。由于雨水显酸性，若雨水混入了鱼缸，就会大大地酸化鱼缸内的水质，酸化的水极大地危害了不耐酸性的金鱼。另外，雨水中还带有很多的灰尘和其他的有毒物质，非常不利于金鱼的生长。为此应将鱼缸加以遮盖。

（3）防病关。如果遇上了连绵不断的阴雨天气，金鱼几天见不到阳光，就会降低其抗病能力，此时一定要注意清洁水质的保持，最好将少量食盐放入水中，可以将水中的病菌杀死。

15.春天金鱼的喂养方法

春天喂养金鱼，需要注意以下几点：

（1）做好准备工作。把金鱼放到室外之前，应把室外的鱼缸（盆）和其他的一些工具浸泡在高锰酸钾溶液中进行消毒。消完毒，将其洗干净，然后灌满新水，再添加些许老绿水，放到阳光下晒几天，尽量使室内和室外的水温一样，就可以在一个晴朗和煦的日子把金鱼放进室外的缸（盆）内。

（2）做好防病工作。一般在阳春三月，金鱼的抗病力不强、体质又比较弱，所以很容易患烂鳃病、白点病、水霉病。为此将金鱼移出盆的时候要小心地操作，千万不要擦伤

鱼体，并防止寄生虫和细菌侵入鱼体，防止金鱼患病。

（3）做好管理工作。由于金鱼刚刚结束冬眠，其消化系统的功能还没有恢复，如果在这个时候将金鱼移出盆，改变了其环境，在 48 小时之内，金鱼不能完全适应，因此要将金鱼喂食量减少或者不喂。金鱼被移出盆后，要经常在阳光下晒一晒，入夜时要用东西将鱼缸盖住，防止晚间的气温突然下降，将金鱼冻死。在金鱼快要产卵的时候，换水不要换得太勤，而且要适当地调节换水量，不能换得太多。

16.夏天金鱼的喂养方法

在炎热的夏天喂养金鱼，需要注意以下 3 点：

（1）避免缺氧。在夏季里，金鱼有比较旺盛的新陈代谢，加速其生长发育，在比较高的水温下，会快速地消耗掉水中的溶氧，所以，首先应该适当地将放养金鱼的密度降低，防止因缺氧而造成了"中暑"现象（如浮头等）。

（2）控制水位。鱼缸的水位深浅，与金鱼的生长和水温的变化有着比较密切的关系。如果水较深，水温就会相对稳定；如果水较浅，水温就容易受气温的影响而迅速地发生变化。夏季里，饲养金鱼的水位应当加深，一般将水温控制在 30℃以内。在适当的放养密度情况下，应在 25～30 厘米深的水位中饲养金鱼，如果饲养小鱼，则应该将水位深度适当地降低一点，水深在 20～25 厘米为最佳。

（3）适时换水。在高温期间，必须坚持每天换 1 次水，新换水的水温比原缸中水温应低 1℃～2℃，这样可维持鱼缸中的水的溶氧量，还可防止产生出硫化氢、有机酸等有害物质，避免金鱼中毒。注意，最好不要在中午进行捞鱼换水的工作。

17.秋天金鱼的喂养方法

秋季的气温变化比较大，在 9～11 月

中喂养金鱼的技巧侧重以下几点：

（1）9 月。由于夏季刚过，残暑未消，有时候还有可能出现高温现象，但是下半月暑气已消，气温比较适宜，金鱼的食欲增长，正是给金鱼催肥的一个好季节，所以要加强供应饵料，促进金鱼的身体生长发育。但是换水的次数就应当相对减少，一般为 7～10 天换 1 次水。还应该对金鱼患白点病和烂鳃病进行防治。对新引进的金鱼，更要注意饲水水质是否稳定，投饵量是否适当，以预防发生各种疾病。

（2）10 月。10 月的天气开始变凉，昼夜的温差比较大，当气温下降，金鱼的食欲会增加，此时，应注意加强给金鱼催肥，让其安全越冬。而且要加强供应饵料，促使种鱼和幼鱼肥胖，打好安全越冬的基础。一般 10 天换水 1 次，以预防各种疾病，特别要防止霉菌的感染。

（3）11 月。尽管此时气温已慢慢地降低，但是金鱼的食欲还不错，所以应继续加强供应饵料，以增强金鱼的体质。还应适当减少换水的次数，一般为 15～20 天换水 1 次最好。可以在中午的时候进行投饵。此时，金鱼进入了一个比较容易饲养的时期，也是家庭养鱼的一个好时期，可增加供应饵料，以促进鱼体肥胖，另外还要将挑选种鱼的工作做好。

18.冬天金鱼的喂养方法

冬季里喂养金鱼，以下几点必须注意：

（1）用水。在冬季里，一般金鱼都进入了休眠期，所以最好浅水饲养，换水不要太勤，应以"老水"为主。最好是在鱼缸的底层铺上一些干净的鹅卵石或粗沙等。

（2）温度。应保持 15℃～30℃的室温，如果有寒流侵袭，一定要把一个棉套套在鱼缸外，缸口也需盖上一些保暖物，但一定要留通气孔。白天，要将鱼缸放在窗台的向阳处，千万不要将其放置在靠近火炉的地方或者暖气上，否则水温过高，会使缸内的空气稀薄，导致鱼儿缺氧。晚间，不要将鱼缸放在北面比较阴冷的门旁或窗台。

（3）饲料。可将金鱼的饲料分为植物性和动物性两种。在冬季应采用动物性的饲料为主料来喂养金鱼。植物性的饲料品种比较多，而且价格较便宜，如大米饭、小米饭、馒头、面包、面条、熟玉米粒、饼干等均可，但是在饲喂的时候，必须将这些饲料弄碎，然后撒在水中。动物性饲料包括蚯蚓、虾皮、鱼虫、瘦肉和鱼肉等，但是在饲喂之前应予以加工，例如，鱼肉应先煮熟，然后剔除鱼骨，将其制成小块，喂的时候宜少不宜多；将河虾煮熟，然后去皮，将其撕成碎渣，再拿去喂食；蚯蚓必须先用清水浸泡，然后切成小段，才可以喂食；虾皮也需先用清水浸泡，然后撕碎投喂等。如果用羊、牛、鸡肉以及瘦肉来喂养，应先将其煮熟煮烂，再去除油腻，然后切碎再喂，切记喂的时候要适量。

19.在春季养龟的技巧

要养好龟关键在春季，以下几点必须掌握：

（1）喂食。给龟喂食的时候，宜"定时、定点、定量"，切忌时饥时饱，这样很容易紊乱龟的消化功能。

（2）防病。在日常的管理中，宜"勤换水、勤观察"。主要是对龟的爬行、食物以及粪便颜色和形状的观察，这样可以积累及时发现病龟的经验。春季，疾病较容易传播，因此，饲养时，必须做好疾病预防工作。可以用消毒液或 3×10 的高锰酸钾定期浸泡容器进行消毒。

（3）换水。喂食后 4 小时可进行换水工作，新换的水与原来的水的温差不可超过 5℃，如果水温差过大，就会引起龟不适。

20.垂钓的鱼饵配制方法

配制垂钓的鱼饵要因鱼而异，而且要把握以下几种方法：

（1）鲤鱼饵。玉米粉和大豆粉是鲤鱼最爱吃的食物。在玉米粉里掺入少量面粉，拌些蛋清然后蒸熟，就可用作鱼饵。红薯也可以用作鱼饵，把红薯切条，然后蒸到七八成熟即可。

（2）草鱼饵。钓草鱼的时候，首先要观察一下河塘里是否有杂草，如果有，可以用蟠蝉和蛙蚰做钓饵；如果没有，则可用葱白头、嫩绿的菜叶或葱叶做钓饵。

（3）鲫鱼饵。将少量面粉加入大豆粉里，然后用开水拌匀，钓鱼的时候，只需将拌匀的粉捏一小条即可。由于这种钓饵有很重的腥味，鱼即便在很远的地方也能闻到。另外，蚯蚓也是一种较好的鱼饵，但是，最好不要使用当天所捉到的蚯蚓做饵，因为，如果将刚捉回来的蚯蚓用细泥或茶水喂养几天，蚯蚓会变得有韧性，其色泽也会变鲜亮，这样，既能吸引鱼又比较不容易被咬断。

（4）鲢鱼饵。将土豆泥、豆腐渣、新鲜的稻糠、面粉和炒熟的大麦面等原料按一定的量混合在一起，然后将其搅拌成比较容易溶在水里的团状物。体积要适当大，水分也要适量。

（5）白条鱼饵。小虾是白条鱼最爱吃的食物。用小虾作饵，可先去掉小虾的头，然后再用手从小虾的尾部到头部进行挤压，这样虾肉就会完全露出来。

21.防钓鱼脱钩的方法

为了提高上钩率，防止已上钩的鱼脱钩，首先要对不同种类的鱼的咬钩方法进行准确区别和判断。

（1）鲤鱼咬钩法。当鲤鱼咬钩的时候，一般是先下沉，出现了部分浮漂，此时不要轻举妄动，要等到浮漂再次出现在水面，而且呈平衡状态的时候再提竿，这样可以防止鲤鱼脱钩。

（2）草鱼咬钩法。草鱼会用很多种方法咬钩，它有时抢着就跑，有时停下就吃。因此，在垂钓的时候，其浮漂的动向也是需要注意的。

（3）钟鱼咬钩法。当钟鱼咬钩的时候，它会慢慢地下沉，浮漂也是呈慢慢下沉的状态，最好是等到所有的浮漂下沉之后再将竿提起，这样就可以防止钟鱼脱钩。

22.钓鱼抖腕提竿的技巧

抖腕提竿事实上有两个动作。提竿的正确动作，是首先抖动手腕，再快速而有力地将钓竿抖动一下，这鱼钩就会急速地将鱼嘴钩住，然后向上提竿。说具体一点，就是先是抖腕，利用手腕的力量，抖动一下钓竿，竿尖就会上抬大概 20～30 厘米，如果这时有鱼，钓线会紧绷；如果这时没有鱼，钓线就会松弛，然后再提一次竿，或换食或遛鱼。需要特别注意的是，抖腕和再次提竿并非两个动作，而是一次动作的两个不同阶段，抖腕的时候，不能出现脱节现象，抖腕之后，不能放松钓线，尤其是在有鱼的时候，钓钱更不能放松，否则鱼儿便会脱钩。因此要特别注意将抖腕和提竿这两个动作衔接起来。用海竿钓鱼的时候，也可以利用抖腕动作。用海竿钓鱼，当鱼咬住钩后竿尖会点头晃动起来，如果上钩的是条大鱼，竿尖就会随之弯下去，这个时候提竿的动作不要太猛，而应先抖腕再提竿。如果要换饵料，也应该在提竿收线之前抖腕。有时候，可能并没有发现鱼咬钩的任何反应，在收线的时候才发现有鱼，那么，利用这种先抖腕再提竿收线的技巧，可能会有意外的收获。

23.春季钓鱼技巧

春季钓鱼有以下的几种选择：

（1）天气的选择。早春钓鱼最好选择一个晴朗的好天气，时间为早上 7 点以后最佳。因为在 7 点之前，其水温和气温都会比较低，鱼儿一般不会到处游动，所以不易上钩。钓鱼最好选择在池塘里，而且撒饵做窝的位置要根据池塘的深度来决定，最好选择 1～1.6 米深的水位和离岸较远的地方，地形必须选择朝阳的地方。

（2）钓具的选择。在自然的水域里，人们垂钓的对象通常是以鳊鱼和鲴鱼等小型的鱼为主，一般比较大的草鱼和鲤鱼较少，所以应该选择灵敏度相对较高的 3～5 号垂钓，其细线的直径应为 0.16～0.2 毫米，再配置一个小漂轻坠，以较灵敏的垂钓为佳。春季钓鱼最好用手竿，钓竿以软竿为佳，长度以 5.443 米为最佳。

（3）饵料的选择。一般垂钓都会采用一些混合饵料，这样可适合很多种鱼的口味。使用饵料量可因鱼和塘而异，在自然的水域中，其用量以少食多餐为佳。在鱼池中，为了适应池鱼的吃饵料习惯，应采用垂饵，需在适当的时候补饵，这样钓获的数量会有所提高。

（4）水域的选择。春季，通常选择在浅水区垂钓，比如有水草的滩头、岸边等，鱼喜欢活动在活水区，因为新鲜氧气和食物均来自于活水，所以进水口的两旁和流动的活水边是钓点最佳选择。选择水域应将点设在鱼密度大、水面小或肥水的塘口。垂钓水域最好不要选择水流得太急或流域比较宽的水面。

24.在特殊天气里春钓的窍门

春天一般应在晴天钓鱼，而且应选择向阳的地方钓。风力在 4 级以下最好，而且刮南风为最佳，或在那种晴了很长时间才下雨，又有 1～4 级南风的天气里垂钓为最佳。也有人在一些特殊的天气里垂钓，只要掌握以下的一些窍门，同样会有很大的收获。

在雨天钓鱼。春天一般都下着蒙蒙细雨，下雨后，其水温不会下降得很快，其水质也会变得更加清新，而且会大大增加溶于水里的氧气。地面的水会将地面上的一些昆虫、菜叶或植物残屑带进河塘、水库，这样鱼儿便有了天然的饵料。所以，最好在这样的天气里垂钓。垂钓的时候，下钓的地方要离岸边远一点。因为此时的鱼儿通常会在水上嬉戏，所以，在这个时候垂钓，一定要使用长竿和长线，而且要远距离垂钓，会浮钓的钓手，最好采用浮钓，因为这样可以事半功倍。

在有风的天气钓。天气在清明节后会逐渐变暖，通常会刮 1～3 级的和风，由于风带着水动，可增加充足的氧气，还会将水中的一些藻类植物、微生物以及漂浮在水面上的谷糠、昆虫、杂草或花粉吹至下风口处，这样，鱼儿就会随着这些食物移到下风口处，所以，在那儿下钓，一定会有收获。

在有雾的天气钓。春天的早晨经常会有雾，在这种时候，鱼儿一般都不吃不动。雾要到 8～9 点钟才会开始散开，等气温慢慢地升高，鱼儿就会活跃起来，然后开始到各个地方觅食，此时钓鱼最佳。

25.夏季里钓鱼的技术要点

在夏季里钓鱼时应掌握好以下几个技术要点：

天气的选择：最好在气温为 30℃ 以下，或伴有小雨的阴天、或刮 2～3 级风及暴雨之后的天气里出钓。因为，在那种天气里，气温偏低，而且水中的溶氧量也高，鱼儿会特别活跃，食欲也特别旺盛。

时间的选择：通常在早上 9 点之前和下午 17 点之后出钓为最佳，因为这段时间气温转低，鱼儿都会抓紧时间进食。

钓场的选择：钓鱼应选择在深水里钓、在活水里钓、在树荫处钓以及在入水口处钓。因为这些地方的水温都偏低，而且水中的溶氧量比较高，鱼儿喜欢聚集在这些地方进食、休息、躲藏，所以，在这种地方可以钓到大鱼。需要注意的是，应该在大水域里钓，而不要选小水塘钓。

鱼种的选择：对于鲢鱼、鲸鱼、草鱼来说，高温天气是它们一年当中的旺食期，但是鲤鱼却不喜欢这样的天气。所以，出去垂钓之前，需要多做些准备，比如早晚选择钓鲤鱼，中午就钓鲢鱼、草鱼和鲸鱼。

26.冬天里钓鱼的技术要点

在冬天钓鱼需掌握以下几个技术要点：

天气的选择。在寒冷的冬天钓鱼，最好选择雨过天晴、暖和及晴朗的天气。初冬季节，最好的垂钓时间是在来寒潮的前一天。

时间的选择。一般垂钓的最佳时段为上午的 10～12 点和下午的 2～4 点,5 点次之。

渔具的选择。如果垂钓的地方是在水库或者是比较宽广的水面，那么，最好采用可两用的手竿和海竿，投竿时，将竿投向较远较深的水中；如果在河流或鱼塘里垂钓，比较适合采用手竿；如果是钓目鱼和鲫鱼，则用小钓和细线比较好。

鱼饵的选择。由于各种鱼类所处的水域不同，所以，它们的吃食习惯也有一定的差别。钓鱼前，最好根据实际情况，带多种饵料。比如钓草鱼可采用酒渣苞谷，钓鲤鱼可采用熟的苞谷面，用来钓鲫鱼的饵料比较多，如大米饭粒、鲜虾、红色蚯蚓和养鱼的饵料等。

钓场的选择。一般要将垂钓场所定在深水或阳光充足、靠近水草且避风处，有活水流动的浅滩也是一个很好的钓位。但事先一定要试钩，且要观察清楚水底是否有无杂物，是否干净，然后再钓。

（二） 休闲旅游

1.看旅游广告的方法

旅游公司为了招揽游客，一般都会打出一些相关的广告，为了避免受骗上当，应当学会如何看旅游广告的一些方法：

（1）看航班条款。通常，旅行社只会在广告上注明航班的机型，而不会注明其起飞时间。一般来说，如果是在不太好的时间段起飞，其航班价格就会偏低，如果是旅行社包机，航班价格就会更低。一些旅行社为省钱，就会为旅客买晚上的航班。导致游客第 2 天旅游的时候体力不足，从而游兴大减。

（2）看旅游车条款。当游客到达旅游的目的地后，游玩的时候一般是乘坐旅游车。有的旅游车性能比较好，有的性能就比较差，比如，在炎热的天气里，有的车空调不凉。还有购买保险方面，有的旅游车会购买，但有的不购买。

（3）看酒店条款。游客们所住的酒店，旅行社一般都会在广告上注明其星级。一样的星级，会因酒店所处的不同地段而产生价格差异。离市区比较远或不在景区的酒店，其价钱相对比较低，但是，这样每天往返景区与酒店的长途交通，就会浪费大量时间以及消耗大量体力。

（4）看景点条款。景点清单通常都是一长串地出现在广告里，这样就会让人们看到其"行程丰富"的表面假象。事实上，那些清单很有可能是已经过"分解"的，例如将一个景点的几个分点的名字排上去。或者选择一些免费或门票便宜的景点。交钱的时候，一定要仔细地核实一下上面所讲的景点的含金量，不能只看其报价。

（5）看门票条款。很多旅行社表示团费就包含门票，但是，一般旅游景区都会分"小票""大票"。"大票"只让游客进入景区大门，而"园中园"、"景中景"都要单独收费。

（6）看饮食条款。一般旅行社都会在广告上注明包多少餐，一些旅行社还会注明每餐多少元。但是其所提供的具体食品是不是货真价实，就有很大的文章了。

（7）看购物条款。如果旅行社安排的旅行总天数相同，但安排的购物节目较多，其价格就会偏低。即使导游不利用各种办法使游客购物，但游客却因此花费了很多的宝贵时间，而且游览项目也会相对压缩，这样游客的损失就会比较大。

2.识别旅游全包价

通常包价旅游分为散客包价和团体包价，散客包价一般是指不超过 10 人的旅游团

体，付给旅行社的旅游款项需一次性交清，所有相关的服务需全部委托给一家旅行社办理。团体包价指的是超过 10 个人的旅游团，其委托服务和付款方式与散客包价是一样的。综合服务费、房费、城市间交通费和专项附加费是包价旅游最重要的 4 个部分。

（1）综合服务费：综合服务费一般包括：基本汽车费、餐饮费、翻译导游费、接团手续费、全程陪同费、领队减免费、宣传费和杂费。

（2）房费：一般可根据游客意愿，预订低、中、高各档次饭店，旅行社将按照与饭店所签订的协议上的价格向游客收取费用。

（3）城市间交通费：就是汽车客票、轮船、火车或飞机的价格。交通费的折扣标准价格，是由交通部、铁道部、中国民航局和国家旅游局所规定的。

（4）专项附加费：为责任保险费、游江游湖费、特殊游览门票费、专业活动费、汽车超路程费、风味餐费以及不可预见的费用等。

3.识别半包价和小包价

旅游社的报价除了报全包价以外，还会报半包价或小包价：

（1）半包价。就是在全包价的基础上，将午、晚餐费用扣除的包价形式，以达到将产品直观价格降低，以及将产品竞争能力提高的目的，同时也能够更好地去满足游客们的用餐要求。

（2）小包价。即选择性旅游。游客们所预付的部分费用只包含饭店房费、接送服务费、国内城市之间的交通费、早餐费及手续费。剩下的部分费用在当地现付即可。小包价的游客可以按照自己的兴趣、经济状况和时间来自由地选择参观游览、导游、节目欣赏和风味餐等。因小包价既经济又实惠，所以比较受游客们的欢迎。

4.夏季旅游藏钱技巧

夏天穿的衣服比较单薄，口袋也少，把

钱藏入口袋中，会显得很鼓，不雅观也不安全。利用以下的技巧可以解决这种问题：

（1）最好将钱藏在随身带的小包内或胸前的腰包里，用有背带的小包最好，把包夹在腋下，背带吊在肩上。注意：在公共场合千万不要将包背在背上，否则窃贼有可能将包划破或将包抢走。

（2）要掌握好将钱拿出来的技巧。在旅游的途中，旅游者要采用"按囊取钱"的方法将钱拿出来，比如：要买几块钱的东西，就不要往装着50元钱的口袋里拿钱。而且要一直平衡各种面值的钞票。在购物、吃东西的时候要花一些中等面值的钱，在付款的时候，最好要付多少整数，就拿几张整钱出来。如果零票被花完了，要及时在没有人的地方拿出大面值的钱，在下一次消费的时候将其换成中小面值的钱。

（3）应该注意的是，对藏钱处既要做到时时小心，但又不可太显眼，旅游者千万不要因为怕失窃而总是抱住或攥紧自己的钱袋。如果是跟随团队旅游，旅游者最好是结伴而行，相互也好有个照应，这样就算小偷盯上了游客，也不容易找到机会下手。

5.外出旅游省钱

外出旅游时可参考以下方法来省钱：

（1）错季旅游：在旅游旺季的时候，不但旅游的人比较多，而且住宿和景点的价格都比平时的价格高出很多。精明的旅游者不会选择旺季，这样不但能节省开支，还能悠闲自在地欣赏风景。

（2）有选择性地游览：风景区和名胜区的游览一般都需要购买门票，如果要游览所有的景点和古迹，不但会增加经济负担，而且很费时间。为此，应有选择地游览参观此地最具代表性或最具特色的景点。

（3）交通工具的合理选择：如果旅游的时间不是太紧张，最好是购买轮船票或火车硬卧票或打折飞机票，以节省交通方面的开支。此外，如果路途较近，可步行或乘公共汽车，这样既节省费用又健身。

（4）不要盲目购物：购物的时候一定要控制好自己的购买欲。最好只买一些有纪念意义的商品，这样既可以方便行动又可避免在购物中被敲诈。

（5）用餐尽量不要选在景点处：在景点处品尝此地有特色的风味小吃或用餐，其费用会比较高，如果在马路边或街道边的小店铺品尝小吃或吃饭，味道和效果都差不多，而价格却便宜得多。

（6）选择住宿旅馆的技巧：根据住宿的行情来看，住宿费高的一般是设在景点区内的旅馆，但离景点较远的旅馆的住宿费就要少一些，为此，最好选择价格便宜、有安全保障、而且交通方便的旅馆住宿。

6.携带旅游物品

（1）各种有效的证件。游客未满16周岁，要带上学生证。游客已满16周岁，要带上身份证。可以享受一些优惠的有特殊身份的游客，如教师、记者、军官、学生等，需带上教师证、记者证、军官证和学生证等。如果是夫妻一同旅游最好带上结婚证。

（2）携带的物品要求。乘坐交通工具的时候，严禁携带一些易燃易爆和有毒等有危险性的物品。

（3）免费携带的物品重量。乘坐飞机时所携带的物品重量要在5公斤之内，每件物品的体积不可以超过长20厘米×宽30厘米×高50厘米。大人乘坐火车时所携带的物品不能超过20千克，小孩所携带的则不能超过10千克，外交人员不得超过35千克。乘坐汽车的时候，全票的不能超过10千克，儿童票的不能超过5千克。

7.外出旅游前的药物准备

在外出旅游的时候，应备好以下几种常用的药物：

（1）防暑药。如藿香正气水或藿香正气丸、十滴水、仁丹、清凉油、风油精等。

（2）感冒药。新速效感冒片、感冒清热

冲剂、白加黑感冒片、速效伤风胶囊、银翘解毒丸、通宣理肺丸、日夜百服宁、桑菊感冒片等。

（3）抗肠道疾病的药物。磺胺类药或广谱抗菌药。

（4）抗过敏药物。如息斯敏、扑尔敏。

（5）晕车药。如舟车宁、乘晕宁。

（6）治疗外伤的药。如创可贴、"云南白药喷剂"、胶布、绷带等。

此外，心脏病、高血压等患者，还应带上必备药。

8.选定旅游景点

选择旅游景点要依照个人的兴趣：爱山的可登黄山、五岳山和庐山等；喜水的可去青岛、大连、厦门、北戴河；怀古的最好去寻访四大佛山和六大古都。

要量力而行：要根据个人的经济条件，选择既经济实惠又能满足兴趣的旅程。

要考虑时间：当时间有限的时候，要适当地安排行程，否则可能会影响假后的工作和学习；如果有足够的时间，就可以放心地多游几个景点，以丰富游程。

9.旅游时走路的五要诀

（1）要走不要跳：旅游时，蹦蹦跳跳或走得太快会加重膝盖的负担，容易造成劳累或受伤。

（2）要匀不要急：以均匀的速度行走，是最省体力的方式，而且能够保持良好的心态。但如果急一阵歇一阵，那就会非常累人。

（3）快去慢返回：旅游出发的时候可以走得快一点，返回的时候则要走得慢些，否则会使疲劳的关节和肌腱受伤。

（4）走阶不走坡：上山和下山的时候尽量避免走山面斜坡，而要走石阶，因为这样较符合生理和力学的要求，即安全又省力。

（5）走硬不走软：走在石板、沥青、水泥等较硬的地上行走通常都比走在湿地、河滩、草地等较软的地面更加安全和省劲。

10.旅游不可坐的车

为了旅游安全，以下的几种车不可坐：

（1）"病"车。车况不太好的车辆就像一个隐形炸弹，若经过了长途的奔波或连续的行驶陡坡、弯道等路段的时候，就有可能不定时"引爆"，造成严重的后果。通常从外观看，"病"车有以下几种情况：外表不整、歪斜、部件陈旧、破烂、车躯欠稳。

（2）超员车。每种车辆都规定了载客载重的标准，若超负荷运行，难免发生交通事故。尽量不要在乘车高峰期乘车，或改乘其他的交通工具。

（3）沾酒车。醉酒或酒后开车非常危险，如果遇上这种沾酒的车，在任何的情况下，都不要搭乘，最好报警。

（4）农用车。通常用于拉沙运土、农业生产等车就是农用车，它完全不具备载客的条件，但是不少在边远山区旅游的游客为了贪图便宜、方便，经常毫不思考地搭乘农用的三轮车，而常因司机对车况、路况不太清楚等原因，出现了很多车毁人亡的事故。交通法规严厉禁止农用车营运和载客。

（5）黑车。千万不要去乘坐"黑车"和无牌无证的车，它们会带来很多的麻烦。

（6）疲劳车、超速车。为了增长经济收入，一些客运司机、车主多拉快跑，日夜兼程，疲劳驾驶，引发事故。为了生命安全，要坚决拒乘。

11.乘车防盗法

若要防止在乘坐公交车的时候被窃，应该注意以下几点：

（1）要事先准备好零钱：在乘车前，就准备好零钱在口袋里，若没有零钱，可以取一张大面值的备用。千万不要在候车时或车上从整叠钞票中抽取零钱来买票。

（2）钱要与月票分开：不要把钱和月票放在一起，月票可以放在外衣的口袋里，钱包必须要放在内衣或包内的口袋里。

（3）要把背包放在身前：车辆运行及上

车时，不要把背包放在身侧或身后，要放在自己眼睛最容易看到的地方。

（4）注意要外松内紧：若带有巨款在身上，应该在内心保持高度警觉，但外表要显得非常自然、轻松。不要不时翻看提包或用手紧紧地捂住放钱的口袋。

12.自驾车旅游的准备

目前自驾旅游已将成为一种时尚出游方式。若要享受自驾旅游的快乐，"驾迷们"应做好以下的一些准备：

（1）出游前，应对车辆彻底全面地检查和维护一次，包括变速箱和齿轮箱的润滑油以及刹车、底盘、灯光、轮胎、方向、油、水、电、悬挂装置等，一旦发现问题，要马上修复。自驾车出游虽然惬意，但必须带齐一些随车工具。除了千斤顶和车轮扳手外，还要带上路线地图、照明用具、野营装备、通讯装置、望远镜及山地车，还有警示牌、指南针、应急灯等应急装置也是必需的。另外驾驶证、行驶证、汽车救援卡、通讯工具、零钱等一些必需品也要随身带着。因车外出时，会跨比较大的区域，可能会因比较大的气候变化，引起旅游者水土不服，个别人还会出现呕吐、头晕、腹泻，部分人会出现晕车等现象，为此在行前还应备些消炎药、风油精、碘酒、眩晕停等药品。车内若有空调，请勿吸烟，以免污浊车内的空气。

（2）出行前，要先确定好行车的路线和休息的站点。还要清楚路途上需花的费用，最好有一个非常清楚的线路图和周密的计划。建议：自驾车出游，以结伴同行最佳。

13.自驾旅游的选伴

自驾车旅游时，选择旅伴是件很重要的事。通常选择旅伴需注意以下几点：

（1）远途开车，选一个懂得车辆基本维修技术的人同行最佳。

（2）同伴的人数最好按座位的额定数来确定。

（3）最好是男性人数多过女性人数。

14.自驾车旅游的注意要点

自驾车旅游以确保安全为重，以下几点值得注意：

（1）最好不要个人租车旅游，特别是刚刚才学会开车的司机，不要将旅游当作一次练车的经验，对车或路况不熟悉，均容易发生事故。

（2）自驾车旅游，最好找一辆或更多的车同行，万一出了事故还可以互相有个照应。多辆车同行时，一定要保持车和车之间的距离不要太远。

（3）旅游不是赶路，最好不要走夜路。走夜路不但危险，而且易疲劳还会影响旅游者的心情。

（4）不要把油用光了才加油。当油跑完了一半，看到好的加油站就随时加一些油，千万不要怕麻烦，即使加不到好油，将好油与次油"和"着烧也要比把次油光着烧对车的损坏性小一些。

（5）如果是短途旅游，最好不要将汽油带在车上；如果是远途旅游而且离公路较远，最好携带 1 ~ 4 个安全的铁汽油桶以备用。

（6）合理地安排好行车距离，避免疲劳驾车。日行车的最多里程为：普通公路200 ~ 300公里，高速公路300 ~ 400公里。停车的时候，要注意锁好车门、车窗并将贵重物品随身带走。

15.排除旅途中险情

（1）万一车在半路坏掉，如果是路况较好的白天，可考虑将车拖走；如果是晚上，可拨打当地的114查询当地的汽车救援号码请求救援。

（2）如果需要别人拖车，要讲究拖车技术。其技术包括：应保持拖车绳平直，保持前后车速度一致；前面的车要转向或停车的时候，需事先打转向灯和踩两下刹车灯，以提醒后车，防止撞在一块。

❀ 五、清洁 ❀

（一）消毒

1.漂白水消毒

用漂白水来进行消毒时，其与清水的比例是 1：490。漂白水杀菌，虽然功效显著，但它味道太浓，且在稀释时，如果分量掌握不好的话，其所含的毒性能伤害抵抗力弱的小孩，对家具表面也有可能损害，使家具褪色。

2.用煮沸法给餐具消毒

煮沸消毒是一种效果最可靠的方法且简便易行。一般是先将食具完全浸没于水里，煮沸 10 分钟便可。如是肝炎病人用过的食具，应先煮沸消毒 10 分钟左右，然后再取出，用清水将其洗净，再煮沸 15 分钟左右。若是肝炎病人食用时剩下的食物，应将其煮沸半小时后，再倒掉。

3.用蒸汽法给餐具消毒

在锅内用蒸汽消毒，也就是我们所说的隔水蒸，主要是依靠水烧开后产生的蒸汽来杀灭细菌。此法要等水完全烧开后，再继续烧 10 分钟左右才会有效。

4.用洗碗机消毒

洗碗机一般都是消毒、清洗一体机，实用方便。在使用的时候，其水温应保持在 85℃左右，冲洗消毒的时间大约 40 秒，才能保证其消毒的效果。

5.用微波炉消毒

（1）纸质类。钱币、书籍等用微波炉来消毒时，一般要先包扎好，外面再裹上湿毛巾，然后才可以放入微波炉内（功率要大于500 瓦），一般 4 分钟就可以了，要用在肝炎消毒则需 8 分钟。

（2）布质类。一定要在湿润的条件下才能进行消毒，外面要用塑料或纸薄膜包裹，消毒时间和纸质类基本相同。

（3）食具、茶具、奶具。在茶具、食具、奶具里装上适量水，外面裹上塑料或湿布薄膜，奶头消毒一般 2 分钟就可以了，其余的基本和纸质类相似。

6.用日晒给菜板消毒

在阳光下把菜板曝晒半小时以上，能起到一定的消毒作用。加入 50 毫升苯扎溴铵在 1000 克水中，将菜板浸泡 15 分钟左右，然后再用干净的清水将其冲洗干净，消毒效果不错。

7.用热水给菜板消毒

洗刷一遍菜板，可减少 1/3 的病菌，若用开水淋烫，残存在菜板上的病菌就会更少。每次用完菜板后，将上面的残渣刮干净，撒些盐在菜板上，不但可以杀菌，还能防止菜板干裂。

8.抹布消毒法

（1）将抹布浸泡于水中，加热煮沸半小时，可以将微生物彻底杀灭。若使用碱水，其效果会更好。

（2）将抹布浸泡在消毒剂溶液（0.5%的漂白粉上清液、0.05% 的清液消毒剂溶液、0.5% 的苯扎溴铵溶液等），半小时后再用清水洗干净即可。

（3）将抹布折叠好，放在 650 瓦功率下照射，5 分钟左右后，即可达到消毒效果。

（4）将抹布放在臭氧消毒柜中，半小时后，即可消毒。

9.清洗消毒儿童玩具

在热水中加入洗涤剂用来清洗玩具，用刷子刷洗缝隙处，最后用清水多冲几遍，这样大多数微生物可以洗去。但对于患过传染病的孩子，其玩具需要进行更好的消毒处理。

10.用消毒剂清洗儿童玩具

可用 0.1% 苯扎溴铵溶液、75% 的酒精、0.1% 氯所配制的溶液来清洗儿童玩具。

可用 0.1% 的碘酒、高锰酸钾溶液，3% 的过氧氢等消毒剂来洗涤儿童玩具。

对于那些不怕染上颜色和腐蚀的塑料玩具进行消毒。其消毒剂的作用时间一般为半小时以上，消毒剂一经处理后，一定要用清水将消毒液彻底除去。

11.用臭氧熏蒸法清洗儿童玩具

臭氧消毒箱和消毒柜也可来消毒儿童玩具。此法的操作非常简便，只要将玩具放进消毒柜中，将电源打开即可。其一般的熏蒸时间为 20 分钟以上。

12.给钥匙消毒

大部分钥匙都带有结核杆菌、大肠杆菌、真菌等致病菌，而生活中大多数人都没有消毒、清洗钥匙的习惯。在晴天的中午，将钥匙放在阳光下曝晒，大多的细菌均可被阳光里面的紫外线杀死；或者用自来水冲洗，用硬毛刷刷洗一遍，便可减少 1/3 病菌；如果用热水烫钥匙，基本上可以杀死所有的细菌。

13.给牙具消毒

在刷牙的同时，各种微生物和食物的残渣会黏附有牙刷上面；牙缸、牙刷一般都处于潮湿、阴暗的环境中，而食物残渣又是微生物生长的良好培养基，这就会让很多微生物迅速地繁殖和生长，引起人体胃溃疡、肠道疾病等疾病。

用蒸煮或者开水冲洗 10 ~ 20 分钟可以消毒或用 0.1% 高锰酸钾溶液中浸泡 30 分钟以上。也可用 0.02% 的氯已定溶液常常浸泡牙缸和牙刷，可使牙缸和牙刷常常保持洁净的状态。将牙具放入臭氧消毒柜中消毒约 15 分钟左右，也可达到同样的效果。

14.给牙签消毒

有很多牙签的卫生指标都不合格，很容易将销售、生产过程的微生物带进口腔中，可能引起疾病。因此在使用牙签前，最好将购买回来的牙签包装打开，分成若干小的包装，并用纸包好，放入蒸锅中蒸煮（最少 20 分钟），取出后将其晾干，保存在干净的地方，在使用的时候，用一包打开一包，尽快用完。

15.毛巾的消毒方法

由于毛巾的使用率高，毛巾上常常有痰液、鼻涕以及其他的分泌物沾染，其中有许多是致病性的微生物，所以要经常进行消毒。

（1）个人专用的毛巾，可以先用开水煮沸 12 分钟左右，然后再用肥皂清洗干净，晾干后即可使用。

（2）把毛巾的污渍去除，用清水清洗干净后，折叠放在微波炉中，在 650 瓦功率下，运行 5 分钟即可达到消毒的效果。

（3）把毛巾放进高压锅中，加热保持半小时左右即可。

（4）把毛巾浸泡在放有 0.1% 的苯扎溴铵的溶液中（需浸泡一刻钟以上），然后将毛巾取出，用清水将残余的消毒剂清洗干净，晾干后即可。

16.用曝晒法给衣物消毒

对于那些不能洗涤的服装（如裘皮、皮装等），可用日光曝晒法消毒：把衣服摊开，将其放在太阳直射下曝晒 6 小时以上。在曝晒的过程中一定要经常翻动，使衣服各面都能均匀地受到阳光的照射。对于医院及其他职业特殊的人员，或者家中有患病成员的，其衣服就应用更加严格的消毒法。

17.用消毒剂给尿布消毒

将换下来的尿布放在消毒剂溶液中浸泡 10 分钟以上，待浸泡消毒后，再用洗衣粉或肥皂将消毒剂和污物洗净，放在阳光下曝晒即可。

18.用蒸煮法给尿布消毒

用洗涤剂将尿布上的污迹清洗干净，拧干后放入锅中蒸煮，煮沸 10 分钟以上，用清水冲洗干净后于日光下曝晒即可。

19.给宠物消毒

（1）管制。在户外散步时，要尽量管好自己的宠物，尽量减少它与其他宠物的接触，不要让它在没有管束的条件下到处乱跑。

（2）隔离。将人与宠物隔离开，包括人与宠物的吃、住、睡等都要全部分开。

（3）食物。不要给他们吃生食，要给它们提供清洁、干净的食物和水。

（4）防病。要及时给宠物打各种相关疫苗，特别是狂犬病疫苗，预防发生疾病；对得病的宠物，要及把它送到宠物医院就诊；要经常清洗和消毒动物的日常用品。

（5）洗手。每次人与宠物接触之后要严格洗手。

20.如何对二手房进行消毒

如果你购买了二手房那么对它进行一次彻底的消毒是很有必要的。假如你想保留居室的墙面而墙面已做装修，可以用 3% 的来苏水溶液或者用 1% ～ 3% 的漂白粉澄清液，也可以用 3% 的过氧乙酸溶液喷洒。喷洒在地面时一定要均匀，同时应该注意墙壁的喷雾高度应控制在 2 米以上，喷洒以后必须关闭门窗 1 小时左右。除此，按每立方米空间，用 4 ～ 8 毫升食醋加上水稀释并加热，然后用蒸汽熏蒸 1 小时即可，应该注意的要隔天再熏。

21.用精油抗菌

精油是一种可以常用洁净家中的用品，因为它不但可减缓压力、调整情绪，还可以抗菌抑菌，让家中每时每刻都拥有芳香和健康。为了营造一个健康芳香的环境，一般可以点一支香熏炉在房间里，用无烟的蜡烛作热源，使植物的分子都散发出来，以达到非常好的防菌效果。类似的植物还有松木、茶树、薄荷、天竺葵、柠檬、桉树、佛手柑、杜松子等。

22.用香烛抗菌

很多香烛都含有抗菌抑菌的植物成分，不但能保持芳香的环境，同时还具有抗菌效果，例如佛手柑、杜松子或桉树。

23.用干花香包抗菌

干花香包是天然植物的骨髓，如琥珀、薰衣草、佛手柑、薄荷、香橙、丝树花、白琥珀等所做的干花香包，将其放在室内或衣柜中，可以散发出芬芳的气味，起到净化空气的作用。

24.用花草茶抗菌消毒

花草茶的功能比较多，不仅可以美丽容颜，有些还具有排毒净化、消炎杀菌的功效。如：桉树对防止病毒侵入身体，有一定的抵抗作用，可使人精神爽利，精力充沛；玫瑰不但能美容，还能很好地排除体内多余的毒素和水分等。

（二）除污

1.清洁玻璃

若家里有凹凸不平的玻璃，清洁起来会非常麻烦。可以先用牙刷将窗沿及玻璃凹处的污垢清除掉，然后再用抹布或海绵将污垢去除，再蘸些清洁剂来擦，当玻璃与抹布之间发出了清脆的响声时，表示琉璃已经干净了。用清洁剂在整块玻璃上画一个"×"字，然后再用抹布去擦，即可很容易擦干净。

2.用醋擦玻璃

擦玻璃前，在干净的抹布上蘸适量食醋，然后用它反复擦拭玻璃，可使玻璃明亮光洁。

3.用白酒擦玻璃

擦玻璃前，先用湿布将玻璃擦一遍，然后再在湿布上蘸些白酒，稍稍用力擦拭玻璃，可使玻璃光洁如新。

4.用啤酒擦玻璃

在抹布上蘸上些啤酒，然后把玻璃里外擦 1 遍，再用干净的抹布擦 1 遍，即可把玻璃擦得十分明亮。

5.用大葱擦玻璃

取适量洋葱或大葱，将其切成两半，然后用切面来擦拭玻璃表面，趁汁还没干的时候，迅速用干布擦拭，可使玻璃晶光发亮。

6.用牙膏擦玻璃

时间久了，玻璃容易发黑，此时可在玻璃上涂适量牙膏，然后用湿抹布反复擦拭，可使玻璃光亮如新。

7.用煤油擦玻璃

在擦玻璃前，先在玻璃上涂些煤油，然后再用棉布或布来擦，不但能使玻璃光洁无比，而且还能防雨天渍水。

8.用烟丝擦玻璃

用香烟里的烟丝来擦挡风玻璃或玻璃窗，不但除污的效果非常好，而且能使玻璃明亮如新。

9.去除玻璃上油漆迹的方法

（1）茶水法：若是较浅的油漆，可用刷子蘸茶水来刷除。

（2）松节油法：可用指甲油或松节油来去除油漆迹。

（3）食醋法：先涂抹些热醋在玻璃上，然后再用干的抹布擦拭。

10.去除玻璃上涂料迹的方法

（1）松节油法：先把表面的涂料刮去，然后再用软布蘸上些松节油来擦拭，即可去除。

（2）石油精法：先用小刀或竹片刮去玻璃上的涂料，然后再用石油精擦拭。

11.去除玻璃上霜的方法

若挡风玻璃或玻璃窗上霜比较厚，则可加少许明矾在盐水中，用它来擦玻璃，除霜效果极佳。

12.用吸尘器清洁纱窗

把报纸贴在纱窗的一面，再用吸尘器去吸，即可把纱窗上的灰尘清除。吸尘器应该用刷子吸头。

13.用碱水除纱窗上的油污

将纱窗取下来后，放在热碱水中，用不起毛的布反复擦洗，然后再用干净的热水将纱窗漂洗干净即可。

14.用面糊除纱窗上的油污

取 100 克面粉，将其打成稀面糊，然后趁热刷在纱窗上，待 10 分钟左右后，用刷子反复地刷洗几遍，再用清水冲洗干净，即可去除油污。

15.用茶叶洗窗帘

若窗帘的一部分被太阳晒黄了，可将它取下来，放入茶水里泡 1 晚，则可将晒黄的地方洗净。

16.用牛奶洗纱窗帘

在洗纱窗帘的时候，在洗衣粉溶液中加入适量的牛奶，这样能把纱窗帘洗得跟新的一样。

17.用小苏打洗窗帘

首先将浮灰去掉，然后放进加有洗涤剂的温水里轻轻地揉动，待洗完后，再用清水漂洗几遍，然后在清水中加入 500 克小苏打，把纱窗帘浸入水中漂洗，这样能把纱窗帘洗得非常洁白。

18.用牙膏清洁金属门把手

在干布上挤些牙膏，然后用其来擦拭金属把手上面的污点，即可很轻松地去除。

19.清洁墙壁技巧一

若墙壁已脏污得非常严重，可以使用深沉性的钙粉或石膏沾在布上摩擦，或者用细砂纸来轻擦，即可去除。

挤些牙膏在湿布上，可将墙上的彩色蜡笔和铅笔的笔迹擦掉。不能用水来洗布质、纸质壁纸上的污点，可以用橡皮来擦。若彩色的墙面有新油迹，可以用滑石粉去掉，垫张吸水纸在滑石粉上，再用漏斗熨一下即可。若是塑料壁纸上面沾了污迹，可喷洒些清洁剂，然后将布擦干后反复擦拭，即可面目一新。

20.清洁墙壁技巧二

高处的墙面，可以用 T 型拖把来清洁，夹些抹布在拖把上，再蘸些清洁剂，用力推动拖把，当抹布脏后，拆下来洗干净，再用，反复几次，当把墙壁彻底擦洗干净即可。下面的墙面，可以喷些去渍剂，然后再贴上白纸，约 30 分钟后，再擦拭干净即可。

21.除壁纸上的油渍

撒些滑石粉在油渍上，然后垫一张吸水纸在滑石粉上，再用熨斗熨一下便可去除。

22.除墙壁上蜡笔迹的方法

（1）砂纸法：用细砂纸能将蜡笔迹轻轻地磨去。

（2）钢丝球法：可用厨房里专用的钢丝球来轻轻的擦除。

（3）熨斗熨烫法：在蜡笔迹处盖上一块布（以法兰绒为佳），然后用熨斗熨烫一下，待蜡笔熔化后，用布将其擦除即可。

23.除墙壁上镜框痕迹的方法

（1）橡皮擦法：可先用橡皮擦擦，若擦不掉，再用砂纸将其轻轻地磨去。

（2）清洁剂法：可在布上蘸点清洁剂来擦拭。

24.清洁地板

比较难清洁的瓷砖缝，可先喷些清洁剂，然后再用小刷子来刷洗，长期受油污的侵蚀，地板缝会变成一个个的小黑框，先用清洁剂沿着砖缝涂一遍，几分钟后，再用小刷子将其刷洗干净，最后再用拖把擦擦即可。若不喜欢用完清洁剂后滑溜溜的感觉，可以滴少许醋在拖把上。

25.清洁普通地板

对不同材质的地板，要使用合适的清洁剂。在使用之前，根据脏污程度，先把一定的地板清洁剂放入桶内稀释，然后用拖把从屋子内向外拖。

对墙角和地板缝补不容易清洗之处，可直接在抹布上倒上清洁剂后擦拭，或者用废旧的牙刷沾地板清洁剂刷洗不容易去除的污垢，最后再用清水冲洗干净就可以了。

26.除地板上污痕的方法

（1）撒盐后清扫残剩蛋液：如果将蛋液或者整个鸡蛋掉在地板，可撒少量食盐在其上，10 分钟左右后轻轻一擦，即会干净如初。

（2）倒点醋：当用拖布拖厨房地板的时候，可适当地倒些食醋，其效果极佳。

27.除地板上口香糖的方法

（1）洗涤液法：若塑料地板上不小心粘上了口香糖，可用一根小木棍包上些布蘸些洗涤液来擦拭，在擦的时候切勿用力过猛，只需轻轻擦即可。

（2）竹片刮除法：喷漆或油漆地板可先用竹片将口香糖轻轻的刮除（千万不要用刀片刮），然后再用一块蘸有煤油的布擦拭（若怕油漆脱落，可用洗涤剂擦拭）。

28.除地板上的乳胶

在抹布上蘸点醋来轻轻地擦拭地板，可将胶轻松地去除。

29.清洁塑胶地板

用水来清洁塑胶地板的时候，会使水分及清洁剂跟胶起化学作用，而使地板面翘起或脱胶。若水不小心泼洒在塑胶地板上了，应将其尽快弄干。

30.擦木质地板四法

（1）浓茶法：将喝剩的浓茶水用抹布来蘸着擦地板，不但可以去污，还能使地板非常光亮。

（2）松节油法：将漂白粉与松节油以 1∶1 的比较兑成溶液，然后再用它来擦地板，可将地板擦得光亮而洁净。

（3）蜡纸法：放一张蜡纸在拖布下，然后轻轻地来回拖，可擦得又快又亮。

（4）色拉油法：在拖布上滴上几滴色拉油，然后用其来擦地板，可将地板擦得非常光亮。

31.除木质地板污迹

木质地板要经常擦、抹、扫才能保持其光亮、清洁。若不小心沾上了脏水或饮料，必须用软布蘸些家具油来来擦拭干净。若染上了顽固性的污渍，可以用钢丝球来轻轻地擦除。

32.除瓷砖地板污迹

若瓷砖地板上不小心沾上了污迹，应马上用一块软布蘸些普通的清洁剂反复擦拭，即可除去。

33.除大理石地板污迹

大理石地板的防侵蚀防污性特别差，一旦其表面沾上了污迹，马上把清洁剂稀释后来反复擦拭地板，即可去除污迹。千万不能用苏打粉或肥皂等来清洗。

34.清洁炉灶的方法

在做菜的时候，常常会有些汁液溅在炉灶上，在做完菜后，借助炉灶的余热用湿布来擦拭，其效果非常好。若要清除灶上陈旧的污垢，可喷些清洁剂在灶台上，然后再垫上些旧报纸，再喷些清洁剂，几分钟后，将报纸撤去，用沾着清洁剂的报纸将油点擦去即可。

35.清洁煤气炉

煤气炉是油垢较集中的地方，可喷上厨房清洗剂先用铁丝球擦洗，擦下油垢后再用微湿的抹布擦拭干净。擦拭煤气炉时，炉嘴处可用细铁丝去除碳化物，再利用细铁丝将出火孔逐一刺通，并用毛刷将污垢清除。

36.除煤气炉上的污垢

煤气炉上的火架很容易弄脏，用一般的清洁剂很难清洗干净。此时先盛满一大锅水，然后把火架放入锅内煮，待水烧热后，污垢自然会被分解而自然剥落。

37.除煤气灶污渍

（1）盛盘、锅架：将其放入煮沸了的滚水里，煮约20分钟，等油污浮起来后，再用锅刷刷洗干净即可。

（2）开关：用洗洁剂将其刷洗干净即可。

（3）导火器：先用钢刷将油污刷掉，然后，再用竹签将孔内的污垢清除即可。

（4）橡皮管：在管子上直接涂抹些清洁剂，待油污溶解后，再用不要的牙刷或菜瓜布刷洗，然后，用清水将其冲洗干净即可。

38.清洁灶台的技巧

在瓷砖表面喷些清洁液，然后再铺上些纸巾，待一晚后（纸巾会将油渍充分吸收），用湿的抹布即可很容易抹得焕然一新。抽油烟机也可以采用此法。

39.清洁煲底、锅底、炉灶

清洁煲底、锅底或是炉灶时，可先将煲底、锅底烧焦的食物及炉灶的污渍用温水弄湿，并且撒上大量的食用苏打粉，然后，将它们放置上一整夜。这样，即会使烧焦的食物及污渍被充分软化，只要用软刷即可轻易去掉。

40.排气扇清洗办法

当排气扇被油烟熏脏以后，可以用布蘸些醋来擦拭。用锯末来清洗排气扇，其效果比较好。洗法是：取些锯末回来后，将排气扇拆下来，将锯末用棉纱裹起来，或者直接用手抓着锯末来擦拭，油垢越厚，就越容易擦掉。擦拭完后，再用清水冲洗干净即可。

41.清洗抽油烟机法

（1）将抽油烟机打开，让其运转，然后喷洒些浓缩的去渍剂在扇上，约5分钟后，再喷些温水，已被溶解的油污即会流进储油的盒里，将储油盒直接取下来清洗干净即可。

（2）清洗抽油烟机的面板相对而言要简单些，可以先喷些清洁剂，然后再贴上纸巾，使污垢能被清洁剂分解；约30分钟后揭下，再用海绵轻轻地擦拭，用纸巾将清洁剂吸收，即可将大部分油污吸走，比用喷清洁剂的效果要好些。

（3）在使用抽油烟机的储油盒以前，可先垫一层保鲜膜在盒内，要留一部分保鲜膜在盒外，当污油每次积满后，只要换一下保鲜膜即可。也可以先倒些洗涤剂在盒内垫底，这样，污油即会总浮在上面，清洗起来也就比较容易。

（4）每次做完菜以后，不要将抽油烟机马上关掉，让它继续运转，即可把残留在空气里的水和油烟及没有完全燃烧完的一氧化碳一块抽走，即可减少油污沾染室内的厨具。

42.除抽油烟机、煤气炉上的污渍

对于台面常会累积油渍的煤气炉和抽油烟机来说，可先用"浴厨万能清洁剂"喷湿纸巾覆盖在上面，过一段时间进行清理就行了。

43.清洁水池

清洁水池及厨房中的橱柜时，先在这些地方撒上食用苏打粉、硼砂粉或洗涤苏打粉。然后用一块湿抹布来回擦拭。不费多少工夫，便可将污渍全部擦拭掉。刷洗有油垢的餐具，可用布或丝瓜瓢清洗。

44.除水龙头的污渍

如果有硬水沉积物在水龙头的残留中，可将柠檬片的一面对准水龙头嘴，然后再用力按压它，并转动几次，即可消除。

45.除水龙头的水渍

用带有颜色那一面的橙皮来擦拭水龙头上的水渍，即可很轻松地将它擦除，且水龙头会非常干净。

46.除厨房瓷砖上的污渍

（1）对沾有油污的瓷砖，可在瓷砖上覆盖些卫生纸或纸巾，然后在它上面喷些清洁剂，放置一段时间，这样清洁剂就不会滴得到处都是，而且油垢还会自己浮上来。将卫生纸撕掉后，再用布蘸些水多擦拭几次，即可去除。

（2）若厨房的灶面的瓷砖上有了油污物，可取一把鸡毛蘸上些温水来擦拭，其效果极佳。

47.洗浴室马桶

掀起坐垫，用洁厕剂喷淋内部，过几分钟后，彻底用厕所刷刷洗 1 遍，然后刷洗马桶座及其他缝隙即可。马桶内缘是出水口处，较容易藏污纳垢，一般用的喷枪式马桶洁厕剂，无法顺利地将清洁剂喷淋在此处，因此，最好用独特设计的鸭嘴头洁厕剂，才可深入马桶内缘将污垢清除。

48.清洗马桶窍门

在木棍的一端绑些废旧的尼龙袜，然后蘸些发泡性强的清洁剂来刷洗马桶，即可将马桶周边所形成的黄色污垢全部去除。每个月只要清洗 1 次便可。

49.洗浴室浴具

对于任何浴缸或洗盆，都不要使用硬质刷子或去污粉或菜瓜布等刷洗，以免伤害表面材质。可在上面喷上一些浴厨清洁剂，用抹布再擦洗一遍，就能恢复原来的光洁度。在清洗莲蓬头的时候，应拆下长淋头，用旧牙刷轻轻地擦拭喷水头，并用铁丝从里头清除阻塞物。

50.擦拭浴缸三窍门

（1）用旧报纸来擦拭浴缸，可将上面的污垢去除。

（2）用毛刷或干净的软布蘸些洗衣粉来反复擦拭浴缸，再用清水冲洗干净即可。注意：千万不能用炉灰或沙土之类的来打磨。

（3）在海绵上蘸些肥皂来擦拭浴缸，可立即去除上面的污垢。

51.疏通下水道的技巧

下水道堵塞的正确疏通方法是：先放满清水在水斗里，轻轻旋动一下帮，当它贴紧排水口后，用力拉上将其吸出，不要做往下推的动作，就能疏通下水道了。

52.速排塑钢阳台滑槽积水

穿几根线绳在排水孔中，使它的外头垂着搭出阳台，里面留出部分横卧在滑槽里，阳台一旦积水，线绳就会起到疏导的作用，积水也就不会流进阳台了。

53.用凉茶水擦拭家具

用抹布蘸些喝剩下的浓茶水来反复擦拭家具，可以使暗淡的漆面恢复原来的光泽，这是因为茶水中有保护漆膜的单宁酸。

54.用牙膏去除家具污迹

若木制家具上有了污垢，可在软抹布上沾少许牙膏来擦拭，再用干布将其擦拭干净即可。

55.用玉米粉去除家具污垢

若家具上有了些污垢，可用残茶叶来擦拭，再洒上些玉米粉擦拭，即可去除污迹。

56.用缝纫机油去除家具污迹

在软布上沾些缝纫机油，用它来反复擦拭家具上的污迹，再用干净抹布将其擦干，即可光亮如新。

57.除软座家具污迹

在1公斤水中加1汤匙醋或适量酒，将布浸泡在溶液中，5分钟左右后，将布拧干，然后罩在要擦洗的家具上，用小木棍在布上均匀地拍打，再用刷子轻轻刷。过一段时间后，再用一块软布蘸些蛋清反复擦拭，能恢复其表面的光泽。若是长毛绒椅子、沙发，可用刷子、小扫帚或吸尘器去尘。也可以顺着毛用软布擦。若有油迹，可以用汽油擦洗。

58.除桐木衣橱污迹

若桐木衣橱上有了污垢，可沿着木纹用40号以上的细砂纸擦拭，然后再在它的上面涂上层石粉，待石粉干后，将其擦亮即可。

59.清洁电器的方法

电视、音响和电脑都是精密的电器，在清洁的时候，不能用水来擦拭，在清洁家电的时候，可以用比较轻的静电除尘刷擦拭灰尘，且能防止产生静电。家电用品上面用来插耳机的小洞或者按钮沟槽，可以用棉花棒来清理。如果污垢较硬，可使用牙签包着布来清理。

60.清洁真皮沙发的方法

擦拭真皮沙发不能用热水，不然会因为温度太高而使皮质变形。正确的方法是用温布来轻轻地抹擦，若沾了些油渍，可用稀释好的肥皂水来擦拭。

61.用土豆去除银器污迹

在苏打水中放入生土豆片，放到火上煎煮片刻，待水稍凉后用来擦拭银器，即可恢复原有的光泽。

62.用盐水清洁银器

当银器光泽暗淡时，可加些水在铝锅中，将其煮沸后加5汤匙食盐，再把银器放入锅内煮5分钟左右，取出后用清水冲洗净，用干净的软布擦干即可。

63.用盐水去除藤竹器具积垢

若竹器、藤器上有了积垢，可用盐水来擦洗，既能把污垢去污，又能使其柔软，恢复弹性。

64.用荷叶去除锡器污垢

用荷梗或荷叶烧水来清洗锡器，即可将锡器中的污垢去除。

65.用柠檬皮去除瓷器积垢

若瓷器上有水渍或茶垢，可取部分柠檬皮和一小碗温水，然后将其倒入器皿内浸泡4～5小时，即可除去。

66.用青菜去除漆器油污

若漆器沾上了油污，可反复用青菜叶擦拭，既可将污去除，又不会将漆面损伤。

67.用洗洁精去除眼镜架积垢

若金属眼镜架的鼻梁架弄脏了，可滴些洗洁精在正反面上，然后用清水洗净即可。

68.用指甲除光液揭除镜面标签

将指甲除光液涂在粘在镜子上的标签上，即可将其去除。

69.除桌面粘纸

若桌面上粘了些纸屑，可在它上面倒些家具油，让它浸一晚上，然后用软布将其擦拭干净，便能将纸屑彻底去除，而且还不会将桌子漆面损伤。

70.用西红柿去除铝制品积垢

将铝制品和捣碎的西红柿加水一起放在锅内煮，煮出来的果酸即可去除铝制品上的污垢，恢复原有的光泽。

71.用乌贼骨粉去除铝制品油污

若铝制品表面蒙上了油污，可用湿布蘸着乌贼骨研成的细末擦拭，即可光亮如初。

72.用干烤去除铝壶水垢

将空铝壶放在火上烤 3 分钟左右，或将其烤至壶底有响声的时候，立即把壶取下，注入些凉水，等水冷却后，再将水倒掉，即可将壶内水垢去除。

73.用棉花预防铝壶水垢

取一团新棉花或把几层纱布缝在一起放在水壶里，大量的水垢就会被纱布、棉花吸收。棉花、纱布用过一段时间就要更换。

74.用丝瓜络去除铝壶水垢

将一个 15 厘米左右长的丝瓜络洗净后放在铝壶中，水中的碳酸钙等杂垢会慢慢地附在丝瓜络上，铝壶内则再无积垢了。2 ~ 3 个月要换一次丝瓜络。

75.用土豆去除铝壶水垢

在壶中放 3 ~ 5 个小土豆，然后放到火上煮上几个小时，壶中的水垢会慢慢地脱落。

76.用盐酸去除铝壶水垢

将 5 克面粉放入半杯水中，搅拌均匀后倒进水壶内，再倒入 30% 的盐酸溶液，将水垢全部浸没，15 分钟左右后，即可将水垢除净。

77.用木炭去除铝锅污垢

若铝锅的锅底被烧焦了，可将正在燃烧的木炭用水浇灭，然后用它来擦洗烧焦的锅底，即可擦洗干净。

78.用苏打去除热水瓶积垢

在热水瓶中放 50 克小苏打，然后倒入适量热水，将热水瓶上下左右晃动，即可将热水瓶中的水垢去除。

79.用盐酸去除热水瓶积垢

在积了水垢的热水瓶中倒入些稀盐酸，将木塞盖紧，轻轻地摇晃，再放置半小时左右，用清水冲净即可清除水垢。

80.用鸡蛋壳去除热水瓶积垢

将 5 个左右鸡蛋壳捣碎后放进热水瓶内，再倒入 1 碗水浸泡一会，然后上下摇晃，即可去除水垢。

81.用卫生纸去除热水瓶积垢

热水瓶内积了些水垢，可用卫生纸揉成 2 个小圆球放入热水瓶内，然后注入热水，盖好木塞，边转动边左右摇晃热水瓶，几分钟后，即可将水垢去除。

82.清洁茶杯的诀窍

在茶杯中放入些已榨过的柠檬皮的汁，然后再加些温水，每隔几小时就换一次热水，即可将污垢去除。在茶杯内外用牙膏抹 1 遍，再用海绵或者丝瓜络擦拭即可。若茶杯上有些黄色的茶渍，可以用软布蘸些碱粉或少许盐进行摩擦，然后再用肥皂水洗干净即可。

83.用盐水清除茶垢

用久了的茶杯其内壁都会出现些棕色的茶垢，可泡一杯盐水在茶杯内，2 分钟左右后，用手轻轻搓洗，即可去除杯内污垢。

84.用鸡蛋壳去除茶垢

茶杯内壁有茶垢，可先用鸡蛋壳擦拭，然后再用清水将其冲净。

85.用铝箔去除茶具积垢

茶具或茶具桌上留下的污迹，可用香烟盒里面的铝箔纸反复来回地擦拭，然后再用清水冲洗干净，即可将污迹除尽。

86.用牙膏去除茶具积垢

蘸少许牙膏在细纱布上，用其来擦拭茶具，可除净茶具上的茶垢。

87.用盐去除咖啡壶污垢

咖啡壶内壁有棕色污垢，可放少许盐在壶内，反复摇晃，即可除净。

88.用苏打去除咖啡壶污垢

咖啡壶中有黑色污垢，可在壶中装满水，加入1汤匙苏打粉，放在火上煮10分钟左右，即可去除黑色污垢。

89.用橘皮去除不锈钢器皿积垢

不锈钢器皿上沾上了污垢，可用新鲜橘皮的内层擦拭污垢，既可将其擦净，又能避免擦出痕迹。

90.用苏打去除搪瓷器皿污垢

若搪瓷器皿上染了些黄色斑痕，可用一块湿布蘸些小苏打来反复擦拭，即可消除斑痕。

91.用牙膏去除搪瓷器皿污垢

搪瓷器上的陈年积垢，可用刷子蘸少许牙膏来擦拭。

92.用芥末去瓶污

加适量水在芥末中，将其倒入脏了的瓶中浸泡几小时，然后用1个长柄的毛刷来刷洗，即可去污。

93.用豆腐渣去除象牙筷黄迹

象牙筷子泛黄了，可用些豆腐渣细心地擦拭，即可消除黄迹。

94.用砂纸去除象牙筷黄迹

在一小盆温水中加入少量洗洁精，将已泛黄的象牙筷放入水中浸泡，然后用水磨砂纸蘸水逐根擦拭筷子表面，即可去除筷子上的黄斑。

95.用苏打、漂白粉去除象牙筷黄迹

在一小盆温水中加入少量洗涤用的苏打粉，将已泛黄的象牙筷放入水中浸泡，将漂白粉调成糊状涂在筷子上，2小时左右后，用软布将漂白粉擦掉，即可使象牙筷子恢复其洁白。

96.用煮面水清洁抹布

把抹布放进煮过面的水中浸泡一小会，然后用水揉搓、漂洗，抹布就被洗得非常干净柔软。

97.用淘米水除刀锈

把生了锈的菜刀放入淘米水中浸泡30～60分钟，取出后用干抹布擦干净即可除锈。

98.用洋葱除刀锈

用切开的洋葱在生锈的刀上反复擦，即可把刀上的锈去除。

99.除面粉渣迹

若发面盆中留有些干面渣，可将其扣在蒸锅上稍蒸一小会，然后再用清水将其刷掉即可。

100.用淘米水去除沙锅污垢

若沙锅上有污垢，可在沙锅中加入适量淘米水，然后将其烧热，用刷子刷即可除掉污垢。

101.用梨皮去除菜锅焦油污垢

炒菜的锅用久了，容易积累一层烧焦的油垢，难以洗净。若在菜锅中放些新鲜的梨皮，加些水来煮，即可使烧焦的油脱落，极易刷干净。

（三）去味

1.用木炭去除电冰箱异味

将含有两块碎木炭的容器，置于电冰箱的冷藏柜中，可除电冰箱异味。

2.用柠檬汁去除电冰箱异味

将切开的柠檬或柠檬汁存入电冰箱中，即可去除冰箱里的腥臭怪味。

3.用花茶去除电冰箱异味

在纱布袋中装入50克花茶，然后将其放入电冰箱里，即可除去电冰箱里面的异味。

4.用麦饭石去除电冰箱异味

将装有适量麦饭石的纱布袋装放入电冰箱里，即可把电冰箱里面的异味消除掉，每半月将其取出来清洗1次，晾晒几天，便可反复使用。

5.除厨房异味

（1）食醋蒸发法：放些食醋在锅里加热蒸发，异味就没有了。

（2）烘烤橘皮法：将少许橘子皮放在炉子上烤，厨房异味将被橘皮发出的气味冲淡。

（3）柠檬皮法：将切开的橙子或柠檬皮放入盘中，置于厨房内，可冲淡厨房里的异味。

6.用砂糖去除电冰箱异味

在电冰箱里面放些砂糖，也可去除电冰箱里面的异味。

7.除厨房大葱刺激味

将一杯白醋放在炒锅里煮沸，过一段时间后，炒洋葱或大葱的刺激气味就会自然消失。

8.除厨房油腥味

（1）烧干茶末法：厨房中有鱼腥味时，可在烟灰缸放些茶末，并将其燃烧，即可去除。

（2）煎食醋法：在煎鱼的时候，放点醋在锅里，则会减少厨房的鱼腥味。

9.除炊具油漆味

炊具如果有一股油漆味，可用花椒放入水中煮沸，熬 10 ~ 15 分钟，将炊具放入水中浸泡一会，再用清水冲洗，就没有油漆味了。

10.除碗橱异味

（1）食醋去味法：碗橱用布蘸醋擦拭，待晾干即可去除碗橱的异味。

（2）木炭去味法：在碗里盛些木炭放在碗橱里，即可去碗橱的异味。

（3）牛奶去味法：将 1 杯牛奶放在新油漆过的碗橱里 5 个小时左右，油漆味即可消除。

11.除微波炉异味

用碗盛半碗清水，并加少许食醋，然后把碗放进微波炉里，用高火煮。待沸腾后，不要急于取出，可利用开水散发的雾气来熏蒸微波炉，等碗中的水冷却后，将它取出，把插头拔掉，最后用一块干静的湿毛巾将炉腔四壁擦干静。这样，微波炉内的异味就被清除了。

12.用肥皂水去除塑料容器味

先将肥皂水盛满在有异味的塑料容器中，然后加入少量的洗涤剂，浸泡 2 ~ 3 小时后洗净，异味即可去除。

13.用漂白剂去除塑料容器味

将塑料容器用漂白剂浸泡一会儿，容器上的异味即可去除。

14.用小苏打去除塑料容器味

在 1 升的清水中放入 1 茶勺小苏打，然后把塑料容器浸入，再用干净的软布擦拭 1 遍，即可去除异味。

15.用报纸去除塑料容器味

用清水将浸泡过的塑料容器冲洗干净，然后将报纸揉成团，塞入容器中，待放置 1 夜后，报纸上的油墨即会把容器上的异味吸收掉。

16.除炒菜锅异味

（1）在锅中放入 1 勺盐，放在火上炒十几分钟，异味就会去除。

（2）抓些茶叶放在锅里煮沸 5 ~ 10 分钟，然后刷洗一下炒菜锅，异味即可消除。

17.除炒锅内的油渍味

将一双没有油漆的筷子放在炒锅内，加入适量水，烧开水后，即可消除油渍味。

18.除菜刀的葱蒜味

用盐末擦拭一下切过葱蒜的刀，气味即可去除。

19.除剪刀的腥味

将剪刀放入开水中烫一会儿，或将剪刀放火上烧一会儿，然后再用肥皂洗，可去除剪刀上的腥味。

20.除水壶异味

用漂白粉溶液把水壶放在里面浸泡一夜，然后用清水将其冲洗干净，晾干，异味即可去除。

21.防水壶霉味

将 1 块方糖放在水壶里，可防止水壶有霉味。

22.除瓶中异味

在瓶中倒入芥末面稀释水，浸泡数小时后，刷洗干净即可。

23.除瓶中臭味

木炭有吸臭味的功能，将少许木炭放入瓶中，放置一夜，瓶子就不臭了。

24.除凉开水的水锈味

清除凉开水中的水锈味，可先在水壶内加 2 ~ 3 小匙红葡萄酒，即可使水不变味。

25.除居室异味一

空气污浊，居室内便会有异味，滴几滴香水或风油精在灯泡上，遇热后会散发出阵阵清香。

26.除居室异味二

在转动的风扇上面滴上几滴花露水或香水，可使室内清香。

27.除居室烟味

（1）用浸过醋的毛巾在室内挥动，或用喷雾器来喷洒稀醋溶液，效果很好。也可将1小盘氨水或醋放在居室的较高处，也可清除居室内的烟味。

（2）用清水将柠檬洗净后，切成块，放入锅中，加入少许水，将其煮成柠檬汁，然后将汁放进喷雾器里面喷散在屋子里面，即可将臭味去除。

（3）室内最低处点燃1 ~ 2支蜡烛，约 15 分钟左右后开窗通风，可使室内烟味消失。

28.除居室宠物异味

在饲养猫、狗的地方洒上烘热后的小苏打水，因饲养宠物而带来的特有异味就可以除去了。

29.用活性炭除甲醛异味

购买 1000 颗粒状活性炭除甲醛。将其分成 10 份，放入碟中，每屋放 2 ~ 3 碟，3 天内可基本除尽室内异味。

30.用红茶除甲醛异味

将 500 克红茶放入两脸盆热水中，放入居室中，并开窗透气，两天内室内甲醛含量将下降 90% 以上，刺激性气味可基本消除。

31.用盐水去除油漆味

在刷过漆的房中放两盆盐水，油漆味即会马上消除。

32.用干草去除油漆味

放 1 桶热水在居室内，里面放进 2 汤匙香草精或 1 把干草，在居室里放 1 夜，即可除净油漆味。

33.用氨水去除油漆味

放 1 碗氨水在室内，3 天左右即可消除居室内的油漆味。

34.用茶水去除油漆味

若是木器家具有油漆味，可以用茶水将其擦洗几遍，油漆味即会很快消除。

35.用牛奶去除油漆味

把煮开的牛奶倒入盘中，把盘子放到新油漆过的橱柜里，将橱柜的门关紧，约 5 小时后，油漆味即可除去。

36.用蜡烛去除油漆味

点根蜡烛在屋里，可以将油漆味有效地去除。

37.用醋除油漆味

新购买回来的木漆容器，会有一种难闻的气味。这时，可以将其浸泡在醋水中，用干净的布将其擦洗干净，便可消除此味。

38.除药物异味

患者在服用某些药物时，常常无法忍受药物所具有的异味。可将药物贮藏在冰箱中一段时间，异味就会消除，并且口腔里也不会遗留异味。

39.用茶水去竹椅异味

夏天，用竹子制作的凉席、竹椅等竹制品容易有味，时间一长还容易生细菌。若用毛巾蘸些茶水擦拭竹制品，则它会变得既干净又亮，还会有一种清香味（若用隔夜剩下的茶叶水擦拭效果也很好）。

40.除烟灰缸异味

在烟灰缸的底部均匀地铺上一层咖啡渣，即可消除烟灰缸异味。

41.除煤油烟味

在蜂窝煤及煤油上加上几滴醋，可使其烟味减少或消除。

42.除花肥臭味

给花卉上肥后，房间内会产生一种臭味，此时，可将剪碎的橘皮撒在上面，既能增加土壤的养料，又可除臭。

43.除厕所异味

（1）在厕所里燃烧火柴或者点燃蜡烛，或在马桶里倒入可乐，室内空气就会改变。

（2）将丝袜套在排水孔上，减少杂物阻塞排水孔的机会，水管保持清洁，排水孔的臭味便去除了。

44.用醋除厕所臭味

放 1 杯香醋在厕所内，臭味便会马上消失。由于香醋的有效期一般是 1 星期左右，因此，每隔 1 周就要更换 1 次香醋。

45.用清凉油除厕所臭味

打开清凉油盖，放于卫生间角落低处，即可消除臭味。一般情况下，一盒清凉油可用 2～3 个月。

46.防垃圾发臭

天热，垃圾容易有味，时间一长，就容易发臭。

（1）将茶叶渣洒在垃圾上，可防止动物内脏、鱼虾等发出臭味。

（2）在垃圾上洒些洗衣粉，可有效地防止生出小虫子。

（3）在垃圾桶的底部垫上报纸，当垃圾袋破漏后，报纸即可吸干水分，防止发臭。

47.除垃圾异味

动物内脏、鱼虾等垃圾，是厨房里散发臭味最大的原因，此时，洒点酒精是去除腥臭味、杀菌的良方。将水和酒精以 3：7 的比例调成稀溶液，倒进喷雾器里，当遇到鱼骨的残骸时就喷些，还可以用于橱柜下或冰箱内部等容易产生异味的卫生死角里。

48.除垃圾桶臭味

将废报纸点燃后放入垃圾桶中（注意：垃圾桶需是金属制品），臭味即可消除。

49.除尿布的臊味

（1）食醋去臊法：将少许食醋放入洗尿布的水里，即可达到除味的效果。

（2）新洁尔灭去臊法：将两三滴新洁尔灭溶液滴入水中，搅拌均匀后，浸泡洗净的尿布，取出晒干，即可去除臊味。

50.除霉味

（1）在壁橱、抽屉、衣箱里放上一块肥皂，霉味即除。

（2）将晒干了的茶叶渣装入干净的纱布袋中，散发到各处，不仅能除霉味，还能散发出香味。

51.除衣物的樟脑味

（1）电风扇去味法：在衣服熨烫前，先用电风扇吹五六分钟，衣物上就没有樟脑味了。

（2）冰箱去味法：将衣物装入塑料袋，加入除臭剂，扎紧袋口，放进冰箱里，樟脑味很快就会消失。

（3）晾晒去味法：将衣物晾在阴凉处，几天后樟脑味即可消失。

52.除皮箱异味

取食醋用布涂擦皮箱表面，然后晒干，异味即可消失。

53.除鞋柜臭味

（1）将鞋子从鞋柜中搬出来，并彻底清理干净，用布擦拭，在鞋柜内铺上旧报纸数张。

（2）在布袋或旧丝袜里塞茶叶渣或咖啡渣，扎成小包，将做好的小包塞入鞋内，摆在鞋柜角落，有很好的消除霉菌和异味的效果。

（四）防虫

1.家具防蛀

（1）硼酸硼砂防蛀法：对未做家具前的木材，可用硼砂、硼酸各 5 克，加 30 克水，待其充分溶解后，涂刷在木材上（需涂数遍），使药完全渗入到木质里，待晾干后用其来做家具，既可杀虫，又可防虫。

（2）盐水防蛀法：在家具表面常用浓盐水擦拭，能有效地防虫蛀。

2.除家具蛀虫

（1）涂油去蛀虫法：当发现家具有蛀虫时，涂上少许柴油，即可将蛀虫杀死。

（2）敌敌畏去蛀虫法：用 1 份敌敌畏、94 份煤油混合药液、5 份滴滴涕，或者用煤油配制成浓度为 2%～5% 的敌敌畏药液，涂刷 3～4 遍家具。若虫洞比较大，可用脱脂棉蘸药液将其堵住。如虫洞深且小，可用注射器将药液推入。

3.除毛毯蛀虫

在毛毯上用厚毛巾蘸水略拧干后铺好，用高热的熨斗熨烫，使热气熏蒸毛毯，可除去蛀虫。

4.书籍防蛀

将烟草加水煮沸 2～3 小时，制成烟草液，再放入些吸水性能较强的纸片浸泡，待晾干后，即可成烟草液纸，将其夹在书页中，能有效地防治书籍害虫。

5.书虫防治四要点

（1）防潮。温度和湿度较高而且比较脏的地方是书虫容易生存的地方，在下雨的时候，书房要保持经常通风，以降低温度，同时还要经常搞好室内卫生，抑制害虫的滋生。

（2）整理。经常挪动图书，藏书较多的地方，可以防止害虫定居繁殖，每年春秋季节要全面清除和整理 1 次。

（3）灭虫。蛾子或寄生虫这类害虫能蛀食衣物、家具，对图书的危害性很大，发现后应该及时消灭掉。

（4）防治。在存放图书的柜中，每层要放 1～2 块樟脑精或香草等驱虫剂，可以达到防治虫害的作用。

6.驱除室内昆虫

（1）头油去虫法：取一些头发油在室内喷洒，即可将昆虫驱逐出去。

（2）蛋壳去虫法：鼻涕虫在居室中比较常见，将蛋壳晾干研碎、撒在墙根、厨房、菜窖或下水道周围，鼻涕虫就不会再来了。

（3）漂白粉去虫法：在跳蚤、蟑螂常出没的地方，撒些漂白粉，可消灭跳蚤、蟑螂等害虫。

（4）柠檬去虫法：将柠檬榨成汁，撒在室内，不仅可驱逐苍蝇、蟑螂，室内还有一股清香。

7.用卫生球除宠物身上的跳蚤

在猫的身上搓进 1～2 粒卫生球粉末，跳蚤即会被杀死。

8.用去虫菊粉除宠物身上的跳蚤

将猫、狗用热肥碱水或皂水浸洗干净，再用毒鱼藤粉或除虫菊粉撒擦，同时全面洗晒被褥和衣物，跳蚤即可除去。

9.用橙皮驱除猫咪身上跳蚤

切碎、研磨新鲜橙皮，取其汁兑入温水中，均匀地喷洒在猫咪的身上，然后再用柔软、干燥的毛巾将猫咪裹严，大约半小时后，用清水将猫清洗干净即可。

10.用桃树叶驱除猫咪身上跳蚤

在摘桃的季节，可去果园摘取一把桃叶，将其放在塑料袋里，并加入少量的清水，把猫放在袋内，露出猫头，将袋口扎紧。用手轻轻揉捏桃树叶，即可去除猫上的跳蚤。

11.防蚂蚁窃甜食

套上几根橡皮筋在糖罐的外面，一闻到橡胶的气味，蚂蚁就会远远地避开。

12.菜橱防蚁

撒放数十粒花椒在菜橱的周围，可以有效地防止蚂蚁窃食。此法简便实用，效果良好。

13.用盐驱蚂蚁

撒些盐在蚂蚁经常出入的地方，蚂蚁就不会再出现了。

14.用锯末驱蚂蚁

在蚂蚁经常出入的地方放些用水泡过的锯末，蚂蚁会远远地避开。

15.用炉灰驱蚂蚁

在庭院、房舍等蚂蚁经常出没的地方撒上些炉灰，蚂蚁就不会来了。

16.用石灰驱蚂蚁

撒些石灰在木器地的地面上，或撒在木器里面，均可以防止爬入蚂蚁。

17.桌腿上包锡纸防蚁

家中如果有蚂蚁，经常爬到桌子上，爬进剩饭里，用锡箔纸把桌腿包上，锡箔纸尽量包得平滑，蚂蚁就很难爬上餐桌。

18.蛋壳煨火防蚂蚁

夏天，老房子中爱生蚂蚁，平时收集一些鸡蛋壳，用火把蛋壳煨成微焦后，碾成粉末，撒在蚂蚁常出没的地方，有不错的驱除效果。

19.点蚊香的方法

（1）不能长期都用同一牌号蚊香。因为时间久了，蚊子会产生抗药性，也就降低了驱蚊效果。

（2）在蚊子活动的高峰期点燃蚊香，灭蚊效果最好，一般是傍晚六七点钟的时候。

（3）忌点燃过量的蚊香。因为蚊香的烟雾都对人的呼吸系统有刺激作用，蚊香不可点燃过多，一般 15 平方米的房间内只需点一盘。

20.电蚊香片再利用

用过之后的电蚊香片，大部分都被扔掉，极为可惜，可以仿照点盘式蚊香，点燃用过的蚊香片，吹灭明火，使其自然燃烧，也能驱赶蚊子；如将关闭门窗驱蚊效果更佳。

21.浴液中加维生素 B_1 驱蚊子

维生素 B_1 具有很多生物功效，如帮助消化、增加食欲和维持身体机能等。同时维生素 B_1 可以散发出特殊气味，而这种气味具有驱除蚊虫的作用。一般是在水中溶解 3 ~ 5 片维生素 B_1，在暴露的肢体上用卫生棉球蘸其液擦拭，两天内就可以起到驱除蚊虫叮咬的作用。

22.用夜来香驱蚊子

在夏日，阳光下吸收足够的热量的"夜来香"花，在夜晚来临时，会释放出大量的香气，无论室外或室内，只要有棵"夜来香"在身旁，就不会被蚊虫叮咬。因此，在炎热的夏夜，放一棵"夜来香"在家里，同时具有香味驱蚊虫的作用。

23.用风油精驱蚊子

在点蚊香前，滴洒适量的风油精在整盘蚊香上，可使蚊香不呛人，且满室清香，其驱蚊效果非常好。在进蚊帐之前，洒几滴风油精在蚊帐上，可使蚊帐内的空气状况改善，且增加驱蚊效果。

24.用电冰箱驱蚊子

当家用电冰箱背后的压缩机工作时，其外壳的温度常为 45℃ ~ 60℃，且热度均匀，将市场上买来电子灭蚊器灭蚊药片，在傍晚的时候，分放在冰箱压缩机的外壳上，利用它的余热来蒸发药片，也可达到较好的灭蚊效果。这种方法既经济又简单易用。

25.杀灭臭虫

（1）敌敌畏杀虫法：将 80% 的敌敌畏乳剂加水 400 ~ 500 倍兑成的稀溶液，喷洒在有臭虫的地方，然后将门窗关严。8 小时后，臭虫即可死去。如过 10 天再洒 1 次药，即可杀灭虫卵。

（2）苦树皮杀虫法：每间房买苦树皮（即玉泉架）0.5 千克，煮沸 1 小时左右后，将渣去除，然后在臭虫的地方用刷子涂抹些药水。隔 10 天左右抹 1 次，连续 3 次即可将臭虫全部消灭。

（3）煤油杀虫法：将煤油洒遍壁橱或床的周围，不但能杀死臭虫，其他虫类也会被消除。用此法灭臭虫时，要注意防火。

（4）桉树油杀虫法：在适量的肥皂水、松油混合液中，放入桉树油、桉树叶适量，调匀，涂于臭虫常出没的地方，即可将臭虫消除。

（5）螃蟹壳杀虫法：在辣椒面内加入同等分量的螃蟹壳干粉，搅拌均匀，然后拌入适量的木屑，可消灭臭虫。

（6）白酒逐虫法：在床沿浇上白酒，即可驱逐臭虫及其他虫类。

26.食醋驱蝇

取一些纯净的食醋在室内喷洒，苍蝇就会避而远之。

27.橘皮驱蝇

在室内燃烧干橘皮，既可驱逐苍蝇，又能消除室内异味。

28.洋葱驱蝇

用一些切碎的洋葱、葱、大蒜等放在厨房或室内，这些食物有强烈的刺激和辛辣性的气味，可驱逐苍蝇。

29.西红柿驱蝇

放一盆西红柿在室内，能驱逐苍蝇。

30.残茶驱蝇

将干茶叶放于臭水沟或厕所旁燃烧，不仅能驱逐蚊蝇，还可除去臭气。

31.用鲜黄瓜驱蟑螂

在食品橱里放些新鲜的黄瓜，蟑螂就不会靠近食品橱了，两三天后再将鲜黄瓜切开，使它继续散发黄瓜味，即可继续有效驱除蟑螂。

32.不同季节灭除蟑螂法

（1）早春：蟑螂隐匿的场所采取喷药防治，药剂要均匀地喷于蟑螂栖息的洞穴、缝隙。这样可以达到去除蟑螂的目的。

（2）初夏：啤酒瓶盖内装些灭蟑螂颗粒剂，放置在蟑螂栖息的活动场所。

（3）寒冬：这个时间厨房的调味品橱、煤气灶橱及自来水等是蟑螂隐匿的地方，这个时间蟑螂的活动能力不强，爬行也比较缓

慢，很容易被捕获。在消灭蟑螂时，应把物体上的蟑螂卵鞘摘下来踏碎杀灭。另外，投毒饵时要做到堆数多，放置时间长，防潮，这样使蟑螂有更多的机会吞食毒饵。同时，要及时将家中无用的物品清除掉，以减少蟑螂的滋生繁殖条件。

33.用鲜桃叶驱蟑螂

在蟑螂经常出没的地方，放上新摘下的桃叶，桃叶散发的气味，可使蟑螂避而远之。

34.用洋葱驱蟑螂

将切好的洋葱片放在室内，这样，既可延缓其他食物变坏，又可以达到驱除蟑螂的效果。

35.用肥皂灭蟑螂

将肥皂切成一块块的小片，然后将其冲泡成浓度约为0.3%的肥皂水，用喷雾器把肥皂水喷在蟑螂身上，蟑螂马上会挣扎，随即死亡。

36.用硼砂面粉灭蟑螂

用水将面粉、硼砂各半，并加上少许糖，调匀后做成大小跟米粒一样的饵丸，将其撒放在蟑螂经常出没的地方，蟑螂吃后即被药死。

37.用酒瓶诱捕蟑螂

放少许糕点屑在一个空酒瓶内，瓶口再抹上些香油，将其斜放在柜边或墙角，即可诱捕蟑螂。

38.用丝瓜络诱捕蟑螂

在切成一半的老丝瓜络空隙内塞些面包屑、油条，放在蟑螂经常出没的地方，蟑螂钻入瓜络里觅食就会永远出不来了。

39.用桐油粘蟑螂

加温100克桐油，将其熬成黏性胶，涂在纸板或木板周围，在其旁边放上些香味和带油腻的食物，在蟑螂觅食时，就会将其粘住。

40.灭老鼠

将面粉炒熟后加上点食油，然后拌上些干水泥，将其放在老鼠常出入的地方。因水泥无味，老鼠嗅到食物和油香后便会吞吃起来，吃完后再喝上些水，便会造成梗阻而死亡。

六、节水节气节电

1.正确洗涤节水的方式

边注水边冲淋、排水的洗衣方式，是不可取的，这样流水洗衣服，每次需用水约180升。而采用洗涤—脱水—注水—脱水—注水—脱水的方式洗涤，每次用水约120升，每次可节水60升，若每月洗4次，可节水240升。

2.每次放水不宜过多

在洗衣服的时候，若水量过大，衣服漂浮起来，就会使它们之间的摩擦力减少，洗不干净衣服，因此在用洗衣机洗衣服的时候，要以刚刚漫过衣服，且能自如运动为宜。若水量过大洗衣机的载重量就会加大，容易影响洗衣机正常的运行。另外，每次所用的漂洗水量也最好相同，漂洗完后，要尽可能把衣服拧干，减少污水，然后再放清水，这样，既可减少所放水量，又能很快就洗完衣服，省时又省水。

3.减少漂洗次数节水

在洗衣服的时候，很多人都认为只有漂洗后的水跟没洗过衣服的水一样，才算洗干净了。其实不然，因为衣服干净后，其漂洗过的水也会因洗衣机内残留下来的脏水或衣服的颜色而稍带些变色，衣服在洗衣机里转动的过程中，漂洗后的水也会跟着转动而产生些泡沫，这些都不能表明衣服干净的程度。

4.提前浸泡减少机洗水耗

在用洗衣机洗衣服前，先将衣物浸泡一会儿，能将漂洗的次数减少，漂洗衣物所消耗的水也会减少。

5.重复利用机洗水

洗衣机能将水自动排掉，这样虽然省力，但它漂洗后不很脏的水被排到水道里，可以先准备桶或盆，将排水管放到准备好的桶或盆里，把较干净的水留下来，以备洗下批衣服用，一次便可以节约20～40升清水。也可以用这些水来洗拖把、冲马桶等。

6.半自动洗衣机更省水

半自动的洗衣机，只有甩干和洗涤的功能，虽然费力气，但省水效果极佳。全自动洗衣机一般采用一次洗涤，以漂洗两次为准，每次最少要用110升水；而半自动洗衣机，每次的常量约为9升，一缸水可以洗几拨衣物，即使再重新注3次水，漂洗3次，也只用50升水。

7.控制机洗程序可节水

若巧妙地使用好全自动洗衣机，也同样能达到节水效果。全自动洗衣机的满周期用量约为227升，不满周期用量约为102升，这样可以节省125升水量。

衣服比较脏的时候，可以漂洗多次，若不太脏，就可以选择漂洗一次，至于软化、弱洗、强洗等要在十分必要时才选用。有些更新型洗衣机，在程序控制上分出了更多的水位段，若把水位段细化，洗涤启动的水位也就降低了1/2;洗涤的功能也可以设为一挡、二挡或三挡。可以根据不同需要来选择不同的清洗次数和洗涤水位，从而达到节水目的。

8.衣服集中洗涤节水

脏衣服堆成堆了才洗可以节约水。洗的时候，可以用较大的盆，放些消毒液，避免相互污染。

然后再将两三件衣服一块漂洗，漂洗前

一批衣服的水可以继续漂洗后一批,依次漂洗所有的衣服,漂洗完后所剩下水,还可以用来洗拖把、冲马桶或者拖地用。漂洗第二遍的时候也如此,一件紧接着一件来洗,可避免中途浪费水。

在用洗衣机洗少量衣服的时候,水位不要定得太高,否则衣服在里面漂来漂去,相互之间缺少摩擦,反而洗不干净,且浪费水。如果达到一定额定数量再洗,既可省力,又能加大衣服间的摩擦,更容易将污渍去除,还节约水。

9.大扫除节水

家居大扫除时,应从上到下,由里到外,把清洁用具放在一只干净的桶里,随时携带,按顺时针的方向打扫房间,可使已扫过的房间保持干净、整洁,而且用一桶水就能将整个房间擦洗干净,不用再中途换水,既省水,又省劲。

10.洗菜浸泡可节水

洗菜时可以先将蔬菜适当地浸泡一下,让水充分溶化蔬菜里的残留农药和其他的水溶液中的有害物质,在浸泡的过程中,还能放一些添加剂,如盐、碱、小苏打等,再用干净的清水冲洗,既可清除所残留的农药,又能有效节水。

11.先择好菜后洗更节水

洗菜前,先将菜择好,并抖去上面的浮土,将不新鲜、被虫咬过或者留下痕迹的地方去掉,然后再用水洗,这样不但能将洗涤的次数减少,而且节水,吃起来也更加放心。

12.去油污再洗碗可节水

每次吃完饭后,盘碗中总会留些油污或剩菜,直接去洗,不但油腻烦人,而且还得多用好多水,这时,可用些餐巾纸将剩菜或者油污尽量擦干净,然后再用自来水洗,即可将碗洗干净,且在洗碗的过程中也不会再油腻了。洗完碗的水里由于没有太多的油,还可以用来冲马桶等,又可节约水。

13.用盆洗碗可节水

洗碗的时候,不要直接放在水龙头下面洗,最好用盆来洗。洗同一个碗,用水龙头来冲洗,用水量是114升左右,而放在盆里面冲洗,用水量才19升左右,可以节约95升左右的水。

14.洗碗机洗碗节水

用洗碗机通常洗碗面在满周期使用的时候,用水量为61升,在不满周期使用时,用量为26升可节约35升水量。因此,在用洗碗机洗碗的时候,没有必要选择满周期使用。

15.集中清洗碗筷可节水

有些人为了省点力,一般都是炒完菜后,就将锅洗好,并连同做菜的时候所用到的盆碗也一块洗了,吃完饭以后,再洗一次碗筷。其实此法既不省力,又费时,且还特别浪费水。可将所有要洗的碗筷锅盘都集中在一起,泡在盆里一块洗。这样,既不必一顿饭就洗很多次餐具,也大大地减少了冲洗用水。

16.关自来水龙头节水技巧

首先试着关到不漏水时为止(不要因为怕漏水而使劲关),在关的过程中,找出关闭到不漏水时的开关角度,以后再关水的时候就用这种角度,随着使用时间的延长,不时地进行开关关闭位置的调整,这样,能使皮垫老化的时间延缓,节约用水。

17.控制淘米的遍数可节水

大米中富含着人体所必需的营养素,若淘米的方法不得当,淘洗时,就很容易使米粒表层的营养素随水而流失。试验表明,在水中将米饭进行一次搓揉淘洗,会损失它所含的4%的蛋白质,10%的脂肪,5%的无机盐。因此,在淘米的时候,要适当的控制一下淘洗的遍数,这样既可防止营养素流失,又节约了用水。

18.十种节气好习惯

(1)做饭的时候,不要用蒸的方式,因为蒸饭的时间是焖饭时间的3倍。

(2)用高压锅来做主副食,用比较薄的铁炊具来代替既笨重又厚的铸铁锅。

(3)用液化气或者煤气来做饭菜时,最

好将一个炉子上的几个炉眼一块使用，这样既可节约时间，又可节省燃料。

（4）大块的食物应该先切成小块，然后再下锅，这样既可节约时间，熟得也快。

（5）若是冰冻食品解冻或者加热熟食，最好用微波炉，这样既节能又方便。

（6）在蒸东西的时候，不要放太多水在蒸锅里，一般以蒸好后，锅里面只剩下半碗水为好。

（7）先将壶、锅表面的水渍抹干后，再放到火上面去，这样既可使锅外面的热能很快地传到锅里面去，也可以节约用气。

（8）在饭、菜做好时，将煤气关上，让炉灶上的余热来持续着烹饪所需要的热量。做汤的时候，所加的水也要合适，不要太多，若水太多会消耗更多的煤气。每次可多做些米饭，吃不完的也可以先妥善放好，然后可以用来做一些比较简单的快餐。

（9）要将锅底铲干净。锅底很容易积聚些黑色的锅灰，且有时会是厚厚的一层，这样锅的导热性会比较慢，要经常把锅底的灰清除干净，这样，传热会比较快些，日积月累，即可省下不少气。

（10）灶头与锅底距离一定要适当，其最佳的距离应该在 20 ~ 30 毫米。正常情况下，火苗的高度分低中高 3 个层次，可以根据使用目的的不同，而采用不同高度的火苗。

19.调整火焰颜色节气

将燃气开关打开点火后，若火焰呈红黄色，则说明缺氧，则燃烧不充分，说明空气太多，且热量还没有完全被释放出来。这时应该调整一下灶具的风门，等火焰呈紫蓝色的时候再开始来炒菜。因为，若是紫蓝色，说明燃烧充分，其热量也达到了最高，炒起菜来既省时，又省气。另外，要保持厨房很好的通风环境，在燃烧灶具的时候，需要消耗一定的氧气，同时，废气也会排出室外，如果能够保证厨房里有良好的通风环境，便能满足灶具所耗氧的需要，则既能保证灶具的

额定负荷，又能避免产生一氧化碳而危害人体。这样做饭的时间也不会延长，相对而言，就会减少煤气的浪费。

20.及时调整火焰大小可节气

当菜开始要下锅的时候，火要大一些，火焰也要将锅底覆盖，当菜要熟的时候，应将火及时调成小火焰，在盛菜的时候，要将火减小一半，直到做第二道菜的时候，再将火焰调大，这样不但能保持菜的风味，而且还能节约 1/4 左右的燃气消耗。如果是炖东西、烧汤，可以先用大火将其烧开，然后再将火关小，保持锅里滚开，而又不容易溢出来就行。在做饭的时候，要根据锅的大小来调火的大小，锅底与火焰的面积相平为佳。

21.选择合适的锅节气

在做饭的时候，锅的大小及种类选择要跟炉眼的大小相匹配，大锅可以用大炉眼，小锅则可以用小炉眼，若锅小而火大的话，只会将燃气热能白白的消耗掉。在炒菜的时候，火焰只要刚好将锅底布满，即可达到最佳烹饪的效果。直径大一些的平底锅比尖底锅要更加省煤气。

22.避开风口节气

设置煤气灶的时候，应该尽量与风口避开，若仅仅为了贪图方便，而将它安装在门边的话，在使用的时候，煤气会受到流动空气影响，不但会使燃气使用量增大，而且，油烟也会被风吹散，不能集中的吸收，从而，吸油烟机的工作会受到影响。如果火焰被风吹得摇摆不定，可以用一块薄薄的铁皮来做一个"挡风罩"，这样即可保证火力的集中。

23.防止漏气的技巧

液化气用完后，首先应将气瓶阀门拧紧，然后再将燃气炉关好，如果先关上燃气炉，由于存在气压，瓶里的液化气会往上跑，这样不但会浪费，而且还容易漏气，带来安全隐患。

24.多用高压锅可节气

如果家里有高压锅，在煮饭、炖肉的时

候尽量用它，这样既节气又快，还能使热量的散发减少。炖一锅排骨，用普通锅在煤气灶上炖，得用两三个小时，若用高压锅，只要用20分钟就足够了。

25.正确烧水可节气

水在越接近沸腾的时候，需要的热量就越大，其消耗的天然气也就会越多，所以，在烧热水来洗用的时候，不要等水烧开后，再将其兑入冷水，这样可以省10%左右的气。用水壶烧水的时候，不宜灌进太满的水，以免水开后溢出。水壶用过一段时间后，要将水垢及时清理掉，烧开水时，火焰宜大，有些人以为小火焰可以节约煤气，其实，烧水时间越长，所散失的热量也就会越多，反而会用更多煤气。

26.家用电器巧节电

常用家电可采取如下方式节电：

（1）保证插头与插座接触良好。

（2）使用空调或取暖设备时关紧门窗，门窗密封程度越高越省电。室温达到要求后及时切断电源或调至保温挡。

（3）冰箱门不频繁打开，取食品最好能一次取出。

（4）电熨斗、电吹风等小电器随用随插电源，用完后立即切断电源。电熨斗可先熨需温度较低的衣物，再熨需要较高温度的衣物。利用切断电源后的余热，再熨一些衣物。

（5）电风扇尽可能使用中、低挡风速。风速越高，耗电越多。

27.电冰箱节电技巧一

电冰箱化霜时，可停机先将冷冻物转入冷藏室，然后将一碗60℃～70℃的温水放进冷冻室内使冰霜加速融化，再用软布擦净即可。这样化霜可以省电。

28.电冰箱节电技巧二

（1）对于冷冻室前上方有铝嵌条的电冰箱，可在嵌条内装一块无毒塑料薄膜，薄膜长、宽以分别多出冷冻室门15厘米左右为宜。安装好后每次掀开薄膜一角取放食物，就能保持冰箱内低温。

（2）在冷藏室的每个层格前装一块比该格稍大一些的无毒塑料薄膜，可减少冷藏室冷气耗损。

（3）电冰箱内物品不多时，在冷藏室1～2格内填充泡沫塑料块，可缩短制冷机工作时间。

29.电冰箱节电技巧三

（1）调节温控器是电冰箱节电的关键，夏季一般应将其调至"4"或最高处，以免电冰箱频繁启动、增加耗电。

（2）忌将热的食品未冷却就马上放入电冰箱内。

（3）蔬菜、水果等水分较多的食物应先洗净沥干后，再放入电冰箱，以减少因水分蒸发而加厚霜层的现象。通过缩短除霜时间，可节约电能。

30.电视机省电法

（1）控制电视机的音量。音量越大耗电越多。

（2）控制电视机的亮度。亮度越大耗电越多，且亮度过大不仅会降低机器正常使用寿命，而且对人的视力也不好。彩电在最亮和最暗时耗电功率相差60瓦。

（3）给电视机加盖防尘罩，尽量避免因为夏季机器温度高机体内吸入大量灰尘，从而导致集体漏电，增大耗电。

（4）电视机不用时，最好关闭总电源开关。只用遥控关机，电视机仍会耗电。

31.洗衣机省电法

（1）先把衣服在液体皂或洗衣粉溶液中浸泡15～20分钟，等衣服上的油垢脏物与洗涤剂充分反应后再洗。颜色不同的衣服不要一起洗，先浅后深，才能洗得又快又好，而且省电。

（2）化纤、丝绸织物的质地薄软，四五分钟就可以洗干净，棉、毛织物的质地厚要洗10分钟左右。厚薄衣服不要一起洗，否则会延长洗衣机的运转时间。

（3）每次洗的衣服要适量，少了会浪费电，多了不但增加洗涤时间，还会增加电耗。

（4）用水要适量。太多不但会增加波盘的压力，还会增加电耗。太少增加洗涤时间增加电耗。

（5）要分色洗涤。颜色不同的衣服不要一起洗，分色洗涤会洗得又快又好而且省电。

32.空调省电技巧

（1）空调使用过程中温度不调过低。因为空调所控制的温度调得越低，所耗的电量就越多，一般把室内温度降低或提高 6℃ ~ 7℃即可。

（2）制冷时定低于室温 1℃，制热时定高于室温 2℃，均可省电 10% 以上，且同时人体几乎察觉不到此微小的差别。

（3）设定开机时，设置高冷 / 高热，以最快达到控制目的；当温度适宜时，改中、低风，以减少能耗、降低噪音。

（4）"通风"开关不要处于常开状态，否则将增加耗电量。

（5）少开门窗以减少房外热量进入，从而利于省电。

（6）安装使用空调的房，宜使用厚质地的窗帘，以减少凉空气散失。

（7）室内、外机连接管道不超过推荐长度，以增强制冷效果。

（8）空调安装位置宜尽量选择在房间的阴面，以避免阳光直射机身。如不具备这种条件，要给空调室外机加盖遮阳罩。

（9）定期清除空调室外散热片上的灰尘，以保持清洁。散热片上的灰尘会增加耗电量。

33.空调定时关机能省电

分体机一般都有定时开、关机功能，往往在临睡前设定。1 ~ 2 小时后，微机会将设定温度升高 1℃ ~ 2℃，压缩机工作时间减少了，耗电也就减少了。

34.用变频空调省电

空调是夏季家中的耗电"大王"。空调是否省电，主要由开机次数决定。要空调省电，就应充分利用其定时功能，使空调既不会整夜运转，又能保持室内一定温度。一般从晚 12 点开始，设定 4 个小时即可。还未购买空调的家庭可购买变频空调，它能在短时间内达到室内设定温度，而压缩机又不会频繁开启，从而达到节能、降温的目的。

35.电灯节电技巧

日常照明，应尽量地选用节能灯，虽然节能灯价格比较高一点，但相对普通的白炽灯可以省电达 75%，而且使用寿命更长。

36.电风扇节电

电风扇的耗电量与扇叶转速有关，扇叶转速越快，风扇耗电量越大。如 400 毫米电风扇用快档耗电量约为 60 瓦，而用慢档时则只有 40 瓦。所以在满足使用的情况下，尽可能地使用中档或慢档，就可以省电。

37.排气扇巧增效

排气扇排油烟不畅时，可在排气扇外壳正面的右下角处钻一个小孔穿根绳子，使其一端连接排气扇百叶挡板最上一叶，一端用做拉手。排油烟时，一面打开排气扇开关，一面往下拉绳子，百叶挡风板就会跟着打开，油烟即可顺利排出。

38.电熨斗节电

用电熨斗熨烫不同种类衣物时，依照一定的熨烫次序可省电。熨烫时，如果先熨烫需较低温度的衣物，然后熨需较高温度的衣物，断电后，再利用余热熨烫需最低温度的衣物，这样可以省电。

39.吸尘器节电

下面 4 个小窍门可以帮助吸尘器省电：

（1）及时清除吸尘器过滤袋上的灰尘。

（2）定期为吸尘器转轴滴加适量机油和更换电刷。

（3）经常检查吸尘器的风道、吸嘴和软管及进风等处有无异物堵塞。

（4）不在潮湿的地方使用吸尘器。

40.电暖器节电

（1）密封使用电暖器的房间，可减少热量散失，从而节约电能。

（2）使用电暖器时，启用其自动调节开关，使电暖器在室温达到要求后，就及时自动关闭或开启。这样可以省电。

41.暖气片增热

在暖气片与墙壁之间加插一层铝纸，即可提高暖气片的散热效果。

42.电水壶节电

由于长期使用，电水壶会在其电热芯上生成大量水垢。定期清除这些水垢，能有效提高电水壶的热效率，从而节省电力，同时还能延长其使用寿命。

43.微波炉省电

微波炉用电量主要取决于加热食品的多少和干湿，在加热食品上覆盖一层保鲜膜，不仅可以防止水分蒸发，而且可省电。

44.电饭锅的节电技巧

（1）确定合理用水量：在实际使用中，一定要准确用水，除按照说明书规定外，还应当根据不同米质确定恰当的用水量，逐步摸索，越准越好。

（2）合理使用：电饭锅的内锅要与电热盘相吻合，二者中间不要积有杂物。在煮粥做汤时，只要达到合适的熟的程度即可切断电源。

（3）尽量使用热水、温水做饭，用热水煮饭可节电 30% 以上。

（4）使用时，应当保持恒温器、指示灯正常工作。

45.电饭锅节电一法

用别的容器淘米后再倒入电饭锅内锅加水浸泡（代替直接用电饭锅的内锅淘米），然后通电煮饭，可节电。

46.用电饭锅焖米饭省电

用电饭锅焖米饭时，如在电饭锅的锅盖上捂盖一条毛巾（不要堵着出气孔），饭会比不捂毛巾熟得快得多，且能节电，操作起来也不费事。

47.电炒锅节电的技巧

（1）用电炒锅煮汤时，看水将开，即可断电，然后利用电热盘余热，将其煮沸。

（2）用电炒锅高档功率炒菜时，油热后，将菜倒入，翻炒六七分熟时，即可断电，然后用电热盘余热将菜炒熟。

（3）用电炒锅烙饼时，可将电炒锅烧热后，放入面饼即可断电，约过半分钟后，将功率由高温调至低温，直至饼熟。

日常用以上 3 种方法，不仅省电，而且烹饪的饭菜外酥里软、香脆可口。

❀ 七、一物妙用 ❀

（一）牙膏的妙用

1.去腥味

手上若有腥味，可先用肥皂洗净，再在手上抹少许牙膏揉搓片刻，最后用清水冲净，即可将腥味除去。

2.去茶垢

搪瓷茶杯，日久茶垢沉积表面，很难洗去。只要用细纱布沾一点牙膏擦拭，就能很快除去表面茶垢。

3.去油渍

衣服沾上油迹污渍，可在污渍处涂些牙

膏，然后用手抹匀，过几分钟后，再用手轻轻揉搓，如此反复 2 ~ 3 遍，然后清水冲洗，即可除去油污。

4.去墨迹

衣服上不小心沾上墨迹，可挤适量牙膏在墨迹处，用手反复揉搓，再用清水洗净，即可除去墨迹。

5.擦皮鞋

擦皮鞋时，可以抹点牙膏与鞋油混合在一起擦拭，皮鞋将比平常更加光亮。

6.清洁熨斗糊锈

电熨斗时间用长了，在其底部会生出一层糊锈，只要在断电冷却的电熨斗底部抹上少许牙膏，再用干净软布轻轻擦拭，即可将其除去。

7.清洁反光镜

手电筒的反光镜时间长了会变黑，只要用细纱布蘸上一点牙膏轻轻地擦拭，就能使其光亮如新。

8.除划痕

手表蒙面上经常会有划痕，影响平常的使用，只要取一点牙膏涂在蒙面上，然后用软布反复擦拭，即可除去这些细小的划痕。

9.去污迹

衣橱镜上若有污迹，只要用软布蘸一点牙膏反复擦拭，就能将其清除干净。

10.去铜垢

铜器上若沾有污垢，用普通方法很难去除，这时可用软布蘸少许牙膏擦拭，即可将其除去。

11.做剃须膏

在男子剃须时牙膏还能代替肥皂。使用时，先用温水沾湿有胡须的部位，再抹上适量的牙膏，使之产生泡沫，待胡须软化后，即可剃去。

12.擦拭金银首饰

金银首饰长久使用，会失去原有光泽，颜色变得暗淡。用软布蘸少许牙膏轻轻擦拭，便使其焕然一新。

13.堵漏洞

铝锅、铝壶有漏洞，可将废旧金属牙膏皮剪开洗净并捻制成小棒，捻得越紧越好（粗细按漏洞的大小确定），然后把小棒塞入漏洞中塞紧，塞满即可，周围再抹点熟石灰泥子，即可将漏洞堵住。

14.研磨刀片

电动剃须刀片长久使用后不像原来那么锋利，可将电池卸下，按相反的极性装上，打开开关，刀片即向相反方向转动。然后挤少许牙膏用手从网罩孔中涂抹到刀片上，研磨 1 ~ 2 分钟，拆下网罩洗净刀片，刀片即能锋利如新。把电池换回，即可使用。

15.治狐臭

腋臭患者，可经常取适量牙膏擦抹腋窝部，即可减轻其狐臭味。

16.治汗斑

脸上生了汗斑，只要坚持用牙膏洗脸，汗斑就能渐渐消退。

17.治脚臭

脚趾湿痒和脚臭的患者，日常可挤些牙膏涂抹于患处，便可使症状减轻。

18.治烫伤

天热下厨，有时难免被热油烫伤，如果被烫面积较小，只要在伤处抹上一层牙膏，就能够消炎止痛、预防感染。

19.治皮肤溃烂

身上皮肤表面有破损，为防止感染溃烂，可将少量牙膏溶于清水，用来洗涤伤口，洗完吹干后再抹上一薄层牙膏，可使伤口干燥，及早愈合。

20.治痱子疮痒

小孩子若长了痱子或疮痒，可在洗澡时用牙膏代替肥皂（婴儿和体质较弱者不宜，但可用少许牙膏涂抹患处）。数次便可使痱子消退，对疮痒也有很好的疗效。

21.防治蚊子叮咬

在蚊子叮咬处，抹上一层牙膏，便能够止痒。晚上乘凉前，预先抹上一点牙膏的稀液，便可起到驱蚊作用。

22.治蜜蜂蜇伤

不小心被蜜蜂蜇伤后，可将少许药物牙膏涂抹于伤处，即可以消肿止痛。

23.去粉刺

若脸上长了粉刺，可将松片研末，与药物牙膏混合在一起，再加少许温水调匀，清洁脸部后抹上，每天 4～5 次，几天后粉刺就能消退。

24.治冻疮

冻疮初起，皮肤未破时，在红肿处抹少许牙膏，摩擦便能消肿止痒。

25.镇痛提神

牙膏中的丁香、薄荷油有镇痛作用，旅途中若头晕、头痛，可取少许药物牙膏抹于太阳穴，便可神清气爽。

（二）肥皂的妙用

1.清洗锅底积垢

锅底的煤烟垢特别难洗净，如果在使用之前涂一层肥皂于锅底之上，用后再加以清洗，就可减少锅底煤烟的积垢。

2.去霉味

如果想防止在盛放衣物等用品的壁橱、抽屉、衣箱里出现难闻的霉气味，只需预先在里面放一块用纸张包好的肥皂即可。

3.去衣物折痕

储藏衣物时，常常将其折叠，但时间一长，旧折痕就很难消除，此时可将肥皂涂于旧折痕处，然后铺一张报纸，用熨斗一熨，折痕立即就会消除。

4.润滑缝衣针

在缝制质料较厚的衣物时，如果先用肥皂润滑一下缝衣针，缝的时候就能省力很多。

5.柔软绳子

如果新绳太硬不好用，可放入肥皂水中浸泡 5 分钟，绳子就会变得柔软好用。

6.润滑地面

日常家庭中，要移动大件的家具等重物十分费力，此时可擦 1 层肥皂在其要移动的地面上，这样只要在移动时稍微用一下力，这些重物就很容易被推拉到位。

7.防止室内返潮

如果室内返潮，可将家具用微温肥皂水擦拭一遍，除去沾附在上面的油脂、汗液等，可减轻返潮的状况。

8.润滑塑料管套

要将塑料管套套上自行车的把手，或将橡胶护套套上脚踏，都特别费劲。如果事先用肥皂蘸水把手或橡胶护套内涂一下，即可起到润滑作用，套入时较省力。

9.钉木螺钉

要想将木螺钉旋入硬木，会感觉非常费力。如果事先把木螺钉刮上肥皂，就能够比较省力地旋入了。

10.使锯条锋利

用钢锯锯金属材料，可先在锯条上涂上肥皂水，然后再锯，既省时省力，锯条还不易折断。

11.清洗油漆

自己动手油漆房间或家具时，手上和准备油漆物件的把手、开关上很容易沾上油漆，一旦沾上便不好清洗，为避免这样的情况发生，可以事先在手上和其他物件上抹上一层肥皂水，即使沾上油漆，也很容易清洗。

12.清洗涂料刷子

用肥皂水把粉刷过墙壁的刷子浸泡一夜，第 2 天很容易把刷子洗干净。

13.增强字迹清晰度

用毛笔在木箱上写字时，如果在墨汁中加少许肥皂水，或者在木箱上要写字的地方抹一层肥皂水，待干后再用毛笔写字，字迹就会清晰明显。

14.糊壁纸

壁纸时间长了容易因糨糊硬化而剥落，如果在糊壁纸时向糨糊中加一点肥皂，不但很容易糊上，而且不容易剥落。

15.保护金属壳

在手表等的金属壳上抹一层肥皂水，再用布擦拭干净，可防止汗液侵蚀金属壳。

16.切割橡胶

切割橡胶时，在刀刃上涂抹一些肥皂，可以毫不费力地把橡胶切割开，不会出现切割不动的现象。

17.防止镜片雾气

用手指蘸肥皂液，在镜片两面涂抹数次，可以防止镜片上产生雾气。这样，在吃热面条、去浴室洗浴，或者雾天骑车时，眼镜的镜片上就不会产生雾气，影响视线了。

18.润滑弹簧门锁

弹簧门锁长时间使用后，锁舌的伸缩不太灵活。只要在锁舌的斜面上抹一些肥皂，就可使锁舌伸缩自如，减少关门时带来的震动。

19.保护皮肤

在用手剥芋头皮以前，先用肥皂浸水后涂抹双手皮肤的外露部分，再剥芋头皮，可以防止皮肤受刺激，手上就不会感到奇痒难受。

20.防止脚跟损伤

如果鞋子太紧，在袜子上和脚跟皮肤上都抹上一些肥皂，再轻轻按摩几下，可防止脚跟受到损伤。

21.治蚊子叮咬

夏天，讨厌的蚊子无处不在，被其叮咬后更是奇痒难忍，只要用肥皂水涂抹叮咬处，待片刻便能止痒。

22.治疗小儿便秘

周岁以内的婴儿大便秘结造成排便困难时，要使其顺利排便，简单而有效的方法是将 1 块指甲大小的肥皂蘸水后，塞入婴儿的肛门，片刻即可顺利排便。

23.治灼痛

如果有小部分皮肤面积被水、火轻度烫伤烧伤，只需将烫烧伤处浸于肥皂水中，即可减轻烧灼痛感。

24.用肥皂水催吐

如果成人不小心吃了有毒食物或药物中毒，或是小孩不小心吞服了小的金属物品，情况紧急时，可先灌服一些肥皂水催吐，然后立即送医院急救。具体方法为：取一块纯净的肥皂，将其切成细片，然后用温开水使其溶解，将溶解好的肥皂水用量器分开，成人喝 300 ~ 500 毫升，小孩喝 100 ~ 200 毫升，喝完即可把吞食的东西呕吐出来，或从肛门排泄出来，这样可减轻中毒的程度。

25.去猫身上的跳蚤

如果猫的身上出现跳蚤，可用开水溶化约 1/3 块的普通红药皂，然后通过加凉水或其他方法将其冷却，冷却到一定温度后，可把猫放在药皂水中浸泡 10 ~ 15 分钟，再用清水冲洗两三次，待猫毛晾干后死跳蚤便会自然掉下。如果没有完全除尽猫身上的跳蚤，可将上述方法重复几次，便可达到理想的效果。

（三）醋的妙用

1.蒸米饭

如果用存放时间较长的大米煮饭或蒸饭时，往里加点醋，蒸出的米饭色香味俱全。

2.快速发面

用 500 克的面粉、50 毫升的醋再加上 350 毫升的温水的比例来和好面，然后让醒 10 分钟，再加上 5 克碱面或小苏打，将面使劲地揉，直揉到面无酸味为止，这样蒸出来的馒头既松软又可口。

3.使黄馒头变白

将 3/4 左右的水从蒸锅里倒掉，然后放入一些食醋，放入量应该相当于锅中所留有的水量的 1/3，然后用文火将其再蒸 15 分钟，这样，馒头不但会变白，吃起来也不会有酸味。若想让面包回软，只要将小半盆温水倒入蒸锅，再放一些醋，然后将面包放进蒸笼，盖严，过了一夜，面包就会软了。

4.煮面条

在煮面条的时候，适量地加入些许醋，不但可以将面条的碱味消除，而且面条会变得白些。

5.保护蔬菜中维生素

在炒蔬菜的时候可以适当地加点醋，这样可以减少蔬菜中维生素 C 的流失。

6.去苦瓜苦味

在炒苦瓜的时候，加入少许白糖，再在上面淋少许醋，便可减轻其苦味。

7.防止茄子变黑

炒茄子的时候适当地加点醋，这样茄子就不容易变黑。

8.防止土豆变色

应将去完皮的土豆存放在冷水中，然后将少许醋加入水中，这样土豆不易变色。

9.削芋头防痒

在削芋头之前，先用醋将双手洗一下，削完之后手就不会痒。

10.去木耳沙土

先在清水中加入少许食醋，然后将木耳倒进去轻轻搓洗，就可以很快地将沙土去除。

11.腌黄瓜

如果腌出来的黄瓜太咸，可以将其放进醋精里，醋精里放些许洋葱末。将黄瓜泡 3 ~ 4 星期，就能减淡其咸味。

12.补救炒菜过咸

若是菜炒得太咸了，可以放些许醋来补救。

13.解辣

在炒辣椒菜时，可以放少许醋一起炒，炒出来的辣椒就没有那么辣了。

14.化冻

用含醋的水将冻肉浸泡，容易化冻。这

种方法也可以将冻鱼化冻。

15.快速除鳞

在冷水里加些许醋（按 1000 毫升水 10 毫升醋的比例加），然后把鱼放进去泡一会儿，再拿出来刮，就很容易将鱼鳞刮干净。

16.去除鱼腥味

在烹调鱼的时候，适当地加点醋，可将鱼腥味去除。

17.去除河鱼泥土腥味

将鱼剖肚洗干净，然后放入冷水中，再加入少量的胡椒粉和醋，最后烧煮，就可以去除泥土腥味。

18.补救破鱼胆法

如果在杀鱼的时候，不小心将鱼的苦胆弄破了，应马上将青黄色胆液用水冲去，然后在鱼肉上涂抹一些醋，严重的可以将鱼肉切下来放进醋里泡半小时，这样鱼肉就不会有苦味了。

19.收拾鱼时防滑

收拾鱼的时候，将一些醋涂在鱼的表面，可以防止鱼从手中滑落。

20.鲜鱼保鲜法

鲜鱼在炎热的夏天比较容易变坏，如果在鱼身上洒一些冲淡的醋水，就可以将鱼肉保鲜，隔日也不会变坏。

21.做冻鱼

在烧冻鱼的时候，加入少许黄酒或米醋，烧出来的鱼肉不但鲜嫩，而且没有腥味。

22.做味道鲜美的咸鱼

先将咸鱼放入醋里浸泡一下，再用冷水洗干净，然后烧煮，这样烧的咸鱼味道就会很鲜美。

23.自制醉蟹法

将 1000 克的雌河蟹用水洗干净，然后放在淡盐水中浸泡两个小时，让蟹将肠胃里的脏物和泥沙吐出来，这样既杀死了细菌，还会使蟹饥渴。两个小时过后，取出来，用清水将蟹刷洗干净，将水沥干。将已炒熟的大约 500 克的食盐和 5 克花椒，分别放入蟹的脐内，然后放在瓷缸里，加入 250 毫升米醋、1000 毫升黄酒和 100 克白糖，再适量地加入一些橘皮和生姜，然后将其盖紧（注意：不要使蟹上漂），浸泡 3 天后，先翻动 1 次，封严盖子，再浸泡 5 ~ 7 天，就可以食用了。

24.泡煮海带

煮海带的时候，可将几滴醋放入锅里，这样海带就会很快变软，而且吃起来鲜嫩味美。

25.鲜肉保鲜

将干净纱布用醋浸湿，然后将鲜肉包起来，鲜肉可以保鲜 1 昼夜。

26.焖肉

在焖肉的时候，适量地加点醋，不但可去除异味，还可以缩短焖肉的时间。

27.煮骨头汤

煮骨头汤的时候，需在水开之后加入少量醋，这样可以使骨头里的钙、磷溶解于汤内，有利于人体吸收利用，汤味也会更加鲜美。

28.烧猪蹄

在烧猪蹄的时候，适量地加点醋，可以溶解猪蹄中的钙、蛋白质、磷，不但使人体容易吸收，而且增加了营养成分。

29.猪内脏异味去除

先用清水将猪肠、猪肚洗干净，再用醋和酒混合起来搓洗，然后放在装有清水的锅中煮沸，再取出来用清水洗干净即可去除异味。

30.猪肝烹前处理

炒猪肝前，先将猪肝用白醋和硼砂腌制一下，炒出来的猪肝就比较爽脆，而且不会渗血水。

31.猪腰烹前处理

在水中加入少许白醋，然后将猪腰放入水中浸泡大概 10 分钟，这样腰花会发大，没有血水，炒出来的猪腰既鲜嫩又爽口。

32.使牛肉容易煮烂

煮牛肉时如果在牛肉中加些许醋（注：每千克牛肉加 1 ~ 2 汤匙醋），这样牛肉就比较容易煮烂了。

33.使羊肉去膻

把羊肉切成块，放进已烧开的水锅里，然后将些许食醋倒入锅中（通常 1 千克羊肉需放入 50 毫升的醋），这样煮的肉就没有膻味了。

34.使鸡肉容易炖熟

在杀鸡前，将 1 汤匙醋灌入鸡胃，就非常容易将鸡炖熟。

35.快速褪毛

在烧开的水中，加 1 匙醋，将已杀的家禽放进开水当中，不时地翻动它，过几分钟之后将家禽取出，很容易将毛褪掉。可将头和爪稍微泡久一点。

36.打蛋清

将一小匙醋加入蛋清中，蛋清很快就可以被打得发泡。

37.摊蛋皮

在鸡蛋液里加入少量醋，摊出来的蛋皮不但薄而且牢。

38.煮破壳蛋

若煮蛋的时候将蛋壳煮破了，可往水里加些许醋，蛋白就不会跑出来了。注意：最好在 48 小时内将破壳的鸡蛋吃掉。

39.做蛋汤

如果鸡蛋不新鲜，放入锅里的水中就很容易散开。若事先将几点醋滴入沸水锅里，再将鸡蛋放入锅中，就能做出漂亮的蛋花。

40.快速腌蛋

先洗净鸡、鸭蛋，再放到醋里洗大约 2 分钟，然后将洗好的蛋放到盐水中，按这种方法腌，鸡、鸭蛋 1 周之后就可以食用了。

41.吃咸鸭蛋

将熟咸鸭蛋的蛋皮剥去，然后用筷子将

蛋白和蛋黄戳几个洞眼，在少量的米醋中加一些味精，再用温开水将其调匀，然后倒入蛋中，吃起来会别有风味。

42.使餐巾洁白法

洗餐巾的时候，将适量的醋和碱加入水中，便可将餐巾洗洁白。

43.毛料服装除亮法

毛料衣服的膝、肘、臂等处会因穿得时间长了而发亮。如果在这些地方抹些食醋，等到快干的时候，再抹一次，然后将干净的布垫上去熨烫，这样就可以把光亮除去。

44.洗涤缎子

为了避免将缎子损坏，可以在最后漂洗的时候加点醋和1块方糖。

45.使白色丝绸不易变黄的方法

在漂洗白丝绸的水中加少量白醋，就可以将白色丝绸的本色保持好，可防止变黄。

46.使衬衣不褪色

最后一次漂洗衬衣的时候，将些许白醋加入水中，洗出来的衣服不但不褪色，而且能保持清洁与光泽。

47.去除衣服折痕

衣服穿久了会出现折痕或"极光"，可先将毛巾蘸点醋，将衣服擦拭1遍，再将其熨烫，便可除去其折痕或"极光"。

48.去除红药水渍

如果衣服被溅上红药水，可用白醋洗，再用清水漂洗，就可以去除。

49.去除水果汁液痕迹

如果衣服上有水果汁液的痕迹，可在痕迹下面垫一块吸水布，再用一块蘸了白醋的棉花团擦拭，即可将痕迹去除。

50.去除汗臭味

若衣服上有汗臭味，应先将少许食醋喷在衣服上，过一段时间再洗，汗臭味便可消除。

51.去除衣服上染发剂痕迹

若衣服上沾了黑色染发剂，可先在污处涂些食用米醋，大约10分钟之后，再用肥皂将其清洗1遍，就能很快将污渍洗净，而且不留痕迹。

52.去除衣服上干漆

若衣服上沾了干油漆，应先在污处滴几滴洗涤灵和少量醋一起搓，搓完后马上用水清洗（如果还未洗干净，可再重复洗一次），这样就可去除干油漆污渍。

53.去除衣服上锈迹

先用开水将衣服锈迹浸湿，然后用醋将其涂抹搓揉，过几分钟之后再用开水将其冲洗，锈迹就可去除。

54.去除油迹

如果衣服沾上了油水，可先在油污处滴少量醋，然后再用水擦洗干净。

55.去除胶水迹

若衣服上有胶水痕迹，则先在衣服的背面垫上一块吸水布，再将少量白醋涂在胶水痕迹上，然后用棉花团蘸水将其擦洗干净。

56.去除尿布异味

将尿布洗干净后，再在温水中加1匙醋，然后将尿布放入水里浸泡10分钟，尿布晾干后既松爽又无异味。

57.去除袜子臭味

洗袜子的时候，在水里滴少量醋，就能去除袜子的臭味。注意，如果洗淡色袜子，就应该快速搓洗，然后马上用清水冲净，否则可能会染色。

58.使皮鞋光亮

先擦去皮鞋上的灰尘，再往上挤点鞋油，然后在鞋上滴约2～3滴食用醋，最后擦皮鞋，这样，擦出来的皮鞋不但色彩鲜艳，而且保持光洁时间较长。

59.去除水垢

在热水瓶内灌入热醋，浸泡几小时，然后用清水将其洗几次，就可以去除水垢。

60.洗油腻碗

若碗太过油腻，用淘米水洗也洗不干

净，如果在淘米水中加 1 勺醋，就可将碗筷油腻洗去。

61.使新铁锅煮食物不变黑

先用清水将新铁锅洗一洗，再将水倒掉，将锅放在灶上，用火将其烧得发烫（在 60℃~70℃左右），然后将 200~250 毫升左右的食醋放入锅里，待到锅里发出了"吱吱"的响声时，就用炊帚将锅洗几圈，然后将醋倒掉，再用水将锅清洗一下，这样清洗过的铁锅烧出来的饭菜就会色鲜味美。

62.除去手上漂白粉的味道

用放了少量醋的水洗手，就可以将漂白粉味除去。

63.家具变新

用按 4：1 的比例将水和醋混合而成的溶液来擦拭木质家具，可以使家具的光泽重现。

64.清洁镜子

先按 2：1 比例来将水和醋配制好，然后用报纸蘸上醋水将镜子擦拭 1 遍，再用干布擦干，镜子就能光亮如新。

65.去除室内香烟味

用毛巾蘸上一些用水稀释过的醋溶液，在室内挥舞数下，即可生效。

66.去冰箱异味

将一些食醋倒入敞口玻璃瓶中，放入冰箱除臭效果非常好。

67.清洁镀金画框

在棉花团上蘸点醋精，然后小心地将画框擦拭干净，可使已变旧的画框重新放出光彩。

68.清洁玉石

用蘸了醋的棉花团来擦拭玉石，就可以将玉石清洁干净。

69.墨字不变色

在研墨的时候或在墨汁中加几滴醋，写出来的字就很有光泽，而且不容易变色。

70.除烟垢

通常吸烟的人的牙齿上都会出现烟垢，如果在刷牙的时候在牙膏上滴少量醋，刷完牙后，可将烟垢去除。

71.除蚂蚁

将一大把薰衣草泡在白醋里，然后将其喷洒在蚂蚁的身上，就很容易将蚂蚁去除。

72.使花草长得好

醋可以与水中的钙中和，用加了少许醋的水来浇花草，可使花草长得好。

73.除木制容器中的霉味

先用加了少量醋的热水来刷洗木制容器，然后用肥皂水洗可去除霉味。

74.除铜器污垢

铜器用的时间长了，其表面就会生成一层脏物，若用醋涂一遍，待干后再将铜器用清水冲洗一遍，就可使其恢复原有的光亮。

75.除铝制品黑斑

把生了黑斑的铝制品浸泡在加了醋的水中，大约 10 分钟过后，将其取出来清洗一遍，就可光洁如新。

76.擦塑料器具

用布蘸上醋洗擦，较易将塑料器具上的污垢去除。

77.除灯泡上黑灰

厨房里的灯泡很容易被油烟熏黑，如果用蘸了温热食醋的布来擦，就能容易地将其擦干净。

78.除水泥痕迹

地面上若有水泥痕迹，可先将醋精烧开，然后将其倒在地上，再用刷子用力地刷，就可以将水泥痕迹去除掉。

79.去除大理石地板污渍

若大理石地板上沾了咖啡水、饮料、尼古丁及水果汁等污渍，可在洗衣粉水中加入几滴醋，然后擦拭，就能将地板擦干净。注意：擦完后一定要用清水将地板冲洗干净。

80.除厨房地面油污

拖地时，可在拖布上洒些许醋，拖过的地面就会干净如洗。

81.洗发

用香波洗头发时，可在最后一次漂洗的时候往水里加少量醋，这样头发洗出来就很有光泽。

82.除头皮屑

用放了少许食醋的温热水来洗头，大约3～5天洗1次，就能有效地将头皮屑去除。

83.去身上沥青

手足或身体的其他部位染了沥青，用醋就可以将沥青洗去。

84.除淋浴喷头上的水垢

首先卸下淋浴喷头，然后将一些米醋倒入一个口径大过喷头的碗或杯子中，将喷头（注意：需将喷水孔朝下）泡在醋里。过几个小时后将其取出，再用清水冲洗一遍即可。

85.预防晕车

如果在旅途中晕车、船，可以在出发前喝一杯醋开水。

86.预防流感

在感冒流行期间，可以将门窗关闭，然后将醋倒入小锅放在火上慢熬、蒸熏，这样有消毒作用。

87.治疗伤风流鼻涕

在最初出现伤风感冒流清鼻涕的时候，用蘸了白醋的棉签轻轻往两个鼻孔里涂抹，只要把鼻孔的各个地方都抹到即可。

88.解牙痛病

因患龋齿而牙痛，可用50毫升陈醋和700克花椒一起煎后含漱，就能缓解疼痛。

89.治鱼刺卡喉

先将醋喝进口里，然后仰起头将醋含在喉咙口，最好不要咽下去，等醋将鱼刺浸泡得软一点，再吞咽饭团，这样鱼刺就容易被冲下去了。

90.止嗝

按1：2的比例将白糖与醋搅拌成糖醋汁，饮后可止嗝。

91.治手脚裂口

在锅中放入500毫升醋，待煮沸5分钟后，将其倒在盆里，降温后将手脚放在醋里泡10分钟，每天泡2～3次，大约半个月就可治愈，而且不会再复发。

92.治脚跟痛

按1：1的比例将醋与水混合起来，然后用火将其烧得微热，每天将脚跟浸泡两次。坚持半个月左右就可以见效。

93.去除轻微的烧烫伤的灼痛

在烧、烫伤的患处涂点醋，就能迅速消除灼痛。

94.小腿肌肉痉挛

取250克左右的粗盐，放进铁锅里爆炒，然后在盐内慢慢地洒入100毫升的陈醋，需边炒边洒，全部洒完后还需再炒一会儿，然后用布趁热将盐包好，在小腿痉挛处反复地热敷。

95.跌打损伤

在患处敷上用醋调好的茶叶末，每日敷3次，每次敷15分钟。

96.通便

每天早晨空腹喝一杯加了少量醋的白开水，然后再喝一杯清水。常照此服用效果明显。

（四）香油的妙用

1.治咳嗽

患有肺气肿、气管炎的人，若能在临睡之前喝一口香油，在第二天早上起床之后再喝一口，当天就能明显减少咳嗽。如果天天喝，咳嗽就能慢慢治好。

2.让嗓子圆润清亮

香油可以增加声带的弹性，能使声门灵活有力地一张一合，对翻译、演员、老师、演说家的声音嘶哑、慢性喉炎、声带疲劳等都有比较好的恢复作用。

登台之前先喝口香油，可使嗓音变得更加圆润清亮，而且能够增加音波的频率，可使发声省力，延长在舞台上的耐受时间。

3.预防口腔疾病

每天服用些香油，可使患有口臭、牙周炎、牙龈出血、扁桃体炎等口腔疾病的患者减轻症状。

4.导出误食的异物

香油是一种食道黏膜的理想保护剂，若大人或小孩吞下了枣核、鱼刺、鸡骨等异物，喝口香油便能使异物顺畅地滑过食道，防止喉咙受到损伤。

5.误服强碱的自救法

若误服了滚烫或强碱的食物后，最及时有效的自救法是马上喝口香油。

6.抽烟喝酒者宜常喝香油

抽烟或喝酒的人，若经常喝些香油，可减轻香烟对口腔黏膜、牙龈、牙齿的直接损害，还可以去除口中的难闻气味，减少形成肺部烟斑，还可以部分地阻滞人体对尼古丁的吸收，让其黏附于香油层中，然后随痰液排出体外。喜欢喝烈性酒者经常喝点香油，也可以保护食道、肠、胃部黏膜。

7.治疗便秘与气管炎

每天坚持早上起床后及晚上睡觉前喝上一小勺香油，可治疗便秘与气管炎。

8.防止动脉硬化延缓衰老

经常食用香油，既能有效防止动脉硬化，又对延缓衰老具有一定作用。

（五）茶叶的妙用

1.除鱼腥味

将泡过的茶叶晒干，然后将其装在一个纱布袋内，放入冰箱中，可吸收肉、鱼所散发出来的难闻的腥味。

2.除血腥味

将一些残叶放入有腥味的器皿中，然后将其煎数十分钟，便可将腥味去掉。

3.除油烟味

将泡过的茶叶晒干，用纱布包起来放在厨房里，即可消除因烹饪而产生的油烟味。

4.干残茶叶可做火种

将揉碎后的干残茶叶储存起来，冬天可将其放在手炉里当作火种，火力耐久。

5.除衣物异味

将揉碎后的干残茶叶储存起来，用纱布包放在鞋箱、衣柜中，即可消除异味。

6.做保健枕头

将残余的茶叶晒干后，装入已做好的枕套中，即可做成非常柔软的枕头。此枕头可去火，对失眠者和高血压患者皆有辅助作用。注意：茶叶容易受潮，应经常晾晒。

7.用茶水易将用品擦净擦亮

用废茶叶容易将盘碗、家具、油锅、面盆等洗擦干净、明亮，用茶叶水在刚刚涂了油漆的家具上轻轻地擦拭一遍，家具就会变得更加光亮而且不容易脱漆。

8.茶叶可驱蚊虫

将冲泡过的废茶叶晒干，在夏季的黄昏时候，用火将茶叶点燃，就可以驱蚊虫，不但对人体无害，还会散发出淡淡的清香。

9.除厕臭味

把残茶叶晒干后，放到厕所或沟渠里燃熏，可消除厕所恶臭，使空气保持清新，并具有驱除蚊蝇的功效。

10.用残茶叶绿化植物

将残茶叶浸泡在水中数天后，可给植物浇水，促进植物生长。

（六）砂糖的妙用

1.可除异味

在冰箱里放些砂糖，可将冰箱里的腥臭

等异味去除。

2.除栗子涩皮法

用砂糖水将栗子浸泡一夜，然后上火煮，涩皮就可以去除干净。

3.可增加丝绸物的光泽

在漂洗丝绸物的时候，在最后一次漂洗的水里放入些许砂糖，就可以让丝织物增加光泽。

4.制吸湿剂

将砂糖放入锅里炒一炒，然后装入纸袋，就可以当吸湿剂来使用。

5.延长花期

为花换水的时候，往花瓶里加一匙糖，可增长花开的时间。

6.去伤痕

用砂糖擦在受伤处和肿包处，可以消肿治伤。

7.治便秘

喝少量糖水对治疗轻度膀胱炎和便秘有一定的疗效。

（七）盐的妙用

1.甜食里加点盐味道变甘美

做甜食的时候，加入些许食盐（其用量大约占糖用量的1％），做出的食品味道会很甘美。

2.用盐蒸炸食品松软可口

蒸馒头的时候，用盐水来和面，蒸出来的馒头就会特别松软好吃。因为少许的食盐可以加快酵母菌发酵，产生了更多二氧化碳。制作一些面类食品（如炸排叉的时候），在面中加入少量盐，炸出来的食品酥脆香甜。

3.用盐除异味

如果剩饭有异味，在热饭的时候往饭内加入少量的食盐，便可将饭中的异味去除。通常豆腐皮、豆腐干等豆制品中含有豆腥味，放入盐开水中浸泡，便可将豆腥味去除，而且可使豆制品色白质韧。

4.杀菌消毒

将蔬菜或水果浸泡在盐水里，可将蔬菜和水果上大部分的细菌杀死。

5.洗去鱼肚内的污物

用淡盐水将活鱼养几天，使其将肚内污物吐尽，再用来做菜。这样炒熟后的鱼不会有土腥味。

6.使海蜇皮不风干

发好的海蜇皮如果没有及时吃完，就很容易风干，可将其泡在盐水里，这样就能防止风干。

7.解冻食物

用淡盐水将冰冻的鸡、肉、鱼解冻，不但能快解冻，而且炒出来的菜会更加鲜嫩美味。

8.使禽毛易拔

宰鸡、鹅的时候，可将少量盐加入烫毛的水内，这样既易拔净禽毛，还能防止将其皮烫破。

9.防掉色及去血污

用盐水将有色衣服浸泡一下再洗，可以防止掉色。用细盐轻轻地揉搓衣服上的血渍，再用清水漂洗一遍，便可将血渍去干净。

10.用盐水煮新餐具不易破裂

可先将新买的碗、杯放入盐水中煮一下，碗、杯就不那么容易破裂了。

11.喝盐开水防止喉干

早晨喝一杯盐开水，对治疗便秘有利；唱歌之前喝杯盐开水，可防止喉干沙哑。

（八）碱的妙用

1.去除器皿焦痕

用瓷器皿来加热食品的时候，温度过高，会附着些食物变黑的痕迹，此时，可放些碱水在器皿里加热，碱水要没过焦痕，浸泡一段时间以后再刷洗，即可去除焦痕。

2.清洗油腻餐具

用热水将食碱泡开后，再加入少量的温水，可用来清洗油腻比较厚重的餐具。

（九）花椒的妙用

1.调味

花椒能够芳香通窍，是烹调中的主要调味品。

炒芹菜、白菜时，放入几粒花椒，待将其炸至变黑的时候捞出，留油炒菜，炒出来的菜香气扑鼻。

煮蒸禽肉的时候，放入花椒、大料，菜肴便能美味可口。

将花椒放在手勺内，烤至金黄色，然后将其放在案板上，与精盐一起擀为细面，可在吃香酥鸡、炸丸子、香酥羊肉、干炸里脊等的时候蘸食。

腌制萝卜丝、大芥丝、咸菜时放入适量花椒，味道更佳。

2.防沸油外溢

用油炸食物的时候，放入几粒花椒，就可以使沸油消下去。

3.防止呢绒料蛀虫

呢绒料的衣物容易被虫蛀，只要在衣物上撒少量花椒水，然后用熨斗熨平，就可防止虫蛀。或者将包了鲜花椒的纱布包放在衣箱内，也有防蛀虫的效果。

4.防橱内蚂蚁法

如果厨房里有蚂蚁，可在橱柜内放上数十粒鲜花椒，就能有效地防止蚂蚁。

5.驱虫出耳

如果有虫子进到耳中，可将少许浸过花椒的油滴入耳内，虫会自动出来。

（十）啤酒的妙用

1.做凉拌菜

通常做凉拌菜的时候，都会先将菜用开水焯一下，可用啤酒代替开水将蔬菜煮一下，待酒一沸腾即可。等到蔬菜冷却即可食用，这样做出来的菜更加鲜美可口。

2.煮沙丁鱼

在做沙丁鱼之前，可先用盐将沙丁鱼腌渍一下，然后放在啤酒中煮半分钟，这样可将沙丁鱼的臭味去除。

3.煮鸡翅

在做烧煮鸡翅时，最好不要用水煮，应改用啤酒煮，这样可增加鸡翅的鲜美味道。

4.煮牛肉

在炖煮牛肉时，最好用啤酒代水来煮，经过啤酒煮过的牛肉，不但肉质鲜美，而且味道香醇。

5.炒肉片

炒肉丝或肉片时，将淀粉和啤酒一起调成糯糊状，炒出来的肉片风味尤佳。

6.清蒸鸡

做清蒸鸡时，如果将鸡肉用20%～25%左右浓度的啤酒溶液腌渍15分钟，然后将其取出放入蒸锅中蒸熟，鸡的味道就会格外嫩滑可口。

7.清炖鱼

啤酒还可以用来炖鱼，在炖制的过程中，啤酒能和鱼产生一种酶化反应，可使鱼汤香味更浓。

8.烤面饼

烤制小薄面饼的时候，可将适量啤酒掺入面粉中，这样烤出的饼又香又脆。

9.烤面包

在揉面团的时候，最好不要放牛奶，而用与牛奶等量的啤酒替代，这样面包不但容易烤制，而且烤出来还有一种与肉相同的味道。

10.去肉腥味

用胡椒、盐和啤酒配制好的溶液，将宰好的鸡或其他肉类浸泡1～2个小时，即可将其腥味去掉。

11.去鱼或肉腻味

在烹调肉或鱼时，在菜中加一杯啤酒，可以将油腻的味道去掉，使鱼、肉更爽口。

12.去鱼腥味

清蒸腥味较重的鱼类菜时，可先将鱼放入啤酒中腌浸大约 10 ~ 15 分钟，然后取出放入蒸锅中蒸熟，这样既能大减腥味，吃起来又鲜嫩味美。

（十一） 玉米的妙用

1.治黄疸

将 60 克玉米须煎成汤，饮后可治黄疸。注意：在用这种简易疗法的同时，患者还应到医院去诊治，以免延误了对重症患者的治疗。

2.治产后虚汗

选取 100 克玉米的干茎内芯，将其煎成汤，稍加作料，服后可治产后虚汗。

3.治高血压

选用 100 克玉米须煎水 3 碗，每天分 3 次服用，有助治高血压。

4.治吐血红崩

用 15 ~ 30 克玉米须同 120 克瘦肉一起炖，服食后可治吐血及红崩。注意：在采用这种简易的疗法的同时，患者还应到医院去诊治，以免延误了对重症患者的治疗。

5.治肾病

将玉米 20 粒，玉米须 6 克，蛇蜕 1 条，蝉衣 3 个，水煎服，有助于治疗肾病。

6.治疟疾肠炎

将 90 克玉米棒火烧，加入 60 克黄柏粉，一同研成细末，再用温开水送服，每天 3 次，每次服用 3 克，便可治疟疾、肠炎。注意：在采用这种简易疗法的同时，患者还应到医院去诊治，以免延误了对重症患者的治疗。

（十二）小麦的妙用

1.治黄疸

选取适量的小麦苗，捣烂后取汁，每天 3 次，每次用热水冲服，可治黄疸。注意：在采用这种简易疗法的同时，还应到医院去诊治，以免延误对重症患者的治疗。

2.止咳

将少许的小麦芽和蜂蜜调匀，然后贴于背心部位，便可治久咳不止。

3.治失眠

将合欢花、黑豆（布包）各 30 克和 45 克小麦（布包）煎成约 200 毫升的汤，然后饮汤吃麦和黑豆，可治失眠。也可将 60 克小麦（去壳），15 枚大枣，30 克甘草，加 4 碗水煎成 1 碗，早晚服用两次，便可治睡眠不稳或失眠。

4.治多汗

选取 30 克小麦，10 枚红枣，15 克龙眼肉，加水煮熟，连汤带渣一次吃完，便可治白天多汗。

5.治鹅掌风

如果手患了鹅掌风，要先戴上手套，再用米酒将麦粒炒热，然后隔着手套来烫手部，坚持用此法治疗，手疾便可痊愈。

（十三）花生的妙用

1.清痰止咳

选取若干鲜花生，将其剥皮后晾干，每天生食 80 ~ 100 克，便可治疗咳嗽痰多。

2.治贫血

取 20 克鲜花生仁，把红衣剥下，用其冲水，每日分两次冲服，长期坚持，便可治贫血。

3.治过敏性紫癜

将 6 粒生花生米、4 个熟大枣一起捣成泥状，每天 1 剂，分 4 次服用，用枣汤送下，便能治过敏性紫癜。

4.治神经衰弱

取 250 克鲜花生叶，将其用水煎，代茶饮用，长期坚持，能治神经衰弱。

5.治白带

将 120 克花生仁、1 克冰片一起捣成泥状，分两天服用，每天早晨空腹的时候用开水送下，可治疗白带。

6.治失声

选取适量新鲜花生，将其去皮后，用热水炖服，便可有效地治疗嘶哑、失声。

（十四） 芝麻的妙用

1.治蛔虫

将 90 ~ 150 克芝麻秸，30 克葱白，15 克乌梅，用水煎，每天空腹服两次，连续服 3 次，可治蛔虫病。

2.治干咳无痰

将 120 克芝麻、30 克冰糖一起捣烂，每日两次，每次用开水冲服 15 ~ 30 克，能治干咳无痰。

3.治风湿性关节炎

选取 30 克芝麻叶，用水煎，服后能治慢性的风湿性关节炎，坚持服用，可预防复发。

4.治肾虚便秘

将 60 克黑芝麻、15 克杏仁、60 克大米浸水之后捣烂成糊，再将其煮熟加糖吃，可治肾虚、便秘、大便干硬等症。

5.治大便干硬

将核桃肉、黑芝麻各 30 克一起捣烂，用开水冲服，可治肾虚便秘、大便干硬。

6.治头昏

将 15 克鲜芝麻叶用开水冲泡，代茶饮，便可治夏季受暑口渴、头昏、小便少。

7.治白发

将等份的黑芝麻与何首乌一起研制成丸，每天 2 ~ 3 次，每次服 6 克，饭后用温水送下，可治过早白发、发枯发落等症。

8.治产后少乳

用少许盐与 15 克芝麻一同煎炒，然后研成细粉，每天服用 1 剂，坚持服用，可治产后少乳。

9.治癣痒

选取适量的鲜芝麻根，将其煎汤，然后用汤来熏洗患处，可治癣痒。

10.治乳疮

将芝麻炒焦，和面一起研，用清油调和，敷在患处，便可治乳疮。

11.治冻疮

夏季的时候，选取几朵新鲜的芝麻花，将其放在手掌内揉搓至烂，然后将其涂擦在生过冻疮的部位，直至擦干。这样反复地擦几次，到了冬天，该部位就不会再生冻疮了。

（十五） 红薯的妙用

1.治湿热黄疸

将适量新鲜的红薯煮来吃，可治湿热黄疸。注意：在用这种简易疗法的同时，患者还应到医院去诊治，以免耽误治疗。

2.治便秘

用油、盐将 250 克红薯叶炒熟，1 次吃完，1 天吃两次，可治便秘。也可将适量红薯叶捣烂，与少许红糖调和，贴于腹脐，可治便秘。

3.解暑消渴

选用 100 克红薯藤，将其煎水，1 次饮完，可解暑消渴。

4.治淋浊遗精

取 200 克红薯粉，将其用温水调服，每天早晚各 1 次，可治淋浊、遗精。

5.治夜盲

选取 90 ~ 120 克红薯叶，将其煎水服用，可治小儿夜盲。

6.除水垢

用锅或茶壶煮红薯，煮熟之后将红薯捞出，将余水留在茶壶里8～10小时，壶里面的水垢就会逐渐清解干净。

（十六）绿豆的妙用

1.预防萎口

将适量绿豆、6克紫草、3克甘草煎水服用，连续服一星期，可预防萎口。

2.治口腮病

用120克绿豆、60克黄豆，加入水将豆煮烂，加入红糖90克一起调和，可治两腮红肿热痛、疖腮。

3.治肠炎

将绿豆粉浸泡在猪胆汁中，每次服用1克，每天服3次，用温开水送下，可治消化不良、肠炎等病疾。注意：在用这种简易疗法的同时，患者还应到医院去诊治，以免延误了对重症患者的治疗。

4.治疟疾

将3粒绿豆、3粒胡椒、1粒巴豆用布包好，然后用锤子将其捶细，加入2枚枣肉，捣成泥状，贴于脐眼上，便可止疟疾。注意：在采用这种简易疗法的同时，患者还应到医院去诊治，以免延误了对重症患者的治疗。

5.治高血压头痛

在猪苦胆内装入绿豆，阴干后，将其研为细末，每日服两次，每次服用4.5～6克，可治因肝火上升而引起的高血压、头痛等症。

6.治头晕头痛

在一节鲜藕内装满绿豆，放入锅中蒸熟，若经常服用，可治疗因肝经隐痛而引起的鼻塞、头晕、头痛。

7.治热泻

将60克绿豆和30克车前子煎水，分两次温服，能治粪便臭秽、热泻、肛门灼热。

8.治中暑

将120克绿豆放入锅中，再加一大碗清水，将绿豆煮熟，然后将绿豆捞出来，放入8朵丝瓜花煮沸，待降温后服用，可治中暑。

9.解毒

将适量绿豆和60克生粉甘草煎水服用，可解百毒。另也可将适量生绿豆粉，冲1茶杯凉水服，能解误食毒药而中的毒。注意：在采用这种简易疗法的同时，患者还应到医院去诊治，以免延误了对重症患者的治疗。

10.止泻

将1只鸡蛋的蛋清和绿豆粉一起调匀，若小儿呕吐不止，可敷一两个晚上，若泻不止，可敷于脐上一晚。

11.治烫伤

将30克绿豆粉与适量鸡蛋清调匀，涂抹于烫伤处，能消炎止痛。

12.治跌打损伤

将30克绿豆粉与醋搅拌均匀，用其涂于患处，可治疗轻微的跌打损伤。

13.去霉斑

若衣物上出现了霉斑，可在洗衣服的时候，用绿豆芽来搓洗，便可将霉斑除去。

（十七）橘皮的妙用

1.做凉拌菜

用清水将橘皮浸泡一昼夜，再捞出来将水挤干，放入开水中煮大约30分钟，捞出后将其剪成1厘米长短的方块，然后加入食盐（其比例为100克湿橘皮应加4克食盐），将橘皮再煮大约30分钟后捞出，在上面撒些许甘草粉，晾干之后便可食用。

2.煮粥

煮白米粥的时候，可在白米即将煮熟之时放几小块橘皮进去，会使粥的味道更香。

3.做馅料

将橘皮切成小丁，然后放入白糖水或蜂蜜

中浸泡两星期，便可作为汤团、糕饼、糖包子的馅料，做出来的食品风味独特、清香可口。

4. 做蜜饯

将适量鲜橘皮，分切成段后，浸泡在比例相当的蜂蜜中，即可做成上等的蜜饯。

5. 做白糖丝

用清水将鲜橘皮浸泡 2 天，然后捞出来切丝，用白糖腌半个月，便成了一种可口的甜食。

6. 做橘皮酱

将干橘皮放在清水里浸泡 24 个小时，再捞出来将水分挤去，然后放进开水中煮大约 30 分钟，捞出后将水沥干，将其捣烂成糊状，再加入适量白糖拌匀，待冷却后便成橘皮酱。

7. 做香料

将洗干净的橘皮用糖水浸泡 1 星期，然后将橘皮和糖水一起放入锅中熬煮，待冷却后便可以长时间保存，可成为制作糕点的一种香料。

8. 做甜点作料

将橘皮切成小丁状，待做花生糖或炒米糖的时候放一点，做成后的甜点特别好吃。

9. 增添糕点香味

将橘皮切成细丝后晒干，然后密封贮藏备用，待蒸馒头、做清茶或糕点的时候，可放上一些橘皮丝，既能增添茶点的香味，又可增加其鲜艳的色泽。

10. 做橘皮酒

将橘皮洗干净，放在白酒中浸泡大约 20 天，便可制成橘皮酒，此酒不但味醇爽口，而且对清肺化痰有显著的功效。

11. 做汤增味

炖排骨汤或肉汤的时候，放一两片橘皮，不仅使汤更加鲜美，而且吃起来没有油腻感。

12. 做橘味鱼片

将烘干的橘皮磨成细粉后密封贮藏。在炒鳝鱼片或其他鱼片的时候，加入适量的橘粉，便能炒出美味的橘味鱼片。

13. 去除羊肉膻味

煮羊肉的时候，可以放适量橘皮一起煮，可将羊肉的膻味去除。

14. 清洁煤油渍

若衣服沾有煤油，可在油污之处擦抹橘皮，然后用清水漂洗，这样便可去掉衣物上的煤油味和煤油渍。

15. 去瓷器油污

用蘸了盐的橘皮来擦拭沾在瓷器上面的油污，效果特别好。

16. 清洁室内空气

将几块橘皮放在室内炉火旁，能使满室生香，令人神清气爽。

17. 灭菌防腐去油腻

橘皮煎煮或浸泡之后所滤出来的橘皮水，有灭菌防腐和去油腻的作用，可用来喷洒墙角、阴沟处或用来洗涤油腻器皿。

18. 驱除蚊蝇

在室内将晒干的橘子皮点燃，可替代蚊香，不但可驱除蚊蝇，而且能将室内异味清除。

19. 做花肥

将烂橘皮收集起来，可当作盆栽花的肥料使用，其效果好且无异味，能让花卉长得更好。

20. 去肥臭味

如果将发酵的腐质液当作肥料施于室内的花卉中，便会散发出一股难闻的气味，如果将橘子皮放在肥料液中，就可以将肥臭味消除。

21. 治口臭

每天坚持用 30 克橘皮煎水代茶饮，可治口臭。

22. 防止睡觉咬牙

在睡前 10 分钟，将一块橘皮含在口中再入睡（最好别将橘皮吐出，待感到不舒服的时候再吐出），便可防止睡觉咬牙。

23.用橘皮水护发

用橘皮煎成的水洗头，能使头发光滑柔软，而且容易梳理。

24.滋润皮肤

在脸盆或浴盆中放入少许橘皮，然后倒入热水浸泡，便能发出阵阵的清香，用其洗脸或浴身，不仅能滋润皮肤，还能防止皮肤粗糙。

25.治烫伤

若不慎被烫伤，可取少许烂橘皮，研成膏状，涂擦在患处，即可治烫伤。

26.解煤气

将适量橘皮风干，堆放在煤火周围，即可消除煤火中释放的一氧化碳。

27.治便秘

将橘皮洗干净，切成细丝，然后加入适量的白糖和蜂蜜，一同煮沸、冷却，每日服3次，每次仅服1汤匙，即可治便秘。

（十八） 苹果的妙用

1.给土豆保鲜

把土豆放在纸箱里，同时放几个青苹果，再将纸箱盖好，放到阴凉处。苹果能散发乙烯气体，将土豆与苹果放在一起，能保持土豆新鲜不烂。

2.去柿子涩味

将柿子和苹果一起装进一个封闭的容器中，5~7天后，就能将柿子的涩味除去。

3.催熟香蕉

将还没熟的香蕉和等数的苹果一起装进塑料口袋里，然后将口袋扎紧，几个小时之后，绿香蕉很快就会被催熟成黄色。

4.清洁铝锅

铝锅用久了，锅里面就会变黑。如果在锅中放入新鲜的苹果皮，再加入适量的水，然后煮沸15分钟，再用清水冲洗一遍，铝锅便能变得光亮如新。

5.防治老年病

每天吃一个苹果，需连皮吃下，对于关节炎、动脉硬化等一些老年病症有一定的疗效。也可治疗中老年人便秘。

（十九） 梨的妙用

1.防治口腔疾病

日常多吃些生梨可防治咽喉肿痛和口舌生疮。

2.消痰止咳

在生梨上戳出5个小孔，在每个孔内塞进1粒花椒，然后隔水蒸熟，待冷却之后去掉花椒，饮汁食梨，便可消痰、止咳、定喘。

3.生津润喉

将生梨取汁，再加入适量蜂蜜一起熬制成膏，用温开水调服，每日1次，每次服1匙，有生津润喉的功效。

4.治烫伤

不小心被烫伤后，可切几片生梨，贴于烫伤处，便可收敛止痛。

5.治反胃

取1个梨，再把15粒丁香放入梨内，然后将梨焖熟之后食用，便可治反胃和呕吐。

6.治感冒咳嗽

将一个梨连皮切碎，再加入适量的冰糖煎水，饮汁食梨，可治感冒、咳嗽等症。

7.治小儿风热

将生梨切碎煎水取汁，然后加入适量粳米熬粥吃，可治小儿风热。

（二十） 萝卜的妙用

1.去肉腥味

炖羊肉或牛肉时，在锅里放入1个扎了一些孔的萝卜，煮一段时间后捞出，炖出来的牛肉、羊肉就不会有膻味了。

2.去哈喇味

在煮咸肉的时候，将 1 个白萝卜放入锅里同煮，即可将哈喇味除去。

3.去污渍

衣服沾上血渍、奶渍，可将胡萝卜研碎后拌些许盐，然后涂在衣服污处揉搓，再用清水洗净，便可将血渍、奶渍去除。

4.去羊皮垢

若白羊皮的衣物被弄脏了，可用白萝卜将羊皮擦遍，待将羊毛污迹完全擦去后晾干即可。

5.清洁油灰

日常油灰很容易沾手。只要在操作之前用胡萝卜皮将手擦一遍，油灰就不会那么容易沾在手上了。

6.治假性近视

选取 2 ~ 3 个新鲜的胡萝卜，将其去皮后洗净，捣烂取汁，每天饮汁 200 毫升，坚持饮服，可治假性近视。

7.治夜盲症

每次取 3 根胡萝卜，将其洗干净后切碎煎水饮服，或生吃，长期服用，可防治夜盲症。

8.美白肌肤

将 1 汤匙蜂蜜加入已被捣碎的胡萝卜中，然后用纱布将其包起来，轻轻拍打脸部，直到没有水分为止，过大约 5 分钟之后再将脸洗干净，坚持每日做 1 次，待一个月之后，面部便会显得白嫩细腻。也可把白萝卜的皮捣烂后取汁，再加入等量的开水，用此来洗脸，可美白肌肤。

9.抗疲劳

当肩部疲劳的时候，可将几片萝卜片贴在患处，即可有助于肩部肌肉活动的恢复。

10.止咳化痰

将红皮辣萝卜洗干净，不可去皮，将其切成薄片，放入碗中，然后在上面放 2 ~ 3 匙饴糖，搁置一夜，就能溶成萝卜糖水，常饮服，可止咳化痰。

11.治百日咳

将 120 克胡萝卜、10 个红枣和 3 碗水一起煎至 1 碗，随意饮服，连服十多次，可治小儿百日咳。

12.防治喉痛、流感

选取白萝卜若干，洗干净后，切丝凉拌或生吃，长期坚持，可防治喉痛、流感。

13.治支气管炎

将白萝卜、猪肺各 1 个，切块放入锅中，再加 9 克杏仁一同炖至烂熟，饮汤食肺，对支气管炎有一定的疗效。

14.治砂肺

每日食用大量的鲜萝卜，食用方法自便，若能坚持半年，可治砂肺。

15.治高血压

取新鲜萝卜汁适量，每日两次，每次饮一小酒杯，长期饮服，可治高血压。

16.治头痛

将生白萝卜捣汁，再让患者仰卧，然后把萝卜汁灌进患者的鼻孔中，能治头痛。若是左侧头痛，则灌右鼻孔，如果是右侧头痛，则灌左鼻孔，若加入少许冰片效果会更好。

17.治头晕

将生姜、大葱、白萝卜各 30 克一起捣成泥状，敷在额部，每日敷 1 次，每次 30 分钟左右，可治老年头晕。

18.治脚汗

用煮白萝卜的水来熏洗双脚，每两天一次，长期坚持，可防止脚出汗。

19.除脚臭

选一个 100 克的萝卜，用刀在上面切几道口，再放到约 2500 克的水里煮沸 5 分钟，然后将煮过萝卜的水倒在盆里，待降温后将双脚放进水里浸泡到水温变凉，每日早晚各 1 次，只需连续坚持 4 ~ 5 天，便能去除脚臭。

20.治气滞腹痛

选取 1 个枯白萝卜根和 20 粒白萝卜籽一起煎水顿服,即可治气滞腹痛。

21.治消化不良

将 250 克带皮胡萝卜加 3 克盐放入锅中,然后加水煮烂后去渣取汁,每日分 3 杯服完,连续服用两天,对治疗小儿消化不良有一定的功效。

22.治慢性溃疡

每次将适量的胡萝卜煮熟捣烂后敷于患处,可治疗慢性溃疡。

23.治肠梗阻

将 1500 克红皮萝卜切片,加入 2500 克水煮 1 个小时,然后将萝卜取出,放入少量芒硝,再将其熬成 1 碗汤,顿服,能治肠梗阻。注意:在用这种简易疗法的同时,患者还应及时到医院去诊治。

24.治暗疮

取 1500 克红皮萝卜、9 克雄黄末、少许樟脑以及适量油备用。首先用文火将油中的萝卜烧化后,再用罗筛过滤,然后熬至滴水成珠的状态,加入樟脑、雄黄搅匀,摊在布上贴于患处,每日换 1 次药,即可治疗暗疮。

25.治冻疮

先将萝卜切成厚片,入锅同水煮熟,然后敷于患处,凉后再换,即可治疗未破的冻疮。

26.治水痘

将 90 克胡萝卜缨和 60 克芫花同煎水,代茶饮能治水痘。

27.解煤气中毒

取一个新鲜的白萝卜,捣碎后取汁 100 克,一次服下,能治煤气中毒。注意:在用这种简易疗法的同时,患者还应及时去医院诊治。

28.解酒

取白萝卜 500 克洗干净,捣烂后取汁,一次喝完,便可解酒。也可将萝卜和白菜心切成细丝,再加少量的醋、糖拌匀,即可有清凉解酒之效。

29.抑制烟瘾

将白萝卜洗干净后切成细丝,然后挤去汁液,再加入适量的白糖,每天的清晨吃上一小碟,便能抑制烟瘾,若坚持下去还能戒烟。

(二十一) 韭菜的妙用

1.驱耳虫

如果虫子爬进耳朵,将葱根和韭菜一起捣烂取汁,然后将汁滴入耳中,就会让虫子自己退出来。

2.治鼻出血

若鼻出血,可将韭菜、葱根和葱一起捣烂之后塞入鼻孔,需换用数次。就能将鼻血止住。注意:在采用这种简易疗法的同时,患者还应及时到医院去诊治。

3.止嗝

久嗝不止者,可将韭菜捣碎后取汁服下,或者生吃适量的韭菜,便可止嗝。

4.治牙痛

将少许韭菜籽晒干,用来当作烟叶吸熏,即可有效治疗牙痛。

5.治误吞异物

将适量的韭菜洗干净,不用切断,再用开水氽熟,拌些麻油吃下,能治误吞异物。注意:在用这种简易疗法的同时,患者还应到医院去诊治。

6.治风寒腹痛

将 500 克带根韭菜和 30 克红糖放入开水中浸泡之后饮服,可治风寒腹痛。

7.消炎止痛

将 300 克鲜韭菜捣烂后加入 50 毫升米酒调匀,再取汁将痛处擦至发热,然后将渣敷于患处,对消炎止痛有一定的效果。

8.止痒

外痔患者，只要坚持每天晚上用韭菜煎水洗痒处，便能使患部收敛、痊愈。

9.治蛲虫

用适量韭菜煎汤，每天晚上临睡前用来熏洗肛门，便可治蛲虫。

10.治脚气

将韭菜 100 克捣成糊状，放进盆中，然后在盆里倒入半盆开水，将其盖严，待水温稍降之后，就可用来泡脚，浸泡时间最好是半小时，若坚持每天早晚各泡 1 次，几天后，脚气便会好转。

（二十二） 土豆的妙用

1.调味

若汤太咸，可将几块土豆放入锅中一起煮，待煮熟之后立即将土豆捞起，汤味就会减淡。

2.快速炒猪肉

炒猪肉的时候，将几块土豆放在锅里，就可使猪肉熟得快。

3.防面包变干发霉

如果将面包放在一个容器中，将盖子敞开易干硬，盖上盖又会发霉。可将一块生土豆放在有面包的容器的底部，再盖上盖子，面包就不容易变干、发霉。

4.去锅锈味

使用新铁锅会闻到锈味，若在使用之前，将一些土豆放入锅里煮一会儿，然后将水和土豆倒出后洗干净，就可以将铁锈味除去。

5.去油异味

如果油放久了，可能会发出一种难闻的味道。如果将几块土豆放进油里炸，就能将油的难闻气味去除。

6.去水垢

水壶或锅底里积了水垢，只需在水壶里或锅里放一些土豆皮煮一下，水垢便可以被除掉。

7.防止油灰沾手

油灰比较容易沾在手上，且不易洗净。可在操作之前用土豆片将手擦擦，油灰就不会沾手了。

8.取碎灯泡

如果不小心把白炽灯泡打碎了，而灯头支在灯座上很难取下来，可先切断电源，再用一个大土豆塞进留有碎灯头的灯座当中进行旋转，就可将灯头旋出。

9.灭蟑螂

将土豆去皮后煮熟捣烂，再加入等量的硼酸，将其制成小颗的丸子，然后在蟑螂经常出现的地方撒上此种丸子，只需半个月，便可将蟑螂杀灭。

10.治皮肤病

将土豆去皮后切成小块，捣成泥状后敷于患处，然后盖上纱布，再用绷带扎好。每日更换 2 ~ 4 次，可治皮肤病。

11.治十二指肠溃疡和胃病

将土豆去皮后搅碎，然后用布包起来将土豆的汁挤出，将挤出来的汁煮沸后服用，每日 1 次，每次服 1 杯，以 2 ~ 3 周为一个疗程，可治十二指肠溃疡和胃病。

消费理财篇

❀ 一、衣物 ❀

（一） 衣料识别

1.识别裘皮的技巧

优质裘皮毛杆笔挺，皮料柔软，毛茸平齐，色泽光亮，无光板掉毛等现象。识别时，可在裘皮服装上拔一小撮裘皮上的毛，用火点燃，若是人造毛会立即熔化，并发出烧塑料制品的气味；天然毛皮则化为灰黑色的灰烬，有烧头发似的焦煳味。另外，漂色的狗皮毛尖应无焦断，染色的裘皮应无异味，狸子皮的花点应清晰光亮，湖羊皮毛则要短，其花纹要坚实。

2.识别仿皮的技巧

仿皮表面光泽，没有鬃眼，用力挤压，皮面没有明显褶皱。

3.识别猪皮的技巧

猪皮表面粗糙，鬃眼很大，用力挤压皮面，有明显的褶皱。

4.识别羊皮的技巧

羊皮质地细腻、柔软，表面有光泽，但光泽感不强，用力挤压皮面，有明显的褶皱。

5.识别马皮的技巧

马皮表面粗细程度及鬃眼大小与羊皮差不多，但马皮的表面光泽不均匀，用力挤压，没有褶皱产生。

6.识别牛皮的技巧

牛皮表面光泽明亮，没有鬃眼，用力挤压皮面，有细小褶皱出现。

7.识别真假牛皮

可抹上一些唾液在牛皮的光面，再对着比较粗糙的面用嘴用力吹，若是真牛皮，则皮带的光面会出现小气泡；若是人造革，就不会有小气泡，这是由于真牛皮上有透气的毛孔。

8.识别皮衣真伪

（1）仔细观察毛孔分布及其形状，天然皮革毛孔多，较深，不易见底。毛孔浅而显垂直的，可能是合成革或修饰面革。

（2）从断面上看，天然皮革的横断纤维层面基本一致，但其表面一层呈塑料薄膜状。

（3）用水滴在皮面上，不吸水为人造皮革，易吸水的则为天然皮革。

9.识别光面皮与反面皮的技巧

光面皮的表面，质地粗细均匀，无皱纹和伤痕，色泽鲜亮；用手指按压皮面，会出现细小均匀的皱纹，放开后可立即消失；手感柔软润滑，且富有弹性。反面皮的表面，绒毛均匀、颜色一致，无明显褶皱和伤痕，手感细软，没有油斑污点。

10.鉴别山羊皮革

山羊皮革表面的纹路是在半圆形弧上排列着 2 ~ 4 个针毛孔，周围有大量的细纹毛孔。

11.鉴别绵羊皮革

毛孔比较细小，且呈扁圆形，一般由几个毛孔一组排成长列，分布得非常均匀。

12.鉴别羊革

羊革革粒面毛孔扁圆，且比较清楚，一般都是几根组成一组，排列成鱼鳞状。

13.鉴别牛革

水牛革和黄牛革均被称为牛革，但也有一定的差别：黄牛革表面上的毛孔呈圆形，比较直地伸进革内，毛孔均匀而紧密，排列很不规则，就像满天的星斗；水牛革表面毛孔比黄牛革的要粗大些，毛孔数比黄牛革要稀少些，其革也比较松弛，没有黄牛革紧致。

14.鉴别马革

马革的表面毛孔呈椭圆形，比黄牛革的毛孔要大些，排列也比较有规律。

15.鉴别猪革

猪革表面的毛孔圆、粗大，比较倾斜地往革内伸。一般毛孔的排列以3根为一组，在革的表面，有很多的小三角形图案。

16.识别人造革和合成革的技巧

它们都是以纺织品或者无纺织来做底板跟合成的树脂结合而成的复合材料，是属于跟天然皮革类似的塑料制品。它们都具有柔软的耐磨性及弹性等特点，应用非常广泛。但是，它们的透气性比较差，从下面仔细地看，没有自然的毛孔。另外，合成革与人造革的耐寒性比较差，若太冷则会发脆、变硬。

17.搓绳法识别驼毛

取小撮驼毛，用手掌搓成绳状，松开后，驼毛会自然散开，若绞在一起则是假货。

18.火烧法识别驼毛

取小撮驼毛，用火烧，真驼毛有臭味，没有臭味的是假货。若用手轻捻灰烬，易碎成粉的是纯驼毛，而有光亮成结的则含有化纤成分。

19.浸水法识别驼毛

将驼毛浸入水中，取出来挤干水分，纯驼毛会自然散开，而假的则成为一团。

20.识别毛线质量的技巧

优质的毛线条干均匀，毛茸整齐，逆向的绒毛少，粗细松紧一致，呈蓬松状；其色泽鲜明纯正，均匀和润；手洗后不串色，且手感干燥蓬松，柔软而有弹性。反之则为劣品。

21.识别全毛织物的技巧

全毛织物的布面平整，色泽均匀，光泽柔和，手感柔软，富有弹性，用手捏料放松后，可自然恢复原状，且布面上没有褶皱。

22.识别羊毛衫质量的技巧

将羊毛衫轻轻摊开，外观条形均匀无断头，色泽和谐无色差，针密无漏针，手感柔软有弹性的为上品；若外观粗糙、光泽灰暗、手感僵硬的则是劣品。

23.识别真伪兔毛衫的技巧

兔毛衫表面的茸毛硬直且有光泽，手感细软柔和，有温暖感。而假兔毛衫表面的茸毛柔软弯曲，手感光滑。另外，用火点燃一根，有臭味的是兔毛，卷曲呈团状的则为假兔毛。

24.手拍鉴别羽绒制品的质量

用手轻轻地拍几下，若有灰尘飞扬，则说明羽绒没有洗干净，或混有杂质在内；若针脚处有粉末漏出来，则说明羽绒内所含灰粉多，质量很差；迅速抓一把，若放松后，恢复其原有的形状，则证明羽绒弹性大，蓬松，质量好。

25.手摸鉴别羽绒制品的质量

用指尖仔细地触摸一下，若布满大头针、火柴梗般的毛片，则说明它的含绒量在30%以下，如果基本上摸不到硬梗的杂物，则证明其含绒量在60%左右，且符合质量的要求。含绒量高的羽绒制品，用手摸上去柔软、舒适，很难摸出硬梗。

26.手揉识别羽绒制品质量

用双手搓揉羽绒制品，若有毛绒钻出，则说明使用的面料防绒不好。用手掂羽绒制品的重量，重量越轻，体积越大的为上品，通常羽绒的体积应该是棉花的2倍以上。

27.用眼看识别羽绒服质量

用眼睛识别其羽绒服的含绒量有多少，辨别是白绒、灰绒还是黑绒，其中以白绒为最佳；同时要看是否有质量标签。认准厂家商标，并看清缝制是否精细，针距是否均匀，面料有无色差，羽毛是否钻绒等。

28.用鼻嗅识别羽绒服质量

用鼻子嗅羽绒制品是否有鸭腥味。一般经过严格消毒的羽绒制品是没有鸭腥味的，若嗅出腥味，则说明羽绒消毒不合格，日后容易霉变出现虫蛀。

29.识别真丝和化纤丝绸

手摸真丝织品时有拉手感觉，而其他化纤品则没有这种感觉。人造丝织品滑爽柔软，棉丝织品较硬而不柔和。用手捏紧丝织品，放开后，其弹性好无折痕。人造丝织品松开后则有明显折痕，且折痕难于恢复原状。锦纶丝绢则虽有折痕，但也能缓缓地恢复原状。

30.识别丝织品

在织品边缘处抽出几根纤维，用舌头将其润湿，若在润湿处容易拉断，则说明是人造丝，反之是真丝。大部分纤维在干湿状态下强度都很好，容易拉断则是涤纶丝或锦纶丝。

31.识别蚕丝织品

蚕丝外表有丝胶保护且耐摩擦，干燥的蚕丝织品在相互摩擦时，通常会发出鸣声，俗称丝鸣或绢鸣，若无声响，则说明是化纤蚕丝。

32.辨丝棉

用火柴将它烧一下，若起粘胶状，则为纤维丝；若无气味，且烧成了黑色，则是棉花；若有皮毛的气味，烧完后呈黑色，一捻就像沙土一样，则是丝棉。

33.识别纤维织物

人造纤维又分为粘纤和富纤两类，其面料光泽较暗，色泽不匀，反光也较差，手感滑爽柔软，攥紧放开后，一般会有褶皱现象。

合成纤维一般有涤纶、锦纶、腈纶等制品，另有棉、毛混纺织品，其面料色彩鲜艳，光泽明亮，手感爽滑，攥紧放开后，褶皱能恢复。

34.识别呢绒布料

将呢绒布料用手一把抓紧后再放开，若能立即弹开，并恢复其原状，则表明质量佳；若放开后，稍稍有皱，而在比较短的时间内又能自己慢慢恢复原状者，其质量也可以；用手轻轻地搓一搓呢料，若短纤维脱落少，料面不起毛，则说明质量好；在较强的灯光下或者日光下照着看，若光彩柔和、色泽均匀、表面平坦、疵点疙瘩比较少，则说明质量好。

35.用燃烧法鉴别麻织物

若燃烧快，产生蓝烟及黄色的火焰，灰烬少，草灰呈末状，有烧草的气味，呈灰色或者浅灰色，则为麻。

36.用燃烧法鉴别棉织物

很容易燃烧，且有烧纸的气味，燃烧以后，能保持着原来的线形，手一接触灰就分散。

37.用燃烧法鉴别丝织物

燃烧的时候，比较慢；会缩成一团；有烧毛发的臭味；化为灰烬后，呈黑褐色的小球状，用手指轻轻地一捻即碎。

38.用燃烧法鉴别羊毛织物

当把织物接近火焰的时候，若先卷缩成黑色的、膨胀且容易碎的颗粒，有烧毛发的臭味，即为羊毛织物。

39.用燃烧法鉴别醋脂纤维织物

燃烧的时候，非常缓慢，熔化后离开火焰，有刺鼻的醋味，一边燃烧一边熔化；灰是黑色的，呈块状，有光泽，用手指一捏，即碎。

40.识别衣料质量的技巧

（1）一般毛料不应有油味，化纤面料不应有药味。

（2）看衣料的布边及织法是否整齐。

（3）质量较好的织物，其纵横纹路应呈垂直交叉。

（4）将衣料对光，可清楚地看清线结的多少及有没有脱线处。

41.识别冬裙面料

秋冬季节的裙装摸上去要厚实，穿上去

要温暖。一般采用羊毛呢、花呢、纯毛、混纺织物、纤维织物、皮革等面料制作而成。纯毛质地的面料看起来很薄，但保暖性能好，质地较好的面料不易产生"死"褶。羊毛呢和花呢质地偏硬，保暖性很好，不易起皱。皮革面料的裙装，保暖性较好，但易变形。

42.鉴别真皮鞋质料

（1）真的皮革一按下去，它的纹路会很细，很轻巧，且成平行状；若是假的皮革，其纹路粗糙且不规则，成交叉状，皮质也比较硬，且没有弹性。

（2）用手轻轻地按一下鞋面，若起了小细纹，而且手指一放开，细纹马上就消失，则表示其弹性好。

（二）服饰选购

1.选购丝绸衣料

在选购丝绸衣料的时候，可以通过看、摸的方法来鉴别：真丝面料的手感非常柔软，揉之有丝鸣声，富有弹性；光泽不刺眼，用手紧握后再放开，其褶皱少且不显。

2.选成品服装

（1）在试穿成品上衣的时候，要交叉抱住胳膊，并伸展胳膊看看，若胳肢窝到背上不宽裕，则容易变形。袖大、领窝、肩宽等不好改，买的时候要特别小心。

（2）在试穿成品西裤的时候，要先坐到椅子上，再站起来，检查一下，看有没有拘束的感觉，检查一下腰围的尺寸是否瘦小。

3.检查服装质量

在购买的时候，一定要检查一下缝合处及其他的一些细节，如：缝合处跟布边的处理是否细致，不容易绽线；格子或条纹是否缝合得好；扣眼的大小是否一致；拉链拉上拉下的时候，是否会夹衣服；口袋的缝合处是否良好及大小是否适宜等等。

4.试服装有诀窍

（1）在试穿衣服的时候，最好穿着它多

走动走动，站、坐、蹲都试试，看看感觉如何，行动是否方便。

（2）要注意衣服尺寸，即使看起来可以穿也要先试一下，因为只看规格是不准的。在试穿衣服的时候要查看侧面和前面整体的效果；为了达到最好的效果，应穿着样式简单，没什么复杂修饰的内衣；珠宝首饰也不宜多戴；穿上跟这套衣服比较搭配的鞋子。

5.服装腰围确定法

一般人的腰围，在吃饭的前后大概可以相差3厘米，因此，若在饭后买裤子，则应缩短约1厘米，而在饭前买裤子的时候，应加大1厘米。这样选购的裤子腰围才合体。

6.选购皮装注意事项

购买皮装时，应首先确认商标、生产厂家、样式、颜色、大小，然后再看是否为真皮，皮装正身及袖片各部位的皮面粗细是否接近，颜色是否均匀一致，有无明显伤残、脱色、掉浆等问题。最后看做工、缝制是否精细，针码大小是否均匀一致，通常质量好的皮革服装，手感丰满柔软、有弹性，表面滑爽、有丝绸感，线缝正直，接缝平整，领兜、拉锁也对称平展且自然。

7.皮革服装的挑选

（1）皮料厚薄均匀，表面光滑，色泽明亮柔和，皮纹细致清晰，皮质丰满柔软，手感爽滑而富有弹性，则表明质量好，反之，则不好。

（2）外观无褶皱、歪斜，缝制挺括服帖，特别是斜插袋或者贴袋的位置对称，缝制的嵌线、线脚均匀一致，做工质量较好，自然平整。

8.选购夹克衫的技巧

（1）款式、颜色：体形比较胖的适合选择一件冷色调的夹克衫，若身材较小且颈部比较长的，可选择暖色调、立领的夹克。

（2）尺寸：根据人体来选择夹克的长短，以双手自然下垂，手腕所及的地方为佳。在试衣的时候，背宽要适宜，胸部要略宽，向前伸手的时候，没有拘束的感觉为好。

（3）质量：衣服的接缝不应有跳线、起皱等现象，要平整，扣子拉链要完好无损。

9.选购羊绒制品的技巧

选购羊绒制品时，应从国家认定质量稳定的厂家购买，而且还要认真查看是否标有羊绒含量的标识。据国家有关规定，挂纯羊绒标志的产品，其羊绒含量须在 95% 以上。羊绒正品做工精细，手感柔滑，纹路清晰，条干均匀；用手握紧后松开，能自然弹回原状。挑选时还应看是否经过防缩加工处理，若厂家已经过防缩处理，则不应挑选规格尺寸过大的产品，以免穿着时影响造型。

10.看尺寸选绒线衫

应选择大 5 ~ 10 厘米为宜，但是也不要太大。

11.购绒线衫看用途

若是春、秋天的内衣，应选购全毛开司米或者全毛细绒的；若是外衣，则适合选用羊、兔毛或者腈纶开司米、腈纶细绒的。若是冬天的内衣，宜选用中粗绒、全毛细绒的；外衣则宜选用混纺、全毛、腈纶、粗绒开衫。

12.选购牛仔裤的技巧

在选购牛仔裤的时候，要检查一下门襟上的拉链是否吻合妥帖、开脱灵活，臀部两只贴袋上下、左右的位置是否对称，裤裆上的轧线是否结实。还要仔细检查线脚是否整齐，有没有跳针和断线等。同时，一定要注意臀围的尺寸和准确性。

13.根据试穿效果选购西服

试穿时，可将全部的扣子扣上，看肩膀是否吻合，然后将双臂抬起、放下，弯弯手肘看会不会出现褶皱紧绷的感觉。若背中太紧，或线绷着、太松都不行。通常西服的上衣都有 1 ~ 2 寸的修改余地，因此西服上衣的长度如果长得不多，还是可以购买的。

14.选购女性西服面料

对于年轻的少女，应选购化纤、条绒、亚麻料的西服，色彩以活泼为主，其面料不一定要选购十分高档的，太高档的质地会限制行动。成熟的女性以及有身份的女性可选择羊绒、羊毛、高档化纤等高档的面料作为西装的衣料。

15.选购男性西装面料

男性西装的面料以毛涤面料为好，其料挺括、结实、保型性强，价钱也便宜。一般高级男西装的衣服里面都有一层合衬。在选购时，可用手攥一下衣料，若感到衣服挺而不硬、不僵，弹性大为好。若用手摸上去毛感强，则说明衣料质量较好。检查衣前襟，没有"两张皮"现象说明合衬质量较好。质地低劣的合衬虽能使衣服挺括，但手攥上去会发硬、发僵。

16.选购胖人衣物的技巧

体型较胖的男士，一般都有脖颈粗短的感觉。因而，选用低颈"V"形的服装更好些。胖人的服装不宜太"花"，宜选购色泽暗淡的衣料。上身肥胖体型的女士，宜选用挺直的上衣服装或采用小袖和中心开襟的连衣装，避免选用蓬松的袖子、圆形宽大的翻领服装，以大"V"字形、无肩、适当的袒胸露背为好。

17.选购瘦人衣物

体型偏瘦的女性，通常适宜穿高领的上衣，颜色宜选暖色调为主，可在袖口、胸部点缀花边，也可配上一条腰带，便可显得苗条有气质。

18.选身材丰满者的服装

身材丰满者，应避免选购过于宽松的款式，最好选购以塑形合体的服装为宜。上衣应选择尖型领口或长过臀部的款式；若有微凸的发胖肚子，应选用深色系列服装来搭配。

19.选臀部宽者的服装

臀部宽的朋友，可选购长衫、宽松的长外衣和长风衣，切忌强调臀部的曲线。女士要避免选择短上衣、瘦腿裤。最好选购其长度能隐藏臀部的上衣，而形成长而完整的线条。

20.选高男士的服装

瘦高型的人，最好选大宽格的西服，买双排扣的西服款式，这类衣服纽扣的位置较低，穿上后可显得身体不那么单薄。颜色应避免过深，以浅色系为主；高胖型的人，最好选择单排扣，宽松式，颜色以黑色、藏青色为主，如果选择带花纹、条纹、格子等西服，最好别太醒目。

21.选矮男士的服装

矮胖型的男士选购套装时，最好色彩不要太过鲜艳；矮瘦型的男士适合穿收腰的上衣，避免上衣的长度盖住臀部，颜色以浅灰色、亮色为好。

22.选购身材高大女性的服装

身材比较高大的女性在选购服装的时候，宜选择粗条纹或者深色的衣服，这样可显得个子不太高大。

23.选购身材瘦小女性的服装

可选购柔软、富有弹性的柞蚕纱、乔其纱等。其颜色以显得富足或者清淡的为好。

24.选购腿短女性的服装

腿短的人，个子往往比较矮，此类女性在选购的时候，避免细、碎、小的图案，颜色宜选择明快而活泼的。应以短上衣搭配背心裙，来修正腿部的长度，最好不要选购裤装，且避免选用高腰设计款式。

25.选腿粗女性的服装

腿粗的女性，尽量避免选购瘦窄的裤子或短裙，以免暴露缺点。长裙、肥腿裤加上高跟鞋，可使腿显得修长。

26.选择体型较胖女性的裙装

在选购的时候，可挑选整的裙装，不宜穿有褶皱的宽大缺口裙。

27.选购肩窄女性的裙装

对于肩部比较窄或者溜肩体型的女性，在选购裙装的时候，宜穿一字领、将肩带过

的裙装，不能穿连袖或者无袖的连衣裙。

28.选购臀部较大女性的裙装

在选购臀部比较大的女性的裙装时，可选择喇叭裙，不宜选择紧身的裙装。

29.选择腿短女性的裙装

对于那些腰比较低、腿比较短的女性，在选择裙装的时候，宜选高腰的裙装，或者系上一条比腰围部位都高的腰带，同时，要穿上高跟鞋，不宜穿断腰裙或者短中腰裙。

30.选择小腿较粗女性的裙子

在选购的时候，不宜选择短裙或者普通长度的裙子，以免暴露缺陷。可穿长裙来掩盖粗腿。

31.鉴选保暖内衣

首先应看保暖内衣的保暖率。一般保暖率都在 60% 左右。保暖率跟克罗值也有关，一般是克罗值越高，其保暖率越好。

其次是透气率。其透气率与保暖率往往成反比，有些品牌中加了 1 ~ 2 层塑料薄膜，保暖率很好，但透气率就差一些。

再次是弹性。有些保暖内衣，穿上后身体好像被紧箍似的，四肢伸展不开，原因是这些保暖内衣的保暖层没有弹性。

32.看面料选保暖内衣

优质保暖内衣的中间保温层是使用超细纤维织造的，成衣柔软又有良好的保暖性能，用手揉捏时，手感柔顺、且无异物感。一件内衣面料的好坏，是影响穿着舒适度的关键。通常选购质地柔软、透气性强、光泽度好、洗涤后不起球、不断丝、不抽丝的为好。

33.听声音选保暖内衣

老式的保暖内衣中加了一层超薄的热熔膜（俗称 PVC 塑料膜），以此来增强抗风能力，这种产品穿着时易发出"沙沙"响声，且透气性不好，易起静电；而新一代的保暖内衣取代了热熔膜，用手轻轻抖动或用手轻搓，则听不到"沙沙"的响声。

34.选购内衣织物

因为内衣直接与人体接触，若选购不当，则对皮肤会有不良的刺激。选购内衣要选轻薄类织物，手感要柔软，织物的吸湿和放湿性能要好，还要耐摩擦、耐洗涤、耐日晒等。因此，选择以棉、羊毛和丝为原料的平纹或斜纹织物为好。其中棉织物应用最广，丝织物是较为理想的，除符合上述要求外，其纤维的导热系数小，与皮肤接触时，也不易产生寒冷的感觉。

35.选购汗衫、背心

汗衫、背心，按其原料可以分为：纯棉织品、纯棉混纺品、人造丝织品等。购买汗衫、背心时，可以根据自己的要求选购，但要注意掌握尺寸。一般来说，汗衫的尺寸应比自己的身材尺寸大一号。

36.选购泳衣款式的要诀

胸部平坦的女性，宜选择胸部有薄衬或胸部有显眼的横条纹泳衣，避免选购胸部低开的时髦款式，以选择一字领为最佳。

37.怎样根据季节选购服装

材料相同的衣服，衣料比较粗厚的，其导热性要小些，因此，保暖性能会比较好。衣料疏松的要比紧密的透气性好。夏天，适合穿透明度比较高的浅色衣服，以阻隔反射太阳辐射的热；冬天，适合穿透明度比较低的深色衣服，使它能吸收太阳的辐射热，而取得保暖的效果。因此，在选择服装的时候，应是：颜色要夏天浅冬天深，衣料要冬天厚夏天薄。

38.选购夏季服装

在选购夏季服装的时候，应以素雅、轻盈的为好，质料应该薄、轻、爽、软。宜选用麻、纤维等透气性好，且吸湿性比较强的布料。丝绸是最适合的布料，尺寸应稍大、色彩宜浅。

39.选购冬季服装

在选购冬季服装的时候，要以实用性强、保暖性好、既美观又舒适为原则。对于青年人来说，冬装不宜过厚，以免臃肿。青年女性可以选用羽绒服、人造翻毛外衣或者呢绒大衣，款式要求新颖，便可增添风采。中老年人的冬装可选驼绒、丝棉袄裤、羽绒服、皮毛大衣等。

40.选购睡衣

选购时，应遵循易穿、易脱和易洗的原则。睡衣的面料以棉料为好，棉料睡衣柔软、透气性好，可以减少对皮肤的刺激。棉料不同于人造纤维，不会发生过敏和瘙痒等现象。比较理想的睡衣是针织睡衣，因为这种睡衣既轻薄柔软，又一定的弹性。所以，这样的衣料贴身穿最舒适。丝绸睡衣虽然柔滑舒适，但不能吸汗。

41.根据季节选购睡衣

在春秋季适合选择针织类睡衣，面料可选用质地比较细腻柔软的、透气性强、手感好的精纺织物，或者天然的纤维织物，如丝织布、缎质绣花面料、纯棉针织布等。冬季睡衣，以保温性强、宽松的套装或睡袍为宜。色彩可用纯度比较高的暖色基调，如粉红、火红、紫红等。睡袍的面料可以质地细密均匀，且具有一定伸缩性、保温性，表面光洁的棉纺织物为好。如棉绒布、毛巾织物或者棉毛混纺物等。

42.选购老年人服装

（1）颜色：宜深重、淡雅，这样可显得健康而稳重。

（2）尺寸：应以宽松、穿脱比较方便为宜，所以上衣的袖笼、袖子要稍大些，裤子的横裆、立裆也要稍宽、稍长些，背心、外衣方便脱穿，裤管不要长过脚面，以防走路的时候踩着裤管，绊倒跌跤。

43.选配男士服饰

男士的服装多为西服、夹克衫和休闲装等 3 大类。服装款式、布料的选择和整体搭配是第一要素，西服的线条以简洁明快为好，给人的感觉是气宇轩昂，干净利索；夹克衫造型多样美观，装饰性强，个性鲜明；休闲装则以线条柔和为宜，可适合各种场合穿着。

44.选购男式 T 恤

春秋雨季是男性喜穿 T 恤的时候，在选购 T 恤的时候，可以先比一比肩宽是否合适，袖口会不会太宽或太紧。T 恤讲究的就是轻松和舒适，所以还是选择较宽松者为佳。在 T 恤的颜色上除了白色、黑色外，还可选购一些色彩鲜艳、设计性强的 T 恤。此外，在路边小摊买的 T 恤，其领口部分比较容易松垮变形，有些转印的图案更可能是一洗就褪色，所以在挑选时先认清自己的需要，最好去专卖店选购适合自己的 T 恤。

45.选购男式夏季服装

在选购男式夏季服装的时候，应以麻织物为主，因为，这种衣服穿起来比较凉快，且它的吸汗性能好，普遍受到大众的喜欢。此外还有穿着舒服、随便的特点。

46.选购孕妇装

选购裙装时，以无褶皱、多斜裁、裤腿紧、裤腰松为原则。选购裤装时，裤腿以松紧度合适为宜，大腿和腰部应该比较宽松，以突起的腰围为准。如果下身配裙装，最好选用类似西服长裙的贴体式长裙，腰部可加背带，裙型尤如倒放的梯形。

47.夏季孕妇选鞋

夏天，孕妇选购防滑底的鞋为好，以免雨天或地面有水时被滑倒。坡型泡沫底凉鞋孕妇不宜穿，因为它虽然弹性好，但其鞋底很滑，容易摔跤。

48.冬季孕妇选鞋

冬天，孕妇最好选购温暖舒适的布棉鞋，布棉鞋的弹性好，适合多种脚型。在怀孕中后期，孕妇的脚容易发生浮肿，脚型也易发生变化。因此，最好选大一号，且宽松的布棉鞋。

49.鉴选童装

（1）检查服装上有无商标和厂名厂址。

（2）了解服装上的洗涤标识、图形符号及说明，并了解洗涤和保养的正确方法与要求。

（3）看服装上有无产品的合格证、产品执行标准编号、产品质量等级及其他标识。

50.选购婴儿装

1 周岁内的婴儿易出汗、爱撒尿。因此，宜选购棉织品的内衣和尿布。

51.选购幼儿装

1 ~ 5 岁幼儿脑袋大、颈脖短，且活泼好动，因此，宜选购尺寸略大些的衣服。为了便于幼儿学会自己穿脱，可选购组合式的服装，开口放在前面为好。

52.选购宝宝外衣

在春秋季节，外衣要选择涤棉混纺、结实、易洗涤且透气性好的衣物；在夏季，应选择浅色调的纯棉制品，基本原则是吸湿性好，且对紫外线有反射作用。宝宝若穿着不适衣物，则会感到闷热、生痱子，甚至发生过敏反应等。

53.选购宝宝内衣

因宝宝的体温调节机能差，新陈代谢快而出汗多，所以应选购透气性好、吸湿性强、保暖性好的纯棉内衣。而且应注意，新买的内衣要在清水中浸泡 1 ~ 2 个小时，以达到清除衣服上化学物质的目的，从而减少对宝宝皮肤的刺激和机械性磨伤。同时，内衣不宜有纽扣、拉链或其他饰物，以免弄伤皮肤。通常情况下，可用布带来代替纽扣。

54.选购领带

（1）在选购的时候，要轻轻地拉拉，如果有点变形，则说明裁剪不当，不宜购买。

（2）当你看到比较合意的领带时，要马上把它买下来，否则有可能再看第二眼的时候，会举棋不定，犹疑不决。

（3）肤色较黑的适合选用浅色的领带，而肤色较白的可选择色彩艳丽或者深色的领带。

（4）身体肥胖者适合选用格子花纹的领带。

（5）年轻人适合选用套色或者浅色，且

色泽比较明快的领带；中年人适合选用小花型或者深色的领带，显得大方而庄重。

（6）选用领带的时候，还要注意同衬衫、西装的颜色相配，使西装、领带和衬衫共同构成立体感比较强的套装。穿白色衬衫、素色西装宜用格子、条纹、素色、圆点和抽象花的领带；穿条纹衬衫可选用格子领带；穿格子衬衫可选用素色的领带。

（7）在参加喜庆的宴会时，要选用亮色调或者红色的领带；在庄严肃穆的场合里，要选用黑色或者深色的领带。

55.选购围巾

在选购围巾时要考虑你所要搭配的衣服。如果衣服较厚时，最好搭配用钩针或拉毛工艺编织的羊毛或腈纶大围巾；假如衣服较薄时，最好搭配真丝材质的尼龙绸围巾或纱巾。在颜色的搭配上一定以协调为基本。如鲜艳的围巾可以用来搭配深色的服装；素雅的围巾则可以用以搭配浅色的服装；纯白色的围巾易配藏青色服装。

56.选购帽子

选购帽子时不但要注意大小是否合适、质量是否合格，还要注意搭配服装，及其他服饰的颜色和风格，适合于什么场合、年龄、发型、脸型及身材等。

帽沿下拉的宽边帽子适合长脸型及个高的，有边的或高顶的帽子适合宽脸型及个矮的，过分装饰的深色帽不适合年长的，另外如果头发短最好选能将头发遮住的帽子。

57.选手套

在选购手套的时候，要注意是否有衬里，且看看衬里的夹层质地怎么样。手套尺码大小要适宜，在戴的时候，五指的活动要自如，脱的时候方便即可。

58.选腰带

（1）在选购腰带的时候，要配合自己的身型，才能有相得益彰的效果。腰肢比较细小的，适合戴任何类型的腰带。若你的腰稍有点粗，适合戴细皮带，皮面的颜色要跟上

身衣服的颜色接近。

（2）夏季应该选择细窄而精巧的腰带，冬天则适合选择宽大些的腰带。

59.选袜子种类

棉纱袜子柔软而舒适，且价格也比较便宜，其缺点是湿透后不容易干，洗多了还容易缩水、走样。羊毛袜子的透气性能好，就算湿，也还能够保暖，其缺点是越洗越薄。丙烯酸纤维袜具有吸汗的功能，且湿后干得很快，始终柔软而舒适，其缺点是很厚，且价格比较贵。聚丙烯纤维袜子舒服、轻薄、吸汗、耐穿，其缺点是遇到高温的时候容易缩水、走样，沾染上臭味后不容易除掉。

60.选袜子尺寸

在选购袜子的时候，其尺寸可用自己的拳头来量，一般情况下，每个人拳头周长即是自己袜子的尺码大小，其方法是：自然地将一只手握拳，另一只手将袜子脚掌的部分沿着拳头绕一周，如果长度跟拳头的周长相符后，则为合适。

61.选购丝袜

在选购丝袜的时候，要注意购买的丝袜，一定要跟自己已有服装的颜色相配，一次最少要买两双以上的同样的丝袜，若原来的那只破了，还可以用另外一只来替补。

62.选用长筒薄丝袜

丝袜的长度要比裙摆的边缘高，而且要留有足够大的余地，不管是穿迷你裙还是开叉大的直筒裙，都可选用连裤袜。对于那些身材高挑、脚踝细的女性来说，适合选用浅色的丝袜，这样可以显得腿部丰满些。腿部比较粗壮的女性应该选择深颜色的丝袜，最好是直条纹的，腿部可显得苗条。肥胖的人适合选择颜色较浅的肉色丝袜。腿比较短的女性最好选深颜色的裙子和与之搭配的袜子、高跟鞋。还有穿一套黑色衣服时最好选择透明度高的丝袜，穿套裙时穿素颜色的丝袜比较协调，那些静脉曲张的女性不适合穿

透明的丝袜，避免露出缺陷。

63.识别鞋子型号

鞋子的"号"表示长度，如 27 号鞋子，即适合脚长 27±0.2 厘米的人穿着。鞋子的"型"表示肥瘦。分 1～5 型，1 型最瘦，5 型最肥。

64.买皮鞋选鞋型

在选购皮鞋的时候，一定要确定好自己所选定皮鞋的鞋型和尺码，目前统一的是：1 型是最瘦的，3 型比较适中，4 型稍稍有点宽肥，5 型是最肥的。

65.根据脚型选鞋

那些脚背上凸者，适合选用 V 形开口或者开口比较大的鞋，这样，能修饰上凸的脚背。若穿旅游鞋或者运动鞋，其效果会更好。脚掌比较肥大的适合选用深色的中跟鞋，或者圆头、方头、稍圆的稚头鞋，这样，可以使肥胖的脚显得修长些。

66.下午买鞋好

选购鞋是否舒服跟选购鞋的时间有很大的关系，选购鞋的最佳时间是下午 3～6 点。因为人们经过一天的劳累和工作，由于血液循环，下肢在不同程度上都会出现轻度的浮肿，若在这个时间来选购鞋，只要穿着舒服，以后就不会再挤脚了。

67.选购凉鞋

在选择凉鞋的样式时要根据自己的脚型来选择不同的凉鞋，以遮盖自己的缺点为标准。例如：尖瘦型的凉鞋不适合脚肥的人穿着。穿凉鞋尽量要光脚，这样显露足部的天然美，但是在穿之前要对脚做一次彻底的清洁，特别是趾甲两侧的缝隙。

68.挑选皮鞋

（1）在皮鞋的表面，没有明暗的伤痕，整个鞋帮的色泽鲜艳，没有掉浆、裂面、脱色等情况。鞋底的表面要光亮，没有伤痕、裂面，槽口要整齐，没有露线、破裂和底心发软的缺点。

（2）两只鞋的宽度、长度完全相等，

前帮的长短及后帮的高矮要适合自己的脚型。鞋底、鞋帮平整，没有歪斜、变形的现象。

69.选购皮靴

在选购皮靴的时候，首先，要注意一下皮筒子角度是否得当，可先将靴子放在一个平面上，将其放平，然后观察一下筒子的中心跟穿面是否垂直。皮靴的筒子要稍厚实、柔软些，不可僵硬，其大小也要适当，能将脚包住即可。其次，拉链的质量也是非常重要的。

70.选购旅游鞋

（1）要看看鞋的外观是否雅致大方、做工是否精细。

（2）要看看鞋底是否舒适柔软、平稳牢固及耐磨性如何。

（3）看鞋里面的里子是否柔软而平滑。

（4）看鞋的透气性是否良好。

旅游鞋面一般以软皮质及帆布为好。

71.选购冬季鞋

在选购冬季鞋的时候，其脚跟的高度不能超过 3 厘米，矮跟的冬季鞋，可使步伐有弹性而稳定，能减少行走时的疲劳感。若鞋子过大，则走路会不便；过小，危害会更大。

72.选购儿童鞋

（1）高帮的皮鞋有单高帮、镂空凉高帮及棉高帮之分。这类鞋的保护功能特别好，非常适合年龄比较小的孩子穿。

（2）当孩子上幼儿园、托儿所时，因为需要独立活动，系带的鞋会因为带松脱而带来麻烦，此时，如果能选购横带式、丁字式或者松紧式的童鞋，既没有系带的麻烦，穿着也非常自如。

（3）很多家长以为孩子的脚长得快，在购买的时候往往都会挑那些大的来买。其实，过大的鞋穿着不跟脚，且很费劲，走路的时候容易绊脚。所以在买的时候，以在后跟处插入一根食指为宜。

❈ 二、食品 ❈

（一）米面油料

1.大米质量辨别

优质的大米颗粒整齐，富有光泽，比较干燥，无米虫，无沙粒，米灰极少，碎米极少，闻之有股清香味，无霉变味。质量差的大米，颜色发暗，碎米多，米灰重，潮湿而有霉味。

2.选大米看颜色

首先看新米色泽是否呈透明玉色状，未熟的新米可见青色；再看新米胚芽部位的颜色是否呈乳黄色或白色，陈米一般呈咖啡色或颜色较深。其次新米熟后会有股非常浓的清香味，而新轧的陈谷米香味会很少。

3.选大米看水分

新米含水量较高、齿间留香、口感较软；陈米则含水量较低，口感较硬。在市场、超市、便利商店购买袋装米时，要留意其包装袋上是否标有生产日期、企业名称及产地等信息。

4.鉴别面粉质量的一般方法

面粉是由小麦磨制烘干而成的。分为标准粉、富强粉和强力粉 3 种。优质面粉有面香味，颜色纯白，干燥不结块和团；劣质面粉水分重、发霉、结团块，有恶酸败味，不能食用。

5.从含水量鉴面粉质量

标准质量的面粉，其流散性好，不易变质。当用手抓面粉时，面粉从手缝中流出，松手后不成团。若水分过大，面粉则易结块或变质。含水量正常的面粉，手捏有滑爽感，

轻拍面粉即飞扬。受潮含水多的面粉，捏而有形，不易散，且内部有发热感，容易发霉结块。

6.观颜色鉴面粉质量

标准质量的面粉，一般呈乳白色或微黄色。若面粉是雪白色或发青，则说明该产品含有化学成分或有添加剂；面粉颜色越浅，则表明加工精度超高，但其维生素含量也越低。若贮藏时间长了或受潮了，面粉颜色就会加深。

7.看新鲜度鉴面粉质量

新鲜的面粉有正常的气味，其颜色较淡且清。如有腐败味、霉味、颜色发暗、发黑或结块的现象，则说明面粉储存时间过长或已经变质。

8.看精度鉴面粉质量

标准质量的面粉，手感细而不腻，颗粒均匀，既不破坏小麦的内部组织结构又能保持其固有的营养成分。

9.闻气味鉴面粉质量

面粉要保持其自然浓郁的麦香味，若面粉淡而无味或有化学药品的味道，则说明其中含有超标的添加剂或化学合成的添加剂。若面粉有异味，则可能变质了或添加了变质面粉。

10.色拉油质量鉴别的方法

抽查桶底油，沉淀物不超过 5% 的为优质油。在亮处观察无色透明容器中的油，保持原有色泽的为好油。在手心蘸一点油，搓后嗅气味，如有刺激性异味，则表明其质量差。在锅内加热至 150℃ 左右，冷却后将油

倒出，看是否有沉淀现象。有沉淀则表明其含有杂质。

11.看颜色鉴色拉油

将洁净干燥的细小玻璃管插入油中，用拇指堵好上口，慢慢抽起，其中的油如呈乳白色，则油中有水，乳色越浓，水分越多。

12.品味道鉴色拉油

直接品尝少量油，如感觉有酸、苦、辣或焦味，则表明其质量差。

13.花生油的识别

花生油是从花生仁中提取的油脂，一般呈淡黄色或橙黄色，色泽清亮透明。花生油沫头呈白色，大花泡，具有花生油固有的气味和滋味。

14.菜子油的识别

菜子油是从菜子中提取的油脂，习惯称为菜油。一般生菜子油呈金黄色，沫头发黄稍带绿色，花泡向阳时有彩色；具有菜子油固有的气味，尝之香中带辣。

15.大豆油的识别

大豆油是从大豆中提取的油脂，亦称豆油。一般呈黄色或棕色，豆油沫头发白，花泡完整，豆腥味大，口尝有涩味。

16.棉子油的识别

棉子油是从棉子中精炼提取的油脂，一般呈橙黄色或棕色，沫头发黄，小碎花泡，口尝无味。

17.葵花子油的识别

葵花子油是从向日葵子中提取的油脂，油质清亮，呈淡黄色或者黄色，气味芬芳，滋味纯正。

18.香油的鉴别

纯正的小磨香油呈红铜色，且香味扑鼻，若小磨香油掺猪油，可用加热方法来辨别，一般加热后就会发白；若掺棉子油，则加热后会溢锅；若掺菜子油，则颜色发青；若掺冬瓜汤、米汤，其颜色会发浑，而且有沉淀物。

19.闻香识香油

纯正香油的制作过程中能保留其浓郁而纯正的芝麻香味，且香味持久。纯正香油的香味是区别于普通芝麻油的本质特征，但到目前为止，因为这种香味通过感官即可识别出，尚无定量的标准。

20.植物油质量鉴别

植物油水分、杂质少；透明度高，表示精炼程度和含磷脂除去程度高，质量好。豆油和麻油呈深黄色，菜油黄中带绿或金黄色，花生油呈浅黄色或浅橙色，棉子油呈淡黄色，都表明油质纯正。将油抹在掌心搓后闻气味，应具有各自的气味而无异味。取油入口具有其本身的口味，而不应有苦、涩、臭等异味。

21.精炼油质量鉴别

精炼油是指经过炼制的油，其气味清香，不会有焦苦味。当在15℃~20℃时，其颜色为白色、且为软膏状。加热融化后无杂质，并呈透亮的淡黄色。

22.看透明度鉴油脂质量

可通过油脂的透明度来鉴别油脂的精炼程度。先将油脂搅浑，倒入一个玻璃杯中，静置24小时，若透明不浑浊、无悬浮物为好；反之则较差。

23.鉴别淀粉质量

质量好的淀粉洁白、有光泽、干燥、无杂质、细腻、松散；若颜色呈灰白、粉红色，粉粒不匀，有杂质，成把紧紧捏住，不外泄，且松手后不易散开，则说明质量比较次。

24.鉴别真假淀粉

把淀粉放入手中搓捻，若有光滑、细腻的感觉，或者有吱吱的响声，则为好的淀粉。掺了假的淀粉手感非常粗糙，响声小或者无声。好的淀粉一旦溶入清水中，会很快沉淀，且水色清澈；掺了假的淀粉，水会变浑浊且有其他的悬浮物。

25.闻味道鉴别酱油质量

质量好的酱油，闻时有轻微的酱香及脂

香味，没有其他异味。若酱油有霉味或焦味，说明酱油已发霉不能食用。

26.看颜色鉴别酱油质量

质量好的酱油，色泽红润，呈红褐色或棕褐色，澄清时不浑，没有沉淀物。用质量好的酱油烹调出的菜肴色泽红润，气味芳香。当然，酱油的颜色不是越深越好，颜色深到一定程度，酱油中的营养成分也就所剩无几了。

27.巧辨酱油质量

以瓶装酱油为例，将瓶子倒竖，视瓶底是否留有沉淀，再将其竖正摇晃，看瓶子壁是否留有杂物，瓶中液体是否浑浊，是否有悬浮物。优质酱油应澄清透明，无沉淀，无霉花浮膜。同时摇晃瓶子，观察酱油沿瓶壁流下的速度快慢。优质酱油因黏稠度较大，浓度较高，因此流动稍慢，劣质酱油则相反。

28.识酱油的品种

调味汁、酱汁与酱油并不是一回事，也并不是所有的酱油都可以用来炒菜或凉拌。酱油的用途有烹调和佐餐之分，因为二者在发酵中工艺不同，卫生指标也不同，所以不能互相替代。

29.食醋质量鉴别

质量高的食醋其酸味纯正，且芳香无异味；好醋酸味柔和，稍有甜味，无刺激感；米醋呈黑紫色或红棕色，浓度适当，没有悬浮物、沉淀物。从出厂日起，瓶装醋在3个月内、散装醋在1个月内不应捞出霉花浮膜。

30.辨别米醋

米醋是用发酵成熟了的白醋坯过滤而成的一种食醋，色泽黄褐，具有芳香味，能使菜肴更鲜。目前著名的品种有玫瑰醋、鲜醋、米醋等。米醋适合在烹调菜肴的时候使用，也可以用来做蘸食。

31.辨别熏醋

熏醋用发酵成熟了的白醋坯经过高温后所熏制而成的熏坯，加大料、花椒或者糖，再经过加工，即可成熏醋，颜色呈深棕色，发黑，又叫黑醋。具有特殊熏制的风味。

32.辨别糖醋

糖醋是用饴糖加水和碘，封缸后再用高温所发酵而成的澄清、透明的液体，又叫白醋。糖醋最容易长白膜，另外它的酸味比较单调，缺乏香气，因此，也就不如熏醋、米醋鲜美。

33.鉴别豆酱

豆酱一般可以分为蚕豆酱和大豆酱。大豆酱又称为黄酱、黄豆酱、大酱，根据所含水量的不同可以分为稀黄酱和干黄酱。其色泽应是棕褐色或红褐色，鲜艳而有光泽；有酱香和酱香气；味鲜而醇厚，咸淡适中，无咸、苦、酸味及其他异味；不稀不干，黏稠适度；无杂质，无霉花。

34.鉴别面酱

面酱是用食盐、面粉、水为原料所制成的，由于它咸中带甜，因此，被称为甜酱或甜面酱。呈金红色，有光泽，有甜香味，咸味适口，呈比较厚的糊状。

35.鉴别豆瓣酱

质量好的豆瓣酱呈棕红色，油润而有光泽；有脂香和酱香；酥软化渣，味鲜且甜，略有香油味及辣味；面有油层，呈酱状，瓣粒成形，间有瓣粒。

36.选购盐

纯净的食盐洁白而有光泽，色泽均匀，晶体正常有咸味。若带有些苦涩味，则说明铁、钙等水溶性的杂质太多，品质不良，不要食用。另外，盐里面的碘容易挥发，因此，一次不要买得太多。

37.鉴别胡椒粉

将胡椒粉装进瓶里，然后用力摇几下，如果松软如尘土，则说明质量是好的。若一经摇晃，即变成了小块块，则不宜购买。

38.鉴别味精优劣

优质味精颗粒形状一致，颗粒之间呈散

粒状态，色洁白而有光泽，稀释到 1：100 的比例时，口尝仍然感到有鲜味；劣质味精粒的形状不一，颜色发黄发黑，甚至有些颗粒成团结块，当稀释到 1：100 的比例后，只能感到咸味、甜味或苦味而无鲜味。

39.手摸鉴别掺假味精

真的味精手感柔软，没有粒状物触感；而假的味精摸上去会感觉很粗糙，且有明显的颗粒感。若含有小苏打、生粉，则会感觉过分地滑腻。

40.口尝鉴别掺假味精

真的味精有强烈的鲜味，若咸味大过鲜味，则表明掺入了食盐；若有苦味，则表示掺入了硫酸镁；若有甜味，则表示掺入了白砂糖；若难以溶化且有冷滑、黏糊的感觉，则表明掺了石膏粉或者木薯粉。

41.鉴别真假大料

假的大料即为莽草子，有毒性，莽草子果瓣的接触面一般呈三角形；果腹面的褶皱比较多；果色比较浅，用舌舔的时候，会有刺激性酸苦味。

42.鉴别桂皮

在选购桂皮的时候，用指甲在它的内面轻轻地刮一下，稍有油质渗出，闻它的时候香气纯正，用牙齿咬它的断面，感觉清香且稍带点甜味，则为上品。同时，用手将它折断，若松脆、容易断，声响比较脆，断面平整，则也为上品。若皮面青灰中透点淡棕色，腹面为棕色，表面有光泽、细纹，片长约为 30～50 厘米，厚薄均匀在 3～5 毫米，即为优良者。

43.鉴别酵母

新鲜的酵母呈红黄色，方块形，不粘手，软硬适度，有酵母的清香味，轻轻一掰，即可断。新鲜的酵母经过存放后，其表面被风干，呈棕色，再风干，即会裂成棕色的碎粒，但仍然可以使用，只是要把用量加大些。若是发臭的酵母，不但闻时有臭味，而且呈灰色、黑色，严重的呈红色，此时不可使用。

（二）鱼肉禽蛋

1.鲜活鱼的选购要点

（1）鲜活的鱼在水中游动自如，对外界刺激敏感，而即将死亡的鱼游动缓慢，对刺激反应迟缓。

（2）鲜活的鱼背直立，不翻背，反之即将死亡的鱼背倾斜，不能直立。

（3）鲜活的鱼经常潜入水底，偶尔出水面换气，然后又迅速进入水中。若是即将死亡的鱼则浮于水面。

（4）鲜活鱼的鳞片无损伤，无脱落，反之则鳞片有脱落现象。

2.嗅鱼鳃鉴新鲜度

鱼鳃部细菌多，容易变质，是识别鱼新鲜与否的重要部位，如无异味或稍有腥味者为鲜鱼；有酸味或腥臭味者为不新鲜。

3.摸鱼肉鉴新鲜度

摸鱼的肉质是否紧密有弹性，按后不能留指印，腹部紧实不留指痕的为新鲜鱼；反之肉质松软，无弹性，按后留有指痕，严重的肉骨分离，腹部留有指痕或有破口的是不新鲜鱼。

4.购冰冻鱼

新鲜冻鱼，其外表鲜艳、鱼体完整，无损害、鳞片整齐、眼球清晰、鳃无异味，肌肉坚实、有弹性。除了具有以上鲜鱼的质量要求外，包装也要完好，鱼体表层无干缩、油烧现象。有破肚、有异味的冰冻鱼不要购买，特别是不新鲜的鲐鱼与鲅鱼，其体内含组氨酸，即使加热后食用也极易中毒。

5.鉴别被污染鱼

被污染的鱼往往在体形、鱼鳍、鱼眼和味道上与新鲜的鱼有明显的区别，所以在购买鱼类时要着重观察这些部位。

被铅污染的鱼体形不整齐，严重的头大尾小，脊椎僵硬无弹性；化肥污染的鱼体表颜色发黄变青，鱼肉呈绿色，鱼鳞脱落，鱼肚膨胀；有的鱼被各种化学物质污染后开始变味，如大蒜味、农药味、煤油味，可以直接闻出来。还有的鱼虽然从外表看来正常，可鱼眼明显突出，浑浊没有光泽，这样的鱼也是被污染过的。

6.选购带鱼的技巧

在选购带鱼时，首先要注意是否新鲜，新鲜的带鱼洁白发亮，体表带有鱼类特有的银膜。而变质的带鱼发黄发黑，摸上去有种黏糊糊的感觉。

7.选购鳝鱼

鳝鱼死后，容易分解出毒物，引起食物中毒。所以，在选购鳝鱼的时候，浑身黏液丰富，头朝上直立，颜色黄褐而发亮，且不停游动的为佳。

8.选购鲜鱼片

新鲜的鱼片透明度很高，鱼片越新鲜，透明度就越高；反之，鱼片变色或者比较干裂的话，则表明不太新鲜。

9.看外形选对虾

新鲜对虾头尾完整，有一定的弯曲度，虾身较挺。不新鲜的对虾，头尾容易脱，不能保持其原有的弯曲度。

10.看颜色选对虾

新鲜对虾皮壳发亮，青白色，即保持原色。不新鲜的对虾，皮壳发暗，颜色变为红色或灰紫色。

11.摸肉质选对虾

新鲜对虾肉质坚实、细嫩。不新鲜的对虾肉质松软。而且，优质对虾的体色依雌雄不同而各异，雌虾微呈褐色和蓝色，雄虾微褐而呈黄色。

12.区分雌雄龙虾

在购买龙虾的时候，很多人都喜欢选雌性的龙虾。分辨雌雄龙虾最好的办法是：若龙虾胸前的第一对爪的末端呈开叉状，则是雌性龙虾；若爪部末端是"单爪"，且呈并列开叉状，则为雄虾。

13.认识虾皮的质量标准

虾皮体长 2 厘米以上，呈黄白色，片大整齐，光泽味美，盐轻身干，体无杂质，头尾不全者不超过 10% 为一级。

虾皮体长 2 厘米以上，总体上看虾片不太整齐，无杂质，色稍暗，盐稍重，头尾不全者不超过 25% 为二级。

虾皮虾片长短不齐，头尾脱掉较多的为三级。

14.鉴螃蟹质量

根据生长环境的不同螃蟹可以分为两种：河蟹和海蟹。雄蟹肉多油多，而雌蟹黄多肥美。优质的河蟹，蟹脚劲大、完整、饱满，其壳呈青绿色，且有光亮。而质量好的海蟹体形完整，蟹脚坚实，颜色为青灰。

15.鉴河蟹质量

农历立秋左右的河蟹饱满肥美，此时是选购的最好时节。死蟹往往含有毒素，建议不要购买。质量好的河蟹甲壳呈青绿色，体形完整，活泼有力。雌蟹黄多肥美，雄蟹则油多肉多，根据其脐部可辨别：雄蟹为尖脐，雌蟹为圆脐。

16.选购海蟹

市场上有的海蟹腿钳残缺松懈，关节挺硬无弹性，稍碰即掉或自行脱落，甚至变腥变丑，这样的海蟹质量太次，不宜食用。而好的海蟹腿钳坚实有力，连接牢固，体形完整。观其脐部可分辨雌雄，圆脐为雌，尖脐为雄。

17.鉴枪蟹质量

枪蟹，也就是市场上常卖的梭子蟹。优质新鲜的枪蟹体形完整，腿钳坚实有力，整体呈紫青色，背部有青白斑点，体重，这样的蟹才是新鲜的。

18.选购青蟹

优质肥美的青蟹一般体重在二三百克左右，肉质紧致，蟹壳锯齿状的顶端完全不透光。有些交配过的大个头雄蟹和刚刚换完壳的青蟹，都消耗了很多体力，肉质疏松，一点也不饱满，所以选购青蟹时要拿起两只掂量掂量，以重者为佳，不能只看个头。青蟹存放的最佳温度是8℃～18℃，温度过高或者过低都会导致很快死亡。保存青蟹时，要放在湿润的阴凉处，并每天浸泡在浓度为18%的盐水中5分钟，这样就能活3～10天。

19.选购海参

优质海参形体粗长，肉厚，腹内没有杂物，如梅花参。而体形瘦小，肉薄，体内有沙等杂质的海参为次品，如搭刀赤参。

梅花参：是一种个头比较大的海参（干品可达200克），把干制品展平，会在其纯黑的腹内发现许多尖刺。

方刺参：因体形为四棱形而得名，在其棱面上长有小刺。虽然方刺参个头较小、颜色土黄，但比梅花参更有食用价值。

灰参：以肉质肥美驰名，其淡水产品尤为出众。但因其咸性很重，易回潮，肉质极糯，不宜长久储存。

白器参：颜色白黄，没有刺，味道一般。

克参：也就是人们常说的乌狗参，黑色无刺，厚硬的表皮和薄肉使其品质较差，不受人们欢迎。

20.选购牡蛎

牡蛎是一种生长在海边石头上的海产品，又被称为海蛎子。个大肥厚，呈浅黄色的，即为优质品；大小不一，潮湿发红的为次品。

21.选新鲜扇贝

新鲜扇贝的肉色雪白而带有半透明状；若不透明但色白，则为不新鲜的扇贝。内脏为红色的是雌体，雄体内脏为白色。

22.选购干贝

好的干贝比较完整且大小均匀，干净耐看，淡淡的黄色中透着光亮，味道腥香微甜。而那些无光泛黄、颗粒参差不齐、松碎的干贝则是次品。如颜色发黑变暗质量就更差了。

23.选购海蜇

海蜇是营养丰富的海产品，其最常见的成品有海蜇头和海蜇皮两种。购买海蜇头时应认准干净鲜嫩、个头较大、颜色呈浅红的，这样的是优品。海蜇皮通常分为3个等级：片大而干净结实，半透明状的是优品；中等片，整体呈白色略有红皮，稍含泥沙的是中品；片小泛黄，多泥沙多红皮的则是质量最差的。

24.选购海带

优质的海带有以下特点：遇水即展，浸水后逐渐变清，没有根须，宽长厚实，颜色如绿玉般润泽；而品质低劣的海带含有大量的杂质，颜色发黄没有光泽，在水中浸泡很长时间才展开或者根本不展开。

25.鉴鱼翅质量

优质的鱼翅干燥、口感干爽淡口。从颜色上辨别则是：黄白色的最佳，灰黄的一般，青的最差。

26.选购蚶

夏季是吃蚶的最佳季节，这时的蚶十分肥厚美味。优质新鲜的蚶壳紧闭，剖切时有血水流出。蚶最肥美的时候是在每年6～9月的产卵期。

27.选购鱼肚

优质鱼肚干净透明，片大挺实均匀，剖切整齐；稍次的鱼肚又小又薄，颜色灰暗无光；腐烂变质的鱼肚则发黑、发臭，不能食用。

28.选购甲鱼

在市场上一定要买活甲鱼，并且杀死即吃，不要存放死甲鱼。因为甲鱼死后易分解毒物，体内含有毒素会引起食物中毒，因此不能选购死甲鱼食用。

29.野味质量的鉴别

看眼睛：新鲜的野味眼睛应突出，眼珠应明亮；不新鲜的眼珠灰白。

观皮毛：新鲜的野味皮毛有光泽，不易拔下；不新鲜的皮上有灰绿色斑点，很容易拔下并带有脂肪。

30.牛肉质量的鉴别

从外表、颜色看，新鲜的牛肉外表干或有风干膜，不粘手，肌肉红色均匀，脂肪洁白或淡黄，有光泽；变质肉外表干燥或粘手，切面发黏，肉色暗淡且无光泽。煮成汤后，新鲜的牛肉汤透明清澄，脂肪聚于表面；变质肉有臭味，肉汤浑浊，有黄色或白色絮状物，脂肪极少浮于表面。

31.辨注水牛肉

注水牛肉因其含水量太多，而使肉色泽变淡，呈淡红带白色，虽然看上去很细嫩，但有少许水珠向外渗水，且用手摸并不黏手。若有以上现象，则表明是注水牛肉。

32.黄牛肉的鉴别技巧

肉颜色棕红或暗红，脂肪为黄色，有光泽，肥瘦不掺杂，容易分离。

33.水牛肉的鉴别技巧

肉棕红，颜色较深，脂肪干燥，肉质比较粗糙。

34.看骨骼辨驼肉与牛肉

驼骨较粗大，若部位相同，驼骨要比牛骨长且粗些。

35.看肉色辨驼肉与牛肉

牛肉一般呈红色，将其放置一段时间以后，其颜色会加重，看起来有粗糙感，脂肪呈淡黄色或者黄色，比较硬。驼肉呈淡红色，就算放置一段时间，其颜色也不会有太大的变化，看起来没有粗糙感，皮下的脂肪层呈润白色，呈堆积状。

36.观肉色选新鲜羊肉

优质的羊肉皮光鲜没有斑点，肉质均匀有光泽，呈鲜红色；不新鲜的羊肉色暗；变质的羊肉色暗无光泽，脂肪呈黄绿色。

37.试手感选新鲜羊肉

新鲜的羊肉质坚而细，有弹性，指压出的凹陷能够马上恢复，肉表面或干或湿都不粘手；不新鲜的羊肉质松，无弹性，干燥或粘手；变质的羊肉粘手。

38.尝味道选新鲜羊肉

新鲜的羊肉无异味；不新鲜的羊肉略有酸味；变质的羊肉有腐败的臭味。

39.不同羊肉的鉴别技巧

常见的羊肉分为绵羊肉和山羊肉两种，新鲜的山羊肉肉色略白，皮肉间脂肪较少，羊肉特有的膻味浓重。新鲜的绵羊肉颜色红润，肌肉比较坚实，在细细的纤维组织中夹杂着少许脂肪，膻味没有山羊肉浓。

40.按烹饪方法选羊肉

不同的烹饪方法需要不同部位的羊肉，这样才能做出更美味的食物。下面就介绍一下几种烹饪方式所需的羊肉。

扒羊肉：应选羊尾、三岔、脖颈、肋条、肉腱子。

涮羊肉：应选三岔、磨裆。

焖羊肉：应选腱子肉、脖颈。

烧羊肉：应选肋条、肉腱子、脖颈、三岔、羊尾。

炒羊肉：应选里脊、外脊、外脊里侧、三岔、磨裆、肉腱子。

炸羊肉：应选外脊、胸口。

41.老羊肉和嫩羊肉的区别

老羊肉肉质粗糙，纹理粗大，颜色较暗，呈深红色；嫩羊肉肉质细嫩，纹理较小，弹性好，颜色淡。

42.变质猪肉的鉴别

变质猪肉没光泽、颜色暗淡，基本上无弹性，切开后有黏液流出。死猪肉的血管存有大量紫红色血液，所以颜色暗红并带有色斑。加热就会散发出很重的腐败气味。

43.看瘦肉鉴别老母猪肉

老母猪肉的瘦肉一般呈暗红色，水分较少，纹路粗乱，而好的猪肉瘦肉一般呈鲜红色，水分较多，纹路清晰，肉质细嫩。

44.用手摸鉴别老母猪肉

用手去摸母猪的肥肉，指头上沾有的脂

肪比较少，不像好的肥肉，会使指头沾有比较多的油脂。

45.看肉皮鉴别老母猪肉

老母猪肉毛孔粗大，皮质厚而粗糙；而好的猪肉，肉质纤维粗而松散。

46.观察法鉴别灌水猪肉

正常的新鲜猪肉其外表呈风干状，瘦肉的组织紧密，且颜色稍稍发乌。而猪肉灌水后，其表面看上去会水淋淋发亮，且瘦肉组织比较松弛，颜色比较淡。

47.手摸鉴别灌水猪肉

用手摸瘦肉，若正常，则会有黏手的感觉，因为猪肉体液有黏性。而灌水猪肉因为把体液冲淡了，所以没有黏性。

48.测试法鉴别灌水猪肉

在瘦肉上贴些烟卷，过一会将其揭下，然后再点燃。若有明火的，则是好肉，反之，则是灌水肉。

49.鉴别死猪肉

死后屠宰的猪肉色暗红，有青紫色斑，血管中有紫红色血液淤积和大量的黑色血栓。其肾脏局部变绿，有腐败气味散出，冬季气温低，嗅不到气味，通过加热烧烤或煮沸，变质的腐败气味就会散发出来。

50.鉴别猪囊虫肉

猪囊虫是钩缘虫的幼虫，呈囊泡状，在猪的瘦肉里和心脏上寄生。猪囊虫会在猪肉上形成带有白色头节的囊泡，小如米粒大。误食猪囊虫肉会使人得病，如绦虫病、囊虫病。

其检验的方法是：将瘦肉用锋利的刀刃迅速割开，然后细心翻检，看它是否有囊泡。另外，看它的肉色是否发红。若肥肉呈粉红色，则要引起注意。

51.鉴别瘟猪肉

瘟猪的全身淋巴结都呈紫色，肾脏贫血色淡，周身甚至脂肪和肌肉都布满鲜红色出血点。经一夜清水浸泡的瘟猪肉外表明显发白，周身的出血点就看不出了，但

这只是表面现象，切开后的猪肉仍然存在明显的出血点。

52.鉴别病猪

从毛皮色泽上鉴别：健康的猪毛根白净，肉皮色白，脂肪颜色为白色；病猪毛根发红，表皮有红色血斑或血点。

从肉质上鉴别：健康猪的肉呈粉红色，有光泽，弹性好，不流液体；病死猪颜色紫红，肉没有弹性，常流出血液，又腥又臭。

从血管存血上鉴别：健康猪血管干净没有积血；病死猪则有很多黑血积在血管中。

53.鉴别冻猪肉

质量好的冻猪肉，脂肪洁白而有光泽，肉色红而均匀，无霉点，有坚实感，肉质紧密，切面及外表微湿润，无异味，不粘手。质量次的冻猪肉，脂肪微黄，缺乏光泽，色呈暗红，有少量霉点；肉质软化或者松弛，外表湿润，稍有酸味或氨味，切面有渗出液，不粘手。

54.按烹饪方法选猪肉

酱：应选猪头肉，该部位骨多肉少。

熘、爆、炒：应选脊肉，该部位最为鲜嫩。

红烧、粉蒸、烤：应选五花肉，该部位肥瘦相间。

炸、煎、炒：应选臀尖肉，该部位肉质细嫩。

卤、拌：应选坐臀肉，该部位肉质较老。

55.鉴别动物肝的质量

新鲜的动物肝坚实有弹性，颜色为紫或褐；质量不好的肝又软又皱，颜色暗淡，没有光泽，有异味。

56.挑选猪肝

（1）看外表：颜色紫红均匀，表面有光泽的是正常的猪肝。

（2）用手触摸：感觉有弹性，无水肿、脓肿、硬块的是正常的猪肝。

另外，有些猪肝的表面有菜籽大小的白点，这是由于一些致病的物质侵袭肌体后，

肌体自我保护的一种现象。割掉白点仍然可以食用。但若白点太多，就不要购买了。

57.鉴别病死猪肝

病死猪肝颜色发紫，剖切后向外溢血，偶尔长有水泡。加热时间短的话，病变细菌不易被杀死，对人体有害。

58.鉴别灌水猪肝

灌水后的猪肝虽然颜色还是红色，但明显发白，外形膨胀，捏扁后可以立即恢复，剖切时向外流水。

59.购买酱肝

在购买的时候，应购买颜色均匀且呈红褐色，光滑有弹性的，切开后，其切面细腻，无异味，无蜂窝。反之，则不能购买。

60.鉴别动物心脏质量

新鲜的心质地坚实，有弹性，内部有新鲜的血液；不新鲜的心则质地松软，没有弹性，并带有黏液，散发异味。

61.鉴别猪心

新鲜的猪心，富有弹性，组织坚实，用手压的时候，会有鲜红的血液流出；若为不新鲜的，则没有这样的现象。

62.鉴别肚质量

新鲜的肚坚实有弹性，呈白色略带浅黄，有光泽，黏液多；不新鲜的肚质地松软没有弹性，呈白色略发青色，没有光泽，黏液少。有病的肚内则长有发硬的小疙瘩。

63.挑选猪肚

先看它的色泽是否正常。然后看猪肚上有没有坏死或者出血的发黑发紫组织，若有比较大的出血面，则表示是病猪肚。最后闻一闻看有没有异味和臭味，如果有，则说明是变质猪肚或者病猪肚，不要购买这种猪肚。

64.鉴别腰子质量

新鲜的腰子柔润光泽，有弹性，呈浅红色；不新鲜的腰子颜色发青，被水泡过后变为白色，质地松软，膨胀无弹性，并发散异味。

65.挑选猪腰

首先看它的表面有没有出血点，若有，则不正常。其次，看它是否比一般的猪腰要厚和大些，若是又厚又大，要仔细观察一下是否肾红肿。其检查的方法是：将猪腰用刀切开，看髓质（红色组织与白色筋丝之间）和皮质是否模糊不清，若是，则是不正常的。

66.挑选猪肠

新鲜的猪肠稍软，呈乳白色，有黏液，略有硬度，湿润度大，无伤斑，无变质异味，无脓色，且不带杂质。若是变色的猪肠，则为草绿色或淡绿色，其硬度会减少，黏糊，且有腐败的臭味。

67.挑选猪肺

正常的猪肺呈淡红色，表面光滑，用手指轻轻地压它，会感觉柔软而有弹性，将它切开后，里面呈淡红色，能喷出气泡。若是变质的肺，颜色为灰白色或者褐色，组织松软而无弹性，有异味。肺上有肿、水肿、结节及脓样块节等也不能食用。

68.购熟香肠

在买熟香肠的时候，要选择肠衣完整，并与内容物紧紧地结合在一块，无霉味，无黏液，脂肪透明呈白色，肉呈红色，没有酸败味或腐臭味的为好；反之，则不宜购买。

69.选购香肠

观外形：质量好的香肠，表面紧而有弹性，切面紧密，色泽均匀，周围和中心一致，肠体干燥有皱瘪状，大小长短适度均匀，肠衣与肉馅紧密相联一体，肠馅结实；劣质的香肠没有弹性，肠衣与肉馅分离。

察颜色：优质香肠瘦肉呈鲜艳玫瑰红且不萎缩，肥肉白而不黄，无灰色斑点；劣质香肠呈灰绿色，切面周围有淡灰色轮环。

辨气味：优质香肠嗅之芳香浓郁，劣质香肠发臭或发酸。

70.鉴别淀粉香肠

掺淀粉的香肠最基本的表现就是外观平滑、硬挺，和瘦肉极为相似。它比正常次品火腿肉质组织稍软,切面尚平整;变质火腿组织松软甚至黏糊。

71.选腊肠

在选购腊肠的时候,首先要看它的颜色,腊肠的肥瘦肉一般以颜色鲜明的为好,若肥肉呈淡黄色,瘦肉色泽发黑,则可能是存放时间太久或者变质;其次,用手去捏一捏,若是干透了的腊肠,不但瘦肉硬,而且其表面会起皱,反之说明腊肠的质量不好;再就是闻味,用刀在腊肠上切一个口,若嗅到的是酸味,则证明腊肠已坏,不宜购买。

72.从气味鉴别火腿质量

优质火腿有火腿特有的香腊味;次品稍有异味;变质火腿有腐败气味或严重酸味。

73.鉴别叉烧肉质量

品质好的叉烧肉肌肉坚实,纹理均匀细腻,颜色酱红,有光泽,肉香纯正。

74.腊肉质量的鉴别

观色泽:质优的精腊肉为鲜红色,肥肉透明;质量差的腊肉精肉呈暗红色,肥肉表面有霉点;质劣的腊肉肥肉呈黄色。

试弹性:质优的腊肉肉质有弹性,指压后痕迹不明显;质次的腊肉肉身稍软,肉质、弹性较差,指压后痕迹能逐渐自然消除;质劣的腊肉肉质无弹性,指压痕迹明显。

辨气味:质优的腊肉无异味;质次的腊肉稍有酸味;质劣的腊肉有酸败味、哈喇味或臭味,有的外表湿润、发黏。

75.鉴别烧烤肉质量

优质烧烤肉颜色微红、脂肪颜色乳白,表面光滑有光泽,肉质坚实均匀,干燥,脆滑,无异臭味。

76.鉴别咸肉质量

(1)观颜色:优质的肉呈鲜红或玫瑰红色,脂肪色白或微红;变质的咸肉颜色呈暗红色或带灰绿色,脂肪呈灰白色或黄色。

(2)察肉质:优质的咸肉肉皮干硬,色苍白、无霉斑及液体浸出,肌肉切面平整,有光泽、结构密而结实,无斑、无虫;变质的咸肉肉皮滑、质地松软,脂肪质似豆腐状。

(3)闻气味:优质的咸肉无异味;变质的咸肉有轻度酸败味,骨周围组织稍有酸味,更为严重的有哈喇味及腐败臭味。

77.选购酱肉

在选购的时候,应挑选颜色鲜艳而有光泽,皮下脂肪呈白色,外形洁净而完整,肌肉有弹性、无残毛、污垢、肿块、淤血或者其他残留的器官,如直肠、食道等。然后,再用刀插到肉里,然后迅速拔出,若闻到刀上有异味,则有可能是变质肉。

78.选购光禽

去毛出售的家禽称为光禽,新鲜的光禽体表干燥而紧缩,有光泽;肌肉坚挺,有弹性,呈玫瑰红色;脂肪呈淡黄色或黄色;口腔干净无斑点,呈淡红色;口腔黏膜呈淡玫瑰色,有光泽、洁净、无异味;眼睛明亮,充满整个眼窝。

变质的光禽皮肤上的毛孔平坦,皮肤松弛,表面湿润发黏,色变暗,常呈污染色或淡紫铜色;肌肉松弛,湿润发黏,色变暗红或发灰;脂肪变成灰色,有时发绿;口腔黏膜呈灰色,带有斑点;眼睛污浊,眼球下陷;整体发散出一股腐败的气味。

79.看放血辨别活禽屠宰与死禽冷宰

若放血良好,切口不平整,则为活禽屠宰;若放血不良,切口平整,则为死禽冷宰。

80.看切面辨别活禽屠宰与死禽冷宰

若切面四周的组织呈鲜红色,且被血液浸润,则为活禽屠宰;若切面四周的组织呈暗红色,且无血液浸润,则为死禽冷宰。

81.看皮肤辨别活禽屠宰与死禽冷宰

若禽类的皮带微红色,干燥紧缩,则为活禽屠宰;若禽类的皮呈暗红色,且有青紫色的死斑,表面粗糙,则为死禽冷宰。

82.看脂肪辨别活禽屠宰与死禽冷宰

若脂肪呈淡黄色或者乳白色,则为活禽

屠宰；若脂肪呈暗红色，且血管里淤存着紫青色的血液，则为死禽冷宰。

83.看肌肉辨别活禽屠宰与死禽冷宰

若切面干燥而有光泽，呈玫瑰红色，肌肉有弹性，胸肌白中微带红色，则为活禽屠宰；若切面不干燥，血液呈暗红色，色暗红无弹性，并有少量的血滴出现，则为死禽冷宰。

84.鉴别冻禽

将光禽解冻后，若皮肤呈黄白色或乳黄色，肌肉微红，切面干燥，即为质量好的；若皮肤呈紫黄色、暗黄色或乳黄色，手摸的时候有黏滑感，眼球紧闭或浑浊，有臭味，则为变质的光禽。

85.看鸡爪鉴别老嫩鸡

老鸡的爪尖磨损得光秃，脚掌皮厚，而且僵硬；脚腕间的凸出物较长。嫩鸡爪尖，磨损不大，脚掌皮薄而无僵硬现象，脚腕间的凸出物也较小。

86.看鸡皮鉴别老嫩鸡

老鸡的皮粗糙，毛孔粗大；嫩鸡的皮细嫩，毛孔较小。

87.鉴别活鸡是否为病鸡

看鸡冠：若鸡冠颜色鲜红，柔软，冠挺直，则为健康鸡；反之，若鸡冠萎缩，呈紫色或者暗红色，肿胀，有瘤状或脓疱物，则为病鸡。

看眼睛：若鸡的眼睛圆大而有神，眼球灵活，为健康鸡；若鸡的眼睛无神，半闭或紧闭流泪，若眼圈的周围有乳酪状的分泌物，则为病鸡。

看嘴：若鸡的嘴干燥、紧闭，则为健康鸡；若鸡嘴有黏液或者黏液挂在嘴端，则为病鸡。

看翅膀：若鸡的翅膀紧贴身体，羽毛紧覆而整齐，有光泽，为健康鸡；若鸡的两翅下垂，羽毛粗乱而蓬松，有污物，无光泽，则为有病的鸡。

看嗉囊：若嗉囊没有气体、积食和积水，则为健康鸡；若嗉囊膨胀且有气体、积食发硬或肿大，为有病鸡。

看肛门：若鸡肛门附近的绒毛洁净而干燥，湿润而呈微红，则为健康鸡；若鸡肛门周围的绒毛有白色或绿粪便，黏膜发炎，并呈深红色，则为病鸡。

看胸肌：若鸡的胸肌丰满活络，且有弹性，呈微红色，则为健康鸡；反之，若僵硬或消瘦不活络，呈暗红色或深红色，则为病鸡。

看腿脚：若鸡爪壮而有力，行动自由，则为健康鸡；若行动无力，步伐不稳，则为病鸡。

试体温：用手摸鸡的大腿，若上冷下热，且鸡冠不烫手，则为健康鸡；若上热下冷，鸡冠烫手，则为病鸡。

提鸡翼：将鸡翼提起来，若挣扎有力，鸣声长而响亮，双脚收起，有一定的重量，则说明鸡的生命力强，比较健康；若挣扎无力，脚伸而不收，鸣声短促而嘶哑，肉薄身轻，则为病鸡。

88.选购柴鸡

优质的柴鸡皮毛洁白干净，去毛后毛孔均匀，鸡皮呈白黄色，脂肪、肉比例适中。若柴鸡表皮暗绿，发黏，则说明已经变质，不可购买。

89.烧鸡质量的鉴别

市场上有许多病死的鸡制成的烧鸡，它们往往在肉色、眼睛、香味 3 方面与活鸡制品有很大的区别。活鸡制成的烧鸡：肉呈白色；眼睛呈半睁半闭状；香味扑鼻。病死的鸡制成的烧鸡：肉色发红；眼睛紧闭；香味不浓或有异味。

90.选购填鸡

在选购的时候，应挑毛孔均匀，表皮白净，皮色白中带有黄的鸡；大小适中，脂肪稍薄为好；若体表发黏，甚至皮色发绿、发暗，则说明已经变质或趋向于变质，不可购买。

91.鉴别注水鸡鸭

注水的鸡鸭翅膀下表面有红针点，颜色乌黑；皮层下有明显的滑腻感觉，并且高低不平，好像长有肿块；抠破鸡鸭的胸腔网膜，就会有水流淌出来；拍打起来有"噗噗"的声音，显得很有弹性。没有注水的鸡鸭翅膀没有红针点，为正常的红白色；抚摸起来平滑有光泽；胸腔内没有积水。

92.鉴选活鸭

质量好的活鸭，羽毛滑润而丰满，脚部皮肤及翼下柔软，用手去摸胸骨时，并没有显著突出的感觉，肉质丰满而肥。反之，则不宜购买。

93.选购板鸭

优质板鸭：腿肌发硬，胸肉凸起，腹腔内壁干燥有盐霜；体表面光洁，呈白色或乳白色，肌肉切面呈玫瑰红色；有香味。

品质次之的板鸭：组织疏松，肌肉松软，腹腔潮湿有霉点；体表有少量油脂渗出，呈淡红色或黄色，肌肉切面呈暗红色；腹腔有腥味或霉味。

变质的板鸭：腹腔潮湿发黏有霉斑；体表有大量油脂渗出，表皮发红或深黄色，肌肉切面呈灰白色、淡红或淡绿色；有较浓的异味。

94.选购腊鸭

观皮色：老鸭鸭皮色深、暗而黄，皮松且起皱纹；嫩鸭皮紧色淡。

嗅其味：好鸭色淡且香味浓，无异味；质量差的则香味淡。

看干湿：上品腊鸭干湿合适、软硬适中；质量差的过干则硬，过湿则黏。

95.辨别老嫩鸭

看体表：老鸭个大体重，羽毛粗糙，毛孔粗大；嫩鸭鸭身较糙有小毛。

察鸭嘴：老鸭的嘴上有较多的花斑，嘴管发硬；新鸭嘴上则没有花斑。

96.鉴别老嫩鹅

看体表：老鹅体重个大，毛孔、气管粗大，羽毛粗糙；嫩鹅羽毛光滑。

观鹅掌：老鹅掌比较硬、老、厚；嫩鹅掌较细嫩、柔软。

察鹅头：老鹅头上的瘤为红色中有一层白霜，瘤较大；嫩鹅则没有白霜，瘤较小。

97.鲜蛋质量的鉴别

优质的新鲜蛋外表干净没有斑点，对光时晶莹透明，有清晰的蛋黄阴影；而不新鲜的蛋外表呈灰白色并带有斑点，对光不透明。

98.用光照法鉴别鲜蛋

将一只手握成筒形，与鸡蛋的一端对准，向着太阳光或者灯光照视，若可以看见蛋内的蛋黄呈枯黄色，且没有任何斑点，蛋黄也不移动，则是新鲜鸡蛋。若颜色发暗，不透明，则是坏蛋；有血环或血丝，则为孵过的蛋；发暗或有污斑，则为臭蛋。

99.用眼观法鉴别鲜蛋

鲜蛋颜色鲜明，外壳光洁，有一层霜状的粉末在上，则为鲜蛋；若壳发暗且无光泽，蛋黄混杂，蛋黄贴在壳上，则为陈蛋。

100.用晃听法鉴别鲜蛋

将蛋用两指捏起，轻轻地在耳边摇，好蛋听着实；若有空洞声，则为陈蛋；若有敲瓦碴子的声音，则为贴皮蛋或臭蛋。

101.用清水测试法鉴别鲜蛋

把鲜蛋浸泡在冷水里，若横卧在水里，表示十分新鲜；若倾斜，表示最少已有了3天；若直立在水中，表示存放的时间最少有两个星期了；若浮在水面上，则应将它扔掉。

102.用盐水测试法鉴别鲜蛋

把鲜蛋放入盐水中会沉入水底，而不新鲜的鸡蛋漂浮在水面上或半浮半沉。

103.选购柴鸡蛋法

一般来说，柴鸡蛋比较轻，但不是所有轻蛋都是柴鸡蛋，现在人们可以利用科学培育出各种大小的鸡蛋。蛋重受生理阶段和遗传因素的影响较大。

以前，鸡蛋的蛋黄夏天呈金黄色，冬天

时就变成浅黄色的了，而现在不再受季节的影响了。所以根据蛋黄来判断是否是柴鸡蛋并不科学。

饲料中添加色素可以改变鸡蛋的蛋黄的颜色，如鸡蛋"红心"。所以多花钱买的黄心蛋，不一定是柴鸡蛋。

在选购时，不能只看鸡蛋的蛋黄，而着重要看的是蛋壳是否光滑、质地是否均匀；过长过圆都不是好蛋，那些蛋壳比较粗糙、颜色不均匀的，可能是病鸡下的蛋。

104.鉴别孵鸡蛋

孵鸡淘汰的蛋一般有以下特征：蛋壳表面光滑，颜色发暗；若用手摇晃，会有明显的响声；重量比新鲜蛋要轻些。

105.鉴别霉蛋

鲜蛋雨淋或受潮，蛋壳的表面保护膜也会受到破坏，这样，细菌就会侵入蛋内，引起发霉、变质。发了霉的鸡蛋、蛋黄容易发涩，分量就会很轻，多有霉斑或霉点，不宜食用。

106.鉴别头照白蛋

孵化了 3 天还没有受精的蛋，即叫头照白蛋。这种蛋蛋壳发亮，毛眼的气孔大，用灯光照空头处会有黑影。

107.鉴别二照白蛋

孵 10 天左右还没有受精的蛋，即为二照白蛋。这样的蛋里有血块或血丝，若将血丝除去，剩下的仍然还可食用。

108.挑选咸蛋

看外观：凡是包料完整，没有发霉现象，且蛋壳没有被破坏的，即为优良的咸蛋。

用摇晃法：将咸蛋握在手里轻轻地摇晃，若是成熟的咸蛋，则蛋黄坚实，蛋白呈水样，摇晃的时候可以感觉到蛋白液在流动，且有撞击蛋壳的声音，而劣质蛋与混黄蛋没有撞击的声音。

用光照法：对着光线将蛋照透，通过光亮或灯光处照看，若蛋白透明、清晰红亮，蛋黄缩小且靠近蛋壳，则为好咸蛋。若蛋白浑浊，蛋黄稀薄，有臭味，则不能食用。

109.看外表选购皮蛋

优质的皮蛋蛋壳外表应完整湿润，呈灰白色带少量灰黑色斑点；质量差的外表呈黑亮色。

110.听响声选购皮蛋

质量好的蛋摇晃无声响，用手指轻弹蛋的两端，有柔软的"特特"声；质量差的摇晃时有较大水响声，敲打蛋壳发出生硬的"得得"声。

111.鉴别有毒与无毒皮蛋

没有加氧化铅的，为无毒的皮蛋。若蛋壳的表面与生蛋的表面没什么区别，则为无毒皮蛋。有毒的皮蛋，其蛋壳的表面会有比较大的黑色斑点，打开后，里面也会有显著细小的黑褐色斑点。

112.鉴别松花蛋质量

对光会发现优质的松花蛋透光面积小，气室较小，蛋黄完整，蛋白颜色暗红；较次的松花蛋透光面积大，气室大，蛋黄不完整，蛋白呈豆绿色或瓦灰色、米白色。

把松花蛋反复抛起，然后接住，感觉沉并有弹力的是质量好的蛋；反之，则是次劣蛋。好蛋摇晃时不会发出声响，次劣蛋则有拍水声。

品质好的松花蛋剥壳很容易，蛋形完整，有韧性和光泽，入口滋味浓香、鲜美、清凉爽口；次劣蛋糟头、粘壳，蛋形不完整，颜色发黄，没光泽。

（三） 蔬菜水果

1.鉴别有毒害蔬菜

有害物质超标的蔬菜有以下特点：

（1）化肥过量的青菜颜色呈黑绿。

（2）施过尿素的绿豆芽，光溜溜的不长须根。

（3）用过激素的西红柿，其顶部凸起，看起来像桃子。

有的人认为带有虫眼的菜没有施过农药，其实不然，有的虫子对药有很强的抵抗力，或者是生虫后才用农药。目前有害物质在蔬菜体内积存量的平均值由大到小排列顺序为：块根菜类、藕芋类、绿叶菜类、豆类、瓜类、茄果类。

2.选购菜花

选购时，应挑选花球雪白、结实，花柱脆嫩、肥厚，没有虫眼，体形完整，不腐烂的菜花。而质量不好的菜花，则花球发黄、松散、枯萎或湿润，这样的菜花营养价值很低，味道也不鲜美。

3.选购黄花菜

黄花菜即金针菜，是黄花的花蕾的干制品，具有极高的营养价值，其味道鲜美，营养丰富。购买时，应选色泽浅黄或金黄，质地新鲜，身条均匀紧密而粗壮，含水量少（小于15%）；用手握紧，手感柔软且有弹性，松开后很快散开，无潮湿感；用鼻嗅，气味清香无霉味。

4.韭菜选购技巧

（1）查看韭菜根部，齐头的是新货，吐舌头的是陈货。

（2）检查捆包腰部的松紧。一般腰部紧者为新货，松者为陈货。

（3）用手捏住韭根抖一抖，叶子发飘者是新货，叶子飘不起来的是陈货。

5.鉴别韭黄

质量优良的韭黄，其质地细嫩、柔软，植株肥壮、挺直，叶呈蜡黄色，叶尖稍稍地带些浅紫色，基部为白色，辣味不浓，富有清香气味，叶尖不烂、不干、无摔压和揉伤。

6.选购蒜苗

选购蒜苗时，应挑选新鲜脆嫩，条长适中，没有老梗，绿黄分明，体表挺拔，没有破裂，富含水分，用手掐有脆嫩感者为佳。

7.挑选雪里蕻

质量好的雪里蕻色泽鲜绿，棵大叶壮，质地脆嫩，茎直立，且有清香味。

8.挑选苋菜

质量好的苋菜叶片较多，主茎肥大、质脆，色泽比较绿。

9.选择油菜

好的油菜，色泽青翠，接近浅绿色，叶瓣完整；茎部如食指般粗细，叶柄紧跟茎部，梗饱满，无农药味，无虫害。

10.选购空心菜

空心菜又叫蕹菜，优质的空心菜叶子宽大新鲜，茎部不长，没有黄斑。在选购时，应挑选表面没有黄斑、茎短、叶宽、新鲜的为好。

11.选购芹菜

芹菜分为香芹（药芹）和水芹（白芹）两个品种，香芹优于水芹。在选购时，要选择茎不太长（一般二三十厘米最佳），菜叶翠绿，茎粗壮的。通常食用只取茎，但根和叶也可食用。

12.选购生菜

在夏季，生菜的最佳吃法是蘸酱，可以消暑降温。购买生菜时应挑选叶质鲜嫩、叶片肥厚、叶绿梗白、大小适中的生菜；而质量不好的生菜则有蔫叶、干叶、虫洞、斑点。

13.选购莴苣

莴苣以食茎为主，但叶也可以吃。新鲜的莴苣鲜嫩水灵，皮薄无锈，呈浅绿色。在购买时，要选那些体形完整，粗茎叶大（35～40厘米之间），没有黄叶，没有发蔫的莴苣。

14.选购芦笋

新鲜的芦笋肉嫩可口。在挑选芦笋时，应挑选粗大柔软、色泽浓绿、穗尖紧密、不变色的为好。

15.选购冬笋

冬笋是竹子的嫩芽，选购时，应挑选皮为黄色，肉呈淡白色，鲜嫩水灵，略带茸毛，两头小中间大，没有损伤的为好。

16.选购春笋

（1）节要密：鲜笋节与节之间的距离越短，则笋肉越厚越嫩。

（2）壳要大：壳大尖小的笋去壳后出肉率高。只要指甲掐得进，壳越大越好。

（3）壳要黄：笋壳呈黄色表示肉嫩。选购时须注意分辨在笋壳上是否抹了一层黄泥巴的假黄壳笋。

（4）肉要白：笋肉白色最好，黄色次之，绿色最差。

（5）痞要红：笋根上的红痞颜色鲜红最好，暗红色次之。

（6）形要怪：那种歪斜、弯曲、奇形怪状的鲜笋是从石缝或坚硬的黄泥土中挤出来的，味道尤佳。

（7）无虫蛀：笋的外壳松、根头空，根头上一节有一条条疤斑的，便是虫蛀笋。

17.选购香椿

香椿是香椿树长出的第一批嫩芽，有一种香醇味道，营养价值很高。选购时，应挑选短壮肥嫩，香味浓厚，呈红色，没有老枝叶，长度适中（10 厘米左右）的为佳。

18.选购香菜

香菜是一种很好的辅料，做汤或凉拌菜用。选购时，应挑选苗壮，叶青绿，香气浓郁，长短适中，没有黄叶、虫害的为好。

19.选购西红柿

在选购西红柿时，应挑选颜色鲜明、硬度适中、肥硕均匀、没有畸形和裂痕的产品。

20.捏瓜把选黄瓜

买黄瓜须先用手捏黄瓜把儿，看它是否硬实。若把儿是硬实的，说明瓜新鲜、脆生。若一捏就是软的，即是剩下的，说明摘下的时间不短了。

21.鉴别黄瓜质量

新鲜的黄瓜顶花带刺、体挂白霜，嫩黄瓜呈青绿色、有棱角；老瓜颜色发黄，存放时间长的黄瓜则萎蔫。

有的黄瓜发苦，可能是品种的原因；但也可能是栽培不好，生长环境恶劣，施肥过度，或者有病变发生。苦黄瓜在外观上看不出来，一般是一些发黄、较嫩的黄瓜。建议品尝后再购买。

22.选购苦瓜

购买苦瓜时，宜选瓜体嫩绿、肉质晶莹肥厚、褶皱深、掐上去有水分、末端有黄色的为佳，有的苦瓜过分成熟稍煮即烂，失去了苦瓜风味，这样的质量不好，不宜选购。

23.挑选冬瓜

凡是质地细嫩、体大、皮老坚挺、无疤痕畸形、有全白霜、肉厚的均为质量好的冬瓜。

24.挑选南瓜

凡不伤不烂、个大肉厚、果梗坚硬、无黑点，呈五角形，表面有纵深的沟，均是质量好的南瓜。

25.选购丝瓜

丝瓜的种类很多，胖丝瓜和线丝瓜是常见的两种。

胖丝瓜短而粗，购买时应挑两端大小一致，皮色新鲜，外皮有细皱并覆盖着一层白绒，没有损伤的为好。

线丝瓜细而长，购买时应挑选皮色翠绿，水嫩饱满，表面无皱，大小均匀，瓜形挺直，没有损伤的为好。

26.选购茄子

在选购茄子时，应选外形周正均匀、没有损伤，个体饱满、肥硕鲜嫩的，以皮薄、籽少、肉厚、细嫩为佳。而那些质量差的茄子则可能会出现以下特点：外皮有裂口、锈皮，开始腐烂，皮肉质地坚韧，味道发苦。

27.鉴别老嫩茄子

鲜嫩的茄子肚皮乌黑发光，重量小，皮薄肉松，籽肉不分，味嫩香甜。而老茄子较重，用手掂量即可辨别出老嫩的差别。

28.选购青椒

质量好的青椒外形饱满，肉质细嫩。购

买时，应挑选色泽浅绿、有光泽、没有虫眼、放在手上有分量，气味微辣发甜的为好。

29.选购红尖椒

优质的红尖椒通透红润，色泽光亮，新鲜饱满，辣味十足。购买时，应挑选色泽光亮、新鲜饱满，椒体颜色通透红润的为佳。若想泡制食用时，最好选购秋辣椒。秋辣椒肉厚色红，辣味强、硬度好，久泡不易皮瓤分离。

30.选购尖角椒

购买尖角椒时，应挑选有一定硬度、表面光滑平整、色泽嫩绿、、质地坚挺、没有虫眼、气味浓辣的为好。一般来说尖角椒的果实较长，为圆锥形，尖端弯曲呈羊角状并十分尖锐、且辣味足，可作为干辣椒调味用。

31.选购胡萝卜

胡萝卜不但味道鲜美而且营养丰富，为营养保健佳品。胡萝卜分为多种，外形各异，颜色繁多。无论选购哪种胡萝卜，都应选购色泽鲜嫩，质地均匀光滑，颜色较深，个体短小的为好。

32.选购芋头

在购买芋头的时候，根须比较少且黏附湿泥，带湿气的新鲜，用手比较一下它的重量，若比较轻，则它的肉质肯定是粉绵松化的；再用食指轻轻的弹一弹芋头，声沉而不响的，属于松粉的芋头。

33.选购莲藕

莲藕通常分为4节，长度为1.5米左右，鲜嫩味美。顶部比较嫩，底部太老咀嚼不烂，太嫩没有嚼头，所以中间部分最为好吃。因此，应选购那些藕节没有损伤、粗短肥大、表面鲜嫩的莲藕。

34.鉴别莲藕质量

看水域：池藕白嫩多汁有9孔，质量好；有11孔的为田藕，质量则次之。

按季节：以夏、秋生长的为好，春、冬生长的质量次之。

分部位：从顶至底质地由嫩到老，太老咀嚼不烂，太嫩没有嚼头，所以中间部分最为好吃。

35.选购茭白

质量好的茭白柔嫩水灵，肉质洁白，纤维少，体形短粗，没有黑色心点；质量差的茭白质地较老，外表有少许红色，茭白肉中有黑点。因此，应挑选个儿短粗、茭白肉无黑色心点的为佳。

36.选购嫩玉米

选购玉米时，应挑选颗粒饱满，排列紧密，玉米苞大，软硬适中，没有虫害，不太老不过嫩为好。玉米太老了难以咀嚼，太嫩了没有嚼头。

37.挑选蚕豆

在挑选蚕豆的时候，应选择豆厚、身竖的嫩蚕豆，豆角呈鲜绿，豆荚润绿，豆粒饱满、湿润。如果有浸水的斑点，则表示蚕豆受了冻伤；如果蚕豆颜色呈黑色，则为劣货，不能购买。

38.选购大葱

在买葱的时候，要根据它的用途来选择。若是调味，则选择的葱愈长愈好，质地细嫩而不柔软，以粗如无名指为宜。用手指轻轻地捏着葱白，若不觉得软或太干硬，则说明质量好。

39.鉴别酱菜质量

色泽：优质的酱菜鲜艳光泽，整体颜色均匀。酸菜金黄色中微带绿色；不带叶绿素的菜为金黄色；青椒、蒜苗等酱菜保持原色。

气味：优质的酱菜清香诱人，酸咸适宜无苦味。

质地：优质的酱菜细嫩清脆，有弹性，不老不硬。

40.鉴选豆腐

优质豆腐皮白细嫩、内无水纹、没有杂质；劣质豆腐颜色微黄、内有水纹和气泡、有细微的杂质。另外，把一枚针从优质豆腐正上方 30 厘米处放下，能轻易插入；劣质豆腐则不能或很难插入。

41.鉴选油豆腐

优质油豆腐色泽鲜亮橙黄，弹性好，挤压后立即恢复原状，重量较轻（80 只 / 斤），囊少而分布均匀，遇碘酒不变色。

掺杂油豆腐色泽暗黄，弹性差，手捏不能复原，重量大（60 只 / 斤），内囊多而结团，遇碘酒后变成蓝黑色。

42.鉴选袋装食用菌

选购袋装食用菌时要从色泽、外形、气味 3 方面辨别优劣，观察有没有破碎或霉变。一般来说野生食用菌没有质量保证，所以建议购买厂名、地址、生产日期、保质期清楚的袋装食用菌。

43.鉴别毒蘑菇的方法

（1）毒蘑菇通常形态怪异，菇柄粗长或细长，或菇盖平整，或菇盖内质板硬，一般毒菇色泽比较鲜艳（如褐、红、绿等色），破损后易变色。

（2）把一撮白米放入煮蘑菇的锅中，如果白米颜色变黑，则是毒蘑菇。

（3）把撕开的蘑菇放入水中浸泡 10 分钟，若清水呈牛奶状浑浊，说明是毒蘑菇。

（4）用毒蘑菇煮汤，煮沸半个小时后，汤的颜色将逐渐呈暗褐色。

（5）如果不肯定是否混进毒蘑菇，而汤的颜色又没有变，就用小勺取少许汤品尝，要是有酸、辣、涩、麻、苦、腥等异味，一定是有毒蘑菇，这样的汤不能食用，要倒掉。

44.鉴选香菇

香菇按照形状和采收季节的不同分为 3 种：花菇（质量最好）、厚菇（质量次之）、平菇（质量最差）。优质的香菇色泽黄褐，菌伞肥厚，盖面细滑，个大而均匀，伞背紧密细白，菌柄短而粗壮，没有霉变和碎屑，有一股浓郁的香味。

45.鉴选花菇

优质的花菇颜色黄褐且有光泽，菌伞面厚实并长有菊花似的白色裂缝，边缘平展，有一股浓郁的香气。

46.鉴选平菇

平菇根据菌柄和颜色可以分为两种：菌柄较短的平菇颜色为黑褐色或浅灰，味道鲜美；菌柄较长的平菇颜色乳白，口感香脆。八成熟的平菇菌伞的边缘向内卷曲，营养价值高，味道最鲜美。优质的平菇色泽正常，质地脆嫩而肥厚，菌柄较短，伞顶平滑，菌伞较厚，体形完整，呈浅褐色，裂痕比较少。

47.鉴别草菇质量

优质的草菇个头整齐，呈灰白色，无裂痕，没有霉变。草菇分为 5 级，等级从低到高，菇的菌蕾逐渐变大，肉质逐渐变厚。好的草菇表面光滑，气味香浓。草菇有很强的吸水、泡发性，用冷水泡发即可，但时间不宜过长。

48.选购猴头菇

挑选猴头菇时，应挑选菇茸毛均匀，表面长满肉刺，体大干燥，远观像猴头形，整齐无损伤，色泽金黄无霉烂虫害，无异味者为佳。

49.鉴选黑木耳

优质的黑木耳朵大而薄，朵面呈黑褐色或者乌黑光润，朵背略呈灰色，质地干燥，分量小。

50.鉴别银耳质量

银耳有干、鲜之分。优质的鲜银耳表面洁白光亮，叶片充分展开，朵形完整，富有弹性。底部颜色呈黄色或米黄色；变质鲜银耳表面有霉蚀，发黏，无弹性，朵形不规则，色较正常深，底部为黑色。

51.选购香蕉

在选购香蕉的时候，要注意不要有棱角，饱满浑圆且有些芝麻点的最香甜，但是不要买皮焦黄柔软的。将刚割下来的香蕉放进米缸内，约 7 天即可食用。

52.鉴选苹果

优质苹果果皮光洁，颜色鲜艳，大小适中，肉质细密，软硬适中，没有损伤和虫眼，味道酸甜可口，有一股芳香的气味。

53.选购柑橘

选购柑橘时，应挑选果形端正、无畸形、果肉光洁明亮、果梗新鲜的品种。

54.选购芦柑

在选购芦柑的时候，应选择底部宽广，肩部深而鼓起，脐部陷入得越深越好。从肩部的两侧轻轻地压，稍具有弹性，果体较大、较重的，就是好的芦柑。

55.选购沙田柚

柚子品种很多，底部有淡土红色线圈的为沙田柚，以细颈葫芦形的为佳；其他品种则不宜选购这样形状的柚子。同样大小的柚子以分量重、有光泽者为佳。

56.鉴选桃子

质量好的桃子体大肉嫩，果色鲜亮，成熟的果皮多呈黄白色、向阳的部位微红，外皮没有损伤，没有虫害斑点，味道浓甜多汁。没有成熟的桃子手感坚硬；过熟的肉质下陷，已经腐败变质。

57.选购猕猴桃

在购买猕猴桃时，应挑选皮表光滑无毛，成色新鲜，呈黄褐色，个大无畸形，捏上去有弹性，果肉细腻，色青绿，果心较小的，这样的猕猴桃味甜汁多，清香可口。若外表颜色不均匀，剥开表皮，瓤发黄的则不宜选购。

58.选购杨桃

选择杨桃时，应选果皮黄中带绿，有光泽，棱边呈绿色的品种；而过熟的杨桃皮色橙黄，棱边发黑；不熟的杨桃皮色青绿，味道酸涩。

59.鉴别梨的质量

看形状：果形饱满，大小适当，没有畸形和损伤。

品肉质：果核较小无畸形，入口不涩。

鉴皮色：梨皮细薄，没有破皮、虫眼和变色等。

60.鉴选菠萝

颜色：成熟的菠萝颜色鲜黄；未熟的皮色青绿；过熟的皮色橙黄。

手感：成熟的菠萝质地软硬适中；未熟的手感坚硬；过熟的果体发软。

味道：成熟的菠萝果实饱满味香，口感细嫩；未熟的酸涩无香味；过熟的果眼溢出果汁，果肉失去鲜味。

61.选购石榴

在选购石榴的时候，应选择色泽鲜艳，皮壳起棱，透明晶莹，子粒大而饱满，皮薄而光滑，无裂果者为佳。

62.选购芒果

在选购芒果时，果实大而饱满、手掂有重实感、表面颜色金黄、干净没有黑斑、清香多汁者为优质芒果。

63.尝味道选葡萄

在葡萄上市的时候，若想试它的酸甜，可将整串葡萄拿起来，尝最末端的那一颗，若是甜的，则说明整串都会是甜的。

64.选购草莓

在选购草莓的时候，要挑选果形整齐，果面洁净、粒大、色泽鲜艳，呈淡红色或红色，汁液多，甜酸适口，香气浓，成熟度为八分熟，甜中带酸的最好吃。要挑选果面清洁，无虫咬、无伤烂、无压伤等现象的草莓。

65.选购杨梅

选购杨梅时，应挑选果面干燥、无水痕，个大浑圆，果实饱满、圆刺、核小、汁多、味甜的品种。

66.选购杏

在选购鲜杏的时候，要求色艳，果大，汁浓味甜香气足，核少，纤维少，无病虫害，有适当的成熟度（即肉质柔软），且容易离核的为好。反之，若味道酸涩，与果核不易分离，且粘核者质次。

67.选购李子

在选购李子的时候，应选择鲜艳，甜香甘美、果肉细密、汁多、核小、口感稍稍具有弹性，脆度适宜者为优。反之则为次品。

68.挑选山楂

山楂也叫大山楂、山果子、北山楂，大小不一，果呈圆形，表面为深红色，光亮，近萼部细密，有果点，肉紧密、呈粉红色，接近梗凹的地方呈青黄色，汁多、味酸、微甜的为优。

69.选购枇杷

选购枇杷时，应看枇杷表皮的绒毛是否完整。完整的必定新鲜，放置较久或经人挑选的，绒毛就会脱落。

70.鉴选荔枝

成熟荔枝果壳柔软而有弹性，颜色黄褐略带青色，肉质莹白饱满，清香多汁，核小而乌黑，容易与果肉分离。很多品种的荔枝都有各自不同的特点。

黑叶：个头一般，呈不规则圆形，核大壳薄，外表颜色暗红，裂片均匀，排列整齐，裂纹和缝合线显而易见。

桂味：个头一般，果球形，核大壳薄，浅红色，龟裂片状如不规则圆锥，果皮上有环形的深沟，有桂花香味。

三月红：个头较大，壳厚核大，颜色青绿带红，果形呈扁心形，龟裂纹片明显、不均匀，尖细刺手。

糯米枝：个大核小、鲜红色，果形上大下小，扁心形，呈肉质肥厚，龟裂片平滑无刺，果顶浑圆。

71.鉴选樱桃

色：优质樱桃颜色鲜红，或者略带黄色；质量差的颜色暗淡没有光泽，果蒂部分呈褐色。

形：优质樱桃粒大饱满，表皮光滑、光亮，果实饱满；质量差的果身软潮发皱。

质：优质樱桃无破皮、无渗水现象；质量差的有裂痕和"溃疡"现象。

72.选购龙眼

在选购龙眼时，应选果大肉厚有弹性，皮薄核小，呈黄褐色，或黄中带青色，味香多汁，果壳完整，表面洁净无斑点，剥壳后莹亮厚实的上好龙眼。

73.选购柠檬

在选购柠檬时，应挑选色泽鲜润，果质坚挺不萎蔫，表面干净没有斑点及无褐色斑块，有浓郁香味的品种为佳。

74.选购无花果

选购无花果时，应挑选果子个大，果皮绿中带紫，表面光滑饱满，果口微张，肉厚质嫩，汁多味甜，无压伤，无破皮，体形完整，无渗水现象的果子为佳。

75.选购橄榄

在选购橄榄时，应挑选个大肉厚、色青绿或略带黄色、肉厚、外呈圆形，大小适中，表面无褐黄斑的品种。

76.鉴选椰子

观色：优质的椰子皮色呈黄褐或黑褐色；质量次的皮色灰黑。

辨形：优质的椰子外形饱满，为不规则圆形；质量次的呈三角形或棱形。

听响：优质的椰子摇晃时，汁液撞击声大；质量次的摇晃时声音小。

77.鉴选西瓜

质量好的熟西瓜瓜柄呈绿色，底面发黄，瓜体均匀，瓜蒂和脐部深陷、周围饱满，表面光滑、花纹清晰、纹路明显，指弹发出"嘭嘭"声（过熟的瓜听到"噗噗"声），能够漂浮在水中。

生瓜光泽暗淡、表面有茸毛、纹路和花斑不清晰，敲打发出"当当"声，放在水中后会下沉到水底。

畸形瓜生长不正常，头尖尾粗或者头大尾小。

78.鉴别哈密瓜质量

看色泽：成熟的哈密瓜色泽鲜艳，常见有绿色带网纹、金黄色、花青色等几种。

摸瓜身：坚实而微软，太软则过熟。

闻瓜香：成熟的瓜有一股香甜的瓜香。没成熟的哈密瓜很淡甚至没有香味。

79.选购木瓜

质量好的木瓜呈椭圆形，皮色较深而且杂带黑黄色。因此，选购木瓜时，应挑选形状椭圆，皮色较深的为好。

80.挑选香瓜

香瓜有香味，色泽以淡绿色接近白色为佳，果实底部的圆圈越大，则表示越熟。

（四）干货饮品

1.鉴选墨鱼干

优质的墨鱼干颜色柿红、体形完整、干净整洁，口淡味香；较次的则体表有红粉，局部有黑斑，体形基本完整，背部呈暗红色。

2.鉴选鱿鱼干

质量好的鱿鱼干干净光洁，体形完整，颜色如干虾肉色，体表覆盖细微的白粉，干燥淡口；质量次的则背尾部颜色暗红，两侧有微红点，体形小而宽、部分蜷曲，肉比较薄。

3.鉴选鲍鱼干

优质的鲍鱼干体形完整，质地结实，干燥淡口，颜色呈粉红或柿红；质量次的则体形基本完整，柿红色，背部略带黑色，干燥淡口。

4.鉴选章鱼干

优质的章鱼干体形完整、质地结实而肥大；颜色鲜艳，呈棕红色或柿红；体表覆盖着白霜，干燥清香。质量次的则色发暗，呈紫红色。

5.鉴别牡蛎质量

光亮洁净、体形完整、跟干虾肉的颜色相似、表面有细微的白粉、淡口、够干的为优质品；背部及尾部红中透暗、体形部分蜷曲、两侧有微红点、肉薄、体小而宽者为次品。

6.选购霉干菜

在挑选时，质干的霉干菜握紧再放手后立即松软；潮湿的则松散较慢，且洁净没有异味，品质好。

7.鉴别笋干质量

色泽：上品表面光洁，呈奶白色、玉白色或淡棕黄；中品色泽暗黄；质量最差的呈酱褐色。

长度：上品在 30 厘米之内；质量差的长度超过 30 厘米。

肉质：上品短阔肉厚，纹路细致，笋节紧密；质量差的纤维粗壮、笋节稀疏。

水分：上品水分小于 14%，一折即断，声音脆亮；质量差的折不断或折断时无脆声。

8.选购淡菜

在选购淡菜时应该选择那些粒大均匀，身干体肥，色泽红黄而有光泽，无杂质的。反之质次。

9.鉴别紫菜质量

紫菜的色泽紫红，含水量不超过 8% ~ 9%，无泥沙杂质，有紫菜特有的清香者为质优；反之则质量比较差。

10.选购发菜

在挑选发菜的时候，就选择发丝细长，乌黑色，干净，整洁，无杂质，闻的时候有清香者为佳。若条粗丝短，没有正品发菜那种质轻细长的丝，蓬松而蜷曲，形状像散乱的头发的为次品。

11.鉴选腐竹

腐竹通常分为三品，优品：颜色浅黄，有光泽，外形整齐，蜂孔均匀，肉质细腻油润；一般品质的：颜色灰黄，稍有光泽，外形整齐；次品：颜色深黄，稍有光泽，外形断碎、弹性较差，无法撕成丝。而优质腐竹放入水中 10 分钟后，水变黄但不浑浊，弹性好，可撕成条状，没有硬结，且散发豆类清香。

12.挑选干豆腐

干豆腐是通过压榨、脱水所制成的，也叫百叶、豆腐片或千张。干豆腐厚度一般在 0.5 ~ 2 毫米之间，在选购的时候，以色呈奶白或淡黄，厚薄均匀，柔软而富有弹性，片形整齐，无杂质、异味者为佳。

13.挑选粉丝

粉丝的品种有禾谷类粉丝、豆类粉丝、混合类粉丝和薯类粉丝，其中以豆类粉丝里面的绿豆类粉丝质量最好，薯类粉丝的质量比较差。质量比较好的粉丝，应该粉条均匀、细长、白净、整齐，有光泽、透明度高、柔而韧、弹性足、不容易折断，粉干洁，无斑点黑迹，无污染，无霉变异味。

14.鉴别红枣质量

色：优质红枣剖开后肉色淡黄；劣质红枣皮色深紫、肉色深黄。

形：优质红枣手感紧实，不脱皮，不粘连，枣皮皱纹少而浅细，无丝条相连，核细小；劣质红枣湿软而粘手，核大，有丝条相连。

味：优质红枣香甜可口，劣质红枣口感粗糙，甜味不足或带酸涩味。

15.选购黑枣

在选购黑枣的时候，要求枣皮黑里泛红，乌亮有光。坚实而干燥，皮薄、皱纹细浅，颗粒均匀圆整，无虫洞，滋味幽香而甜。反之，若手感粘手、潮湿、枣皮乌黑暗淡，或者呈褐红色，皮纹粗而深陷，颗粒不匀，口感粗糙，顶部有小洞，味淡薄，有明显苦味、酸味者为质次。

16.选购蜜枣

在选购蜜枣的时候，要求丝纹匀密，个大肉厚，糖霜明显，色泽黄亮透明，成熟干燥，有枣的甜香。反之，则不宜购买。

17.选购白果

在选购白果时，应选择颗粒饱满、较重，有光泽的；而那些劣质品重量很轻，摇晃会发出肉仁撞击外壳的响声，表明不饱满或果仁已经腐烂。

18.鉴选葡萄干

形色：优质的葡萄干表面应有薄薄的糖霜，拭去糖霜，白葡萄干色泽晶绿透明，红葡萄干色泽紫红半透明。质量次的外表无糖霜，颜色暗淡浑浊。

质地：优质葡萄干干燥、均匀，颗粒之间不粘连，用手捏紧也不会破裂，无柄梗，无僵粒，更没有泛糖的现象。质量次的粒小而干瘪，捏紧后破碎多且相互粘连，肉质硬。

味道：优质葡萄干鲜醇可口。质量次的有发酵气味。

19.选购芝麻

芝麻以黑芝麻的品种最佳。在选购的时候，应选饱满、个大，无杂质、香味正者为好。反之则质量差。

20.鉴别栗子质量

皮色褐、紫、红、鲜明且富有光泽，捏和看的时候坚实而不潮湿，果肉丰满，放到水里会下沉，则为新鲜优质的栗子。皮壳色暗，果干瘪，有蛀孔、黑斑，手感空洞，果肉酥软，放进水中会半浮或者上浮的多为次品。

21.鉴选莲子

湖莲（红莲）、湘莲和通心白莲是莲子的 3 个主要品种。

湖莲：色泽棕红或紫红，大小不同，呈长圆形。

湘莲：颗粒圆大饱满，皮色白中透红，熟品入口酥化甘香，为莲中上品。

通心白莲：鲜白莲去壳、去衣、去心后晒干而成。

其实不管是买哪种莲子，都要求形圆结实，颗粒大重，饱满，色泽鲜明，皮薄干燥，没有损伤、虫害或霉变，口咬脆裂，入口软糯的为好。

22.鉴别龙眼质量

优质龙眼外壳薄脆、易碎有声，肉片厚实、光泽亮红、带细微皱纹，有一圈红色肉头生长于果柄部位，果体饱满、圆润，肉质软润但不粘手，分量沉，不易滚动，清香甜美，入口软糯无渣。

质量次的龙眼外壳韧性大、不易咬碎且没有声音，颜色不均匀，壳面不平整，肉薄、暗淡无光，肉质干硬，肉、核不易分离，容易滚动，入口硬韧、嚼有残渣。

23.选购瓜子

选购瓜子时，应挑选个大均匀，干燥丰满，形体整齐，色泽光亮的为好。

24.选购松子

选购松子时，应挑选壳硬、有光泽、粒大而饱满均匀的为好；内仁色浅褐，易脱出壳。壳色发青、干瘪霉变的则不宜选购。

25.鉴选核桃

优质的核桃外壳呈浅黄褐色，桃仁整齐饱满，味道香，没有虫害，用手掂有一定的分量。劣质的核桃外壳呈深褐色，晦暗没有光泽，有哈喇味。

26.鉴选花生仁

花生的种类很多，形状各异。无论何种花生，都应挑选颗粒饱满均匀，果衣颜色为深桃红色的。质量差的花生仁则干瘪不匀，有皱纹，潮湿没有光泽；变质的花生仁颜色黄而带褐色，有一股哈喇味，这样的花生仁会霉变出黄曲霉素，食用后容易致癌。

27.选购杏仁

选购杏仁时，应选颗粒饱满，色泽清新鲜艳，形同鸡心形、扁圆形或扁长圆形，成把捏紧时，其仁尖有扎手之感，用牙咬松脆有声者。若果仁有小洞、有白花斑的则不宜购买

28.挑选山楂片

质量好的山楂片，酸味浓正，色红艳，肉质柔糯，没有虫蛀，用手将其抓紧，松开后，会马上散开。反之则质次。

29.鉴选柿饼

优质的柿饼大小均匀，体圆完整，中心薄边缘厚，表皮紧贴果肉，果肉呈橘红色，肉质柔滑，没有果核；劣质的柿饼表皮无霜或少霜，发黑，没光泽，果肉呈黑褐色，粘手或者手感坚硬。

30.鉴别变质糕点

走油：存放时间过长的糕点容易走油，产生油脂酸败味，色香味下降。

干缩：糕点变干后会出现干缩现象，如皱皮、僵硬等，口感明显变差。

霉变：糕点被霉菌污染后霉变，味道全变，会危害人的健康。

回潮：糕点因吸收水分，会出现回潮现象，如软塌、变形、发韧等。

变味：糕点长久存放，会散发陈腐味，霉变，酸，走油，有哈喇味。

生虫：包装或原料不干净带有虫卵，或者糕点本身的香味吸引害虫，而令糕点变质。

31.鉴选绵白糖

优级绵白糖和精制绵白糖的区别在于以下 3 个方面：

硫含量：前者硫含量高（≤ 20 毫克 / 千克）；后者除硫彻底（≤ 10 毫克 / 千克）。

色值：前者色值高（≤ 80）；后者糖体亮白，色值低（≤ 30）。

颜色变化：前者长期保存不易变色；后者存期内有颜色变化现象。

32.选购纯巧克力

选购纯巧克力时，应挑选表面光滑，质地紧密，没有大的气孔（小于 1 毫米），入口香甜、细腻润滑，没有煳味的产品为好。

33.鉴选奶糖

奶糖一般分为胶质型奶糖和非胶质型奶糖两种。优质胶质型奶糖表面光滑，不粘不

黏，有弹性，入口细腻润滑、软硬适中。非胶质型奶糖表面细腻，质地均匀，软硬适中，不粘不黏。

34.鉴别含添加剂食品

选购食品时不能只看外观，有的食品看起来颜色非常好看，但有可能是添加过量的添加剂，这样的食物对人体有害。在购买米、面、糕点等制品等主食时，不要选择那些有颜色的。这些食物在生活中食用的很多，即使含有的添加剂很少，也容易导致中毒。有些腊肉制品的颜色特别鲜艳，有可能是用色素染成的，不宜食用。在购买黄鱼等水产品时，要是鱼体表面颜色很深，就很有可能是加入染色素了。

35.鉴别鲜奶质量

取大概 10 毫升的牛奶放在玻璃器皿中，放在沸水中 5 分钟，若观察到凝结或有絮状物产生，则说明牛奶不新鲜，甚至已变质。

36.用观察法选购鲜奶

新鲜牛奶颜色应洁白或者白中带微黄，奶液均匀，瓶底无豆花状沉淀物。

37.用闻嗅法选购鲜奶

闻一闻是否有乳香味，不能有酸味、腥味、腐臭味等异味。

38.用手试法选购鲜奶

在指甲上滴一滴牛奶，新鲜牛奶会呈球状停留，不新鲜的就会溜走。向清水中滴一滴牛奶，鲜奶能够下沉，不新鲜的奶会浮于水面而且会散开。

39.用品味法选购鲜奶

新鲜牛奶口感应具有微带甜、酸融合的滋味，不新鲜的可能有苦味、涩味等异味。

40.鉴别兑水牛奶

可以将钩针插入牛奶。若是纯牛奶，立即取出后，针尖会悬着奶滴；如果针尖没有挂奶滴则说明是掺水牛奶。另外，可以观察牛奶流注的过程，将牛奶慢慢倒入碗中，掺水奶显得稀薄，在牛奶流过的碗边可以发现水痕。掺水牛奶颜色没有纯奶白，因为水的原因，其煮沸所需时间比较长，香味也较淡。

41.鉴别酸奶质量的技巧

高质量的酸奶凝块细腻、均匀、无气泡，表面能看到少量的呈乳白色或是淡黄色的乳清，口感酸甜可口，有特有的酸牛奶的香味，而不是变质酸奶的一股臭味。若发现凝块破碎，奶清析出，有气泡，则不要饮用。

42.冲调溶解鉴选奶粉

用开水将少许奶粉在杯中充分调开后静置 5 分钟，若无沉淀，溶解充分，说明质量正常；而已经变质的奶粉会有细粒沉淀，有悬浮物或是不溶解于水的小硬块；变质严重的则会出现奶水分离，这样的奶粉严禁食用。

43.看色泽鉴选奶粉

从颜色看，色白略带黄淡，均匀且有光泽为正常。如果是很深或呈焦黄色、灰白色为次。假劣货则会出现白色等非自然色泽，而且会有结晶体。

44.闻气味鉴选奶粉

正常奶粉有清淡的乳香味。如果有霉味、酸味、腥味等，说明奶粉已变质，异味较重的不能食用。

45.看包装鉴选奶粉

包装完好是真品奶粉的特点，商标、说明、封口、厂名、生产日期、批号、保质期和保存期等缺一不可。如果没有这些，而且包装印刷粗糙，图标模糊，密封不严，字体模糊等，则可判定为伪劣产品。

46.尝味道鉴选奶粉

品尝少量奶粉，口感细腻、发黏是真品；颗粒粗细不均，过甜，迅速溶解则是假劣奶粉。

47.摇动鉴选奶粉

用手轻轻摇动铁罐装奶粉，能听到清晰的沙沙声，说明奶粉质量好。声音较重、模糊，说明已结块。用质量正常的玻璃瓶装的奶粉，轻摇倒转后如瓶底不结奶粉说明是奶粉质量好，如有结块现象则是有质量问题。

48.用手捏鉴选奶粉

松散柔软，轻微的沙沙声是塑料袋包装的奶粉的特征。如果已经吸湿而结块，会有发硬的感觉。如果是轻微结块的一捏就碎，这种情况对奶粉的质量影响不是很大，可食用。如果结块严重、捏不碎，则说明严重变质，不可食用。

49.鉴别奶粉包装标示

选购时应注意包装奶粉的标示是否标明有营养成分、营养分析、制造日期、保存期限、使用方法等，同时要注意所含钙、磷比值的标准应达到1.2～2.0。有些奶粉标榜自己有特殊成分、特殊功效，往往标价不菲，父母们对此应特别小心，以免受骗。如果真的想购买具有特殊成分的奶粉，最好请教医师，针对需求做选择，不要轻信他人的推荐以及商家的广告。

50.识别假奶粉

从颜色上看，假奶粉呈白色和其他非自然色；从味道上看，奶味淡、无奶味；从外形上看，粉粒粗大。这些都是假奶粉的特征。

51.鉴选奶油

上品奶油和劣质奶油的区别在于：前者切断面细腻均匀，后者则柔软、呈膏状，有的脆而疏松。气味上，前者有芳香味，后者则有酸败味、牛脂味、微弱饲料味。触感上，前者均匀柔软，后者显得粗硬或黏软。色泽上，前者颜色均匀，后者有斑纹条痕。

52.鉴选豆浆

从外观看，优质豆浆为乳黄色或略带黄色，有稠密感，放冷时会结出一层豆皮，这些是豆浆浓度高的表现。

从气味看，好豆浆有浓浓的豆香味，劣质的则为豆腥味，闻起来不舒服，这种豆浆生食容易拉肚子。

从味道看，好豆浆豆香浓郁、爽滑，略带淡淡甜味。而劣质豆浆味淡如水，口感差。

53.看瓶签标识鉴选矿泉水

生产日期、批号、容量、监制单位、品名、产地、厂名、注册商标、保质期等都是矿泉水必须标明的。从标识等外部细节来看，因为常用剥离下的标识造假，标识简单，甚至破烂、脏污、陈旧等成为假劣矿泉水的特色。此外，矿泉水的保质期通常为1年，没有标明生产日期或者逾期的，不管是否真货，都不要购买饮用。

54.根据透明度鉴选矿泉水

将真矿泉水置于在日光下，应该是清澈透明、无杂质、无异物或沉淀的，且密封严密、倒置积压不漏水，不然，就可能是用旧瓶装的假冒矿泉水。

55.根据射光度鉴选矿泉水

在透明玻璃杯内的天然矿泉水中放进竹筷，会发现较明显射光弯曲。非矿泉水不会这样。

56.根据口感鉴选矿泉水

矿泉水无异味，略甘甜，不同类型还有不同的特征口味。如有苦涩感是碳酸型矿泉水的特色；冷开水，口感不如矿泉水；自来水，会有氯气味和漂白粉味道；一般地下水，会有一些异味。

57.根据密度鉴选矿泉水

由于天然矿泉水矿化度较大，导致其水表面张力增大。将玻璃杯内注满天然矿泉水，会观察到其水面稍有凸起，如果没有则不是天然的。

58.根据性质或功能鉴选矿泉水

在白酒内加入天然矿泉水不会产生异味，感觉顺口。而非天然矿泉水则会使白酒变味。饮用天然矿泉水会利尿止渴，口感爽滑，而非天然矿泉水则不然。

59.选购茶叶

看：整齐，不会混有黄片、茶梗、茶角

等杂物。冲泡时，叶片舒展顺畅，徐徐下沉，汤色纯净透明是好茶的特征。

摸：叶片干燥不会软，说明茶叶没有受潮，可以久藏。

闻：好的茶叶气味清香扑鼻，无霉、焦等异味。

比：比较茶叶的色泽，好的发酵茶具有青蛙皮似的光泽。

60.看色泽鉴别茶叶质量

品质优良的茶叶，色泽调和，油润，光亮，品质次的则显得枯暗无光。功夫红茶要求芽尖金黄，体色乌黑油润，暗黑、青灰、枯红的则不行；绿茶则要求茶香清幽，体色碧绿，颜色枯黄或暗黄则不行；乌龙茶要求乌润，鲜明，茶味具有特色的清香，红褐色为最佳，如果是黄绿则不好。

61.看条索鉴别茶叶质量

虽然不同类型的茶叶有不同的条索，但是一旦发现茶叶条索粗大轻飘，都是质量不好的茶叶。就扁型茶来讲，扁平，挺直为上，短碎、弯曲、轻飘为下，比如龙井，大方；珠茶，紧细、细圆、重实为上，松散、长扁、轻飘为下；乌龙茶，白毫多、条索紧细、枝叶重实完整的为上，粗松开口的为下；绿茶，条索紧结，形似鱼钩者为上。

62.看匀度鉴别茶叶质量

在盘内倒入茶叶，固定方向旋转几圈，茶叶就会因为形状不同而分开，如果中层的越多，茶叶的品质就越好。

63.看净度鉴别茶叶质量

杂质含量的多少为茶的净度。成品茶中不应该有非茶类杂质。除此，也可以通过茶梗、茶片、茶籽、茶末在茶中的比例来判断茶叶品质。色泽均匀，条索整齐表明茶叶净度高，反之则质次。

64.选购茉莉花茶

从外形上看，花茶应该条索紧密，颜色润泽、匀净。味道上，好的莉花茶应有鲜花香气，而不是霉味或烟焦气味，花茶中干花

的比例并不是越高越好，适量即可。

65.鉴别西湖龙井茶

产于杭州西湖附近的西湖龙井，应该茶叶条索整齐，扁平，叶嫩绿，触感光滑，长宽较统一，一芽一叶或一芽双叶，纤小玲珑，茶味清香不刺鼻。

66.鉴别碧螺春

如果碧螺春是一芽一叶，叶子青绿色、卷曲，芽为白毫卷曲形，叶子根部幼嫩、均匀明亮，则为正品。

67.鉴别不同季节茶叶

春茶：其品质为芽叶肥硕饱和，色泽润绿，条索紧实，茶汤浓醇爽口，香气悠长，触感柔软，无杂质。

夏茶：即立夏后采制的茶。其品质为叶薄，多紫芽。所以夏茶条质较硬，叶脉清晰，有青绿色叶子夹杂其间。

秋茶：常为绿色，条索紧细，多筋，重量轻。茶汤色淡，口感平和微甜，有淡淡的香气。叶子柔软，多为单片，茶茎较嫩，有铜色叶片。

68.鉴别新茶与陈茶

外观：新茶绿润，有光泽，干爽，易用手捻碎，碎后成粉末状，陈茶外观色泽灰黄，无光泽，因吸收潮气，不易捏碎。

气味：新茶有清香气，板栗香、兰花香等，茶汤气味浓郁，爽口清纯，茶根部嫩绿明亮。陈茶则无清奇气味，而是一股陈味，将陈茶用热气润湿，湿处会呈黄色。冲泡后，茶汤深黄，虽然醇厚，但是欠浓，茶根部陈黄不明亮。

滋味：氨基酸、维生素等构成茶中味道的酚类化合物在贮藏过程中，有的会分解掉，有的则合成不溶水的物质，这样，茶汤的味道就会变淡。故此，但凡新茶总会不沉，茶味浓，爽口。

69.鉴别假花茶

花茶是用绿茶和鲜茉莉花为原料多次加工而成，由于充分加工使得香气从茶叶上散发出来，因此茶中干花的多少与茶香无关。

而造假者的方法是使用低档劣质茶叶和茶厂废弃的干花混合后冒充花茶，虽有大量干花在茶中，但这种茶却无香气，茶叶外观也不均匀，色泽差，口感涩。

70.鉴别汽水质量

从观感上讲汽水应清亮透澈，无沉淀物。同时汽水应该饱含二氧化碳，开瓶时有响声。如果无声，不出气泡，则说明汽水可能出现酸败，无二氧化碳了；若闻起来有异味，则一定不要饮用。

71.鉴选果汁

一种果汁是不是100%原汁，一般可以从4个方面来鉴别：

标签：产品成分都会写在合格的产品包装上，有的产品会说明是不是100%纯果汁，纯果汁一般还标明"绝不含任何防腐剂、糖及人造色素"。

色泽：购买时可以将瓶子倒置，对着强光，如果发现颜色过深，可能是加了色素，属于伪劣品。100%纯果汁色泽应近似鲜果。另外如果发现瓶底有杂质，则是变质的表现，不要再饮用。

气味：有水果清香的是纯果汁，有酸味和涩味的是劣质产品。

口感：新鲜水果的原味是100%纯果汁的特色，酸甜适度，橙汁可能感觉偏酸；劣质产品往往加糖，感觉甜，却没有回味。

其他：苹果原汁颜色淡黄，均匀，浓度适中，有苹果的清香味；葡萄原汁颜色为淡紫色，有葡萄的原味，无杂质和沉淀。

72.鉴别果茶质量

瓶盖：质量完好的瓶盖平整，如果发酵变质，瓶盖会鼓起。

瓶口：瓶口应干净，如果已经霉变就会有霉点。

颜色：通常为橙黄，且带有少许褐色，如果是深红色，则是加了色素。

看标签：标明不加防腐剂的为好。

看厚度：从浓度上不一定能判断果肉含量，过分稠厚的可能是添加剂或是淀粉所致。

73.鉴选冰淇淋

冰淇淋有50% ~ 80%的膨胀率，在常温下融化时，混合料会呈现均匀滑腻的状态，但是劣质冰淇淋则会产生泡沫状或是乳清分离。好的冰淇淋显得细腻、柔软、光滑、口感好，形状持久不融。质量不好的冰淇淋会有冰碴、甚至呈雪片状、砂状。

74.鉴选罐头

食品罐头罐内空气稀薄，在大气压下罐头顶部呈凹状。所以如果罐头顶端凸出，则说明罐内食品已经变质，则不宜选购。

75.鉴别真假蜂蜜

从颜色看，真蜂蜜透明或半透明。假蜂蜜显得浑浊，颜色过艳。

从味道和外形看，真蜂蜜有特殊的芳香气，形状黏稠，拉黏丝，流体连续性好，不断流，10℃时会结晶。假蜂蜜无芳香味，甚至味道刺鼻，常有悬浮物，黏度小，流体连续性差，易断流，结晶体成沙状。

从口感看，真蜂蜜口感香甜，有粘嘴的感觉，结晶后咀嚼感觉如酥，入口即化。假蜂蜜口感淡，甚至感觉咸涩，结晶体味如砂糖。

从其他性状看，真蜂蜜大约比水重1.5倍，可彻底燃烧，少残渣，晒干后变得比原来稀薄。假蜂蜜大约比水重1.3倍，燃烧后灰多，有碳状残渣，晒干后无明显变化甚至变稠。

76.鉴别真假蜂王浆

真蜂王浆呈乳白色或淡黄色，闻一闻有酸臭气味，口感先酸后涩，与碘液反应后呈红棕色。伪劣品则色淡质稀，有气泡在表面，放入口中感到甜腻，与碘液反应后呈蓝色，有的还掺杂了杂质显浆体稠厚。

77.鉴选鹿茸

鹿茸是名贵中药材，市场上有很多已经被萃取药用过的劣品鹿茸在销售，该种鹿茸有效成分已流失很多。从颜色上看，真品鹿茸呈棕色或棕红色，劣品鹿茸则呈暗黄棕色。从外皮看，真鹿茸平滑，毛密柔软，切开后，截面呈暗黄色，有蜂窝状细孔；劣品鹿茸皮显得微皱，毛疏粗糙。切开后，截面呈纯白色，孔细不明显。从气味看，真品鹿茸气味微腥，有咸味；劣品鹿茸无腥味、咸味。

78.鉴选西洋参、沙参和白参

从外形上看，西洋参体短，圆锥形，土白色，有 1 ~ 3 个不等的支根或支根痕在下端，也有支根较粗。沙参比较长，长圆棍形或长圆锥形，白色，主根长，为圆柱形。白参表面淡白色，也有支根在下部，但是较长。

从表面看西洋参纵向皱纹多，横向皱纹稀且较细。沙参在加工时用细马尾缠绕，使得上端有较规整、深陷的横纹。白参上端有较密较细的环状纹，加工过程中还会在参体上留下针眼样的痕迹。

质地上，西洋参坚硬，不易折断，口感浓、苦。沙参显得质地疏松，重量轻，易折断，断面常有纵向裂隙，气味微香，口感甜，不带苦味。白参质地坚硬、较重。

79.鉴选人参

从人参的生长期、场地来看，野生的比栽培的人参其功效要好些，人参岁长的比岁短的疗效要强些。一般的朝鲜参、野山参补力最强，白参、红参、生晒参、大力参要稍差些，参尾、参条要次一等，白糖参、参须最弱。

人参的良与次除了品种以外，还取决于其根部所生长的情况，根节多、分量重、粗大、无虫蛀、均匀的、才是好人参。

80.鉴选燕窝

燕窝是名贵药材，呈碗碟状，洁白晶莹，浸入水中柔软胀大的称为白燕，属珍品。燕窝中夹杂绒羽、纤维海藻和植物纤维，带有血迹，颜色微黄，略带咸味的称作毛燕，属次品。如果燕窝大部分是海藻、植物纤维做成的，就只能做药而不宜食用。

81.鉴选真假名酒

真酒清澈透明，无杂质沉浮物；假酒则有杂质浮物，酒液浑浊不清，或颜色不正。一般名酒的酒瓶上有特定标记，瓶盖使用扭断式防盗盖，或印有厂名的热胶套；而假冒酒则使用杂瓶或旧瓶，瓶盖一般为塑料盖或铁盖。真酒商标做工精细，使用的是特定颜色，且裁边整齐，背面有出厂日期，检验代号等；而假酒商标则粗制滥造，字迹不清，图案偏色，出厂日期、检验代号等也模糊不清。

82.鉴选啤酒

啤酒可以分为生啤酒和熟啤酒两种。没有经过巴氏灭菌的是生啤酒，经过这道程序的就是熟啤酒。生啤酒往往在瓶子上标有"鲜啤"字样，熟啤酒则不注明。酒体清澈透明，呈浅黄或金黄色是优质啤酒的标志。优质啤酒无悬浮物和沉淀物，劣质啤酒或变质啤酒浑浊无光，甚者有悬浮物或沉淀物。优质啤酒气体充足，开瓶时有泡沫快速溢起，倒入杯中时泡沫泛起，伴有沙沙声响，酒花香气浓郁，泡沫丰富、细腻、洁白，挂杯的时间长，劣质啤酒几乎无泡沫，或是有黄色泡沫，有异味。优质啤酒口感舒适，爽滑、柔和、醇厚，无异味，饮后在腹内产生气体。另外啤酒度数也能说明啤酒质量，度数越高表明麦芽汁中糖类的含量越高，其啤酒的质量也就越高。

83.鉴选黄酒

黄酒的颜色呈紫红色或浅黄色，品质优良的黄酒，其酒液清澈透明，没有沉淀浑浊的现象，也没有悬浮物。开瓶后，能闻到浓郁的香味，入口无苦涩、辛辣等异味，酒精含量低。而劣质的黄酒，酒液比较浑浊，颜色不正，入口辛辣、苦涩，没有特有酒香。

84.鉴选葡萄酒

优质的红葡萄酒，呈现出一种凝重的深红色，有着红宝石般的透亮品质。开瓶后，酒香四溢，小口细细品尝，感觉醇厚怡人，口中充满余味。饮用后，更觉绵醇悠长，回味无穷。不同类型葡萄酒的饮用温度不同，干白葡萄酒多以8℃~12℃为佳；干红葡萄酒多以14℃~18℃为佳；甜型葡萄酒多以8℃~10℃为佳。

85.鉴选果酒

各种果酒应该有自己独特的色香味。好的果酒，其酒液应该是清亮、透明，没有沉淀物和悬浮物，给人一种清澈感。果酒的色泽要具有果汁本身特有的色素。目前市场上出售的大部分属配制型果酒，是经酒精浸泡后取露，再加入糖和其他配料，经调配而制成的。这种果酒一般酒色鲜艳，味清爽，但缺乏醇厚柔和感，有明显的酒精味。

❀ 三、房产 ❀

（一）材料装修

1.房屋装修设置

现在大厅小卧的形式越来越多，通常装修时，对客厅的投入多一些，对卧室的装修少花一些。客厅最能体现家居的特色，顶、墙、地的处理上装饰手法上要新颖，质量要高、材质要好。卧室的装修和装饰以简洁、温馨为主，用不着太过雕琢。厨房需要多投入一些资金，把厨房搞得漂亮一点还是值得的，因为厨房是家庭中管线最多的地方，装修时最让人头痛。还有卫生间的通风和采光都很差，所以在装修上更要下一番功夫。

2.测量装修屋顶

装饰屋棚的材料有：涂料、吊顶、顶角线（装饰角花）及采光顶棚等。施工的面积均按墙与墙之间的净面积（不扣除间壁墙、穿过天棚的柱、垛和附墙烟囱等所占面积），以米为单位。顶角线长度按房屋内墙的净周长以"米"计算。

3.测量装修墙面

装饰墙面的材料包括：墙砖、壁纸、石材、涂料、踢脚线、护墙板等。软包、护墙板、涂料、壁纸的面积按长度乘以高度，以"平方米"计算。长度根据主墙面的净长计算：没有墙裙者从室内地面算至顶板底面，有吊顶天棚的从墙裙顶点加20厘米。门、窗所占面积应扣除1/2(不扣除踢脚线、挂镜线、单个面积在0.3平方米以内的孔洞面积和梁头与墙面交接的面积）。墙砖按实铺面积以"平方米"计算。踢脚线面积按房屋内墙的净周长以米为单位计算。

4.测量装修地面

装修地面的材料有：木地板、地砖、地毯、楼梯踏步及扶手等。

地面面积，应按照墙与墙间的净面积计算，其中包括间壁墙、穿过地面的柱、垛和附墙烟囱等所占面积。

楼梯踏步的面积，应按实际展开面积计算，其包括宽度在30厘米以内的楼梯井所占面积。

楼梯扶手和栏杆的长度，应扣除墙内部分，按其全部水平投影长度乘以系数1.15计算。

5.墙纸用量计算法

在购买墙纸的时候，可以用以下的公式来对其进行计算：

（L/M+1）×（H+h）+CM

L：表示除去门、窗后，四壁的长度；

M：表示墙纸门幅，并加1为拼接余量；

H：表示欲贴墙纸的高度；

h：表示与墙纸相邻的两个图案之间的距离，可作为纵向拼接的余量。

C：表示门、窗上下所需要墙纸的面积。

6.涂料用量计算法

若想知道涂料用量的多少，可以把需要粉刷的室内的面积除以4，再将所有需要粉刷的高度除以4，然后再把两个得数相加，所得之和便是所有需要的涂料用量（用千克、米为单位计算）。

7.鉴选橱柜门板

耐火板门板：具有耐磨、耐刮、耐高温、抗渗透、易清洁等特性，适应厨房内特殊环境，更迎合橱柜美观实用相结合的发展趋势，是人们选购橱柜时的首选。

冰花板门板：在钢板表面压一层带有花纹图案的PVC亮光膜，既有光泽又真正防火，是一种理想的门板材料，不足之处是花色品种单调。

实木门板：实木橱柜门板具有回归自然、返璞归真的效果。尤其是一些高档实木门，在一些花边角的处理和漆的色泽上达到了世界最高工艺，但其价格昂贵。

8.选购大芯板

选购大芯板时，一定要去正规的生产厂家购买，在查看产品检测报告时，看甲醛释放量是否达到国家限定的标准，其报告中的含水率、胶合强度、厚度等也是需要注意的地方。另外，消费者可对着亮光观察大芯板，若密度不够的话会出现透白；胶合强度不好的话拎起时会有咯吱声；当竖立放置，边角应平直，对角线的误差不应超过6毫米。

9.鉴选强化地板

强化地板用木屑压制而成，耐磨性好，稳定性强，铺设方便，但足感较差。

10.鉴选实木地板

实木地板完全由原木制成的，足感、弹性非常好，但价格高，稳定性差，若安装、保养不到位，易发生开裂。

11.鉴选铭木地板

铭木地板表层是原木，其余则为复合板。铭木地板的足感略逊于实木地板，但优于强化地板，稳定性好，但市场上可选择的款式不多。

12.鉴选数码地板

数码地板的板材取决于天然木材，中间运用于从德国进口的数码板心。足感弹性好，表面光滑，防水防潮性好，且安装简便。

13.鉴选竹地板

颜色：其主要颜色有本色、漂白色、炭灰色3种，也有一部分是蓝色或粉色，在选购时，以自然本色为好。

光泽：用新鲜毛竹加工而成的竹地板竹纹丰富、色泽均匀。受日照影响不严重，没有明显的阴阳面差别，比木地板色差小。

工艺：竹地板的结构主要有平拼和竖拼两种，平拼为三层结构，竖拼为单层结构。挑选时，应取1～2块样品在平铺在地面上，看是否平整。

光漆：竹地板表面刷有一层高光漆和半亚光漆。购买时，可通过观察其表面涂层的光漆是否均匀，有无气泡、颗粒状等。

黏胶：将一块竹地板放在开水中蒸煮10分钟，如果没有开胶现象，则说明胶合强度合格。

14.闻气味鉴别劣质地板

劣质地板板材能够挥发出难闻的刺激性怪味，所挥发出的有害气体，严重超出国家限制标准。

15.看匀度鉴别大理石质量

质量好的大理石，其纹络均匀、质地结构细腻；而粗粒及不等粒结构的大理石外观效果较差，其机械力学性能也不均匀，则质量差。

16.听声音鉴别大理石质量

质量好的大理石，敲击声脆悦耳；若石

材内部存在裂隙、细脉或因风化而导致颗粒间接触变松，则敲击声粗哑。

17.选购大理石的技巧

在大理石背面滴上一小滴墨水，若墨水很快四处分散浸出，则表示石材内部颗粒较松或存在细微裂隙，石材质量不好；反之，若墨水滴在原处不动，则说明石材致密质地好。

18.看釉面鉴选瓷砖

用硬物刮擦瓷砖表面，若出现刮痕，则表示施釉不足，表面的釉磨光后，砖面便容易藏污，较难清理。

19.看色差鉴选瓷砖

在光线下仔细察看，好的产品色差很小，其色调基本一致；而差的产品则色调深浅不一，色差较大。

20.根据规格鉴选瓷砖

好的新产品规格偏差小，铺贴后砖缝平直，装饰效果良好；差的产品则规格偏差大，产品之间尺寸大小不一。

21.看溶液鉴别多彩涂料质量

凡质量好的多彩涂料，保护胶水溶液一般呈无色或微黄色，且纹络较清晰。通常涂料在经过一段时间的储存后，其花纹粒子会下沉，上面会有一层保护胶水溶液。这层保护胶水溶液，约占多彩涂料总量的1/4左右。

22.看漂浮物鉴别多彩涂料质量

凡质量好的多彩涂料，在保护胶水溶液的表面，没有漂浮物。

23.看粒子度鉴别多彩涂料质量

取一只透明的玻璃杯，倒入半杯清水，然后再倒入少许多彩涂料，搅动均匀。凡质量好的多彩涂料，其杯中的水会清澈见底。

24.识别涂料VOC

涂料VOC是挥发性有机物，是衡量产品环保性指标的一个方面。在市场中是商家炒作的热点，它的含量高低于产品的质量并不成反比。就现在来说大众价格的涂料VOC越低其产品的耐擦性能越差，漆膜的掉粉趋势也越严重。

25.鉴选PVC类壁纸

PVC墙纸具有花色品种丰富、耐擦洗、防霉变、抗老化、不易褪色等优点，特别是低发泡的PVC墙纸，因其工艺上的特点，能够产生布纹、木纹、浮雕等多种不同的装饰效果，价格适中，在市场上较受青睐。

26.鉴选纯纸类壁纸

纯纸类墙纸无气味，透气性好，被公认为"绿色建材"，但是耐潮、耐水、耐折性差，也不可擦洗，适用范围较小，一般只用于装饰儿童房间。

27.鉴选纤维类壁纸

纤维墙纸可擦洗、不易褪色、抗折、防霉、阻燃，且吸音、透气性较好。由于此类墙纸以天然植物纤维为主要原料，自然气息十分浓厚。虽然进入国内市场时间不长，但却被誉为"绿色环保"建材，颇受人们的欢迎，但价格较高。

28.识别新型壁纸

超强吸音型：新型壁纸除了具有花样多、款式全的特点外，而且还具有实用功能。其超强吸音效果在同类产品中十分突出，特别适用于音乐发烧友的家居装饰。这种壁纸一般为白色立体花纹，铺装后您可根据个人爱好在上面涂上彩色涂料。

超凡不羁型：这种壁纸有多种仿石、仿麻效果。如果不用手触摸，很难分辨真假，特别适合个性装修和背景装饰。

29.选择装修公司

首先，要信誉好。信誉好的装修公司有专门人员对质量进行把关，因此质量上相对有保障。

其次，不要选择"马路游击队"。游击队人员没有经过正规培训，操作不规范，极易造成安全隐患。

再次，多关注电视、报刊的家装专栏、家装版面。一般有实力在媒体上连续做广告的装修公司，往往是重信誉的。

最后，实地考察装修施工单位状况，是否具有规范化的管理，是否有训练有素的设计、施工队伍，是否有工商注册执照以及建筑装修方面的资质证书。

30.考察装修样板间

深入了解。考察样板间不能光看，漂亮的样板间并不能完全代表装修公司各施工队的整体水平，所以看样板间前要先了解一下装修公司的资质与各项管理制度。在取得了初步的信任后，再去考察样板间。

参观施工现场。参观正在施工中的工程，也会对您的选择更有帮助。留心材料码放是否整齐，工人着装是否统一以及在咨询时了解到的管理制度是否在施工现场得到贯彻实施。

31.识别装修报价单

合格的报价单通常包括的主要项目为：制造和安装工艺技术标准、单价、数量、总价、材料结构等。其中制造安装工艺技术标准和材料结构最重要。价格要注明所使用何种材料，有材料产地、规格、品种等。查看该报价单是否注明材料结构和制作安装工艺技术标准。

32.房屋验收的技巧

（1）房屋建筑质量：因为房屋的竣工验收不再由质检站担任，而是由设计、监理、建设单位和施工单位四方合验，在工程竣工后 15 日内到市、区两级建委办理竣工备案。因此，住户自己要对房屋进行质量检查，如墙板、地面有无裂缝等，检查门窗开关是否平滑、有无过大的缝隙。

（2）装饰材料标准：在购房合同里，买卖双方应对房屋交付使用时的装饰、装修标准有详细的约定，其中包括：内外墙、顶面、地面使用材料、门窗用料；厨房和卫生间，使用设施的标准和品牌；电梯的品牌和升降的舒适程度等。

（3）水、电、气管线供应情况：检查这方面情况时，首先要看这些管线是否安装到位，室内电源、天线、电话线、闭路线、宽带接口是否安装齐全；其次要检查上下水是否通畅，各种电力线是否具备实际使用的条件。

（4）房屋面积的核定：任何商品房在交付使用时，必须经有资质的专业测量单位对每一套房屋面积进行核定，得出实测面积。因此，自己验收时，只要将这个实测面积与合同中约定的面积进行核对，即可得知面积有无误差。误差较大的，可立即向开发商提出并协商解决。

33.装修房屋验收的技巧

（1）门窗：门窗套在受力时不应有空洞和软弹的感觉，直角接合部应严密，表面光洁，不上锁也能自动关上，目测四角应呈直角，门窗套及门面上是否有钉眼、气泡或明显色差。

（2）地板：没有明显的缝隙，外观平整，地板与踢脚线结合密实，在地板上走动时是否有咯吱咯吱的响声。

（3）卫浴：进出水流畅，坐便器放水应有"咕咚"声音。坐便器与地面应有膨胀螺栓固定密封，不得用水泥密封。在水槽放满水并一次放空，检查各接合部，不应有渗漏现象。下水管道不可使用塑料软管。

（4）电线：按动漏电保护器的测试钮，用电笔测试一下螺口灯座的金属部分，带电为不合格。

（5）涂装：表面平整，阴阳角平直，蒙古结牢固，不可有裂纹、刷纹。

（6）镶贴：用小锤敲打墙地砖的四角与中间，不应有空洞的声音，墙地砖嵌缝平严，整个平面应平整。

34.验收地面装修的技巧

陶瓷地砖、大理石、花岗岩是常用的地面板块。它们都用水泥砂浆铺贴，合格的装修要保证粘贴的颜色、纹理、图案、光洁度一致均匀。面层与基层粘贴牢固，空鼓量面积不得超过 5%。接缝牢固饱满，接缝顺直。安装木地极基层的材料要涂满防腐剂，并牢固、平直。硬木面层应用钉子四边铺设，墙面和木地板之间要有 5 ~ 10 毫米间隙，用踢脚线压住，不能露缝。表面光亮，没有毛刺、刨痕、色泽均匀，且木纹清晰一致。

（二）房屋选购

1.不能买的种房

（1）房地产开发公司以出让方式取得的土地使用权，但未得土地使用权证书，未按土地使用权出让合同约定进行投资开发总额在 25% 以上的土地，以及买卖房屋已经建成，但未持有房屋所有权证书的房屋，均不得进入市场。

（2）没有房屋所有权证书（产权证）的房屋，也不能进入市场。

（3）是由于国家建设需要，征用或已确定为拆迁范围内的房屋，不能进行买卖。

（4）司法机关和行政机关依法裁定，决定查封或以其他形式限制房地产权利的房屋不能买卖。

（5）房屋的买卖是以卖房者对其欲出卖的房屋享有确定的权利为前提，对于权属有争议的房屋，因其权利不能确定，这种房不能买卖。

（6）共有房屋，未经其他共有人书面同意的。

（7）教堂、寺庙、庵堂等宗教建筑不能买卖。

（8）法律、行政法规规定禁止房屋转让的其他形式。

2.购期房需要注意的 8 个要点

（1）不要只看房屋地图，要实地考察房屋的实地位置。

（2）在起价和均价的问题上要弄明白。

（3）若外观图是电脑拟图时一定要识别是实景图还是效果图，如有的户型图比例不当，在感觉上就会比实际空旷得多。

（4）在看房地产广告时一定要明确了解该企业或其他的开发商是否值得信任，不要轻易购房。

（5）不要贪图小便宜，往往就是那些小便宜会让你将老本栽进去。

（6）假如开发商没有资质证号那么不要轻易相信开发商的口头承诺，因为政府是授予产权唯一的机构。

（7）应该按照自己的支付能力来选择支付方式，在这之前建议向专家咨询一下。

（8）另外在合同中不要忘记广告中所承诺的如绿化、物业、保安、热水等承诺。

3.购期房付款

购买期房与现房相比，其存在着两个方面风险：一是工程进行到一定程度，因某种原因停建而导致楼盘烂尾；二是房屋竣工后，其房屋的设施、质量、配套等与双方约定的不一致。因此，若一次性交齐房款，则买方就承担很大的风险。若用分期付款或公积金、按揭贷款则承担的资金风险就相应小一点。若购买信誉好、资金雄厚的开发公司的商品房，亦可一次性付款，这样就即可享受到房屋升值所带来的利益。

4.选择现房

选房要看是否厅明室。室内经常活动的空间是客厅、卧室、厨房、餐室、卫生间、书房等，若是采光较好的厅室可节约不少的能源。在房型设计上，要看厨房设施安排是否合理，有较大的空间才能安装现代化的炊具。卫生间有浴盆、坐便器、洗手池就可以，加装一个男用小便器也可以，这样可节约用水。卫生间布局要合理，毛巾架、玻璃镜等都要妥善安放。同时要考虑通风问题，要看厨房、厕所、客厅是否附设垂直排气烟囱，以利保持空气清新。房屋必备的硬件还有隔热、保温和防雨等硬件装置，选购现房时要一一看清楚。

5.选购商品房

（1）看是否有售房许可证。

要注意销售房屋部门是否有售房许可证。凡是有售房许可证的企业，均已到有关部门注册登记，属于合法经营，购买后可及时发给许可证。相反，购买没有售房许可证的房产，则会遇到一些不必要的麻烦。

（2）房屋结构要合理，功能要齐全。

如煤气、暖气、水、电是一定要到位的，这些使用功能要在购房合同上体现出来。应该注意一些细节问题。比如期房的竣工时间、交付使用时间等，并应在购房的合同上注明经销者违约时应追究的法律责任。

（3）如不急用，可购买期房。

期房一般销售价格比现房便宜 20% 左右。急用房者，一般多购买旧房，最好七八成新即可。购旧房应该到有可靠信誉的房屋交易市场或交易所选取信息。

6.一次性付款购房选择

在合同约定时间内，一次性付清房价款，可以从销售那里得到 2% ~ 5% 左右的房价款优惠。但是这种付款方式也有缺点，一般的购房者很难一下筹集很多现款。如果向亲朋好友也无法筹集，就要从银行取存款，则往往会造成利息上的损失。若开发商没有按期交房，甚至工程烂尾，就有可能损失更多的利息或全部。因此选择付款方式时，一定要慎重选择。

7.分期付款购房选择

购房人根据买卖合同的约定，买房人在一定的期限内分数次支付全部房价款的方式就是分期付款购房。在购买期房时采用这种方式的较多，购房人交付首期款时与开发商签订正式的房屋买卖契约，房屋交付使用时，交齐全部房款，办理产权过户。

分期付款的利息是付款时间越长，利率越高，房款额加在一起会高于一次性付款的金额。但是，将通货膨胀和个人收入增长率及支付能力综合起来比较，分期付款还是合算一些。分期付款一般是买卖双方在合同中约定，根据项目开发的进度，分阶段交付房款，在房屋交付使用时，只留一小部分尾款最后付清。这样做的好处是，购买方可以用房款督促、制约开发商按约定的时间开发建设项目，同时也可缓解一次性付款的压力。

8.选购底层住宅

底层住宅不但价位低而且有不计面积的花园和阳台，有不少好处。但也要注意其中的一些问题，如环保和安全问题，尘土和噪声问题以及晚上车灯闪动的问题等。因此要避开交通主干道或正对社区大门，同时尽量挑选楼距较大的住宅小区，争取主采光面为正南方。

9.选购多层住宅的楼层

（1）底层：特点是进出方便，房价比较便宜。但采光差且潮湿。

（2）二层：相对底层要干燥些，且进出方便，采光尚可，价格居中。

（3）三层和四层：其房价最高，楼层高度适中，采光优越，三楼的水质一般来说比较干净。四层的水由大楼顶部水箱提供，如果水箱不是经常洗刷或管理不严，水质就会污染。

（4）五层：楼层有点偏高，而且爬楼梯比较累，其房价与底层差不多。

（5）顶层：缺点是夏天闷热，雨天时可能会漏水。

10.选择多层住宅与高层住宅

（1）多层住宅的实际用房率要高于高层住宅。住宅的面积既包括使用面积、住宅的公共部位等。高层住宅由于有电梯、电梯等候间、地下室等，需分摊的公用面积比多层的更多，因而实际用房率要低一些。

（2）普通多层住宅一般为砖混结构，而高层住宅由于它为钢筋混凝结构，因而，不仅抗震性能好于多层住宅，而且折旧年限长。

（3）由于构造结构上的原因，多层住宅

基本上是坐北朝南，南北通风，室内使用面积多，房型合理，大开间容易隔开装修。而高层住宅一般采用框架剪力墙结构，加上又考虑几部电梯的位置，因而户型设计不太理想，而且给装修也带来不便。

（4）高层物业费用要多于多层住宅。由于高层住宅设有电梯、垃圾通道，一般物业管理费用要高一些。

11.选购二手房

（1）验看产权证的正本，注意产权证上的房产是否与卖房人是同一个人；同时要到房管部门查询此产权证的真实性；并确认是否允许转卖。

（2）要查售房者有没有抵押或留下债务等。除房价外，购房者应支付6%的产权转让税。

（3）要了解一下该住房是哪一年建的，还有多长时间的土地使用期限；是否发生过不好的事情，是否被抵押、或者发生过盗窃案。

（4）通过与市场上公房的比较，来判断房屋的价值，也可委托信得过的中介机构或评估机构进行评估。

12.识别二手房质量

打开水龙头观察水的质量、水压，确认房子的供电容量，避免出现夏天开不了空调的现象；打开电视看一看图像是否清楚，观察户内外电线是否有老化的现象；观察小区绿化工作如何，物业管理公司提供哪些服务及各项收费标准。

13.二手房屋的估价

房地产管理部门在交易双方当事人向房地产管理部门申报其成交价格时，如果认为明显低于房地产价值，就会对交易的房地产委托具有一定资质的专业评估机构进行评估，并且评估的价格就会被作为缴纳税费的依据。除此以外，为确定合理的交易价格，交易双方也可以把委托评估事务所进行的评估作为交易价格的参考。

14.选购房型

（1）选择房屋要方正，尽量减少死角面积和交通面积。这样有利于家具的摆放和人在居室内的活动，给人以稳重、宽敞、明亮的感觉。

（2）房门开向要合理。室内房门开设的方向和位置，要考虑到不要影响实用空间面积、居室私密和空间阻断等因素。

（3）不同空间要有相对合理的面积。卧室以 13～15 平方米为宜，厨房以 6 平方米左右为宜，客厅的面积要尽可能大一些，卫生间最好是将盥洗和如厕分开。

15.购房社区比较

小社区的优势：小社区的资金投入不用太大，因此，发展商对销售收入的依赖也不会太大。为了吸引购房者，通常在建设速度上会提高很多。小社区可分享更多的同等配套，从而会提高居住品质。同样是几千平方米的专用会场，几百户共享还是几千户共享，在居住品质上的区别是很大的，且出租时竞争者会更少。

大社区的优势：大社区在建设初期，条件会比较差，价格也不会太高。随着社会的发展，开发商会逐步提高价格。大社区的市政配套可靠，包括水、电、煤、暖、路等。大社区往往受到政府的更多重视，一般不会出现人住了还没通水通路的情况。

16.识样板房使诈

样板房是经过专门设计的。它的尺寸和结构可能与图纸上的大小不同，开发商可能会把开间放大一些，客户不懂其中奥妙，就会上当。

在一般住房中的厨房和卫生间是比较小的，样板房中可能会放大，客户的感觉和实际情况不同。售楼人员介绍时，往往忽略真实情况，夸夸其谈，使人上当受骗。因此在看房时应用尺量一量，认真比较，可带上内行人去看房，防止上当。

17.购房风险识别

（1）购买者不能如期入住，房屋的使用居住功能无法体现；属于投资性购房者延迟收取投资回报时间，也就是延迟回收利息及利润的时间。

（2）开发商由于资金实力等方面的原因，可能会对房屋的建筑质量、建筑装饰材料、建筑结构、配套设施等进行了与购房协议内容不符的调换或延迟使用，这样会使购房者遭受损失。购房者特别要注意房屋建筑面积的变化，以免合同上约定的住房面积与实际面积有所出入。

（3）因多方面的原因，开发商无法按期获得整个项目的房屋权属证件，购房的业主也就无法按期获得房屋产权证件。这样会导致购房者蒙受产权再转换或抵押融资受阻的风险。

18.看房产广告的资质证号

按照有关管理规定，报纸刊登房地产广告，必须要求刊发广告的开发商或广告代理商提供完整的项目立项、销售手续文件，并且在广告中标出销售资格证号。在广告中打出这样的销售许可证号，说明项目已具备上市条件，在立项和日后办理产权手续方面不会有较大的偏差。但也要注意个别广告主为通过报社手续审核，采取伪造等手段，冒用其他项目证号，有的甚至将编造证号在广告中打出来，以此欺骗客户。为保险起见，购房人在了解项目期间，应当委托经纪人或律师对其项目的所有手续进行核实。

19.选择按揭购房看广告

随着购房抵押贷款政策的普通实行，有越来越多的商品房项目可为购房人提供按揭购房。一般情况，开发商都会在广告中打出来，借此吸引更大范围的买家前来购买。要想了解这些内容与自己购房到底有多大的关联，一是要掌握抵押贷款知识，再就是要根据广告中列出的贷款条件，来核算贷款的细账。

20.识卖房广告陷阱

（1）一般以语言定性不定量和醒目的图文制造视觉冲击力，来设计文字陷阱。

（2）一般用含糊的语言和没有比例的图示缩短实际距离，来设计化妆陷阱。

（3）一般将楼盘中最次部分的价格作为起价，在广告上标明低价格，来吸引买主，造成价格错觉陷阱。

（4）利用买主对绿化面积不敏感的心理，虚报销售面积、绿化面积、配套设施以及不标明是建筑面积还是使用面积等来设计面积陷阱。

21.看售楼书的技巧

为了推销房屋，开发商为自己精心制作了一种印有房屋图形以及文字说明的广告性宣传材料，这样的材料就是售楼书。售楼书分为外观图、小区整体布局图、地理位置图、楼宇简介、房屋平面图、房屋主体结构、出售价格以及附加条件（如代办按揭）、配套设施、物业管理等几个方面。有了售楼书购房者便可以有针对性地对房屋进行初步认识。例如购房者通过看外观图、小区整体布局图，可以初步判断楼宇是单体建筑还是成片小区，或是高档、中档还是低档，用途是居住、办公还是商住两用。并且购房者通过看地理位置图便对楼宇的具体位置有了初步了解，同时对房屋的价格也有了一个大概的概念。同时购房者也要看清楚楼房的地理位置图是否是按照比例绘制的，如果不按比例，这样的地理位置图将就会导致购房者对地点的选择形成误导。有了房屋平面图，就有利于购房者选择设计合理、适合自己居住或办公的房型。

22.购房要看五证

购房时要看开发商的"五证"是否齐全，所谓五证即：承建的该物业是否有计委立项、可行性研究的批件；规划局的规划许可证；国土局的土地使用证；建委的开工建设许可证；房管局的商品房预售许可证。

23.审查房产商有效证件的技巧

（1）审查房产开发商的五证：即商品房预售（销售）许可证、建设用地规划许可证、国有土地使用证、建设工程规划许可证、建筑工程施工许可证。

（2）审查开发商的营业执照是否已经年检，开发商的资质证书。

（3）审查以上证件的时候一定要原件，特别是国有土地使用证，以防将土地使用权转让前预留复印件等欺瞒做法。

24.看外观鉴别真假房产权证

从外观上看，真的房产证是流水线生产的，墨色均匀，纸张光洁、挺实，而假证多数是手工制作、线条不齐，且油墨不均匀。

25.看水印图案鉴别真假房产权证

真的房产证内页纸张里的水印图案，只有在灯光下才能看出来，而假证的水印图案，平铺着就能看见。另外真房产证的防伪底纹是浮雕"房屋所有权证"字样，字迹清晰，而假证则没有。

26.看字迹鉴别真假房产权证

在放大镜下，可以看到真证的内页底线里藏有微缩文字，防伪团花中的绿色花瓣是双线构成，而且仔细看可以发现真房产证上的阿拉伯数字编号，与第四套人民币贰角上面的阿拉伯数字粗细一样。

27.购房比较

（1）比价格。处于相同地段的商品房，开发建设的成本也大体相同，其价位合理的应该是首选。

（2）比质量。购房者不仅要向开发商咨询，更要到现场亲自查看，最好有内行陪同，以便把好质量关。

（3）比服务。比较各开发商所举办的销售活动是否合法、有效。同时还要看开发商选择的物业管理公司在管理、服务规范、收费等方面有无良好业绩。

28.看房技巧

（1）看地段，选择能方便自己生活工作的地段。

（2）看规划。选择规划合理、环境舒适的小区。

（3）看房型。选择能满足自己居住和符合自己的生活、心理需要的房型。一般来说，客厅要大、四面房门不要太多，多了会影响厅的使用，卧室可稍小一些，但厨房、卫生间的面积也均要在 5 平方米以上。主卧室选择在朝南方向比较好。

29.购房杀价的技巧

（1）不动声色、去伪存真。

房子是实物，一切都可收入眼中，看房子时，应表现出自己有兴趣，太冷淡卖主，对方也会没有心思同你多谈。同时细心观察房子结构、采光、保养、周围环境等，还要多听卖主解释，多问卖主问题。房屋推出市场多久了，有多少人出过价，出价多少，可作一个参考系数。愈是多人出价的房屋，表示其转售力愈强。让卖主知道你购房是自住、非为转卖，通常卖方不希望房屋销售人员居间获利，喜欢自住的买家。

（2）摸透卖方心理。

杀价的时机选择非常重要，愈接近卖主要卖的期限，卖主愈急切出售，这就是你最有利的杀价时刻。这时，可以使用拖延战术。如谎称需时间汇集资金等，等到临近期限的最后一个阶段，给予杀价；了解卖方售得屋款作何用途，如果卖方售得屋款，并不急用，则杀价比较困难；定金方面，定金多少才算恰当，并无一定标准，因各自需要而定，由双方协商；对于所看的房屋，明明中意，也可表示出不喜欢的各种理由，而借此杀价。

30.购房手续办理

（1）在房屋买卖合同签订后 30 日内，双方当事人持房地产权属证书及当事人的合法证明以及转让合同等有关文件向房地产管理部门提出申请，并申报成交价格。

（2）对提供的有关文件房地产管理部门进行审查，并且在 15 日内作出是否受理申请的书面答复。

（3）申报的成交价格由房地产管理部门核实，并根据需要对转让的房屋进行现场勘查和评估。

（4）按照有关规定房地产转让当事人缴纳有关税费。

（5）由房地产管理部门核发过户单。

在办理上述手续后，双方当事人应凭过户手续，并依照《中华人民共和国房地产管理法》的规定领取房地产权属证书。

31.鉴别新楼质量

（1）了解一下房地产公司历年售房情况，看看售楼人员如何应答。

（2）参看其选用的设计单位的设计等级，及施工单位的资质等级。一般而言，在市场上售房多且没有居住后发生质量事故的开发公司，其楼盘建筑质量要好得多。

（3）选用施工、设计单位等级高的房地产开发公司，比选用级别不高的设计单位质量有保障。

32.鉴别住房卫生标准的技巧

（1）日照：每天日照 2 小时是维护人体健康的最低需要。

（2）采光：窗户的有效采光面积和房间地面面积之比不应小于 1∶15。

（3）层高：南方住宅层高不低于 2.8 米，北方则以 2.5 ~ 2.8 米为宜。

（4）气候：室温冬天不应低于 12℃，夏天不应高于 30℃；相应湿度不应大于 65%，风速在夏天不应少于 0.15 米 / 秒，冬天不应大于 0.3 米 / 秒。

（5）空气：居室内空气中某些有害气体、代谢物质、飘尘和细菌总数不能超标。

33.鉴住宅的净高

住宅的净高是指下层地板面或楼板上表面到上层楼板下表面之间的距离。净高和层高的关系可以用公式来表示：净高 = 层高 − 楼板厚度，即层高和楼板厚度的差叫净高。

34.计算房屋面积的技巧

（1）使用面积，按围护该户的周边墙体的中心线所包围的面积加上该户的阳台面积计算。

（2）封闭阳台面积，按投影算全面积，不封闭阳台按投影算一半面积。

（3）每户所应分摊的公用面积，按该户使用面积在全幢各户使用面积之和所占的比例分摊所求得的；自行车停车库不计算在公用建筑面积之内。

35.住房套内面积比较

（1）套内使用面积：是指套内房屋使用空间的面积，以水平投影面积计算，套内使用面积为套内卧室、起居室、过厅、过道、厨房、储藏室、卫生间、厕所等空间面积的总和。套内楼梯按自然层数的面积总计入使用面积，不包括在结构面积内的套内烟囱、通风道、管道井均计入使用面积，内墙面装饰厚度计入使用面积。

（2）套内建筑面积（使用面积）：是套内使用空间周围的围护或承重墙体或其他承重支撑体所占的面，其中各套之间的分割墙和套与公共建筑空间的分割墙以及外墙等共有墙，均按照水平投影面积的一半计入套内墙体面积。套内自有墙体按照水平投影面积全部计入套内墙体面积。

36.处理建筑面积误差的技巧

购房人在购房合同中，应该明确约定出现建筑面积误差时的处理方法，但如没有做相应的约定可以按照以下方法处理：

（1）面积误差比绝对值在 3% 以内（含 3%）的，据实际面积结算房价款。

（2）面积误差比绝对值超出 3% 时，买房人有权退房，卖方应在买房人提出退房之日起 30 日内将已付房价款退回，同时支付已付房价款的利息。

（3）如果产权登记面积大于合同约定面积时，误差比在 3% 以内的房价款，由房地产开发企业承担，但产权归购房人。

（4）产权登记面积小于合同约定面积时，其误差比绝对值在 3% 以内（含 3%）部分的房价款，由卖房人返还购买人，绝对值超出 3% 部分的房价款，由卖房人双倍返还购房人。

37.办理房产过户的技巧

（1）买卖双方需持身份证、户口本、买卖协议等有关证明在交易所进行登记。

（2）交易所在双方登记之后，依据有关法律规定对房地产买卖行为进行审核，并向主管部门报批，待批准后再通知买卖双方来交易所办过户手续。

（3）买卖双方在接到通知后，携带身份证、户口本、图章等同时到交易所，在交纳了买卖过户手续费、契税、印花税等税费后，就可以办妥过户手续。

38.合法退房的技巧

（1）一般超过 3 个月开发商不能交房

的，购房人可以要求开发商退房，并且要求双倍返还定金或支付房款利息。

（2）如果开发商证件不全，与买房人签署的合同属于无效合同，购房人应当腾空房屋，开发商应当返还购房人交纳的房款。

（3）开发商未经购房人同意而擅自变更房屋户型、朝向、面积等有关设计的情况，购房人可依据合同约定要求开发商退房。

（4）因开发商的原因，买房人在合同约定的期限内，无法得到产权证，买房人就可以要求退房。

（5）如果房屋面积误差比绝对值超出 3%，购房人要求退房并要求退赔利息的，法院会判决购房人胜诉。

（6）房屋质量不合格、有房屋的硬伤等情况，可要求开发商退房。

（7）如果开发商在出售房屋之前就把所售房屋抵押，或卖给购房人后，又把房子抵押给他人，购房人查明后，可以要求退房。

❀ 四、家具 ❀

（一） 日常家具选用

1.购买家具时要注意的问题

（1）经营资质：对于那些自称是知名品牌的商店，也需要查看它们品牌代理的授权证书，若实行"三包"的，则要让他们出示"三包"的合格证，若说产品是"环保"的，要让他们提供环保证明。

（2）合同：购买家具，应使用工商局消保委、合同处等部门所统一印制的关于家具买卖合同，要注意核对各项内容，如家具款式、型号、材质等项目，千万不能掉以轻心合同下方的自留条款。因为有少数商家往往会利用自留条款来制订些对消费者不利的种种要求。

（3）收据：不要用收据来代替发票。消费者若图低价，而接受收据，但万一出现了质量问题，打起官司来的话，收据的法律效力比起发票来要低得多。

（4）公章：在大卖场购买家具后，要尽量去商场的总服务台为所购买的家具盖上一个商场的公章。因为，有很多公司是租用商场的门店，并不是商场家具公司所设。因此，会有少数"品牌"在租期满后一走了事，当顾客发现家具有质量问题，再回头去找时，厂家早就不见踪影，而商场一般都会拒负责任。多盖个商场公章，对商家无疑会多些约束，顾客也多了一份保险。

2.选购家具的方法

（1）家居市场的选择：选择消费者比较满意或者售后服务好的家居市场。了解主办单位和厂家的地址、名称、电话、联系人，以便发生质量问题的时候能及时联系、解决。对同一品牌、同一款式的商品，要货比三家，要综合从价格、质量、服务等方面考虑一下。合同、发票上必须注明家具的规格、材质、价格、数量、金额。向主办单位或商家索要产品保修卡。且要向商家索要产品环保材料的检测报告。

（2）色彩的选择：购买家具的时候要考虑家具的色彩是否能跟居室的外背景相协调，可以将室内的背景颜色跟灯光的光线作为主要搭配方向。若居室背景的色调较为浓重，那么，一般来说不宜选择色调比较深沉的家具，若家具的色彩过于强烈，容易使视觉产生疲累效果。

（3）材质的选择：若面板是用薄木或者其他材料所覆面时，要求平整、严密、不允许有脱胶、透胶。要跟地面的材料相协调，若居室是木地板，则较容易选配家具。若是水磨石、瓷砖或大理石地面，可选用木质家具，不宜选择钢木家具，并加铺地毯在室内局部，以缓和冷硬的感觉。

（4）漆膜的选择：家具表面的漆膜要平整而光亮，成套产品的色泽要相似，不允许产品表面漆膜有发黄、皱皮和漏漆，应保持产品内部及其他不涂饰部位的清洁。

（5）气味的区别：购买家具的时候要注意，不要购买刺激气味强烈的家具。买的时候可打开柜门、拉开抽屉，若刺激得让人流泪，则表明甲醛的含量严重超标。

（6）质量的检查：检查板材表面有无虫蛀，拉手、柜门等是否牢固，抽屉的滑轨是否合格。

3.掌握家具数据

在选购家具前，首先必须要掌握几项数据，如：床头柜顶面应比床屉板（不包括席梦思床垫）水平面高出200～220毫米。挂衣柜进深不要小于500毫米，柜子里挂长衣的空间，其高度不要低于1350毫米，挂短衣服的空间，其高度不要低于850毫米。椅子座面与桌子台面之间垂直距离应在在280～320毫米。由于上下身比例与人体身高多有差异，在选购的时候，应以用餐或者坐在椅子上面伏案书写是否放松舒适为原则，最好在这个数据范围内做最佳选择。

4.判断家具质量

质量是选购家具的首要条件。在家具的用材和内在质量上，首先要看它的木材用料是否有疤节、糟朽或者被虫蚀的地方，在部件的连接部位，要注意看是否有由于加工的粗糙而造成的细微裂纹或崩碴儿；看它内部的用料是不是加工得光滑而无毛刺，榫接处或联结件衔接处是否牢固而无松动；包镶板件表面是否平整而无明显翘曲；在选用人造板材的时候，不能有甲醛刺鼻的气味，而且必须要做封边处理。贴薄木或者其他装饰材料的时候，要坚实平滑，不可有鼓泡、开胶、凹痕等缺陷；有抽屉的最好有塑料滑道或金属，没有滑道的，可把抽屉拉出2／3来，其下垂度应在20毫米之内，摆动度应在15毫米之内；不得以刨花板条或中密度板条做边立柱、框、撑子等承重部件。

5.把关家具外观质量

在选择家具外观的质量时，要从整体上来观看，看它的对称部件（尤其是卧室框的门）或者其他的贴覆材料，其纹理的走向是不是相近或一致；表面的漆膜是不是均匀、坚硬饱满、平滑光润、色泽一致、无磕碰划痕，手感细腻滑畅。

6.选择家具颜色

在家具的选购上要考虑房间的颜色，浅色的房间，适合搭配样式新颖、色调较浅的家具，这样的搭配可给人一种清爽、明快的感觉，是青年人的首选。老年人一般喜欢安静、修身养性，所以老年人选择家具的颜色一般较深。浅色的家具适合于小的房间，因为在搭配上可给人形成视觉错觉，感觉房间变大。而深色的家具比较适合于较大的房间，并且搭配浅色的墙壁，这样可以突出家具，减少房间的空旷感。

7.选购安全家具

由于贴皮家具的组成成分包括化学胶、纤维板、塑料皮面等，组合的家具虽式样各异，漂亮美观，可是都免不了有害的化学成分，严重危害身体健康。因此家具宜选木质好的实木家具，最好不用贴皮家具。尤其是老年人房间，家具应以皮质、藤质、木质为首选，不适合用玻璃、钢质等硬性家具。当选取绿色、天然材质，其无毒无害，起坏保作用。

8.购另类家具

玻璃家具。这种玻璃是一种清晰度高的新型钢化玻璃，像水晶般透明、清澈，很迷人。

以往常用钢管焊接家具支架，而现在用的是既不要焊接又不要螺丝钉固定的一种挤压成型新的金属材料，其用的是强度高的结剂，外观秀丽，造型流畅。

纸椅子、纸桌、纸床、纸书橱、纸衣柜等。这些家具的特点就是能防霉、防水、防虫蛀。另外承受强度大，如纸椅最大负荷达到600千克，还有的纸家具也能负荷90千克重物、经过撞击10万多次而不会变形。其还具有纺织物、纸及木材的质感，感觉惬意、舒适。与木家具比，它重量轻，硬度低，更安全。

还有以聚碳酸酯为材料的家具，它是用激光切割的。以亚麻丝板为材料的家具，是用粉碎了的亚麻丝杆制成的。塑料充气家具，色彩齐全。抗菌实木家具，它具有抑制大肠杆菌的作用。

9.选购组合家具

看：将整套家具放在同一个平面上，以整体光洁明亮、无明显色差、漆色均匀一致为佳。

摸：将双手平摊开，细细的摸一遍家具的主要面，没有隆起和凹痕的油漆杂质、积垢为好。

测：用直尺测量柜体对角线，如果每一件家具的对角线都相等，则说明家具四个角都是直角。把这样的家具放在一起，才不会出现缝隙。

10.选择环保家具

木家具和板式家具是目前市场上存在的两种形式，一般用中密度纤维板饰面（用刨切单板、装饰纸、防火板等贴面所形成家具材料）、刨花板制成厨房家具和板式家具。板式家具的稳定性好、便于安装，且造型也好。但它的缺点是：原材料的材质不好，会污染室内。而木家具以实木集成材或实木为主要原料，人造板为辅助原料。其优点是：有实木天然的感觉，缺点是：若木材干燥，它的质量就会不好，容易裂纹和变形。若消费者担心产品"甲醛超标"，可以把装修的材料锯成小块，放入塑料袋内封闭一天，如果发现质量有问题，可就近投诉。

11.选购同一房间的家具

在选购放在同一房间里的家具时，首先要注意它的风格、款式及造型的统一，色调也要跟整个房间相和谐。若只换个别的家具，也要尽可能选跟同室内原有的家具颜色相近的。对于那些采光条件较差的房间或小房间里，最好选用浅颜色或者浅色基调的拼色家具，从而会给人一种视觉上较宽绰明亮的感觉。对于大房间或者光线比较的房间，最好选择颜色比较深的家具，这样，能凸显出古朴典雅的氛围。

12.选用成套家具看功能

每套家具的件数不同，在功能上就有多少之分，但是每一套家具都需要有基本的功能如摆、睡、写、坐等。若功能不全，会降低家具的实用性。要挑选什么功能的家具，就要根据自己居室的面积和室内的门窗位置来统筹规划。因此，在选购成套家具的时候，要注意整个房间里尺寸比例上要看上去舒服、顺眼，不要让人有不协调感。

13.选购家具木料

一般来说，木制的家具越重越好，表示它的用料比较厚实。此外，也可以敲敲看，如：听其回声是沉实还是轻飘，若敲着的时候手痛，则为上品。

14.鉴别红木家具质量

真正的红木家具，本身就带有黄红色、紫红色、赤红色和深红色等多种自然红色，木纹质朴美观、幽雅清新。制作家具后，虽然上了色，但木纹仍然清晰可辨；而仿制品油漆一般颜色厚实，常有白色泛出，无纹理可寻。真的红木家具坚固结实，质地紧密，比一般木料要重；相同造型和尺寸的假红木家具，在重量上是有明显差别的。

15.布艺家具的选购技巧

选购其框架结构时应选择非常稳定，硬木不突起且干燥，边缘有突出的家具形状滚边的。在主要的联结处有加固装置，通过螺丝或胶水与框架相连，不管是插接、销子联结，还是用螺栓来联结，都要保证每一联结处非常牢固。

要用麻线将独立弹簧拴紧，其工艺的水平也应达到八级。在承重的弹簧处应有钢条加固的弹簧，固定弹簧上面的织物应不易腐蚀且无味，弹簧上面的覆盖织物也是一样。

在座位下应设防火聚酯纤维层，靠垫核心的聚亚氨酯其质量应是最高，家具后背的弹簧也应该是用聚丙酰织物所覆盖的。在泡沫的周围也应该要填满聚酯纤维或棉，以保舒适。

16.选购藤制家具

在选购的时候，除了要注意手工技艺是否比较精细外，还要看它材质的优劣。表皮光滑而不油腻，柔软有弹性，且没有什么黑斑的材质比较好；若表面质地松，起皱纹，且材料没有韧性，容易腐蚀和折断，则不宜购买。

17.选购竹器家具

在选购竹器家具的时候，如果能闻到一股香味，则表示是新的竹器；如闻着有霉腐味，则表示竹器已经发霉，不宜购买。

18.选购柳条家具

在选购柳条家具的时候，应该选择外形端正，框架平正，腿部落地平稳，榫眼坚固，转折部位弧度及高度符合人体的结构，排列均匀，柳色洁白，无霉斑、无断伤，正面不露钉头的为佳。

19.选购金属家具

在选购的时候，应挑选外壳清新而光亮，腿落地平稳，焊接处无庇漏，圆滑一致，在弯处没有明显的褶皱，螺钉牢固，铆钉无毛刺、光滑而平整、无松动，其表面无脱胶、起泡的为佳。

20.选择沙发

在选择沙发的时候，其高度一般应不高于小腿高度的 40 厘米左右，68 ~ 74 厘米是地面到沙发顶最佳的高度。而 92 ~ 98 度是靠背的最佳角度。软硬适中的坐面和稍微偏硬的坐面最好。这样符合人体工程学，有益于人体的健康。

21.牛皮沙发的挑选

看：看外观，包覆的牛皮要丰满、平整。皮革没有刮痕和破损。纹理清晰、光洁细腻属优质牛皮。牛肚皮（皮的形态和牢固度不够）不能用于做面料。也有些皮质沙发，选取猪皮、羊皮做面料。猪皮光泽度差，且皮质粗糙，而羊皮，即使轻、薄、柔，也比不上牛皮有强度，且皮张面积小，在加工时常常要拼接。

摸：通过触摸，能够了解对皮张的厚感是不是均匀且手感是不是柔软，牛皮工艺较好，经过硝制加工，熟皮有细腻、柔软的特点，生皮则板结生硬。在无检测工具的情形下，手感显得尤为重要。

坐：上等牛皮沙发，每一部分的设计都是根据人体工程原理，人体的背、臀等部位都将获得很好的依托。结构非常轻巧，造型也很美观，且衬垫物也恰当。人坐在上面，身心放松，感觉舒适。

另外，就算用手用力压座面，也听不到座面中弹簧的摩擦声；用腿用力压座面，且用两手摇晃沙发双肩，也听不到内部结构发出的声音。

22.选购沙发床

弹力：伸开手掌，轻轻地压垫面，反复扫抹垫面，以手掌滑过处，没有阻碍等均衡的情况为宜。

声响：在四角用手压一压，以声响平整为好。

高度：床不要过低或过高，一般以40厘米以上为宜。

23.选购弹簧床

在选购弹簧床的时候，若想试它的好坏，可以用手在床上稍稍施些力气，开始的时候，若有柔软的感觉，下陷5～10厘米左右时，其表面的张力扩大，且开始有反弹的作用，此时，床反弹的震荡，应该被床的底部所吸收，不会因为床面受到了冲击而使它整体摆动，这样的弹簧床才是好床。

24.选购床垫的窍门

具有注册商标、厂址、厂名、出厂日期、规格、合格证、品名、型号等标记的床垫是优质床垫。当选购时可从以下几个方面考虑。

（1）弹性：应选择弹性适中（太软了会睡得不舒服）的。

（2）色彩：应选择高雅和谐，且图案美观而富有立体感，而面料的质地要耐用。

（3）外型：应平整、做工精细、丰满、边齐角圆，并配有呼吸孔。

（4）手摸：应感觉柔软而不觉得有小疙瘩，下压的时候凹面均匀，没有杂声，不会触及单个弹簧。用手摸它的边角时，应注意

有没有边框，若无钢丝框，则容易变形，再看它是否有外漏钢的丝头等现象。

25.购买洁具的窍门

看光洁度：光洁度高的产品，其颜色非常纯正，白洁性好，易清洁，不易挂脏积垢。在判断它的时候，可以选择在比较强的光线下，从侧面来仔细观察产品表面的反光，表面没有细小的麻点和砂眼，或很少麻点和砂眼的为好。光洁度高的产品，很多都是采用了非常好的施釉工艺和高质量的釉面材料，均匀，对光的反射性好，它的视觉效果也非常好，显得产品的档次高。

摸材质：在选择的时候，可以用手轻轻抚摸其表面，若感觉非常平整、细腻，则说明此产品非常好。还可以摸它的背面，若感觉有"砂砂"的摩擦感，也说明此产品好。

听声音：用手轻轻敲击陶瓷的表面，若被敲击后所发出来的声音比较清脆，则说明陶瓷的材质好。

比较品牌：在选择的时候，可把不同品牌的产品放在一起，从上述几个方面来对其进行对比观察，就很容易将高质量的产品判断出来。

检查吸水率：陶瓷产品有一定的吸附渗透能力，即吸水率，吸水率越低，说明产品越好。因陶瓷的表面，釉面会因为吸入的水过多而膨胀、龟裂。对于坐厕等吸水率比较高的产品，很容易把水里的异味和脏物吸入陶瓷。

26.选购餐桌

在选购的时候，如果房间比较大，则可以选用固定式的餐桌；如果房间的面积比较小，则可以选用折合式的餐桌，在不用的时候，还可以折合起来。在质地方面，可以选用胶合板的塑料贴面，这样的饰面不但造价便宜，而且方便清洁，美观大方。

27.选居室餐桌椅

选购餐桌时，常常把与餐桌配套的椅子

也选上。其实，大可不必如此，可与众不同。椅子款式不同或款式相同的椅子但颜色各异，完全可以独出心裁，而不仅仅把椅子看成是餐桌的附庸。

28.选购茶几

在选购茶几的时候，要看它的尺寸是否与沙发相协调，一般情况下，不要太高，茶几的桌面，以稍高于沙发的坐垫为好。在选购时，还要根据自己的需要来选择款式不同的茶几，茶几的色彩、造型要跟相配的椅子或者沙发相协调。

29.选购防盗门

在选购防盗门的时候，要注意查看上面有没有标有公安局检验后所发的许可证，要选购材质厚实、结构合理、锁具灵活，门扇与门框间隙合理的防盗门。

30.选购家具聚酯漆

聚酯漆是以聚酯树脂为主的成膜物。高档家具一般用不饱和的聚酯漆，也就是通常所换称的"钢琴漆"，不饱和聚酯漆的特性为：

一次施工膜可达 1 毫米，其他的无法比拟。

它清澈透明，漆膜丰满，其光泽度、硬度都比其他漆种高。

耐热、耐水及短时间的耐轻火焰性能比其他的漆种好。

不饱和的聚酯漆，其柔韧性差，受力的时候容易脆裂，漆膜一旦受损就不易修复，因此，在搬迁的时候，要注意保护家具。

31.鉴别家具聚氨漆

聚氨漆的漆膜比较坚硬且耐磨，抛光后有比较高的光泽，它的耐热、耐水、耐酸碱性能很好，属于优质的高级木器用漆。

32.鉴别家具亚光漆

亚光漆的主要成分是清漆，除此之外还含有辅助材料和适量的消光剂，三者调和而成的。由于用量不同的消光剂，导致漆膜光泽度不同。亚光漆的漆膜光泽度匀薄、柔和、平整光滑，耐水、耐温、耐酸碱。

33.鉴别地毯质量

在选购地毯的时候，要注意它是否平整，有没有撕裂、破洞和明显色差，及毯的背后是否粘合牢固。

34.根据房间选择地毯

在选择毛毯的时候，要根据不同的房间来对其进行选择：

（1）门口：一般可以铺设尺寸比较小的脚垫或者地毯，适宜选择化纤等比较容易清洗和保养的地毯。

（2）客厅：若客厅的空间比较大，可以选择耐磨、厚重的地毯，最好能铺设到沙发的下面，造成整体统一的效果。若客厅的面积不大，应选择面积稍大于茶几的地毯。

（3）卧室：若将整个房间都铺满，会感觉有点奢侈，可以只铺一块地毯在床前，没有床头柜或床比较大，床前毯则应放在床比较靠门的一侧，或放在床的两侧。若是儿童房，可以选些带有卡通人物、动画图案的地毯。质地上可选择既防滑又容易清洁的尼龙地毯。

（4）卫浴间：适合放尺寸比较小的脚垫和地毯，现在市面上也有很多专门为卫浴间而设计的防滑地毯，可选择跟整体卫浴配套的。

35.选择地毯品种

在选择地毯的时候，若预算多，最好买 6000 针/平方尺的地毯，这种形式品质好，在经过家具重压后，仍然能够保持它的外观。若预算不多，可以买 5000 针/平方尺左右的，因为 4500 针/平方尺以下的密度比较小，且品质也较差。

36.选择地毯颜色

若选择黄色或红色，能使整个房间显得富丽堂皇；若选择米色，会使整个房间有幽静、淡雅气氛；对于会客室，适合选择色彩较暗，花纹的图案比较大的地毯，会给人一种大方、庄重的感觉；对于卧室，适合选择花型小，且色泽比较明亮的地毯，会给人一种舒服感。

37.选化纤地毯

簇绒和针刺是现在市场上的化学地毯的两种，簇绒毛毯外观像栽绒。针刺地毯外观素雅，材料以针刺铺网为主，所以毯面较结实。在购买地毯的时候，要考虑居住环境和家庭人员。针刺地毯较适合人流频繁的客厅、走廊和人多的家庭，因为它不容易起球，且价格上也比较便宜。簇绒地毯适合住房条件宽阔的家庭选用，可使房间华丽大方。在颜色的选取上要考虑室内家具的装饰色。

（二）橱具用具选用

1.选购消毒柜的技巧

在选购消毒柜的时候，应该从它的功能与型号来进行选择。

（1）功能：最好的效果是用高温来消毒，臭氧其次。普通的机械型消毒柜，操作非常复杂，不好控制，很容易使器具损坏。比较而言，用电脑智能型产品，操作起来会比较方便，同时也能对餐具起到一定的保护作用。

（2）型号：首先，除了挑选它的品牌外，还应注意其产品的型号，功率不能太大，600瓦最适合。容积方面，若是三口之家，宜选择50～60升的消毒柜，若是四口以上的家庭，宜选择60～80升的消毒柜。消毒柜的消毒方式，主要是用远红外线石英电加热管来进行臭氧杀菌、高温杀菌，或者用红外线与臭氧结合的方式来进行消毒。

2.检测消毒柜质量的技巧

（1）质量高的消毒柜有着良好的密封性，这样才能保证好消毒室的温度或臭氧浓度，达到消毒功效。其具体检测的办法是：取一张小小的薄硬纸片，若很容易就插进了消毒柜的门缝里，则说明柜门的密封性不好。

（2）检查消毒柜电源部件的质量，看它的电源反应是否迅速；功率的开关按钮是否灵活、可靠；指示灯工作是否正常。特别要注意看它的电源线连接处是否牢固、无松动；连接器的插拔松紧是否适度；绝缘层有无破损。当接通电源后，各个金属部件不能够有漏电的现象。

（3）当臭氧型消毒柜一通上电后，马上会看到臭氧离子发生器所放射的蓝光或听到高压放电"噼啪"声；红外线型消毒柜一通电后，其温度会迅速升上来，一般约4分钟就可达到40℃。

3.鉴别沙锅

优质的沙锅，摆放平整，结构合理，内壁光滑，锅体圆正，盖合严密，没有突出的砂粒。优质沙锅选用的陶质细密，大部分呈白色，其表面釉的质量也非常高，光亮非常均匀，锅体的厚薄均匀，具有很好的导热性。

4.选购沙锅

在选购的时候，装入足量的水在沙锅里，查看是否有渗漏，也可以轻轻用手敲击锅体，若声音清脆，则说明锅体是完好的。若有沙哑声，则说明锅体已经被破损，最好不要购买。

5.鉴别不锈钢锅的材质

不锈钢的锅产品，一般都印着"18－8"、"13－0"等钢印，这是指产品的原料成分及身价标志。前面的数字代表的是含铬量，而后面的数字代表的是含镍量。含铬但不含镍的产品是不锈铁，但容易生锈，含铬又含镍的锅，才是不锈钢的。如果在购买的时候分辨不清楚，可随身带一块磁铁，以辨其真伪，吸起来的表明是不锈铁；若是不能被吸起来，则表明是不锈钢。

6.鉴别高压锅质量

优质的高压锅表面光滑明亮，胶木手柄坚固，上下手柄整齐而不松动。安全阀上的气孔光滑通畅。安全阀内顶针能盖严锅盖气孔管上的气孔；易溶阀上的螺帽能灵活拧动。

7.铁锅质量鉴别法

优质的铁锅表面光滑，无砂眼、气眼等

疵点。略有不规则浅纹属正常，但纹路不可太深。

8.选购锅的技巧

（1）看锅面：锅面应该比较光滑，不过不要求平滑如镜，若表面有不规则浅纹，也属正常。但是如果纹路过密，则为次品。

（2）擦点：若是"小凸点"可以用砂轮将它磨去，若是"小窝坑"，则表明质量比较差。一些卖锅的人，常常将"眼"用石墨填平，不容易被人看出来，只需用一个小刷子将其刷几下，即能使其暴露。

（3）检查锅底：锅底越小，它的传火就会越快，既省时又省燃料。

（4）检查厚度：锅有厚、薄之分，以薄的为好。在鉴别的时候，可以将锅底朝天，然后再把手放在凹面的中心，用硬物敲击锅，锅声越响，手指的震动越大则表明越好。

9.选菜板的学问

有些人认为木质菜板用的时间长了，就容易产生木屑，会污染食物，所以均改用塑料菜板，殊不知，木质菜板有杀菌的作用，而塑料菜板却没有。这是因为对抗细菌树木已经有几十万年的历史了，木质菜板虽只是树木的一个小部分，但是却仍有杀菌的功能。

10.选购菜刀的技巧

选购菜刀时须看刀的刃口是否平直。刀面平整有光泽，刀身由刀背到刀刃逐渐由厚到薄，刀面前部到后部刀柄处，也是从薄到厚均匀过渡的，这样的刀使起来轻快。也可同时将两把刀并在一起进行比较以确定哪一把刀好。另一个办法是用刃口削铁试硬度。有硬度的刀可把铁削出硬伤。例如：可用刀刃削另一把刀的刀背，如能削下铁屑，顺利向前滑动，说明钢口好。最后检查木柄是否牢固，有无裂缝。

11.选菜刀看种类

圆头刀是专门用来供给从事烹调和食堂所用的；马头刀、方头刀则是供一般有家庭用；全抛光刀适合切肉、切面；夹钢菜刀则适合用来切菜切肉；不锈钢刀适合用来切咸菜、一般菜及切面；冷焊过的夹钢刀，左右手都可使用，不易生锈，手感也很轻。

12.鉴别菜刀质量

（1）刀身：要求光滑而平展，没有裂纹和毛刺。

（2）刀把：要求手感好，牢固，手握非常舒服，没有裂缝的更好。

（3）刀口：要求均匀、平直，其夹钢没有裂痕、纯正。刀口没有过火或退火的现象，即不会发黄或发蓝。

（4）硬度：用一把菜刀斜压住另一把菜刀，从刀背的上端往下端推移，若打滑，则说明是钢；若留有刀印在刀背上，则表示此菜刀钢质软硬比较适度；若没有痕迹，则说明此刀太硬。

13.鉴别杯盘碗碟质量

优质产品容器口彩绘边线应均匀整齐，图案清晰美观，内外壁应无黑斑、釉泡、裂纹。木棒轻敲声音清脆响亮。声音沉厚混浊、沙哑、有颤声的则表明有裂痕或砂眼。容器反扣在木板上应圆正且边沿无空隙。

14.选购筷子的技巧

市场上的筷子有竹筷，木筷，还有象牙筷、骨筷、塑料筷、金属筷等。

（1）木筷子比较轻便，但它容易弯曲，吸水性强且不耐用，非常容易将细菌随着卤味或者洗洁精等吸进筷子里。

（2）竹筷子不易弯曲，且没有特殊的味道，也不容易吸入细菌等物。

（3）骨筷子大部分是用象骨或牛骨制成，其中用鹿骨制作的骨筷为最佳品，中医认为这具有一定保健作用。

（4）象牙筷一般都是用象牙制成的，呈红白色，其中有美观纹络的为上品。

（5）银筷子用起来不轻便，据说可以验毒、防毒，有辟邪的意思。

（6）市场上面还销售油漆筷子，在这些筷子的上面涂了层油漆，而油漆里含有铬、铅等有毒的物质。一般的家庭，还是选用竹筷子最为实惠。

15.选用洗碗布的技巧

（1）百洁布：用百洁布来擦洗餐具，其效果比较好，但由于它是用化纤原料做的，若长期使用，它所脱落的细小纤维会对人体有所伤害。

（2）纯木纤维洗碗布：它具有很强的排油性和亲水性，使用的时候，不需要任何的洗洁精便可将餐具上面的食油擦洗干净，且不粘油。只要用手稍稍搓洗，布上的油渍即可很快清洗干净，实用、方便，是目前一种比较理想的洗碗抹布。

（3）胶棉洗碗布：其颜色鲜艳，这种洗碗布看起来跟海绵一样，但它实际上是用聚乙烯醇的高分子材料所构成，更加具有弹性，能抗腐蚀，其吸水性很强。

16.选用茶具的技巧

茶具，以陶瓷杯最好，白瓷杯其次，玻璃杯再其次，搪瓷杯较差，保温杯、塑料杯最差。瓷、陶的茶具，宜用来品尝清茶；玻璃杯适合那些喜欢欣赏芽叶美姿、名茶汤色者；用搪瓷杯来泡茶，其效果差，不适合来招待客人；保温杯容易使茶汤泛黄，且香气沉闷；而塑料杯会产生些异味，不适合用来泡茶。

❀ 五、电器 ❀

（一）音响器材

1.依据个人的需求选购音响

要考虑到个人的需求。有些人偏重欣赏音乐，那么要在CD机和功放上试听，最好能带上自己听熟和喜欢的CD片来；若偏重欣赏影片，在选购的时候，则要兼顾一下影院效果。这时，可选择AV功放，再加上一套中量环绕的音箱，最后才选择信号源，即VCD机、CD机、LD机或兼容机。

2.选购音箱

市场上所售音箱的阻抗通常分为4欧姆、8欧姆和16欧姆3种，购买音箱时，其阻抗应与录放机的输出阻抗相匹配。另外，音箱的标称功率要等于或略小于录放机的额定输出功率。音箱大小应同居室条件相协调。

3.保护功放和音箱

（1）安装速熔保险丝、保险管，可以保

护功放和扬声器不回音、短路或因其他原因受到强大的电流冲击而受到损害。

（2）避免在功放或音量通电时连接其他设备，如CD机、卡座、电唱机、扬声器等。否则有可能在接线时不小心将扬声器的两条线短路而烧毁功放。

4.鉴别收录机质量的技巧

（1）不装磁带，按下收录机放音键，"沙沙"的机械运转声音越小说明质量越好。

（2）放入磁带，分别按动收录机各键，观察磁带侧面，卷绕整齐者，机芯质量较好。

（3）放进试听带放音，好的收录机高音部清晰明亮、低音部分浑厚饱满，且喇叭机箱不会共鸣，用大音量放音时，不应有明显失真。

（4）把空带放进录音机做录音试验，好的录音机的放音功能及音质应无失真现象。

（5）好的录音机的收音功能也应完好齐全。

5.用收录机杜比装置

一般家庭大都选用中高档组合音响，它大多采用B型杜比装置，录音带上也会有杜比标志，打开杜比开关，会使得音色更加清晰优美。但若录音带没有杜比标志，就不要打开杜比开关。因为杜比系统只对小信号起作用，所以用杜比装置录音，输入音量一般要比平时小一些。

6.挑选录音机

录音机的等级高低取决于性能的高低，而不取决于功能的多少，因此，并不是功能越多就越好，机型功能多的并不一定实用，虽然价格高，但性能不如比较便宜的录音机。因此，若没有特殊的需要，宁可牺牲功能而选择一个性能指标高的录音机。

若是为学习用，可选择一款便携式的单声道收录机；若是为了欣赏音乐，可选择一款立体声收录机；若是在固定场合使用，可选择一款台式机。

若是普通家庭录、放语言和收听广播用，选择输出功率为1～2瓦即可；若是大型台式机用，可以选择输出功率为5瓦的；若是以欣赏音乐为主的立体声收录机，选择一款输出功率是在2×5瓦以上，且组合机在2×10瓦以上的。

7.录音机磁头老化鉴别

（1）当录音机的声音出现明显失真或抹音不净等现象，而机械部分工作正常、电路部分无故障，且经清洗、消磁、调整磁头角度后仍无改善时，则表明录音机的磁头已经老化。

（2）如果录音机的磁头表面与磁带接触部位有较明显空隙，则表明磁头已经老化。

8.录音机磁头磁化鉴别

切断录音机电源，打开磁带仓门，用细线吊一根大头针慢慢靠近磁头，如果大头针被吸住，则表明磁头已磁化，须经过消磁后方可再用。

9.录音机磁头缺损鉴别

切断录音机电源，按下走带键，将宽度小于磁头的塑料薄片紧贴磁头慢慢向下伸，若塑料片明显受阻，则表明磁头已被磨损，须经过更换后再用。

10.鉴别录音磁带质量的技巧

（1）质量好的普通氧化铁磁带应呈灰色或黑色，而不是棕色或褐色的。质量好的锚带表面乌黑发亮，但只能在有磁带选择开关的录音机上使用。

（2）质量好的磁带表面亮，磁粉粒度细、密度高，对磁头磨损小，高频特性好。

（3）一般60分钟的磁带，当一边带轮上缠满磁带后，总厚度占刻度5格的磁带可以放心使用，不会轧带；总厚度只占总刻度一半的磁带则表明质量不好。

（4）磁带带基不平直或有带边，呈海带状等情况的磁带均不能再使用。

11.录音磁带的不同种类

（1）常规磁带：适用于家庭录制音乐和语言节目，有3种规格：

LN带：是低噪声磁带，表面呈棕色，高音略差，中、低音比较好，价格低廉，适用于语言录音。

LH带：是低噪音高输出磁带，表面呈茶褐色，它除了有LN带的优点外，高音段输出的电平比LN带好，适用于一般音乐节目录音。

高性能LH带：高音特性上面两种都好，且噪声也减少了，高保真性能好，最适合乐曲录音。

（2）铁锚磁带：带基呈灰黑色，动态范围宽，灵敏度高，噪声低，价格较贵，最适合录制动态范围比较大的高保真度音乐节目。

（3）氧化锚磁带：简称锚带，带基呈墨绿色或灰黑色，噪音小，高音好，动态范围宽，输出大，最适宜录制交响乐曲等，但中、低音稍差，消耗功率大。

12.鉴别原装录音磁带

（1）在原装磁带的头尾，有一段呈半透明、白色的带基，而复制带没有。

（2）原装带盒上的螺孔没有拆装过的痕迹，而复制带有轻微的损伤。

（3）原装带的每一段录音之间的空隙，没有杂音和交流声，而复制带有比较明显的交流声。

（4）原装带的包装精美，且有内容说明，而复制带的衬纸印制比较粗糙，色彩暗淡，无内容说明。

13.鉴别真假激光唱片

（1）激光唱片因为生产工艺复杂，技术严格，因而真品成本较高；假货一般以成品代替母盘，售价因而便宜得多，但质量根本无法保证。一般专业店出售的应该是真品。

（2）汇集热门曲目的激光唱片应多加提防。

（3）不标明制造单位的、来历不明的激光唱片可能是假货。

（4）封面包装不精致，有明显手工制作痕迹的，肯定是假货。

14.选用卡拉 OK 混响器

选用卡拉 OK 混响器时，要考虑与音响设备的性能协调。当音响设备具备音频输入输出时，可选择带有线路输出方式或功率放大的混响器；音响设备有调频立体声时，可选用有调频输出方式的混响器；若只有一对音响，可选用有功率放大功效的混响器。豪华型的混响器具有动态范围宽、多路声源输入、功能较全等优点，但价格也很昂贵。

15.选购 DVD 机

DVD 机比 VCD 机具有更大的信息存储量，同时可以播放 VCD 碟片。它的视频和音频信息质量都比较好，远远超过 VCD 机。其音频信息是用杜比 ACJ 数字环绕立体声，音质极高，让人身临其境。

国际上在 1997 年制定的 DJD 机区域代码，把全球分为 6 个区域，中国属于第 6 区域。在我国购买的 DVD 机，在其背面可以找到区域代码。如果没有或不正确就有可能无法使用。

16.保养 VCD 碟片

（1）变形扭曲的碟片可以放在两张白纸中在平板玻璃下面压平。

（2）灰尘过多的碟片可以用 20℃左右的温水擦洗干净。

（3）沾有汗迹和油污的碟片，需要洗涤精或中性香皂涂抹后，放入 20℃左右的温水中用绒布擦洗。

17.保护碟片的方法

（1）拿碟片的手要保持洁净

在拿取碟片前要注意手的清洁，手指上不能有腐蚀性的脏物、油污、汗渍等。科学的方法是用中指勾住碟片中心孔位，大拇指按住或扣住碟片边缘拿取。

（2）注意存放科学

如碟片使用完毕，应将其装回塑料薄膜袋或盒袋中。防止碟片长期裸露，尤其不能随意散乱堆放，人为造成碟片之间碰撞、挤压或碟片表面磨损、划伤等。正确的方法是像书那样将装好的碟片远离磁场，竖放在一起。

（3）合理清洁

如果碟片的反光面有脏物，手头又无专用光碟清洁剂时，可用凉白开水冲洗，再用柔软的绒布、镜头纸或专用清洁刷将其擦洗干净，放在通风处自然干燥。不能用棉织物擦洗碟片，因为会在上面留下棉纤维和痕迹，导致 VCD 机损坏或不能正常工作。

18.家用摄像机使用和保养

（1）使用家用摄像机时，不要将镜头长期对准光源，避免镜头长时间固定地摄取同一景物，特别是景物明暗对比度较大时，更应注意。

（2）家用摄像机与其他电视设备进行连接前，必须首先切断所有电源。

（3）家用摄像机使用结束后，应关闭光圈，将镜头盖盖上，同时将电源开关关闭，拔掉电源插头或取出电池。

（4）摄像机在调整和使用时应避开磁场，以免图像抖动和失真。

（5）避免在湿度较大、粉尘较多或充斥有腐蚀性气体的场所使用摄像机。

（6）不要用手摸镜头表面，若表面有灰尘，可以用软毛刷将其轻轻刷去，也可以用干净的软面蘸镜头清洁剂来擦拭。

（7）使用摄像机时，经常注意电池临界放电指示。当电池电压下降到某一临界值时，依据摄像机录像器中的警告指示，及时更换电池。忌不更换电池继续使用，导致因放电过度而造成的电池损坏。电池从摄像机中取出后，应立即充电，否则易造成电池损坏。

（二）电视机与冰箱

1.选购电视机的技巧

（1）根据价格来选购

进口电视机与国产电视机的功能不同，其价格也会有所不同，但它们的质量却相当。因此，若是工薪阶层消费者，可以放心选择国产名牌。它的价格也要在自己所能承受的范围内，当电视机的质量发生问题是，也容易得到解决。

（2）根据功能来选购

在制式的选择上，PAL 制主要适用于中国、澳大利亚、英国、瑞士、巴西、新西兰、比利时等国家的消费者。NTSC 制主要适用于美国、日本、加拿大、墨西哥、菲律宾、等国家的消费者;SECAM 制主要适用于俄罗斯、法国、古巴、中东各国等国家的消费者。

在显像管的选择上，有直角平面管和球面管两种选择。

在显像的选择上，有画面显像和多重画面。

在伴音的选择上，则有双声道输出和单声道输出的选择余地。

2.鉴别电视质量

（1）看光栅：在还没有接收信号前的瞬间，黑白与彩色之间的光栅屏幕上都会布满黑白噪声点。当把对比度关小时，噪声点会变淡。扫描的时候，线均匀清晰，没有颜色变化，只有明暗变化。

（2）观图像：当将电视信号接入后，将电位器的饱合度关闭，看彩电所接收的黑白图像，检查除了色度通道外电视机其他部分工作状况，此时，屏幕上没有勾连和噪波。

（3）听伴音：当把收音旋钮调到最大的时候，伴音应清晰、洪亮，没有明显的干扰噪声和交流声，图像上没有随着伴音大小的变化而产生抖动和干扰条纹。

（4）查质量：将颜色的饱和度旋钮从最小转到最大，看看彩色是否会出现失真现象。当电视机在接收彩色信号的时候，屏幕上从左到右会出现白、黄、青、绿、紫、红、蓝、黑的信号，将对比度和亮度调到合适的位置，用色度旋转钮来调图像色彩的浓度，当旋转至最小时，会出现纯净黑白图像;往顺时针方向旋转，颜色会逐渐加深;当旋转到最大的时候，色彩最浓，且没有彩色信号的输入，外加一个天线来观察图像信号，同样也能检查出接收彩色信号的能力。

3.鉴别冒牌电视机的技巧

（1）冒牌电视机的包装纸箱质量粗糙，字迹因多用刷子刷成，所以模糊不清、难以辨认。

（2）冒牌电视机机器外壳上，通常没有商标铭牌和厂家名称，且无合格证。

（3）冒牌电视机开机后通常图像不清晰，大小不协调，杂音较大且时常抖动，整机会出现轻微的震动。

4.鉴别电视机功能按钮质量

在调整彩色旋钮的时候，将电源接通后，图像会很快出现，对比度控制旋钮、色彩控制旋钮作用明显;频道选择的按键使用非常灵活、自如，画面稳定、节目稳定者为佳。

5.鉴别电视图像稳定性

在选购的时候，若接收的电视信号一经调好后，图像即会稳定，没有上下移动、左右扭动、局部晃动等异常现象。当场频钮及行频钮处在调整范围的中间部位时，图像应该处在同步的状态。当附近过汽车、电车或者室内点燃日光灯、使用电风扇及录音机等电器设备的时候，图像不应该出现滚动及扭曲的现象。当电源的电压变化在正负10%的时候，伴音及图像质量不会受到任何影响为佳。

6.检测彩电质量

（1）检查灵敏度：一般可以通过观察荧光屏上面的噪波点来判断。在没有信号输入的时候，噪波点越小、越多、越圆，则说明其灵敏度越好、越高。

（2）检查功能：按说明介绍的要求和方法，逐项检查静噪、遥控、OPC、AV和自动行驶等功能是否正常。

（3）检查光栅：合格的标准应该是无滚道、无弯曲、表面无色斑、高度均匀、光栅充满整个荧屏；高度旋钮调到最大的时候，光栅有刺眼的感觉。

（4）进行耐震检查：用手在电视机的机壳上轻轻拍打，看图像是否有跳动、闪动或者无图、无声等现象，同时，机内也不应该有异常的声音。

（5）检查伴音：伴音应该随着音量电位器的调整，声音宏亮、大小变化分明、柔和悦耳，不应该有较大的交流声和沙哑声。

（6）检查调色变化：当色度旋转调到最小的时候，画面应该变成黑色图像；当调到最大的时候，色彩应该很浓。

7.选购平面直角彩电

电视机所显示的图像是扫描而成的，扫描行数是国家统一规定的625行。若屏幕太大，而又近距离收看，则会看到扫描线（即光栅），所看到的图像是一行行组成的，眼

睛很不舒服，且容易疲劳，若时间长了，容易造成近视。同时，屏幕大了，也不会将电视的清晰度提高。所以，选择屏幕尺寸的时候，要跟房间的面积相适应。一般约15平方米的房间，可选用54厘米（即21英寸）、约20平方米的房间，可选用63厘米（即25英寸）、30平方米以上的可选用74厘米（即29英寸）的彩电比较合适。

8.选购匹配DVD彩电的技巧

（1）要选择分辨率在500线以上的彩电，因为DVD分辨率一般都在500线以上。如果彩电的分辨率较低，就难以展现DVD的高质量的视频。

（2）选择有接入DVD机的输入端子和AV麦克风接口，外接音箱插口的彩电。这样视频中的色度、亮度信号可单独输入，互不干扰。

（3）选择新型纯平彩电，这样的彩电没有弧度，反光率极低，无论从哪个角度看，影像与文字皆不会弯曲、失真。

（4）最好选择标明"中国丽音"，可接收PAL-D中国制式或是PAL-I香港制式的机种。这样的彩电均有数码丽音、立体声音频输入功能，能接收高保真立体声广播和3种以上语言的伴音、超重低音及杜比环绕声。

9.鉴别升级电视的技巧

中央微处理器（CPU）是升级电视机的核心，它能优化电视的伴音调节、图像，提高收视效果，且保证了电视的稳定性，从而使电视机的寿命大大延长了。

升级电视机程序的存储器大部分都采用了超大容量的48K字节的芯片，从而实现了以前所没有的多样化功能，如来电显示、智力游戏、节目指南等多项新功能。

10.使用彩电遥控器

在使用遥控器来控制彩电的时候，值得注意的是：当按下关闭（OFF）键后，虽然屏幕上的图像会消失，还必须将电视机面板上面的电源开关关掉，电视机才能完全停止

工作。因为用遥控器关机后，彩电里的消磁电路还通着电，它的消磁电阻一直处在高温的状态，很容易脱焊或损坏。且长期通电，还会使磁作用失去，使显像管磁化，而产生色不纯的故障，因此，每次在使用遥控器关机后，应将电源开关也关掉。

11.电视机色彩的调节

调节的时候，可以利用屏幕上的彩色测试图来调节：先把色饱和度旋钮调到最小，然后再调节它的亮度和对比度，直到满意程度，即格子黑白分明，且中间的灰色层次比较丰富。然后再调节色饱和度，直到清晰柔和、色彩绚丽为止。当图像出现后，再适当地调准人体肤色的色彩。在使用电视机的过程中，色彩若一时有变化，差转台或电视台会自动调节，不要再频繁地调节电视机。热天适合调成偏冷色调，即绿色、蓝色；冷天适合调成偏暖色，即橙色、红色。对色饱和度，要掌握在收看的时候感觉舒服，且不易疲劳，和自然色调相宜为好。

12.避免日光灯干扰电视机的技巧

在看电视的屋里，不要安置吊式的日光灯，因为日光灯是靠高速运动的电子来撞击荧光粉来发光的，因而，在它的高速运动的时候，会产生电磁场，并受到交流电的影响，高频成分会介入电视机的天线中，混合在电视台所发出的信号里，对电视机形成干扰，造成很多有规律的跳动小白点在荧光屏上，严重的时候，还会出现上下缓慢滚动的情况，或者干扰到电视的伴音，发出嗡嗡的交流声。

13.使用和保养电视机

除了根据电视机说明书对其进行使用、操作外，还要考虑电视机的环境要求和使用场合。若在梅雨的季节里，则要经常使用，每周最少要使用 1 到 2 次，且每次使用的时间约为 1 小时左右；电视机使用的环境要尽可能避免磁场干扰，若电视机在比较长的时期内不需使用，如果达到 6 个月以上，则应

把所有功能键全部处于停止的工作状态，并将其放在通风干燥处存放，尽量避免灰尘、油烟的侵蚀。

14.电视机的防磁

（1）安放电视机的位置尽量跟电源的插座远离，与共享天线插座要近些。

（2）由于电视机会受到了各个方面的磁场影响，因此，要将电视机远离有磁场的物品，如录音机、变压器、扬声器等。

（3）电视机的馈线做得越短越好，不要把多余的馈线沿墙绕成直角，或者线卷绕起来，拆成很多硬弯，这样，收视效果会受到影响。

（4）若电视机采用室内天线，应将整个天线所需要的空间留出来，也应将天线远离铁管、金属窗等。

15.保护电视机及时关机的技巧

若看到机内冒烟、打火或者闻到机内有糊味，或者有强烈的异常声响，发现图像突然间闪烁不停、伴音忽小忽大，图像上面出现了满幅的回归线或者出现了一条水平的亮线，看到彩色图像出现异常，发现开关、机壳、旋钮等损坏露出出金属部位，发现插头、电源线、天线漏电等情况，应马上把电视机关掉。

16.电视机响声识别

（1）开机时的响声。电视机开机瞬间发出轻微"吱吱"声或"嗡嗡"声时，属正常现象；如果"吱吱"声很大，并能嗅到一股臭味，同时屏幕上出现了小麻点，则表明电视机已经有了故障，应当立即检修。

（2）收看中的响声。在电视机收看过程中，有时会出现近乎爆裂的"咔咔"声，这是因机内温度升高导致外壳热胀而发出的声音，属正常现象。

（3）收看中的"放炮声"。如果电视机在收看过程中，机体内发出响亮的"放炮声"，同时图像或伴音出现异常，则应立即关机进行检修。

（4）关机后的响声。电视机在已经关闭了一段时间后出现了"咔咔"的响声，这是由于机体内温度降低引起机壳冷缩而发出的正常音响。

17.清洁电视机屏幕

可用专用的洁视灵、清洁剂和干净的软布来擦洗，它能将荧屏上的污渍、手指印及污垢去除，或者用一个干净的棉球蘸上些磁头清洗液来擦拭，然后再用干净的布擦拭干净即可。也可以用水来清洗电视机屏幕，但由于屏幕是由玻璃所制成的，所以，为了避免在清洗的时候因冷热骤变而使屏幕受损，应先将电视机关掉，等它冷却后，才能开始清洗。

18.清洁电视机外壳

在清洗的时候，先拔下电视插头，并将电源切断，然后再用柔软的面巾擦拭，千万不能用溶剂、汽油或任何的化学试剂来清洁。若外壳的油污比较重，可用40℃左右的热水加4毫升左右的洗涤剂，将其搅拌均匀后，再用干净的软布蘸着来擦拭。对于那些外壳上面有缝隙的地方，可以用泡沫清洗剂来对其进行清洗。因泡沫不易流动，所以，不能落入电视机内部。不过，在喷洒泡沫的时候，要斜着喷洒，不要正对着缝隙来喷洒。喇叭上面的灰尘要用鸡毛掸轻轻地拂去，待全部清除后，再用电吹风的冷风从上到下吹一遍即可。

19.选择电冰箱结构形式

（1）具有冷冻和冷藏功能的双门电冰箱，它一般具有比较大的冷冻室，能储存各种食物，是现代家庭比较理想的电冰箱。

（2）三门电冰箱比双门电冰箱要多设了一个温度稍高、保湿保温效果比较好的果菜室，它一般在电冰箱的下部，因此，不同储藏温度的食品可以分别放在不同箱门内存储。这样，能将储藏物间的相互干扰减少，还能减少电冰箱里的冷气流失。

（3）四门式电冰箱是根据各种物品对冷冻、冷藏温度要求的不同而设立的冷冻室、冷藏室、果菜室和激冷室，它能使电冰箱功能尽善尽美，这是一款比较理想的豪华型家用电冰箱。

20.选择电冰箱外观

（1）要注意箱门和箱体四周要平直，装配要牢固，箱门不能歪斜，轴销与转动轴之间的间隙要配合良好，用手来推拉箱门的时候，手感要比较灵活。

（2）涂在冰箱表面的色泽要均匀，光亮，不要有锈蚀、麻点、碰伤或者划伤等痕迹。

（3）电冰箱里的电镀件要保持细密、光亮，不要有镀层、脱落等情况。

（4）箱体、箱门和门襟等接触处，不得外漏发泡液。

（5）门胆和内胆表面要光洁、平整，特别是过度圆角附近，要注意搁架尺寸的适中性。

（6）用目测来检查一下电冰箱门的封条跟箱体间是否严实、平整。

（7）电冰箱的温度控制器旋钮要转动灵活，按下化霜按钮后，就能迅速回弹复位。

21.选择电冰箱容积

一般家用电冰箱的容积都是指"有效容积"，指的是电冰箱里实际能供储存物品的空间容量，而由欧洲等国家所生产设计的家用型电冰箱容积指的是"公积容积"，包括搁架、蒸发器等所占据的容积及其他不能使用的容积面积，因此，国外的厂家所指的"公积容积"要比"有效容积"大10%～20%以上。所以，在选购冰箱的时候，要考虑好这个因素，从发展眼光和经济实力来看，电冰箱还是选大一些的好。

22.鉴别电冰箱质量优劣

（1）看外形，要仔细看一下电冰箱的造型色彩，看看外层的漆膜是否光泽不均匀或剥落的现象。

（2）将电源接通后，把温度调至第二

档。然后让自动控制器多次进行自开、自停地操作，以检查它的温控装置是否有效。

（3）检查压缩机噪音大小及是否正常运转。

（4）将调节旋钮调至"不停"的位置，约 30 分钟后电冰箱的蒸发器里就会有霜水，然后再检查一下蒸发器四壁的霜水是否均匀，散热是否一样；最后检查箱门是否使用灵活或开关密实。

23.鉴别电冰箱温控器

（1）当电冰箱通电约 5 分钟后，调至"强冷"档，让压缩机开始正常的工作。

（2）约 7 分钟后，将开关调至"弱冷"档，将压缩机工作停止，同时，会发出"的嗒"警报声。

（3）约 5 分钟后，调至到"强冷"档，压缩机又开始正常工作，这样，便可断定温控器是正常的。

24.测电冰箱的启动性能的技巧

（1）若通电后压缩机能够启动并正常运行，断电后又能立即停止工作，则说此压缩机启动的性能好。

（2）将电源再接通，压缩机在 1 秒钟内又再次启动，并投入了正常运行，则说明此压缩机启动的性能良好。

25.测电冰箱的噪声的技巧

用手摸一摸压缩机的外壳，若有拉动的感觉，且逐渐转入稍稍震动的感觉，则说明是正常的；若启动后，冷凝器、毛细管抖得很厉害，则说明电冰箱不正常。

26.测电冰箱制冷性能

（1）把电冰箱里面的温度控制器旋"停"档位，将电源接通，然后，检查一下灯的开关和照明灯，当打开箱门的时候，照明灯会全亮，箱门在要接近全关的时候，照明灯会熄灭。

（2）把温度控制器调到"强冷"档位，电冰箱压缩机则会开始运转，电冰箱里的其他电器也会开始正常工作，约 5 分钟后，用手先摸一摸电冰箱的冷凝器（在冰箱后背或两侧），会有热的感觉，且热得越快越好。将箱门打开，用手摸一摸蒸发器，会有冷的感觉。

（3）再把箱门关上约 20 分钟，当冷凝器部位非常热时，将箱门打开仔细看一下蒸发器，上面应该会有一层薄薄均匀的霜体。如果蒸发器上面结的霜不均匀或者某一个部位不结霜，则说明此电冰箱制冷的性能不好。

27.电冰箱门封检测

（1）将手电筒开亮放入电冰箱内，漏光不明显则表明冰箱门封严密。

（2）可用薄纸片放于电冰箱门封四周，关门后纸片滑落则表明密封较好。

28.调节电冰箱温度

在使用电冰箱的时候，一般要从小数字开始高温，当箱温稳定后，才能进行第二次高温，一般调到中间便可，不需要冷冻食品的时候，可调到"弱冷"，这样可以省电。

由于直冷式冰箱里只有 1 个温控器，冷藏室的温度随冷冻式温度变化而变化。当使用"强冷"时，使用的时间绝对不能超过 5 小时，这样，能避免冷藏室里的食物冻结。

无霜式冰箱里有 2 个温控器，在使用的时候，可将旋钮互相配合，这样，既保证了冷藏室里的温度不会高于 0℃，又能使冷冻室里的温度达到所需。若想快速冷冻，只要把旋钮调至"强冷"处即可，当速冻后，再拧回原处即可。

29.冰箱接地应安全

电冰箱下的 4 条腿不但起到支撑的作用，还担负着地线的职能。若电冰箱里的温度变化，水分很容易被蒸发，且电冰箱里的湿度也比较大，因此，很容易使电冰箱产生感应电流及漏电，若电冰箱的 4 条金属腿是直接与地面接触的，那么产生的感应电流也可经过它导入大地，从而增加了它的使用安全性。如果在电冰箱的下面垫一块皮垫或者其他的绝缘物体，那么，电流就不能流入大地，当电冰箱漏电的时候，就容易使人触电。

30.应对冰箱断电的技巧

电冰箱如突然断电，若想使电冰箱里的食物不容易化冻，可放一铜块在电冰箱的速冻室里，最好不要少于 250 克，这样，冰箱里的温度就可以在 6 ~ 8 小时内不上升。当然，也要注意卫生，在用的时候，可用无毒的聚乙烯薄膜将铜块包好后，再放进冰箱。

31.处理电冰箱漏电的技巧

若断电器插孔和接线端有了水迹，可先用干抹布将水迹擦拭干净，然后再用电吹风将其小心吹干，装配试机，即可恢复正常。

32.鉴别电冰箱响声

电冰箱在运行的过程中，一般都会发出各种噪声，有些是正常的，有些却又不是正常的，因此，要仔细辨别。

（1）嘶嘶声：正在运行的电冰箱若发出"嘶嘶嘶"的气流声，同时，还有液流声，且是较柔和的噪声，不会影响正常使用。

（2）啪啪声：若电冰箱发出了"啪啪啪"的响声，一般是在压缩机启动或者停止的瞬间产生，有时只有一下，有时会有两下，这不会影响正常使用。

（3）咯咯声：若电冰箱出现了"咯咯咯"或者"嗒嗒"的声音，同时，还伴有压缩机比较明显地振动，说明压缩机机体有松动或损坏，以致于可能发生撞击，此时应及时维修。

（4）咕咕声：若电冰箱发出了"咕咕咕"的叫声，是冷冻机里油过多而进入了蒸发器所发出的吹油泡响的声音，此时，应及时维修。

（5）轰轰声：若电冰箱出现了"轰轰"的响声，且声音在运行的时候，从电冰箱的压缩机里发出，说明压缩机内的吊簧脱位或折断，此时，要及时维修。

33.除电冰箱噪音

若听到压缩机发出了轻微的运转声，或者听到电冰箱在旋转时发出微弱、低沉的风机声，且用手去触摸箱体时，有震动感，那就表示电冰箱有了噪音。此时，应该检查一下电冰箱安放的位置，电冰箱应放在坚实、平稳的地板上，避开阳光直射，要远离热源，避免环境潮湿等，不然就会增加噪音和振动，因此，在放置电冰箱的时候，在墙四周要留出一定的空间。

34.正确使用电冰箱插座

不要将彩电、电冰箱等插在同一个插座上，这样，有可能会有意想不到的危害。因为彩电和电冰箱在启动的时候，电流都很大，电冰箱启动的电流是额定电流的 5 倍，彩电启动的电流是额定电流 7 ~ 10 倍。如果同时启动彩电、电冰箱，引线及插座接点都很难承受，这样，就会互相影响，而产生意想不到的危害。

35.电冰箱电源插头的使用技巧

电冰箱在正常使用时，当里面的温度低到一定值的时候，温控器就会将电源自动切断，这时，制冷剂的压强就会很低，相对电动机负载压缩机来说，是比较小的，电动机很容易正常启动。如果将电源强制切断，在制冷剂相当高的压强下又立刻接通电源，高压强使电动机的负载过大，启动的电流是正常值的 200 倍。这样，就很容易因过大的电流而使电动机烧毁。因此，不可随意拔、插电冰箱插头。在必须要断电的时候，应最少经过 3 分钟后，才能重新接上电源。

36.电冰箱停用重新启动技巧

电冰箱在停用一段比较长的时间后，压缩机里的润滑油就会发黏，使机内各个工作部件都处在干涸的状态。若突然开机使用，压缩机的活塞只能够在没有滑润的状态下工作，这样，会很难启动压缩机，从而使压缩机的寿命受到影响。因此，电冰箱停用一段时间后，在通电使用前，最好把电冰箱放在室内温度比较高的房间里，将电源插头插上，启动一下压缩机，然后再把电源拔下来，过一段时间后，再插上，这样反复几次，使压缩机里面的润滑油对每个工作部件都喷淋一下，让各个工作部件都能得到足够的润滑，然后，即可开机使用。

37.冬季电冰箱温控器技巧

当天气转凉后，很多家庭会将电冰箱内的温控器调到最低挡，以为这样可以省电。其实，当把它调到最低挡后，温控器里的弹簧会拉紧，冷藏室里的温度会稍稍地增高，压缩机即会启动运转，且运行的时间缩短，启动的次数也就相应增加。压缩机每天的运行时间会稍稍缩短，但由于启动的电流大，一般是正常电流的 6 ~ 8 倍，因此，启动次数的增加而会使耗电量也有所增加，所以，在温度有所下降的天气里，仍然以中等温度比较合算，不宜调得过低。

38.扩充单门电冰箱冷冻室的技巧

取出单门电冰箱冷冻室下的水盘，插放在冷藏室里最高一格，铺一块与网搁架深度略小、宽度相同的聚乙烯泡沫板在水盘上再放上原有的网搁架，在它的前面制作一块简易的护门（可用 10 ~ 20 毫米厚的聚乙烯泡沫板制作），用食品袋将它裹住，然后再用胶水粘紧，最后把温控器旋到稍偏冷的位置即可。这样能使冷冻室内的容积扩大 15 立升以上。

39.电冰箱除霜技巧

先把温控器旋钮旋至"最冷"挡，让其运行约 20 分钟，使电冰箱里面的食品具有比较低的温度，然后将电源插头拔去，把箱里面的食品尽可能放在一起。将电冰箱门打开，放一碗温水在蒸发器上，关上箱门，几分钟后再换水，重复几次，直至冰块大面积脱落，然后，再用木铲将剩余的冰霜轻轻铲去，最后，用干净的毛巾将四周擦干净。有些电冰箱可以使用电吹风把蒸发器或冷冻室四壁吹热风，以使化霜时间缩短。

40.用电风扇给电冰箱除霜

夏季，在冰箱的冷冻室里常常会结一些很厚的霜，清除的时候非常费事，要是等霜融化后，又需要很长时间。此时，可把电风扇对准冷冻室，将电风扇的挡开到最大，经过风来吹霜，即可使其很快融化，这样，再清除的时候，就非常容易了。

41.电冰箱停用的保养

电冰箱停用以后，首先，要将存放的食物取出，然后，将冰箱内部彻底清洁一遍，将蒸发器表面的水分用干布吸干。由于蒸发本身的温度比较低，当表面的水分被吸干后，仍然有可能会冷凝水分。因此，要到冰箱内、外的温度完全平衡以后，还要再一次将水分吸干，并且要留出一定的缝隙，以保持通风。否则，会使冰箱内的金属零件腐蚀，严重的时候，可能还会使蒸发器泄漏。

42.电冰箱外壳的清洗技巧

（1）若冰箱的外壳有了污垢，可用干净的抹布蘸些牙膏慢慢地擦拭，也可以用软布蘸湿后将灰尘擦去，对于有油污的地方，可以用少量的清洁液，最后再用干化纤布来擦拭，使其具有光泽。

（2）若电冰箱的外表泛黄了，可使用金属亮光剂来擦拭，在软布上蘸些亮光剂，轻轻地擦拭泛黄处，即可恢复原来的面目。

（3）可将等量的中性清洁剂与漂白剂混合，然后再用干净的软布蘸些溶液来擦拭，再用清水洗净，用干布擦干即可。

（4）若是要清洁冰箱背部，则可每半年用吸尘器或鸡毛掸子将其清除。

43.预防电冰箱生霉菌的技巧

熟肉制品不能直接与电冰箱里的内胆接触。热食物要冷却后，才能放进冰箱里贮藏，尽量减少冰箱里有潮气。防止酱油、菜汤洒在冰箱内。若电冰箱要暂停使用，应将其拭干，不要关紧冰箱门，应当留一定的缝隙，这样才能使冰箱里的潮气排出。

（三）家用电脑

1.选购笔记本电脑

（1）在选购超薄笔记本电脑之前，最好先了解一下笔记本电脑存储的知识。

（2）衡量一台笔记本电脑优劣的一个直观的标准是它的 CPU 运行速度。

（3）电池容量及使用寿命也是衡量笔记本电脑好坏的重要指标之一。通常超薄笔记本电脑以锂电池、镍氢电池或碱性电池作为主电池。

（4）选购的笔记本电脑最好能内置Modem 和配置红外线接口，这样可大大突出其本身的便携性。

（5）对于电脑操作不太熟悉的消费者来说，最好去选购一个具有良好品牌服务的笔记本电脑，以便确保售后服务和技术支持。

2.选购家用电脑

选购家用电脑时，首先应明确所购电脑的用途，并结合自己的经济情况来购买。目前购买家用电脑主要有选购品牌机和选择相应档次的系统及部件来组装电脑（攒机）。品牌机性能较为稳定，并且有良好的售后保障，但价格通常较高，且配置的余地较小。攒机可根据自己的实际需要来配置，但稳定性相对较差，并且也缺少相应的售后服务，不过从价格来说比品牌机要有优势。

3.用测试软件选购电脑

（1）用电脑测试软件，可帮助选购电脑，提示该机的情况。

（2）检测电脑，可以显示该机的性能。

（3）帮助学习电脑，不懂的时候可以向它查询。

（4）升级电脑，若有疑问可向它询问。

（5）购买时请商家提供该电脑的详细资料（随机说明书等宣传资料），然后用其软件进行各项分类的测试。

（6）用测试结果对照说明书上的有关承诺，来决定是否购买。

4.选购电脑避误区

（1）不要图便宜，选购假冒、劣质商品。

（2）评测结果可能很多，其评测结果只可作为参考，关键还是要货比三家。

（3）不要被热情的服务所蒙蔽，一定要冷静下来审外观、查产地、看品牌、问性能、全面评估决定取舍。

（4）一定要查明销售者与维修者是否为一体，他们的承诺是否可以兑现。

5.攒机辨缩水显卡

（1）显卡同样是 64MB 或 32MB 的显存，采用 SDRAM 显存时其显卡性能就会大幅下降，通常要比同类型采用 DDRSDRAM 显存的显卡要慢 35% 左右。所以要避免商家将显存由 DDRSDRAM 变为 SDRAM。

（2）避免商家偷工减料或改变组件安装。将显存由 128 位降为 64 位。这种缩水也会导致显示性能大幅度下降。

6.购买电脑显卡的技巧

借助专业的显卡测试软件，例如 NVIDIA 显卡的工具软件 RivaTuner，或者用通用显卡工具 PowerStop 来测试，即可告诉你显卡是 DDR 版还是 SD 版的，核心频率和显存频率是多少。

7.购买液晶显示器的技巧

（1）应检查其亮度是否均匀。同时也应注意它的可视角度，一般可视角度越广越好。

（2）一定要选 LCD 响应时间小于 40 毫秒的显示器。

（3）注意液晶板的质量、产品的售后服务等。

8.鉴别液晶显示器质量

由于液晶显示器的显示屏材料是采用玻璃制造而成的，很容易破碎，常常会出现个别的像素坏掉的现象，俗称有"亮点"，一般出现这种亮点是无法维修的。根据国家规定，6 个亮点以下的液晶屏是合格产品。目前知名品牌的电脑基本都可以达到这一标准。

9.日常电脑保养

（1）防磁场：较强的外部磁场会影响电脑的主机或显示器的正常工作。如磁铁、手机等产生强磁场的物品。如果长期受其影响，显示器的颜色会失真。

（2）防高温：在温度过高的环境下工作，会加速其电脑部件的老化和损坏。一般在 15℃～30℃为宜。

（3）防水：避免在电脑工作台上放置水杯或饮料等，以免意外溢水，造成键盘内部短路等。

（4）防尘：灰尘可对电脑本身增加接触点的阻抗，影响散热或电路板短路，而使电脑过早老化。因此，日常要保持电脑的清洁。

10.检测电脑的技巧

检测的对象如果是台式电脑，购回后可连续开机 2～3 天（夜间不关机）；手提电脑比台式电脑相对要短得多，以 10～12 小时为宜。同时，可较长时间玩一些对电脑配置要求较高的游戏以便检测机器的性能及稳定性。

11.正确使用电脑的技巧

（1）在电脑工作时，严禁插、拔电脑电缆或者信号电缆。

（2）在未关闭电源的情况下，严禁打开机箱插拔内部电缆及电路板。

（3）不要在电脑工作期间内搬动或晃动机箱或显示器。

（4）在软盘驱动器转的时候，严禁插、拔软盘，以免损坏软盘和磁头。

（5）电脑工作停止时，再按程序退出。

（6）关机后，若想再开机，则必须间隔 1 分钟以上。

（7）电脑长期不用的时候，要将电源插头拔掉。

（8）当使用外来软盘时，一定要先用查病毒软件对其进行检查，当确认无病毒后，方可上机使用。

（9）使用格式化程序、设置程序、删除程序、拷贝程序的时候，要特别小心，以防带来不必要的损失。

（10）对于那些重要的文件，要注意备份，软盘要远离磁场、电场、热源。定期用磁盘碎片整理程序、硬盘，提高运转速度。

（11）若遇到自己不好处理的问题，最好请专业人士来解决，不要盲目动手，以免将故障范围扩大。

12.修理不灵活鼠标的技巧

机械鼠标过了几周后再使用时，即会发现，鼠标的反应不是那么灵敏了。其主要原因是由于鼠标里面的滚轮上沾了些灰尘。其解决办法是：先移走鼠标的感应球，然后把底部的螺丝拧下来，彻底清理鼠标内沾染的污垢即可。每几周或者每个月要定期清理鼠标，能使它在移动的时候，始终保持平滑流畅，灵敏如初。

13.使用新购电脑的技巧

买回电脑后，首先，根据自己实际的需要对整个硬盘进行合理的分区。一般情况下，C 盘为驱动盘，最好只安装程序。可将个人的文档安装在其他的盘上，比如 D、E 盘等。这样，系统一旦出现了问题，只要将 C 盘格式化，其他个人文档也不会受到影响。电脑买回后，一定要保存好所有硬件的驱动程序，最好做一个备份。使用好一点的驱动程序，要经常更新、升级最新版本的驱动程序，拒绝垃圾。不要安装太多无关紧要的程序，限制那些没用的"垃圾"文件，保持硬盘上所有文件存放的整洁，若您遇上不正常现象，要及时通知软件开发商，请求他们的帮助。

14.使用电脑驱动器的技巧

在使用驱动器工作的时候，绝对不能放进或抽出磁盘，已霉变、破损的磁盘不要再放进驱动器里读、写，以免污染磁头和损坏驱动器，造成读写故障。

15.维护液晶电脑的技巧

不要让任何带水分的东西进入液晶电脑里，一旦有这样的情况发生，就应马上将电源切断。若水分已经进入液晶电脑，则应将其放在比较温暖的地方，如台灯下，把里面的水分慢慢蒸发掉。最好还是请服务商帮忙。由于液晶电脑像素是由很多液晶体所构筑的，若连续过长地使用，会使晶体烧坏或老化，不要长时间让液晶电脑处于开机状态。此外，液晶电脑很容易脆弱，在使用清洁剂的时候，不要直接在屏幕上喷清洁剂，它有可能使屏幕造成短路。

16.护理电脑光驱的技巧

保持光盘、光驱清洁；保持光驱水平放置；定期保养、清洁激光头；关机前一定要将盘取出来；少用盗版光盘；减少光驱工作时间；正确开、关盒；尽量少放影碟；利用程序进行开、关盘盒。

17.保养笔记本电脑的技巧

在使用笔记本电脑时，应注意以下几点：

（1）不要把笔记本电脑当成咖啡桌、餐桌使用，不要把饮料、茶水洒在笔记本电脑上，因为笔记本电脑不防水。

（2）不要把磁盘、信用卡、CD等带磁性东西放在笔记本电脑上，它们很容易消去硬盘上的信息，也不要让笔记本电脑放在有微波的环境中。

（3）不要把笔记本电脑存放在高于35℃或低于5℃的环境中，当笔记本电脑在室外"受热"或"受冻"后，要记住让它先恢复到室温后再开机使用。

（4）每次在充电前，都要对电池彻底放电（若是锂离子电池，则需要这样做），这样，电池工作的性能会更好。若长时间不使用电池，请把电池放于阴凉处保存。

（5）在拿笔记本电脑的时候，不要把机盖当成把手，读写硬盘时，不要搬动它，搬动的时候最好把系统关掉，将机盖扣上。带笔记本电脑外出时，最好把它放在有垫衬的电脑包中。

18.冬季保养电脑的技巧

（1）温度：电脑冬天怕冷，一般来说，15℃~25℃之间对电脑工作比较适宜，若超出了这个范围，就会影响电子元件的工作及可靠性。

（2）湿度：电脑工作湿度的要求为40%~70%，若湿度过低，静电干扰会明显加剧，可能使集成电路损坏，清掉缓存区或内存的信息，影响数据的存贮和程序的运行。所以，在干燥的冬天，最好准备一部加湿器。

（3）洁净度：电脑机箱并不是完全密封的，因此，当灰尘进入机箱后，会附在集成电路板的表面，从而造成电路板散热不畅，严重者还会引起线路短路。因此，要定期为电脑除尘。

19.夏季保养电脑的技巧

（1）防电压不稳。若电压不稳，不但会使磁盘驱动器不稳定而引起读、写数据错误，而且对显示器的工作也有影响。炎热的夏天是用电的高峰期，为了使电压稳定压，可以用一个交流稳压电源。

（2）防高温影响。电脑在室温为15℃~35℃之间能正常工作，如果超过35℃，机器则会散热不好，从而影响机器里面各个部件正常的工作，轻则造成死机，重则烧坏组件。每用机2~3小时，就要摸一下显示器的后盖，看是不是太热，一般使用了8小时左右，最好关机使之冷却后，再用。

（3）防潮湿、过于干燥。在放置电脑的房间里，相对湿度最高不能超过80%，否则电脑会受潮变质，严重者会发生短路而使机器损坏。因此，要注意防潮，潮气比较大的时候，要经常开机。另一方面，室内的相对湿度也不可以低于20%，否则，会因为过分干燥而产生静电干扰，从而引起电脑的错误动作。

（4）防雷电。雷电可能会从电源进入电脑，容易击坏电脑里的组件，击坏的组件很难修复。因此，在雷雨天气里，最好不要用电脑。为防不测，还要拔下电源插头。

（5）防灰尘。要保持环境的清洁，保护显示器、硬盘等部件，并要定期除尘。

除尘的时候，一定要先将电源拔掉，防止静电危害。

20.家用电脑节电

要尽量使用硬盘。一方面，硬盘速度快，不容易被磨损；另一方面，开机后硬盘即会保持高速旋转，就算不用，也一样耗能。因此，要根据具体的工作情况来调整运行速度。比较新型的电脑都具有节电功能，当电脑在等待时间里，若没有接到鼠标或键盘的输入信号，即会进入"休眠"状态，使机器的运行速度自动降低，并降低能耗。在用电脑听音乐时，可把显示器的亮度调到最暗或者干脆关闭。打印机要在使用的时候再打开，用完后要及时关闭。

21.清洁笔记本电脑的技巧

在清洁笔记本电脑时，要先关机，然后用干净的软面巾蘸些碱性清洁液轻轻擦拭，再用一块柔软的干布将其擦干即可，也可以用擦眼镜的布或者其他东西对其进行擦拭。建议不要用那些含有氨物质，或使用粗糙的东西来擦拭。

22.清洁电脑主机箱的技巧

可先用橡皮球或"皮老虎"吹，配合干布、毛刷，先将浮尘去除。对于那些不容易去除的液体污渍、污垢以及锈蚀，可以用无水乙醇来擦洗。在清洁时，要注意不要随便使用强有机溶剂，以免损坏部件。另外，对于那些锈蚀严重的插接件，可以用细砂纸对其进行轻微打磨处理，使金属本色恢复，触点接触良好。

23.清洁电脑鼠标、键盘的技巧

当键盘不好用时，将键盘拆开看看，这时，会发现有很多脏东西在里面，清理掉这些脏物，键盘就会跟新买时一样好用了。

在清洁的时候，可先用无水乙醇把所有的面板、键帽和底板擦一遍，然后再用专用的清洗剂对其进行擦拭，直到干净为止。

最好配置一个专用的鼠标垫给鼠标，这样，既使鼠标使用的灵敏度加强了，又保证

了鼠标的滚动轴及滚动轮的清洁。

24.清洁显示器的技巧

很多显示器屏幕上都有些处理过的涂层，其主要作用是防静电、辐射等。最好用干净的湿布将表面污垢擦拭一下，然后再用干布将其擦干。若用乙醇等有机溶剂来擦洗，很容易溶解掉屏幕上的保护膜。

（四）洗衣机与空调

1.选购洗衣机的技巧

（1）要挑选一些牌子老、质量好、信誉高的产品。因为国家有关部门一般会对这些品牌的产品进行技术监测，因而这些品牌产品的安全性能良好、洗净比、脱水率、磨损率、噪声等都符合国家有关标准。

（2）购买时，先打开包装，观察洗衣机外壳表面是否有划伤或擦伤，操作面板是否平整，塑料件有无翘曲变形、裂纹等；旋钮、开关等安装是否到位，脱水盖板翻转是否灵活；洗衣桶、脱水桶内有无零件脱落。

（3）然后简单地测试基本性能，转动洗衣旋钮，看看是否存在卡住现象，停止转动后看最终是否能恢复到零位；然后再接上电源，开启洗衣旋钮，检测运转是否正常，有无异声；再打开脱水旋钮，看脱水的运转是否平稳，查看声音、振动有无异常现象；最后再掀起脱水盖板，查看刹车是否迅速、平稳；等脱水结束，再查看有无蜂鸣声。

（4）最后检查看排水管，电源线是否完好；安装是否牢固，并查看所配的附件是否齐全。

2.选合适的洗衣机

洗衣机是否合适，要看自己的家庭条件及生活习惯。首先确定常洗涤的衣物和洗衣机的价位，滚筒式洗衣机较多用于毛料、丝绸衣物；搅拌式和滚筒式洗衣机以洗涤棉布衣服为主，如果家中有热水水源，就不必选用带电加热元件的洗衣机了。

3.国产洗衣机型号标志识别

国产洗衣机的型号包括五个字母五部分。第一个字母表示洗衣机代号，如用字母X表示"洗"字；第二个字母表示洗衣机的使用性能，用字母P来表示普通洗衣机，字母S来表示自动或半自动洗衣机；第三个字母表示类型，如用字母B来表示波轮式，字母G来表示滚筒式，字母T来表示搅拌式；第四个数字表示洗衣机的额定容量，即洗衣机一次能洗的干燥状态下衣物的最大重量（公斤）；第五个数字表示厂家设计序号。

4.鉴别洗衣机性能的技巧

（1）表面漆膜光滑、平整，没有明显的裂痕、划伤和漆膜脱落现象。

（2）定时器应能运转自如，操作灵活，走动均匀有力。

（3）通电运转时，震动小、噪音低，各机件的螺丝不松动，功能正常。

5.选购滚筒洗衣机的技巧

目前较为普及的波轮式洗衣机不如滚筒洗衣机的功能全，容量大，磨损率低而且洗净度高，脱水也较为迅速。在购买前应注意以下3点：

（1）打开包装后，要先看外观，检查整台机体的油漆是否光洁亮泽；门窗玻璃是否透明清晰，有无裂、刮痕，功能选择和各个旋钮是否灵活。

（2）在试机时，接通电源后，应先开启洗衣机的程序控制器，并调至在匀衣档（即6档到7档）。指示灯亮起，处于间歇性的正反转工作状态的滚筒就开始转动。如果这个时候噪音过大，机体有震动的情况都是不好的机器。一般来说，震动越小，表明滚筒运转平稳、质量可靠。机体右下侧排水泵如有轻微的震动，说明风叶旋转开始正常工作。

（3）以上几项检查测试完毕，就可以关机。但在关机一分钟后，再打开机门。察看门封橡胶条是否有弹性，如果橡胶条弹性不足，就会发生渗漏现象。

6.正确使用滚筒洗衣机的方法

（1）在洗涤前要仔细查看衣物上的标签，根据衣物的质地选择相应的洗涤程序，棉织、化纤、羊毛等质地都有不同的洗涤要求。

（2）最好把新买的有色衣物分开洗涤。在洗涤之前要将衣服颜色进行分类，查看其是否褪色，将其进行归类。

（3）最好在洗涤前将有拉链的衣服拉链拉严，同时也要将衣物上的纽扣、别针、金属饰物取下。

（4）如果洗衣机的烘干容量是洗涤容量的一半，为防止衣物变皱，最好在烘干时要不要放置过多的衣物。

（5）洗衣机使用完毕以后，最好把洗衣机的玻璃视窗打开一点，那样可以延长密封圈的使用寿命，同进也有利于散发机内的潮气。

（6）用滚筒洗衣机洗衣服最好用低泡、高去污力的洗衣粉，而较脏的衣物最好加入热水来洗涤。

7.选择洗衣桶的材料的技巧

（1）搪瓷钢板洗衣桶：耐酸腐蚀，耐磨光滑，抗冲击性能差，易脱瓷开裂而生锈。

（2）铝合金板洗衣桶：光洁美观，抗震冲击性能好，但耐酸性差。

（3）不锈钢板洗衣桶：耐腐蚀，耐热性、抗冲击性好。

（4）塑料洗衣桶：尺寸精密度高，光洁度好，不耐热，容易老化。

8.安全使用洗衣机的技巧

（1）电源：洗衣机应使用三孔插座，接地线绝不能安装在煤气管道上。

（2）远离幼儿：使用时不要让幼儿接近。

（3）放置地点：不要把洗衣机放在卫生间以防生锈、腐蚀、损伤绝缘部分，而导致漏电、触电。

（4）勿触摸：高速旋转时，波轮、脱水筒等严禁用手接触，以防发生意外事故，特别是在脱水过程中，即使转速减缓，仍会被衣物缠绕造成重伤。

（5）沾有汽油衣物的清洗：用汽油洗擦衣物上的油脂性污垢后，不能放入脱水机里脱水，以免引起爆炸。

9.取出洗衣机中金属物的技巧

如果发现硬币、纽扣掉进洗衣机时，应该首先切掉电源，然后再把半盆清水倒入洗衣桶，再把洗衣机朝波轮旁一侧稍稍倾斜，用手慢慢地来回转动波轮，硬币、纽扣就会滑到流水处，再用镊子夹出即可。

10.洗衣机的维护技巧

（1）防止沙土钻入轴封，否则会磨损轴和轴封，造成漏水。

（2）无论洗涤什么衣物都不要超过洗衣机额定洗衣量，以免超载损坏电机。

（3）防止用水过多，以免影响机器的安全和使用寿命。

（4）防止用水过少，以免影响洗涤效果，增加被洗涤物的磨损。

（5）放水时，应先加凉水，后加热水。一般水温以 5℃～40℃为宜。

（6）切记不要同时按下两个按键。

（7）切记定时器不要反方向旋转。

（8）千万不要通电空转，以免轴封受损，如需要空转，可以用于拨转洗轮。

（9）防止废水、杂物残留机体内。每次用完后，应用清水冲洗，并干布擦净。

（10）忌用塑料薄膜等不透气的物品盖罩和在烈日下曝晒。

11.洗衣机用后保养

首先，将桶内、排水管内的水排净，用干布把波轮旁边、排水沟内的水吸干，并把桶内、箱外水分擦干。

其次，在洗完衣服后不要立即盖上盖，最好是放置一段时间，这样可以将桶内的水分蒸发，避免金属件生锈。

最后，在用完洗衣机后应该将全部的按钮恢复到原位。

12.除洗衣机内的霉垢

如果洗衣机用得久了，在洗衣机桶内会附着很多霉垢。若想把这些霉垢除去，首先应该在洗衣桶内放满水，并且倒入少许食醋，然后启动洗衣机，持续 10～20 分钟后，将污水排出，即可将霉垢除去。

13.洗衣机排水不畅的维修

洗衣机使用较长时间后，如果排净 40公斤水超过了 2 分钟，就说明排水慢。其主要有两种原因：一是排水阀内有异物堵塞；二是操纵排水阀的排水拉带松弛变长，使排水阀的移动距离缩小。其解决方法是：可松开排水阀与排水管联结处的大弹簧夹子，拆下排水阀的一端，从排水阀的排水孔内把堵塞的异物清除，或将排水带两端的螺扣调紧，使排水阀的移动适当即可。

14.洗衣机排水管道漏水的维修

洗衣机排水管道漏水的多数原因为胶皮管在出桶处磨损破裂。这时，可以用自行车旧内胎，剪成比裂口周边大 5 毫米的圆垫，锉去表面脏物，用万能胶水粘住即可。

15.根据格局选空调

从品牌、质量、服务价格各方面考虑，这样才能买到称心如意的空调。空调一般分为窗式、分体壁挂式、分体立柜式、移动式、吊顶式等，所以您应根据家庭实际格局来选购。

16.根据房间面积选空调

一般来说，空调的选购规格在正常情况下，每平方米制冷量 110～220 瓦较为合适，具体情况则应根据房间大小、朝向、楼层高低、居住人数决定，在朝阳、通风不好的房间应适当增加机器的功率。

17.选空调的类型

选购时还要注意是变频空调还是定速空调。变频空调是根据房间温度变化，通过电脑芯片自动调节压缩机、风机工作频率，"无级"自动调整冷（热）风送风量，使房间始终保持恒温的高档型空调，具有自动调温、静音、高效省电、有益人体保健等优点。定速空调是压缩机、风机工作效率恒定的空调，价格相对较低，较适合部分中低档次消费需求。

18.正确安装空调的方法

（1）避免阳光照射。

（2）距离发热装置要远。

（3）与地面保持 1.5 米以上的距离。

（4）保持室内的封闭性。

（5）安装要牢固。

（6）在空调周围保留足够大的空间，使入风口和出风口能充分利用。

19.启动家用空调的技巧

（1）先把空气过滤网和过滤器、蒸发器上的灰尘等用毛刷或抹布清除干净后再启用。

（2）运行前，应检查有无异物堵塞进风口、排风口和排水管等，然后再启动制冷功能，压缩机启动约 10 分钟后关机，几分钟后再开，反复几次后机器才能正常运转。

20.安全使用空调的方法

（1）安装方位要恰当。安装空调的最佳方向是北面，其次是东面。空调不要安装在房门的上方，因为开门时会加速热空气的流入。空调可对着门安装，这样室内的空气压力可抵抗室外热空气流入。空调安装的高度、方向、位置必须有利于空气循环和散热，同时也要注意与窗帘等可燃物保持一定的距离。

（2）电源接触要紧密。突然停电时应将电源插头拔下，通电后稍待几分钟后再接通电源。空调必须使用专门的电源插座和线路，不能与照明或其他家用电器合用电源线，同时要将空调的插头与电器元件接触紧密。

（3）日常要装保护器。空调要安装一次性熔断保护器，防止电容器击穿后引起温度上升而造成火灾。

（4）日常要定时保养。空调应定时保养，定时清洗冷凝器、蒸发器、过滤网、换热器，擦除灰尘，防止散热器堵塞，避免火灾隐患。

21.用温度法辨空调漏氟

找一只温度计，将感温包靠近冷风出口，看温度计指示是否比室温低 6℃ ~ 8℃，如低于此温度或不足 5℃甚至与室温相差无几，而且压缩机仍在工作，证明氟已跑净。

22.用手摸法辨空调漏氟

用手摸空调后面的冷凝百叶窗，如果手感温度不凉或没有热度，而且压缩机仍在工作，则说明已经跑氟了。

23.识别空调假故障

要认真分析空调在使用中出现的故障，以下几种情况可以针对性地调整使用方法而不必请维修人员。

（1）停电。电网停电，电源开关跳闸，定时器还未进入开机状态。此时，电源不通，空调当然不能运行。

（2）环境温度不适宜。环境温度过高或过低造成空调不能运行。夏天制冷时，外部环境温度超过 43℃，冷凝压力剧增，引起压缩机超载，或不能运行，或保护器过载，使空调不能运行。

（3）遥控器电池耗尽或接反。遥控发射器电池耗尽，电池接反，信号发射不出去，造成空调不能运行。

（4）温度设定不当。温度设定不当或温度设定过高，也会造成空调不运行。

24.清洗空调外壳

清洗外壳时，可用柔软干布将空调外壳的污垢擦净，也可用温水擦洗，但不要用热水或可燃性物质擦洗外壳，以免发生危险。

25.清洗过滤器

将清洁空气的过滤器取出后，用清水冲洗或用吸尘器清洁过滤网，晾干后重新装入空调内即可。

26.清洗冷凝器、蒸发器

冷凝器和蒸发器是空调灰尘堵塞最为严重的部位，由于蒸发器和冷凝器的位置特殊，使用吹吸或清洗的方法效果不很理想，目前市场上有专供空调使用的清洁剂。在清洗空调前一定要断电操作，然后将清洗剂均匀地喷洒在清洗部位，数分钟后灰尘会与清洗剂一同流淌出滴水管，不但方便，而且快捷。

27.清洗空调室外机

清洁空调室外机时，可用清水冲洗室外机冷凝器表面，待晾干后将机罩盖好，但一定要避免其他部位进水。

28.清洁空调过滤网

（1）滤网积尘少时，轻轻拍弹或使用电动吸尘器除尘。

（2）滤网积尘过多时，用水（50℃以下）或中性洗涤剂清洗。

（3）冲洗干净后，自然风干，不能曝晒或烘干。

（五）微波炉与电饭锅

1.微波炉质量鉴别

（1）紧闭微波炉灶门，如果灶门超过正常闭锁位置 2 毫米以上就属不合格。

（2）质量好的微波炉，其门框或门架应结构完好，没有断裂、变形或电弧造成的损坏；灶门封条和玻璃应完整无损，没有破裂现象；外壳应平整光洁，没有通向灶腔或波导的裂痕。

2.摆放微波炉的技巧

微波炉一般放置于厨房，也有放置在房间或客厅中的，在摆放时应注意以下几点问题：

（1）应避免将微波炉放置在有水蒸气、热气和自来水能溅入或进入微波炉里的地方，以免使微波炉内的电器元件产生故障，将其放置在干燥、通风的地方最好。

（2）尽量选择离电视机、录像机和收音机等家电远的地方放置微波炉，否则有可能由于微波炉产生的噪音而影响到收视效果。

（3）在放置微波炉的地方，要有一个接地比较好的三眼插座在附近，因为微波炉的功率比较大，最好将这条线路作为微波炉的专用线，这样做能保证微波炉在使用的时候绝对安全。

（4）为保证微波炉正常工作和使用，最好选择固定的、平稳的台子作为放置地点，并且在微波炉的上、后、左、右留有 10 厘米以上的通风空间，保证通风顺畅，从而保证使用安全。

3.如何正确使用微波炉

（1）根据微波炉的要求选择正确的使用电压和输入功率，并检查家中的电度表和保险丝是否能够满足容量要求。一般微波炉的要求的标准为 10 安培的保险丝和 5 安培的电度表。

（2）使用前注意检查微波炉的导线、插头、插座是否有损坏现象。

（3）使用时，炉门要轻关轻开，不要用力过猛，更不要用重物敲击炉门，因为炉门变形和损坏后极容易造成微波的泄漏。由于微波炉在设计时不光注意采用密封防止微波的泄漏，更主要靠设计炉门结构上的抗流装置来进行保护，因此，在烹饪时闻到食品的香味是很正常的现象。

（4）由于金属能够反射微波，并且它还会导致微波炉加热效率的降低和影响加热的均匀性，更会使微波炉在使用过程中产生火花，发生危险，并引发更严重的磁控管损坏，因此，最好选用非金属和非搪瓷制品做为微波烹饪容器。

（5）请勿空置使用微波炉，即在没有放入食品的情况下启动微波炉，以免因空载运行造成磁控管的损坏。

（6）在使用微波炉时，请不要将眼睛靠近离微波炉少于 5 厘米的距离去观察情况，否则容易造成伤害。

（7）使用微波炉应掌握好烹饪的时间。不要采用一次烹饪过长时间的方式，以免造成食品焦热或起火。如果食品起火，请不要立即打开炉门，将定时器调到零或拔掉电源插头，炉内火会自动熄灭。

（8）使用微波炉加热食物时，将带盖子的器皿打开，避免因容器内空气加热膨胀产生爆裂或更严重的爆炸后果。因此，不要烹饪带硬壳的，如生鸡蛋等食物。如果要加热以塑料袋密封的食物时，请在放入微波炉前将包装剪去一角作为气口。

（9）微波炉内加热的食品的热量会传递到盛装的容器上，因此，在加热时最好选用盘子等器皿，避免烫伤。

（10）不要自行拆卸微波炉或维修微波炉在使用过程中发生的故障，应在专业维修人员修理完毕确定完好后再使用。

4.微波炉使用的技巧

（1）微波炉具有解冻功能，这是非常方便和快捷的，使用方法也有小窍门。可以将一个小盘子反转放在一个大且深的盘子上面，再把食物放在小盘子上，然后将大小盘子一起放入微波炉中进行解冻。在微波炉加热解冻过程中，融化的水分就不会弄熟食物。而在解冻的同时每相距5分钟就把食物拿出来翻转并搅动14～15次，以求得以均匀解冻食物。

（2）小块的肉类食品必须要平放在微波炉的玻璃碟上，比如鸡翅、较薄的牛肉等食物可均匀且快速解冻。

（3）注意要将有皮的食品划开再加热烹饪。比如鱼，在加热之前须在鱼肚划2～3个小口，以防鱼在蒸煮过程中因为大量的水蒸气蒸发而爆裂；而像苹果、土豆、香肠等食品都要在加热前事先在上面扎个小空，来让食品里面的水蒸气能够得以挥发；而有壳的食品，比如说鸡蛋，是最忌讳连壳整个加热烹饪的，因为那样会造成鸡蛋爆裂。

（4）生活中最常遇到的问题是食物很快就变硬变干，没有水分了，为保持食物水分和新鲜，可以用微波炉保鲜膜将食物包上或者用盖子将食物盖严不透空气。

5.防微波泄漏的技巧

为防止产生微波泄漏，平时使用的时候，炉门应轻开轻关，以保证炉体与炉门之间的严密接触；定期检查门框和炉门的各个部件，若有损坏和松脱，要马上去修理，以防微波泄漏；经常保持炉门密封垫和炉门表面的清洁，以免脏物、油腻等积蓄影响密封。此外，炉体和炉门之间若夹有食物，不要启动微波炉。

6.测量微波泄漏的技巧

放只杯子在微波炉旋转的工作台上，杯里装入适量水，将微波炉的功率调到最大，然后接通电源，启动微波炉；打开收音机电源，调到调频波段，并使它的频率跟微波炉正在工作的频率基本一样。首先，从离微波炉门约5厘米的地方开始测试，若微波炉门缝周围有泄漏，收音机就会受到微波的干扰而产生杂音；然后将收音机慢慢地离开微波炉，收音机的干扰杂音就会慢慢的减少，当离微波炉约0.5米的时候，收音机基本没有杂音了。若仍有杂音，则要立即停止使用，将其送去专业修理部门修理。

7.微波炉使用时间的计算技巧

微波炉的加热时间随着它大小、尺寸、规格的不同而不同，即使是那些能够将微波炉说明书背熟的人都不会正确计算出各种食物的加热时间。各种食物的加热时间要与功率配合着来设定。所以，一定要先明确瓦数。

以600瓦的微波炉为例，若微波炉是400瓦的话就要相应增加50%的时间。也就是说600瓦需加热1分钟，而400瓦则需加热1分30秒，以此类推。

8.微波炉烹饪食物

（1）当使用微波炉烹饪时，要做到宁愿烹饪时间不足也不能烹饪时间过久。一般来说微波炉的再加热烹饪与普通烹饪是不同的，菜肴的色、香、味不会因重新烹饪而改变，可是若烹饪时间过久，就会影响到菜肴的色、香、味。

（2）依靠微波使水分子振动摩擦来生热

是微波炉的加热原理，当加热结束后，水分子的振动不会立即结束，仍会在一段时间内继续加热，因此，加热时间要考虑这一点。经过微波炉烹饪后的食物须搁置一段时间再食用，体积略大的食物更应考虑这一点，这样即能让热量均匀浸入到食物中，又可以防止食物因温度过高烫伤食者的嘴舌。

9.微波炉清洗

（1）微波炉在工作的时候，炉门周围会有水滴、雾珠等，这是正常现象，此时，可以用干净的软布及时擦干。

（2）要经常保持门封的干净，定期检查门栓光洁的情况，千万不能让杂质存积其中。

（3）经常用肥皂水清洗轴环和玻璃转盘，然后再用水将其冲净、擦干。若轴环和玻璃转盘是热的，则要等它们冷却后再清洗。

10.微波炉消毒

生活食品用具的消毒，除了开水煮烫外，还可将食品用具（金属制品除外）放在微波炉里进行消毒处理，既方便又有效。

11.去除微波炉油垢的技巧

在微波炉放入一个装有热水的容器，加热 2 ~ 3 分钟后，微波炉内即会充满蒸气，这样，油垢会因饱含了水分而变得松软，容易去除。在清洁的时候，用中性的清洁剂稀释后，用干净的面巾蘸着稀释好的水擦一遍，再用干净抹布做最后的清洁。若还不能将油垢除掉，可用塑胶卡片之类的东西将其刮除，绝对不能用金属片刮，以免伤及内部。最后，打开微波炉门，让内部彻底风干。

12.微波炉腥味的去除技巧

在半杯水中加些柠檬汁或柠檬皮，不盖盖烧 5 分钟左右，然后用一块干净的布蘸着汁反复擦拭微波炉内部，即可去除烹调所带来的腥味。

若是由于烧炒肉、鱼等而造成的微波炉腥味，可烧开半杯醋，晾凉，然后用干净的布蘸着汁反复擦拭微波炉的里面，腥味即可消除。

13.买电烤箱的窍门

（1）视人数选功率。电烤箱的功率一般为 500 ~ 1200 瓦。人数少且不经常烤制食品的家庭，可选择 500 ~ 800 瓦的电烤箱；人口多且经常烤制大件食物的家庭，可选择 800 ~ 1200 瓦的电烤箱。

（2）根据需要选择。简易的电烤箱能够自动控温，且价格也比较便宜，但它的烤制时间需要人工控制，适合于一般的家庭。若选择一款时间、温度和功率都能自控的家用电烤箱，不但安全可靠，在使用上也非常方便。

14.电烤箱的试验技巧

在选购的时候，要现场通电试验一下，先看它的指示灯是否点亮。观察变换功率选择开关位置的上、下发热组件是否工作正常。可将温度调节按钮调到 200℃，使双管同时工作约 20 分钟，这样，电烤箱里面的温度即可达到 200℃。然后，电烤箱会自动断电，且指示灯熄灭。若达到上述要求，则说明它的恒温性能良好，否则不正常。

15.电烤箱质量鉴别技巧

（1）各种按键、开关等活动部件均安全可靠、灵活轻巧，指示灯正确显示。

（2）绝缘性能良好，用测电笔检查箱体外壳时，测电笔不亮或微红。

（3）定时装置良好，定时准确。

（4）恒温的实际效果与刻度指示一致。

16.电烤箱去除油污的技巧

若电烤箱有油污，可用旧牙刷沾强力洗涤剂来刷洗，稍过一会儿，再用干净的干抹布将其擦净。也可以趁电烤箱还有余热时，在盘子里倒入些氨水，放入电烤箱。约 12 小时后，再用干净的抹布擦拭，即可很容易将油汁擦除。

17.选购电磁炉要五看

电磁炉是具有时代前卫气息的绿色炊具，选购时可参考以下五"看"技巧：

（1）看是否具备功率输出的稳定性。优

质的电磁炉应具备输出功率的自动调整功能，这一功能可改善电磁炉的电源适应性和负载适应性。

（2）看可靠性与有效寿命。电磁炉的可靠性指标一般用 MTBF（平均无故障工作时间）表示，单位为"小时"。优质产品的 MTBF 应在 1 万小时以上。

（3）看电磁兼容物性。电磁炉的电磁兼容物性牵扯到对电视机、录像机、收音机的等家电的干扰和对人体的危害。对于有这一指标不合格的电磁炉，不应购买。

（4）看晶体管品质优劣。电磁炉质量好坏，直接取决于高频大功率晶体管和陶瓷微晶玻璃面板的质量优劣。一般，具有高速、高电压、大电流的单只大功率晶体管的电磁炉，质量好、性能优、可靠性高、不易损坏。

（5）看面板。应选购正宗的陶瓷制品玻璃面板的电磁炉，即面板为乳白色、不透明、印花图案手摸明显的电磁炉。对于采耐热塑料或钢质玻璃做面板的电磁炉，容易发生烧坏和遇冷水引起爆裂等情况。

18.按功率选电磁炉

一般电磁炉功率越大，其加热速度也会越快，但是售价也会相对较高，且耗电量也会增大。家庭选购多大功率的电磁炉，应根据用餐人数以及使用情况而定。一般来说，3 人以下家庭选 1 千瓦以下即可，而 4 人以上选用 13 ~ 18 千瓦的电磁炉为宜。

19.选购电磁炉时试机

选购电磁炉时，应通电试机。试机时，有如下 4 个检测的小技巧：

（1）看烧开凉水的时间。用配套的锅具加适量凉水置于电磁炉上去加热，3 ~ 5 分钟烧开者，则说明电磁炉加热功能正常。

（2）水烧开后听声音。当凉水烧开之后，应只听到电磁炉风扇电机的轻微转动声，而无异常噪声或震动声。

（3）使用后看电源插头温度。电气性能良好的电磁炉，使用后电源插头应保持常温。

（4）检查保护功能。把一些刀、叉之类的小东西放在灶面上，如果电磁炉保护功能正常，电磁炉应有保护动作，且会发出报警声。

20.电磁炉安全使用技巧

要安全使用电磁炉，需要掌握如下技巧：

（1）放置电磁炉时应水平放置，且保持其侧面、背面与墙壁至少 10 厘米的距离，以利于通风排热。

（2）烹调时所使用的锅具应为平底且直径大于 10 厘米、具有吸磁性，如，铁锅、搪瓷铁锅、不锈钢锅等。而铝、铜、陶瓷、玻璃锅等则不宜使用。

（3）加热至高温时，切勿直接拿起容器再放下：瞬间功率的忽小忽大，易损坏电磁炉机板。也忌让铁锅或其他锅具空烧、以免电磁炉面板因受热量过高而裂开。

（4）加热容器盛水量应适度，以不要超过七分满为宜，以免水加热沸腾后溢出造成基板短路。

（5）电磁炉应用磁性加热原理，所以加热时，加热容器必须放在电磁炉中央以便平衡散热，避免故障发生。

21.电饭锅的选购

（1）质量好的电饭锅，其外观设计也应该流畅、优美、色彩典雅。因为，看重质量的厂家不单只追求产品内在的质量，同时，也讲究产品外观的设计。

（2）应选择那些有水滴收集器的电饭锅，这样能确保水不滴到米饭上。

（3）最好能选择一款豪华自动型电饭锅，它适合不同的米质，无论是普通米、糯米都能做出同样松软、可口的米饭。

（4）在选购的时候，要注意电饭锅密封的微压结构。密封微压性能好的电饭锅所做出来的米饭也很好吃，同时保温、节电效果显著。

（5）电饭锅内胆的表面，很多都采用了特殊耐用的材料喷涂，目前，常见的内胆涂料的颜色有黑色、灰色等。

（6）除了要注意上面的质量细节外，还要了解清楚产品的说明书、保修卡、合格证是否齐全。

22.保养电饭锅的技巧

（1）在使用时，应把要蒸煮的食物先放进锅里，将盖盖上，插上电源插头；在取食物前要先拔下电源插头，以确保安全。

（2）使用过后，将内锅洗涤干净，其外表的水一定要揩干后才能放入电饭锅内。

（3）要避免锅底部变形、碰撞。内锅与发热盘之间必须要保持清洁，千万不能将饭渣掉在上面，以免影响热效率，有时甚至会损坏发热盘。

（4）可用水洗涤内锅，但发热盘及外壳千万不能浸水，只能在将电源切断后，才能用湿布将其抹净。

（5）不宜煮碱、酸类食物，也不要放在潮湿或有腐蚀性气体的地方。

23.除电饭锅小毛病

在使用电饭锅前，要先检查一下电源的插头、插座，看它是否出现松动、氧化层等。若有这些现象，可用小刀刮一刮，或者用砂纸擦一擦，即可起到保养作用。有时会出现饭煮熟了，却还没有断电，这种情况是因为电饭锅里磁控开关中的弹簧失去了弹性，而导致电饭锅到达 103℃时热敏磁块失磁而不能迅速将电源切断。其解决的办法是：设法使弹簧恢复其弹性或者再更换新弹簧。

24.修电饭锅的指示灯

若电饭锅的指示灯泡损坏了，很难配置修理，此时，可以用一个测电笔灯泡来替换。其替换办法是：将开关壳体的固定螺丝拧下来，摘下开关壳上的铝质商标牌，将损坏的电阻与指示灯泡取下来，然后再把测电笔灯泡装上，焊上线，并将限流电阻串接好，套上原套管即可。

25.修理电饭锅温度下降的技巧

电饭锅使用时间长了，其按键触点开关上的金属弹性铜片就会因为高温气化而失去弹力，导致锅内温度下降，从而影响使用。如果遇到这样的情况，可松开固定按键开关的螺丝，取下触点开关；用细砂丝将上面的氧化层擦去，然后，再找一块有弹性的铜片，将其剪成跟开关弹性铜片大小、形状相同的，再用烙铁将其焊在开关弹性铜片上，然后，照原样将修好的触点开关装好即可。

26.安全使用电炒锅的技巧

电炒锅可分为自动式和普通式两种。

（1）接通电源的顺序是：将电源线一端先与电炒锅连好，如果有恒温装置，则要先把调温旋钮旋到中间的位置上，然后再将电源线的另一端插进电源插座内。如果有电源按钮开关，则要先按下开关后才能接通电源。

（2）使用完后，要及时将插销拔下来，并要轻拿轻放，同时，要将旋钮旋到停止位置，要把锅放在干燥处。

（3）手湿的时候，不能操作，更不能一只手拿着金属柄铲炒菜，另一只手开水龙头，以防止电炒锅漏电而触电。

（4）若锅内有污迹，只能用木质工具铲刮或用干布擦洗，不能将整个锅及电热插销浸入到水中刷洗，以防内部受潮，导致绝缘不良而发生触电。

27.选购电火锅的技巧

（1）型号性能。按其性能的不同，电火锅可分为拆卸式和整体式两类：拆卸式结构比较松，热效率比较差，但拿取非常方便，且容易清洗，若经常使用，且清洗频率高，则可选择拆卸式结构。整体式结构紧凑，热效率比较高，但是温度分布不均匀，清洗的时候也不是很方便，适合家庭用。

（2）锅体材料。以选用紫砂、瓷、镀锡、不锈钢及具有无毒涂层的铝材等为原料所制成的锅体比较好。如果是用那些表面没有涂覆的铝、铜或钢所制成的锅体，则比较次。

（3）控温情况。选用带有自动恒温控

制装置的电火锅比较理想，便于掌握温度、火候。

（4）外观检查。外观应平整而光洁、涂覆层牢固而不脱落、无伤痕；锅体光滑，没有凹凸不平的地方；锅体与锅盖要吻合；控制钮、开关灵活、方便；锅体及其他金属部件都没有漏电现象。

28.保养电火锅的技巧

（1）在清洗的时候，不要让水渗进锅体，最好能用布将电热座等有油垢、杂物的地方擦干净。也要经常擦拭锅体表面，保持其表面的清洁，以免氧化。

（2）当电火锅的锅体有了铜锈后，若继续使用，则有可能导致食物中毒，此时，可以用布蘸点食醋，再加上点盐将其擦拭干净。

（3）不能移动已经加热了的电火锅，要等它冷却后才能移动。

（4）电火锅电热的组件有热的惯性，吃完后，就马上注入冷水降温，不然，会空烧锅体。

（5）对于分体式电火锅，要保持好锅底形状，防止变形而影响使用寿命和热效率。

（六）综合选用技巧

1.识别国外优质家电产品的标志

（1）UL。美国国家认可的优质产品标志。

（2）JIS 和 JAS。日本的优质产品标志。

（3）ＨＫＱ－ＭＡＰＫ。香港地区的优质产品标志。常见于打火机、电池等电器上。

（4）AS。澳大利亚的优质家用电器标志。

（5）NF。法国的优质产品标志。可单独使用，也可以与其他标志或字母图案一起使用。

2.辨仿冒名牌家用电器

仿冒名牌产品的家用电器一般有以下特征：

（1）使用说明书合格证以及线路图不齐全，图文印刷的质量差。

（2）机身大部分没有编号，且没有注明生产厂名、厂址。

（3）产品的外观制作比较粗糙，指标不合格，功能不完善。

3.识家用电器使用年限

家用电器是耐用消费品，到了使用年限就该"退休"，否则会因为产品老化出现很多问题。如，伴随家电绝缘体老化产生漏电甚至导致电磁污染，或者由元器件技术指标下降严重而导致有害物质泄漏和耗电量增加。

那么如何识别所用的家用电器是否到了使用年限呢？我们可以参考一下国际市场上各种常见家用电器的标准使用年限来加以判断：

彩色电视机：8～10年

黑白电视机：10～12年

电熨斗：9年

电子钟：8年

电暖炉：18年

电热毯：8年

电饭锅：10年

电冰箱：13～16年

录像机：7年

个人电脑：6年

电风扇：16年

野外烧烤炉：6年

煤气炉：16年

电热水器：12年

洗衣机：12年

电话录音系统：5年

电吹风：4年

微波炉：11年

电动剃须刀：4年

4.选用家用电度表的技巧

家庭常用的电度表规格有 3 安（A）和 5 安（A）两种，3A 的电度表能承受 660 瓦电负荷。5A 的电度表能承受 1180 瓦电负荷。因此，家庭再选用时，可根据现有的电器负荷大小来选用即可，若同时将使用的家用电器负荷加起来，小于 660 瓦，即可选用 3A 的电度表，反之则选用 5A 的电度表。若是作为分表安在一只总表上，那所装的电度表电流应小于总电表的电流为宜。

5.选购家电小配件的误区

在使用家电过程中，用户为家电选购小配件时应避免如下误区：

（1）电视机延寿器。为电视机配装"延寿器"，往往会因走线、功率等不匹配，延寿不成反折寿。

（2）电冰箱保护器。电冰箱适用电压为 187 ～ 420 伏，但往往会因加了保护器导致精度变差，造成 187 伏以下仍不能断电。

（3）"电子"遥控器。此类"电子"遥控器多为"作坊工厂"自行配置，使用起来利少弊多，往往会因接触不良，形成短路。

（4）电视电扇"共用型"多功能电源插座。电视与电风扇同用一个多功能插座时，电风扇的磁场会对电视机产生干扰，使彩色电视机失彩。

（5）电视机保护屏。一般的电视机辐射小于 0.2 拉德，且电视屏已有辐射遮蔽作用，使用保护屏无多少实用价值。

6.选购刻录机配置方式

在刻录机的 4 种配置方式（内置式、外置式、Tray 式和 Caddy 式）中，虽然外置式容易携带且密封性和散热性较好，但内置式较便宜且节省空间。考虑到实用性，消费者通常应会更偏向于内置式刻录机。

7.选购刻录机看接口

一般而言，刻录机有 4 种接口方式——SCSI、IDE、USB 和并行接口。SCSI 接口刻录机刻录出的盘片质量最好，但价格偏高，且需要用户自己另购 SCSI 卡，安装也不太方便。并行接口刻录机又分为 SP、IEP、IECP 3 种，EPP 和 ECP 是高速模式。IDE 接口刻录机是当今家用市场当然的主流，它安装方便、CPU 占用率低、性能较稳定，且价格较合理。

8.选购刻录机的技巧

选购刻录机时要尽量选用 CD-RW 速度 4 倍及以上的产品，而且在选购时，至少要综合品牌和售后服务两个因素。

9.选购电池的技巧

（1）要依据电器的耗电量及其自身特点来决定选购哪种类型的电池。

（2）应购买声誉高、品质优、名牌厂家生产的电池，这样可以减少劣质产品。

（3）注意检查电池的保质日期。

（4）确定电池的真伪是十分重要的，若购买碱性环保电池可参照碱性电池书上的说明。

10.鉴别电池质量

（1）重量。分量重的电池一般铸皮比较厚，镜粉等用料足，压得比较坚实，储电量较大。

（2）成色。如果电池的铜帽、筒底、封剂及包纸套上的商标图案等色彩鲜艳、有光泽，则说明电池出厂时间相对较近，储电量相对可能较足。

11.区别碱性电池和锌锰电池

（1）称重法：一般来说碱性电池明显比普通电池重，拿在手中感觉重量就能区分。

（2）触摸法：这种方法是利用电池封口滚线槽的位置来识别，碱性电池的滚线槽深且宽，并处于负极一端；而普通电池的则窄且浅，处于正极一端。

（3）观察法：仔细察看电池壳体的差异，一般碱性电池壳体是镀钢的，而碱性电池外壳却是铸的。

12.辨扣式电池的英文标记

目前，市场出售的扣式电池，其表面上英文字母，按国际标准规定为：C 为锂锰电池，I 为锌锰电池，N 为锌汞（氧化汞加氧化锰）电池，M 为锌汞（氧化汞）电池，R 表示圆形电池，S 为银锌电池。

13.电子计算器功能检验

电子计算器功能可以通过以下3个小方面来检验：

（1）尝试连续运算。连续进行多次运算，如有一例错误出现，则说明该电子计算器有内在故障。

（2）验证平方根、百分比的计算。

（3）检验附加存储器的功能键工作是否正确。连续进行多次运用附加存储器的功能键的运算，如发现有一次不符，表明功能键有问题。

14.挑选电子计算器

在挑选电子计算器的时候，要想知道它的运算功能是不是正常的，可将全部的显示都按成11111111，再按一下乘号，然后再按一下等号，若此时数码上显示的是12345678，则表明此计算器是好的。

15.辨电子计算器的功能

（1）简易型。此类电子计算器只具有加、减、乘、除运算功能，可作为算盘的替代品。

（2）普通型。此类电子计算器除能完成加、减、乘、除四则运算外，还可以进行开平方和百分比计算。

（3）函数型。此类电子计算器能进行三角函数、对数、指数等运算，还能做各种应用计算，可代替计算尺。

16.助听器质量鉴别

（1）语言清晰，噪声小，音质好。

（2）灵敏度高，失真度小。

（3）声音扩大倍数高，频率响应均匀。

17.选电动剃须刀

（1）不经常外出者宜选用充电式或交流式电动剃须刀。

（2）经常外出者宜购用干电池式的剃须刀，以便于携带。

（3）要求造型玲珑美观、便于收藏的，宜选用两节5号电池的剃须刀；要求实用者，宜选用一节1号电池的剃须刀。

（4）面颊光滑，胡子稀疏，可选用往复式或旋转式剃须刀。

（5）胡子又粗又多的，最好购买旋转式单用型的剃须刀。

18.电动剃须刀质量鉴定技巧

（1）质量好的电动剃须刀开通后，应声音均匀无杂音。

（2）旋转式剃刀应拆下网罩，检查刀片是否都能弹起。质量好的电动剃须刀，刀片应能弹起。

（3）质量好的电动剃须刀试用时，应有较大的嘶啦声，但又不夹胡子。

19.电热梳质量鉴定窍门

电热梳的质量鉴定可以从如下几个方面入手：

（1）好的电热梳表面应完整无损，没有崩裂、缺陷。

（2）好的电热梳梳体与手柄的接触牢固。

（3）好的电热梳的手柄尾端电源线引出处，应有保护套和螺丝固定。

（4）好的电热梳的手柄应由耐热的电木制成。

（5）好的电热梳的梳体齿形表面光滑。

（6）好的电热梳在通电2～3分钟后，温度会缓慢上升。

20.按功能选电热梳

（1）DS－1单用型电热梳，常用来梳短干湿的头发。

（2）DS－2兼用型电热梳，常用来卷发造型。

（3）DQ－1单用型电热卷发器，可卷大圈形波纹。

21.选购按摩器的技巧

（1）外观：在挑选按摩器的时候，可先看看它的外观，造型要求美观、大方。然后将按摩器启动，听噪声高低。一般来说，噪声低的质量就好。带有强、弱开关的按摩器，可分别将强、弱开关打开，看它是否灵活，将强开关打开后，放在按摩部位，让人感觉会有明显的比较强的振动；打开弱开关，会感觉到轻微温和的振动。

（2）结构：按照其结构，可分为电动式、电磁式。此外还有洒浴气泡按摩器和红外线水松弛手脚振动式等。

（3）型号：按摩器的型号有很多种，轻巧的手提按摩器适合于美容保健；强弱可调的按摩器适合于运动保健和医疗保健；洒浴气泡按摩器适用于全身按摩，可将其放入浴缸内，将高流气流从喷嘴中喷出来，从水中形成气泡，往人身上冲，利用气泡的流动对人体进行全身的按摩；水松弛手脚振动按摩器适用于手脚按摩，它利用了机械的震动，使盆里的水发生微振而达到按摩效果。

22.选购按摩器的注意事项

在选购的时候，要当场试验，检查它的开关是否好用，看它的振动性是否符合质量的标准，其噪音不能过大，否则会刺激到神经。

按摩器的外壳有金属、塑料两种，金属比较耐用，但是要注意检查它是否漏电，塑料外壳的比较轻巧、安全，但是不如金属壳耐用。

因按摩器是直接与人体接触的，因此，不能有一点漏电现象，特别是那种交流电型的按摩器，最好先试用一下，检查好它们的配件，再看看是否能方便的安装，能否有效地使用。

23.按功能选电动按摩器

（1）红外线按摩器一般可用于理疗，对于腹部与背部的理疗效果显著。

（2）健身按摩垫可用于治疗关节炎、消化不良、失眠等症。

（3）指振按摩器通过将振波传给手指，然后利用手指达到在身体的不适部位进行按摩的目的。这种按摩器可随身携带，较为方便。

24.选用电热驱蚊器

（1）药片型电热驱蚊器的驱蚊原理，是将灭蚊药蒸发到空中而发挥驱蚊作用。一般对于面积小于 10 平方米的房间，把 1 片药片剪成 3 小片，每天用 1 小片即可；一盒 30 片装的药片可使用 3 个月左右。15 平方米左右大小的房间，可将药片剪为 2 小片使用，每天 1 小片。

（2）药液型电热驱蚊器的驱蚊原理与药片型电热驱蚊器的近似，但是药效更均衡。

25.选用电风扇的技巧

电风扇主要有台扇、落地扇和吊扇 3 种类型。家用吊扇可根据居住的条件来定：15 平方米以下的居室，适合选用 36 英寸的吊扇；15 ~ 20 平方米的居室，适合选用 42 ~ 48 英寸的吊扇；20 平方米以上的房间，适合选用 56 英寸的吊扇。

家中的落地扇、台扇，一般可以选择 12 英寸（指扇叶的直径）、14 英寸、16 英寸 3 种。

26.鉴别电风扇质量的技巧

落地扇、台扇的俯、仰角调整应灵便。当仰角度大时，电风扇应稳；当俯角度大时，网罩不会碰到其他部位。锁紧的装置要可靠。喷漆要均匀，电镀件要光滑而细密，金属网罩没有挤压、变形，网罩没有脱焊现象。将最大一档按下，再关掉，连续开关 4 ~ 5 次，扇叶要正常起动。将摇头开关启动后，应在 90 ~ 100 度的范围内等速自然地摇头。最后按快档，风叶、网罩、机座的抖动跟噪音要比较小。当电风扇运行了一段时间后，用手去摸电机的罩壳，如果烫手，则表明电机的质量有问题。

27.按功率选日光灯管

日光灯管功率应根据所要安装的住房面积来选择。一般来说，面积为 14 平方米左右的房间可选功率为 30 ~ 40 瓦的灯管，而面积为 10 平方米左右的房间选用 20 瓦的灯管即可。

28.辨日光灯管的标记

在日光灯管上，常有一些字母和数字的标记，那些英文字母的标识是代表日光灯工作时色光的颜色，如 RG 表示日光色，IB 为冷白色，NB 为暖白色；而数字标识则代表日光灯正常工作时灯管的功率大小，其单位为瓦（W）。

29.日光灯管质量鉴定窍门

（1）看灯管两端。质量好的日光灯管两端不会有黄圈、黄块、黑圈、黑块、黑斑等现象。

（2）看灯头和灯脚。质量好的日光灯管的灯头、灯脚不可松动，且四只灯脚应平行对称。

（3）通电测试。把日光灯管两端的电压调至 180 伏左右，质量好的日光灯管应能很快点亮，再调至 250 伏左右后，好灯管还能一直亮着，且灯管两端应仍无上述"二黄三黑"现象。

30.选配居室灯具

（1）走廊和过道等区域可选用一般照明，如嵌灯或附有玻璃罩的吸顶灯。

（2）可以在客厅采用较大型的吸顶灯，同时在客厅角落配置台灯以辅助主灯，也可以将落地灯与沙发、茶几组合在一起。

（3）可以在书架的横板上，安装 8 瓦左右的日光灯，以便于找书，并使室内光线分布和谐。

（4）卧室宜分置多种灯光以适应不同需要，一般可选用光线柔的灯作为卧室的整体光源，同时在衣柜、梳妆台上另配光源，而床头柜上宜放置可调亮度的台灯。

（5）餐桌上方宜选用白炽灯或可调节高度的灯具，灯具高度以不遮挡视线为宜，并注意采用暖色灯光，以增进食欲。

（6）厨房的照明宜充分，以便于工作。

（7）浴室和厕所宜用白炽灯以适应频繁地开关。

31.配照明灯光

（1）会客照明的灯光，应集中在会客区域，使会客区域与其他区域处于相对隔绝的状态之中，这样宾主双方都会产生一种亲切感。

（2）用餐的照明灯光宜照射在餐桌上，不宜太强，也不宜直射用餐者的眼睛，这样有利于增加用餐食欲。

（3）化妆用的照明灯光，其光线应从化妆者两侧照射，使其脸部清晰；忌从化妆者上方照射，否则化妆者眼部下方会出现阴影。

（4）看电视时的灯光，应让柔和的光从电视机旁至上方对着墙面、地面或天花板照射，这样可以保护眼睛视力，也可避免干扰电视屏幕。

（5）看书写字的灯光，应尽量使之与使用者的视线相交于同一点，忌使光线直接照射使用者眼睛，以减少使用者眼部疲劳。

（6）睡觉的照明灯光宜轻柔，一缕淡淡的光线会使人产生浓重的睡意，而过于明亮的光照则会破坏睡眠的气氛。

32.选家用暖霸

卧室适合选扇形暖霸。扇形暖霸的外形设计跟常见的落地扇没什么区别，但没有后罩网和扇页，取代它的是弧形反射器和高效节能的电发热组件，根据热的辐射达到取暖目的。有着跟电风扇一样具有定时、摆头、遥控等功能，主要是没有噪声。这点十分适用对睡眠环境要求比较高的消费者。另外，现在有些暖霸还添加了氧吧、加湿等功能。

若是小房间，则适合暖风机。暖风机可分为非浴室和浴室用两种。浴室里所用的暖风机体形巧，但送风力强，增温也很迅速，且安全系数非常高；房间用的暖风机有壁、台式两种，有些外型设计得跟空调一样。

33.识别各类电暖器

（1）石英管电暖器。它的发热体是穿在石英管里的电热丝，利用的是远红外石英管来加热、辐射传热。其特点是：外形小巧而美观，移动方便，热传递快，且价格便宜。但是它的供热范围比较小，适合放在约 10 平方米的小房间里，因为在加热的时候，会产生光线，所以不宜放在卧室里使用。

（2）充油式电暖器。也称为电热油汀。机体内充有经过高温而炼制的导热油，功能一般在 14 千瓦。其特点是：发热量大，升温慢，适合放在室内保温。

34.识别各类暖风机

（1）电热丝暖风机：电热丝是它的发热体，利用电风扇把热量吹出去，防火性、安全性、热效率均比较低，目前几乎已经被淘汰。

（2）FTC 暖风机：它是用陶瓷制成的，其工作原理是：利用风机把 PTC 所产生的热量全部吹出去，所以工作的时候会有轻微噪声，但没有明火、不发光。因为它具有防水性能，所以适合放在浴室中使用。

35.日常维护电暖器

在天气比较暖和且近期不需要再使用取暖器的时候，应先擦干净，将机体晾干后，再收藏起来。收藏的时候，不要放在潮湿的环境中，应放在干燥处直立保存起来，以备下次使用。

为了使电暖器能发挥比较好的取暖作用，并使其能正常工作，延长它的使用寿命，应尽量把它放置在有利于散热和空气流通的地方。

在清洗的时候，最好用一块软布蘸些肥皂水或家用洗涤剂来擦洗，不能用甲苯、汽油等释溶剂，以免外受到损坏而生锈，影响其美观。

36.选购电热毯

应选购经过国家有关检测机构检验并合格了的产品。在购买电热毯的时候，最好能选择一款设有过热敏感设备的产品，因为如果有了此设备，电热毯就会随着温度的升高而及时将电源切断。在使用的时候，要提前检查一下电热毯有没有松脱和损坏的现象，且要试一下电热毯是不是太热。

37.按用途选电热毯

电热毯使用的电热丝通常分为直丝型和旋绕型两种。直丝型的电热毯适合铺在平板床上，一般寿命较短。旋绕型的电热毯则适用于钢丝床或者席梦思床，此类电热毯有耐高压、绝缘、耐弯曲、耐冲压、抗拉伸等优点，且经久耐用。

38.选开关型电热毯

电热毯有普通型和调温型两种开关。一般选用调温型的比较理想，温度可调，但价格稍高于普通型的电热毯。

39.安全使用电热毯的技巧

（1）在使用电热毯的时候，要将其平铺在热胎上，要加一条床单在毯面上，在电热毯与床单之间，不能再铺其他织物。要将电热毯的开关放在随手就能拿到的地方。

（2）在睡觉前 5～10 分钟内，可先打开电热毯的高温挡，让其短时间内预热升温，这样上床后就不会感觉冷了。在用的过程中，可根据自己的习惯对其进行调节或者关闭电热毯。可将电热毯的温度控制在 38℃ 左右，但是不能超过 40℃。

（3）不能把重硬的东西和尖锐的金属放在电热毯上，以免电热比损坏而引发触电事故。

（4）经常要检查电热毯是否有打绺、集堆的现象，以免局部产生过热现象。可在电热毯的四个角上各缝上一个固定的床腿。这样，就能避免电热毯打绺、集堆。如果电热毯没有集堆、打绺现象而出现了过热现象时，可能是出现了故障，此时，要立即停止使用，并做检查、修理。

（5）不能把电热毯与热水袋等加热工具一块使用。

40.选购吸尘器的技巧

（1）选用吸尘器要根据居住面积确定功率，一般家庭以 500～700 瓦为宜，容量有 2～3 升即可。

（2）有自动收卷电源线装置的吸尘器便于使用完毕后及时收好电线。

（3）通电后，吸尘器不应有明显的震动和噪音，用手挡住进风应能感觉到较大的吸力，各密封部位不应有漏气现象。

（4）检查各附件是否齐全，重心低的较稳重，下部有活络脚轮的更好。

41.选择电热水器的技巧

（1）选安全：热水器目前最大的安全隐患是水带电的问题，常会发生些用热水器洗浴时的安全事故，几乎所有都是因为"水管带电"、"地线带电"等引起的。目前，热水器一般都采用了漏电保护器，但是，它对于供电环境所引入的水带电的问题起不到作用，所以，虽然解决了产品本身安全的问题，但却不等于解决了洗浴安全的问题。因此，最好选择带有"防电墙"的热水器。

（2）选款式：圆罐形的设计，其受力最均匀且最能承受高压，而方形或者其他的形状，其受力不均匀，且不能耐高压，因此，如果想使电热水器的耐压性能达到最强，最好能选用圆形的设计。

42.选购浴霸的技巧

（1）看标识：要买那些印有注册商标的正规商家、厂家，以及有中国电工委员会认证标志的正宗产品。

（2）看售价和外观。由于浴霸对取暖等技术要求非常严格，质量高的产品，其价格不会很低。

（3）看耗电量与功率。每个取暖灯泡，其功率约为275瓦，要仔细考虑它的耗电量。

（4）看使用面积。2个灯泡适用于4平方米浴室；4个灯适用于6～8平方米浴室。

43.选购抽油烟机的技巧

（1）要以实用为主，不要贪合算购买那种又大又重的抽油烟机。

（2）液晶显示的既浪费金钱又容易损坏，因此，不要购买液晶显示的。

（3）最好选购有不易损坏、维修率低且可替代性高的传统机械式开关的抽油烟机。

（4）一般来讲功率参数越大越好。

（5）带有集烟罩的抽油烟机比较好，因为它的排风量大。

（6）不要选择具有自动清洗功能的抽油烟机，因为那只是厂家给产品加价的策略。

（7）要保证排风口的口径与出风口成正比。

44.选购炉具的技巧

在挑选炉具的时候，可以看以下一些参数：

（1）炉头要选纯铜材料。

（2）看看是否有自动熄火保护。

（3）热流量当然是越高越好，一般要在3.6～4.2之间。

（4）旋流火也是必要的，它的好处就是可以节能25%左右。

（5）应选择不锈钢面板，且要求提供不锈钢的厚度参数，面板越厚越好。

❀ 六、交通 ❀

1.选购爱车的准备

在购买时要根据自身的经济能力来挑选爱车，同时应考虑其技术性，实用性和经济性。多听取身边买车朋友的购车心得和建议。

2.收集车况资料

选购汽车首先要确定车种、车价及年份，为了选出理想的车种及品牌，需要多方打听每种车辆品牌的形象及性能、故障率、省油性、使用寿命等，并通过电视、报纸、杂志等广告途径了解一些购买的信息，将所圈定的车的所有优、缺点一一列出，来加以比较。

3.盘算车价的技巧

盘算汽车的价格主要从以下几个方面入手：

（1）衡量车价即汽车原始定价或出厂价。

（2）计算国家税收，包括增值税、装置附加费、特别消费税、营业税（进口车还包括海关税、转港费）。

（3）列出经营管理费用和其他费用，如各项杂费和办理的篷垫装置费、新装附件费（装空调、车载电视等）。

4.选择最佳的购车时机

（1）季节：按季节来选购，应选择在淡季，此时商家服务的对象相对而言比较少，服务力度就会增大，这时，你就可以充分的挑选、试驾各种车型，同时还能得到比较专业的、优质、快捷的售后、售中服务。春夏季是选择购车的最佳时间，秋冬两季不宜购车，秋冬两季被称为"黄金"季节，是销售汽车最火爆的季节，因购车者太多，商家往往会在忙碌中减少车辆的上牌、挑选等方面的服务，而春夏季相对而言就好多了。

（2）价格：在购车前，应该多方面了解厂家近期有关举措或销售导向，如：车型改进、市场发展目标、价格涨落等。最好在市场价格比较平稳的阶段购买车，因为这时汽车价格会相对便宜一些。

5.选汽车经销商

在挑选汽车经销商时，要挑选那些能够实事求是来介绍产品的，而不是那些一味怂恿顾客多买些选用件的经销商，能认真负责地将汽车修理好，而不是敷衍塞责的经销商。

在挑选的方式上，可以看经销商对待顾客的态度来判断，最好亲自去看一看经销商配件库、修理部的服务人员，考察他们的工作。

6.购车询价

在经销商样车间里，样车玻璃窗上面通常会贴着价格说明，价格说明的内容一般有 3 个方面：一是列出制造厂商建议的零售价；二是列出这个建议价所包括的部分；三是另外还有那些装件还可以选用，价格各不相同。

还价的程序跟该车的车型是否热门有关。对于热门车，能够还价的可能性要小些。在购买车的时候，要货比三家，但也不应该只接受最低价。如果其中一家能够提供比较好的服务，即使价格要高一点，对于购车人来说，仍然有利。同理，各种车型和保用项目之多少和保用期的长短也是各不相同的，要把这些弄清楚才能全面地评价售价的高低。

由于推销选装件的利润比整车要高，所以，经销商谈妥整车的车价后，会全力推销其选装件，这时不能松懈，要全神贯注审查、比较，并衡量自己的预算。

7.选购新车的技巧

（1）多看：购车前，多看市场、看车型和看产品。

（2）多听：多听听产品的口碑，汽车发动机运转的声音，高速行驶时的噪声和车辆密封隔音的功能。好的发动机在行驶运转时会发出稳定悦耳的声音，良好的密封隔音功能，可在行驶时听不到窗外的噪声和风声。

（3）多问：询问零售商及售后服务人员，看是否能提供专业的服务，看厂商对车主关心的利益问题，是否能提供令人心悦诚服的解决方案，看未来的售后维修服务是否便利和舒心。

（4）多试：在做出购买决定之前，应多试车，以便最大限度地了解产品的性能和特点，否则就不知道避震是否良好，操控性、制动性能是否令人满意，高速行驶时噪声到底有多大。

8.鉴别新车质量的技巧

（1）座位：若座位不舒服，会引起疲劳或者精神涣散，应检查一下座位能不能调整，看它有没有足够的支撑力，检查一下后座椅腿部。

（2）操纵：离合器、方向盘、变带箱及制动操作要轻便，方向盘要能感知地面的情况，且不会有强烈的震荡。

（3）引擎盖：将引擎盖掀开，能够很容易触摸到箱内的各个部件，便于日常的保养和检修。

（4）悬挂系统：在高速路上行车的时候，贴地面不要太紧，悬挂系统不能太软，否则转弯的时候容易发生摇摆。

（5）开关擎：在试车的时候，将安全带上好后，所有的开关都能轻易地触及和调节。

（6）行李箱：检查一下行李箱的大小及看它是否很容易拿取备用的轮胎。

（7）通风设备：闷热的车厢容易使人疲劳，太冷让人感觉也很不舒服，所以，暖气通风系统要能保持车内空气清新、暖和，且车窗没有水汽凝聚。

（8）噪音：噪音一般来源于：引擎、道路、风，会使人疲劳，所以在试车的时候要留心倾听。

9.挑车八项注意

（1）要注意车身玻璃、油漆、锁、车门是不是完好，不要有损坏迹象。

（2）要注意反光镜支架和反光镜的油漆是否完好。

（3）要注意螺帽、轮胎有没有松卸，轮胎里有没有足够的气。

（4）要注意检查雨刷杆、雨刷器及割片是不是有效的，且不能有老化现象。

（5）要注意汽油盖及冷油箱、滤网是不是完好。

（6）要注意座位、车厢是不是完好。

（7）要注意各种灯光，包括方向灯、大小灯、眼灯、后灯是不是完好，并且是不是正常工作的。

（8）要注意车后的发动机，没有杂音才是正常的，当车子发动以后，要注意仪表板上各个表的显示是否正常，电瓶、喇叭是否

正常显示及手刹车、离合器、刹车是否有效等，这些都是不能忽视的，这对安全特别重要。

10.选择汽车车身形式

汽车的车身形式一般有2门型、4门型、后掀门型。每档轿车都有2门型和4门型。

（1）2门型。优点是：车身比较低，流线型好。由于此类车车身的钢度比较好，因此，在行驶的过程中，车身的噪声比较小。缺点是：车门比较重，进出后座时，不方便，且后排的座的空间比较小。

（2）4门型。其优、缺点跟2门型正好相反。

（3）后掀门型。优点是：能装载大件的物品；如果后排的座位能折叠，则载货的容积会更大；缺点是：所装的东西从车外都能看见。

11.选汽车驱动方式

（1）前轮驱动优点：传动效率比较高、油耗比较低、自重比较轻，在平路上行驶的时候，地面的附着力比较大。缺点是：在走陡坡或拖挂时，前轮着力会减少，由于前轮既是转向轮又是驱动轮，轮胎的磨损比较大。

（2）后轮驱动。其优缺点跟前轮驱动刚好相反。

（3）全轮驱动。优点：在无路地面和泥雪地面的行驶性能好。缺点：油耗、车价、修理费都要比前两种高。

12.选汽车的变速方式

汽车的变速型式有自动变速和手动机械变速二种：

（1）机械变速。优点：油耗低，售价低、修理费低。缺点：换档的动作比较复杂。

（2）自动变速。其优缺点与机械变速正好相反。

13.选汽车附属品

汽车的附属品一般可以分为外观性、安全性、方便性、功能性四类。

（1）增强外观性选用件的有：加强的防

锈处理、车轮罩等。

（2）增加安全性选用件的有：自动安全带、安全气囊。

（3）增加方便性选用件的有：空调、电动窗、自动巡航控制、音响设备、电动门锁、变速刮水器、遥控行李箱锁、电动后视镜、车顶窗等。

（4）增强功能性选用件的有：防抱死制动（ABS）、动力转向、全轮转向、数字显示仪表、雾灯、高性能轮胎等。

14.鉴选汽车蓄电池的技巧

（1）普通蓄电池的极板里面是由铅和铅的氧化物构成，其电解液呈硫酸的水溶液。大部分在货车上使用，它的主要优点是电压稳定、价格便宜，缺点是使用寿命短且日常维护频繁。

（2）干荷蓄电池：主要用于小型轿车。其主要特点是负极板有较高的储电功能，在完全干燥状态下，能将电量保存两年，使用时只需加入适量电解液，等待15～20分钟即可使用。

（3）免维护蓄电池：主要用于较高档轿车，在自身结构上有明显优势，电解液的消耗量非常小，使用期间不需要补充蒸馏水，另外，还具有体积小、抗震、抗高温、自放电等特点，使用寿命一般为普通蓄电池的2～3倍。

15.试车的要领

在试车的时候，要注意以下几点：

（1）仔细考察车身的内观和外观，观察实际买的车跟样车是否同样令自己满意。

（2）车门门缝的宽度是否均匀一致。

（3）有无滴斑和刮伤，油漆是否均匀。

（4）边角是否服帖，地毯是否铺平，发动机室的油管、电线是否都夹在正确的位置上。

16.试汽车的安全性和适用性

试车的时候，要看安全带是不是方便、舒适。驾驶员的座位是不是能调到自己最方便的位置，以便能跟所有操纵的手柄接触到。不管是白天，还是晚上，是否都能看到仪表的读数。看后视镜、刹车踏板的位置跟自己的要求是否符合。万一发生撞车的时候，膝部、胸部、脸部都会碰到哪里。

此外，还要看车门是不是好开、关，进出的时候是否方便，乘员的人数是否跟自己的要求符合，行李箱的容积够不够，在调整行驶的时候噪声能否忍受得了，车内的通风是不是能有效地保持空气新鲜，转弯的时候车身是不是倾侧得厉害，驶过路面突出地方的时候是否颠簸得厉害，看看是否会出现不舒适的感觉。

17.选购车辆赠品的技巧

现在消费者在购车时一般会要求商家给予一些赠品，并且要求赠品的数量越多越好，但是往往赠品的质量会让人大失所望。因此本着既方便又实惠的原则，可向经营商要求赠品为车的配件如车罩、拐杖锁、防腐防锈处理、椅套、遮阳纸、防盗遥控锁、电动打气机等必需品。如此才可有效地维护和保养汽车。最好是品牌产品。

18.识别不能交易的车

来源不明、手续不全、走私进口车或者在流通的环节违反国家法规、政策的；没有产品合格证，或跟产品不相符的；港澳台同胞、华侨等所捐赠而免税进口的。这些都是禁止交易的车，在购买的时候要特别小心，以免买后引来不必要的麻烦。

19.选购汽车如何付款

一年的牌照税、燃料税、保险费用及相关配备的处理费的总和是所要支付的车款，在支付这部分车款时首先可以向银行按揭贷款或一次付清。但是，汽车的银行贷款利率比房屋还要高，最省钱的方法是用现金一次付清，既可省去银行的利息，而且还能争取经销商的最大优惠。

20.选购二手车的技巧

（1）根据本身经济能力而决定车价。

（2）注意车龄。5年以上的车需要维修的几率最大，与其把钱花到维修上，还不如多花点钱买好点的车。选购时，二手车种的价位及年份可参考汽车杂志及专业网站的信息。

21.二手车辆购买方式的选择

二手车的选购方式，一般有两种：即通过汽车销售商家购买和向个人购买。前者销售商家将汽车美容保养一番，外表看来十分华丽光鲜，但价格较一般自行向私人购买者贵，所以应该多方比较方不致吃亏上当；后者在价格上伸缩的弹性范围较大，但是要注意一点，有些车主接受车行或出租公司的委托，将以往出租过的汽车拿来出售，因此，选购时务必要求查看原始牌照登记书才行。即使是十分相中的车，也不要急着成交；给自己两天时间，进行多方打探，确定与车主所说的相符时，再成交也不晚。

22.二手汽车交易的技巧

二手车交易时，首先要盘算好它的价格，还应搞清规定的燃料税、牌照税、保险费、过户费应交给谁的问题。另外在购买旧车时还要验证原始牌照登记书以及发动机和车身号码，通过这些可以了解这辆车转手的次数、曾经的用途，同时也可发现里程表是否被动过手脚、是否出过车祸等。

23.看保养程度选二手车

选购保养好的旧汽车，可以延长其使用寿命及节省修车的开销。所以购买前，应从汽车的发动机系、底盘系、传动系、电器系、车身系等5大系来检查旧车的使用及保养程度，待逐一检试完后，若没有问题再购买。

24.识别进口摩托车的技巧

标记和票单是检验摩托车是否为进口车的两个重要依据。

（1）标记：合格的进口摩托车，其车架主体前部位两侧应贴有一个黄色的圆形标记，并印有"CCIB"字样，在该字母的下方印有"S"字样，该标记是目前符合我国对机动车所执行的安全标准证明。

（2）票单：进口机动车辆随车检验单的表面为黄色，由数枚小的"CCIB"字样所构成单证的图案底色，单证上印有办理进口车辆须知和对外索赔的有关条款与内容，同时还附有进口货物证明。这些单据印刷都很规范、工整，且附有正规的商业发票。

25.选购摩托车看外观

在购买新车时对车的外观进行检查是很必要的，步骤可分为：

（1）外观检查：油漆表面应光滑均匀，不应有脱漆、留疤、漏漆、麻坑等；颜色鲜亮，装饰图案完整，清晰。电镀件表面应光泽明亮且无皱褶、划伤、生锈。

（2）外形检查：整车外形端正，零部件应完好无损，无锈蚀和变形；前叉、车架、后轮叉应无扭曲变形；两减震器应匀称；前后车轮无扭偏现象。

（3）备件检查：配件及备品齐全，使用说明书和维护手册应备齐。

26.选购摩托车查发动机仪表

检查发动机和电气仪表是在购买摩托车时首先要检查的，检查步骤可分为：

（1）发动机检查：发动机外部和油管无渗漏油痕迹，散热片应完整无缺。在常温下，冷车用脚蹬起动杆2～3次内应能顺利启动，热车蹬1次能顺利启动；发动机怠速运转稳定，3分钟内不熄火。发动机运转正常且无响声。

（2）电气仪表检查：速度表、里程表等仪表应无缺陷，安装牢固。转向灯、前大灯、尾灯、刹车灯应完好无损，工作正常，亮度符合要求。电喇叭清脆响亮，各种开关操作灵活且安装牢固。

27.选购新摩托怎样试骑

在购买新摩托车时一般都会试车，这样可便于判断新车的性能。通常试车的方法可参考以下几点：

（1）转向手把要灵活而没有死点，转向立柱间隙适当。

（2）油门在开大开小时转动要灵活，摩托车反应要灵敏，关闭点火开关时发动机应立即熄火。

（3）离合器、变速器、制动手把和脚踏板等操作灵活，无卡滞现象。

（4）要检查摩托车的加速性能和制动距离、排烟是否正常（二冲程发动机为浅蓝色烟，四冲程发动机为灰白色烟），前后减震器是否良好，乘骑是否舒适等。

七、通讯

（一）手机及配件

1.选购手机

一般选购手机时，价格、性能、品牌、服务等多方面都应当作为综合考虑的因素：

（1）要了解手机商标上所标注的机型和出售价格是否与实际情况相符，所带有的附件配置是否齐全，检验是否有邮电部统一的入网标志。

（2）查看销售商所提供的手机，其条形码是否完善，条形码上的数据跟包装盒上面的条形码数据是否完全一致。

（3）要问清楚销售商所提供的保修时间有多长（一般的免费保修期均为 1 年），其所指定的定点保修点是否具有维修保障的能力，以及是否有其生产厂家的授权。因只有得到了授权维修点，才能够得到用来维修的正宗配件。

2.选购手机电池的技巧

（1）要检查手机电池的保质期和出厂期。因为即使在不使用的条件下，化学密封的干电池也会自然放电，因此，选购手机电池时首先应检查电池的出厂期和保质期。

（2）要检查电池的包装标识是否符合国家的产品质量，其中有没有明确记载产地、生产厂址以及电池成分、电池标准、电池容量和其他重要标志等。

（3）检查外观和防伪标示。应该仔细检查电池外观的表面光洁度和厂家防伪标志的清晰度，以防假冒伪劣产品。

3.购手机充电器

选购充电器时，首先要弄清楚该手机充电电池的具体类型。通常，由于锂离子电池对充电器所输出的电流、电压、停充检测等参数的要求非常高，因而，最好在选购手机时选择电池厂家所指定的充电器产品。对镍氢电池而言，最好选购能自动检测温度的充电器。由于镍氢和镍锌电池有相似充放电的特性，并且镍锌电池还存在记忆效应，且充满电的时候还会出现电压回落，因而适用于镍锌电池的充电器最好带放电功能，并具有电池电压检测、控制电路的充电器。

4.鉴别问题手机

针对目前手机市场存在的投诉率居高不下的情况，有关专家提醒消费者在购买手机的时候，千万不要购买以下 12 种有问题的手机，这 12 种有问题的手机具体指的是：

（1）手机包装盒里没有中文使用说明书的手机；

（2）手机的包装盒里没有厂家的"三包"凭证且不能执行国家有关手机的"三包"所规定的手机；

（3）在保修的条款里所规定的"最终解

释权"、商品的使用功能发生变化后"恕不另行通知"的手机；

（4）无售后维护的手机；

（5）实物样品与宣传材料、使用说明书不一致的手机；

（6）与手机包装上注明所采用标准不符的手机；

（7）拨"*#06＃"后手机上所显示的手机串号跟手机的包装盒上所显示的串号不一致的手机；

（8）可拨打信息产业部市场整顿办公室的电话查询"进网许可"跟手机上的"进网许可"不相同的手机；

（9）非正规的手机经销商所经销的手机；

（10）购买场所跟销售发票上的印章不一致的手机；

（11）包装盒内没有装箱单或者装箱单跟实物不一致的手机；

（12）物价不真实的手机，俗称为"水货"手机。

5.鉴别真伪手机的技巧

正版手机应该三号一致，即手机机身号码，外包装号码和手机中调出的号码应该相同。另外在验钞机下，在进网许可标签右下角应显示 CMII 字样。

6.鉴别手机号被盗

当用户遇到以下几种情况时，应当注意个人手机是否被盗打：

（1）短期内话费激增。用户可以通过拨打电话移动服务电话 1861 或使用信息点播业务来查询自己的话费，并在移动通信公司的服务点打出通话记录，如果发现电话清单中有很多电话不是自己打的，就说明该手机被盗打。

（2）接听电话时存在如下问题：关闭手机后，没有手机提示。有来电时振铃时间特别短，甚至用户来不及接听振铃就不响了。这有可能是盗打的人接听了用户的电话。经常通话不畅，常打不通。当设置手机的呼叫

转移功能，将其转移到到呼机上后，呼机上显示出的号码不熟悉或复机后对方找的人不是自己。

（3）突然增加灵敏度。这也是手机可能被盗号的表现之一，如果遇到这种情况，用户应暂停使用。

如果用户发现手机被盗打，应立即到当地的移动通信公司改变其串码业务，使盗打者的手机失效，以使自己的利益得到保护。

7.健康使用手机的方法

根据测定表明，目前市场上各种手机的微波场强为 600～1100 微瓦／平方厘米，大大超过了国家所规定的安全标准和最大允许值，即 50 微瓦／平方厘米。通过对国内人群的试验证实，长期使用超过了国家安全卫生标准的手机，同样会使人体的健康受到危害。从预防电磁辐射危害的角度出发，专家们提出了以下三点简单易行的个人防护建议。

（1）保持距离。人体头部接受电磁辐射的水平的高低，直接取决于头部与手机天线之间的距离。因此，在用手机通话时，应尽量把手机天线离开头部，这样可以降低头部电磁辐射的暴露水平。

（2）接通再打。在测量有些手机电磁辐射的时候发现，当手机拨号后，在接通的瞬间，仪器会显示突然出现一个电磁辐射的高峰，然后从峰值迅速降低，而通话时，其电磁辐射的水平一般都比较低。根据手机发射电磁辐射特点，使用手机的时候，应该加以防护，即：在拨号以后不要将手机马上放到耳部听电话，而是应先看显示屏上手机是否接通，当显示接通后，再将手机移到耳部进行通话。这样，手机接通的瞬间跟头部的距离就会相对远一些，从而，可以减少头部的电磁辐射暴露剂量。

（3）变换姿势。在用手机过程中，要经常将握持手机的姿势改变一下，例如把持手机的角度稍微变动一下，稍稍前后上下移动手机等。只要将握持手机的姿势做一下改变，

在脑中的聚焦部位电磁辐射就会发生移位，这样，可以避免脑组织的某个区域因长时间暴露在高水平的电磁辐射之下，从而避免脑组织发生病变的可能性。

8.处理手机进水问题

若手机进水了，首先要先将电源关掉。然后为避免水腐蚀手机主机板应即时将电池取出，并尽快送去售后处进行维修。也可以用电吹风将手机内部的水分吹干（只可用暖风）来减缓机板中的水分，但要注意将温度调到最低档，否则会造成机身的变形。

9.补丢失神州行卡

在发现神州行卡丢失后，首先要拨打13800138000，然后根据里面的语音提示按步骤办理挂失，再携带用户密码卡、个人身份证到所在地移动通信公司下属的营业大厅办一张新的 SIM 卡，其原手机号码不变。最后一步拨打 13800138000 进行解挂失。

10.用手机享受生活

（1）可便于上网：手机终端的功能与可移动上网的个人电脑具有类似之处，如果能充分利用用户使用固定互联网的习惯，以及充分利用固定互联网所具备的应用资源，就可以给用户提供高性能、多方位的移动互联网使用体验。

（2）可便于充分利用其他资源：方便欣赏移动书苑、方便阅读，也可方便书刊、多媒体、音像等各种载体的互动下载，用户可随时删除、阅读和再下载上述资料，其也具有书签等其他功能。

（3）可用作手机银行：利用短信息功能与银行之间进行银行业务，可实现账户查询、挂失、转账、外汇牌价查询、外汇买卖、交手机话费等服务。目前中国移动已经对建设银行、中国银行、招商银行、工商银行开通了手机银行服务。

（4）可提供时尚闪信：通过手机可将全方位的贺卡传达给朋友，传送对朋友的一份感情，DIY 方式可便于自主地制作个性化贺卡。手机还可提供闪信动听的卡拉 OK 旋律，方便随时随地与亲密朋友共唱金曲卡拉 OK。

（5）可提供手机邮箱：借助于供应商短信互动功能，可以灵活地通过设定条件，在邮箱收到的新邮件满足预先设定的条件后，手机将会收到一条短信提醒。接到提醒后，如果想知道邮件内容，回复短信，可以直接用短信或彩信提取的方式，阅读到该封邮件的详细内容。还可以对第三方邮箱进行管理，可随时随地查看第三方邮箱，收取重要邮件。还可以将此功能设置成自动或者手动形式，其通过 Web、WAP 和短信 3 种方式均可操作。

（二） 电话

1.识别国产电话机型号

电话机的国家统一编号的原则是由 4 部分组成。各组成部分的含义如下：

第一部分是表示电话机类别的汉语拼音字母。HA：表示按键式自动电话机；HL：表示录音电话机；HW：表示无绳式电话机；HCD：表示来电显示电话机。

第二部分是表示生产厂家代码的阿拉伯数字。

第三部分是表示产品外形序号罗马数字，也可用阿拉伯数字加括号来代替。

第四部分是用英文字母表示该部电话机所具备的各种功能。其中：T 表示具有双音频拨号方式功能；S 表示具有记忆和存储功能；P 表示是脉冲拨号方式；L 具有带锁功能；D 表示具有免提扬声通话的功能；P/T 表明有双音频与脉冲兼容功能；LCD 表明具有液晶显示功能。

2.选购电话机

选购电话机的时候，一定要注意话机是不是国家信息产业部所批准的机型，检查它有没有有效的入网许可证。入网许可证是无线电委员会和邮电部为了保障用户的权益所采取的保障措施，只要符合入网规定的话机，其机底一般都贴有邮电部入网许可证号码和入网标志，一些假冒话机的入网标志大部分内容不全、印刷模糊。新装电话的用户，应该根据电话通知单上面的情况选用合适的话机。如：当地若是程控电话局，其用户可以选用双频按键式电话机，这样用户可以使用程控电话机里的新功能。

3.选购电话机外观的技巧

在选购电话机的时候，除了要考虑它安装时的便利性及外观的可观性之外，还要考虑其外观的质量问题。在选购的时候，要看电话机的外壳是不是光滑，其机壳上面是否有划痕。查看按键的时候，是否平整，按键、指示灯的安装位置是不是正确的，按键是不是会卡键或弹性不良等。要检查计算机电源线、计算机开线、电话线是否松动或异常。晃动电话机时，是否有内部组件脱落的声音。

当然，在选购的时候，还应该考虑多方面的问题，如产品的售后服务、其他性能、款式、颜色及产品的外包等。建议您在购买的时候，尽量挑选一些知名的品牌机，因为，品牌机不管售后服务还是产品的质量，都有更多的保障。

4.根据通话质量选电话机

质量比较高的电话机，其音质相当清晰，不刺耳、不失真，且还没有明显的"滋滋"、"沙沙"或"嗡嗡"声。在选购的时候，要接上电话线，将听筒拿起来，此时，若能听到清晰、音量比较适中的拨号声音说明质量较好。同时，对于各种各样多功能的电话机，用户可以根据自己实际的情况和需求来选择其功能，不要盲目地追求功能齐全。

5.选择无绳电话

（1）选择通信功能。无绳电话除了具有普通电话机具有的功能外，还具有手机与主机之间的通话、内部通话、无绳电话与主机之间能够转接、作为分机单独使用等多项功能。

（2）选择通信距离。在我国，对于家庭使用无绳电话的发射功率有明确的规定：发射功率不得大于20毫瓦。这种机子的通信距离在200米～300米之间。因此，应当注意通信距离过远的机子，这种机子不是厂家夸大其词，就是发射功率超标。若发射功率严重超标，会干扰其他的电器设备，还会被有关部门处罚。

（3）选择控制方式。目前，在控制方式上市场上所出售的无绳电话机可以分为两类：一类是微处理器控制；另一类是导频控制。比较这两种方式，微处理器的控制方式可靠性比较强，当然它的价格也会相应地高一些。检测控制方式的方法是：轻轻地将内部通过键或主机的免提键按下，若此键是轻触键，即一松手该键会立即反弹，这种机子一般是利用了微处理器的控制方式；如果此键不反弹，需要再按一次才能弹出，那么，这样的机子一般都是采用了导频控制的方式。

6.选用IP电话

目前，IP电话已经成为了一种很常用的通信手段，而对于不同的人群，都有不同的使用方法：

（1）经常流动或不经常打长话的个人用户，如在校学生，最好选择每次支付费用比较少的IP卡，由于不是要经常拨打电话，对过长的号码也不会受到太大的影响。

（2）如果是持有银行卡的用户，用IP银行卡业务就会方便很多，一卡通、牡丹卡等持卡者若申请了网通的IP电话业务后，可随时刷卡消费，在提款的同时，还能随时拨打IP。

（3）网民用IP软件来打电话是最实惠的，特别是打国际长途的时候，就更加便宜，再装上个摄像头，还能进行可视对话。

（4）企业用户或者常打长话的手机用户与家庭用户，IP直拨是最实惠、最方便的选择，还可节省大笔开支，简洁拨打可提高工作效率，手机用户则省下了带卡的烦恼。

电话质量的好坏，一般都取决于运营商所提供网络容量的大小，因此，在选择时要尽量选用宽带网和 IP，因为它通话质量好，且易于接通。目前，中国网通宽带网的传输量已达到 40G，用这个网拨打 IP，就算是在高峰时段，也不会有接不通的情况出现。

7.电话机铃声的减轻方法

若电话机的铃声很刺耳，可垫一块泡沫塑料在机下，以使铃声的喧闹声减轻；若是家用电话，将其放在床垫上，也能减轻铃声。

8.使用电话机特殊键的方法

（1）"#"是重发键：如果遇到忙音，可将电话放下，若想再打的时候，只要按一下"#"键，就会自动拨发刚才所打的号码，可不断重复使用，直到接通。

（2）"*"是保密键：打电话的时候，跟身旁的人交谈的内容若不想让受话人听到，此时，只要轻轻地按住此键，即可暂时将线路切断，若要恢复通话，只需松手即可。

9.获得手机室内较佳通信效果的技巧

在室内，手机的通信距离往往较差。通过一些技巧，可以帮助改善手机在室内的通信质量、获得较佳的通信效果。

在室内，若手机信号不好时，可以适当调整手机拉杆天线的方向、长度，或者适当地调整手机的地面距离、转动手机本身的方位来达到较好的通信效果。一般来说，在普通房间里，手机位置越高，所获得的有效通信距离越大；手机拉杆天线拉得越长，通信效果也越好。

10.保养电话机

（1）不要猛拍电话机叉簧，若拨号以

后，没有接通，可轻轻按下叉簧约 14 秒，然后再重新拨号；不要随意拉扯或扭绞电话机螺旋线和直线，以免内部心线两端脱开或折断。一旦将电话机的振铃、音量和转换开关调试好，就不要轻易变动。

（2）对于按键式电话机，因大部分都采用了新型的电子器件，机械的部件非常少，一般不需要定期进行检查，只需平时保持电话机的清洁即可（可以用潮湿的软布来擦拭）。

（3）安装电话机时应以安全、方便为原则。不要在阳光照射的地方放电话机，更不要放在噪声源、干扰源附近，也不能放在潮湿的地方，应把电话机安装在通风、平稳、干燥的地方。

11.清洗电话机

（1）消毒剂擦拭法：在家庭里可以用浓度为 0.2% 的洗涤溶液来对电话机进行清洁，其效果能持续 10 天左右；也可以用 75% 的乙醇来反复擦拭电话机外壳的部分，但因乙醇容易挥发，其效果不能持久，因此，应当经常擦拭。

（2）电话消毒膜（片）消毒法：现在市场一般所销售的电话消毒膜是由高氯酸铀、过氧戊二酸洗必泰等为主的复方消毒剂所配制而成的。在使用的时候，只要将其粘贴在送话器上便可。

12.去除电话机污垢的技巧

由于经常使用电话机，会沾上很多肉眼看不到的污垢和细菌，应每隔 1 ~ 2 周就用含有酒精或甘油酯的清洁剂将其擦拭一遍，电话机的拨号盘可用圆珠笔或筷子包上干净的抹布，一边擦拭，一边拨动。

❀ 八、宠物 ❀

1.选购好猫

在选购的时候，猫的外貌应以猫的面孔、脚爪、眼神、毛色、叫声、坐姿等来判断，例如目光如炬，看人时嘴偏须长，不愿意被生人抚摸，脚底的软肉饱满油润，行走的姿势缓慢而有力，坐着时尾巴围在身上，趴着时前腿首节内屈或者像虎伏的是好猫。良种猫的毛色纯而且光亮，背部的毛色图案是左右对称的，好像猪耳环，或者没有花纹。

2.给小猫打疫苗

小猫虽然健壮，但为了预防恶性传染病例如猫瘟的发生，一定要及时注射疫苗。因为猫瘟对不足4个月的小猫很有危害性，而病毒不直接接触就能传染。最好在小猫10周左右接种疫苗，在1岁前要注射2次，每次间隔20天，以后每年1次。

3.幼猫喂养

（1）快速生长期的喂养：快速生长期一般在幼猫断乳后的2～4月龄，在这段时期，幼猫爱玩并快速生长，需要大量的热能和营养，必须提供热能及蛋白质含量都比较高的均衡营养食物，供应幼猫在快速生长时所需要的各种能量和营养。但因幼猫身体各功能还没有完善，所以此时的幼猫一天至少吃三餐。其食物最好是新鲜的鸡、鱼、猪牛肉，并配合少量幼猫粮，尽量少喂淀粉类，但不要过分限制食量。

（2）性成熟期的喂养：6～12月龄时，猫生长的速度开始变慢，其活动量也慢慢减低。这个时候的猫食量比较大，可以将每餐的分量增加而减少每天用餐的次数，增加食

物变化，在原有的食物基础上适当地添加一些营养比较丰富的猫罐头食品，以保证它因为生长速度变慢而产生的不同营养需求。一定要记住，因为猫是肉食动物，所有的饲料一定要以肉食为主。另外，平时要给幼猫饮用大量新鲜的清水。

4.宠物狗的挑选

宠物狗很不容易挑选，以下几点可供参考。

（1）血统：一般有好血统的狗，才有可能成为理想的狗。因此，选择幼犬时，一定要先了解其父母的背景，有血统证明书方可。虽然杂交的狗很可爱，不过血统不清楚，成为理想的好狗很难。

（2）耳朵：耳道要保持干净、没有臭味。

（3）眼睛：眼睛清澈有神。眼边缘没有粉红色才行。

（4）口腔：牙齿要呈剪状咬合，没有缺损。口腔的膜要呈粉红色。

（5）头部：头的长度要跟全身相称。高抬头的狗优，反之质劣。

（6）背部：背部的正中线要垂直，不可弯曲。

（7）尾巴：尾巴的形状既是犬种的标志之一，同时也是反映感情气质的标志之一。要根据不同犬的情况认真挑选。

（8）被毛：被毛要光滑有光泽。幼犬的绒毛柔嫩。不同的犬种，被毛也不一样。

（9）前肢：如果从侧面观察狗的前肢，是笔直的；如果向外或者向内弯曲都不理想。后肢应该有弹性，关节呈弯曲状。

5.评宠物犬的标准

好的宠物犬应该健康、有气质，以下两点可做参考：

（1）健康标志：健康幼犬，鼻吻部位是潮湿而稍凉的。被毛要整齐而有光泽，眼睛清澈有神，口和耳朵没有臭味，大便成形，没有皮肤病，还应该有体格检查证明，要包括没有肠内寄生虫的证明。

（2）气质要素：健康犬一呼就来，吃饭不停地摇尾巴，吃得津津有味。如果有动静，幼犬会马上瞪圆眼睛，注意力集中并且丝毫不慌张。那种夹住尾巴，一有动静就躲藏的不是理想的犬。

6.宠物狗管理

管理宠物狗应做到以下几点：

（1）让狗从小就养成洗澡和到固定位置去大小便的习惯。

（2）预防狗身上出现跳蚤，可放些新鲜的松叶在狗窝里。

（3）加些剁碎的蛋黄和香菜在狗食中，这样能使狗毛变得更光泽。

（4）当狗误吃有毒物质的时候，应当立即逼它喝浓食盐水，将有毒的东西吐出来。

（5）多喂猪排、鸡骨头等硬质含钙食品给狗，这样能防止狗的牙齿里长出牙垢。

（6）在给狗吃药品时，先碾碎它，然后再拌些糖水，这样狗才会去吃。

7.家庭饲养宠物鸟选择

家庭饲养宠物鸟，一般都是来观赏它的艳丽羽毛，聆听它婉转的鸣叫，玩赏它灵巧的技艺。它们多属于羽毛华丽、小巧玲珑、逗人喜欢、鸣声悦耳的。家庭饲养它们时，可以根据个人喜好来选择相应品种：

（1）论鸣声，可以选择画眉、金丝雀等。

（2）论羽色，可以选择黄鹂、红嘴相思鸟，及从国外引进的一些鸟类。

（3）论能歌善舞、活泼跳跃，可以选择百灵、云雀、绣眼鸟等。

（4）论技艺高超、善解人意，可选择金翅雀、黄雀、朱顶雀等。

（5）论可供比赛、善于争斗，可选择鹦鹉等。

（6）鸽子是很多鸟友所选择的品种，它可以分为信鸽、观赏鸽、食用鸽 3 类。观赏鸽有羽色全黑、全白和黑白相间的，它们的形态各异，如眼睛鸽、扇尾鸽、球胸鸽等。

8.管理鸟笼

（1）要给小鸟比较大的自由活动空间。一只小鸟最少要有 40 厘米的地方。如果在窝里产卵孵化，就要更大一些了。

（2）金属笼子要焊接结实，尤其是笼子门要关严锁好，这是十分重要的。因为虎皮鹦鹉很聪明，一旦找到了打开门的诀窍，就会开门溜走。

（3）栖木的粗细也是重要的，鸟站在上面，鸟爪的趾甲要互不相碰。粪盒装置要放在笼子底部，栖木、食罐和水罐的下边，这样便于及时清扫掉下的粪便。

9.选百灵类鸟笼

百灵鸟笼的大小因各人的喜爱而不同，一般都是竹制或圆形平顶的高笼。规格可分为大、中、小 3 种。

大型：60 厘米（笼底直径）×160 厘米（高），其高度既可能调整，也能升降。

中型：45 厘米（笼底直径）×56 厘米（高）。

小型：33 厘米（笼底直径）×24 厘米（高）。

笼里面圆台架的高度虽不一样，但一般都是 13 厘米。应放一块底板在笼底，再铺一层沙土，可供鸟沙浴。

10.选画眉鸟笼

板笼除了正面和笼底外匀呈四方形，其上面、后面及左右都是用薄木板或阔竹片遮盖住，用来饲养那种不驯服、羞涩的画眉，因为野生画眉有隐居密林生活的习性。所以板笼能给画眉创造一种幽静的环境，使画眉感觉像是在野外的树丛里，比较容易驯养。等到驯服后见人不惊慌，就可以放回鸟笼。

鸟笼分直圆形和腰鼓形。画眉笼内，除了备有食缸、水缸外，还需要放置栖木。栖木直径长 2 厘米，离笼底高 10 厘米左右。应该在栖木表面蒙上沙面。具体做法是在栖木上先刷上漆，然后洒上细沙，干后即可使用。栖木蒙上沙面有利于鸟儿站稳，也可以保护栖木，还可磨掉笼养画眉厚厚的趾垫。除了用亮笼饲养画眉，还能饲养太平鸟、黄鹂等。

11.选八哥

饲养八哥目的是玩赏，或为教说话。选择幼鸟为好，这种幼鸟尚没有成鸟的野性，即使用人工喂养的办法也能养活，并且成活率较高；胆大的幼鸟，接受能力强，不怕人，容易驯服。市场上的八哥，并不都是幼鸟，成鸟经驯养成熟也可以达到比较好的水平。雌鸟和雄鸟的本领各有千秋，大多雄鸟善于模仿鸟鸣，而雌鸟巧仿人言。

12.鉴别鸽子年龄

年龄越大的鸽子鼻瘤越大，而且粗糙没有光泽。

年龄越大的鸽子，眼裸皮皱纹越多。

年龄越大的鸽子嘴角边的结癣也会越大，说明它哺喂的幼鸽也就越多。

年龄越长的鸽子新羽越多，因为它的副主翼羽是从外向内更换的，新换的羽毛跟没有换的羽毛，其颜色会有所区别。

青年鸽脚色鲜红，平而细、鳞片软，没有太明显的鳞纹，指甲软而尖；年龄在 5 岁以上的，脚色紫红，会有明显、突出的鳞片，且鳞纹清楚可见，有白色的鳞片，硬而粗糙。

青年鸽的脚比较平滑并且颜色较淡。老年鸽的脚垫厚硬而且粗糙，颜色较暗。

13.选打斗型画眉鸟

画眉鸟有鸣叫好斗的习性。选养一只擅长打斗的画眉鸟，应掌握以下几点：

（1）体形要壮实，斗鸟很讲究体形，嘴呈竹钉状，头到臀部弓成葫芦形，从嘴尖到最根部越粗越好。眼圈应与嘴连接，或者穿过眼圈。嘴根粗又宽的鸟在猛击对方的时候，凶狠又有杀伤力。尾巴是一条线，打斗的时候呈现扇形。

（2）头宽顶平，白眼与头顶平行，眉线细和白成一线，眉的后段稍稍上吊，看上去是一副凶相的面孔，若眉后段向下弯者，则不可取。

（3）羽毛成略带青色或者红色（一般称青毛、红毛），胸前的毛呈鱼鳞片状，且在环境中锻炼成长，很能吃苦。

（4）眼沙属青沙、绿沙、金黄沙或白沙，这类鸟具有反抗能力和抗打能力。

（5）足趾呈猫爪形，腿粗似"牛筋"，腿黄色或者白色（称玉足）为最佳。

（6）胆大性烈且具有嘴锋和膀锋的鸟。前者嘴能发出"吧吧"响声，后者兴奋的时候双翅不会停顿地扇动，如果遇到了陌生的同类，会摆出威武不屈打斗的架势。

14.选用药饵

要想选择药物鱼饵首先要掌握药性。用于口服的药物种类在水产养殖上很多，例如碘胺类、呋喃类、土霉素及韭菜、大蒜等。使用各种药物时，首先要了解它们的性能，它们具有的疗效，可以防治哪种疾病，才可以对症下药；其次，要有选药的常识，药物质量怎样，有多长的有效期，是否有正规厂家生产等等。再次就是找准病因。当鱼发病时要请专业技术人员给它们一个正确的诊断，弄明白鱼所得哪种疾病，才可以采用治疗方法，决定是用药饵治疗还是体外消毒。例如肠炎病，必须要用药饵内服治疗，可以用水体消毒或鱼体表杀菌的办法治疗水霉病，一般无需内治。

15.选用基料

基料就是鱼饲料，其中拌入药物就成了药饵。基料必须是鱼喜爱的饵料，最适宜的基料一般是一些糨糊状物，如：玉米、小麦、黄豆、米糠、花生粉、麸皮等。例如，草鱼可以用新鲜嫩草，鲤鱼可以用糠麸、饼粕等，青鱼可以用鲜螺肉，鳗鲡可以用鱼粉，鲶鱼类可用畜禽或杂鱼下脚料等。

16.做诱食剂

对于糖类和食盐鱼类的味觉比较敏感，为了激发鱼类的摄食欲望，可以添加适量的诱食剂在药饵中。一般是具有浓烈香味的中草药，如丁香、大蒜、八角再加上部分食盐所做成的诱食剂，添加浓度应为 10% ~ 20%。

17.选用黏合剂

黏合剂应选用木薯粉、糯米粉、小麦粉等黏性强的食物。药饵饲料的 40% ~ 50% 左右都是黏合剂。黏合凝固药物的作用强弱直接影响药饵在水里成型时间的长短，药饵成型的时间越长，鱼类摄食的时间就延长，摄食量也会增大，直接加强了对鱼病的防治；反之，鱼药在水里散失快，鱼类摄食的时间减短，摄食量就会减少，减弱了对鱼病的防治作用，既浪费了鱼药，又延误了治疗疾病的最佳时机。通常面粉是制作药饵的黏合剂，价格不高，使用起来也方便。还有，制作药饵时，要均匀地将药物拌进基料，让病鱼也能吃到饲料里的药物。

❀ 九、礼品 ❀

1.鉴别白金与白银

（1）比较法鉴别白金与白银。用肉眼来看，白银的颜色呈洁白色，而白金的颜色呈灰白色，白银的质地比较光润而细腻，其硬度也要比白金低很多。

（2）化学法鉴别白金与白银。在石上磨几下，然后滴上几滴盐酸和硝酸的混合溶液，若物质存在则说明是白金，若物质消失则说明是白银。

（3）印鉴法鉴别白金与白银。因为每一件首饰上面都得有成分的印鉴，若印鉴刻印的是 "Plat" 或 "Pt" 则是白金，若刻的是 "Silver" 或 "S" 则是白银。

（4）火烧法鉴别白金与白银。白金经过火烧或加温，冷却后，颜色不会变，而白银经过火烧或加温后，其颜色会呈黑红色或润红色，含银量越小，其黑红色就会越重。

（5）重量法鉴别白金与白银。同体积的白银，其重量只是白金的一半左右。

2.鉴别黄金

黄金是 "十赤九紫八黄七青"，意思是：赤色的含金 100%，紫色的含金 90%，黄色的含金 80%，青色的含金 70%。

（1）声音法鉴别黄金与纯度。让首饰落在硬的地方，若声音沉闷，则说明其成色好；若声音清脆，则说明成色差。

（2）折弯法鉴别黄金与纯度。用手将饰品折弯，真金质软，容易折弯，但不容易折断；若是假的或是包金的，一般容易断，但不容易弯。

（3）划迹法鉴别黄金与纯度。在黄金表面用硬的针尖划一下，便会有非常明显的痕迹；而若是假的，其痕迹会比较模糊。

（4）重量法鉴别黄金与纯度。目前，已知的物质中，其比重最大的就是黄金，其比重为 19.37，重量相同的赤铜、黄铜，其体积要比重量相同的赤金、黄金大得多。先看看颜色，然后再用手来掂掂它的重量，即可知道。

（5）火烧法鉴别黄金与纯度。用烈火烧黄金首饰，能耐久而不变色；若是假的，则不耐火，燃烧以后会失去光亮，且会变成黑褐色。

3.鉴真假金首饰

真金的首饰，质软易变，但不易断，在上面用大头针划一下会有痕迹，若是假的或者成色比较低的，用手折的时候，会感到其质很硬，容易断但不容易弯。

真的金首饰，其重量要比其他的金属重。

真的金首饰，其颜色一般为深黄色，若呈深红色则为假品，若呈浅色则为铝或银质混合品。

真的金首饰，用火烧的时候，耐火且不变色，若是假的则不耐火，燃烧以后会变成黑褐色，且会失去光亮。

真的金首饰，抛在台板上面，会发出"卟嗒"的声音，而若是假的或者成色比较低的，其抛在台板上面的声音会比较尖亮，且会比真的金首饰弹跳得要高些。

4.挑选黄金饰品

在购买黄金饰品的时候，首先要看它的工艺水平如何，也就是说其做工要好，可以根据以下几个方面来挑选：

嵌在上面的花样要精细、清楚，其图案要清晰。

焊接上时，其焊点要光滑，没有假焊，若是项链，其焊接处要求活络。

从抛光上讲，饰品表面的平整度要求要好，没有雕凿的痕迹。

从镀金上讲，其镀层要均匀，无脱落，饰品镀上金后就是光彩夺目的。

从嵌宝石上讲，要求宝石要嵌得非常牢，无松动，镶角要薄、圆润、短、小。在嵌宝石戒指的时候，还要求其齿口与宝石在高低、比例、对称上要非常和谐。

5.鉴别铂金与白色K金

对它们的重量进行比较，是最直接的区别方法，即使是一枚用铂金而制成的很简单的结婚戒指，也会比用白色K金所制成的要重。白色的铂金是天然的，而白色的K金只能通过把黄金和其他的金属熔合到一块才会有白色的外观。白色的K金，其颜色通常还利用了表层的镀金来增强。然而，这样的电镀会被磨损，从而在白色K金的表面会出现些暗淡的黄色。铂金的背后都会有一份保证，它是专门用来标志铂金的。在真正的铂金首饰上面，不管是挂件、戒指还是耳环，都会嵌一行很细小的标志：Pt900或Pt950。

6.选择戒指款式

在选择戒指的时候，手指比较短的，要避免复杂设计及底座比较厚实的扭饰型，建议配带V形等比较强调纵线设计的款式，且有一颗坠饰垂挂的设计，非常可爱，且又可以掩饰手指的粗短。

若是粗指，宝石太小或者指环过细，会让人感觉手指粗，稍有起伏设计或扭饰，会使手指看起来比较纤细，单一的宝石或者宝石较大的设计，也可以掩饰粗指。

若指关节粗大，适合带厚实的戒指，若环状部分太细或者宝石过大，看起来会不平衡，容易滑动。若是底座厚实、碎钻的宝石设计，指关节就不会那么明显，会相当适合。

7.选购宝石戒指

检查宝石是否有内包物或裂痕，越少越好。首先从它的颜色上来挑选，一般颜色浓、深、有透明感的为上品。在看颜色的时候，用自然光看为好。

挑选钻石戒指比较容易，要看其价值基准，即四"C"：净度、颜色、切磨、重量。其次，要看是否跟自己手指的粗细相合。还要注意其框的加工精度，要求其选择配合要适宜。

要注意嵌入宝石的高度与宽度，太高了容易被撞坏，太小了又不好看，两者都要适中。

在尺寸上要适中，若您手指的关节较粗，而后节又较细，在选择的时候，选戴后稍稍有空隙的最为合适。若是纺锤形的手指，应以戴上后脱落不下来为基础，稍稍紧些为好。

8.购玉器

不要在强光下选购玉器，因为强光使玉失去原色，掩饰一些瑕疵。假玉一般是塑料、云石甚至玻璃制造的或者进行电色的。塑料、云石的重量比玉石轻，硬度比玉石差，易于辨认。光下的着色玻璃会出现小气泡，也能辨认。但电色假玉则是经过电镀，把劣质玉石镀上一层翠绿色的外壳，很难分别，有些内行也曾受骗。

选购时应留心选有称为蜘蛛爪的细微裂纹的玉，所以买玉应该到老字号去买。

另外，还要注意以下几点：选透明度比较高，外表有油脂光泽，敲击时发声清脆，在玻璃上可以留下划痕，本身无丝毫损失，做工精致的玉器。

9.看玉器

明亮灯光下，会比较清楚地看见玉器上的裂纹、玉纹以及石花、脏点等瑕疵，不会买回残次品。但是灯光下玉器会显得更美，会提升玉的档次。尤其是紫罗兰色玉器，本来淡紫色的会变浓，而本来较浓的紫则会更加可爱。

10.识玉器真假

一件好的玉器应具备鲜明、色美、纯正、浓郁、柔和、纯正等特点，而我们常见的假玉，多以玻璃、塑胶、电色石、大理石等来假冒。可以用下面的方法来识别其真假：

（1）察裂纹：电色的假玉，是在其外表上镀上了一层美丽的翠绿色，特别容易被人误认为是真玉。如果你仔细观察一下，就会发现上面会有些绿中带蓝的小裂纹。将其放在热油中，其电镀上的颜色即会消退掉，而原形毕露。

（2）光照射：着色的玻璃玉只要拿到日光或灯光下看一下，就会看到玻璃里面会有很多气泡。

（3）看质地：塑胶的质地，比玉石要轻，其硬度也差，一般很容易辨认出来。

（4）看断口：真的玉器，其断口会参差不齐，物质结构较细密。而假的玉器其断口整齐而发亮，属玻璃之类的东西，断口的物质结构粗糙，没有蜡状光泽，跟普通的石头一样。

11.鉴玉器的方法

（1）手掂：把玉器放在手里面掂一掂，真的玉器会有沉重感，假的玉器掂起来手感比较轻飘。

（2）刀划：真的玉器较坚硬，用刀来划它，不会有痕迹。而假的玉器，一般都比较软，刀划过后都会有痕迹。

（3）敲击：将玉器腾空吊起来，然后再轻轻地敲击，真的玉器其声音舒扬致远、清脆悦耳。而假的玉器不会发出美妙的声音。

12.选购翡翠

翡翠有红、绿、黄、紫、白等不同颜色，选购时：一是看一下色彩，优质翡翠显示明亮的鲜绿色。二是听响声，硬物碰击时发声清脆响亮者比较好。三是看透明度，真品可以在玻璃上划出一道印痕，伪品不能。

13.鉴翡翠赝品

可以从以下 4 个方面鉴别：

（1）翡翠贴在脸上冰凉，塑料则无。

（2）塑料颜色均匀刻板，时间久会留硬伤、牛毛纹，翡翠不会。

（3）塑料比重小于翡翠。如果用小刀刻划翡翠，翡翠无损伤，小刀易打滑；塑料上能刻出伤痕来，小刀不打滑，划动时手感也不同。

（4）用火烧来鉴别，塑料会冒烟熔化，而翡翠无变化，其表面也许会熏出黑色烟雾，用软布擦仍完美如新。

14.鉴别翡翠的十字口诀

珠宝界常用“浓、阴、老、邪、花、阳、俏、正、和、淡”十字评价翡翠，称为“十字口诀”。“浓”，指颜色深绿不带黑；反为“淡”，指绿色浅而无力。“阳”，指颜色鲜艳明亮；反为"阴"，指绿色昏暗凝滞。"俏"，即绿色美丽晶莹；反为"老"，指绿色平淡呆滞。"正"指绿色纯正；反之，绿色泛黄、灰、青、蓝、黑等色为"邪"，邪色价值降低，要注意细微邪色差别。"和"，指绿色均匀；如绿色呈条、点、散块状就是"花"，影响玉料或者玉器的价值。

15.选购翡翠玉镯的秘诀

选购玉镯是细致而较复杂的工作，要有一定专业知识和丰富的实践经验。总的说来，要牢记住4句口诀：先查裂纹，瑕疵要少，大小要符，有种有色。

16.鉴别玛瑙

（1）颜色：玛瑙没有气泡划痕、凸凹和裂纹，透明度越高越好。首先，真玛瑙应该是色泽鲜明、协调、纯正，没有裂纹。而假玛瑙色和光都较差。其次真玛瑙的透明度不高，有些可以看见云彩或自然水线，但是人工合成的就是像玻璃一样透明。

（2）硬度：假的玛瑙是用其他石料仿制的，特点是软而轻。真玛瑙可以在玻璃上划出痕迹；真玛瑙的首饰要比人工合成的要重一些。

（3）温度：真的玛瑙冬暖夏凉，人工合成的玛瑙基本与外界温度一致，外界凉它就凉，外界热它就热。

（4）工艺：玛瑙要大小搭配得当；检验玛瑙项链，只要提起来看每个珠子是不是都垂在一条直线上，如果不是就说明有的珠子偏了，加工工艺不完善。选择玛瑙首饰的时候，还要注意每个珠子的颜色深浅是否一样，镶嵌是否牢固。

17.鉴别玛瑙颜色与价值

玛瑙的颜色与价值的关系非常大，如血红玛瑙属于优质玛瑙；蓝色玛瑙也属于优质玛瑙；黑白两种或以上颜色形成强烈对比的黑花飞玛瑙等也很受人们欢迎。白玛瑙多，但在工艺上用得很少。

18.鉴别水晶与玻璃

可以从以下3方面来鉴别：

（1）颜色：水晶明亮耀眼；玻璃在白色之中微泛出青色、黄色，明亮不足。

（2）硬度：水晶的硬度为7，而玻璃则在5.5左右。如果用天然水晶晶体棱角去刻划玻璃，玻璃会被划破。

（3）杂质：水晶是天然结晶，体内有绵纹；而玻璃是人工熔炼出来的，体内均匀无绵纹。玻璃内有小气泡，水晶则无；用舌舔水晶和玻璃，水晶凉，而玻璃温。

19.挑选什么样的钻石好

无色透明的钻石最好，从颜色上看，白晶色最好，其次是浅黄色，再次就是黄色；其颗粒越大就越有价值；其晶体的纯净度越高也就越好；白光角度的准确性越高，表明其质量越好。

20.鉴别钻石价值

钻石的价值取决于重量、洁净度、颜色与切磨4因素。

克拉就是钻石的重量，钻石以单位克拉（1克拉=0.2克）进行计价的。钻石珍贵的原因之一就是少见，重量大者就更少见，1克拉以上属于名贵钻石。

洁净度：即透明度或纯度。洁净度高的钻石，由于无瑕疵、无杂质、完全无色透明，价值很高。

颜色：钻石颜色非常重要，颜色决定钻石是否名贵和价值高低。宝石级钻石颜色仅限于无色、接近无色、微黄色、浅淡黄色、浅黄色五种。除此以外蓝色、绿色、粉红色、紫色和金黄色较少见，可作稀有珍品收藏。

切磨一颗钻石切磨的工艺水平在于式样新潮与否、角度和比例正确与否、琢磨精巧与否等因素。

21.鉴金刚钻石

真金刚钻石，在黑暗中发灼灼绿光。如果是假的，就只能发少量白光或不发光。即便发光，也很晦暗。另外，金刚钻石的硬度很大，以真假钻石来对比切刻玻璃或者对刻，会看见玻璃和假钻石上有刻痕。

22.挑选猫眼石

猫眼石的颜色有：葵黄色、酒黄色、黄绿色、灰黄色、棕黄色等，其中，鲜明的葵黄色是上品，质地非常细腻，且富有光泽。

23.鉴猫眼宝石

可从以下两方面识别：

颜色：猫眼石最好是葵花黄色，5 克拉以上的斯里兰卡产葵花黄色的猫眼石戒面价值可高达 10000 美元／克拉；其次为淡黄绿色；再次为绿色和黄色；最差为灰色猫眼石。

线的形状：上等金绿猫眼石，亮线强烈、竖直、细窄而界线清晰，位置是在弧面的中央，且色彩亮泽。

24.鉴别祖母绿宝石

可通过以下 3 方面来鉴别：

把宝石放入四周围纸的铜盆里，用火点燃白纸，火变绿色的是真品。

把宝石投入红火炭中，炭飘香而火熄灭的是真品。

把宝石放入盛满清水的碗中，碗中出现淡淡绿色的是真品。

25.挑选珠宝饰品的颜色

在挑选珠宝颜色的时候，其要求是：浓淡、鲜艳相宜。颜色过淡的没有精神，而颜色过深的又容易发黑，要求其颜色要纯正，红的就应该跟鸡血一样，蓝的就应该如雨后的晴空一样，钻石白则要求清澈而不带邪色，而翡翠绿，均匀得如同雨后阳光下的冬青。

26.识别天然珍珠与养殖珠

看光泽：养殖珠的包裹层比天然珠的包裹层要薄且要透明些，因此，在它的表面，一般都有一种蜡状的光泽，当外界的光线射入到珍珠上时，养殖珠会因为层层的反射而形成晕彩，不如天然珠艳美。它的皮光也不如天然珠的光洁。也可以把珍珠放在强烈的光照下，然后再慢慢地转动珠子，只要是养殖珠，都会因珍珠母球的核心而反射闪光，一般 360 度左右就闪烁两次，这是一个识别养殖珠重要的方法之一。

看分界线：彻底清洗干净穿珍珠孔洞的穿绳，然后，再用强光来照射，用放大镜仔细的观察其孔内，只要是养殖珠，在它的外包裹层和内核之间都会有一条很明显的分界线。而对于天然珠，会有一条极细的生长线，且一直呈均匀状排列在中心，在接近中心的地方，其颜色较褐或较黄。

27.鉴别真假珍珠

看外形：珠子特别圆的比较贵重，形状越大越圆，其质量就越好。但是若形状匀称、对称得非常好时，其价值也就高。天然的珍珠有椭圆形和圆球形，其表面呈浅蓝色、浅粉红色、黄色、浅白色等，具有美丽的光泽和色彩，其表面平滑。

看重量：颗粒大的比较好，同时要求它的比重也要大，这样的珍珠会更加贵重。

看光泽：只要是珍珠，只要将其对着光以不同的角度进行观察，会放射出各种奇异的光，而假的珍珠却没有这样的特点。假的珍珠，其表面有少数凹陷点和白色的点，其表面光泽比较弱，且会泛出金属般的光泽，其断面会有些砂粒在中央等。

看质地：天然珍珠的质地非常坚硬，很难碎断，其断面呈层状，用火来烧的时候，会有爆裂声，但是没有气味，用嘴来尝的时候会有咸味。

28.选购珍珠项链

珍珠的好坏，可以从形状、大小、光泽、有无瑕疵来判断。在选购的时候要选择光泽比较深、透，且包围珍珠的珍珠层有厚身的。其形状越是八方平滑的越好。珍珠是越大越好。要避免有斑点或者瑕疵。用此法进行选择的时候，还要看珠与珠之间是否相互调和、均匀，特别是相连性比较好的珍珠项链，最为珍贵。

十、化妆品

1.鉴别化妆品的质量

轻轻地在手腕关节活动处均匀涂抹少量的化妆品，然后手腕上下活动几下，几秒钟过后再观察化妆品是否均匀地附着在皮肤上，如果手腕上的皱纹没有淡色条纹的痕迹，就可表明是质地细致的化妆品；反之，该化妆品质量有待检查。

2.辨变质的化妆品

（1）发生变色：如果化妆品原有颜色变深或存有深色斑点，是变质的表现之一。

（2）产生气体：如果化妆品发生变质，微生物就会产生气体，使化妆品发生膨胀。

（3）发生稀化：化妆品发生了变质，化妆品的膏或霜会发生稀化。

（4）液体浑浊：液体化妆品中的微生物繁殖增长到一定的数量后，其溶液就会浑浊不清，有丝状、絮状悬浮物（即真菌）产生。

（5）产生异味：生长中的微生物会产生各种酸类物质，变酸的化妆品，会产生异味甚至发臭。

总之，发生以上任何一种现象的化妆品都属变质化妆品，须立即丢弃，不得再使用。

3.选购营养性化妆品

人参类：即加入人参成分的化妆品。人参富含多种维生素、酶和激素，有利于促进蛋白质的合成和毛细血管的血液循环，并刺激神经、活跃皮肤，从而有利于皮肤的滋润和日常调理。

珍珠类：即添加了珍珠层粉或珍珠粉的化妆品。珍珠里饱含24种微量元素和角蛋白肤等成分，利于人体酶的代谢，促使皮肤组织的再生，帮助护肤、抗衰老、养颜。

蜂乳类：蜂乳中富含尼克酸，有助于防止皮肤变粗。另外，蜂乳中包含的糖、蛋白质、脂类等人体不可缺少的物质，都有助于滋润皮肤。

花粉类：花粉中包含的多种维生素、氨基酸及人体必需的多种元素，对于促进皮肤新陈代谢，柔软皮肤，增加皮肤弹性，减轻面部色斑及小皱纹都有很好的作用。

维生素类：维生素A有助于防止皮肤脱屑、干燥，维生素C对于减弱色素有很好的疗效，可以使皮肤白皙。维生素E则能起到延缓皮肤衰老、舒展皱纹的作用。如果将几种维生素如A与D、E或与B、C同时添加，效果会更好。

水解蛋白类：水解蛋白类成分能够和皮肤产生良好的相容作用，它利于营养物质的渗透，并在皮肤表面形成保护膜，使皮肤光滑细腻，减少皱纹产生。

4.选购减肥化妆品

在选购时，应注意优质的减肥化妆品，一般是挑选临床验证疗效高、成功案例数字多且可在短时间内全部吸收的，无刺激性气味，无过敏现象，且质地细腻的化妆品。

5.选购防晒化妆品

在购买的时候，可根据皮肤的性质及季节来选购。

根据皮肤的性质：干性皮肤最好选择防晒油或者防晒霜，因为它们除了防止日晒外，还可增添皮肤的润泽度；而对于油性皮肤，则应选用于防晒蜜和防晒水，因为它们可以缓解脸部皮肤的油脂分泌。

根据季节：夏季应当选用防晒性能强的化妆品，如防晒水、防晒霜；而冬、秋季气候，因气候比较干燥，可涂些防晒油来缓解皮肤干烘或起皱的现象。

6.男士选购化妆品的技巧

（1）辨别皮肤类型：干性皮肤较细嫩，毛孔较细，不容易出油，因此应选用油质的化妆品，比如，奶质、人参霜、蜜类、香脂、珍珠霜等，这类化妆品形成的油脂保护层可以改善干性皮肤不耐风吹日晒的状况，更好地保养皮肤。油性肤质毛孔粗，油脂分泌旺盛，容易造成毛孔的堵塞，脸部一般有粉刺、斑等问题。这类皮肤应选用水质化妆品，控制油脂分泌。中性皮肤最好选用含油、含水适中且刺激性小的化妆品。

（2）根据年龄选购：由于青壮年生理代谢比较旺盛，因此皮下脂肪丰富，所以应选取蜜类和霜类的化妆品。

（3）注意职业的不同：经常进行野外作业的人，为避免因日光中紫外线的过度照射产生的日光性皮炎问题，应选用紫罗兰药用香粉或防晒膏做日常保养。重体力劳动者由于工作时出汗多，汗味重，可在洗澡后选用健肤净。

7.选购优质的洗发水

优质的洗发水，其瓶盖封装非常紧密，液体不易外溢。优质的洗发水，其溶液酸碱度适中，对头发刺激性比较小，在 0℃～40℃的温度之内，透明洗发水不会变色，而珠光洗发水的珠光也不会发生消失和变色的现象。优质的洗发水，其液体纯净，无杂质，无沉淀，有一定的浓稠度，而颜色应与洗发水香型名称相符，比如说是玫瑰香型的洗发水就应为绯红色。

8.选购喷发胶

在购买喷发胶时要注意以下几个方面：

包装容器：应选封装严密，不易爆裂或跑、漏气，安全可靠的产品。

喷雾阀门：要查看看阀门是否畅通无阻塞。

雾点：其喷出的雾点应细小而均匀，并呈流线形状发射。一喷洒在头发上，就能够快速形成透明的胶膜，有较好的韧性和强度，有光泽。

9.选购清洁露

在选购的时候，宜选择：乳液稳定，无油腻感，无油水分离现象，易于敷涂，对皮肤没有刺激感的优质清洁露。此类清洁露特别适合脂性皮肤者。优质的清洁露，其膏体细腻而滑爽，涂在皮肤上容易液化，并保留较长的时间来清洗毛孔的污垢。污垢去除后能够在皮肤上留下一层润肤的油膜为最佳。

10.选购优质冷霜

在选购的时候，要选择香味纯正，膏体细腻软滑、色泽洁净正常，夏天不易渗油、冬天不易结块，方便涂搽的冷霜。

11.选购适合的粉底霜

选购粉底霜时，应根据自己皮肤的状态、性质以及季节和目的来选择。粉底霜一般可分为液体型粉底霜、雪花膏型粉底霜和固体型粉底霜 3 种类型。

（1）液体型粉底霜：水分含量较多，使用后的皮肤则显得娇嫩、滋润、清爽，如果您的皮肤比较干燥或希望化淡妆，这是最佳的选择。

（2）雪花膏型粉底霜：油分比重大，呈雪花膏形态，富有光泽，遮盖能力强。适宜于在出席宴会、集会等大场面郑重化妆时使用。因为它的强遮盖力，最好选用与自己的肤色相近的颜色，以免产生不自然的感觉。

（3）固体型粉底霜：它的特征是用水化开后，涂抹在皮肤上能够形成具有斥水性的薄膜，很少发生掉妆现象，适用于夏季或油性皮肤使用。

12.选购粉饼

在选购时，要注意，优质的粉饼应是：粉粒细而滑，附着力强，易于擦抹；其饼块不容易碎，且不太硬，完整而无破损；其表面平整而洁净，颜色均一，没有异色杂质星点，香气柔和、悦人，没有刺激性。

13.按肤质选胭脂

干性皮肤最好选用霜或膏状油性较大的胭脂；油性皮肤则应选用粉饼状或粉状胭脂；中性皮肤适合各种类型的胭脂。推荐初学化妆者选用粉剂型胭脂。

（1）根据肤色选胭脂。肤白的人应涂粉红色或浅色、玫瑰红色胭脂；肤色偏黄（褐）的人最好用精红色胭脂；肤色较深者涂抹淡紫色或棕色胭脂为佳；不同颜色的美容效果各不相同。粉红色给人以温柔体贴、甜蜜亲切的感觉，最宜婚礼化妆；大红色则会流露出热情奔放、生气勃勃的气息，适于宴会化妆。

（2）根据年龄选胭脂。年轻女性涂擦大、圆些的胭脂，可以显示其青春活力。而中年妇女则应把胭脂涂得高、长一些，方显成熟、端庄和稳重。

14.选购眉笔

选购眉笔的时候，应选择笔芯软硬适度、色彩自然、易描画、不断裂且久藏后眉笔笔芯表面不会起白霜的眉笔。注意选购不同颜色的眉笔来衬托不同的肤色。

15.选购眼影

选购眼影时，要注意眼影块的形状，其块应是色泽均一、完整无损，其粉粒要保持细滑。优质的眼影都宜于搽抹，并对眼皮没有刺激性，黏附的时间久，且易于卸除。

16.选购眼线笔

笔干长短适宜，笔毛柔软而富有弹性，含液性能好，无杂毛的眼线笔即为优质品。对于初学者，可选用硬性笔。

17.选购眼线液

选购的时候，应选择无刺激、不易脱落、干得快、持妆久、易描绘成线条、卸妆的时候非常容易去除的眼线液。

18.选购睫毛膏

在选购睫毛膏的时候，应选择黏稠度适中，膏体均匀而细腻，在睫毛上面容易涂刷，黏附比较均匀，可以使颜色加深，增加其光泽度，涂上后不但不会使睫毛变硬，而且还有卷曲效果的。干燥后不会粘着下眼皮，且不怕泪水、雨水或汗的浸湿。具有很强的黏附性，且易于卸除。其色膏对眼部没有刺激性，安全无害。

19.选购睫毛夹

购买睫毛夹时，要选择睫毛夹橡皮垫紧密吻合，松紧适度的，若夹紧后还存在细缝无法完成睫毛夹的功效。

20.选购指甲油

选购时，可根据以下几个方面进行选择：

（1）附着力强，容易涂抹，其色调和光泽不容易脱落。

（2）涂沫后固化及时，干燥速度快，且能形成颜色均匀的涂膜。

（3）有比较好的抗水性。

（4）颜色均匀，且一致；其光、亮度好，易于摩擦。

（5）其颜色要与手部的肤色及服装风格保持统一和谐。

21.选购优质口红

购买优质口红可以从以下几个方面来挑选：

外观：口红的管盖要松紧适宜，管身与膏体能够伸缩自如，且口红的金属管表面颜色应不脱落、光洁又耐磨。若是塑料管身应保持外观光滑，无麻点。

膏体：口红的膏体表面应光滑滋润，附着力强，不易脱落，无麻点裂纹；并且不会因气温的升高而发生改变。

颜色：优质的口红颜色应艳泽均一，用后不易化开。

气味：要保持香味纯正，不能散发任何奇怪的味道。

22.选购香水

香水按照香味主调可分为合成香型、东方香型、花香型等几种。无论属于哪一种香味，其浓度大致可分为香精、香水、古龙香水和淡香水四种。试验香水时，最好选用淡香水或香水。因为浓烈的香味会造成嗅觉的迟钝。一般的试用方法为：将少许淡香水喷洒在手腕内侧，轻挥手腕，停留 1 ~ 2 分钟，使皮肤上的香水干透。这时闻到的香味是香水的头香。稍后 10 分钟，再闻，这时的香味是香水的体香，最接近香水的主调，也是能保持时间最长的香味。过几个小时乃至更长时间后留下的叫做香水的尾香，即留香。选择令人满意的香水，就要注意细细品味香水各个阶段的香味是否和谐，最主要的是看香味是否能够迎合心意，体现个性。

23.选购优质浴油

选购时应选香气宜人、无异味、液体稀稠度适中，涂抹感觉柔和、无刺激性的浴油。优质的浴油可以润滑皮肤，推荐皮肤粗糙的人或在干燥的季节里使用。

24.选购乳液

为避免使用过期或者变质的乳液，购买时一定要看清楚乳液的出产日期。

乳液的色泽要柔和、手感好，若色泽泛白、暗淡或者呈灰黑色，则说明乳液酸碱度的调和不成比例或者产品质量不过关，不宜涂沫。

要选择细腻、滑软，香气纯正的乳液来使用，而涂抹后有黏腻感、对皮肤性有刺激且有异味的就不要使用涂抹。

乳液要在室温下保存，注意保持乳液的半流动性。

❀ 十一、艺术品 ❀

1.选购钢琴的窍门

键盘：键盘的弹力要求均匀适中。键盘弹下的时候应该轻快适用。至于白色琴键的下沉深度，在 9 ~ 11 毫米之间为宜，当琴键抬起的时候，键不会颤动。键盘上键的排列要均匀，键与键的空隙要求分布均匀，并且大小要适中，键盘的表面要光滑平整。

音量、音色：可以从琴弦的长短上来鉴别钢琴音量大小以及音色好坏。一般而言，钢琴的中间音色比较好，但是高音部和低音部的音色就不是那么理想了。那么，在挑选的时候高、中、低音部的发音都要好好检验，看是否良好。

铁排：铁排要完好无损，不应该有断裂的现象，四周的油漆不能脱落而出现锈迹。中音和高音钢弦要有光泽，不应有生锈的痕

迹，各号的钢丝应该完整，并且各号要合乎规则。低音钢弦所缠的钢丝应该平整、紧密，没有出现发绿与沙哑音的现象。

槌头：槌头的排列就是要整齐。槌头打弦的时候，所成的角度要和琴弦对准，弦与接触面成 90 度。可以用下列方法鉴别机件部分：当用手轻轻的摇槌头的时候，看它是否会摇晃不定，弹键的时候，机件是否会发出嘈杂的声音，或者也可以观察槌头在打弦的时候其动作是否敏捷。

踏板：在弹力方面，要求踏板的弹力适中，踏下左踏板的时候，仔细观察机背档上是否抬起；踏下右踏板的时候，观察制音器在离开弦的时候是否整齐一致，外踏板复位的时候没有强声。

外观：油漆要完好无损，并且有光泽，

颜色深淡均匀，没有气泡出现。木纹要协调对称，木板接合处应该紧密无缝。当盖上琴盖的时候，密封良好。在钢琴背后的音板的颜色上，还是白色等比较浅淡的好。

2.选购钢琴型号的技巧

钢琴有两种，即三角钢琴和立式钢琴，立式钢琴是一般家庭购买钢琴时的选择。立式钢琴又可以分为3种，这个分类是按照琴身的高度来区分的：大型立式钢琴，高度在1.2米以上；小型立式钢琴，高度1.1米以下；介于上述两者之间的是中型的钢琴，一般家庭会购买这种型号的钢琴。

3.选购电子琴的窍门

在选购电子琴的时候，其音调要准，而且要求模拟音要像，还要优美，这也就是说音色要真实。节奏要轻快明晰，节奏的种类多多益善，变换要灵活。键盘的要求则是要平整，且灵敏一致，琴键的弹性要好，不可以出现键较松或者键按不下的现象。

选择电子琴的时候，先要把各种效果关闭，比如说振音和延长等，这样做的目的是为了听到电子琴的原声。然后逐个打开各个按钮，分别观察其效果。还可以同时按下一系列的键，听听它们同时发音的效果。

4.选购小提琴

在选购的时候，要看琴头、琴颈、指板和琴身的中心连线是否在一条直线，可以用下面的方法来检查小提琴是否端正：看琴头和两个下琴角是否成一个等腰三角形，若不是，则这个小提琴不端正。检查琴身是否牢固，可以用一手提琴，一手指关节轻扣小提琴，听声音就可以知道小提琴是否牢固：如果是"咚咚"声，表明良好，否则有脱胶现象。拉小提琴，如果低音浑厚深沉，中音优雅柔美，高音明亮清澈，则是好的小提琴。

5.选购手风琴

在选购手风琴的时候，棱角要圆滑，键盘和贝司要平整光洁，不可以高低不平，拉起来要灵敏有弹性，手感舒适。风箱严密不

能漏气，拉奏毫不费力。如果要检验就先不按键，然后轻拉风箱再按下放气键拉推风箱，在正常情况下气孔是关闭的，风箱拉不开，如果能拉开，表明风箱漏气。按变音器后拨棍便可以拨动传动片，让音孔板滑片滑动，然后打开或关闭部分的音孔，使得音色改变来检查效果。

6.选购吉他

选择吉他时，要注意4个方面，分别是吉他的外型、琴柄、琴身还有音响，选购时还要注意经济条件和自身水平。一般初学者购买一把普通型的吉他即可，待有了一定的经验和技艺后，再考虑购置高级吉他。

（1）外形：在决定好类型后，先看外形，其次看跟自己的体型是否相称，若女性或身材矮小的人一般宜买中号琴。还应注意吉他的指板宽度跟自己的手掌是否适合，手形比较小巧的，千万不要弹指板比较尖宽的吉他，否则不但会使发音受到影响，而且也会妨碍指法及技艺的进步。

（2）琴柄：应仔细挑选，一般以乌木、紫檀、红木等硬木为好，木纹要顺直，斜断纹容易断裂或变形；指板的面要平直，音品的排列要准确、清晰，线轴要以不打滑、松紧适度为好。

（3）琴身：它能决定吉他音响的效果。背板、面板以独板为最好，如果是拼板，只能用两块拼成，越多就会越不好，用三合板的为下等品。板面不得有疤节和空隙，与琴框、背板接合处要胶合严密，看不出有拼接的痕迹。

（4）音响：可以试着弹一下，一阶一阶地弹，要认真辨别。要求它的音阶准确，若音不准，不宜选购。吉他的声音持久而宏亮，将弦定至标准的音量，只需要弹拨一次，每根弦的发音都会持续5～6秒钟，若有余音绕梁，会更好。

（5）其他：细致检查它的共鸣箱是否有裂痕，喷漆是否完美，弦钮的转动松紧是否

合适，弦枕是否太高。若购买高档琴，还要仔细检查它的共鸣箱是否是用真正的白松板制成的。

7.选购电吉他

普通吉他的声音没有电吉他的洪亮动听，电吉他是西洋乐器，深受人们喜爱，它分为两种形式。双凹肩琴形的是西班牙式，琴体小并且呈葫芦状的是夏威夷式。以下几个方面是选购时的重点：

（1）电吉他指板的目测。质量好的，其指板应该平整而光滑，否则，其音品可能高低不一，发音也不好。

（2）检查拾音器。

（3）应将质量好的拾音器安装在琴弦低端；如果安装在其他的部位，发音的清晰度会受到影响。

（4）查看金属琴弦。质量好的电吉他不应有锈斑，否则琴弦易断，也会受影响发音。

（5）电吉他外表的检查。琴身必须精致雅观，平滑光亮。

8.选用照相机

照相机有两类，即 120 和 135。其中，120 照相机又可以分为两种型号：双镜头和折叠式。双镜头式在调整焦距方面比较方便，而且取景构图直观。折叠式相机因为其结构简单，所以携带比较方便，并且价格便宜。135 相机结构紧凑，所以一般体积小，重量轻。这类相机的造型比较美观，而且测光精确，在拍摄彩色照片的方面比较适用。

9.选购"傻瓜"照相机

一般来讲，档次较高的"傻瓜"相机较适合家庭选购，选购时可依据"三看"的原则：

看外壳。造型要美观、机壳要平滑，各部件接缝要严密，电镀要均匀光洁，且无刻画挤压等现象。

看镜头。镜头要洁净、无杂物污迹，无裂纹划痕，无霉变、无气泡。

看内部。卷片、挂片、倒片要顺畅，计

数要准确。按动快门，光圈及快门开启要与闪光灯闪光同步。并仔细检查光圈调节环、调焦环及自拍装置，延时要在 8 ～ 12 秒。

10.选购家用数码相机

形状大小：过于袖珍小巧的相机镜头往往太小，光圈与变焦就不会太理想，分辨率也不会太高。

像素大小：500 万 ～ 600 万像素的相机在家用数码相机中很普遍，500 万像素的适合在电脑中储存、刻盘储存、普通精度的打印或者液晶屏上欣赏。600 万像素的则可以考虑稍高精度的打印储存。

11.选购光学相机

机型：光学照相机主要分 120 照相机和 135 照相机两类。家庭使用照相机一般可购买 135 照相机，选用单镜头反光普及式照相机。

外表：外表要美观且各接缝处要严密，装饰花皮的粘贴平整牢固，漆面牢固光滑。

机内清洁度：要选购镜头内部干净，表面也清洁，镜片上无脱胶、霉点、气泡等现象的相机。

12.选购胶卷

看内外包装：若包装纸盒印刷粗糙、色彩晦暗、图像不清，或有污迹或折痕，一般是假冒产品。若用糨糊或者普通胶水封口的，则很可能是假冒品；真品都是以乳胶三点封装，非常规则。彩色胶卷的内包装，塑料的色彩明亮，纯度极高，圆润光滑，富有光泽；假货则色彩晦暗而光洁度不高，有的甚至有划痕。

看说明书：每个胶卷内都会附有一张印刷精美的说明书，而假货的说明书则多为复印件，甚至有的根本没有说明书。

看胶卷片舌：胶卷片舌大小、长短一样，且边角过渡圆滑。而假货一般是手工剪的，其大小、长短均不一样，边角的过渡不圆滑，有刺头或有棱角。

13.选用相纸

如果你要印照片，则要买印相纸，因为

它感光慢；放大时则相反了，要买感光快的放大纸；如果要洗特写照，要用网纹纸；小的风景照和团体照可以使用光面纸；而绒面纸则适用于着色照。

14.选用黑白胶卷

黑白胶卷有两种，120 和 135。规格为 6×9、6×6 和 4.5×6 厘米景色的底片可以用 120 拍摄，而规格为 2.4×3.6 厘米景色的底片要用 135 拍摄。胶片的感光度和曝光量之间存在反比例关系。这个就说明了感光度高的胶片在较弱的光线下就会曝光，所以包装不可以破损。

15.选购彩色胶卷

不同牌号的彩色胶卷有着各自的特点，那么在选购时要根据拍摄的需要：柯达 VR100 彩卷，反映黄色和绿色，适合拍摄人，由于它会使得石头呈现粉红色，所以不适宜拍建筑物。富士 ER100 拍出的照片会偏蓝，所以很适合拍摄建筑物；但是用于人物摄影时，由于闪光灯的原因，使得人的前额呈现白色。富士 VR400 拍摄人物的时候比柯达 VR100 好，因为表现的肤色比较好，但是它也不适合拍建筑物。

16.选购艺术陶瓷制品

在选购艺术陶瓷制品的时候，要选择艺术造型优美、胎体周正、惹人喜爱的品种，同时，色彩也要纯正、和谐，表面光亮；当弹击的时候，清脆悦耳；而且要底座平稳、边缘齐整，无砂眼，无断口，无裂缝。

17.选购珐琅艺术品

在选购珐琅艺术品的时候，应选择花纹工整、胎型标准、色彩合理、无砂眼、颜色鲜艳、无坑包、造型美观者为佳。

18.选购儿童玩具

选购儿童玩具要根据儿童生理、心理发育状态来选用，以便起到开发智力、增强行为能力的功用。

（1）哺乳期宜选择带有声响的色彩鲜艳的玩具，比如铃铛、手摇鼓、气球等，这样可以提高婴儿听觉和视觉。

（2）1～3周岁适合选有动作有形象、模拟真实世界声音、有简单逻辑计数类的玩具，如电动玩具、动物玩具、发声娃娃等，寓教于乐。

（3）4～5岁的幼儿适合选择精致、玲珑、新颖的机动玩具，提高观察力，培养美学观念。

（4）5～6岁的学龄前儿童适合选择智力、拼搭玩具，达到开发智力的效果，比如看图识字、组字游戏等。

（5）7～12岁的儿童适合选购各种光控、声控、遥控玩具。比如电子琴等，使得儿童学习新科技、发展形象思维与培养创造能力。

19.选购隐形眼镜

在选购的时候，可根据以下两点进行选择：

（1）软质镜片：这种镜片是由一种亲水的材料制成的，比较舒适安全，因为它吸水后会变软，有弹性，而且还透水透气。但是这种镜片不大结实，只能使用一两年，而且对角膜散光没有太大的矫正效果。

（2）硬质镜片：这种镜片是用有机玻璃做成的，比较耐用，可以用六七年，而且透光率高，便于清洗。但是这种镜片不亲水，透气性不好，不大舒适。这种镜片可以矫正高度近视、远视，对于高度层光参差和角膜不规则散光也有较好的矫正效果。

20.选购画框

在选购画框的时候，要与使用这个画框的画相协调，这样会使得画达到更好的效果，因为它可以衬托出画的意境跟情趣。画框不应该太复杂，简洁就好，其颜色也要注意与墙面的颜色相协调。淡色的画框适用于水墨画，并且装上玻璃最好了。至于油画，在选择画框方面应该考虑两者的颜色应该要接近，边框要宽些好。红木的画框或者仿制红木的画框可以应用于中国画和书法，并且要留出边框空白。

21.选购儿童书籍

2 岁以下的儿童，宜选色彩鲜艳、开本较大、简单明了的画册。

2 ~ 3 岁的儿童，可选绘有动、植物看图识字卡片，以及关于衣、食、住、行等多方面的看图识字卡片等。

3 ~ 5 岁的儿童，可选择有故事、色彩、并有简单文字说明的画册、叠折画册、立体画册、剪贴画册、学学做做及写写画画之类的书。

6 ~ 8 岁的儿童，宜选系列智力画册、剪贴画册、连环画、童话神话或寓言等方面的故事画册。

8 岁以上儿童，应选择一些具有实用性、辅导性的课外读物，和一些字典、词典以及知识手册类的工具书。

22.选铅笔的硬度

在选购的时候，要注意铅笔笔杆上字母标示，其中 H 表示的是硬淡度,B 表示软硬度、TB 表示软硬适中。在字母前面有数字，数字大表示相应的度高。最硬的是 10H，而最软的是 9B。用于绘画的铅笔一般是 4B 以上的，用于制图的是 2H 和 3H。

23.选购毛笔

在选购的时候，因用途的不同，所选用的品种也不相同。羊毫柔软、锋嫩、用途较广，适合书写对联、匾额；紫毫富有弹性；狼毫毛质硬，短锋可以用于楷书，长锋可以用于绘画；兼毫则是刚中有柔，可以用于书写、绘画。挑毛笔主要是要挑尖锥形，尖削、面圆润、丰满而且弹性较好的笔头。笔杆要选用凤尾竹、花竹、湘妃竹、紫竹来制，做到

圆正、光滑、不裂、不弯，不瘪、不斜、长短适度，轻晃笔头要求没有松动，没有发霉虫蛀现象，轻弹笔杆不掉毛。

24.选购墨水

在选购墨水的时候，应选择墨水清澈无染，颜色纯正，表面没有霉花或皮膜，四周无沉淀物、无糊状物，生产日期比较短，可以用笔蘸些墨水来试定一下，若没有断水的现象，则可选购。

25.用醋研墨汁

研墨的时候一般是用水，但是，如果用醋代替水的话，那么写出的字不仅黑亮，而且不会褪色。

26.用洗衣粉助墨汁不褪色

毛笔字在过一段时间后会慢慢褪色，如果在研好的墨汁中加入少量的肥皂水或者洗衣粉，那么用这种墨汁写的字不仅更有光泽，而且就算风吹日晒也不会褪色。

27.选购宣纸

宣纸是用来写书法和画画的，可以根据不同的需要来选购。由于生宣有较好的吸水性，所以适宜写大字，也适用于泼墨画。熟宣则相反，入墨不化，适宜作工笔画。玉版宣介于上述两者之间，是写字用的高级纸。

28.选购剪纸材料

在选购的时候，可根据其用途而定，报红纸、蜡光纸、薄卡纸、书面纸、铜板纸、宣纸都是常用的材料。纸张应该薄厚适度，否则会使裁剪困难。所以，红纸一般是 4 层，蜡光纸 2 层为宜，其他的要根据各种情况，比如说纸张的性能和裁剪人的特点来决定。

十二、其他日用品

1.鉴别有毒食品包装袋的技巧

常见的有毒食品包装袋大致可以分为以下 3 种：

（1）许多塑料包装袋是用聚氯乙烯塑料制成，当温度高于 50℃时就会有 HC 缓慢析出，对人体有害。

（2）由聚氯乙烯树脂制成的包装袋，虽然本身无毒性，但制成塑料时加入了增塑剂（邻苯二甲醇二丁醋或邻苯二甲酸二辛醋）或稳定剂（硬脂酸铅），这些成分都是有毒的。它们遇油或酒精性食物就会析出铅，人食用后会造成铅中毒。

（3）有很多包装袋是用废旧塑料制成的，往往含有毒成分。

2.鉴别牙刷类别

（1）天然毛牙刷：大部分都是用猪鬃做成。对吸附牙膏的作用及牙齿清洁的效果均较佳，是比较理想的牙刷。在选择的时候，最好选四周软毛、中间硬毛的牙刷。

（2）尼龙丝牙刷：这种牙刷的刷毛一般都是呈平切状或者圆形，经久耐用，且干得快。它对牙龈的按摩作用及牙齿的清洁作用较佳。

（3）其他：在牙刷中，用硬毛牙刷，对除牙垢和菌斑的作用比较好，但是它对牙龈的损伤和牙齿的磨损也较大，而用软毛牙刷，对已形成的牙石和厚的菌斑不能完全刷除，但却可以进入龈缘以下，且能进入牙齿邻面的间隙里将菌斑去除。平齐花型牙刷与平花型牙刷均属这类情况，优缺点各异。

3.选用牙刷

在使用牙刷的时候，最重要的就是牙刷毛束的排数和密度。

（1）成人牙刷：其刷头的长度不应超过 35 毫米，3 排 22 束牙刷较合理，应选择三排毛牙刷，这种牙刷的刷头比较小，且刷毛较软，在使用的时候不会伤害牙龈，轻巧灵活，适用竖刷的方法刷牙。

（2）儿童牙刷：刷头的长度不应超过 25 毫米。毛束排数不应超过 4 排，毛高应为 10 ～ 12 毫米，毛束的孔距不应小于 1.4 毫米，2 排 44 束和 3 排 19 束适宜于儿童。

（3）其他牙刷：牙齿较整洁的人，可以选用平毛型牙刷，若牙齿的生长不齐，可选用花毛型和凹型牙刷。牙龈容易出血的人，应选用刷毛较软的牙刷。

4.选购牙膏的种类

（1）含氟牙膏：为了预防龋齿，可以选用含氟的牙膏。加入适量的氟化物在牙膏里，氟离子可将牙齿结构增强、提高牙齿的抗酸能力，对饮水里氟含量比较低的地区，可以选用含氟牙膏。目前，我国的含氟牙膏多数是含单氟磷酸氟，同时，均含上面两种称为双氟牙膏，其效果更好。

（2）消炎、止血功能的牙膏：对于那些患有牙周疾病的人，可以选用有止血、消炎功能的牙膏，或者含中草药成分的牙膏。如洗必泰牙膏，它含有抑制细菌药物的洗必泰，对牙周疾病者有一定的预防作用。

（3）脱敏牙膏：若牙齿过敏，可以用脱敏牙膏（也叫防酸牙膏）。此类牙膏里的脱敏药物对酸、冷刺激比较敏感的牙齿有一定效果。

（4）儿童牙膏：儿童牙膏里的摩擦剂颗粒比较细，可减轻对年轻恒牙或者乳牙的磨损。

5.鉴别牙膏质量

（1）看稀稠程度：牙膏挤出来的时候，应该稀稠适度。若挤出来的非常稀薄不成圆条状或者挤的时候费力，则说明牙膏已变质或太稠。

（2）看颗粒：挤少许牙膏在玻璃上，用手指摊开，看它有没有过硬的颗粒，若有过硬的颗粒，在刷牙的时候会把牙根擦伤，影响健康。

（3）看是否渗水：挤一些牙膏在毛边纸上，再将其均匀地摊开，然后，观察纸的反面，看是否有渗水的现象，质量好的牙膏很少掺水。

（4）颜色：若是白色膏体，牙膏会非常洁白，若膏体呈灰黑色，那么有可能是铅质软管的锡层太薄或不匀，在挤压的时候，膏体一接触铅层，含铅质的变色牙膏，会对人体有所伤害，容易中毒。

6.选购香皂

香皂可以分为 6 种，它的作用不一，质感也不一。

（1）洗衣用的肥皂。它含碱度非常高，容易刺激皮肤，在洗脸的时候不能用。

（2）中性香皂。它质地细腻，品质温和、性质稳定，香味持久，价格相对贵些。

（3）高脂香皂。它含有大量的脂质，容易形成一层薄膜在皮肤上，有润滑感。但是，若在短期内不用完，会变得非常稀且会失去清洁的效果。

（4）浮水香皂。其价格一般比较低廉，但品质不错，在使用或者溶化后，其颜色与香味会有变化。

（5）透明香皂。这种香皂含有较多植物油和 10% 以上的甘油，使用后会有特殊的润滑感。色素的含量较少，比一般的香皂溶解得快。存放后，其品质和颜色会改变，因此，在每次使用后，应整理好包装，减缓质变，防止水分散失。

（6）特殊香皂。是一种加入了杀菌剂的药皂，添加了微粒而制成的磨砂香皂，且还添加了中药成分等。

7.选购老年人香皂

人一进入老年后，其生理功能便会逐步退化，皮肤的弹性也会失去，皮脂腺的分泌物也会慢慢地减少，因此，皮肤会变得粗糙、干燥，不能很好地抵御细菌侵袭，还会有表皮呈鳞片状脱落。因此，可根据此特点，给老年人选用润肤效果好、酸性弱的润肤型香皂，或者选择具有止痒、杀菌的香药皂。这类香皂里含有富脂剂、润肤剂、保湿剂、营养剂等，可以滋润、保护皮肤，它里面的营养物质还能使肌肤柔软而光滑，能促进皮肤的血液循环、促进新陈代谢。

8.选购毛巾

毛巾一般可以分为剪毛线巾和长毛线巾两种，它们都是由棉线织成的。若表面上有细长的毛线则是长毛线巾，它的吸水性好；剪毛线巾则是把它的长毛线剪去，看上去跟绒一样，手感特别柔软，但是它的吸水性比长毛线的要差些。另外，毛线织得密，它的吸水性就会很强。一般标准重量的毛巾都要比棉线分量少的要重些，所以，轻重是鉴别毛巾好坏的一个重要标志，重则质佳。

9.夏季使用毛巾的方法

夏季时毛巾经常不耐用，用几天就会损坏，质地厚的条子毛巾最严重，这是因为毛巾上有大量细菌分泌酶液，水解纤维，造成发脆。夏季，可根据以下方法来使用毛巾。

（1）毛巾用后马上清洗。用完毛巾后应立即对其进行清洗。因为身体上所分泌出的汗酸、油泥是真菌的营养物质。若用完毛巾后，将其堆放在面盆里比把它悬挂在墙上面要耐用。这是因为：毛巾上所生长的真菌是需要氧气的，若挂在架上，会增加吸收氧气的面积，使真菌的繁殖生长加速。

（2）如何清洁毛巾。若条件好，最好每天用热水将毛巾泡1次或者在使用的时候先加些热水再加些冷水。

（3）怎样防止损坏。若发现毛巾上有小部分损坏或出现色斑，应马上用0.3%的肥皂水将其煮沸约20分钟，这样，即可防止损坏被进一步扩大。

（4）怎样消灭细菌。若有条件，可每个星期将比较新的毛巾在烧饭时蒸一下，这样，也能将毛巾上的真菌消灭掉。

（5）怎样除汗味。夏季，用毛巾来擦汗的次数多了，即便是天天洗涤，也难免会黏糊糊的，且还会有汗臭味。对于此类毛巾，可用食盐先搓洗，然后再用清水漂洗干净。

10.选购洗衣粉的窍门

（1）识包装：若是假冒伪劣洗衣粉，其包装袋上印刷的图文比较粗糙。有些则是不标明厂家名称、厂名，或者没有详细的地址。

（2）看色泽：若是正宗的洗衣粉，其色泽不杂而洁白，若是染过色的洗衣粉，其色泽鲜艳而均匀。而如果是假劣洗衣粉，不太洁白，甚至会有泛黄的杂质。

（3）闻气味：一般的洗衣粉，除了有固定气味外，还加了些适量的香料，洗完后，若留有香味，则为上品，若有其他异常气味，则为劣质产品。

（4）比颗粒：正宗洗衣粉的颗粒均匀，质量好的洗衣粉，颗粒的直径一般约为0.5～0.8毫米，且大小均匀一致，不结块、不吸潮。而假劣洗衣粉，其颗粒大不匀，且有些不成颗粒，呈雪花粉状，仔细看可看出其颗粒和粉的区分非常明显。

（5）观流动性：洗衣粉颗粒能够自由、均匀地流动在包装袋里，或者倒在干燥的纸上时，能流动的，则为质量好的洗衣粉。若颗粒大小、且比重不一致，或者有吸潮、结块现象，且流动性比较差的为下品。

（6）溶解度：质量好的洗衣粉，其溶解

度很高。高泡沫洗衣粉以去污力强、泡沫丰富、便于漂洗，洗涤了的衣服晒干后手感好、不发硬的为上品，反之则为下品。低泡沫洗衣粉以消失快、泡沫少、去污力强为上品。

11.选购石英挂钟的技巧

在选购的时候，首先要考虑个人爱好，钟表面光洁，电镀部位色泽均匀，完好的针盘记时是钟表选择时首先要考虑的，将挂钟后盖的调时旋钮转动，若分、时针能相互对应，顺、逆时针转动灵活没有碰针的现象则为好。若分针可准确指示时间刻度误差不超过半格。将分针顺拨或倒拨转以后音乐报时、打点报时的点数仍可与指示的读数相同的为好。在电池夹中装入电池，若每秒跳动一格强劲有力并且不抖动，说明该钟质量较好。

12.选购座钟的技巧

在选购座钟的时候，因座钟装饰性很强，所以首先要选择美观大方、颜色悦目的。其次质量上前、后门的松紧要适当，外壳不能有破损。摆陀不要摇晃，摆陀的摆动幅度应在120°左右，在上发条以前首先要看两个钥匙眼内头轮轴方棒位置是否在中间。不可有摩擦的现象。分钟打点波动要正常，回应声音应清脆柔和，悦耳动听，间隔均匀。

如果是带日历的座钟，还应观察星辰盘在波动分针时与时针转动是否相符合，当窗孔中间是月亮图时，应缓拨分针，并且观察在窗孔中的日期和星期是否逐渐移动。日历的跳字在夜间12时至2时之间就算正常。

13.选购闹钟

在选购闹钟的时候，首先检查它的外观，可以用上发条的方法来检查它的灵敏度，上一圈发条，如不启动，再上一圈，在三圈之内走动的，则为灵敏。起动后上三圈发条后经正、侧、钟面朝上、向下等方法试听声音，清脆有回音则说明钟的走时没有问题。再将发条上满。闹钟在闹时允许有正负5分钟的偏差，然后将定闹盘拨开，再把闹盘顶时拨过来上紧发条，将闹铃声和延续时间检查一下。若背铃闹钟不少于 15 秒钟，双铃闹钟不少于 10 秒钟时闹钟为正常。按一下闹帽，可以查是否止闹。再次上发条时，上闹帽应可以马上弹回原处，则说明止闹是正常的，之后再拨对针试一试，针的松紧应适当，对针时对闹面不跟转为正常的。

14.选购机械手表的技巧

（1）检查外观：表壳没有划痕或砂眼，棱角对称，表壳与后盖旋合紧密。表上面有机玻璃面光亮而透明，表针与表盘的镀层光洁度非常好，夜光点和秒刻度线完好。

（2）检查发条：转动条柄轴上的发条时，只要上几圈后秒针就会起步，一般情况下，讲圈数越少越好，若 5 圈内起步，属正常。同时，在上发条的时候，应先觉得轻松，然后再慢慢地越上越紧。如产生打滑现象和发出"喳喳"的异常响声，则说明部分机件有毛病。

（3）检查灵敏度：轻轻摇动一下没有上发条的手表。若在很短时间内秒针就停止走动，说明此表在上足发条以后就能全部走松，灵敏度高；如果秒针走动 5 分钟以上，则说明此表在静态运转的时候发条还没有放完，但摆轮停摆了，这说明其质量不好，灵敏度也不高。

（4）检查拨针与指针系统：将对针柄拉出，倒拨分针、时针，并观察秒针的反应，秒针倒走、顺走、停走均属正常。但一旦松开对针柄，秒针立即会顺着走，若秒针不走，则说明指针系统与拨针不好。

（5）检查表针的间隙和位置：顺拨分针时，观察时针与表面、分针与秒针、时针与分针、秒针与玻璃间的距离是否匀称，若是正常，则应是无轻微的碰擦。

（6）听声音：只要手表在走动的时候，所发出的声音清晰、均匀，没有杂音，则说明没有毛病。

（7）对正点：把时针拨在 3 点、6 点、12 点，分针与时针若分别呈 180°、90°、

两针重合，则说明时针与分针相互配合的位置是正常的。

15.选购名牌手表的窍门

现在手表市场上有很多假冒名表，在选购的时候，可根据以下 3 点来选择：

（1）看标记：名牌手表的表把、表盘和盖，其标记是一样的，外表非常精致，且后盖上面的钢印字迹非常清楚，其合格证印也比较精致。

（2）查机芯：将盖打开后，若是正牌的表，其摆轮应是镀金的，但若是冒牌的表，则是白色的；正牌手表的机芯，每个轴孔会有蓝宝石或红宝石；若是防震表，它轮上方的轴孔里红宝石的周围会有一圈多边，这是防震的簧，而若是冒牌表，大多是独钻表，其轴孔里镶的铜眼跟夹板的颜色是一样的，呈圆凹形；若是正牌表，其机芯平板应该是铜制品，若是塑料制品，则为冒牌表。

（3）听声音：手表走动的声音其规律应是正常，若不正常，则此表可能是用残次的零件所拼装的假表。

16.选购眼镜

首先，在眼镜的选购上要根据自己不同的需要来选购。眼睛近视，或者是年老眼花，经过验光后应该佩戴一副度数合适的眼镜，能使看清楚远距离的物品，或者使老花眼在看近距离物品的时候，能从模糊不清变得清晰起来。

其次，工作性质也是影响眼镜选购的一个原因，其主要是为了保护眼睛不受到强烈的日光或者某些射线的伤害。镜片的作用，因工作性质的不同而会有所不同。

（1）紫色、灰色或黄色镜片：能吸收部分可见光和紫外线，适合在太阳光下使用。

（2）蓝色、绿色镜片，能吸收部分可见光和红光，适合观看熔炉火焰、熔制搪瓷、玻璃或熔制钢破时戴用。

（3）黑色、紫色镜片：能将大部分可见光吸收起来，主要供冶炼工人、电焊工人和

登山运动员戴用。

（4）平光镜：适合野外的工作人员戴，能防止风沙的侵袭。

17.识别劣质眼镜的方法

（1）看镜片表面：将镜片斜向迎光观摩，如抛光不亮，光洁度差，镜片内部有结石、斑点、气泡、条纹、裂纹等，则为劣质品。

（2）查看镜片厚度：两镜片厚度不一，单片厚薄而不均匀，边缘毛糙的为劣品。

（3）查看眼镜架：若发现镜架的表面无光泽，有碰伤、划痕、腐蚀等，或者镜架上面没有打印规格、代号、牌号、尺寸、等A级等字样，或者金属架弹性差，强度低，抛光不精，结合不牢等，则应视为劣质眼镜。

（4）观察试戴效果：若感到头晕目胀，看物体模糊，有变形者，必为劣质品。

18.选购眼镜片的窍门

按照传统的说法水芯片能凉爽、养目，所以吸引很多人购买。其实水芯片不能很好地吸收紫外线，而且会有双折射，不利于眼睛观察物体。其实光学玻璃制品要好一些，自托力克镜片是市场上较普遍的，它的光线折射指数是1.532，还能吸收紫外线，不容易划痕，可以制作不同度数的镜片。有色的光学玻璃也已经应用在制作镜片上，茶色或皮蛋青色镜片对减少强光很有益处，适合在强光下工作或视网膜对光线极敏感的人。

19.选用眼镜架的技巧

选用眼镜架的时候，要与脸型相配，深色宽边且不透明的适合长脸者，方镜框适合方脸者，上宽下窄的适合尖脸者，高鼻托的适合低鼻梁的，低的反之。

20.试眼镜法

在试眼镜的时候，千万不要对着太阳光，就算镜片的质量非常好，也不能让太阳光直射在镜片上，以防对眼睛有所伤害。在试眼镜的时候，可在室内比较亮的地方，如果在街上，则要背光来试眼镜。

21.鉴别太阳镜

在选购太阳镜的时候，要注意两个镜片的大小一样，颜色一致，深浅的位置相同，无波纹、气泡或者斑痕，光洁度好，上下左右移动镜片的时候，景物不会扭动、弯曲或者颤动。将太阳镜戴上，对着镜子来观察一下自己的眼球，若隐约可见的为宜。

22.选购太阳镜镜片颜色

（1）蓝色镜片。比较流行的太阳镜片色是蓝色，它能有效地将海蓝色及天空所反射的浅蓝色滤去。

（2）墨绿色镜片。将热气吸走，会带来清凉的感觉，但清晰度及透光度较低，适合晒太阳的时候佩戴，不宜在驾驶时戴。

（3）橙色或浅黄色镜片。与茶色镜片的作用基本相似，但更适合在阳光不是很强烈的户外佩戴。

（4）灰色镜片。属于比较全面的镜片，戴上以后仍然能清楚地将颜色分辨出来。

（5）茶色镜片。能将平滑光亮表面的反射光线挡住，戴眼镜的人仍然能看清楚细微的部分，是驾驶员理想的选择。

23.选择护眼的太阳镜片

并不是所有颜色的镜片对眼睛都有保护作用，有些只不过是带了颜色的玻璃而已，虽然美观，但价值不高。灰色的镜片有护眼的效果，能有效地阻挡住伤害眼睛的紫光、紫外线和蓝光，使射入瞳孔的光线变得柔和，而且失真最少，这对司机特别重要。

24.挑选隐形眼镜的技巧

在挑选隐形眼镜的时候，要注意以下两点：

（1）性质要稳定，表面上不能带有电荷，要柔韧耐用，不吸附尘埃、蛋白质，可以长期保持清洁透亮且不粘连。工艺要精致。

（2）光学性能最好可以制造成光洁的球形表面，镜片聚焦要清晰，低对比度视力好，且能去除其表面的电荷。其护理的程序要简单可靠，可以采用全功能保养液的高效护理系统。

25.选购老花镜

在选购老花镜的时候，应注意老花镜的度数，戴上后以能看清楚视力表上的 15 这一行，能看清报纸上的最小字体也行；戴上半小时，眼不胀，头不晕，感到清晰、舒适为准。

26.选购自行车

（1）前后轮：先检查一下前后轮是否呈直线。可将车把扶正，使车把车架与横管基本垂直，再正视检查。然后检查一下后轮是不是对称地处在车架平立叉中间。分别转动前后轮，看它是否灵活。当车轮停止转动前，应该能前后摆动，不应该突然停转，用手指紧紧地靠在车架的前叉腿及平立叉上，作为标尺，检查车圈在转动的时候有没有明显的上衣跳摆现象。另外，还应要检查一下它的辐条是否均匀拉紧。当左右摇摆车轮轮缘的时候，不会有明显的松动（若有，也不能超过 1 毫米）。

（2）车闸：检查一下车闸的效果是否良好。可以紧紧地握着闸杠，然后再强制推动自行车，此时，车轮不会有明显滚动。

（3）油漆件的外观：仔细地检查油漆件外观。主要看它的外表有没有严重的擦毛、碰伤；前叉、车架的各接头部位有没有开裂、脱焊、锈蚀现象。还要检查一下电镀的部件有没有明显的擦伤，色泽的光亮程度及镀层是不是有剥落、露底、气泡及严重的毛刺。

27.鉴别冒牌自行车

（1）看配件商标：名牌自行车上的配件，如车铃、车胎、飞轮等，都标着生产厂家的商标或名称；而冒牌的自行车，则没有专门的厂家所提供的配件，配件大部分都没有跟车牌相符的商标。

（2）看特定标记：名牌自行车上的主要部件都有特定的印记或标花。如"凤凰"牌自行车的车架、车把、挡泥板及链壳上都有凤凰字样或凤凰图案，而冒牌的自行车零件大部分是拼凑起来的，且型号也很复杂，没有专一的印记和标花。即使有印记或标花，也是用手工雕饰的，摸的时候手会有粗糙感。

（3）看烤漆工艺：名牌自行车烤漆的工艺非常好，贴花图案鲜艳而美观，漆面光亮夺目，不容易褪色，手摸着有光滑感；而冒牌的自行车，烤漆工艺简单而落后，常用煤油灯来烤漆，漆面高低不平，有许多甚至还有漆疙瘩，都是用人工来描绘商标图案和贴花图案，上面的小拼音字母既不清晰，其颜色的调配也很不均匀，用手指甲轻轻一划便可划掉。

（4）看电镀质量：名牌自行车上的电镀质量好，厚薄均匀，发光发亮，质感好；而冒牌的自行车，电镀则没有光泽，还带白色，斑点多，表面粗糙，镀层薄而不匀。

28.选购摩托车头盔的窍门

（1）颜色：颜色要醒目、鲜明，白色最好，其次是红色。

（2）反光性：要有较好的反光性。

（3）四周：帽子四周必须要与头接触，不能太紧，也不能太松，因为戴一段时间后头盔会变得松些。

（4）质量：结好帽带，将帽子戴上几分钟，然后再用力向前拉帽，看它是否会被拉下来。按照相关规定，若有 10 千克重的物体落在头盔上面，头盔会在原来位置的角度上改变 30° 以下；当遭受 60 千克的重物冲击时，也不会脱落，且不会出现破裂现象。

（5）挡风玻璃：将挡风透明的有机玻璃板拉下来，检查它跟帽子的接触点，看它的密封性是否完好。若密封不好，在行驶的时候，除了吹进来的凉风会伤害面部与眼睛以外，在高速路上行驶的时候，还会产生让人讨厌的噪音，在下雨天，还容易进水。

29.好鱼竿的选择技巧

（1）竿的纤维结构的检视。先拧开竿后漏水盖，从每节的底端末的透明漆部位去看它的质料，如果发现因气泡颗粒造成了结构中纤维条纹杂乱或有空隙，而且每一节的厚度层次没有渐次性，此竿便不是好竿。

（2）脆弱部位需注意。将钓竿一节接一节地从细端到粗端慢慢抽出，同时要注意每节的结合处，如果节与节结合处不松动、没间隙、更无裂痕，则为好竿，反之，则不是好竿。

（3）最大抗力点的测试。将钓竿平举，轻轻地将竿左右摇动，然后由细至粗将竿身振动几下，测试力开始反弹是在第几节。一般在细端的四五节处是手竿使力点。晃动的时候，竿尖所产生的弧度愈大，竿的韧性就越强。

（4）适情选择。在站立持竿式钓场，需用较细、较轻的竿，其纤维纯度也是越高越好。在置竿式钓场，要用抗力大、韧性好又结实耐用而且节长的竿，其质量是次要的。如果在架竿式钓场，则只要用轻而硬的竿即可。

30.选择冬季居室花卉的技巧

在万物萧条的严寒冬季，居室内的一两盆花卉，往往会给人一种春天般的感觉。通常，选择冬季居室的花卉品种应首属仙人球了，仙人球观赏价值极高，不管白天黑夜均能释放氧气，并且同时吸收二氧化碳。而且培养仙人球较粗放，被称为懒人种的花卉。一个冬天只需浇水 2～3 次，采用坐盆法最适宜，不用再做其他管理工作。白天应将仙人球搬至室内有阳光之处，夜晚搬进卧室，这样可发挥其净化空气（主要是增加空气中的氧气含量）的作用。这也是一般花卉所没有的特性。其次卧室中也可养护几盆芦荟。在家庭养花中吊兰很普遍，吊兰很容易养，观赏性极高，养吊兰会使卧室显出一种高雅的情趣。

31.花盆选用的技巧

花盆的种类很多，既有瓦盆，又有各式陶盆、木盆、瓷盆。作为花卉培育器具瓦盆较合适，可是因为工艺较粗糙，很难登大雅之堂；虽然瓷盆华丽精细，可是没有透气性和吸水力，所以不能直接用来栽种花木，只能做套盆使用，唯有陶盆、木盆才最适宜栽花置景。

❀ 十三、理财 ❀

（一）理财防范技巧

1.记号码辨元假币

若收到以"CP583"开头的 100 元人民币，最好通过仪器或直接去金融机构鉴别一下真假，因为有可能为假币。

2.用测量法识假币

假人民币的长度和宽度一般与真币有区别。一般假币的长度比真币短 0.5 厘米，宽度窄 0.2 厘米。

3.用字母辨别真假港币

目前市场上流通的假港币，多是伪造汇丰银行发行的 1000 元面额和 500 元面额的港币。1000 元面额的真港币其号码字头是 AA、AB、AC、AD、AE，假币则使用其他字头。

4.用灯照法辨港币

在荧光灯照耀下，真币的安全线较粗，假币的安全线则较细；真币背面一对狮子的线条及轮廓鲜明，假币则较暗淡；真币1000元字样反光较强，假币反光较弱；真币的水印狮子头不发光，假币则发光。

5.用徽号质感辨港币

真港币上汇丰银行的六角形徽号十分清晰，假币则较模糊；真币的纸质较韧，凹凸感强，假币则纸质较松，而且平滑。

6.用手摸辨美钞

目前在中国流通的美元钞票，其四个角上的面额数字，一般用手摸起来有凸凹感。而假美钞的面额数字则没有。

7.用针挑法辨美钞

真美钞票面的空白处，有一些细小的红黑色丝，这种金属丝为特制品，用针尖可将其挑出，但却不易折断。

8.用擦拭法辨美钞

真美钞票面正面右侧的绿色徽记和绿色号码，在白纸上用力一擦，纸上便可留下"绿痕"。

9.用直观质感法辨美钞

真美钞的纸质较细腻，且颜色呈深浅色。用肉眼看，正面人物肖像显得有"神光"，背面花纹、建筑物图案及"上帝与我们在一起"的英文字母印刷清晰度高，比例大小也很均匀。

10.防银行卡汇款诈骗

一些骗子常常假冒落难受困的外地人，博取人们的同情，以趁机诈骗钱财。他们通常声称自己是"外地人"，在本地又无亲无故，落难此地寻求借用银行卡，让家人给其汇钱。一般被骗者多是学生及外地打工者。因此提醒大家，每遇到这种情况，首先应冷静分析，不要被对方的外表蒙蔽。在银行查账时，不可让陌生人跟随，更不能轻易在陌

生人面前取钱。若有意外，应迅速拨打110电话报警。

11.预防找零钱受骗

只要有商品交易，就存在着找零的情况，而要预防别人少找给零钱，首先应保持自己意识清晰，尤其是在夜间消费、疲劳状态下消费时更应注意；其次是在消费后要向其索要正规发票，以便事后进行核对和维权。

12.识假医疗事故防受骗

经常有些骗子盯准一些小诊所，利用人为制造的"医疗事故"进行诈骗。因此在行医的过程中，如果出了事故，要寻求正规的渠道进行解决，如果抱有息事宁人的想法，就有上当受骗的可能。

13.识双簧表演防受骗

以双簧表演的形式骗取他人钱财的案例很多，其作案人分工明细、各有不同，通常都是由三个骗子来共同完成。因此提醒大家，不要相信一些"天上掉馅饼"的好事，一旦遇到类似情况，应冷静分析，然后赶紧报警求助。

14.防套取房产信息诈骗

目前二手房信息市场中打着"中介免谈"字样的个人房源信息很多，当打电话进行咨询时，却发现很多是房屋中介，而且基本上都是以收取看房费或信息费为主。这类人通常以求租、求购者的身份寻求信息，当有房主联系他们时，他们便将房主的姓名、房址、房屋面积、电话等记录下来，随后将这些信息变成中介房源，有偿提供给求租、求购人。至于买卖双方是否联系、成交与否都与他们无关。遇到这种情况要小心。

15.识交钥匙不交产权诈骗

很多购房者以为自己拿到房屋的钥匙并入住了，房子就是自己的了。实际上，在房屋正式过户之前，产权仍然归属原业主，并且存在无法完成交易的可能性。如果在过户之前将全部房款支付给业主，买方就有可能陷入"钱房两空"的境地。许多不法中介为

了促成交易，对可能出现的风险避而不谈，等购房人房款已付，房产却无法过户，再推卸责任。因此，在买房付款时要注意产权归属问题。

16.防义诊诈骗

目前有些骗子打着解放军医疗队的幌子，去家属小区开展义诊活动，一般不是推销治疗仪，就是采用借钱、交押金等方式进行诈骗。因此当遇到"义诊"时，一定要搞清楚"义诊"是否来自正规的医疗单位，是否和有关部门合作，是否和居委会打过招呼等，以此来判断其是否是真正的"义诊"。同时也不要轻信来路不明的药物和仪器。

17.办消费卡防受骗

消费者若有办卡服务需求时，一定要有所选择，同时要对该单位的营业资质进行核实，不要为了贪图便宜而盲目购买"会员卡"、"美容卡"、"月卡"、"年卡"等，最好去当地工商、消费等部门进行咨询，谨防被不法之徒敲诈欺骗。

18.识消费欺骗陷阱

（1）明码实价，实际上却是虚假的，商家在售卖时仍然在打折。

（2）某些商家在进行交易时，早已准备好了很多有效的理由，来对付消费者无效的申辩。

（3）很多商品都是要先交钱再试用，更有甚者在你试用完了以后告诉你要交钱。

（4）不少商家以"月卡"、"年卡"、"会员卡"的幌子进行推销，然后关门歇业逃之夭夭或改名经营。

（5）邮购产品数量上短斤少两，质量上更是接近假冒伪劣。

（6）不要轻易相信买一赠一、买一赠二、买一赠三的广告，所谓赠品不过是诱骗消费者购物的诱饵。而且商家赠送的商品质量往往不可靠。

19.丢失存单办理

存款最好用真名，因为记名式的存单或存折可以挂失，不记名式的则不可以挂失。如果储户发现存折丢失后，应立即持本人居民身份证明，并提供姓名、存款时间、金额、账号及住址等有关情况，以书面的形式向原储蓄机构正式声明挂失。储蓄机构在确认该笔存款未被支取的前提下，方可受理挂失手续。挂失7天后，储户需与储蓄机构约定时间，办理补领新存单或存折，或支取存款手续。如委托别人办理，被委托人要出示其身份证明和委托手续。

20.存单挂失理财

一些储户由于没有全面了解储蓄管理条例的有关规定，一旦发现存单遗失或被盗，就急忙去银行挂失，等挂失期满后就立即支取现金。这样做会使定期存款利息受到一些损失。因此建议存单挂失期满后，应根据定期存单的存期再决定是否立即支取现金，以确保自己的存款利息不受损失。

21.日常储蓄防失误

要选取合适的凭条，存款为红色凭条，取款为蓝色凭条。

储蓄种类一般分为活期、定期、定活两便、零存整取等。

要按凭条的要求正确填写日期、户名、账号、地址、金额、联系方式等，每项都应填全，再将凭条交给经办员办理。

办理取存手续后，应当面检查存单或存折及款项，确定准确无误后再离开。

22.网上购物防受骗

（1）根据消费者协会提供的资料显示，网络购物的欺骗大多发生在异地交易。所以，网上购物一定要多留个心眼，尽量采取本地交易，交易结束后，一定要保存交易时的有关资料，以便在出现欺诈等情况时持有关证据协同有关部门调查。

（2）仔细区分电子布告栏与新闻论坛上的广告是个人买卖或是商业交易，避免在享受权利时无法受到保护。

（3）查清楚对方是合法公司后，在确实

有必要时，才提供信用卡号码与银行账户等个人资料，并避免输入与交易不相干的个人资料。

（4）对于在网络上或通过电子邮件以朋友身份招揽投资赚钱计划，或快速致富方案等的信息要格外小心，也不要轻信免费赠品或抽中大奖通知而支付任何费用。

（5）在支付方式上，如果对现有的金融体系还不是很放心，建议选择"货到付款"的付款方式。

23.网上用卡注意安全

网上购物时，应选择知名度高、信誉佳且与知名金融机构合作长久的网站，同时应了解交易过程的资料是否有安全加密机制。当利用信用卡付款时，可先向发卡银行查询是否提供盗用免责的保障，银行卡号或个人资料一定要在其网站上及时消除，同时应注意保留网上消费的记录，以备查询，一旦发现有不明的支出款项，应立即联络发卡银行。

24.网上消费者防资料被盗

（1）网上购物时，应仔细阅读该厂商的网络保密政策。

（2）若无意购买或只想试用，请不要留下个人资料。

（3）无论在何时，都不要在陌生的电子邮件或网页中透露您的个人信息，即不要随便在网络上输入个人身份证号码、银行卡号、有效期、密码、地址等。

（4）退出登录界面前，要确认消除输入的个人资料。

（5）一旦发现或怀疑个人信息被盗用，应及时通知所属银行。

25.识 ATM 机取款骗术

（1）犯罪分子在 ATM 机的出钞口设置障碍，或者在读卡部分设置装置，这样当持卡人进行插卡、输入密码等正确操作后，钱就会被障碍物挡住而无法"吐出"，如果持卡人此时离开，躲在暗处的犯罪分子便会很快将现金取走。

（2）犯罪分子在 ATM 机上端放置摄像仪器，以窃取持卡人的卡号和密码，然后制造假卡，通过电话或网上银行大规模划款。

（3）犯罪分子先用假身份证办一张真的银行卡，然后在网上银行测试前后连续卡号，在 54 秒内破译其密码，然后制造假卡，通过网络进行转账划款。

对于以上犯罪案例，持卡人一定要仔细鉴别，发现异常后应及时通知发卡银行。

26.ATM 机取款注意

（1）当申请到银行卡时，一定要在卡的后面签上姓名，以防被别人冒领存款。

（2）在使用 ATM 机取款时，要认真输入密码，以防银行卡被吞掉，造成不必要的麻烦。

（3）当机器吐出卡和现金后，应及时将其取出，以防停留时间过长而被机器自动吞回。

（4）在 ATM 机前，不要轻信他人，更不能将自己的银行卡交给他人操作。当 ATM 机取不出钱时，宁愿多走几步路，更换别处取款，切不可在该 ATM 机上多次试卡。

27.防 ATM 机前假告示

不要轻信 ATM 机前的告示，最好不要去理睬告示。若着实需要按张贴的告示中的方法进行操作时，一定要先向银行咨询，问清告示是否属实。

28.防银行卡掉包

（1）银行卡要随身携带，千万不要将钱包及银行卡放在空车上，以免让窃贼有机可乘。

（2）持卡消费时要谨慎，收回并确认是自己的银行卡。

（3）不要随便将卡号和密码告诉别人，以防不法分子"克隆"卡，从而造成不必要的损失。

（二）家庭省钱技巧

1.压缩现款节省

以月工资为 1000 元的现款为例来分配，

把其中的 500 元作为生活费，将另外 500 元存入银行。若是一同将生活费 500 元也作为活期储蓄，即可使本来暂不用的生活费也"养"出了利息，从而达到了节省开支的目的。

2.少存活期储蓄

存款的存期越长，利率越高，所得的利息也越多。除将那些作为日常生活开支的钱存活期外，其余的以存定期为佳。

3.定期存款支取

通常定期存款若提前支取，只按活期利率计算利息。如果存单即将到期，又急需用钱，则可拿存单做抵押，贷一笔金额比存单面额小的钱款，以解燃眉之急。若须提前支取，则可办理部分提前支取，从而减少利息的损失。

4.定期存款提前支取法

应急定期存款分几笔存，用的时候先取最近存入的存单，既解决了用钱之需又可以减少利息损失。

5.续存增息转存

如果定期存款到期不取而导致逾期的话，银行便会按活期储蓄利率支付逾期的利息。因此，要注意存入日期，存款到期时，应立刻到银行续办转存手续。

6.居民外币储蓄

（1）在存储品种上美元、英镑、港币为首选的 3 个强势存储币种，其 1 年期的存款利率高出人民币存款利率 1 倍多。

（2）应首选利率浮动高和提供存兑整体服务的银行。根据央行的规定，允许商业银行对境内的个人外币存款利率在央行公布的法定基准利率基础上浮动 5%，对于折合在 2 万美元以上的大额外币存款的利率可在基准利率基础上加 0.5%。

（3）在存取方式上，应"追涨杀跌"，存期应以 3 ~ 6 个月为主，对于已超过一半存期的外币转存是不划算的。

（4）在币种兑换上，应"少兑少换"。当换存人民币的收益小于直接存外币时，不要轻易兑换。一旦将外币换成人民币后，若再想换回外币就比较困难了。

7.家庭储蓄利息计算

（1）各种存、贷款利息一律按月利率计算，若遇有零头天数，则将月利率转化为日利率。计算利息的公式是：利息 = 本金 × 天数 × 利率。

（2）各种存、贷款从存、贷之日起计息，算至取或归还的前一天为止；其计算利息以"元"为起点，元以下的不计息，利息金额计至分，分以下的四舍五入。

（3）每次利率调整后，要按分段计息。即按统一规定的利率和调整时间划分阶段，每段利息分别计算至厘，相加后计至分，分以下的四舍五入。

（4）对于存款过期支取的，其过期部分的利息仍按原存单所定利率计算利息。

（5）对于提前支取的，其利息按实际存款天数的同档利率计算。

（6）根据贷款加息、罚息的规定，对逾期贷款从到期之日起，按原规定利率加收 20% 的利息。挪用占用的应按规定的利率罚息 50%。

8.家庭存取节省

很多人在办理卡存取等业务时，都不愿跑较远的路程去到该卡的所属银行办理，而是就近选择一家其他银行网点，进行跨行交易。有些银行对跨行交易有了新规定，如跨行取款，银行除收取 2 元的基本费用外，还要收取其取款金额 1% 的手续费，因此在跨行交易前，最好还是算算哪个更合适。

9.月月存储增息

通常每月可将家中余钱存 1 年定期存款。1 年下来，手中正好有 12 张存单。这样，不管哪个月急用钱都可取出当月到期的存款。若不急需用钱，可再将到期的存款连同利息及手头的余钱接着续存 1 年定期。这种"滚雪球"的存钱方法即可达到增利息的目的。

10.三口之家理财

（1）合理分配的最佳开支。最佳开支 =

（日常开支＋家庭收入）×40%。同时合理利用大减价等促销活动购买日用品，以及在生活中注意随手关灯、节约用水等均可减少大部分开支。

（2）选用正确安全的储蓄方式。可考虑将收入的 20% 资金存入银行，同时兼顾选择一部分外币存入，即可抵御可能产生的贬值风险。

（3）新婚夫妇可选用每月收入的 10% 作为宝宝基金。以后将其积累的基金作为孩子长期的教育费用。

（4）生活中用夫妻双方工资的 20% 作为风险备用资金。当有不时之需，即可解决燃眉之急。

11.零钱积累理财

单身青年生活中的一切吃穿用都要自己打理，钱款进出钱包的频率相当高，一日下来，会发现钱包里多了许多零钱，此时可将其悉数取出，专门存放到一处，时常坚持，几个月或半年以上去银行换成整钱结算一次，即可聚成一笔可观的数目。

12.家庭银行卡整合

过去银行机构办卡不收工本费，不收年费，很多人为了转账业务的方便，在一家银行办理了多张卡。但现在银行不仅终结了免费办卡，也开始对每张银行卡收取 10 元的年费。因此，为避免不必要的手续费支出，多卡持有者，应将已经不用或是不常用的卡进行整合，把"废卡"销户。同时，选定一家服务、功能、设施各方面较好的银行，把自己的资金整合在该银行的同一张卡上，当资金达到一定的数额，就会得到该银行提供的一些优惠措施，如减免年费及其他服务费用等，而使自己得到更多的实惠。

13.家庭财务筹划

（1）把家里的资产、存款、国债、股票、有价证券及负债等列出后，做一张财产明细表，使自己做到心中有数。

（2）把家庭成员的每月收入及支出，仔细记下来，到月底加减对照，即可了解收支是否平衡。

（3）每月合理预定好支出，列出餐费、交通费、水电煤气费、通讯费、保险费等必要支出费用，控制好应酬、娱乐、购物等不必要支出费用，并将计划外的余款存入银行。

（4）平时把一些不必要的消费省下来，可帮助快速实现自己的财务基金计划。

（5）把钱合理分流使用，以备不时之需；可尝试做一些小投资多让自己增加一些投资理财的经验。

（6）每年的身体检查、自我充电、学习等费用，一定不要省去。健康、有活力的身体加上智慧的头脑才是创造财富的基本条件。

14.使存款利息最大化

存期越长，利率也越高。因此，在其他方面不受影响的前提下，尽可能地将存期延长，收益也就自然大了。银行的定期存款分 1 年期、2 年期、3 年期和 5 年期，根据自身的需要，若总存期恰好是 1 年、2 年、3 年和 5 年的话，那就可分别存这 4 个档次的定期，在同样期限内，利率均最高。若有笔钱可存 4 年，可先将其存一个 3 年定期，到期取出本息再存 1 年定期；若存 6 年，最佳方式则是先存 3 年定期，到期将本息再接着存 3 年定期。这样可以争取利息最大化。

15.办理签证省钱

有些办理留学的申请者，由于材料准备不充分而遭拒签，不仅耽误学业，还会损失不少费用，包括大学的申请费用、来往的快件费、国际传真费、签证费等。再次申请就需要重新花钱。因此，要认真对待签证申请，争取一次通过，避免重复消费。

16.自行办理留学省钱

目前国内外的正规院校都拥有自己的网站，详细地公布了招生信息。许多热门留学国家的驻华使馆也都相应推出了中文网页，详细介绍了本国的教育情况和签证程序。学生和家长可通过院校和各个使馆的网站，了解其留学信息和签证信息，然后按照相关要求自行申请选定的学校和签证，即可节约一笔中介服务费。

（三）投资技巧

1.选择保险公司有技巧

（1）保险公司是经营风险的金融企业，因此重点要看公司的条款是否适合自己，售后服务是否更值得信赖。

（2）比较一下各家保险公司的条款和汇率，细心衡量后，会发现有所不同。

（3）应研究条款中的保险责任和责任免除等部分，以明确保单能提供什么样的保障，谨防个别营销员的误导。

2.选医疗健康保险

在选择医疗健康险种的时候，每个家庭应首选重大疾病保险。其产品具有保障范围广（包括重大疾病、身故、高残）、保障性高、缴费灵活等特点。一般的原则是，每年的医疗保险费为其年收入的7%～12%，如果没有社会医疗保障的话，这个比例可以适当地提高一些。

3.家庭财产投保注意

（1）家庭财产保险通常是分项承保、分项理赔，因此在投保时，各类财产都应有自己的保额：房子的保额是房屋的实际价值，家具、家电的保额是其对应的实际价值，在发生保险事故后，各类财产的损失赔偿要以其实际价值为限。

（2）家庭财产保险费率只是基本费率，其保险公司仅负因自然灾害和因意外事故而造成的财产损失。若需保险公司提供失窃责任，应根据当前的保险费率在原定费率的基础上附加盗窃责任保险费。

（3）无论选择哪种保险形式，在约定的有效期内乔迁变动时，都必须到原投保的保险公司办理变更手续，以免发生纠纷和经济损失。

（4）投保家庭财产保险时，应根据实际情况，确定保险金额，保险人一般不核查。

（5）保险金额应按照财产的实际价值确定，估算得过高或过低都不好，只有如实估算，才能使自己的财产得到可靠的保障。

4.普通家庭财产保险选择

家庭财产保险的期限为一年，每千元家庭财产每年交保险费3元，保险费不退，期满失效，若需再保，可办理续保手续。投保的财产可包括：城乡居民的房屋、日用电器以及农民家庭的农具、农机和收获了的农副产品等。一旦发生保险责任事故，保险公司的赔偿金额可达到投保时所约定的最高额度。这种保险交费少、保障范围广，一般经济条件不够富裕或乔迁新居不久的家庭，选择此种保险较为合适。

5.家庭财产储金保险选择

储蓄兼保险两种功能齐备的险种称为家庭财产储金保险。该保险期限一般分为3、5、10、20年期，每千元财产一次性交保险储金50元。到期后无论是否发生事故，保险公司都将向投保者退还全部储金。若保险有效期内发生了保险责任事故，便可得到按约定保险金额的最高限度的一次赔偿。这种保险的特点是保险公司获取利息、保障范围广，是经济条件宽裕、居住稳定的家庭的理想选择。

6.家庭长效定额保险选择

家庭长效定额保险是一种一次投保、长期受益的险种。保险范围与家庭财产两全保险基本相同，都属于储金保险范畴。每千元财产交费50元既可保一年，只要投保者不领储金，也可为20年，保险始终有效，到期后无论是否发生事故，本金一律退还，也可再行续保。若发生保险责任事故，保险公司可以反复多次赔偿，直到退保为止。投保者如果因工作调动或居住地点变更，可随时申请退保或申请变更。当前，为便于居民投保，一般保险公司采取以券代单的办法，大大削减了常规的投保手续，这种保险不仅方便，而且还避免了无意脱保的现象。

7.保险索赔办理

（1）必须及时报案。投保人应在保险事故发生后 5 日内通知保险公司，但由于各个险种的理赔时效也不尽相同，所以一定要根据保险合同的规定及时报案，以防自己的利益遭受损失。

（2）保险公司只对被保险人确实因责任范围内的风险引起的损失进行赔偿，对于保险条款中的除外责任，如犯罪及投保人和被保险人的故意行为等则不进行赔偿。

（3）不论是什么险种，受益人均需备齐所需的单证如保险单正本、被保险人和受益人的身份证件、户口本、军官证、士兵证等原件以及最近一次所缴保险费的发票，若委托他人办理索赔手续的应填写委托授权书。

（4）若被保险人有公费医疗，单位和社保已经给报销了一部分，就应事先向保险公司出示由单位出具的医疗费用分割单，并注意所花费的医疗费用总额和单位已支付的费用，连同原始单据的复印件一起交给保险公司，保险公司将依据上述材料在医疗费用的剩余额度内进行理赔。

（5）被保险人索赔时，应当向保险公司提供保险单、事故证明、事故责任认定书、事故调解书、判决书、损失清单和有关费用单据。

8.办理家庭财产理赔

（1）投保财产的价要要分项填写准确，不要出现保险金额的不足或超额，否则都将会给被保险人带来经济损失。

（2）出险时，应在填写出险通知书后按规定提供有关单和公安、消防、所在单位或街道组织等有关部门的证明。

（3）保险公司通常按照实际损失和当时的实际价值计算赔款，但最高不会超过保险单上分项列明的保险金额。

（4）被保险人从保险财产遭受损失的当天起，若在 1 年内不向保险公司申请赔偿，即作为自愿放弃索赔权益。

9.车辆投保办理

在选择机动车辆保险时，要充分了解自身的风险和特征，应根据实际情况来选择所需的风险保障。应向有关机构或律师询问所购买的车辆保险条款是否经保监会正式批准。认真了解机动车辆保险责任和范围。重点关注保险责任、除外责任和特别约定、被保险人权利和义务、免赔额或免赔率的计算、申请赔款的手续、退保和折旧的规定等。

10.车辆保险变更办理

若车辆保险合同的内容需变更，应以书面的形式通知保险公司并办理批改手续。未办理批改手续的，保险公司不承担赔偿责任。其所列变更事项如下：

调整车辆保险金额或责任限额；车辆加保或退保部分险种；保险车辆被转卖、转让、赠送；保险车辆增、减危险程度；保险车辆变更使用性质；所有险种提前退保；增加、减少或变更约定驾驶人员。

11.不同年龄投保选择

投保是一种投资，不同年龄段应投不同的险种：

0 ～ 17 岁的少年儿童：其家长应为其准备好一份教育金和健康医疗保险。

18 ～ 25 岁青年：应投保人身意外伤害保险和健康医疗保险。

26 ～ 35 岁壮年：应选择意外伤害保险和终生寿险或分红险等。

36 ～ 50 岁中年：首先应选择寿险，其次再投保人寿保险和重大疾病及医疗保险，若尚有余力，还可上一份家庭财产保险。

51 ～ 65 岁老年：应选择医疗保险。

12.贷款抵押房屋保险注意

（1）保险期限，与贷款期限一致。在抵押期间，若借款人中断保险，贷款银行有权代保,一切费用由借款人负担。

(2) 保险财产主要是抵押贷款所购买的房屋。其他因装修、购置而附属于房屋的有关财产不属于投保范围。

(3) 保险金额及保险费是指以所购房屋价格定额来确定保险金额。

(4) 保险对象应是办理房屋抵押贷款的房屋所有人。

13.保险公司倒闭索赔

任何公司都有可能倒闭,通常情况下,保险公司倒闭的可能性较小,因为保险是一种利润丰厚的行业,大部分投保人当中只有少量人需要赔偿。剩余的那些资金保险公司可以用来做其他投资,继续升值。一旦保险公司倒闭,有些险种是由政府直接管理的,有些则要按照破产的有关规定给予处理。破产管理程序一般是先照顾该公司员工,其次是债权关系,最后才是投保人。

(四)贷款融资技巧

1.选购房贷款的技巧

购房者最好申请70%～80%的抵押贷款,在某种程度上而言,购房贷款愈少愈好,首付愈多愈好。首期付款额低,就意味着合同期内每一期的付款额高,特别是利息负担会多一些,如果其他投资的收益高于贷款利率,也可选择较低的首期付款额。通常降息以后,居民个人办理贷款购房比较实惠。

2.购房还贷小技巧

住房贷款的还款方式主要包括等额本息还款和等额本金还款两种。等额本息还款是指借款人每月以相等的金额偿还贷款本息;等额本金还款是指借款人每月等额偿还本金,贷款利息随本金逐月递减。目前,大部分国内商业银行均采用等额本息还款法。

3.个人小额贷款办理

目前许多银行开展了个人定期储蓄存单小额抵押贷款业务。其贷款的对象主要

是,该行的储户因临时性资金的急需,愿以本人名下的该行未到期的人民币定期储蓄存单作为抵押物,凭有效身份证向指定的储蓄机构申请小额抵押贷款。借款人若委托他人代办借款申请,必须提供银行确认有效的借款人委托书或授权书及代办人的有效身份证。此贷款的额度最少为1000元,最高限额为10万元,每笔贷款金额不超过抵押存单面额的80%,贷款期限不超过存单的到期日。

4.购房按揭贷款

(1) 如果供款人在贷款前提取公积金储存余额用于支付房款,那么公积金账户上的公积金余额即为零,这样公积金贷款额度也就为零,即表示用公积金将申请不到贷款。因此在申请贷款前不要支取公积金。

(2) 在最初按揭贷款1年内不要提前还款。按照住房公积金贷款的有关规定,部分提前还款应在还贷满1年后提出,且归还的金额应超过6个月的还款额。

(3) 当借款期限内偿债能力下降,还贷有困难时,可向有关银行提出延长借款期限的申请,经银行调查属实,且未有拖欠应还贷款本金、利息的行为,则会同意延长借款期限申请。

(4) 当购买商品房时,可将能退税的家庭成员全部作为房地产权利人写入购房合同,并且在签订合同、支付房款后即刻办理"购房者已缴个人所得税税基金抵扣"申请,在办妥房地产权利证明后的6个月内,应前往税务部门办理退税手续。

(5) 当在贷款期间出租已经抵押的房屋时,应将已抵押的事实以书面的形式告知承租人。

(6) 当还清全部贷款本金和利息后,可持银行的贷款结算证明和抵押物的房产证明前往所在的房地产交易中心撤销抵押。

(7) 申请按揭贷款签订的借款合同和借据都是重要的法律文件,应当妥善保管好合

同和借据，同时认真阅读合同的条款，了解自己的权利和义务。

5.贷款还钱安排

（1）最好一次还清。便于对方安排钱的用途和索回借据。若无法一次还清，应向对方说明原因以求得谅解。

（2）事先将钞票整理好，最好选用同一面值、票面新净平整的钞票，双方当面检验、点清数目，切不可碍于情面马虎从事，而导致日后因假钞和数目不对发生矛盾。

（3）切忌转手，谁借谁还。最好有第三者在场，同时要记住当时的情况，这样可在日后发生矛盾时提供旁证，有效地保护自己。

（4）借款时最好定有利息条款，利率最多不要超过银行同期贷款利率的2倍，还款时按协议支付利息。同时借款人在还款时，可向对方赠送上小礼品，以表谢意。

6.保单质押贷款

目前很多金融保险机构为了提高竞争力，为投保人设计提供了很多融资渠道，推出了保单质押贷款。保单抵押贷款最高限额一般不超过保单的保费积累的70%，其贷款利率均按同期银行贷款利率计息。贷款时可凭保险单，以书面的形式向保险公司申请质押贷款。

（五）消费法维权

1.消费者权益争取

根据《消费者权益保护法》，消费者可享有的合法权利有以下9项：

（1）公平交易权。

（2）购买使用商品和接受服务时，享有的人身、财产安全不受损害权。

（3）购买使用商品和接受服务起初情况的知情权。

（4）自主选择商品或服务的选择权。

（5）当因购买使用商品或接受服务时受到人身、财产损害时享有赔偿权。

（6）依法成立维护自身利益社会团结的结社权。

（7）享有获得有关消费和消费权益保护方面知识的获取知识权。

（8）人格尊严和民族风俗习惯的受尊重权。

（9）有检举、控告、提出批评、建议等监督权。

2.自我消费维权

（1）认真学习《消费者权益保护法》，掌握好法律武器。

（2）要了解商品知识，才能具有对商品和价格的选择能力，一旦遇到质量或价格问题时，可有效地保护自身合法权益。

（3）在购买商品时，要注意索取信誉卡、保修卡和发票。

（4）对所购物品，一旦发现质量问题，一定要在保修期内去销售单位交涉，切勿自行修理和错过保修期。

（5）购物前，尽可能做到货比三家，这样可以在款式、质量、价格等方面进行比较，选择最佳产品购买。

（6）在购买电器等大件消费品时，一定要当面试机，对照说明书，逐一进行检查，切不可匆忙了事。同时还应注意商品的包装上有无厂名，厂址、有无三包等情况。

（7）在购买预交货款的商品时，须事先了解清楚该售货单位是否可靠、信誉如何、有无经济担保等情况，以免造成货款两空。

（8）购买小商品时，切勿轻易相信商家广告，免得因图便宜而上当受骗。

（9）在消费者权益受到损害，直接与销售者交涉无效时，可向当地消费者组织部门投诉，请求帮助解决。

3.家庭购物维权

（1）索要发票是维护自身权益的重要凭据，若以后引发消费纠纷，用其凭证可以有效保护消费者合法权益。同时也是支持国家税收政策的积极行动和义务。

（2）商家故意打错结账单的情况比较鲜见，因此，消费后要及时核对账单。

（3）在提前消费时要谨慎选择信誉好、名气大的商家，合理控制提前消费金额，并保存好消费凭证。若以后出现问题可及时投诉，切实把握手中的合法权益。

（4）商家除了事先声明是处理产品，否则其他所有打折商品均在"三包"范围内。当发生消费行为时应注意索要票据。

（5）商家在有奖促销活动中，可能将劣质、残次等商品混在奖品中变相销售。因此，在发生消费行为时，一定要择优选取。

4.识消费者投诉的范围

消费者协会受理投诉的范围包括消费者所购买的生活消费品的质量、价格、安全、卫生、计量等方面的问题，以及服务的质量、服务价格——各娱乐场所、教育、医疗、维修等行业的收费等。

5.维权投诉安排

消费者在投诉前先要向商家或厂家反映。大多数厂商并不希望一些质量和服务问题闹得满城风雨，所以最好先就近解决，这样问题解决快，还不伤感情。如若无效，可根据受损情况向消费者协会投诉或向当地工商行政管理、物价、标准计量等部门或商店的上级主管部门反映，请求解决；同时切勿拖延投诉时间，以免不利于判断商品损坏程度和维修服务中产生的问题，以致很难定性，更会导致超过投诉时效。

6.投诉材料准备

（1）消费者要把投诉的内容以及投诉原因、本人姓名等写清。

（2）提供的购物地址、购买商品日期、品名、牌号规格等材料应准确。

（3）提供的产品质量、价格、数量、生产及销售单位的名称应详细确切。

（4）如受理单位未提出要求，投诉时可不必携带实物。

（5）不管投诉商品质量问题，还是维修收费问题，都应提供购货发票或维修收费发票等必要的物证。

7.消费者投诉注意

（1）投诉前可先向消费者协会咨询，由于消费者协会受理投诉是按地域分工，因此投诉时应考虑被投诉者属谁管理的辖区。

（2）消费者应采取就近原则，投诉到当地消费者协会，这样处理问题既方便又及时。

（3）若商品确属消费者自己造成的损害或确属不合理要求时，协会不予受理。

（4）若购买商品用于生产、销售的目的，个人之间私下交易以及提出与被投诉者的名称和地址不符的不予受理。

（5）受理时，消费者应提供有关凭证，如发票、信誉卡、保修证等复印件和有关证明材料。但未经消费者协会同意，不要邮寄票证、单据及实物，以免丢失。

（6）消费者协会是消费者自己的组织，不仅依法热心地为您服务，而且不收分文费用。

8.消费者补偿索赔

当消费者的合法权益受到损害时，可及时如实向有关部门反映和投诉，索赔或要求补偿是消费者维护自己利益的直接且有效的方式。通常，消费者受到下列损害时，即可索赔或要求补偿。

（1）因购买不合质量标准、卫生标准、计量标准的商品；掺假使假的商品；冒牌商品；标志、说明不全、有误或夸张的假冒伪劣商品而受到损害。

（2）因预售商品收款不交货、拖延交货时间、商品与样品不一致、硬性搭配、利用书刊虚假邮购商品广告和有奖销售等方式诱售的假冒伪劣产品等而受到侵害。

（3）因卫生、交通、照相、旅游、邮电、通讯、教育等乱收费、服务质量及商品维修质量差等而受到侵害。

（4）因在文化、娱乐等方面受到一些低级趣味和不健康的东西的影响而受到侵害。

9.用医疗身体权维权

患者有权维护自己身体组织的完整和器官的正常机能。患者对自身正常或非正常的肢体、器官、组织等拥有支配权，医务人员不经患者同意、亲属签字不能随意进行处理，否则将触犯有关法律。

10.用就医受尊重权维权

医生在工作中要关心、爱护、尊重患者，保护患者的隐私。即病人在接受医疗服务过程中，不能因年龄、性别、职业、病种、社会地位、家庭背景、经济状况等因素受到歧视或不公正待遇；病人享有受到尊重的权利，其隐私权受法律保护，医生和其他医务人员未经患者或其家属同意，不得向他人披露病人的病情。

11.用病情知情同意权维权

患者对自身所患疾病的性质、治疗情况、严重程度及能否治愈有知悉的权利。医生在不影响其治疗效果的前提下，应让患者知悉病情；患者有权利知道医生对自己采取的诊治方法，并对其方法的有效率、成功率及并发症等有获知的权利。在获知以上各情况后，再决定是同意还是拒绝。当医生对患者进行实验性临床医疗时，应当经医院批准并征得患者本人或其家属同意；按照《医疗机构管理条例》规定施行手术、特殊检查或者特殊治疗时，须征得患者同意，并应当取得家属或者关系人同意并签字。

12.用医疗诉讼补偿权维权

患者和家属有权对医生的诊治方法和结果提出质疑，有权向卫生行政部门提出申诉或向司法部门提出诉讼。按《医疗事故处理办法》规定，确定为医疗事故的，可根据事故等级、情节及患者的情况给予一次性经济补偿。若因医疗机构及其工作人员的医疗过失行为而造成患者身体伤害的，病人享有获取赔偿损失的权利。医疗差错和医疗事故的补偿费应由医疗单位支付给患者或其家属。

居家保健篇

❀ 一、日常保健 ❀

（一）生活保健

1.冬天盖被子防肩膀漏风

在冬天晚上睡觉盖被子时，总感觉"漏风"，这对病人或中老年人来说，不容忽视。若在被头缝上一条 15 厘米宽的棉布，不管如何翻身，棉布都会自然下垂，能盖得很好，装被罩的被子选用比被子大点的，也能得到很好的效果。

2.看电视时怎样保护眼睛

看电视时应当坐到屏幕的正前方，与屏幕的距离最好保持电视机屏幕对角线的 5 倍多，坐得太近或者斜视时，眼睛的晶状体和肌肉就必须用力进行调节，时间过长，眼睛就会感到疲劳。电视机摆放的高度应与人处于同一视平线上，或者稍微低于观众的视平线，这样，头部和颈部的肌肉就会感到比较放松。看电视的时间不宜过长，最好每隔 1 小时休息一会儿，休息时可以闭会儿眼睛，或者揉揉眼睛，或者远眺。少年儿童神经系统的发育不够健全，所以最好不要长时间地看电视。在黑暗的地方看电视，电视屏幕与周围黑暗背景的对比较强烈，容易使眼睛疲劳。最好是在电视机的旁边放一个小灯，或是利用室外的散射光。

3.空调室内须防病

空调室内，空气不流通，人最容易染上肺炎、结核病等。如果空调室内没有空气交换设备，由于空气不对流，室内一氧化碳、二氧化碳等有害气体会不断累积，负离子减少，浓度增高，让人产生记忆力下降、精神不振、头晕等症。空调室内湿度较低，很干

燥，如果长时间待在里面，还会使咽喉干燥甚至使人有疼痛的感觉。同时，这种环境易使皮脂和汗腺的功能失调，使皮肤感到疲劳，易产生皱纹、过敏等症状。

为了预防以上疾病，在安装空调时，应同时安装一台换气扇；另外，打一盆清水放在室内；每天早晚坚持开窗开门两三次；老年人的居室温度应调在 26℃ 左右为宜，室内室外温差一般保持在 6℃ ~ 8℃ 之间。

4.使用电脑保健

为保护人体健康，必须对电脑操作人员工作的电磁场强度或功率密度进行定期或不定期测量。我国暂定为 50 微瓦／立方厘米，每天辐射时间不超过 6 小时。电脑操作人员平时要注意锻炼，增强对微波辐射损害的抵抗能力，饮食上多补充蛋白质、高维生素和磷脂类食品。有条件的可在操作室内安装一台空气负离子发生器。

5.仙人掌可防辐射

仙人掌吸收辐射的能力特别强，可以利用仙人掌减少室内辐射。例如，如果经常在屏幕前工作，可在计算机或电视机前放置一盆仙人掌，这样即可减少电磁波对人体的危害。

6.用水熨法保健

用热水袋或玻璃瓶装上适度的热水，塞好瓶（袋）口即可熨于患处。可用于腹痛、腰背酸痛、四肢发凉等症。

7.用醋熨法保健

先把 250 克左右的生盐放入铁锅内爆炒，再把半碗左右的陈醋洒入盐内。要边炒边洒，力求均匀。醋洒完后再略炒几下，便

可用布包好，趁热熨于患处。可用于痛经、小腿抽筋等症。

8.用姜熨法保健

将 250 克左右的鲜生姜（带皮）捣碎，挤出些姜汁盛于碗中。然后把姜炒热，用布包好，即可熨于患处。待姜凉后，可在姜渣内再加些姜汁，再炒再熨。可用于小便不通、腹部胀气等症。

9.用葱熨法保健

用 500 克左右的鲜大葱白捣碎放入锅中炒热（也可加入少许生盐同炒），然后用布包好扎紧，趁热熨于患处。可用于小便不通、腹部胀气等症。

10.用盐熨法保健

用 250 克左右的粗生盐，放入锅内用急火爆炒。炒热后用纸包好，外加一层布扎紧，趁热熨于患处。可用于腹痛腹泻、流虚汗、头晕眼花等症，也可用于治疗鸡眼。

11.橄榄油可保健

橄榄油有保健的作用，如皮肤烫伤者可用橄榄油外敷，可减轻疼痛，愈后不留疤痕；服用橄榄油，每日一次，每次 10 ~ 15 滴，连服 2 ~ 3 天，可治风火牙痛和咽喉肿痛；服用橄榄油，每日 3 次，每次 15 ~ 20 毫升，连服 2 ~ 3 天，可治大便干结、痔疮红肿出血；因血压升高而发生头痛头晕，可服橄榄油 2 汤匙，有助于降压和缓解症状。

12.自制茶叶枕有益健康

如何自己制作一个茶叶枕呢？可将泡饮后的茶叶晒干，再加入少量茉莉花茶，拌匀装入枕头即可制成茶叶枕。因茶叶含有芳香油、咖啡碱、茶碱、可可碱、茶丹宁等，有降压、清热、安神、明目等功效，所以茶叶枕可治头晕目眩、神经衰弱等症，且有利于睡眠。

13.睡觉时穿丝袜能保脚暖

常有人在冬天睡觉时感觉脚冷，尤其是老年人。如果依靠热水袋来暖脚很不方便。

穿一双干净、宽松的短筒丝袜睡觉，很快脚就温热起来。但是不要穿长筒袜或线袜，可以专门买一双专用睡袜。睡觉时双脚不要蜷缩，而是要自然伸出，等到脚感到太热时，两只脚互相一捋便能脱下袜子。

14.勤洗鼻孔好处多

每日经常用水清洗鼻孔处，可以清除鼻孔处、鼻孔内的一些脏物，保持鼻孔内清洁，增加每次吸入的新鲜空气量。同时，冷水刺激鼻孔，有防治感冒、增强体质的作用。洗鼻孔的方法是：将杯靠在鼻孔处，呈鼻孔"喝水状"而呼吸，或用手掬水，吸到鼻孔满即可。然后用力喷出，连做几次，一直到喷出的都是水而没有脏物时为止。

15.怎样在纳凉时避蚊子

在炎热的夏天，大家都愿意在外面乘凉，但是蚊子却使人无法安宁。只要用 2 个八角茴香，泡半盆温水洗澡，蚊子就不敢靠近了。

16.秋天吃藕好处多

藕性温，含有丰富的单宁酸，可以起到收敛和收缩血管的功能。生食鲜藕或挤汁饮用，对咳血、尿血等患者能起辅助治疗作用。莲藕还含有丰富的食物纤维，有助于治疗便秘，促使有害物质排出。

17.冬天锻炼可补阳气

经常进行体育锻炼是保存阳气的最好方法。比如进行清晨散步、跑步和游泳等活动，都能达到良好的效果。用凉水洗脸或是擦身也能锻炼自己耐寒的能力。锻炼御寒能力可先从凉水洗脸开始，但绝不是一下子就用凉水洗，而是循序渐进，今天用热水，明天稍凉一点，直到完全适应凉水，才能达到锻炼的效果。

18.冬天不要盖厚被

如果盖太厚的棉被，当人仰卧时，胸部会被厚重的棉被所压迫，进而影响呼吸运动，减少肺的呼吸量，致使人吸入氧气较少而产生多梦。棉被太厚，人们睡觉时被窝热度必然升高，而被窝里太热，会使人的机体代谢旺盛，热量消耗大大增加，汗液排泄增多，从而使人烦躁不安，醒后会感到疲劳、困倦、头昏脑涨。夜里盖太厚的棉被，不但使人体散热增加，毛孔大开，而且由于冬季的早晨外界气温较低，起床后很容易因遭受风寒患感冒。

19.梳头小窍门

坚持每天早晨起来，第一件事先梳头。先由左至右梳，梳时要使头皮有微痛感，然后反复来回梳。动作快些，头皮就会有热感，待整个头皮都有热感后停止，然后用双手拍头 1 ~ 2 分钟，拍时要稍用一点力，头顶多拍几下，20 分钟后再吃早饭，这样坚持 2 ~ 3 个月后要停一段时间再梳。早晨如实在没有时间，中午或下午也可以，晚上因脑子已累就不要梳了。注意：此法血压高及血压低的人不宜用。

20.木梳梳头可保健

木梳梳头具有独特的保健作用，与塑料类梳子梳头不同，木梳梳头不容易产生静电。常用木梳梳头，对眩晕、失眠、高血压等有防治作用。

（二）心理保健

1.用美消除精神压力

听音乐：欣赏自己喜欢的乐曲，以达到忘我的境界，从而将烦恼忘掉。

打扮美容：一旦发现了美，就会使心情感到舒畅，情绪也随之会好起来。

使家中芳香：休息的时候，在房中插一束鲜花或点一支香。

2.用行为消除精神压力

（1）在做事的时候，不要顾虑太多，只要尽力就好。

（2）可将忧虑、烦恼的心情反复地写在纸上。

（3）多参加一些集体的义务活动，可从中寻到乐趣。

（4）当不想接受某个邀请或工作时，不要勉强答应。

（5）可每天花点时间来做些家务，这样，不但不会觉得累，反而还会慢慢消除疲劳。

3.适度宣泄消除精神压力

（1）把心中的牢骚、郁闷对朋友谈出来，以获得安慰。

（2）呼喊和欢笑：当想发泄的时候，可在高山或人少的公园里大叫、大笑。

（3）当遇到困难的时候，要敢于谈出来，不要憋在心里。

4.精神压力自然消除法

要学会自我放松。如在眼上敷上一块湿润的眼罩休息 15 分钟左右。要有充足睡眠，睡眠好了，可使精神振奋。可用月光战胜精神压力，晚上到外面呼吸一下新鲜空气可以缓解紧张的情绪。慢慢地吸气或呼气，可以缓解精神压力。

5.调节不良激情

（1）自我提醒：可借助内心语言来进行自我提醒，如"冲动会出问题"、"要冷静"等来帮助自己克服激情。

（2）拖延激情：将激情爆发的时间推迟，使之平息或减弱。如先转 10 圈舌头，激情就会平息很多。

（3）转移意识：有意识地将注意力转移到其他事物上，丢掉或减弱激情。

（4）调节心境：调节惆怅、忧郁和苦闷等消极的心境。

（5）倾听劝慰：要注意理解或倾听别人的劝慰。

6."情疗"治心理失衡六法

情疗，即以情抵情，具体来说为通过一种情感来抵消另一种情感反应的过激之"量"，以重新恢复"阴平阳秘"、"五行相生"到和谐状态，从而使病情获得缓解，直至痊愈。"情疗"有如下几种基本方法：

喜疗：主要克服抑郁、忧伤以及过度愤怒

等病症，方法为让患者心中喜悦，笑逐颜开。

怒疗：主要为控制一些病态情绪，如过度的喜、思等，方法为让患者大怒。

恐疗：主要为制止患者的病态情绪，如过喜等，方法为人为地采用一些惊恐手段。

悲疗：主要为消除患者内部的郁气和过度愤怒的情绪，方法为让患者产生悲痛感。

乐疗：主要为调节、抑制甚至消除与之对立的悲哀情绪，方法为创设快乐环境，使患者高兴起来。

爱疗：引导患者对某物特别关爱，主要为抵制与其相对立的厌恶感。

7.失恋精神委靡消除法

人们失恋以后，情绪通常就会一落千丈，甚至出现四肢乏力、不思饮食、精神委靡、夜不能寐等症状。研究人员认为这是一种病态，并将之称为"失恋综合征"。这类症状是抑郁症的一种身心反应。恋爱病的产生是由于人体内一种物质——苯乙胺产生波动所引起的，在正常情况下，人体内的苯乙胺浓度处于相对的稳定状态。在热恋时，大脑的活动促使体内苯乙胺的含量骤增，从而使人处于兴奋状态。而在失恋时，人体内的苯乙胺含量又骤减，便使人处于精神抑郁状态。许多患"恋爱病"的人在失恋时非常爱吃巧克力，因为巧克力内含有大量的苯乙胺——正好可弥补了人体苯乙胺含量的不足。当然，巧克力只能治标不能治本，心病还需心药医，青年人在失恋后要及时转移注意力，可以通过参加一些有益身心的文体活动，从中寻找一些兴趣爱好，多结交一些谈得来的朋友，及时发泄胸中的抑郁之气，这才是避免和防治"恋爱病"的根本方法。

❖ 二、减肥塑身 ❖

1.少食多餐减肥

少食多餐，不仅可以节省时间，而且由于空腹的时间缩短了，可以防止脂肪积聚，有助于减肥、增进人体健康及防病保健。

2.控制脂肪量减肥

很多过胖的人对控制食物的热量都比较重视，若只控制脂肪量，不用少吃就可减肥，即在减少脂肪的同时，摄入足够的碳水化合物和蛋白质，以使身体的需要得到满足。

3.流食减肥

在 2 ~ 3 个月及更长的时间内完全不吃固体食物，每天只喝 418 ~ 3350 千焦的调味蛋白质液，一星期便可减掉 2 ~ 4 千克的体重，此后的每周最少可减 2.5 千克左右。

4.提前进餐时间减肥安排

每天，人体内的新陈代谢在各个时间段都会不一样，一般来说，从早晨 6 点起，人体的新陈代谢便开始旺盛，8 点到 12 点是最高峰。因此，想减肥都应把午饭的时间提前（如早饭 5 点左右吃，午饭就安排在 9 点到 10 点吃），就可以达到减肥的目的。据有关专家通过试验证实发现，此法不但可以在不降低和减少食物质和量的情况下减肥，最明显的是一个星期就能减少 0.5 千克左右的体重。

5.饮水减肥

水能促进人体脂肪的代谢，是人体减肥中最重要的催化剂，健康的人每天一般饮水 2000 毫升，而为了减肥要多喝 500 毫升。早晨起床后，空腹喝 500 毫升水可清肠排毒；用餐前喝水能减少饮食的摄入量；用餐过后大约 2 小时左右喝水有利于促进人体脂肪的代谢。

6.多吃蔬菜减肥

蔬菜含热量少，含矿物质、维生素和纤维素比较多。矿物质和维生素能促进人体脂肪的代谢，而维生素能减缓糖类的吸收和主食、脂肪的摄入量。

7.细嚼慢咽减肥

吃饭时放慢吃饭的速度，可以有效地避免多吃，吃饭后 20 分钟左右，血糖才会升高，能有效地减少饥饿感。多嚼还能刺激中枢神经，减少进食量。

8.食绿豆芽减肥

绿豆芽含有很多水分，当被身体吸收后所产生的热量会很少，不容易使脂肪堆积在皮下。

9.用茶叶减肥

茶中的芳香类物质、叶酸和咖啡碱肌醇等能有效增强胃液的分泌，调节脂肪的代谢，降低胆固醇、血脂，有减肥健美的微妙功效。

10.用荷叶减肥

将 15 克干荷叶（30 克新鲜荷叶），加入清水内，煮开，每天以饮荷叶水来代替饮茶，2 个月为 1 个疗程。一般每个疗程可以减 1 ~ 2.5 千克的体重。用荷叶煮粥喝也有助于减肥。

11.吃大蒜减肥

大蒜能使脂肪在生物体内的积聚得到有效的排除，能有效地将身体内的脂肪去除，因此，长期吃蒜能够有效地使人体的脂肪减少，有助于保持体形苗条。

12.用食醋减肥

食醋中含有挥发性的氨基酸物质及有机酸等。每天服用 1 ~ 2 汤匙食醋，能把人体内过多的脂肪转变为热量并消耗掉，能有效地促进蛋白质和糖类的代谢，从而起到减肥的作用。醋的食用方法有很多，可以拌凉菜吃，蘸食品吃，也可加在汤中以调节胃口等。还可以用醋泡制醋蛋、醋花生、醋豆、醋枣等，

既可增加营养，软化血管，又可变换口味。

13.糖水冲服糊花椒粉减肥

将适量的花椒放入炒锅内翻炒，直至炒煳为止，然后将其倒出碾成面状。在每天晚上睡前，用适量的白糖水冲服一汤匙花椒粉。经常使用此法，能有效减肥。

14.用辣椒减肥

一个新鲜辣椒的维生素 C 含量远远超过一个柠檬或柑橘，它还含有维生素 A 等。据有关营养学家认为，每天每人吃 2 个辣椒就能满足人体所需的维生素 A、维生素 C。要用辣椒来减肥，应用辣椒配合柏树芽、蜂胶等各种植物提炼出来的减肥系列用品。涂抹辣椒素，扩大毛细血管，使药液由外面向里面渗透，结合电脑仪有效治疗，能促进多余脂肪细胞软化、稀释和排出体外，无需节食。

15.以豆代肉减肥

豆中含有人体所需的大量蛋白质，豆制品、鲜嫩的豌豆、大豆、豆子都可以多吃。半杯豌豆中大约含有 7 克蛋白质，相当于一个鸡蛋所含的蛋白质量。

16.食冻豆腐减肥

将新鲜的豆腐放入冰箱冷冻后，便能制成孔隙多、蜂窝状、营养丰富、弹性大、产热量少的冻豆腐，由于其内部结构和组织发生了变化，产生了酸性物质。常吃冻豆腐可以有效地消除人体肠胃道及其他组织器官的多余脂肪，从而有利于减肥。

17.做香酥豆腐渣丸子减肥

由于豆腐的热量比较低，若再加些萝卜等做成丸子，不但味道鲜、有营养，还能减肥、降血糖。其做法为：将 500 克豆腐渣、一小碗面粉、一个小萝卜及适量已切成末的葱姜全部放在盆里，加点鸡精、盐、胡椒粉，再打 3 个鸡蛋，均匀搅拌；在锅中加入适量的色拉油烧热，然后再用匙滚成丸子放入锅内油炸，等丸子浮起来并呈黄色时捞出，即可食用了。

18.用香菇豆腐减肥瘦身

把豆腐切成小方块，将香菇放入清水中泡软，然后剁碎；取适量榨菜剁碎，加入作料拌匀，将它们一起放在碟中蒸熟，淋上酱油、香油即可食用。这种吃法有助于减肥瘦身。

19.食木耳豆腐汤能瘦身

将 30 克黑木耳放入清水中泡，待泡发后洗净。把 150 克豆腐切成小片，将黑木耳和豆腐一起倒入锅内，再加入适量的清水和一小碗鸡汤至锅中炖 15 分钟左右，适当加入些作料即可食用。

20.食鳝鱼肉瘦身

将 150 克鳝鱼用清水洗净，并将水分滤干；将大蒜的皮去掉，用刀将蒜拍碎并斩成泥，待用。在炒锅中加入适量的清水，并将其烧沸，放入姜片、料酒、葱，随后将鳝鱼丝放进沸水中烫透，捞出滤干，整齐地把它们排入汤盆内。在炒锅中加入适量的香油并烧热，将蒜泥放入锅内煸香，加入酱油、醋、盐。将原汤调成卤汁，浇在鳝丝上，撒上些胡椒粉，食时将其拌匀即可。此食方味香，高营养，低能量。

21.每秒一步减肥

据有关运动生理学家研究认为：散步虽然可以减肥，但主要还是需要掌握频率和时间，在吃完饭后 40 ~ 50 分钟，若以每秒钟一步的平均速度连续步行 15 分钟是最好的减肥方法。除此之外，如果饭后两个半小时左右，以稍快的速度再追加散步 7 分钟左右，则体内的热量极易消耗，对减肥非常有利。

22.发汗减肥

经常洗温度比较高的热水澡，待出汗后从浴池里走出来，休息 2 分钟左右，再进浴池，这样反复地洗浴、发汗。每周坚持 3 次，习惯后可再增加。若能坚持做下去，每周可减肥 3 千克左右。注意：高血压、糖尿病、心脏病患者禁用此法。

23.产妇防肥胖技巧

（1）早做活动：若会阴处无伤，产后一天便可下床活动。2 周左右可做轻便的家务。及早的活动能增强神经内分泌的功能，促进身体代谢，从而使过多的脂肪被消耗掉。

（2）饮食营养的合理安排：首先应适量地进食，对鸡、蛋、鱼、肉及其他高脂肪、高蛋白食物要节制食用，多吃蔬菜、豆制品、水果等，不要过多地吃甜食。

（3）要用母乳喂养：哺乳能促进身体营养循环和代谢，可将体内过多的营养排出来，减少皮下脂肪的蓄积，从而有效地防止发胖。

（4）做产后体操：产后 1 星期后便可以在床上做俯卧位和仰卧位的运动（如双腿伸直向上举），产后 2 星期左右便可做仰卧起坐等运动。这样可以有效减少腰、腹、臀部的脂肪。

❈ 三、美容护发 ❈

（一）美容养肤

1.用醋美容

将甘油与醋以 1 ：5 的比例混合涂敷在面部，每月做 2 次，可减少皱纹，使容颜变得细嫩。在洗脸的时候，加 1 汤匙醋在水中，洗后，再用清水洗净，也能美容。

2.用盐水美容

早晨，先用 30% 左右浓度的盐水来擦脸部，然后用淘米水或米汤洗脸，再擦些补水的护肤品，半个月后，可使粗糙的皮肤变得非常白嫩。

3.加盐养颜

将肥皂涂抹在湿毛巾上，再加少量的盐，轻轻擦在脸部、颈部，可去除死皮，再用清水将其冲洗干净，涂上质量较好的润肤霜。

4.用矿泉水养颜

经常备用一瓶矿泉水，随时用水来喷脸。

5.用凉开水洗脸美容

经常用凉开水洗脸，能使皮肤显得细腻、柔软而富有光泽和弹性。特别适合中年人。

6.用水蒸气美容

将一盆开水放在适当位置，俯身低头，用毛巾尽力将脸盆与脸部连为一体，可根据自己的忍耐能力和水温来调整水面与脸部的距离，让开的水蒸气来熏面部。待水凉后，再更换热水，重复熏面。每月做 2 次。可抵制褐色斑和雀斑的产生，使粗糙、干燥的皮肤变得柔软、滑嫩。

7.用淘米水美容

将淘米水沉淀后，取出澄清液，把澄清液用来洗脸，洗完后再用清水洗一次，可使面部的皮肤变得白而细腻，还可以去除面部的油脂。

8.用米汤美容

在煮玉米粥或大米粥时加适量水，煮熟后取适量米汤涂抹于脸部，可使谷物中多种氨基酸及其他的营养成分渗入到皮肤表皮层连绵不断的毛细血管中，以达到增加表皮细胞活力、促进表皮毛细血管血液循坏的功效。此法可在早餐时或晚饭后进行。若没有米汤，也可取新鲜的果汁、豆汁、牛奶等。

9.用菠菜汤美容

菠菜中含有大量的矿物质、维生素。当脸上长有肿疱时，可在水中放入些蔬菜，将其煮成汤，用它来洗脸，即可将油脂去除。

另外，大豆、红小豆等煮成汁后，也有美容的效果。

10.用橘皮水美容

在浴盆或脸盆中放少许橘皮，然后再倒入些热水，浸泡 5 分钟左右，可散发出阵阵清香，用其来洗浴、洗脸，能滋润皮肤，治皮肤粗糙。

11.用鲜豆浆美容

每天晚上睡觉前用温水将手、脸洗干净，然后再用当天且不超过 5 个小时的新鲜豆浆来洗手、脸，自然晾干，大约 5 分钟后，再用清水洗净，皮肤会变得光亮白嫩。

12.用牛奶美容

滴数滴牛奶于手中，然后将其轻轻擦在脸部及手上，可使皮肤光滑柔嫩。

13.用蜂蜜美容

晚上睡觉前在脸上涂点蜂蜜，次日清晨用清水洗净，长期坚持，可使面容白嫩光泽。

14.用冬瓜美容

取新鲜冬瓜，将其去皮后用清水洗净，切成块，入锅，加适量清水和黄瓜将其炖煮成膏状，晾凉后放在冰箱中保存，晚上取适量擦于面部，1 小时后用清水洗净，数月后可使皮肤白皙。

15.用丝瓜美容

将正在生长且高出地面 60 厘米的丝瓜茎割断，剪掉上面的藤蔓，向下弯曲留在地面上的茎切口，将其插入干净的玻璃瓶内，在玻璃瓶嘴上裹上一圈脱脂棉，用锡箔纸把它包扎好。把玻璃瓶的下半部分插入泥土中固定好，以便使丝瓜的汁液能顺畅地流入瓶内。待隔一夜后，把采来的丝瓜水用干净的纱布过滤后擦在脸上，能减少皱纹。平时也可以用鲜丝瓜的绞汁擦脸。

16.冷水拍面美容

洗完脸后，不要用湿的毛巾蘸水抹脸，可用双手捧水拍面，顺着面部肌肤轻轻地拍

（上额除外），在拍的时候，不要来回搓。洗完脸后，再抹上适合自己皮肤的护肤霜。这样，每洗脸一次，就会让面部皮肤得到一次营养补充，一次按摩。尤其是晚上使用此法效果更佳。

17.指肚弹击美容

将指甲剪去，用十指轻轻弹击敲打脸部，可以抵制色素斑点和皱纹的产生，还能改善皮肤的新陈代谢。

18.自我按摩美容

用温热毛巾热敷面部 2 分钟左右后，涂些护肤油脂，将双手的手指肚沿着额头经双颊至下巴会合，然后再转向下唇，左右夹击，围着嘴唇按摩至人中穴处汇合，将双手左右分开，沿着双侧鼻翼上行到眼角，绕着眼眶至额头汇合。

19.男士美容

青年男性的皮肤油性分泌物比较多，适合选用些含油少的化妆品。为保护皮肤应少喝酒，不吸烟，不要食油腻及刺激性食品。面部皮肤较黑的，可选用些面粉，加入适量蛋清，将其拌成糊状涂于脸部，静卧一刻钟，然后用清水将其洗净。若面部皮肤还十分粗糙，可在每天晚上洗脸后，用橙汁加些蛋清均匀涂于面部，10 分钟后，再用清水将其洗净。

20.洗中性肌肤

先用冷水来洗脸，然后用开水的水蒸气来蒸脸片刻，再将其轻轻地擦干，即可使皮肤变得柔滑而有弹性。

21.洗干性肌肤

加入几滴蜂蜜在洗脸水中，在洗脸的时候将整个面部打湿，然后再轻轻地拍打按摩面部，这样能滋润面部及使面部增加光彩。

22.洗油性肌肤

加入几滴白醋在温热的洗脸水中，能将肌肤上多余的油脂消除掉，从而避免阻塞毛孔。

23.护干燥型皮肤三法

（1）将蛋黄均匀地涂在脸上，完全晾干后再用清水将其洗净。

（2）将香蕉剥皮，厚厚地涂在脸上，10 分钟后，再用清水冲洗干净。

（3）在脸上涂上厚厚的一层奶油，或者涂上一层同水混合的香粉霜，15 分钟后，用清水洗净。

24.护油腻性皮肤三法

（1）将蛋黄和一些小苏打混合后，加 12 滴柠檬汁，均匀搅拌后涂于脸部，15 分钟后用清水洗净。

（2）在牛奶中放入适量的燕麦片，将其调拌成膏状，涂在脸上 15 分钟左右，用温水洗净，再用冷水洗。

（3）将 2 茶匙酿造啤酒和粉（或 6 片酿造啤酒的酵母压碎），同一茶匙淡酸乳混合，光滑地涂在脸上和脖子上，晾干 20 分钟左右，用清水洗净。

25.护一般性皮肤三法

（1）将一个蛋清搅拌至起泡沫，涂在皮肤上，20 分钟左右后，用温水洗净，再用凉水洗。

（2）将一茶匙柠檬汁同一大汤匙蜂蜜混合，搅拌均匀后涂在脸上，半小时或更长时间后，用水洗净即可。

（3）将一汤匙淡酸乳同一汤匙蜂蜜混合后搅拌在一起涂在湿润的脸上，15 分钟后，用清水洗净即可。

26.护粗糙性皮肤

用一片柑橘皮轻轻地按摩表皮，然后用热水将其洗净，可使粗糙的皮肤变得柔滑。

27.用水果泥收缩毛孔

将苹果、西红柿、黄瓜等用清水洗净后研磨成泥汁，加入 1 茶勺藕粉，搅拌均匀，敷在脸上，能收缩毛孔。适用于毛孔粗糙者。

28.自制祛斑水

取 1 茶勺奶粉、2 茶勺藕粉，数滴水果汁、数滴双氧水、数滴收敛性化妆水，能祛除黑斑、润肤漂白。适用于皮肤较黑者。

29.制润肤面膜

取 1 茶勺面粉、1 茶勺奶粉、2 茶勺蜂蜜，将其搅拌均匀后敷在脸上，能防止、消除皱纹或润肤养肤，适于皮肤干燥者。

30.制养肤面膜

将 2 茶勺橄榄油加热后，再加入 1 个蛋黄、2 茶勺面粉。调好后均匀地涂抹在脸上，50 分钟左右后擦去即可。此法能消除皱纹或滋肤养肤。适于皮肤粗糙者。

31.制香蕉面膜

香蕉中含有多种维生素，将其捣烂或者搅成糊状，用其来治疗过敏性及干性皮肤，非常有效。

32.制蛋清面膜

将蛋清调成白泡状，用其来敷脸，既能清除污垢，又能紧肤除皱。

33.制奶油面膜

白色奶油、酸奶调匀，用其来敷脸，既可使皮肤清爽滋润，又能起到收敛作用。

34.制蜂蜜面膜

在蜂蜜中加少许水，用其来敷脸，能润肤除皱。

35.制干性皮肤面膜

将奶粉、生淀粉各 1 勺，2 勺麦片，1 个鸡蛋，水、蜂蜜各半勺混合后调匀，将其敷在面部 20 分钟左右。

36.制油性皮肤面膜

将 1 勺奶粉、2 勺生淀粉、1 个蛋清混合后调匀，将其敷在面部 20 分钟左右。

37.制痤疮皮肤面膜

将少许黄柏、黄芩、黄连粉，用蛋清调匀后敷在面部 15 分钟左右，每周敷 2 次。

38.防面部生皱纹四法

（1）少吃盐、多喝水：人体摄入过多的盐量，会使人体机能的老化提前从而使面部出现皱纹。每天多喝水可使血液循环加快、面部皮肤营养增强，从而减少皱纹。

（2）坚持用冷水洗脸：每天坚持用冷水洗脸可促进血液循环、扩张皮肤收缩、改善营养的新陈代谢，可使皮肤的弹性和功能得到增强。

（3）护肤品的合理使用：经常用碱性皂洗脸，会把脸上皮脂腺分泌的皮脂洗去，从而使皮肤干涩。因此，用化妆品时一定要适量，否则会阻碍皮脂腺和汗腺的分泌。

（4）不吸烟：把烟吸入体内后，吸入的一氧化碳会与血红蛋白结合，使得皮肤组织缺氧，使皮肤因此失去弹性和光泽从而产生皱纹。

39.用茶叶缓解鱼尾纹

在眼部四周敷贴些用过的茶包或茶叶，闭上眼睛休息半小时左右，能有效缓解面部出现的鱼尾纹。

40.按摩除鱼尾纹

（1）用双手的无名指、中指、食指三个指头，先压 3 次眼角眉，再压 3 次眼下方，反复压数次，5 分钟左右后，眼睛会感觉特别明亮有神。

（2）用双手的大拇指分别按住两边的太阳穴，食指顺着眼睛，由外向内，直到眼角处，轻轻揉搓，往回做 5 次左右，每天做 2 次。

（3）将眼球上下左右转动，再环形转动。

41.用黄酒洗脸除皱纹

在洗脸水中倒些黄酒用来洗脸，连洗两周，可使皮肤变得细腻。

42.用蛋清柠檬面糊防皱

取 1 个蛋清，调打至充分起白泡，加几滴柠檬汁，再加入 2 茶勺面粉，搅拌均匀，能防止产生皱纹。

43.用蜂蜜酒精丝瓜汁除皱纹

在杯中倒入少许酒精及蜂蜜，挤些丝瓜汁，将其混合在一起，然后把混合后的汁液涂抹在面部皱纹处，待完全干后，用清水洗净。每天早晚各一次，两周后，可有效地消除脸部皱纹。

44.鼓腮按摩消除脸部皱纹

大笑、咀嚼、说话容易使腮部及嘴角出现皱纹。呼吸时，均匀地吐气，然后再突然的闭唇，两侧的腮部就会自己鼓起，这样，就可以用双手绕圈按摩了。长期坚持采用此法，可使面部的肌肉纤维得到营养，逐渐丰满皮下组织，这样，将大大改善皮肤的光泽、弹性而皱纹消除。

45.刷脖防颈部皮肤松弛

人过中年后，颈脖皮肤会逐渐变得粗糙、松弛，可用普通的短毛宽面毛刷蘸些清水，在每个颈区自上而下，沿着直线来回刷50下左右，每天早上刷1次。一个月后颈脖的皮肤会逐渐变得细腻、收紧。长期坚持使用此法，可恢复皮肤原有的形态和光泽。

46.使眼袋缩小

在热水（大约1升）中放一匙盐，搅拌均匀后用药棉吸满盐水轻轻地敷在眼袋上，待盐水冷后，再换上热的，反复多次，数日后眼袋即可缩回。

47.除脸上睡痕

起床后，有时面部会因枕头的挤压而出现皱纹，此时，只要用热水轻轻地拍面部或用润肤剂、清洁剂轻轻地按摩，即可消除睡痕。

48.用绿茶防晒

夏季阳光紫外线较强，为防止皮肤晒伤晒黑，可以用沏浓的绿茶敷抹在脸和手臂上防晒，效果特别好。这是由于茶多酚起到了护肤的作用。

49.清洁皮肤

用面纸将面霜或油卸妆擦去；用温水将面部浸湿；用可以冲洗的清洁剂或香皂，在脸上揉搓半分钟左右；用温水将泡沫洗去（通常要洗3次）；用毛巾轻拍脸部将残存的水分吸去，不能用擦的方法。也可用面巾纸。

50.滋润皮肤

将脸洗净后，将柔软剂、润肤剂点在鼻子、额头、下巴、双颊上，再轻轻地揉，使

之布满整个脸和脖子，也可轻轻地按摩，在按摩眼部时，不要用力太大，可用手指轻拍，使润肤剂完全被皮肤吸收。若在比较恶劣的天气里，待皮肤完全吸收后，在最嫩、最干的部位再滋润一遍。

51.用醋美指甲

将手洗干净后，擦干，将10个指甲用棉球蘸点食醋擦净。待食醋干后，均匀地将指甲油涂在指甲上，指甲便会光亮生辉，而且不易脱落。

52.用米醋护手

洗衣、洗碗后，将双手迅速用清洁的水冲洗干净，然后在手心手背涂满米醋，稍过片刻，再用清水冲洗干净，待手干后，再互相搓一搓，手将变得非常光滑。

53.温水浸泡护手

做完家务后，将双手在干净的温水中浸泡几分钟，可软化皮肤。将手擦净后，涂上些润肤膏，相互不断摩擦双手，使油脂渗入到皮肤里，可逐渐恢复双手的柔嫩，使手富有光泽和弹性。

54.颈部保养

可选用温和的润肤液和清洁剂，每次洗脸的时候，也一块清洗颈部，不管是干性皮肤还是油性皮肤，颈部宜用油脂成分较大的护肤剂。

平时除了经常按摩、保养和运动颈部皮肤外，还要让颈部少晒太阳。夏天可以用些防晒霜，冬天可用些护肤剂。在阳光强烈的天气里，外出时应戴上凉帽，以遮挡颈部和脸部。在风沙比较大的季节，可用围巾、丝巾或高领衬衣来保护颈部。

55.用水果蔬菜治疗青春痘三法

（1）8~10片萝卜叶、1个苹果，将其洗净后，放入搅拌器中搅成汁，再加入1/8杯柠檬汁，每天饮用1次。

（2）1个小西红柿、100克芹菜、1/6个柠檬、150克雪梨，将其洗净后，放入搅拌器中搅成汁，每天饮用1次。

（3）150 克芹菜、1 个小洋葱、1 个红萝卜，将其洗净后，放入搅拌器中将其搅成汁，每天饮用 1 次。

（二）美发护发

1.避免头发洗后发黏

（1）在洗发时，用温水将头发中间部位彻底冲洗干净，可使头发不发黏。

（2）洗完头发后，再用护发素等护发品来护理头发，也可以使头发发黏现象减少。

2.用水美发

由于头发中含有 15% 的水分，要是头发水分不足，会干燥、断裂。因此，在洗完头发后，应将发梢浸入水中 10 分钟左右。

3.用醋美发

用 200 毫升陈醋加 300 毫升温水洗头，不仅能缓解头皮痒、头屑多、头发分叉，还能使头发乌黑、光洁、柔软。

4.用啤酒美发

首先用一块干布把头发擦干，然后用 1/8 瓶啤酒均匀地涂抹在头发上，并用手轻轻按摩，使啤酒渗透至头发的根部。待 15 分钟后，再用温水把头发冲洗干净，然后再用同样的方法重涂 1 次，并用梳子把头发梳理好，这样不仅能使头发乌黑光亮，而且还能有效防止脱发。

5.用糯米美发

把做饭淘洗糯米的水经过沉淀，取其稠的部分，放入茶杯贮存几天，待有酸味时便成了自制的洗发液了。用其洗发不但效用卓著，而且工序简单，成本低廉，不含任何化学成分。先用糯米制作的洗发液将头发揉搓一番，再用冷水冲洗，方法简单易学。坚持使用一段时间后能让头发乌黑如漆，微泛青光，且滋润松软，魅力迷人。

6.用醋水、豆浆水美发

洗头时，除用适量洗发液外，可在水中加一汤勺豆浆；在清洗头发时在水里再加适量米醋，坚持每 2 天洗一次。经醋水和豆浆水清洗一段时间后会使头发变得浓密黑亮。

7.用蛋黄茶水美发

（1）用洗发液将头发完全清洗干净后，冲一杯浓茶，待晾温后，在茶中兑入一个新鲜鸡蛋的蛋黄，均匀搅拌，然后慢慢地把茶淋在头发上，或倒入洗脸盆内，将头发全部浸在盆内，轻轻搓揉，待浸泡 7 分钟左右时，将头发擦干，包上毛巾，用吹风机吹 3 分钟左右。

（2）解开毛巾后，再用温水将其洗净。每月 1 ~ 2 次，只要长期坚持，头发会乌黑、柔软。

8.日常护发

多吃含钙、铁、锌、镁和蛋白质的食物，壳类（如栗）、鱼类、坚果类（如核桃）、橄榄油等也能增强头发的光泽和弹性、改善头发组织的效能。

发质脆弱的人，应选用性质比较温和的洗发水；要经常修剪开叉的头发；头发不宜多染、多烫；保持心情舒畅也能保持头发乌黑发亮。

9.食疗护发

（1）若头发尖梢分叉的头发多，可适量地多吃些蛋黄、精瘦肉、海味食品等。

（2）头发变黄者，可适量的增吃些海带、紫菜、鲜奶、花生等富含钙、蛋白质的食品。

（3）头发干燥无光者，可适量地增吃些动物肝脏、核桃、芝麻等食品。

（4）头发大量脱落者，可适量地增吃些豆制品、玉米、新鲜蔬菜瓜果、高粱米等富含植物蛋白及人体不容易合成的食品。

10.清晨综合洗漱护发

早晨起床后，对着镜子梳妆时，除了睡眼朦胧外，头发常常也是蓬松散乱，尤其是那些临睡前洗发或发质坚硬的人，头发经一夜的压迫，使后脑靠近头旋处出现了一撮跟正常头发逆行、挺立的头发。建议：

（1）先洗好脸。

（2）洗好脸后把毛巾对折几下，叠起来搭在头顶上。

（3）刷牙，收拾房间，做、吃早餐等。

（4）当忙完一些琐事后，将毛巾取下，将翘起的头发用梳子梳好即可。

11.防头皮瘙痒和头屑

头皮瘙痒和头屑是头皮上细菌的繁殖造成的，需要用专门的去头屑洗发水。洗发后，在头皮表面涂上具有杀菌效果的洗发剂，用手指按摩1分钟左右。如果洗发后不用水彻底冲掉，头发干后也会引起瘙痒和头屑。因此，平时就应保持头皮的清洁，如在做家务的时候，在头发上盖上一块毛巾，可有效避免灰尘沾在头发上。

12.去头屑五方法

（1）用温姜水搓：用清水将生姜洗净后，切成片，煮成姜水，待凉至温度合适的时候，将洗好的头发浸入姜水中搓洗，有刺激头发生长、促进血液循环、消炎止痒的功效。长期使用此法，可使头发亮泽，头屑减少。

（2）用鸡蛋清液揉搓：将生鸡蛋磕入碗中，用筷子将其搅拌均匀（加点猪胆汁会更好），在洗完头后，立即将搅拌好的鸡蛋浇到发根处，并迅速用双手揉搓，大约10分钟后再用清水洗干净。每周1次，短期内便可见效。

（3）中药黄柏、苦参有较好的解毒、清热、止痒的作用，也有去脂的功效。把它们煎成汁用来洗头，能去头屑。

（4）洗完头发以后洒上些奎宁水，既可除头屑又能止痒（洒奎宁水的时候，瓶口应靠近头皮。奎宁水不宜洒得过多，只用于头部皮肤）。将奎宁水洒好后，应用双手交叉在头发内摩擦，使之均匀散开。

（5）头屑较多且其他症状也比较严重的人，可以在晚上把甜菜的根汁涂抹在头上，

第二天早上将其洗净，效果很好。

13.处理头发分叉的方法

当头发发质不佳或过长时，头发尾梢极易出现分叉现象，这样既会影响美观，头发的进一步生长也会受到影响。因此，可以在头发的尾梢部位上抹些定型摩丝或头油，并将尾梢的几缕头发轻轻地拧动，分叉的头发便会集中地显示在眼前，这时，只需用剪刀把分叉的头发剪下来，即可保持发质、不再分叉。

14.食疗防头发变黄

食糖和脂肪过多及精神过度疲劳的人头发容易变黄。可多吃含钙、碘、蛋白质的食品（如海带、紫菜、鸡蛋、鱼、鲜奶、豆类等）。尽量少吃牛肝、猪肝、洋葱等食物，以免血液酸性增高而产生导致头发变黄的酸梅素。同时保持心情舒畅也能防止头发变黄。

15.用何首乌加生地治黄发

每次取何首乌20克、生地40克，先用白酒涮一下，将两种药放入茶杯内，用开水冲泡，每天当茶饮，连续服用，直至水没色再更新。坚持服用半年，头发即可开始变黑，脸色也红润了。常年服用待达到预想的效果时再停服。

16.食疗治白发

对于那些"少白头"的患者可以采用补肾壮阳的疗法，平时多吃些含大量微量元素和氨基酸的食物（如：黄豆、蚕豆、黑豆、豌豆、玉米、花生、海带、黑芝麻、核桃肉、奶粉、土豆、蛋类、葵花子、龙眼肉等），对促进白发变黑和头发生长都有良好的效果。

17.使头发乌黑的食物

经常食用含有维生素丰富的水果、蔬菜、红枣、花生、核桃、瓜籽、黑芝麻及含有钙、镁、铜、铁、磷等的食物，可使黑色颗粒加快合成，从而促进并保持黑发的生长。

18.食用黑芝麻使头发乌黑

将黑芝麻碾碎，加入等量的白糖，将其

混匀，每天早晚各食 2 ~ 3 汤匙。或者空腹生食数颗核桃，久服可见效。

19.食用何首乌煮鸡蛋使白发变黑发

具体做法是：将何首乌 100 克，鲜鸡蛋 2 个，水适量加热，待蛋熟后去皮放入锅内再煮 30 分钟，最好加红糖少许再煮片刻。吃蛋喝汤，坚持每 3 天一次，一般的人服 3 个月可见奇效。能使白发变黑发。

20.用何首乌加水果能使白发变黑

为了使白发变黑中老年人可以用以下方法：每天饮酒前都切 2 ~ 3 片何首乌和适量水果伴酒共吃，常年坚持会有奇效。

21.用黑芝麻、何首乌治少年白头

取黑芝麻、何首乌各 200 克，将其碾细，并放入水中煮沸，用红糖送服，每天 3 次，4 天就能将上述药服完，在第 5 天上午的时候，再将头上的白头发剃掉、刮净，使它重生。数日后，即可长出黑发。

22.补铁防脱发

脱发与缺铁是密不可分的，加强铁的摄入可防止脱发。经常吃菠菜、胡萝卜、洋葱、大蒜等能加强铁的摄入。

23.用盐水防治脱发

将 100 ~ 150 克的食盐放在大半盆温水中溶解，先把头发全部浸入，揉搓一会，然后加入适量的洗发液继续揉搓，待油污被洗净后，再用清水将头发冲洗两遍。每星期洗一次，使用两三次后，便可防止头发脱落。

24.用红枣治脱发

中老年人头发会脱落，而且越掉越多，影响其美观。可试着每天取 50 克红枣（大小不一）洗净后泡水，泡涨了再煮熟，在睡觉前吃下，效果极佳，头发也就不再掉了。

25.用蜜油蛋黄增加头发

将 10 毫升蜂蜜、10 毫升植物油、1 个生鸡蛋黄、少量蓖麻油及适量洋葱，与 15 毫升的洗发水混合在一起搅匀，将其涂抹在头皮上，戴上干净的塑料薄膜帽子，连续用热毛巾敷。1 ~ 2 个小时后再用清水将头发洗干净。坚持一段时间，可使头发变得非常浓密。

26.用侧柏叶泡酒治疗脱发

将侧柏叶浸泡在白酒中，把盖盖好，一星期后将侧柏叶取出，每日将剩余的白酒涂抹在患处，1 个月后，可陆续长出头发。

27.用露蜂房再生头发

将适量的露蜂房晒干后，研成末，用生菜油将其调匀，外敷于患处。每天一次，连用 1 个月后，便可生出新发。此法还有祛风止痒的作用。